Statistische Informationstechnik

Kristian Kroschel • Gerhard Rigoll
Björn Schuller

Statistische Informationstechnik

Signal- und Mustererkennung, Parameter- und Signalschätzung

5. Aufl.

Springer

Prof. Dr.-Ing. Kristian Kroschel
Karlsruher Institut für Technologie (KIT)
Fakultät für Elektrotechnik und
Informationstechnik
Kaiserstraße 12
D-76128 Karlsruhe
Deutschland
kristian.kroschel@kit.edu

und

Fraunhofer Institut für
Optronik, Systemtechnik und
Bildauswertung (IOSB)
Fraunhoferstraße 1
D-76131 Karlsruhe
Deutschland
kristian.kroschel@iosb-extern.fraunhofer.de

Prof. Dr.-Ing. Gerhard Rigoll
Technische Universität München
Lehrstuhl für Mensch-
Maschine-Kommunikation
Arcisstraße 21
D-80290 München
Deutschland
rigoll@tum.de

Dr.-Ing. Björn Schuller
Technische Universität München
Lehrstuhl für Mensch-
Maschine-Kommunikation
Arcisstraße 21
D-80290 München
Deutschland
schuller@tum.de

ISBN 978-3-642-15953-4 e-ISBN 978-3-642-15954-1
DOI 10.1007/978-3-642-15954-1
Springer Heidelberg Dordrecht London New York

Die Deutsche Nationalbibliothek verzeichnet diese Publikation in der Deutschen Nationalbibliografie; detaillierte bibliografische Daten sind im Internet über http://dnb.d-nb.de abrufbar.

Einbandentwurf: WMXDesign GmbH, Heidelberg

Gedruckt auf säurefreiem Papier

Springer ist Teil der Fachverlagsgruppe Springer Science+Business Media (www.springer.com)

Vorwort

Das vorliegende Buch stellt die 5. Auflage des Buches mit dem Titel *Statistische Nachrichtentheorie* dar. Der Inhalt beschränkt sich auf die Kernfragen der Themenbereiche *Detektion* und *Estimation* und berücksichtigt neuere Entwicklungen in der Technik. Dazu zählt die Tatsache, dass Systeme der Informationstechnik wegen der Genauigkeitsanforderungen bei der Realisierung und der daraus folgenden Kosten nur in *digitaler Technik* realisiert werden. Derartige digitale Systeme findet man heute bei vielen Massenanwendungen wie der Mobiltelefonie oder der Fahrzeugnavigation.
Es wird dabei vorausgesetzt, dass der Leser Kenntnisse auf den Gebieten *Systemtheorie* einschließlich Fourier- und Laplace- bzw. z-Transformation besitzt und auch über Grundkenntnisse der *Übertragungstechnik* verfügt. Auf die in diesem Buch benötigten Kenntnisse der *Statistik* wird dagegen etwas ausführlicher eingegangen, auch wenn die im Grundstudium der Informationstechnik vermittelten Grundkenntnisse der Statistik, z. B. [Kre68], [Pap65], [Han83], vorausgesetzt werden.

Das in diesem Buch zusammengefasste Material entstammt Vorlesungen in Karlsruhe, Hamburg und München sowie Vorträgen in der Industrie und an Einrichtungen zur Weiterbildung im Bereich der Ingenieur- und Naturwissenschaften. Inhaltlich wendet es sich an Studierende höheren Semesters der Fachrichtungen Informationstechnik und Informatik sowie der Elektrotechnik und Regelungstechnik oder auch der Technomathematik. Es wird auch für Ingenieure und Naturwissenschaftler von Interesse sein, die aufgrund ihres Arbeitsgebietes einen einführenden Einblick in die statistische Informationstechnik gewinnen wollen.

Für weitergehende Betrachtungen auf diesem Gebiet und spezielle Anwendungen, z. B. in der Radartechnik oder der Spektralschätzung, sei auf die entsprechende Literatur [Sko62], [Woo64], [Ber65], [Nah68], [Pil93] verwiesen.

Im ersten Kapitel werden die hier behandelten Begriffe *Detektion* und *Estimation* eingeführt, wobei immer auf praktische Anwendungen Bezug genommen wird.

Eine Zusammenfassung der hier benötigten Begriffe der *Statistik* stellt das zweite Kapitel dar. Leider gibt es keine allgemein anerkannte Nomenklatur für diese

Begriffe. In der DIN 13 303 wird die Schreibweise für Beschreibungsgrößen von Zufallsvariablen eingeführt, die in diesem Buch auf Zufallsprozesse erweitert wird. Am Schluss stehen Modelle zur Beschreibung stationärer und instationärer gestörter Zufallsprozesse.

Obwohl in diesem Buch vorwiegend zeitdiskrete Signale behandelt werden, die durch *Abtastung* aus analogen Signalen enstehen, so dass bereits eine für Aufgaben der statistischen Informationstechnik geeignete Darstellungsform vorliegt, wird dieses Thema im dritten Kapitel aufgegriffen, um z. B. die auf sinusförmigen Größen beruhende Darstellung von digital modulierten Signalen als Vektoren verstehen zu können.

Die einfache und multiple Detektion mit ihren verschiedenen Optimalitätskriterien werden im vierten Kapitel behandelt. Dazu zählt auch, die Fehlerwahrscheinlichkeit zu minimieren. Bei vorgegebener Signalenergie werden dazu optimale Signalvektorkonfigurationen und deren Entscheidungsgebiete bestimmt.

Aufbauend auf den im vierten Kapitel behandelten Grundlagen für die Detektionstheorie werden im fünften Kapitel Systeme für die Signal- und Mustererkennung dargestellt: Neben dem altbekannten Korrelationsempfänger auch neuere Ansätze wie Entscheidungsbäume, künstliche neuronale Netze, Kernelmaschinen, Ensemblelernen, und Sequenzklassifikation mittels Dynamischer Programmierung und Hidden-Markov-Modellen oder auf der Fuzzy-Logik basierende Systeme sowie Clusterverfahren, die bei der Mustererkennung eingesetzt werden. Als weiterführende Lektüre zu den Problemstellungen der Mustererkennung sei auf [Nie83] verwiesen. Die damit verbundenen Forschungsgebiete des Data Mining und Maschinellen Lernens werden beispielsweise in [Wit05] bzw. [Bis06] umfangreich behandelt.

Während der erste Teil dieses Buches sich mit der Detektion beschäftigt, wird im zweiten Teil auf die *Estimation*, d. h. die Parameter- und Signalschätzung näher eingegangen. Im sechsten Kapitel wird die *Parameterschätzung* behandelt. Hier findet man die *Bayes-* und die *Maximum-Likelihood-Schätzer*. Schließlich werden die Grenzen der Schätzgenauigkeit an Hand der Cramér-Rao-Ungleichung diskutiert.

Das siebte Kapitel stellt eine Einführung in die *lineare* Parameterschätzung dar, die auch bei der Signalschätzung eine Rolle spielt, da in beiden Fällen das Orthogonalitätsprinzip zur Herleitung der Schätzsysteme verwendet wird.

Der Rest des Buches befasst sich mit Problemen der *Signalschätzung*. Im achten Kapitel werden die Wiener-Filter behandelt. Dabei wird auf die drei Formen der Signalschätzung Filterung, Prädiktion und Interpolation eingegangen. Anwendungen dazu sind die Kompression von Quellensignalen mit Hilfe von DPCM und die Geräuschreduktion von gestörten Sprachsignalen.

Das neunte Kapitel ist den Kalman-Filtern als den Systemen zur Schätzung instationärer Prozesse gewidmet.

An dieser Stelle möchten wir all denen danken, die zum Entstehen dieses Buches durch Diskussionen und Hinweise innerhalb und außerhalb von Vorlesungen und Kursen und durch Rezensionen beigetragen haben. Bei der technischen Erstellung, z. B. der Abbildungen, unterstützten u. a. Frau Eva-Maria Schubart und Frau

Angelika Olbrich sowie für die aktuelle Neuauflage Frau Dipl.-Ing. Claudia Tiddia und Herr Fabian Bross.

Den Herren Dipl.-Ing. Dirk Bechler, Dr.-Ing. Martin Heckmann und Dipl.-Ing. Markus Schlosser sowie für die aktuelle Neuauflage den Herren Dipl.-Inf. Felix Weninger, Dipl.-Ing. Florian Eyben und Dipl.-Ing. Martin Wöllmer sei sehr herzlich gedankt für Diskussionen über inhaltliche Darstellungen und die kritische Durchsicht des Textes. Unbeschadet dieser Mitwirkung liegt die Verantwortung für die Form der Darstellung und die Auswahl des Stoffes bei den Autoren. Hinweise auf Unstimmigkeiten und Verbesserungsvorschläge sind stets willkommen und werden bei der nächsten Auflage Beachtung finden.

Besonderer Dank gilt den Ehepartnerinnen, die die vielen Stunden nachsahen, die über die übliche Arbeitszeit hinaus beim Schreiben dieses Buches verbracht wurden. Dem Verlag gilt Dank für die Ermutigung zu dieser neuen Konzeption des Buches und die gute Zusammenarbeit bei seiner Erstellung.

Karlsruhe und München, im November 2010

Kristian Kroschel, Gerhard Rigoll und Björn Schuller

Inhaltsverzeichnis

Kapitel 1
Detektion und Estimation

Die statistische Informationstechnik befasst sich mit so unterschiedlichen Aufgaben wie der Extraktion von verrauschten Daten, die über einen gestörten Kanal übertragen wurden, der Erkennung gesprochener Wörter, der Schätzung der Impulsantwort eines unbekannten Übertragungskanals unter Störeinfluss, der Vorhersage des Signalverlaufs zum Laufzeitausgleich bei der Quellencodierung oder der Kompensation von akustischen Echos, die beim Gegensprechen über Freisprecheinrichtungen entstehen können.

Zur Veranschaulichung zeigt dazu Abb. 1.1 zwei Musterfunktionen $r(t)$ eines verrauschten binären Datenprozesses, bei dem die Zustände *low* und *high* bzw. -1 und $+1$ durch einen negativen bzw. positiven Rechteckimpuls $s(t)$ codiert werden. Die beiden Musterfunktionen unterscheiden sich durch das Signal-zu-Rauschverhältnis (SNR), das SNR = 3 dB bzw. SNR = -3 dB beträgt. Die Aufgabe der *Signalerkennung im Rauschen* besteht darin, zu jedem Zeittakt T mit möglichst geringer Fehlerwahrscheinlichkeit zu entscheiden, welcher dieser Zustände vorliegt.

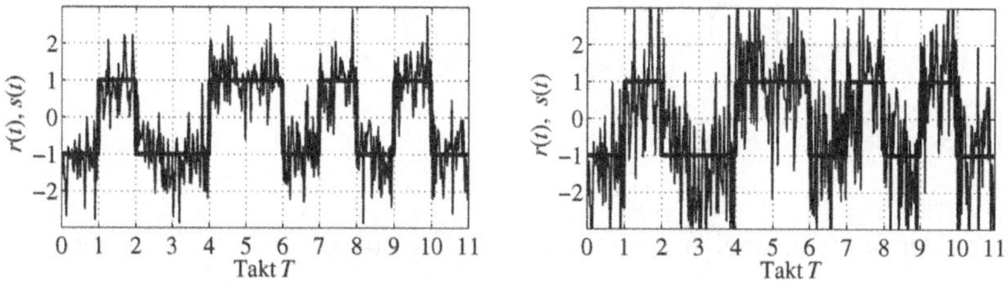

Abb. 1.1 Binärer gestörter Datenprozess für zwei Signal-zu-Rauschverhältnisse

Ein Beispiel zur *Mustererkennung* zeigt Abb. 1.2: Von einer Sprecherin und einem Sprecher wurde das Wort „Sprache“ artikuliert. Es ist Aufgabe der Mustererkennung, trotz der verschiedenen Signalverläufe dasselbe Wort zu erkennen. Diese Detektionsaufgabe wird noch schwerer, wenn das Sprachsignal z. B. durch Umgebungsgeräusche gestört wird.

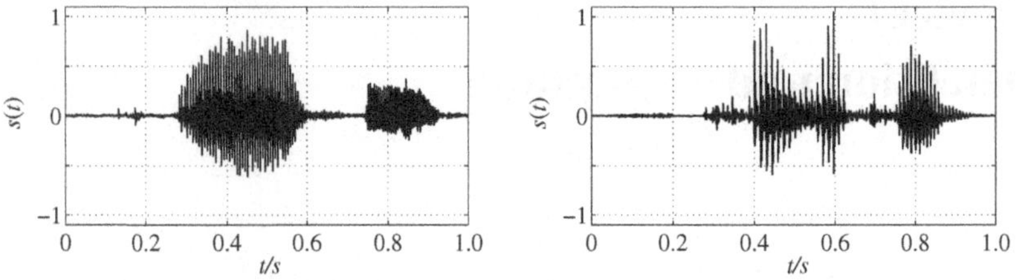

Abb. 1.2 Artikulationen des Wortes „Sprache“ von einer Sprecherin und einem Sprecher

Gemeinsam ist allen genannten Aufgaben, dass ein Empfänger zu entwerfen ist, der aus dem gestörten Empfangs- oder Messsignal die darin steckende Information durch Schätzung extrahiert. Zur Veranschaulichung zeigt Abb. 1.3 das Modell der Informationsübertragung. Beim ersten Beispiel emittiert die Quelle die binären Daten, denen im Sender das rechteckförmige Zeitsignal zugeordnet wird, so dass das Sendesignal $s(t)$ entsteht. Im Kanal überlagern sich die Störungen, so dass dem Empfänger zur Extraktion der Quellendaten nur das gestörte Signal zur Verfügung steht. Beim zweiten Beispiel liefert die Quelle die Wortbedeutung, die hier dem Wort „Sprache“ entspricht. Die Umsetzung in ein Sprachsignal erfolgt im Vokaltrakt, der im Modell nach Abb. 1.3 in die Komponenten Sender und Kanal aufgeteilt ist. Der Sender symbolisiert die Umsetzung des Wortes in das Sprachsignal, während der Kanal der individuellen Artikulation der Sprecherin bzw. des Sprechers zuzuordnen ist. Sofern sich dem Sprachsignal noch akustische Störungen überlagern, wäre auch diese Signalkomponente dem Kanal zuzuordnen.

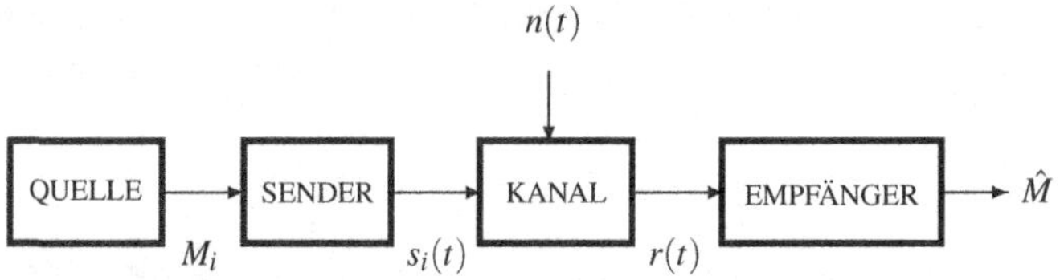

Abb. 1.3 Modell der Informationsübertragung

Fragen der Statistik spielen bei diesen Aufgaben aus zwei Gründen eine Rolle:

- Das *informationstragende Signal* – ob Daten oder Sprache – ist grundsätzlich von statistischer Natur, da ein determiniertes Signal keine Information enthält.
- Die *Störungen* – das Rauschen bei der Datenübertragung oder die individuelle Artikulation, die eine Abweichung von einer gedachten idealen Artikulation darstellt – sind auf dem Übertragungskanal nur durch einen Zufallsprozess modellierbar.

Wegen der statistischen Eigenschaften des Nutz- oder Quellensignals und der Störungen stellt die Extraktion der Daten aus dem gestörten Empfangssignal oder die Erkennung des Wortes aus dem individuell artikulierten Sprachsignal eine Schätzaufgabe dar, die man als *Detektion* bezeichnet. Insgesamt unterscheidet man bei der statistischen Informationstechnik folgende, in diesem Buch behandelte Aufgaben:

- **Detektion** (Signal- und Mustererkennung). Hier ist durch Schätzung mit möglichst geringer Fehlerwahrscheinlichkeit zu entscheiden, welches Signal bzw. welche Nachricht von der Quelle ausgesendet wurde.
- **Estimation** (Parameter- und Signalschätzung). Die Schätzung besteht darin, die Größe des im Messsignal enthaltenen Parameters bzw. den Verlauf des ungestörten Signals, des Quellensignals also, mit minimalem Fehler zu bestimmen.

Zur Lösung dieser beiden Aufgaben werden Systeme entworfen, die hier *Empfänger* oder auch *Schätzer* genannt werden, weil sie die gestörte Version des von der Nachrichtenquelle stammenden Signals empfangen und daraus das bei der Detektion bzw. Estimation gewünschte Signal durch Schätzung gewinnen.

Zum Entwurf des Empfängers benötigt man *Optimalitätskriterien* sowie *Kenntnisse* über die vorhandenen Signal- und Störprozesse. Je mehr man von diesen Prozessen weiß, die mit Hilfe statistischer Parameter beschrieben werden, je mehr A-priori-Information man also besitzt, desto besser lässt sich die Aufgabe im Sinne des vorgegebenen Optimalitätskriteriums lösen.

1.1 Detektion

In einem Nachrichtenübertragungssystem, z. B. einem Mobilkommunikationssystem, treten meist an verschiedenen Stellen Störungen auf. Dadurch wird das gesendete Signal verfälscht, und man kann nicht mehr mit Sicherheit sagen, welches Nutzsignal im gestörten Empfangssignal enthalten ist. Die Aufgabe, das Signal im gestörten Empfangssignal zu entdecken, bezeichnet man als *Detektion* oder auch *Klassifikation*. Dabei unterscheidet man die Fälle *Signalerkennung* und *Mustererkennung*. Auch wenn diese Unterscheidung in der Literatur nicht einheitlich erfolgt, so soll hier doch unter Signalerkennung der Fall der Detektion verstanden werden, bei dem das zu erkennende Nutzsignal „vom Menschen gemacht" und damit vollständig bekannt ist und deshalb mathematisch beschrieben werden kann. Wenn das Signal in seiner ungestörten Form vorläge, wäre das Detektionsproblem trivial. Erst durch die Überlagerung von Störungen wird es zu einem Problem der *statistischen* Informationstechnik.

Anders verhält es sich bei der Mustererkennung. Hier lässt sich das zu erkennende Nutzsignal nicht vollständig beschreiben, da es – wie z. B. bei der Sprache – zu viele Varianten eines Wortes gibt, die durch den jeweiligen Sprecher, seinen Gemüts- oder Gesundheitszustand usw. beeinflusst werden. Es kann auch sein, dass man das Nutzsignal gar nicht genau beschreiben kann. Man denke nur an die Fehlerdiagnose bei Lagern, deren Geräusche man nicht so ohne weiteres einem der Zustände „Lager in Ordnung", „Schmierung des Lagers ungenügend", „Kugel im

Lager läuft unrund" usw. zuordnen kann. Hier liegt auch dann ein Detektionsproblem vor, wenn das Nutzsignal nicht zusätzlich durch Störungen überlagert wird.

Das zuletzt genannte Beispiel zeigt, dass man bei der Detektion bei manchen Anwendungen nicht nur zwischen zwei alternativen Ereignissen zu entscheiden hat, sondern zwischen mehreren Ereignissen. Man unterscheidet deshalb zwischen *binärer* und *multipler Detektion*.

1.1.1 Signalerkennung

Unter der Signalerkennung soll immer die Signalerkennung im Rauschen verstanden werden, da man annimmt, dass das Nutzsignal mehr oder weniger genau bekannt ist. Zur Lösung dieser Signalerkennungsaufgabe verwendet man das in Abb. 1.4 gezeigte und aus Abb. 1.3 folgende System. Für das Ereignis M_i liefert der Sender nach einem vorgegebenen Schema, z. B. einem bestimmten Modulationsverfahren, das Sendesignal $s_i(t)$. Am Ausgang des Übertragungskanals steht das gestörte Empfangssignal $r(t)$ zur Verfügung. Zunächst werden durch den Empfänger bestimmte *Signalparameter* extrahiert und einem Entscheider, dessen Eigenschaften ebenfalls von den Senderparametern abhängen, zugeführt. Die Kombination aus Signalparameterextraktion und Entscheidung stellt den *Empfänger* oder *Schätzer* dar. Durch die gestrichelte Verbindung in Abb. 1.4 wird zum Ausdruck gebracht, dass dem Empfänger die Parameter des Senders zur Verfügung stehen.

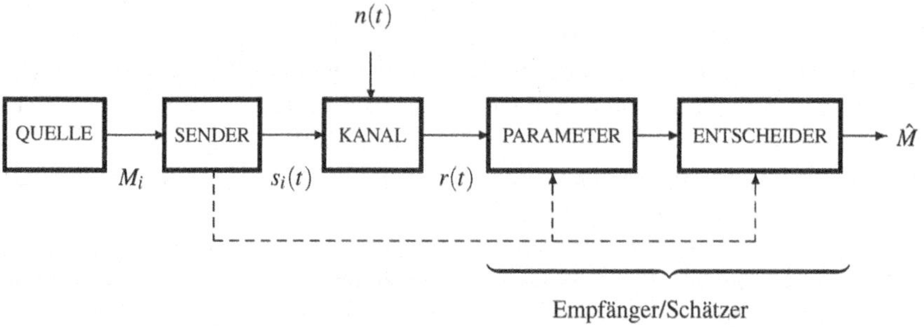

Abb. 1.4 Modellsystem zur Signalerkennung

Das Signalerkennungsproblem soll am Beispiel des Datensignals in Abb. 1.1 näher beschrieben werden. Das Detektionsproblem besteht hier in der Entscheidung, ob das im gestörten Empfangssignal enthaltene Nutzsignal die Amplitude +1 oder −1 besitzt. Es handelt sich dabei um den Fall der *binären Detektion*. Die Nachrichtenquelle liefert dabei eines von zwei Ereignissen. Bei einem Radarsystem, um ein anderes Beispiel zu nennen, sind diese Ereignisse z. B. die Fälle „Objekt im betrachteten Entfernungsbereich vorhanden" bzw. „Objekt in diesem Bereich nicht vorhanden". In Abb. 1.4 entspricht das den Ereignissen $M_1 = 0$ und $M_2 = 1$, für die der nachfolgende Sender die Signale $s_1(t)$ bzw. $s_2(t)$ liefert. Nun wird angenommen, dass alle Störquellen zusammengefasst werden können, so dass zu dem vom Sender stammenden Signal eine Störung $n(t)$, die Musterfunktion eines Störprozesses $N(t)$, im Kanal hinzuaddiert wird.

Das dem Empfänger zur Verfügung stehende gestörte Signal $r(t)$, ebenfalls die Musterfunktion eines Zufallsprozesses, kann man deshalb in der Form

$$r(t) = s_i(t) + n(t), \; i = 1,2\ldots \tag{1.1}$$

angeben. Das vom Empfänger zu lösende Detektionproblem besteht nun darin, die Entscheidung zu treffen, welches Signal – $s_1(t)$ oder $s_2(t)$ – gesendet wurde. Wegen der Störung wird diese Entscheidung mehr oder weniger fehlerbehaftet sein. Man bezeichnet die Entscheidung dafür, dass das eine bzw. das andere Signal gesendet wurde, als *Hypothese* des Empfängers.

1.1.2 Mustererkennung

Im Gegensatz zur Signalerkennung lässt sich das Nutzsignal bei der Mustererkennung in der Regel nicht mathematisch beschreiben. Es stammt aus einer physikalischen Quelle, die nicht von Menschenhand entworfen wurde. Damit sind im Nachrichtenübertragungssystem nach Abb. 1.3 die Entwurfsparameter des Senders nicht bekannt. Demzufolge kann man sie auch nicht zum Entwurf des Empfängers benutzen. Die Problematik des Detektionsproblems besteht bei der Mustererkennung also nicht wie bei der Signalerkennung darin, trotz der Störungen eine richtige Entscheidung über das gesendete Nutzsignal zu treffen, sondern auch bei fehlenden Störungen zu entscheiden, um welch ein Nutzsignal es sich beim gesendeten Signal handelt, das in seinen Parametern zunächst unbekannt ist. Diese Entscheidung erfolgt durch Zuordnung des Empfangssignals zu dem eine Signalklasse repräsentierenden *Cluster*, wie aus Abb. 1.5 ersichtlich wird.

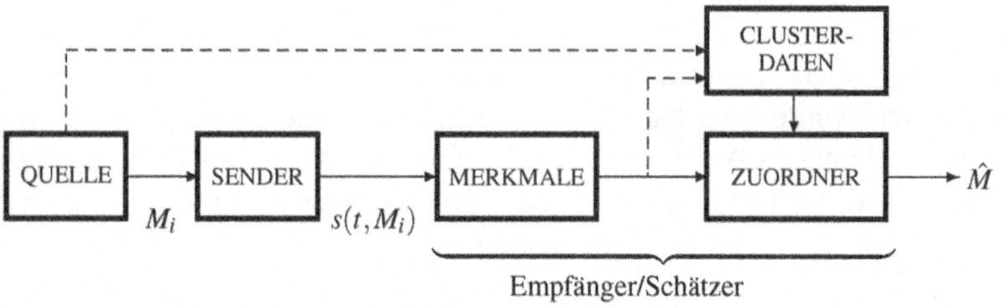

Abb. 1.5 Modellsystem zur Mustererkennung

Grundsätzlich hat der Schätzer oder Empfänger bei der Mustererkennung denselben Aufbau wie bei der Signalerkennung. Der Unterschied liegt hauptsächlich in der

Verfügbarkeit der Parameter zur Dimensionierung von Merkmalsextraktor und Zuordner und in der Tatsache, dass der Sender nicht determiniert arbeitet. Man denke nur an die personen- und zeitabhängige Artikulation von Wörtern wie in Abb. 1.2.

Das Cluster, das auch als *Ballung* bezeichnet wird, gewinnt man mit Hilfe eines *Trainingsdatensatzes* bzw. einer *Lernstichprobe* . Bei der Clusterbildung spricht man von *überwachtem Lernen*, wenn bekannt ist, zu welcher Klasse jedes der dem Cluster zuzuordnende Element der Trainingsdaten gehört. Ein Beispiel dafür sind Spracherkennungssysteme, bei denen man für einen bestimmten Wortschatz, für einen oder mehrere Sprecher oder auch sprecherunabhängig ein zugeschnittenes Erkennungssystem dimensioniert. In diesem Fall gilt die gestrichelte Verbindung in Abb. 1.5 zwischen der Quelle und dem Speicher für die Clusterdaten.

Wenn man über keine Trainingsdaten verfügt, deren Zuordnung zu den zu unterscheidenden Klassen bekannt ist, muss man die Cluster aus den Empfangsdaten selbst gewinnen, wobei man von *unüberwachtem Lernen* spricht. Ein Beispiel stellt die im vorigen Abschnitt erwähnte Schadenserkennung an Lagern an Hand von Lagergeräuschen dar. Die Clusterbildung bzw. Zuordnung zu einer Signalklasse erfolgt hier an Hand der Struktur der extrahierten *Merkmale*, die sich an bestimmten Stellen des Merkmalsraums konzentrieren. In diesem Fall gilt die gestrichelte Verbindung zwischen dem Entscheidereingang und dem Speicher für die Clusterdaten in Abb. 1.5.

Das Klassifikationsergebnis hängt entscheidend von der Auswahl der Merkmale ab. Leider gibt es kein Verfahren, das automatisch die optimalen Merkmale liefert, die z. B. zu einem Minimum der Fehlklassifikation führen. Es kommt deshalb wesentlich darauf an, geeignete Merkmale auf Grund der Kenntnis des zu lösenden Klassifikationsproblems auszuwählen. Dies gilt sowohl bei überwachtem als auch bei unüberwachtem Lernen der Cluster, ist bei unüberwachtem Lernen aber besonders gravierend, da man nicht sicher erkennen kann, ob die Ursache für eine hohe Fehlklassifikationsrate in der ungeschickten Auswahl der Merkmale begründet liegt. Neben der Fehlerrate bei der Klassifikation bestimmt die Auswahl der Merkmale auch den Aufwand bei der Realisierung des Empfängers.

Während die Auswahl der Merkmale entscheidend bei der Lösung des Mustererkennungsproblems ist, spielt die Signalparameterextraktion bei der Signalerkennung im Rauschen eine weniger wichtige Rolle. Das liegt daran, dass die Signalparameter bekannt sind, weil das im empfangenen Signal enthaltene Nutzsignal beim Entwurf des Übertragungssystems in Abhängigkeit z. B. vom Übertragungskanal dimensioniert wurde. Hier hat allenfalls die Genauigkeit der extrahierten Signalparameter und damit der Aufwand bei der Realisierung der Komponente zur Signalparameterextraktion einen Einfluss auf das Klassifikationsergebnis des Empfängers.

1.2 Estimation

Bei der Estimation unterscheidet man die Fälle der *Parameterschätzung* und der *Signalschätzung*. Während bei der Parameterschätzung die Quelle des Informationsübertragungssystems einen festen, d. h. *zeitunabhängigen* Wert q liefert, ist dieser Parameter im Falle der Signalschätzung *zeitabhängig*, d. h. ein Signal $q(t)$ bzw. $q(k)$, je nachdem, ob es sich um eine zeitkontinuierliche oder eine zeitdiskrete Quelle handelt. Aus Gründen der Genauigkeit und der Kosten werden nur zeitdiskrete Signalschätzsysteme realisiert, so dass in diesem Buch auch nur der zeitdiskrete Fall betrachtet wird. Das Quellensignal $q(k)$ ist eine Folge äquidistanter Abtastwerte mit dem Zeitparameter $k \in \mathbb{Z}$.

Der Sender ordnet dem Parameter q bzw. dem Nutzsignal $q(k)$ ein zur Übertragung geeignetes Sendesignal $s(t)$ zu, das von q bzw. $q(k)$ abhängt; z. B. könnte die Amplitude oder die Frequenz von $s(t)$ ein Maß für q bzw. $q(k)$ sein, so dass die Operation des Senders einer Modulation entspricht. Dies soll in der Bezeichnung $s(t,q)$ bzw. $s(t,q(k))$ für das Sendesignal zum Ausdruck kommen und ist in Abb. 1.6 veranschaulicht.

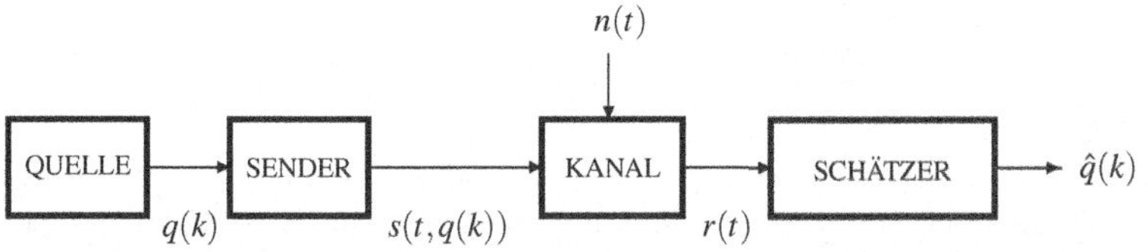

Abb. 1.6 Modellsystem zur Estimation

Im Kanal wird zum Sendesignal $s(t,q(k))$ die Musterfunktion $n(t)$ eines Störprozesses $N(t)$ addiert, so dass dem Empfänger das gestörte Signal

$$r(t) = s(t,q(k)) + n(t) \tag{1.2}$$

zur Verfügung steht, wobei im Fall der Parameterschätzung $q(k)$ mit $q(k) = q$ zeitunabhängig und im Fall der Signalschätzung zeitabhängig ist. Daraus wird erkennbar, dass die Parameterschätzung als Sonderfall der Signalschätzung betrachtet werden kann.

1.2.1 Parameterschätzung

Mit Hilfe des gestörten Empfangssignals $r(t)$ ist bei der Parameterschätzung der Parameter q zu schätzen, wobei der Schätzwert mit $\hat{q}$ bezeichnet wird. Wenn es sich um mehrere zu schätzende Parameter handelt, werden sie in einem Vektor $\mathbf{q}$ zusammengefasst

$$\mathbf{q} = (q_1, q_2, \dots q_K)^T, \tag{1.3}$$

was auf die *multiple* Parameterschätzung führt.

Ein Beispiel für die Parameterschätzung ist die Schätzung der Amplitude q eines verrauschten Signals

$$r(t) = q \cdot s(t) + n(t). \tag{1.4}$$

Mit dem Schätzwert $\hat{q}$ kann man Schwankungen der Signalamplitude, die man als Schwund oder *Fading* bezeichnet, ausgleichen.

Ein Beispiel für multiple Parameterschätzung ist die Bestimmung der Impulsantwort $h(t)$ eines unbekannten Übertragungskanals zur *Entzerrung* des Kanals. Wegen der begrenzten Bandbreite des Kanals wird die Impulsantwort durch einen Satz von Abtastwerten q_k beschrieben; da die Amplitude der Impulsantwort eines stabilen Kanals mit der Zeit abnimmt, kann man sie nach K Abtastwerten abbrechen. Damit erhält man

$$\begin{aligned} r(t) &= h(t) * s(t) + n(t) = \sum_{k=1}^{K} q_k \delta(t - kT) * s(t) + n(t) \\ &= \sum_{k=1}^{K} q_k \cdot s(t - kT) + n(t). \end{aligned} \tag{1.5}$$

Geht man davon aus, dass die Werte für den oder die Parameter q mit einer endlichen Stellenzahl quantisiert sind, so kann man die Parameterschätzung auch in eine Detektion überführen: Bei b Binärstellen ergeben sich 2^b unterschiedliche Zahlenwerte, die den M Ereignissen der multiplen Detektion entsprechen. Da $M = 2^b$ bei hinreichender Genauigkeit der Zahlendarstellung aber eine sehr große Zahl ist, handelt es sich um eine rein theoretische Überlegung.

Die Güte einer Schätzung wird an Hand des Fehlers $e = \hat{q} - q$ bzw. einer daraus abgeleiteten Größe – z. B. des minimalen mittleren quadratischen Fehlers – bewertet. Im Gegensatz zur Detektion, bei der eine Entscheidung nur richtig oder falsch sein kann, ist das Schätzergebnis bei der Parameterschätzung immer nur mehr oder weniger genau.

1.2.2 Signalschätzung

Gegenüber der Parameterschätzung ergibt sich bei der Signalschätzung aufgrund der Zeitabhängigkeit der zu schätzenden Größe eine Erweiterung der Aufgabenstellung.

Bei der Übertragung wird nach (1.2) $s(t, q(k))$ im Kanal additiv durch eine Musterfunktion $n(t)$ des Rauschprozesses $N(t)$ gestört, so dass dem Empfänger die Summe $r(t)$ aus dem Nutzsignal $s(t, q(k))$ und der Störung $n(t)$ zur Verfügung steht. Der Empfänger hat die Aufgabe, mit Hilfe von $r(t)$ einen Schätzwert $\hat{d}(k)$ zu bestimmen, der möglichst gut mit einem gewünschten Signal $d(k)$ übereinstimmt. Dieses Signal $d(k)$ ist ein aus $q(k)$ abgeleitetes Signal, im einfachsten Fall stimmt es mit $q(k)$ überein.

Neben dem speziellen Fall $d(k) = q(k)$ gibt es noch andere Transformationen von $q(k)$ in $d(k)$; hier sollen aber nur drei besonders wichtige Formen der linearen Transformation von $q(k)$ in $d(k)$ betrachtet werden:

1. Wenn das gewünschte Signal $d(k)$ nur vom aktuellen Wert und von vergangenen Werten von $q(k)$ abhängt, d. h. von $q(i)$ für $-\infty < i < k$, spricht man von *Filterung*. Der einfachste Fall dabei ist:
$$d(k) = q(k). \tag{1.6}$$
2. Wenn $d(k)$ von den Werten von $q(i)$ für $-\infty < i < k + \kappa$ mit $\kappa > 0$ abhängt, spricht man von *Prädiktion* oder auch *Extrapolation* [Win77]. Der einfachste Fall ist hier:
$$d(k) = q(k + \kappa), \ \kappa > 0. \tag{1.7}$$
Weil hier $d(k)$ von zukünftigen Werten von $q(k)$ abhängt, lässt sich dieses Problem nur für rauschfreie bekannte deterministische Signale $q(k)$ exakt lösen. In dem hier betrachteten Fall ist $q(k)$ als Nachrichtensignal aber stets die Musterfunktion eines Zufallsprozesses und damit stochastisch, so dass hier immer ein mehr oder weniger großer Fehler auftritt. Dieser Fehler hängt von den Eigenschaften des Signalprozesses $Q(k)$ ab, die sich z. B. in der Autokorrelationsfunktion ausdrücken. Im Extremfall eines weißen Prozesses ist die Prädiktion nicht möglich, da beliebig dicht aufeinanderfolgende Signalwerte statistisch unabhängig voneinander sind.
3. Hängt $d(k)$ von den Werten von $q(i)$ für $-\infty < i \leq k - \kappa$ mit $\kappa > 0$ ab, so spricht man von *Interpolation* oder *Glättung* [Win77]. Im Englischen ist dafür die Bezeichnung *smoothing* üblich. Im einfachsten Fall gilt:
$$d(k) = q(k - \kappa), \ \kappa > 0. \tag{1.8}$$
Zunächst erscheint dieser Fall trivial, wenn man die Kenntnis von $q(i)$ für $-\infty < i \leq k$ voraussetzt. Berücksichtigt man jedoch, dass lediglich die gestörte Version von $q(k)$ dem Empfänger zur Verfügung steht und dass bei einer Vergrößerung des Beobachtungsintervalls die Kenntnis über den Störprozess $N(k)$ anwächst, so wird deutlich, dass man den verzögerten Wert $q(k - \kappa)$ besser schätzen kann als den Wert $q(k)$ selbst.

Fasst man die Fälle (1.6), (1.7) und (1.8) zusammen, so erhält man (siehe Abb. 1.7):

$$d(k) = q(k + \kappa) \begin{cases} \kappa = 0 \text{ Filterung} \\ \kappa > 0 \text{ Prädiktion} \\ \kappa < 0 \text{ Interpolation.} \end{cases} \tag{1.9}$$

Wegen der Störungen $n(t)$ auf dem Kanal ist es grundsätzlich nicht möglich, das gewünschte Signal $d(k)$ aus dem gestörten Empfangssignal exakt zu bestimmen. Der Empfänger liefert vielmehr durch lineare Transformation von $r(t)$ den Schätzwert $\hat{d}(k)$.

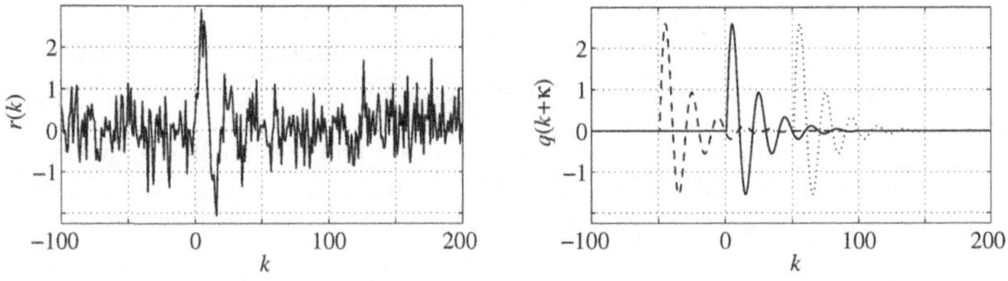

Abb. 1.7 Gestörtes Empfangssignal $r(t)$ und ideales gefiltertes (—), prädiziertes ($\kappa = 50$, - -) bzw. interpoliertes ($\kappa = -50$, $\cdots$) zeitdiskretes Signal (Hüllkurven)

1.3 Entwurfsansätze

Man unterscheidet zwei Ansätze, nach denen man ein System zur Lösung einer gestellten Aufgabe entwirft:

- Man gibt die Struktur des Systems – linear oder nichtlinear, zeitvariant oder zeitinvariant usw. – vor und dimensioniert diese Struktur im Sinne der gestellten Aufgabe.
- Die Struktur bleibt zunächst offen. Durch die Optimalitätskriterien für die gestellte Aufgabe erhält man eine Rechenvorschrift für die Verarbeitung der zur Verfügung stehenden Signale. Damit hat man auch die günstigste Struktur zur Lösung der gestellten Aufgabe gefunden.

Bei jedem Entwurf eines Systems, ob nach dem einen oder dem anderen Ansatz, braucht man ein Kriterium, das vom zu entwerfenden System in optimaler Weise erfüllt werden soll. Dieses Kriterium kann z. B. das maximal mögliche Signal-zu-Rauschverhältnis am Ausgang des Systems oder das Minimum der quadratischen Abweichung zwischen einer vorgegebenen und der vom System ermittelten Größe sein.

Um das System im Sinne des Kriteriums optimal entwerfen zu können, muss man Kenntnisse, die sogenannte A-priori-Information, über die zur Verfügung stehenden Nutzsignale und die Störsignale besitzen. Der notwendige Umfang dieser Kenntnisse hängt vom vorgegebenen Optimalitätskriterium ab. Die A-priori-Information kann z. B. darin bestehen, dass man über die Signalstatistik verfügt, also Dichtefunktionen und Leistungsdichten von Nutz- und Störsignal kennt. Häufig wird man aber nur eine *Stichprobe* der zu verarbeitenden Signale kennen; aus ihr kann man entweder die statistischen Parameter schätzen, die man zum Entwurf des Empfängers verwendet, oder man setzt die Stichprobe direkt beim Entwurf des Empfängers zur Berechnung seiner Parameter ein. Dabei kommt es wesentlich darauf an, dass die Stichprobe die Signalstatistik gut genug repräsentiert, d. h. die Auftrittswahrscheinlichkeiten der zu unterscheidenden Signalklassen stimmen mit den entsprechenden Häufigkeiten in der Stichprobe gut genug überein oder der Rückschluss auf den Gaußschen Charakter der Dichtefunktion des Prozesses ist aus der Stichprobe mit hinreichender Sicherheit möglich. Ob diese Forderungen erfüllt werden oder nicht, hängt auch vom Umfang der Stichprobe ab. Wenn man detailreiche Aussagen z. B. in Form der Dichtefunktion benötigt, wird die Anzahl der notwendigen Stichprobenwerte viel größer sein müssen als im Falle globalerer Aussagen über den Signalprozess, wie sie in der Korrelationsfunktion oder der Leistungsdichte zum Ausdruck kommen. Es ist aber nicht möglich, hier allgemeingültige Aussagen zu machen. Man wird den Erfolg des Entwurfs letztlich nur mit Hilfe einer *Teststichprobe* überprüfen können. Auf die hier angesprochene Problematik soll im Rahmen dieses Buches jedoch nicht näher eingegangen werden.

Fasst man die genannten Gesichtspunkte für die Entwurfsansätze zusammen, so erhält man:

- **Struktur**: Die Struktur wird vorgegeben – z. B. als lineares, zeitinvariantes System mit der Impulsantwort $h(k)$ oder als lineares Parameterschätzsystem, bei dem eine Linearkombination des Eingangsvektors das Schätzergebnis liefert – oder bleibt zunächst offen.
- **Kriterium**: Das Kriterium – z. B. maximales Signal-zu-Rauschverhältnis am Ausgang des Systems zu einem vorgegebenen Zeitpunkt – soll vom System in optimaler Weise erfüllt werden.
- **Kenntnis der Signale**: In Abhängigkeit vom Optimalitätskriterium benötigt man Kenntnisse der auftretenden Nutz- und Störsignale. Beim Kriterium des maximalen Signal-zu-Rauschverhältnisses benötigt man z. B. den Verlauf des Nutzsignals $s(k)$ und die Korrelationsfunktion des Störprozesses. Bei Problemen der Mustererkennung muss man die den Ereignissen zugeordneten *Cluster* kennen.

Ein wesentlicher Nachteil des Entwurfsansatzes mit vorgegebener Struktur gegenüber dem Ansatz ohne vorgegebene Struktur liegt darin, dass man nicht weiß, ob die Struktur geeignet ist, das Kriterium optimal zu erfüllen. Es könnte z. B. sein, dass man mit einem *nichtlinearen* System ein viel größeres Signal-zu-Rauschverhältnis erzielen kann als mit einem *linearen* System.

Um diesen Nachteil zu umgehen, könnte man die allgemeinste denkbare Struktur vorgeben, d. h. ein beliebiges nichtlineares, zeitvariables System. Für ein derartiges System gibt es jedoch keine geschlossene mathematische Beschreibung, so dass man das Ausgangssignal des Systems nicht in allgemeiner Form wie bei linearen, zeitinvarianten Systemen mit Hilfe des Faltungsintegrals angeben kann. Gibt man die Struktur des Systems nicht vor, so erhält man beim Entwurfsprozess eine mathematische Vorschrift zur Verarbeitung der verfügbaren Signale, welche die optimale Systemstruktur für das gegebene Kriterium einschließt. Deshalb wäre dieser Entwurfsansatz grundsätzlich vorzuziehen. In der Praxis ist die Struktur aus technischen Gründen jedoch nicht immer wählbar oder die Herleitung des optimalen Systems wird bei diesen allgemeinen Annahmen zu aufwändig, so dass man z. B. eine lineare Struktur oder – noch weiter eingeschränkt - eine solche mit endlicher Impulsantwort vorschreibt.

Kapitel 2
Grundbegriffe der Statistik

In diesem Kapitel sollen die wesentlichen Begriffe der Statistik und der Systemtheorie aufgeführt werden, soweit man sie im Rahmen dieses Buches benötigt. Dabei wird auf Vollständigkeit und ausführliche Behandlung verzichtet und auf die Literatur, z. B. [Pap65], [Kre68], [Han83], verwiesen.

Bei der Beschreibung von Zufallsvariablen und Zufallsprozessen muss man zwischen diesen selbst und ihren *Realisierungen* unterscheiden. Häufig werden in der Nomenklatur deshalb verschiedene Symbole für die Zufallsvariablen und -prozesse und ihre Realisierungen verwendet, wie z. B. auch in der DIN 13 303. Dort werden wie in der Mathematik üblich und auch in manchen Büchern – z. B. in [Lee88], [Boh93] – für die Zufallsvariablen große, für deren Realisierungen kleine Buchstaben verwendet. In der Informationstechnik hat sich eingebürgert, Zeitsignale mit kleinen Buchstaben zu bezeichnen, während große Buchstaben der Bezeichnung von deren Spektren dienen. Dies könnte zu Problemen führen, wenn man z. B. unter $N(k)$ ein Spektrum versteht. Aus dem Textzusammenhang und durch die Parametrierung mit k wird aber klar, dass es sich um eine zeitabhängige Funktion handelt, so dass letztlich keine Verständnisprobleme auftreten dürften. Die verwendete Nomenklatur entspricht soweit wie möglich den Empfehlungen der DIN 13 303, die übrigen Bezeichnungen wurden der internationalen Literatur entnommen.

2.1 Zufallsvariable

Im ersten Kapitel wurde davon ausgegangen, dass alle Signale dem Abtasttheorem folgend durch *Abtastwerte* dargestellt werden. Stammen diese Abtastwerte von der Musterfunktion eines Zufallsprozesses, z. B. einem Sprachsignal, stellen sie die Realisierung einer *Zufallsvariablen* dar. Die mit X bezeichnete Zufallsvariable wird vollständig durch ihre *Wahrscheinlichkeitsdichte* oder kurz Dichte $f_X(x)$ beschrieben. Für Dichten gilt allgemein, dass sie stets positiv sind

$$f_X(x) \geq 0 \quad \forall\, x \tag{2.1}$$

und dass für das Integral über die Dichte

$$\int_{-\infty}^{\infty} f_X(x)\,dx = 1 \tag{2.2}$$

gilt, weil für die Wahrscheinlichkeit P, dass die Zufallsvariable X irgendeinen Wert im Intervall $-\infty < x < +\infty$ annnimmt, $P = 1$ gilt.

Eine der wichtigsten Dichtefunktionen ist die *Gaußdichte*, die durch zwei Bestimmungsstücke, den *Mittelwert* $\mu = \mu_X$ und die *Varianz* $\mathrm{Var}(X) = \sigma^2 = \sigma_X^2$, vollständig beschrieben wird:

$$f_X(x) = \frac{1}{\sqrt{2\pi}\cdot\sigma_X}\exp\Big(-\frac{(x-\mu_X)^2}{2\sigma_X^2}\Big). \tag{2.3}$$

Die Bestimmungsstücke Mittelwert und Varianz, für die man sich auch bei Zufallsvariablen mit einer anderen als der Gaußdichte interessiert, ohne sie i. Allg. direkt aus der Dichte ablesen zu können, lassen sich mit Hilfe der Berechnung von *Erwartungswerten* bestimmen. Unter dem Erwartungswert der Funktion $g(X)$ einer Zufallsvariablen X, die damit selbst eine Zufallsvariable wird, versteht man das Integral

$$\mathrm{E}\{g(X)\} = \int_{-\infty}^{\infty} g(x) f_X(x)\,dx. \tag{2.4}$$

Setzt man im Integranden $g(x) = x$, so erhält man den Mittelwert $\mathrm{E}\{X\} = \mu$. Für $g(x) = (x-\mu)^2$ erhält man die Varianz $\mathrm{E}\{(X-\mu)^2\} = \mathrm{Var}(X) = \sigma^2$, und mit $g(x) = 1$ geht (2.4) in (2.2) über. Wie sich später noch zeigen wird, kann man mit dem Erwartungswert auch die dynamischen Eigenschaften von Prozessen in Form der Korrelationsfunktionen beschreiben.

Betrachtet man eine Zeitfunktion nicht nur zu einem Zeitpunkt k, d. h. entnimmt man ihr nicht nur einen Abtastwert, sondern über ein Zeitintervall, das N Abtastwerte enthält, und fasst diese Abtastwerte zu einem Vektor zusammen, so ist dieser Vektor der Repräsentant eines Zufallsvektors $\mathbf{X}$:

$$\mathbf{X} = \begin{pmatrix} X_1 \\ X_2 \\ \vdots \\ X_N \end{pmatrix}. \tag{2.5}$$

Die transponierte Version von $\mathbf{X}$ wird mit $\mathbf{X}^T$ bezeichnet

$$\mathbf{X}^T = \big(X_1, X_2, \cdots, X_N\big), \tag{2.6}$$

d. h. es sollen hier Spaltenvektoren verwendet werden.

Für den Vektor $\mathbf{X}$ der Zufallsvariablen X_i lässt sich eine *mehrdimensionale Dichte* angeben. Bei diesen mehrdimensionalen Dichten spielt diejenige eine besondere Rolle, bei der die Komponenten X_i des Zufallsvariablenvektors $\mathbf{X}$ eine Gaußdichte besitzen. Zur Bestimmung der Dichte von $\mathbf{X}$ benötigt man den Vektor der Mittelwerte der Komponenten. Mit (2.4) gilt:

$$\boldsymbol{\mu} = \mathrm{E}\{\mathbf{X}\}. \tag{2.7}$$

Ferner braucht man die *Kovarianzmatrix*

$$\begin{aligned}\mathbf{C}_{\mathbf{XX}} &= \mathrm{E}\{(\mathbf{X}-\boldsymbol{\mu})(\mathbf{X}-\boldsymbol{\mu})^T\} \\ &= \mathrm{E}\{\mathbf{X}\cdot\mathbf{X}^T\} - \boldsymbol{\mu}\cdot\boldsymbol{\mu}^T = \mathbf{R}_{\mathbf{XX}} - \boldsymbol{\mu}\cdot\boldsymbol{\mu}^T,\end{aligned} \tag{2.8}$$

die die Stelle der Varianz bei eindimensionalen Dichten einnimmt; $\mathbf{R}_{\mathbf{XX}}$ ist die *Korrelationsmatrix* und entspricht dem quadratischen Mittelwert. Für die Dichte $f_{\mathbf{X}}(\mathbf{x})$ von $\mathbf{X}$ gilt damit:

$$f_{\mathbf{X}}(\mathbf{x}) = \frac{1}{\sqrt{(2\pi)^N\cdot|\mathbf{C}_{\mathbf{XX}}|}}\exp\left(-\frac{1}{2}(\mathbf{x}-\boldsymbol{\mu})^T\mathbf{C}_{\mathbf{XX}}^{-1}(\mathbf{x}-\boldsymbol{\mu})\right), \tag{2.9}$$

wobei der Zufallsvektor $\mathbf{X}$ bzw. seine Realisierung $\mathbf{x}$ nach (2.5) die Dimension N aufweist. Für unkorrelierte Zufallsvariable X_i ist $\mathbf{C}_{\mathbf{XX}}$ eine Diagonalmatrix, so dass die Inversion der Matrix trivial wird. Damit gilt für (2.9):

$$f_{\mathbf{X}}(\mathbf{x}) = \prod_{i=1}^{N} f_{X_i}(x_i). \tag{2.10}$$

Mit Hilfe der Dichten lassen sich *Wahrscheinlichkeiten* von Ereignissen berechnen. Bezeichnet man das Ereignis mit M, so ist $P(M)$ die Wahrscheinlichkeit seines Auftretens. Besteht das Ereignis M darin, dass eine Gaußsche Zufallsvariable größer als eine Zahl γ ist, so gilt mit $\sigma_X = \sigma$ und $\mu_X = \mu$ in (2.3):

$$\begin{aligned}P(M) = P\{X \geq \gamma\} &= \int_{\gamma}^{\infty} f_X(x)\,dx = \int_{\gamma}^{\infty}\frac{1}{\sqrt{2\pi}\cdot\sigma}\exp\left(-\frac{(x-\mu)^2}{2\sigma^2}\right)dx \\ &= \int_{\frac{\gamma-\mu}{\sigma}}^{\infty}\frac{1}{\sqrt{2\pi}}\exp(-\frac{x^2}{2})\,dx.\end{aligned} \tag{2.11}$$

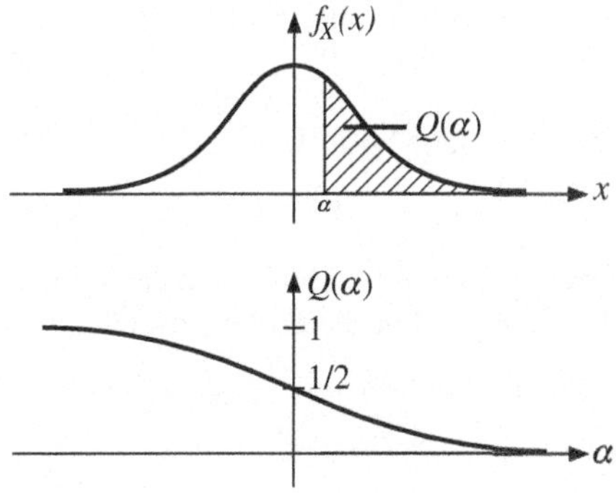

Abb. 2.1 Definition der Q-Funktion

Dieses Integral über die Gaußdichte mit der Varianz $\sigma^2 = 1$ und dem Mittelwert $\mu = 0$ von einer unteren Grenze bis ∞ hat die Bezeichnung *Q-Funktion*. Es ist nicht geschlossen lösbar, lässt sich jedoch mit Hilfe von Tabellen, z. B. [Abr65], [Jah60], oder über die in Programmen der numerischen Mathematik verfügbare Fehlerfunktion [Abr65] $\mathrm{erf}(\alpha)$ bestimmen. Es gilt:

$$\int_{\alpha}^{\infty} \frac{1}{\sqrt{2\pi}} \exp(-\frac{x^2}{2})\, dx = Q(\alpha) = \frac{1}{2}\left(1 - \mathrm{erf}(\alpha/\sqrt{2})\right). \tag{2.12}$$

Zur Veranschaulichung dieses Integrals dient Abb. 2.1. Sie zeigt, dass mit (2.12)

α	$Q(\alpha)$	α	$Q(\alpha)$	α	$Q(\alpha)$	α	$Q(\alpha)$	α	$Q(\alpha)$
0,0	$5{,}00 \cdot 10^{-1}$	1,0	$1{,}59 \cdot 10^{-1}$	2,0	$2{,}28 \cdot 10^{-2}$	3,0	$1{,}35 \cdot 10^{-3}$	4,0	$3{,}17 \cdot 10^{-5}$
0,2	$4{,}21 \cdot 10^{-1}$	1,2	$1{,}15 \cdot 10^{-1}$	2,2	$1{,}39 \cdot 10^{-2}$	3,2	$6{,}87 \cdot 10^{-4}$	4,2	$8{,}54 \cdot 10^{-6}$
0,4	$3{,}45 \cdot 10^{-1}$	1,4	$8{,}11 \cdot 10^{-2}$	2,4	$8{,}20 \cdot 10^{-3}$	3,4	$3{,}37 \cdot 10^{-4}$	4,4	$5{,}41 \cdot 10^{-6}$
0,6	$2{,}74 \cdot 10^{-1}$	1,6	$5{,}48 \cdot 10^{-2}$	2,6	$4{,}66 \cdot 10^{-3}$	3,6	$1{,}59 \cdot 10^{-4}$	4,6	$2{,}11 \cdot 10^{-6}$
0,8	$2{,}12 \cdot 10^{-1}$	1,8	$3{,}59 \cdot 10^{-2}$	2,8	$2{,}55 \cdot 10^{-3}$	3,8	$7{,}23 \cdot 10^{-5}$	4,8	$7{,}93 \cdot 10^{-7}$

Tab. 2.1 Einige Werte von $Q(\alpha)$ bei vorgegebenem α

die besonderen Werte $Q(-\infty) = 1$, $Q(0) = \frac{1}{2}$ und $Q(+\infty) = 0$ gelten. Daraus folgt mit (2.11) stets $0 \leq P(M) \leq 1$. Einige Werte der Funktion $Q(\alpha)$ bei vorgegebenem α sind in Tab. 2.1, einige Werte von α für vorgegebene Werte vom $Q(\alpha)$ sind in Tab. 2.1 zusammengestellt. Dabei wurden Werte im Bereich $10^{-1} \geq Q(\alpha) \geq 10^{-6}$ gewählt, die bei der Datenübertragung von Interesse sind. Werte von $Q(\alpha)$ mit negativem Argument α erhält man mit $Q(-\alpha) = 1 - Q(\alpha)$, wie man aus Abb. 2.1 ablesen kann.

$Q(\alpha)$	α	$Q(\alpha)$	α	$Q(\alpha)$	α	$Q(\alpha)$	α	$Q(\alpha)$	α
$8 \cdot 10^{-2}$	1,40	$8 \cdot 10^{-3}$	2,41	$8 \cdot 10^{-4}$	3,16	$8 \cdot 10^{-5}$	3,78	$8 \cdot 10^{-6}$	4,32
$6 \cdot 10^{-2}$	1,55	$6 \cdot 10^{-3}$	2,51	$6 \cdot 10^{-4}$	3,24	$6 \cdot 10^{-5}$	3,85	$6 \cdot 10^{-6}$	4,38
$4 \cdot 10^{-2}$	1,75	$4 \cdot 10^{-3}$	2,65	$4 \cdot 10^{-4}$	3,35	$4 \cdot 10^{-5}$	3,94	$4 \cdot 10^{-6}$	4,47
$2 \cdot 10^{-2}$	2,05	$2 \cdot 10^{-3}$	2,88	$2 \cdot 10^{-4}$	3,54	$2 \cdot 10^{-5}$	4,11	$2 \cdot 10^{-6}$	4,61
$1 \cdot 10^{-2}$	2,33	$1 \cdot 10^{-3}$	3,09	$1 \cdot 10^{-4}$	3,72	$1 \cdot 10^{-5}$	4,27	$1 \cdot 10^{-6}$	4,75

Tab. 2.2 Einige Werte von α bei vorgegebenem $Q(\alpha)$

Man kann die Q-Funktion auch durch geschlossen darstellbare Funktionen abschätzen [Woz68], wie Abb. 2.2 zeigt. Für die grobe Abschätzung nach oben gilt:

$$Q(\alpha) \leq \frac{1}{2} e^{-\alpha^2/2}. \tag{2.13}$$

Die Q-Funktion lässt sich auch folgendermaßen durch eine feine Abschätzung für große Werte von α nach oben und unten eingrenzen:

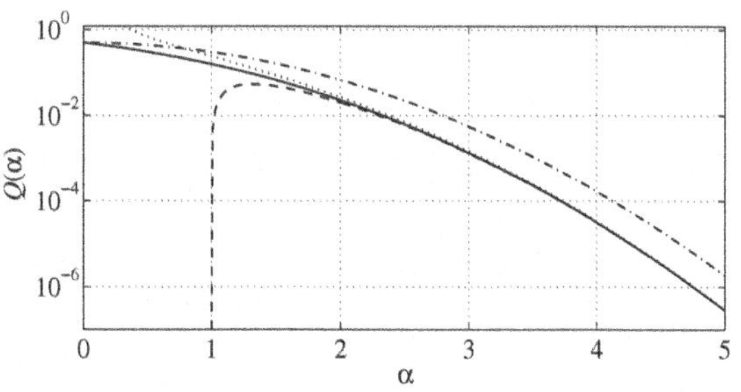

Abb. 2.2 Q-Funktion (—) und grobe Abschätzung (- ·). Eingrenzung nach oben (· · ·) und nach unten (- -)

$$\frac{1}{\sqrt{2\pi}\alpha}\left(1-\frac{1}{\alpha^2}\right)e^{-\alpha^2/2} \leq Q(\alpha) \leq \frac{1}{\sqrt{2\pi}\alpha}e^{-\alpha^2/2} \tag{2.14}$$

Untersucht man das Auftreten zweier Ereignisse M_1 und M_2, die jeweils mit den Wahrscheinlichkeiten nach (2.11) auftreten, im Verbund, so interessiert man sich für die Auftrittswahrscheinlichkeit $P(M_1,M_2)$ des zusammengesetzten Ereignisses oder *Verbundereignisses*. Die Berechnung dieser Wahrscheinlichkeit hängt davon ab, ob diese Ereignisse *statistisch abhängig* oder *unabhängig* sind. Sind sie voneinander unabhängig, so gilt

$$P(M_1,M_2) = P(M_1) \cdot P(M_2), \tag{2.15}$$

sind sie voneinander abhängig, so gilt

$$P(M_1,M_2) = P(M_1) \cdot P(M_2|M_1) = P(M_2) \cdot P(M_1|M_2), \tag{2.16}$$

wobei $P(M_i|M_j)$ eine *bedingte Wahrscheinlichkeit* bezeichnet, die angibt, mit welcher Wahrscheinlichkeit das Ereignis M_i auftritt, wenn das Ereignis M_j bereits eingetreten ist. Umformung von (2.16) liefert die *Bayes-Regel* [Woz68]:

$$P(M_1|M_2) = \frac{P(M_1) \cdot P(M_2|M_1)}{P(M_2)}. \tag{2.17}$$

Hängt das Auftreten eines Ereignisses $M_1 = M$ nicht von einem anderen Ereignis M_2, sondern von dem bestimmten Wert x einer Zufallsvariablen X ab, so erhält man statt (2.17) die *gemischte Form der Bayes-Regel* :

$$P(M|x) = \frac{P(M) \cdot f_{X|M}(x|M)}{f_X(x)}. \tag{2.18}$$

Nach (2.11) kann man die Wahrscheinlichkeit eines Ereignisses mit Hilfe der Dichte der entsprechenden Zufallsvariablen berechnen, so dass auch die Wahrscheinlichkeit $P(M_1,M_2)$ des Verbundereignisses als Integral über die zugehörige Dichtefunktion ausgedrückt werden kann. Dazu benötigt man die Verbunddichte $f_{X,Y}(x,y)$ der zugehörigen Zufallsvariablen. Diese lässt sich bei statistisch unabhängigen Variablen entsprechend (2.15) berechnen:

$$f_{X,Y}(x,y) = f_X(x) \cdot f_Y(y). \tag{2.19}$$

Sind die Variablen statistisch abhängig, so gilt wie bei (2.16):

$$f_{X,Y}(x,y) = f_X(x) \cdot f_{Y|X}(y|x) = f_Y(y) \cdot f_{X|Y}(x|y). \tag{2.20}$$

2.2 Zufallsprozesse

Eingangs wurde gesagt, dass informationstragende Signale und auch die sich ihnen überlagernden Störungen Realisierungen oder *Musterfunktionen* von *Zufallsprozessen* sind. Deshalb interessiert man sich nicht nur für die Dichten von Zufallsvariablen sondern auch für die statistischen Eigenschaften dieser Prozesse. Darunter versteht man die statistischen Abhängigkeiten des Prozesses zu aufeinanderfolgenden Zeitpunkten. Hier sollen nur *zeitdiskrete* Prozesse betrachtet werden, d. h. der Zeitparameter k ist hier diskret. Dies wird damit begründet, dass die Realisierung von Systemen zur Informationsverarbeitung aus Preisgründen und wegen der geforderten Genauigkeit mehr oder weniger ausschließlich in digitaler Technik erfolgt.

Dies gilt auch angesichts der Tatsache, dass zu verarbeitende Signalprozesse wie Sprache, Musik, aber auch Bilder zunächst analog sind. Aber auch ein zeitkontinuierlicher Prozess wie das Rauschen auf dem Übertragungskanal kann als zeitdiskreter Prozess beschrieben werden, wenn man von der *Bandbegrenzung* des Prozesses ausgeht. Man mag dagegen einwenden, dass man üblicherweise das Rauschen auf dem Kanal idealisierend als weiß, also als nicht bandbegrenzt annimmt, in der technischen Praxis sind jedoch alle Prozesse bandbegrenzt, da sowohl das Sendesignal aus Gründen der Bandbreitenökonomie wie auch das Empfangssignal aus Gründen der Störreduktion bandbegrenzt werden. Damit kann man aber das *Abtasttheorem* anwenden. Ist das Signal oder der Prozess auf die maximale Frequenzkomponente f_{max} begrenzt, so kann man den Prozess ohne Informationsverlust mit der Frequenz $f_A = 2f_{max}$ abtasten und durch seine Abtastwerte im zeitlichen Abstand von $T_A = 1/f_A$ beschreiben; für die Musterfunktion $n(t)$ des Störprozesses gilt demnach $n(k) = n(t)|_{t=k \cdot T_A}$.

Ein Prozess $X(k)$ wird in seinen dynamischen Eigenschaften durch die statistische Abhängigkeit zu aufeinanderfolgenden Zeitpunkten k_1 und k_2 beschrieben, die sich durch die *Kovarianzfunktionen* ausdrücken lässt. Überträgt man diese Betrachtung auf zwei Prozesse $X(k)$ und $Y(k)$, so gelangt man zur *Kreuzkovarianzfunktion*:

$$\begin{aligned} c_{XY}(k_1,k_2) &= E\{(X(k_1) - \mathrm{E}\{X(k_1)\}) \cdot (Y(k_2) - \mathrm{E}\{Y(k_2)\})\} \\ &= \int_{-\infty}^{\infty}\int_{-\infty}^{\infty} (x(k_1) - \mathrm{E}\{X(k_1)\}) \cdot (y(k_2) - \mathrm{E}\{Y(k_2)\}) \cdot \\ &\qquad \cdot f_{XY}(x,k_1;y,k_2)\,dx\,dy. \end{aligned} \tag{2.21}$$

Für $X = Y$ erhält man daraus die *Autokovarianzfunktion* $c_{XX}(k_1,k_2)$.

Mit dieser allgemeinen Definition der Kovarianzfunktion kann man in der Praxis wenig anfangen: Man müsste die Dichte $f_{XY}(x,k_1;y,k_2)$ bzw. $f_{XX}(x,k_1;x,k_2)$ zu jedem Zeitpunktepaar (k_1,k_2) kennen. Deshalb betrachtet man nur sogenannte streng und schwach *stationäre* Prozesse. Bei *strenger* Stationarität sind alle Dichtefunktionen zeitunabhängig, bei *schwacher* Stationarität gilt die in der Praxis viel leichter nachprüfbare Eigenschaft, dass nur die Momente erster und zweiter Ordnung, d. h. der Mittelwert und die Varianz, zeitunabhängig sind. Daraus folgt mit (2.21) für die Autokovarianzfunktion, dass sie nur von der Zeitdifferenz $\kappa = k_2 - k_1$ abhängt:

$$c_{XX}(\kappa) = \mathrm{E}\{(X(k) - \mu_X) \cdot (X(k-\kappa) - \mu_X)\}. \tag{2.22}$$

Wenn man bei der Berechnung der Erwartungswerte in (2.21) bzw. (2.22) auf die Subtraktion der Mittelwerte verzichtet, erhält man die entsprechenden, in der Literatur der Ingenieurwissenschaften als *Korrelationsfunktionen* bezeichneten Ausdrücke, die strenggenommen als Momentenfunktionen zweiter Ordnung zu bezeichnen sind [Boe93]. Für die Autokorrelationsfunktion eines stationären Prozesses gilt dann:

$$r_{XX}(\kappa) = \mathrm{E}\{X(k) \cdot X(k-\kappa)\}. \tag{2.23}$$

Für $\kappa = 0$ nimmt die Autokorrelationsfunktion nach (2.23) den quadratischen Mittelwert des Prozesses an, der gleich der Summe aus der Varianz und dem Quadrat des Mittelwerts ist:

$$r_{XX}(0) = \mathrm{E}\{X^2(k)\} = \sigma_X^2 + \mu_X^2. \tag{2.24}$$

Zwischen Kovarianzfunktion und Korrelationsfunktion stationärer Prozesse besteht demnach der Zusammenhang:

$$c_{XX}(\tau) = r_{XX}(\tau) - \mu_X^2. \tag{2.25}$$

Aus (2.25) und (2.24) folgt für die Varianz

$$\mathrm{Var}(X) = c_{XX}(0) = \sigma_X^2. \tag{2.26}$$

Für Prozesse, die mindestens schwach stationär sind, kann man aus den Korrelationsfunktionen nach dem *Wiener-Khintchine-Theorem* die zugehörigen *Leistungsdichten* berechnen. Für die Leistungsdichte des Prozesses $X(k)$ gilt mit der normierten Frequenz $\Omega = 2\pi f/f_A = \omega/f_A = \omega T_A$:

$$S_{XX}(e^{j\Omega}) = \sum_{\kappa=-\infty}^{\infty} r_{XX}(\kappa)\, e^{-j\Omega\kappa}, \tag{2.27}$$

d. h. die Leistungsdichte $S_{XX}(e^{j\Omega})$ ist die zeitdiskrete *Fourier-Transformierte* der zugehörigen Korrelationsfunktion $r_{XX}(\kappa)$. Umgekehrt gilt für die Autokorrelationsfunktion:

$$r_{XX}(\kappa) = \frac{1}{2\pi} \int_{-\pi}^{\pi} S_{XX}(e^{j\Omega})\, e^{j\Omega\kappa} d\Omega. \tag{2.28}$$

Falls bei der Berechnung der zeitdiskreten Fourier-Transformation Konvergenzprobleme auftreten, verwendet man die *z-Transformation* bzw. ihre Inverse [Kam92]

$$S_{XX}(z) = \sum_{\kappa=-\infty}^{\infty} r_{XX}(\kappa)\, z^{-\kappa}, \qquad r_{XX}(\kappa) = \frac{1}{2\pi j} \oint_C S_{XX}(z)\, z^{\kappa-1} dz \tag{2.29}$$

mit dem geschlossenen Integrationsweg C im Konvergenzgebiet von $S_{XX}(z)$; bei *stabilen*, d. h. abklingenden Funktionen $r_{XX}(\kappa)$ ist dies der Einheitskreis.

Damit lassen sich auch Modellprozesse wie der *weiße Prozess* im Zeit- und Frequenzbereich beschreiben:

$$\begin{aligned} r_{XX}(\kappa) &= N_w \cdot \delta(\kappa) \\ S_{XX}(e^{j\Omega}) &= N_w, \quad -\pi < \Omega < +\pi. \end{aligned} \tag{2.30}$$

N_w ist die *Rauschleistungsdichte* mit der Einheit V^2/Hz [Mid60].

Bei der Berechnung der Bestimmungsstücke eines Prozesses wie dem Mittelwert oder der Kovarianzfunktion wurde vorausgesetzt, dass man die Dichtefunktion kennt. Dies ist notwendig, da in der Dichtefunktion die Information über *alle* Musterfunktionen, die in ihrer Gesamtheit den Prozess beschreiben, enthalten ist. In der Praxis wird man aber oft nur *eine* Musterfunktion kennen. Deshalb geht man von der Hypothese aus, dass das verfügbare Messsignal, d. h. eine Musterfunktion des Prozesses, den gesamten Prozess repräsentiert. Man spricht in diesem Fall von der *Ergodenhypothese*, die natürlich nur für stationäre Prozesse gelten kann.

Wenn die Annahme des stationären Prozesses eine erste Spezialisierung darstellte, so handelt es sich bei der Ergodizität um eine weitere Spezialisierung, die allerdings notwendig ist, um in der technischen Praxis statistische Verfahren anwenden zu können. Es handelt sich um eine Hypothese, weil man nicht beweisen kann, dass die eine verfügbare Musterfunktion den gesamten Prozess repräsentiert, so dass man aus ihr alle den Prozess beschreibenden statistischen Parameter extrahieren kann. Bei Gültigkeit der Ergodenhypothese gilt für den Mittelwert des Prozesses $X(k)$ mit der Musterfunktion $x(k)$

$$\mu_X = \mathrm{E}\{X\} = \lim_{K\to\infty} \frac{1}{2K+1} \sum_{k=-K}^{K} x(k), \tag{2.31}$$

für die Varianz

$$\sigma_X^2 = \mathrm{E}\{(X-\mu_X)^2\} = \lim_{K\to\infty} \frac{1}{2K+1} \sum_{k=-K}^{K} x^2(k) - \mu_X^2 \tag{2.32}$$

und für die Kreuzkorrelationsfunktion

$$r_{XY}(\kappa) = \mathrm{E}\{X(k)\cdot Y(k-\kappa)\} = \lim_{K\to\infty} \frac{1}{2K+1} \sum_{k=-K}^{K} x(k)\cdot y(k-\kappa). \tag{2.33}$$

Die übrigen statistischen Parameter lassen sich in entsprechender Weise bestimmen. Bei der Auswertung der Grenzübergänge treten in der Praxis Probleme auf. Man wird deshalb die Grenzübergänge nicht ausführen, sondern die Integration über ein beschränktes Zeitintervall erstrecken. Damit erhält man aber nur *Schätzwerte* der wahren Größen. Bei der Parameterschätzung wird dieses Thema deshalb noch einmal aufgegriffen.

2.3 Transformationen

In einem signalverarbeitendenden System werden Zufallsprozesse einer Transformation unterworfen, die den Charakter des Prozesses ändern: Durch die Filterung in einem Tiefpass wird aus dem weißen Störprozess ein farbiger Prozess mit anderer Korrelationsfunktion und Leistungsdichte. Ähnlich wird aus dem Abtastwert, der eine Zufallsvariable mit einer bestimmten Dichtefunktion repräsentiert, bei Transformation z. B. über eine Begrenzerkennlinie eine Zufallsvariable mit geänderter Dichtefunktion. Insbesondere interessiert im Rahmen dieses Buches die Transformation von Zufallsvariablen und Prozessen durch *lineare Systeme*.

2.3.1 Transformation von Zufallsvariablen

Bei der Transformation der Zufallsvariablen X mit der Dichte $f_X(x)$ durch das nichtdynamische System mit der Kennlinie $y = g(x)$ ist die Dichte $f_Y(y)$ am Ausgang des Systems zu bestimmen.

Die Berechung von $f_Y(y)$ beruht auf der in Abb. 2.3 veranschaulichten Überlegung: Durch die Abbildungs- oder Transformationsvorschrift $y = g(x)$ wird einer jeden Menge von x-Werten eine bestimmte Menge von y-Werten zugeordnet. Die Wahrscheinlichkeiten für das Auftreten von Ereignissen dürfen sich durch die Transformation nicht ändern, d. h. die Wahrscheinlichkeit für das Auftreten eines auf der Menge der Zufallsvariablen X definierten Ereignisses muss gleich der Wahrscheinlichkeit für das Auftreten desjenigen Ereignisses sein, das auf der mit $g(x)$ transformierten Menge der Werte der Zufallsvariablen Y definiert ist. Dies gilt insbesondere für die in Abb. 2.3 veranschaulichten *differentiellen Wahrscheinlichkeiten* [Lin73]:

$$f_X(x)\,|dx| = f_Y(y)\,|dy|. \tag{2.34}$$

Damit ist aber eine Bestimmungsgleichung für die gesuchte Dichte $f_Y(y)$ gegeben:

$$f_Y(y) = \left|\frac{dx}{dy}\right| f_X(x)\bigg|_{x=g^{-1}(y)} = \frac{1}{|g'(x)|} f_X(x)\bigg|_{x=g^{-1}(y)}. \tag{2.35}$$

Bei dieser Betrachtung wurde vorausgesetzt, dass die Transformationsbeziehung $y = g(x)$ eineindeutig ist. Wenn dies nicht zutrifft, d. h. wenn die Gleichung $x =$

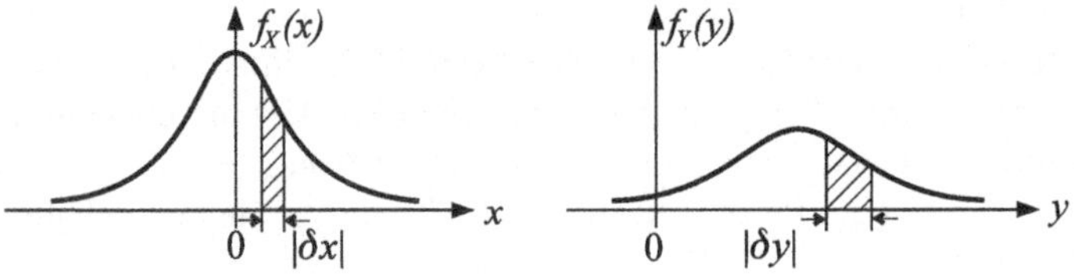

Abb. 2.3 Transformation der Zufallsvariablen X durch die Kennlinie $g(x)$

$g^{-1}(y)$ mehrere Lösungen x_i besitzt, gilt entsprechend (2.35):

$$f_Y(y) = \sum_{i=1}^{N} \frac{1}{|g'(x_i)|} f_X(x_i)\bigg|_{x_i=g^{-1}(y)} . \tag{2.36}$$

Mit (2.36) ist die universelle Transformationsvorschrift für die Dichte von Zufallsvariablen gegeben, sofern die Kennlinie $y = g(x)$ des transformierenden Systems bekannt und eindeutig ist.

Man kann – siehe Aufgabe 2.4.3 – zeigen, dass bei linearer Transformation der Gaußsche Charakter der Dichte erhalten bleibt. Dies gilt auch für *lineare dynamische Systeme* [Woz68].

2.3.2 *Transformation von Prozessen*

Zur Beschreibung von linearen dynamischen Systemen sind zwei Darstellungsweisen üblich, nämlich

- die *Impulsantwort* $h(k)$, sofern es sich um ein zeitinvariantes System handelt,
- die *Zustandsgleichungen* mit den Zustandsvektoren $\mathbf{x}(k)$ [Fol90]

$$\mathbf{x}(k+1) = \mathbf{A}(k)\cdot\mathbf{x}(k) + \mathbf{B}(k)\cdot\mathbf{u}(k) \tag{2.37}$$

$$\mathbf{y}(k) = \mathbf{C}(k)\cdot\mathbf{x}(k) + \mathbf{D}(k)\cdot\mathbf{u}(k) , \tag{2.38}$$

sofern man auch zeitvariable Systeme mit mehreren Eingängen $u_i(k)$ und Ausgängen $y_i(k)$ betrachten will. Ferner wird bei dieser Darstellung die physikalische Struktur der Systeme berücksichtigt.

Wenn das mit (2.37) und (2.38) beschriebene System zeitinvariant ist, kann man die zugehörige Impulsantwort in der Form $h(k)$ bzw. bei mehreren Ein- und Ausgängen die Matrix $\mathbf{H}$ der Impulsantworten des Systems angeben.

Mit den hier beschriebenen linearen Systemen kann man statt der determinierten Signale auch Zufallsprozesse transformieren und so aus elementaren Zufallsprozessen – z. B. dem weißen Prozess – kompliziertere Prozesse mit vorgegebenen Spektren erzeugen. Solange die Prozesse stationär sind, genügt die Beschreibung der das

Spektrum formenden Systeme durch die Impulsantwort. Sollen dagegen auch instationäre Prozesse beschrieben werden, wird die Darstellung zeitvarianter Systeme durch Zustandsvariable erforderlich. Zur Vereinfachung der Darstellung verwendet man dabei nur die drei Matrizen **A**, **B** und **C**. Sofern das System nicht *sprungfähig* ist, also keinen Allpass oder Hochpass enthält, verschwindet die Durchgangsmatrix **D** in (2.38) ohne weitere Umformung, so dass das Ausgangssignal $\mathbf{y}(k)$ nicht direkt von der Erregung $\mathbf{u}(k)$ abhängt. Ansonsten definiert man den neuen Zustandsvektor

$$\mathbf{x}(k) := \begin{pmatrix} \mathbf{x}(k) \\ \mathbf{u}(k) \end{pmatrix} \tag{2.39}$$

und die neuen Matrizen

$$\mathbf{A} := \begin{pmatrix} \mathbf{A} & \mathbf{0} \\ \mathbf{0} & \mathbf{0} \end{pmatrix} \quad \mathbf{B} := \begin{pmatrix} \mathbf{B} \\ \mathbf{0} \end{pmatrix} \quad \mathbf{C} := \begin{pmatrix} \mathbf{C} & \mathbf{D} \end{pmatrix}, \tag{2.40}$$

wobei die zusätzlich anfallende Gleichung $\mathbf{u}(k+1) = \mathbf{0}$ ohne Bedeutung ist.

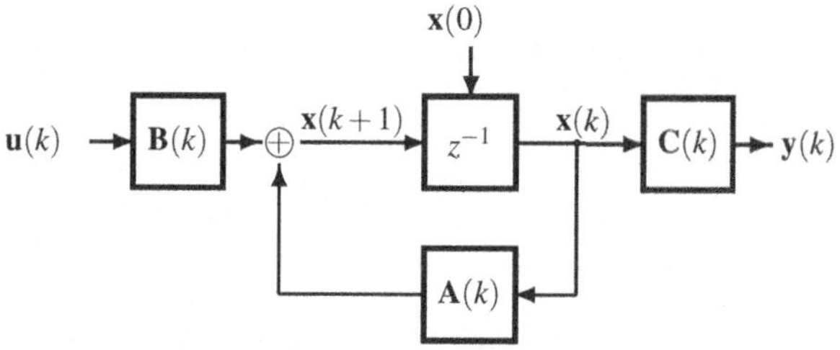

Abb. 2.4 Vektorflussdiagramm des Zustandsvariablenmodells

Die Zustandsgleichung (2.37) kann man bei bekanntem Anfangswert $\mathbf{x}(0)$ durch rekursives Einsetzen lösen:

$$\mathbf{x}(k) = \prod_{j=k-1}^{0} \mathbf{A}(j)\mathbf{x}(0) + \sum_{j=0}^{k-1} [\prod_{i=k-1}^{j+1} \mathbf{A}(i)]\mathbf{B}(j)\mathbf{u}(j). \tag{2.41}$$

Bei der Produktbildung ist hier stets mit der unteren Grenze zu beginnen. Für den zweiten Term dieser Gleichung ist ferner folgende Regel zu beachten: Beim letzten Summanden, also für $j = k-1$, wird die obere Grenze des Produkts größer als die untere. In diesem Fall ist das Produkt nicht auszuführen, sondern gleich der Einheitsmatrix **I** zu setzen. Für (2.41) gilt also:

$$\mathbf{x}(k) = \prod_{j=k-1}^{0} \mathbf{A}(j)\mathbf{x}(0) + \sum_{j=0}^{k-2} [\prod_{i=k-1}^{j+1} \mathbf{A}(i)]\mathbf{B}(j)\mathbf{u}(j) + \mathbf{B}(k-1)\mathbf{u}(k-1). \tag{2.42}$$

Diese Schreibweise wurde gewählt, um für die später folgenden Ausdrücke ähnlicher Form, bei denen dieselbe Regel zu beachten ist, eine übersichtlichere Darstellung zu gewinnen.

Bei der Transformation des zumindest als stationär angenommenen Prozesses $X(k)$ mit der Korrelationsfunktion $r_{XX}(\kappa)$ am Eingang des Systems mit der Impulsantwort $h(k)$ bzw. der System- oder Übertragungsfunktion $H(e^{j\Omega})$ in den Prozess $Y(k)$ ist deren Korrelationsfunktion $r_{YY}(\kappa)$ von Interesse:

$$\begin{aligned} r_{YY}(\kappa) &= r_{YY}(k_1 - k_2) = \mathrm{E}\{Y(k_1) \cdot Y(k_2)\} \\ &= \mathrm{E}\{\sum_{i=-\infty}^{\infty} X(i)h(k_1 - i) \cdot \sum_{j=-\infty}^{\infty} X(j)h(k_2 - j)\} \\ &= \sum_{i=-\infty}^{\infty} \sum_{j=-\infty}^{\infty} r_{XX}(i-j) \cdot h(k_1 - i)h(k_2 - j) \\ &= r_{XX}(\kappa) * h(\kappa) * h(-\kappa), \end{aligned} \tag{2.43}$$

wobei $*$ die Faltungsoperation darstellt, welche durch die Faltungssumme

$$x(k) * y(k) = \sum_{i=-\infty}^{\infty} x(k-i)\,y(i) = \sum_{i=-\infty}^{\infty} x(i)\,y(k-i) \tag{2.44}$$

beschrieben wird.

Wendet man auf (2.43) das Wiener-Khintchine-Theorem nach (2.27) an, so gelangt man zu den entsprechenden Leistungsdichten

$$r_{YY}(\kappa) \circ\!\!-\!\!\bullet\, S_{YY}(e^{j\Omega}) = |H(e^{j\Omega})|^2 \cdot S_{XX}(e^{j\Omega}), \tag{2.45}$$

wobei $H(e^{j\Omega}) \bullet\!\!-\!\!\circ\, h(k)$ die zeitdiskrete Fourier-Transformierte der Impulsantwort ist und als *Frequenzgang* des Systems bezeichnet wird.

Damit steht eine Methode zur Verfügung, um aus einem stationären weißen Prozess einen farbigen stationären oder instationären Prozess zu formen, indem man entweder eine entsprechende Impulsantwort $h(k)$ oder ein Zustandsvariablenmodell verwendet. Bei der statistischen Informationstheorie geht man in der Regel davon aus, dass das beobachtete Signal $r(k)$ aus zwei Anteilen besteht, dem Nutzanteil $s(k)$ und dem Störanteil $n(k)$, die sich additiv überlagern:

$$r(k) = s(k) + n(k)\,. \tag{2.46}$$

Beide sind Musterfunktionen von Prozessen, wobei $n(k)$ meist einem weißen stationären Störprozess entstammt und $s(k)$ Musterfunktion z. B. eines Sprachsignalprozesses, also eines instationären Tiefpassprozesses ist. Für den Störprozess ist somit kein besonderes Modell erforderlich, während für den Sprachsignalprozess das Zustandsvariablenmodell in Betracht kommt. Weil dies aber schwer zu generieren ist, nimmt man an, dass der Sprachprozess über kurze Zeitabschnitte von 10 bis 30 ms stationär ist, so dass man von Kurzzeitstationarität spricht. In den kurzen Zeitabschnitten modelliert man das Sprachsignal wie oben beschrieben durch einen weißen stationären Prozess, der ein Filter, das dem Vokaltrakt entspricht, anregt; auf diese Weise entsteht ein Zischlaut. Bei Vokalen wird der Vokaltrakt durch ein periodisches Signal mit der Sprachgrundfrequenz angeregt.

Interessiert auch die statistische Verwandtschaft zwischen Ein- und Ausgangsprozess, so bildet man die *Kreuzkorrelationsfunktion*

$$r_{YX}(\kappa) = \mathrm{E}\{Y(k) \cdot X(k-\kappa)\} = h(\kappa) * r_{XX}(\kappa), \tag{2.47}$$

bzw. die *Kreuzleistungsdichte*

$$r_{YX}(\kappa) \circ\!\!-\!\!\bullet\, S_{YX}(e^{j\Omega}) = H(e^{j\Omega}) \cdot S_{XX}(e^{j\Omega}). \tag{2.48}$$

Speist man in das System einen *weißen Prozess* nach (2.30) ein, so erhält man nach (2.47) bzw. (2.48) die Impulsantwort bzw. den Frequenzgang des Systems:

$$r_{YX}(\kappa) = h(\kappa) * N_w \cdot \delta(\kappa) = N_w \cdot h(\kappa) \tag{2.49}$$

$$S_{YX}(e^{j\Omega}) = N_w \cdot H(e^{j\Omega}). \tag{2.50}$$

Mit Hilfe dieser Beziehungen lässt sich ein unbekanntes System identifizieren. Von dieser Tatsache wird bei der Parameterschätzung z. B. unbekannter Übertragungskanäle Gebrauch gemacht.

Damit sind die wesentlichen Eigenschaften von Systemen bei der Transformation von Zufallsvariablen und Prozessen bekannt, soweit sie hier benötigt werden. Beweise und eine ausführlichere Betrachtung zu diesem Thema findet man in der entsprechenden Literatur, z. B. in [Luk92].

Kapitel 3
Signaldarstellung durch Vektoren

Im Rahmen der statistischen Informationstechnik treten in Abhängigkeit von der Aufgabenstellung verschiedene Formen von Signalen auf. Allen ist gemeinsam, dass sie statistischer Natur sind.

Bei der Signalerkennung nach Abb. 1.4 – z. B. der Datenübertragung – sind die Störungen meist Musterfunktionen $n(t)$ eines *weißen Prozesses*, die Nutzsignale $s_i(t)$ sind meist der Form nach bekannt, unbekannt ist nur, welches der M Signale $s_i(t)$ im gestörten Signal $r(t)$ verborgen ist.

Bei der Mustererkennung nach Abb. 1.5 – z. B. der Spracherkennung – sind die Störungen zunächst von untergeordneter Bedeutung, aber man kennt die Signalform des Sprachsignals nur ungenau, da sie bei jedem Sprecher anders ist und sich mit der Zeit auch ändern kann. Hier überlagert sich dem idealen Sprachsignal gewissermaßen eine sprecherspezifische und damit unbekannte Abweichung.

Bei der Parameter- und Signalschätzung gilt Ähnliches, da sich gegenüber der Signal- und Mustererkennung nicht die Signale, sondern die auf sie anzuwendende Signalverarbeitung ändert.

Ziel dieses Kapitels ist es zunächst, diese Signale so durch Vektoren darzustellen,

- dass ihre statistischen Eigenschaften möglichst einfach erfasst werden, z. B. ihre Verbunddichte durch das Produkt der Einzeldichten
- und die Anzahl N_0 der im Vektor zusammengefassten Komponenten möglichst gering ist, so dass eine Datenkompression erfolgt.

Ausgehend von der Vektordarstellung von determinierten Signalen soll die Vektordarstellung von *stationären* – z. B. bei der Datenübertragung – und von *instationären* Prozessen – z. B. bei der Spracherkennung – im Detail betrachtet werden.

Abschließend wird darauf eingegangen, wie die Signaldarstellung durch statistisch unabhängige Vektoren eingesetzt werden kann, um aus der Überlagerung mehrerer instationärer Signale, beispielsweise einem Sprach- und einem Störsignal, die von den Signalquellen ursprünglich ausgesandten Signale zu rekonstruieren. Diese Aufgabenstellung wird auch als *blinde Quellentrennung* bezeichnet.

3.1 Vektordarstellung determinierter Signale

Determinierte Signale kann man z. B. durch *Fourierreihen* [Bro62], *Walsh-Funktionen* [Ahm75], *Abtastung* usw. darstellen. Das bandbegrenzte, abgetastete Signal $x(t)$, das auf das Intervall $0 \leq t < N \cdot T_A = T$ beschränkt ist, lässt sich durch Summieren der um die Abtastzeit T_A verschobenen und mit den Abtastwerten x_i gewichteten Funktionen

$$\varphi_i(t) = \frac{\sin(2\pi f(t - iT_A))}{2\pi f(t - iT_A)}, \quad x(t) = \sum_{i=1}^{N} x_i\, \varphi_i(t) \tag{3.1}$$

rekonstruieren. Damit wird $x(t)$ vollständig durch den die Parameter x_i zusammenfassenden Vektor $\mathbf{x}$ repräsentiert:

$$x(t) \quad \Longleftrightarrow \quad \mathbf{x} = (x_1, x_2, \ldots x_N)^T. \tag{3.2}$$

Gemeinsam ist allen diesen Verfahren, dass das Signal $x(t)$ durch sogenannte *orthonormale Basisfunktionen* dargestellt wird. Abhängig von den Signaleigenschaften – Bandbegrenzung, Periodizität, Signale mit oder ohne diskrete Amplitudenstufen – sind die verschiedenen Verfahren zur Signaldarstellung mehr oder weniger gut geeignet, wobei die Eignung sich z. B. in Form der erforderlichen Anzahl von orthonormalen Funktionen oder ihrer technischen Darstellbarkeit ausdrückt.

Für ein auf das Intervall $0 \leq t < T$ beschränktes, aber nicht notwendigerweise bandbegrenztes Energiesignal, d. h. ein Signal mit endlicher Energie

$$E_x = \int_0^T x^2(t)\, dt = \sum_{i=1}^{N} x_i^2 < \infty \tag{3.3}$$

gilt für eine Basis von orthonormalen, d. h. *ortho*gonalen und *norm*ierten Signalen $\varphi_i(t)$

$$x(t) = \lim_{N \to \infty} \sum_{i=1}^{N} x_i\, \varphi_i(t),\ 0 \leq t < T, \quad x_i = \int_0^T x(t) \varphi_i(t)\, dt. \tag{3.4}$$

Orthonormalität der Basis $\varphi_j,\ j = 1, \ldots, N$ bedeutet:

$$\int_0^T \varphi_i(t)\, \varphi_j(t)\, dt = \delta_{ij} = \begin{cases} 1 & i = j \\ 0 & i \neq j. \end{cases} \tag{3.5}$$

Man nennt eine Basis orthonormaler Funktionen $\varphi_i(t)$ *vollständig*, wenn für jedes Signal $x(t)$

$$\lim_{N \to \infty} \left\{ \int_0^T [x(t) - \sum_{i=1}^{N} x_i\, \varphi_i(t)]^2\, dt \right\} = 0 \tag{3.6}$$

gilt, d. h. wenn man jedes Signal $x(t)$ mit Hilfe dieser Basis darstellen kann. Möglicherweise lassen sich die Signale dabei auch mit $N < \infty$ orthonormalen Basisfunktionen darstellen. Ob dies zutrifft oder nicht, hängt von der Art der darzustellenden Signale – z. B. endlich viele – und der Wahl der orthonormalen Basis ab.

Die hier für determinierte Signale angestellten Überlegungen sollen nun auf Prozesse und deren Musterfunktionen übertragen werden.

3.2 Darstellung von Prozessen durch Vektoren

Es liegt in der Natur der Statistik, dass nicht jede Musterfunktion eines Zufallsprozesses durch die orthonormale Basis $\varphi_i(t),\ i = 1\ldots N$ dargestellt werden kann. Vielmehr genügt es, wenn *im Mittel* die Musterfunktionen $x(t)$ des Prozesses $X(t)$ durch die Basis wiedergegeben werden. Die Definition der Vollständigkeit nach (3.6) nimmt für Prozesse deshalb die Form

$$\lim_{N\to\infty} \mathrm{E}\{[X(t) - \sum_{i=1}^{N} X_i\, \varphi_i(t)]^2\} = 0, \quad 0 \le t < T \tag{3.7}$$

an. Der Prozess $X(t)$ wird durch die Zufallsvariablen X_i und die noch zu bestimmende orthonormale Basis $\varphi_i(t),\ i = 1,\ldots,N$ beschrieben. Man wird die Basis $\varphi_i(t)$ so wählen, dass die Koeffizienten X_i *unkorreliert* sind, weil dann die Verbunddichte $f_{\mathbf{X}}(\mathbf{x})$ des Vektors $\mathbf{X} = (X_1, X_2, \ldots, X_N)^T$ zum Produkt der Einzeldichten $f_{X_i}(x_i)$ wird. Mit

$$\mathrm{E}\{X_i\} = \mu_{X_i} \tag{3.8}$$

ist diese Forderung nach Unkorreliertheit der Koeffizienten identisch mit

$$\mathrm{E}\{(X_i - \mu_{X_i}) \cdot (X_j - \mu_{X_j})\} = \sigma_{X_i}^2 \cdot \delta_{ij}. \tag{3.9}$$

Zur Vereinfachung nimmt man an, dass die Mittelwerte μ_{X_i} der Zufallsvariablen X_i bzw. des Störprozesses $X(t)$ verschwinden; sollte dies nicht zutreffen, müsste man den Mittelwert gesondert betrachten, was jedoch zu keinem anderen Ergebnis bezüglich der Basisfunktionen führt. Für (3.9) gilt dann:

$$\mathrm{E}\{X_i\, X_j\} = \sigma_{X_i}^2 \cdot \delta_{ij} = \begin{cases} \sigma_{X_i}^2 & i = j \\ 0 & i \neq j. \end{cases} \tag{3.10}$$

Für Gaußprozesse sind die einzelnen Koeffizienten X_i dann auch statistisch unabhängig voneinander.

Setzt man in (3.10) die Koeffizienten nach dem Berechnungsverfahren in (3.4) ein, so erhält man nach Vertauschen von Erwartungswertbildung und Integration:

$$\begin{aligned} \mathrm{E}\{X_i\, X_j\} &= \mathrm{E}\{\int_0^T X(t_1)\varphi_i(t_1)\,dt_1 \cdot \int_0^T X(t_2)\varphi_j(t_2)\,dt_2\} \\ &= \int_0^T \varphi_i(t_1) \int_0^T \mathrm{E}\{X(t_1)X(t_2)\}\varphi_j(t_2)\,dt_2\,dt_1 = \sigma_{X_i}^2 \cdot \delta_{ij}. \end{aligned} \tag{3.11}$$

Führt man die Autokovarianzfunktion $c_{XX}(t_1,t_2)$ des zeitkontinuierlichen Prozesses $X(t)$ analog zu der des zeitdiskreten Prozesses nach (2.21) ein, so gilt:

$$\int_0^T \varphi_i(t_1) \int_0^T c_{XX}(t_1,t_2)\varphi_j(t_2)\,dt_2\,dt_1 \stackrel{!}{=} \sigma_{X_i}^2 \cdot \delta_{ij} = \sigma_{X_j}^2 \cdot \delta_{ij}. \tag{3.12}$$

Wegen der Eigenschaften der orthonormalen Basisfunktionen $\varphi_i(t)$ nach (3.5) wird (3.12) erfüllt, wenn mit $t_1 = t$ und $t_2 = \tau$ die Beziehung

$$\int_0^T c_{XX}(t,\tau)\varphi_i(\tau)\,d\tau = \sigma_{X_i}^2 \cdot \varphi_i(t), \quad 0 \leq t < T \tag{3.13}$$

gilt. Durch Lösung dieser Integralgleichung lassen sich bei Kenntnis der Kovarianzfunktion $c_{XX}(t,\tau)$ die Basisfunktionen $\varphi_i(t)$ bestimmen; eine explizite Angabe der Basis ist also nicht möglich, vielmehr sind zu deren Berechnung numerische Verfahren erforderlich.

Man bezeichnet die Funktionen $\varphi_j(t)$ in (3.13) als *Eigenfunktionen* und die $\sigma_{X_i}^2$ als *Eigenwerte*. Die Lösung der Integralgleichung, d. h. die Bestimmung der $\varphi_j(t)$, hängt von der Autokovarianzfunktion $c_{XX}(t,\tau)$ des darzustellenden Prozesses ab. Die Reihendarstellung für den Repräsentanten $x(t)$ des Prozesses, die man mit Hilfe der Basisfunktionen nach (3.13) gewinnt, bezeichnet man als *Karhunen-Loève-Entwicklung* [Vak68], [Wah71], [Bro69].

Besonders einfach wird die Lösung der Integralgleichung (3.13), wenn ihr Kern, d. h. die Autokovarianzfunktion $c_{XX}(t,\tau)$, einen stationären weißen Rauschprozess beschreibt, wenn also

$$c_{XX}(t,\tau) = c_{XX}(t-\tau) = N_w \cdot \delta_0(t-\tau) \tag{3.14}$$

gilt. Aus (3.13) folgt dann:

$$\int_0^T N_w \cdot \delta_0(t-\tau)\varphi_i(\tau)\,d\tau = N_w \cdot \varphi_i(t) = \sigma_{X_i}^2 \cdot \varphi_i(t), \tag{3.15}$$

d. h. alle Eigenwerte $\sigma_{X_i}^2$ sind gleich, und als orthonormale Basis $\varphi_i(t)$ ist *jedes beliebige orthonormale Funktionensystem* wählbar. Nach (3.10) sind die Eigenwerte $\sigma_{X_i}^2$ gleich den Varianzen der Komponenten X_i, die den Prozess $X(t)$ darstellen. Diese Eigenwerte sind alle gleich und stimmen zahlenmäßig mit der Rauschleistungsdichte N_w des weißen Prozesses überein.

Für die Praxis ist die Bestimmung der Basis nach (3.13) unbefriedigend. Weil man kontinuierliche Signale und Prozesse meist durch ihre Abtastwerte repräsentiert, liegt es nahe, die Karhunen-Loève-Transformation für diesen Fall näher zu untersuchen.

3.2.1 Diskrete Karhunen-Loève-Transformation

Bei der diskreten Form der Karhunen-Loève-Transformation geht man davon aus, dass ein Zeitausschnitt der Länge $T = N \cdot T_A$ des zu transformierenden Signals $x(t)$ in Form von N Abtastwerten x_i, $1 \leq i \leq N$ vorliegt, wobei vorausgesetzt wird, dass das Abtasttheorem eingehalten wurde:

$$\mathbf{x} = (x_1, x_2, \ldots, x_N)^T \tag{3.16}$$

Die Abtastwerte x_i können auch komplex sein. Dieser Fall tritt z. B. dann auf, wenn man ein moduliertes Signal durch sein äquivalentes Tiefpasssignal [Kro91] mit Kophasal- und Quadraturkomponente, d. h. in komplexer Form, darstellt. Die orthonormale Basis für die diskrete Karhunen-Loève-Transformation ist durch die Vektoren $\varphi_i = (\varphi_{i1}, \varphi_{i2}, \ldots, \varphi_{iN})^T$, $i = 1, \ldots, N$ gegeben, die in der Matrix

$$\boldsymbol{\Phi} = \begin{pmatrix} \varphi_{11} & \varphi_{21} & \cdots & \varphi_{N1} \\ \vdots & \vdots & \ddots & \vdots \\ \varphi_{1N} & \varphi_{2N} & \cdots & \varphi_{NN} \end{pmatrix} = \begin{pmatrix} | & | & \cdots & | \\ \varphi_1 & \varphi_2 & \cdots & \varphi_N \\ | & | & \cdots & | \end{pmatrix} \tag{3.17}$$

mit der spaltenweisen Anordnung der orthonormalen Vektoren und der Bedingung

$$\varphi_i^* \cdot \varphi_j = \delta_{ij} = \begin{cases} 0 & i \neq j \\ 1 & i = j \end{cases} \tag{3.18}$$

zusammengefaßt werden, wobei das hochgestellte Symbol $*$ einen transjugierten – d. h. transponierten und bezüglich seiner Komponenten konjugiert komplexen – Vektor bezeichnet. Wenn man mit $\mathbf{y} = (y_1, y_2, \ldots, y_N)^T$ den bei der diskreten Karhunen-Loève-Transformation gewonnenen Vektor bezeichnet, so gilt

$$\mathbf{x} = \sum_{i=1}^{N} y_i \varphi_i = \boldsymbol{\Phi} \cdot \mathbf{y}. \tag{3.19}$$

Für den transformierten Vektor $\mathbf{y}$ folgt damit:

$$\mathbf{y} = \boldsymbol{\Phi}^{-1} \cdot \mathbf{x}, \tag{3.20}$$

wobei die Inversion der Matrix vermieden werden kann, da man mit (3.18) nach Multiplikation von (3.19) von rechts mit φ_j^*

$$\begin{aligned} \varphi_j^* \cdot \mathbf{x} &= \varphi_j^* \cdot \sum_{i=1}^{N} y_i \varphi_i \\ &= \sum_{i=1}^{N} y_i \varphi_j^* \cdot \varphi_i = \sum_{i=1}^{N} y_i \delta_{ji} = y_j, \quad j = 1, \ldots, N \end{aligned} \tag{3.21}$$

schließlich

$$\mathbf{y} = \begin{pmatrix} y_1 \\ y_2 \\ \vdots \\ y_N \end{pmatrix} = \begin{pmatrix} \varphi_1^* \cdot \mathbf{x} \\ \varphi_2^* \cdot \mathbf{x} \\ \vdots \\ \varphi_N^* \cdot \mathbf{x} \end{pmatrix}$$

$$= \begin{pmatrix} \varphi_{11}^* & \varphi_{12}^* & \cdots & \varphi_{1N}^* \\ \vdots & \vdots & \ddots & \vdots \\ \varphi_{N1}^* & \varphi_{N2}^* & \cdots & \varphi_{NN}^* \end{pmatrix} \cdot \mathbf{x} = \boldsymbol{\Phi}^* \cdot \mathbf{x} \tag{3.22}$$

erhält. Es sind nun die orthonormalen Vektoren φ_i, $i = 1, \ldots, N$ zu bestimmen. Da die Eigenschaft der Karhunen-Loève-Entwicklung, unkorrelierte Koeffizienten zu liefern, erhalten bleiben soll, gilt die Forderung

$$\mathrm{E}\{Y_i \cdot Y_j\} \stackrel{!}{=} \lambda_j \cdot \delta_{ij}, \quad i, j = 1, \ldots, N. \tag{3.23}$$

Ersetzt man in (3.23) Y_i bzw. Y_j nach (3.21), erhält man

$$\begin{aligned} \mathrm{E}\{\varphi_i^* \mathbf{X} \cdot \mathbf{X}^* \varphi_j\} &= \varphi_i^* \, \mathrm{E}\{\mathbf{X} \cdot \mathbf{X}^*\} \, \varphi_j \\ &= \varphi_i^* \, \mathbf{C_{XX}} \, \varphi_j \\ &= \lambda_j \cdot \delta_{ij}, \end{aligned} \tag{3.24}$$

wobei Mittelwertfreiheit von $\mathbf{X}$ angenommen wird und $\mathbf{C_{XX}}$ die Kovarianzmatrix von $\mathbf{X}$ bezeichnet. Ersetzt man in (3.24) δ_{ij} nach (3.18) und kürzt φ_i^* heraus, so folgt

$$\mathbf{C_{XX}} \cdot \varphi_j = \lambda_j \cdot \varphi_j, \tag{3.25}$$

was als diskrete Form von (3.13) bezeichnet werden kann. Die Lösung dieser Gleichung ist aber identisch mit der Bestimmung der Eigenwerte λ_j, $j = 1, \ldots, N$ und der Eigenvektoren $\mathbf{v}_j$, $j = 1, \ldots, N$ [Ayr62] einer reellen Matrix $\mathbf{V}$. Der zugehörigen Rechnung liegt die Vorstellung einer allgemeinen Transformation $\mathbf{x} = \mathbf{V} \cdot \mathbf{v}$ zugrunde, die für den Spezialfall

$$\mathbf{V} \cdot \mathbf{v} = \lambda \cdot \mathbf{v} \tag{3.26}$$

betrachtet wird und damit in der Form mit (3.25) übereinstimmt. Für diesen Spezialfall ergibt sich aber die Bestimmungsgleichung für $\mathbf{v}$:

$$(\lambda \cdot \mathbf{I} - \mathbf{V}) \cdot \mathbf{v} = 0. \tag{3.27}$$

Zur Berechnung der Eigenwerte ist die sogenannte *charakteristische Gleichung*

$$|\lambda \cdot \mathbf{I} - \mathbf{V}| = 0 \tag{3.28}$$

zu lösen, und für jeden sich dabei ergebenden Eigenwert λ_j, $j = 1, \ldots, N$ erhält man einen Eigenvektor $\mathbf{v}_j$, $j = 1, \ldots, N$ durch Lösen des Gleichungssystems

$$(\lambda_j \cdot \mathbf{I} - \mathbf{V}) \cdot \mathbf{v}_j = 0, \quad j = 1, \ldots, N. \tag{3.29}$$

Damit läßt sich aber eine Lösung für die diskrete Karhunen-Loève-Transformation angeben, die ein *Eigenwertproblem* darstellt. Mit Hilfe von (3.28) und $\mathbf{V} = \mathbf{C_{XX}}$ berechnet man die Eigenwerte $\lambda_j,\ j = 1,\ldots,N$

$$|\lambda \cdot \mathbf{I} - \mathbf{C_{XX}}| = 0, \tag{3.30}$$

die mit $\mathbf{v}_i = \varphi_i$ wiederum zur Bestimmung der orthonormalen Basisvektoren nach (3.29) dienen:

$$(\lambda_j \cdot \mathbf{I} - \mathbf{C_{XX}}) \cdot \varphi_j = 0, \quad j = 1,\ldots,N. \tag{3.31}$$

Es liegt nahe, die Eigenwerte nach ihrer Größe mit $\lambda_1 \geq \lambda_2 \geq \cdots \geq \lambda_N$ anzuordnen. Man bezeichnet dieses Vorgehen als *Hauptachsentransformation*. Zur Dimensionsreduktion verwendet man statt der N-dimensionalen Vektoren $\mathbf{x}$ auch N_0-dimensionale Vektoren $\mathbf{x}_0$ mit $N_0 < N$, die den ersten N_0 Eigenwerten entsprechen. Für den normierten Approximationsfehler gilt dann:

$$\begin{aligned} e(N_0) = \frac{\mathrm{E}\{|\mathbf{x} - \mathbf{x}_0|^2\}}{\mathrm{E}\{|\mathbf{x}|^2\}} &= \frac{\mathrm{E}\left\{\left|\sum_{i=N_0+1}^{N} y_i \varphi_i\right|^2\right\}}{\mathrm{E}\{|\mathbf{x}|^2\}} \\ &= \frac{\sum_{i=N_0+1}^{N} \mathrm{E}\{|y_i|^2\}}{\mathrm{E}\{|\mathbf{x}|^2\}} = \frac{\sum_{i=N_0+1}^{N} \lambda_i}{\mathrm{E}\{|\mathbf{x}|^2\}}. \end{aligned} \tag{3.32}$$

Der Nachteil der Karhunen-Loève-Transformation ist zum einen darin zu sehen, dass man die Kovarianzfunktion oder die Kovarianzmatrix des darzustellenden Prozesses kennen muss, und zum anderen im nicht unerheblichen Rechenaufwand zur Bestimmung der orthonormalen Basisfunktionen $\varphi_i(t),\ i = 1,\ldots,N$ bzw. Vektoren $\varphi_i,\ i = 1,\ldots,N$. Auf welche Weise man mit geringem Rechenaufwand zu einem der Karhunen-Loève-Transformation vergleichbaren Ergebnis kommen kann, soll nun kurz gezeigt werden.

3.2.2 Diskrete Cosinus-Transformation

Wie bei der diskreten Karhunen-Loève-Transformation soll auch hier zunächst ein Vektor $\mathbf{x} = (x_1,\ldots,x_N)^T$ von Abtastwerten vorliegen. Die mit DCT abgekürzte *Diskrete Cosinus-Transformation* liefert dafür einen Vektor $\mathbf{y} = (y_1,\ldots,y_N)^T$, für dessen Komponenten

$$\begin{aligned} y_1 &= \frac{1}{\sqrt{N}} \sum_{i=1}^{N} x_i \\ y_n &= \sqrt{\frac{2}{N}} \sum_{i=1}^{N} x_i \cos\left(\frac{(2i-1)(n-1)\pi}{2N}\right), \quad n = 2,\ldots,N \end{aligned} \tag{3.33}$$

gilt [Ahm75]. Die Gewichte

$$\frac{1}{\sqrt{N}} \quad \text{und} \quad \sqrt{\frac{2}{N}}\cos\left(\frac{(2i-1)(n-1)\pi}{2N}\right)$$

sind diskrete *Tschebyscheff-Polynome*.

Man kann die DCT recheneffizient durch die schnelle Form der Diskreten Fourier-Transformation oder DFT [Kam02]

$$y_n = \sum_{i=1}^{N} x_i e^{j2\pi in/N}, \quad n = 1,\ldots,N, \tag{3.34}$$

die FFT, ausführen [Mak80]: Die Originalfolge $x_i, i = 1,\ldots,N$ wird umsortiert, die FFT ausgeführt und nach Multiplikation mit den Drehfaktoren $e^{j2\pi n/(4N)}$ der Realteil des Produktes gebildet. Das Ergebnis sind die Werte $y_n, n = 1,\ldots,N$ der DCT.

Wie bei der diskreten Karhunen-Loève-Transformation braucht man nur wenige der zahlenmäßig größten Koeffizienten $y_n, n = 1,\ldots,N_0$, um eine gute Approximation des Originalsignals nach (3.32) zu erzielen. Um dies zu veranschaulichen, zeigt Abb. 3.1 neben einem Ausschnitt aus dem Original die Rekonstruktion eines Ausschnittes aus dem Wort *acht* mit $N_0 = 50$, $N_0 = 150$ und $N_0 = 500$ Gliedern sowie den Fehler $e(N_0)$ nach (3.32). Zusätzlich ist der Fehler dargestellt, der sich bei Verwendung der DFT ergibt, wobei berücksichtigt wird, dass die Koeffizienten der DFT im Gegensatz zu denen der DCT komplex sind und deshalb doppelt zu zählen sind. Insgesamt wurden $N = 1500$ Abtastwerte berücksichtigt; man erkennt, dass schon

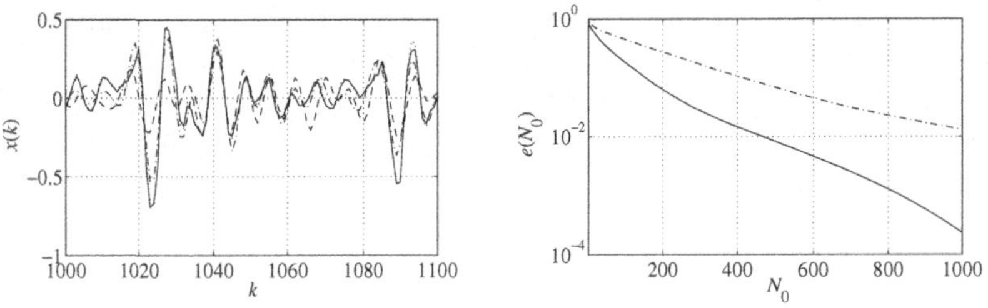

Abb. 3.1 Ausschnitt aus dem Wort *acht* vor (—) und nach der DCT mit $N_0 = 50$ (- -), $N_0 = 150$ (- ·) und $N_0 = 500$ (· · ·) Gliedern (links), Approximationsfehler $e(N_0)$ als Funktion der Zahl N_0 der Koeffizienten für DCT (—) und DFT (- ·) (rechts)

mit $N_0 = 150$ Koeffizienten – dies entspricht einer Reduktion auf 10% – eine gute Approximation erreicht wird. Bei $N_0 = 500$ Koeffizienten ist kaum ein Unterschied zwischen Original und Rekonstruktion wahrnehmbar. Ferner erkennt man am Fehler $e(N_0)$ die sehr viel höhere Effizienz der DCT im Vergleich zur DFT, d. h. man benötigt bei vorgegebenem Approximationsfehler im Vergleich zur DFT bei der DCT viel weniger Koeffizienten y_n, $n = 1,\ldots,N_0$.

Auch bei anderen Signalen erhält man mit der DCT eine hohe, mit der Karhunen-Loève-Transformation vergleichbare Datenkompression. Ein Beispiel aus der Literatur [Ahm75] sind Elektroencephalogramme. Es bleibt zu betonen, dass diese guten Ergebnisse der DCT im Gegensatz zur KLT ohne Kenntnis der Kovarianzmatrix erzielt werden!

3.3 Darstellung von instationären Prozessen

Für die Darstellung von instationären Zufallsprozessen kann man die im zweiten Kapitel eingeführten Zustandsvariablenmodelle verwenden, sofern man in der Lage ist, die dazu notwendigen zeitabhängigen Matrizen zu gewinnen.

Wenn die Prozesse nur in Form von Musterfunktionen oder Messwerten vorliegen, wie das hier vorausgesetzt werden soll, muss aus diesen Messwerten das erforderliche Modell gewonnen werden. Dies ist aber aufwändig und in Bezug auf die Genauigkeit nicht unproblematisch.

Eine Alternative ist die Darstellung durch die Fourier-Transformation, die in ihrer zeitunabhängigen Form

$$X(f) = \int_{-\infty}^{\infty} x(\tau) \cdot e^{-j2\pi f \tau} d\tau \tag{3.35}$$

nur für *stationäre* Prozesse geeignet ist. Betrachtet man nur einen durch eine Fensterfunktion $f(t)$ bestimmten Ausschnitt aus dem Zeitsignal

$$X(f,t) = \int_{-\infty}^{\infty} x(\tau) \cdot f(\tau - t) \cdot e^{-j2\pi f \tau} d\tau \tag{3.36}$$

erhält man die *Kurzzeit-Fourier-Transformation*, die wegen der englischen Bezeichnung *Short Time Fourier Transform* auch mit STFT abgekürzt wird [Por80]. Auch die in (3.34) beschriebene DFT stellt eine Form der STFT dar, da wegen der endlichen Anzahl N der Abtastwerte x_i nur ein Ausschnitt des gesamten Zeitsignals $x(t)$ erfasst wird. Man kann dies auch so beschreiben, dass das Signal $x(t)$ mit einem rechteckförmigen Zeitfenster der Dauer $N \cdot T_A = N/f_A$ multipliziert wird, bevor die Fourier-Transformation erfolgt.

Eine Alternative zur STFT stellt die *Wigner-Wille-Transformation* [Cla80] dar, bei der die Spektralanalyse ebenfalls von der Zeit als Parameter abhängt

$$X(f,t) = \int_{-\infty}^{\infty} x(t + \frac{\tau}{2}) x^*(t - \frac{\tau}{2}) e^{-j2\pi f \tau} d\tau \,.$$

Diese Transformation ist im Gegensatz zur STFT unabhängig von einer Fensterfunktion $f(t)$ – jeder Wahl einer bestimmten Funktion $f(t)$ haftet eine gewisse Willkür an – und das Integrationsintervall liegt symmetrisch um den Referenzzeitpunkt t. Weil die Implementation dieser Transformation recht aufwändig – es handelt sich um ein nichtkausales Verfahren – ist, wird sie hier nicht weiter betrachtet.

Durch die Länge des Fensters $f(t)$ in (3.36) wird die zeitliche und damit auch spektrale Auflösung festgelegt. Definiert man nämlich mit

$$\Delta t^2 = \frac{\int_{-\infty}^{\infty} t^2 |f(t)|^2 \, dt}{\int_{-\infty}^{\infty} |f(t)|^2 \, dt} \tag{3.37}$$

die zeitliche – mit Δt wird der Abstand von zwei gerade noch auflösbaren Impulsen bezeichnet – Konzentration und über die Fourier-Transformierte $F(f)$ des Fensters $f(t)$ mit

$$\Delta f^2 = \frac{\int_{-\infty}^{\infty} f^2 |F(f)|^2 \, df}{\int_{-\infty}^{\infty} |F(f)|^2 \, df} \tag{3.38}$$

die spektrale – mit Δf wird der Abstand von zwei gerade noch auflösbaren Spektrallienien bezeichnet – Konzentration, so gilt für deren Produkt

$$\Delta f \cdot \Delta t \geq \frac{1}{4\pi} \, . \tag{3.39}$$

Man bezeichnet dies auch als *Unschärferelation* oder *Heisenbergsche Ungleichung* der Nachrichtentechnik. Das beste Ergebnis erhält man, d. h. (3.39) wird zur Gleichung, wenn man als Fensterfunktion ein *Gaußfenster* verwendet [Gab46].

Nachteilig bei der Kurzzeit-Fourier-Transformation ist, dass mit festem $f(t)$ die spektrale und damit auch die zeitliche Auflösung konstant ist. Um Frequenzen unabhängig von ihrem Wert f über die Nulldurchgangsrate mit gleicher Genauigkeit bestimmen zu können, müsste die relative spektrale Auflösung konstant sein, d. h. hohe Frequenzanteile müssten mit relativ grober spektraler, aber hoher zeitlicher Auflösung und niedrige Frequenzanteile mit hoher spektraler und niedriger zeitlicher Auflösung dargestellt werden.

Die beiden alternativen Analysemethoden werden in Abb. 3.2 veranschaulicht: Die Analysefilterbank mit Bandpässen konstanter Bandbreite und äquidistanten Mittenfrequenzen entspricht der Kurzzeit-Fourier-Transformation, während die Analysefilterbank mit Bandpässen *konstanter relativer* Bandbreite und logarithmisch gestaffelten Mittenfrequenzen die gewünschte Analysemethode ist. Wenn man im ersten Fall eine DFT einsetzt, so ergäbe sich bei einer DFT mit N Punkten eine Bandbreite der N Analysebandpässe von $\Delta f = f_A/N$, wenn f_A die Abtastfrequenz ist. Geht man von derselben Zahl N von Analysebandpässen bei der zweiten Methode aus, so ergäben sich Bandbreiten von $\Delta f_i = f_A/(2^{N+1-i})$, $2 \leq i \leq N$, $\Delta f_1 = \Delta f_2$.

Man findet eine derartige Analyse mit konstanter relativer Bandbreite längs der Frequenzachse auch in der Natur, z. B. beim menschlichen Hörsystem [Zwi82].

Die Abbildung zeigt ferner beispielhaft einige der Impulsantworten, die jeweils einem tieffrequenten und einem hochfrequenten Bandpassbereich zugeordnet werden können. Eine Transformation mit den Signalanalyseeigenschaften nach Abb. 3.2 ist die *Wavelet-Transformation* , die mit WT abgekürzt wird.

3.3.1 Definition der Wavelet-Transformation

Für reellwertige Signale ist die Wavelet-Transformation durch

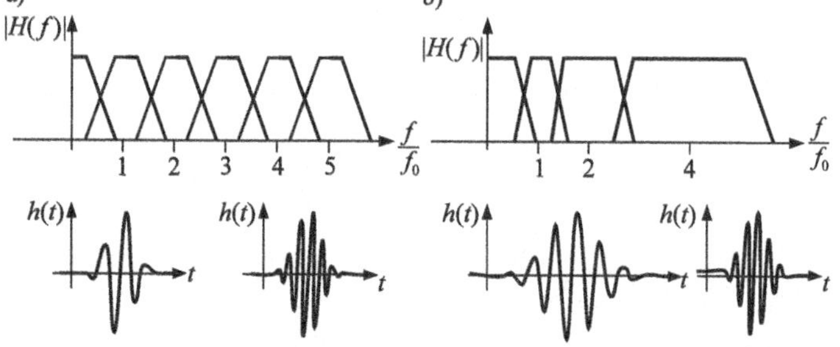

Abb. 3.2 Filterbank mit Bandpässen a) konstanter absoluter (STFT) und b) konstanter relativer (WT) Bandbreite sowie einige zugehörige Impulsantworten

$$X(a,b) = \frac{1}{\sqrt{|a|}} \int_{-\infty}^{\infty} x(t)\ \psi(\frac{t-b}{a})\, dt \tag{3.40}$$

definiert. Kern dieser Transformation ist die Funktion $\psi(t)$, aus der durch die Parameter a und b skalierte – frequenzverschobene – und zeitlich verschobene Funktionen gewonnen werden, weshalb man $\psi(t)$ auch als *Mutter-Wavelet* bezeichnet.

Durch die Transformation wird das Zeitsignal $x(t)$ in die *Zeit-Skalenebene* abgebildet, wobei nach dem Ähnlichkeitssatz der Fourier-Transformation zwischen dem Skalierungsparameter a und der Frequenz f bei Annahme einer Bezugsfrequenz f_0 die Beziehung

$$f = \frac{f_0}{a} \tag{3.41}$$

besteht, so dass man wie bei der Kurzzeit-Fourier-Transformation (STFT) auch von einer Transformation in die Zeit-Frequenzebene sprechen kann. Dazu zeigt Abb. 3.3 den Vergleich der Einflussbereiche eines Impulses zum Zeitpunkt $t = b$ in der Zeit-Frequenz- bzw. Zeit-Skalenebene bei der WT und der STFT. Die Ebene wird von der mit b bezeichneten Zeitachse und der Skalenachse – mit a bezeichnet – bzw. der auf die normierende Frequenz f_0 bezogenen Frequenzachse aufgespannt.

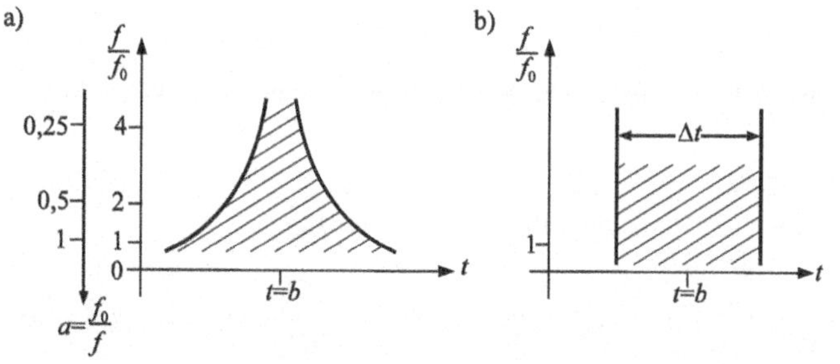

Abb. 3.3 Fensterbreite zum Zeitpunkt $t = b$ als Funktion der Frequenz bei der a) Wavelet-Transformation (WT) und bei der b) Kurzzeit-Fourier-Transformation (STFT)

Die Transformation ist in der in (3.40) gegebenen Form wegen der beliebigen Wahl der Parameter a und b redundant und damit für die Praxis nicht tauglich, obwohl die eindeutige Rücktransformation mit [Rio91]

$$x(t) = c \int_{-\infty}^{\infty} \int_{0}^{\infty} X(a,b)\, \psi(\frac{t-b}{a})\, \frac{1}{a^2}\, da\, db \tag{3.42}$$

angegeben werden kann, wobei c eine von $\psi(t)$ abhängende Normierungskonstante ist. Damit liegt eine Transformation vor, die der mit orthonormalen Basisfunktionen entspricht, obwohl die Funktionen $\psi\left(\frac{t-b}{a}\right)$ i.a. nicht orthonormal sind.

3.3.2 Diskrete Wavelet-Transformation

Um die in (3.40) steckende Redundanz zu entfernen und eine echte orthonormale Basis zu gewinnen, diskretisiert man die beiden Parameter a und b; man erhält so *dyadische Wavelets*, d. h. solche

- mit dem diskreten Skalierungsfaktor $a = 2^{-i}$, $i \in \mathbb{Z}$, der wie in Abb. 3.3 b) auf eine Logarithmierung der Frequenzachse führt,
- und dem diskreten Zeitparameter $b = 2^{-i} \cdot kT_A$, $i;k \in \mathbb{Z}$, wobei das Abtasttheorem in jedem Frequenzband einzuhalten ist; mit $T_A = 1$ soll auf die Abtastzeit normiert werden.

In der Zeit-Skalen- bzw. Zeit-Frequenzebene erhält man damit die in Abb. 3.4 gezeigten Rasterpunkte.

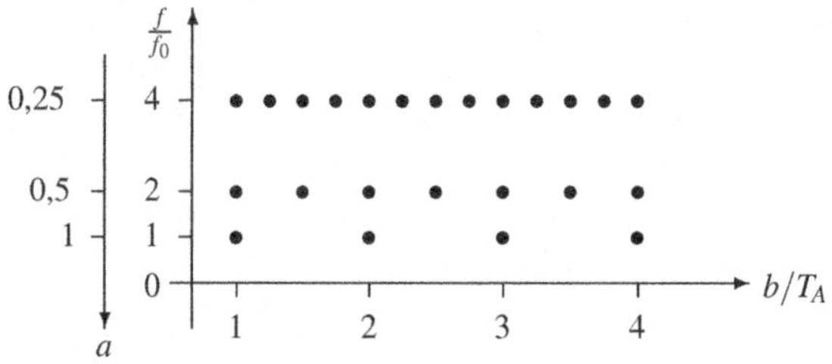

Abb. 3.4 Rasterpunkte für dyadische Wavelets in der Zeit-Skalen- bzw. Zeit-Frequenzebene

Für die dyadischen Wavelets gilt dann mit (3.40):

$$\psi(\frac{t-b}{a})\Big|_{a=2^{-i},b=2^{-i}kT_A} = \psi(2^i t - kT_A) \stackrel{!}{=} \frac{1}{\sqrt{2^i}}\, \psi_{i,k}(t), \quad i,k \in \mathbb{Z}. \tag{3.43}$$

Die diskrete Wavelet-Transformation liefert mit (3.40) und (3.43)

$$
\begin{aligned}
X(a,b)|_{a=2^{-i},b=2^{-i}kT_A} &= \frac{1}{\sqrt{|a|}} \int_{-\infty}^{\infty} x(t)\ \psi(\frac{t-b}{a})\ dt \Bigg|_{a=2^{-i},b=2^{-i}kT_A} \\
&= 2^{i/2} \int_{-\infty}^{\infty} x(t)\ \psi(\frac{t-2^{-i}kT_A}{2^{-i}})\ dt \\
&= \int_{-\infty}^{\infty} x(t)\ \psi_{i,k}(t)\ dt.
\end{aligned} \tag{3.44}
$$

Tastet man das Zeitsignal $x(t)$ in (3.44) dem Abtasttheorem entsprechend mit T_A ab, erhält man die *zeitdiskrete Wavelet-Transformation* [The99]

$$
y_{i,k} = \int_{-\infty}^{\infty} \sum_{m=-\infty}^{\infty} x(t)\ \psi_{i,k}(t)\ \delta_0(t-mT_A)\ dt = \sum_{m=-\infty}^{\infty} x(m)\ \psi_{i,k}(m). \tag{3.45}
$$

Das noch zu lösende Problem besteht darin, Funktionen $\psi_{i,k}(t),\ i;k \in \mathbb{Z}$ zu finden, die orthonormal sind und sich technisch geeignet darstellen lassen. Die Lösung besteht im Entwurf von Filterbänken, die als *Multiratensysteme* [Fli93] realisiert werden können und an ihrem Ausgang einen Vektor liefern, dessen Komponenten den Werten $x_{i,k}$ nach (3.45) entsprechen.

3.3.3 Basisfunktionen für die Wavelet-Transformation

Das Signal $x(t)$ sei bandbegrenzt und liege in einem Tiefpassbereich, der als Signalraum U_0 bezeichnet werde. Orientiert man sich an der spektralen Zerlegung in Abb. 3.2, geht es bei der Wavelet-Transformation darum, eine orthonormale Basis zu finden, die das Signal $x(t)$ in die einzelnen Teilbänder abbildet. Wie man Abb. 3.2 entnehmen kann, ist die Breite der Teilbänder in Potenzen von 2 gestuft, so dass man sich das Zustandekommen dieser Teilbänder dadurch vorstellen kann, dass die Teilbänder jeweils durch Teilung durch 2 enstehen, wobei jeweils der Tiefpassanteil U_i in einen gleichbreiten Tiefpassanteil U_{i-1} und Hochpassanteil V_{i-1} aufgeteilt wird. Während der Hochpassanteil V_{i-1} erhalten bleibt, wird der Tiefpassanteil U_{i-1} in derselben Weise weiter unterteilt. Diese hierarische Teilung ist in Abb. 3.5 dargestellt. Dabei sind die Unterräume U_{i-1} und V_{i-1} orthogonal zueinander und ergeben als Summe den Signalraum U_i, was man formal durch

$$
U_i = U_{i-1} \oplus V_{i-1} \tag{3.46}
$$

zum Ausdruck bringt. Diese Aufteilung lässt sich fortsetzen, so dass man schließlich zu der Darstellung

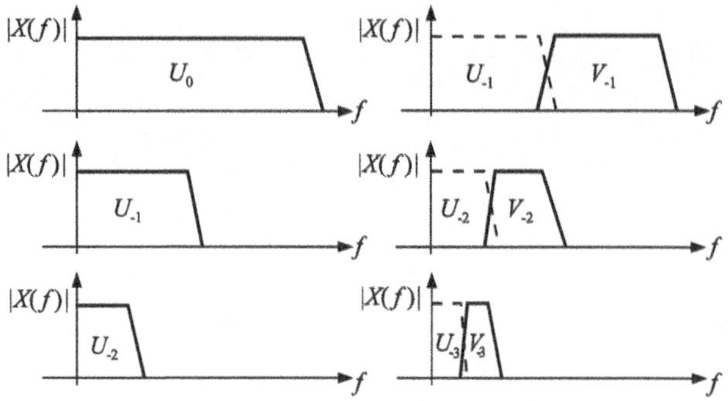

Abb. 3.5 Aufteilung des Signalraums U_0 in Unterräume

$$
\begin{aligned}
U_0 &= U_{-1} \oplus V_{-1} \\
&= (U_{-2} \oplus V_{-2}) \oplus V_{-1} \\
&= (U_{-3} \oplus V_{-3}) \oplus V_{-2} \oplus V_{-1} \\
&\vdots \\
&= U_{-i} \oplus V_{-i} \oplus V_{-i+1} \oplus \cdots \oplus V_{-2} \oplus V_{-1}
\end{aligned} \tag{3.47}
$$

gelangt. Dabei sind die mit kleinerem Index versehenen Räume *Unterräume* der mit höherem Index versehenen Räume:

$$U_{i-1} \subset U_i. \tag{3.48}$$

Der Raum U_0 werde in Anlehnung an (3.43) durch das System orthonormaler Basisfunktionen

$$\varphi_{0,j}(t) = \varphi_0(t - jT_A)|_{T_A=1} = \varphi_0(t-j), \quad j \in \mathbb{Z} \tag{3.49}$$

aufgespannt, wobei man $\varphi_0(t)$ als *Skalierungsfunktion* bezeichnet. Die orthonormalen Basisfunktionen unterscheiden sich voneinander durch Verschiebung um die normierte Zeit j. Diese Eigenschaft ist von dem Funktionensystem

$$\varphi_{0,j}(t) = \sqrt{2f_0}\,\frac{\sin(2\pi f_0(t-j))}{2\pi f_0(t-j)} \tag{3.50}$$

bekannt, das bei der Darstellung abgetasteter Signale verwendet wird.

Überträgt man die Eigenschaften der orthonormalen Basis vom Signalraum U_0 nach (3.49) auf den allgemeinen Raum U_i, so gilt für die U_i aufspannende Basis

$$\varphi_{i,j}(t) = \sqrt{2^i}\,\varphi_0(2^i t - j), \quad j \in \mathbb{Z} \tag{3.51}$$

und für die U_1 zugeordnete Basis

$$\varphi_{1,j}(t) = \sqrt{2}\,\varphi_0(2t-j), \quad j \in \mathbb{Z}. \tag{3.52}$$

Da U_0 ein Unterraum von U_1 ist, muss sich die gesuchte Skalierungsfunktion $\varphi_0(t)$ durch die Basis $\varphi_{1,j}(t)$ ausdrücken lassen

$$\varphi_0(t) = \sum_k h_0(k)\,\varphi_{1,k}(t) = \sqrt{2}\sum_k h_0(k)\,\varphi_0(2t-k), \tag{3.53}$$

wobei die $h_0(k)$ die Entwicklungskoeffizienten gemäß der Signaldarstellung in (3.4) sind. Sie sind zeitabhängig, weil die damit dargestellten Signalprozesse instationär und damit zeitabhängig sein können.

Aus (3.53) folgt, dass man durch Vorgabe von $h_0(k)$ die unbekannte Skalierungsfunktion bestimmen kann. Alternativ dazu kann man durch Vorgabe der orthonormalen Basis bzw. der Skalierungsfunktion die Werte $h_0(k)$ bestimmen. Auf dieses Problem wird später noch einzugehen sein.

Entsprechend (3.51) gilt für die orthonormale Basis des Raums U_{i-1}

$$\varphi_{i-1,j}(t) = \sqrt{2^{i-1}}\,\varphi_0(2^{i-1}t-j), \quad i,j \in \mathbb{Z} \tag{3.54}$$

was mit (3.53)

$$\begin{aligned}\varphi_{i-1,j}(t) &= \sqrt{2^{i-1}}\,\sqrt{2}\sum_k h_0(k)\,\varphi_0(2^i t-2j-k)|_{k=m-2j}\\ &= \sqrt{2^i}\sum_m h_0(m-2j)\,\varphi_0(2^i t-m) = \sum_m h_0(m-2j)\,\varphi_{i,m}(t)\end{aligned} \tag{3.55}$$

auf die Bestimmung der Basis $\varphi_{i-1,j}(t)$ des Raums U_{i-1}, eines Tiefpasses, aus der Basis $\varphi_{i,j}(t)$ des Raums U_i führt.

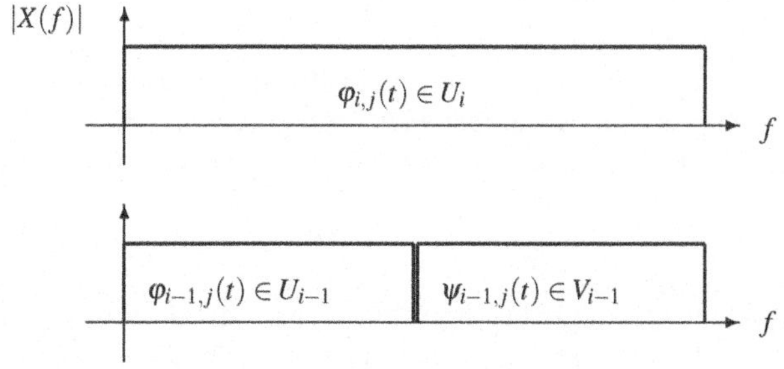

Abb. 3.6 Basisfunktionen im Raum U_i und den Unterräumen U_{i-1} und V_{i-1}

In vergleichbarer Weise kann man nach Abb. 3.6 die Basis $\psi_{i-1,j}$ des Unterraums V_{i-1}, eines Hochpassfrequenzbereichs, durch dieselbe Basis $\varphi_{i,m}(t)$ des übergeordneten Raumes U_i bestimmen

$$\psi_{i-1,j}(t) = \sum_m h_1(m-2j)\,\varphi_{i,m}(t). \tag{3.56}$$

Damit lassen sich die Basisfunktionen $\varphi_{i,j}(t)$ bzw. $\psi_{i,j}(t)$ in allen Räumen U_i bzw. V_i aus den Basisfunktionen der übergeordneten Räume berechnen und diese auf die Skalierungsfunktion $\varphi_0(t)$ zurückführen, wobei später zu klären ist, auf welche Weise $\varphi_0(t)$ bestimmt wird.

3.3.4 Wavelet-Transformation mit Hilfe von Filterbänken

Ein Signal $x(t)$, das im Raum U_i liegt, lässt sich durch die Basis $\varphi_{i,j}(t)$ ausdrücken, die den Raum U_i aufspannt. Da man den Überlegungen im vorigen Abschnitt folgend diesen Tiefpassbereich in einen Tiefpass- und einen Hochpassanteil mit den Basisfunktionen $\varphi_{i-1,j}(t) \in U_{i-1}$ und $\psi_{i-1,j}(t) \in V_{i-1}$ aufteilen kann, lässt sich $x(t)$ auch durch die Basisfunktionen nach (3.55) bzw. (3.56)

$$\begin{aligned} x(t) &= \sum_j \alpha_i(j)\ \varphi_{i,j}(t) \\ &= \underbrace{\sum_k \alpha_{i-1}(k)\ \varphi_{i-1,k}(t)}_{U_{i-1} \subset U_i} + \underbrace{\sum_k \beta_{i-1}(k)\ \psi_{i-1,k}(t)}_{V_{i-1} \subset U_i} \end{aligned} \tag{3.57}$$

ausdrücken. Die zugehörigen Koeffizienten $\alpha_{i-1}(k)$ erhält man mit (3.4) und (3.55)

$$\begin{aligned} \alpha_{i-1}(k) &= \int_{-\infty}^{\infty} x(t) \cdot \varphi_{i-1,k}(t)\,dt \\ &= \sum_n h_0(n-2k) \int_{-\infty}^{\infty} x(t)\,\varphi_{i,n}(t)\,dt \\ &= \sum_n h_0(n-2k)\ \alpha_i(n) = h_0(-n) * \alpha_i(n)\big|_{n=2k}, \end{aligned} \tag{3.58}$$

was man als *Faltung* der Koeffizienten $\alpha_i(k)$ aus dem Raum U_i mit der invertierten Impulsantwort $h_0(-k)$ und anschließender *Unterabtastung* mit $n = 2k$ interpretieren kann. Entsprechend gilt für die Koeffizienten des Hochpassanteils:

$$\beta_{i-1}(k) = h_1(-n) * \alpha_i(n)\big|_{n=2k}. \tag{3.59}$$

Insgesamt erhält man damit die in Abb. 3.7 gezeigte Filterbank, die auf die in Abb. 3.2 dargestellte spektrale Zerlegung führt und die diskrete Wavelet-Transformation realisiert. Die aus (3.58) und (3.59) folgende zeitliche Inversion der Impulsantworten erfordert einen Laufzeitausgleich, um kausale Systeme zu erhalten.

Offen bleibt dabei zunächst, wie man die Impulsantworten $h_0(k)$ und $h_1(k)$ des Tief- und Hochpasses erhält, wobei $h_0(k)$ nach (3.53) mit der Skalierungsfunktion $\varphi_0(t)$ zusammenhängt. Besonders interessant sind dabei Filter mit endlich langer Impulsantwort, sogenannte FIR-Filter [Kam92], mit denen man eine konstante, direkt von der Filterlänge abhängige Gruppenlaufzeit realisieren kann. Geht man davon aus, dass die Länge der Impulsantwort mit L bezeichnet wird, so gilt für die

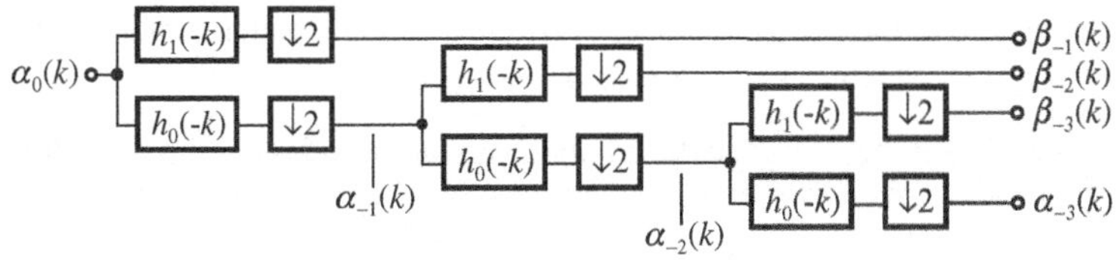

Abb. 3.7 Analyse mit Hilfe der diskreten Wavelet-Transformation. Die nach unten gerichteten Pfeile bezeichnen eine Unterabtastung mit dem Faktor 2

Abhängigkeit der Impulsantworten von Tief- und Hochpass [Rio91]:

$$h_1(k) = (-1)^{L-1-k}\, h_0(L-1-k), \quad 0 \leq k \leq L-1. \tag{3.60}$$

Mit Hilfe der Koeffizienten $\beta_{-i}(k)$, $1 \leq i \leq I$ und $\alpha_{-I}(k)$ kann man die *Signalanalyse* durch die *Synthese* rückgängig machen. Dabei sind die Operationen der Analyse zu invertieren; z. B. entspricht dem Auslassen von jedem zweiten Wert das Einfügen eines Werts mit der Amplitude Null. Bezüglich der Analyse- und Synthesefilter besteht der einfachste Fall darin, dass die Impulsantworten $h_0(-k)$ und $h_1(-k)$ der Analysefilter bei der Synthese zeitlich invertiert werden, um die bei der Analyse entstandene Phasendrehung bei der Synthese zu kompensieren. Ferner weisen die parallelen Zweige verschiedene Laufzeiten auf, die bei der Synthese zu kompensieren sind. Das Synthesesystem, das der inversen diskreten Wavelet-Transformation entspricht, zeigt Abb. 3.8.

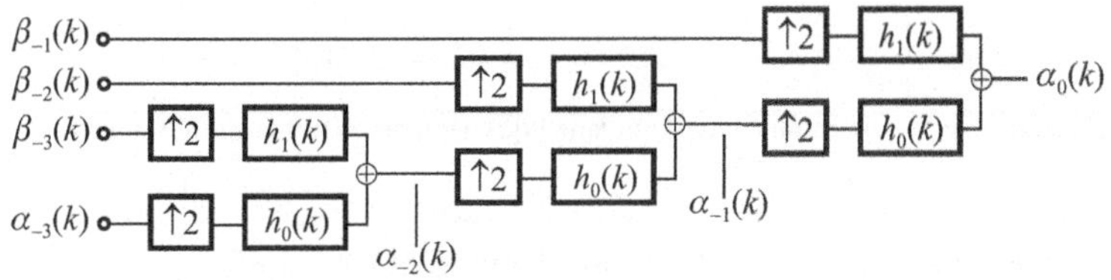

Abb. 3.8 Signalsynthese mit Hilfe der inversen diskreten Wavelet-Transformation. Die nach oben gerichteten Pfeile bezeichnen die Einfügung von Werten der Amplitude Null nach jedem zweiten Abtastwert

3.3.5 *Beispiel für ein Analysefilter*

Nach (3.53) sind zwei Wege zur Implementierung der Wavelet-Transformation möglich:

- man gibt die Skalierungsfunktion $\varphi_0(t)$ als Grundlage für das orthonormale Basissystem vor und berechnet daraus die Impulsantwort $h_0(k)$

- man gibt die Impulsantwort $h_0(k)$ z. B. eines transversalen Filters vor und bestimmt mit (3.53) die Skalierungsfunktion $\varphi_0(t)$.

Im ersten Fall, d. h. bei Vorgabe der Skalierungsfunktion kann man z. B. die Funktion

$$\varphi_0(t) = \begin{cases} 1 & 0 \leq t < 1 \\ 0 & \text{sonst} \end{cases} \tag{3.61}$$

verwenden, die auf die *Haar-Wavelets* führt und mit (3.53) für eine vorgegebene Länge L der Impulsantwort nach (3.60) eine Lösung für die Werte $h_0(k)$ suchen.

Üblicherweise folgt man aber dem zweiten Weg: Man gibt die Werte der Impulsantwort für einen geeigneten Tiefpass vor und bestimmt dafür die Skalierungsfunktion mit Hilfe von (3.53), weil man auf diese Weise einfach zu realisierende Filter erhält. Als Beispiele seien die Tiefpässe in Tab. 3.3.5 mit einer Impulsantwort der Länge L aus [Dau92] genommen, zu denen man die Impulsantworten $h_1(k)$ der zugehörigen Hochpässe nach (3.60) bestimmen kann.

$h_0(k)$	$L=4$	$L=6$	$L=8$	$L=10$
$h_0(0)$	0,4829629	0,332670	0,2303778	0,1601024
$h_0(1)$	0,8365163	0,806891	0,7148466	0,6038293
$h_0(2)$	0,2241439	0,459877	0,6308808	0,7243085
$h_0(3)$	-0,1294095	-0,135011	-0,0279838	0,1384281
$h_0(4)$		-0,08544	-0,1870348	-0,2422949
$h_0(5)$		0,03522	0,0308414	-0,0322449
$h_0(6)$			0,0328830	0,0775715
$h_0(7)$			-0,0105974	-0,0062415
$h_0(8)$				-0,0125807
$h_0(9)$				0,0033357

Tab. 3.1 Beispiele für die Impulsantworten $h_0(k)$ des Tiefpasses mit der Filterlänge L

Für die Frequenzgänge des Tiefpasses bzw. Hochpasses gilt

$$H_0(e^{j\Omega}) = \sum_{k=0}^{L-1} h_0(k)\, e^{-j\Omega k}, \qquad H_1(e^{j\Omega}) = \sum_{k=0}^{L-1} h_1(k)\, e^{-j\Omega k}, \tag{3.62}$$

wobei $\Omega = 2\pi f/f_A$ die auf die Abtastfrequenz f_A normierte Kreisfrequenz bezeichnet. Die Amplitudengänge $|H_0(e^{j\Omega})|$ und $|H_1(e^{j\Omega})|$ dieser Filter zeigt Abb. 3.9 für die Parameter $L = 4$ und $L = 10$.

Grundlage der Berechnung der zugehörigen Skalierungsfunktion ist (3.53):

$$\varphi_0(t) = \sum_k h_0(k)\, \sqrt{2}\varphi_0(2(t - \frac{k}{2})).$$

Transformiert man diesen Ausdruck in den Frequenzbereich, erhält man:

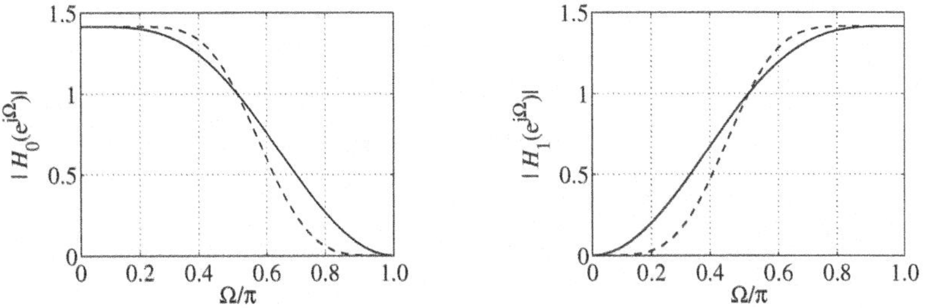

Abb. 3.9 Amplitudengänge von Tief- und Hochpass für die beiden Filterlängen $L = 4$ (—) und $L = 10$ (- -)

$$\begin{aligned}\Phi_0(j\Omega) &= \sum_k h_0(k)\,\sqrt{2}\,\frac{1}{2}\,\Phi_0(\frac{j\Omega}{2})e^{-j\Omega\cdot k/2}\\ &= \frac{1}{\sqrt{2}}\,\Phi_0(\frac{j\Omega}{2})\,\sum_k h_0(k)e^{-j\Omega\cdot k/2}\\ &= \frac{1}{\sqrt{2}}\,\Phi_0(\frac{j\Omega}{2})\cdot H_0(e^{j\Omega/2}).\end{aligned} \tag{3.63}$$

Berechnet man $\Phi_0(j\Omega/2)$ wie $\Phi_0(j\Omega)$ in (3.63) und wiederholt diese Rechnung, erhält man schließlich:

$$\Phi_0(j\Omega) = \Phi_0(\frac{j\Omega}{2^{i+1}})\prod_{m=0}^{i}\frac{1}{\sqrt{2}}\,H_0(e^{j\Omega/2^{m+1}}). \tag{3.64}$$

Man kann zeigen, dass der Grenzwert von (3.64) bei Existenz das Ergebnis [Fli93]

$$\lim_{i\to\infty}\prod_{m=0}^{i}\frac{1}{\sqrt{2}}\,H_0(e^{j\Omega/2^{m+1}}) = \Phi_0(j\Omega) \tag{3.65}$$

liefert. Im Zeitbereich entspricht dies

$$\lim_{i\to\infty} h^{(i)}(k)|_{k=2^{i+1}t} = \varphi_0(t) \tag{3.66}$$

mit dem Faltungsprodukt

$$h^{(i)}(k) = \mathop{\boxed{*}}_{n=0}^{i}\; h_{0n}(k), \qquad h_{0n}(k) = \begin{cases}\sqrt{2}h_0(m) & m = 2^{-n}k\\ 0 & \text{sonst.}\end{cases} \tag{3.67}$$

Schon wenige Iterationen liefern eine Approximation $\phi_0(t)$ für die Skalierungsfunktion $\varphi_0(t)$, die sich bei weiteren Iterationen kaum noch ändert, wie Abb. 3.10 für $i = 1$, $i = 4$ und $i = 7$ nach (3.66) bzw. (3.67) für den Tiefpass der Impulsantwortslänge $L = 4$ in Tab. 3.3.5 zeigt.

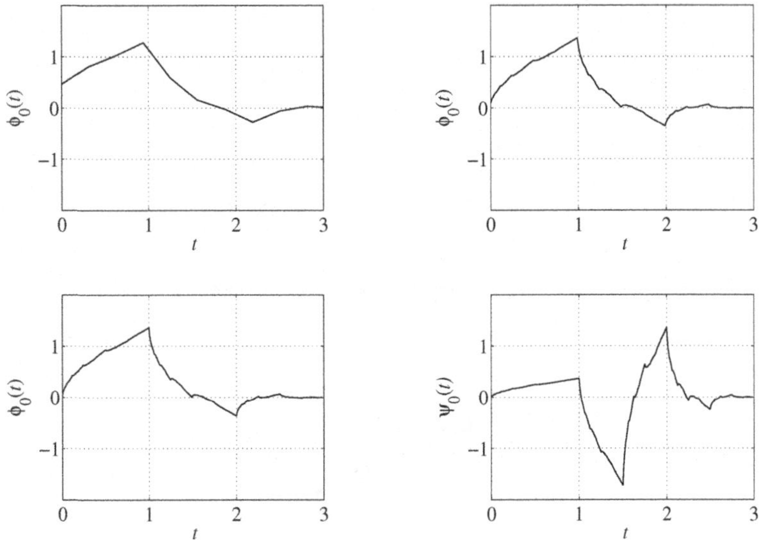

Abb. 3.10 Approximationen $\phi_0(t)$ von $\varphi_0(t)$ für $i = 1$, $i = 4$ und $i = 7$ Iterationen sowie Approximation $\Psi_0(t)$ des Mutter-Wavelets $\psi_0(t)$ bei der Filterlänge $L = 4$

Aus (3.53) und (3.56) folgt, dass man das den Raum V_0 aufspannende Wavelet mit Hilfe der Basis $\varphi_{1,j}(t)$ berechnen kann, wobei sich diese Basis wieder durch die Skalierungsfunktion ausdrücken lässt. Für einen Tiefpass mit der Impulsantwortslänge L gilt:

$$\psi_0(t) = \sum_{k=0}^{L-1} h_1(k)\ \varphi_{1,k}(t) = \sum_{k=0}^{L-1} h_1(k)\ \sqrt{2}\ \varphi_0(2t-k). \tag{3.68}$$

Das sich daraus ergebende Mutter-Wavelet ist rechts unten in Abb. 3.10 für das Filter mit der Impulsantwortlänge $L = 4$ aus Tab. 3.3.5 dargestellt.

3.3.6 Implementation der diskreten Wavelet-Transformation

Die Wavelet-Transformation nach Abb. 3.7 erfordert als Eingangsgrößen die Werte $\alpha_0(k)$, die nach (3.57) die Entwicklungskoeffizienten des Signals $x(t)$ nach der Basis $\varphi_{0,j}(t) = \varphi_0(t-j)$, $j \in \mathbb{Z}$ sind. Damit folgt für die Koeffizienten:

$$\begin{aligned}\alpha_0(k) &= \int_{-\infty}^{\infty} x(t)\ \varphi_{0,k}(t)\,dt = \int_{-\infty}^{\infty} x(t)\ \varphi_0(t-k)\,dt \\ &= x(t) * \varphi_0(-t)|_{t=k}.\end{aligned} \tag{3.69}$$

Setzt man diese Rechenvorschrift in ein technisches System um, so erhält man den linken Teil des Blockschaltbildes in Abb. 3.11. Am Ausgang des mit WT bezeichneten Blocks erhält man den Vektor $\mathbf{y}(k)$ mit den in Abb. 3.7 angegebenen Komponenten.

Die inverse Wavelet-Transformation, mit IWT abgekürzt und mit der Realisierung nach Abb. 3.8, liefert die Koeffizienten $\alpha_0(k)$, die mit

$$\begin{aligned} x(t) &= \sum_k \alpha_0(k)\ \varphi_{0,k}(t) = \sum_k \alpha_0(k)\ \varphi_0(t-k) \\ &= \sum_k \alpha_0(k)\ \delta_0(t-k) * \varphi_0(t) \end{aligned} \tag{3.70}$$

auf das ursprüngliche Signal $x(t)$ führen. Die Umsetzung in ein technisches System zeigt der rechte Teil von Abb. 3.11. Die Skalierungsfunktion $\varphi_0(t)$ stellt demnach das Bindeglied für die Darstellung eines Signals im Zeitbereich und durch die Wavelet-Transformation dar.

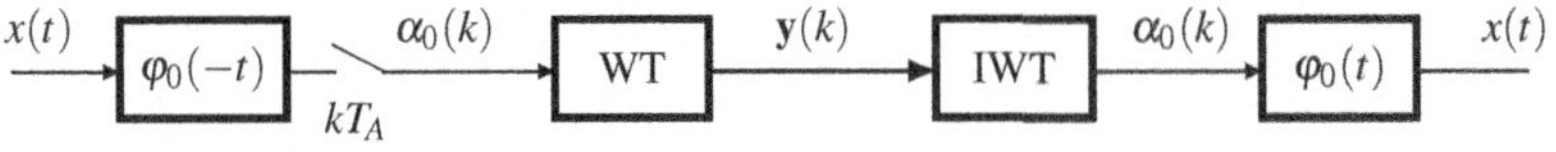

Abb. 3.11 Implementation der Wavelet-Transformation

Wie bei der Diskussion über die orthonormale Basis $\varphi_{0,j}(t)$ von Signalen im Raum U_0 erwähnt wurde, stellen die $\sin x/x$-Funktionen nach (3.50) eine orthonormale Basis dar. Dann sind die Werte $\alpha_0(k)$ Abtastwerte des darzustellenden Signals, dessen orthonormale Basis auf der Skalierungsfunktion

$$\varphi_0(t) = \sqrt{2f_A}\ \frac{\sin(2\pi f_A t)}{2\pi f_A t} \tag{3.71}$$

aufbaut. In diesem Fall entspräche die Filterung mit $\varphi_0(t)$ einer Bandbegrenzung durch einen idealen Tiefpass der Grenzfrequenz $f_A/2$, d. h. es handelt sich in diesem Fall um die konventionelle Darstellung des kontinuierlichen Signals $x(t)$ durch seine Abtastwerte. Damit ist die Darstellung eines Signals durch seine Abtastwerte ein Sonderfall der Wavelet-Transformation.

3.3.7 Gabor-Transformation

Die Gabor-Transformation ist eng verwandt mit der Kurzzeit-Fourier-Transformation und der Wavelet-Transformation und stellt ebenso wie diese ein Signal in der Zeit-Frequenzebene dar. Ein wichtiger Unterschied ist jedoch, dass das System von Basisfunktionen bei der Gabor-Transformation im Allgemeinen nicht orthogonal ist. Man spricht daher auch von der *Gabor-Reihenentwicklung*. Erkentnisse aus der Neurobiologie zeigen, dass die Wahrnehmung von Sprach- und Bildinformation nach Prinzipien erfolgt, die den mathematischen Operationen der Gabor-Transformation nicht unähnlich sind [Dau88].

Die Grundidee der Gabor-Transformation lässt sich aus der Kurzzeit-Fourier-Transformation (3.36) ableiten. Um statt des Integrals eine Reihenentwicklung zu erhalten, diskretisiert man die Frequenz f, Zeit τ und Verschiebung des Zeitfensters t, indem man diskrete Frequenzen $f = n/(NT_A)$ (Abtastperiode T_A, Anzahl diskreter Frequenzen N), sowie diskrete Parameter für Zeit und Verschiebung der Fensterfunktion einführt: $k = t/T_A$, $t_m = mt_0$. Damit erhält man:

$$X(n,m) = \sum_{k=-\infty}^{\infty} x(k) f(k - t_m) e^{-j\frac{2\pi n}{N}k}. \tag{3.72}$$

Eine Rekonstruktion des zeitdiskreten Signals $x(k)$ im Zeitfenster m kann man durch die inverse DFT – vgl. (3.34) – aus den Koeffizienten $X(n,m)$gewinnen:

$$x(k,m) = \sum_{n=-\infty}^{\infty} X(n,m) e^{j\frac{2\pi k}{N}n}. \tag{3.73}$$

Das vollständige Signal $x(k)$ erhält man durch Superposition der Signale $x(k,m)$, die jeweils mit der um t_m verschobenen Fensterfunktion $f(k - t_m)$ multipliziert werden:

$$\begin{aligned} x(k) &= \sum_{m=-\infty}^{\infty} f(k - t_m) x(k,m) & (3.74)\\ &= \sum_{m=-\infty}^{\infty} f(k - t_m) \left(\sum_{n=-\infty}^{\infty} X(n,m) e^{j\frac{2\pi k}{N}n} \right) & (3.75)\\ &= \sum_{m=-\infty}^{\infty} \sum_{n=-\infty}^{\infty} X(n,m) f(k - t_m) e^{j\frac{2\pi k}{N}n}. & (3.76) \end{aligned}$$

Die Koeffizienten $X(n,m)$ werden im Folgenden als c_{nm} bezeichnet und stellen zusammen mit den komplexen, zeitdiskreten Basisfunktionen

$$g_{nm}(k) = f(k - t_m) e^{j\frac{2\pi k}{N}n} \tag{3.77}$$

eine Reihenentwicklung des zeitdiskreten Signals $x(k)$ dar:

$$x(k) = \sum_{m=-\infty}^{\infty} \sum_{n=-\infty}^{\infty} c_{nm} g_{nm}(k). \tag{3.78}$$

Als kontinuierliche Funktionen der Zeit t lassen sich die Basisfunktionen folgendermaßen schreiben:

$$g_{nm}(t) = f(k - t_m) e^{j\Omega nt}, \tag{3.79}$$

mit

$$\Omega = \frac{2\pi}{NT_A} \tag{3.80}$$

als Schrittweite für die Diskretisierung der Frequenz. Dies führt zu einer zeitkontinuierlichen Reihenentwicklung des Signals $x(t)$:

$$x(t) = \sum_{m=-\infty}^{\infty} \sum_{n=-\infty}^{\infty} c_{nm} g_{nm}(t). \tag{3.81}$$

Die Koeffizienten c_{nm} der Reihenentwicklung lassen sich auch als Transformierte des Signals $x(t)$ betrachten: Der Faktor c_{nm} beschreibt das Spektrum im Zeitfenster m zur diskreten Frequenz n. In der Zeit-Frequenzebene ergibt sich ein Bild wie in Abb. 3.12 skizziert.

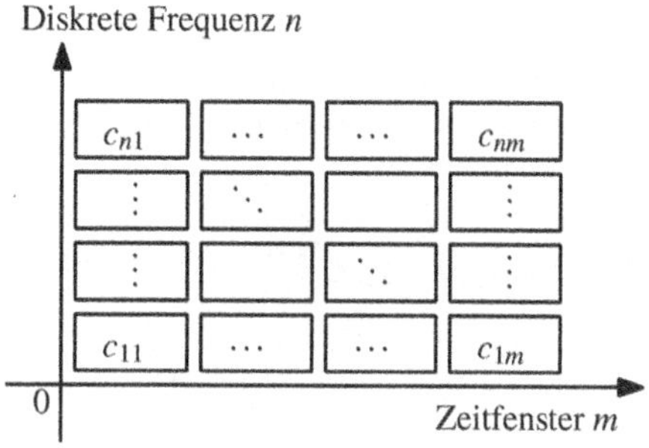

Abb. 3.12 Die Gabor-Koeffizienten c_{nm} stellen sowohl im Zeit- als auch Frequenzraum lokale Information dar.

Die bisherigen Betrachtungen sind für jede beliebige Fensterfunktion $f(t)$ gültig. Je nach Wahl von $f(t)$ entstehen also unterschiedliche Funktionen $g_{nm}(t)$ (3.79), die nicht unbedingt orthogonal sein müssen. In diesem Fall können die Koeffizienten nicht mehr analytisch bestimmt werden, weswegen man statt von einer Transformation besser von einer Reihenentwicklung spricht. Unabhängig davon bleibt die Interpretation als Spektrogramm gemäß Abb. 3.12 gültig.

Es lässt sich aber zeigen, dass die Wahl einer Gauss-Funktion als Fensterfunktion, also

$$f_\sigma(t) = \left(\frac{\sqrt{2}}{\sigma}\right)^{1/2} e^{-\pi \frac{t^2}{\sigma^2}} \tag{3.82}$$

insofern optimal ist, als dadurch die linke Seite der Heisenbergschen Ungleichung der Nachrichtentechnik (3.39), d. h. das Produkt $\Delta f \cdot \Delta t$ minimiert wird, und dies nur für diese spezielle Funktion der Fall ist.

Eine offene Frage ist noch die Wahl des Parameters Ω (3.80). Es besteht der folgende Zusammenhang mit der Schrittweite für die Verschiebung der Fensterfunktion t_0:

$$\Omega \leq \frac{2\pi}{t_0}. \tag{3.83}$$

Wird (3.83) mit Gleichheit erfüllt, spricht man von *kritischer Abtastung*, bei Ungleichheit von *Überabtastung*.

3.3.8 Diskrete Gabor-Transformation

Für die digitale Signalverarbeitung ist vor allem die diskrete Variante der Gabor-Transformation (DGT) relevant, die sich aus den Betrachtungen im vorherigen Abschnitt ableiten lässt. Analog zur Gleichung für die DFT (3.34) betrachtet man die Zeit dimensionslos als diskreten Parameter k. Die Grenzen für die Summation in (3.81) sind nun endlich, insbesondere werden nur M Zeitfenster eines endlichen Signals analysiert, und der Frequenzraum wird in N Partitionen aufgeteilt.

Die Fensterfunktion wird bei der DGT jeweils um N Abtastwerte nach rechts verschoben, somit ergeben sich für die Basisfunktionen $g_{nm}(k)$ und den Parameter Ω gemäß (3.77) bzw. (3.79) und (3.83):

$$\Omega \leq \frac{2\pi}{N}, \tag{3.84}$$

$$g_{nm}(k) = f(k - mN)e^{j\Omega nk}. \tag{3.85}$$

Damit lässt sich das zeitdiskrete Signal $x(k)$ mit $K = M \cdot N$ Abtastwerten entsprechend (3.81) folgendermaßen darstellen:

$$x(k) = \sum_{m=0}^{M-1} \sum_{n=0}^{N-1} c_{nm} g_{nm}(k) \tag{3.86}$$

Wird (3.84) mit Ungleichheit erfüllt (Überabtastung), d. h. gilt

$$\Omega \leq \frac{2\pi}{N^*} \tag{3.87}$$

für ein $N^* > N$, erhält man eine redundante Darstellung des Signals $x(k)$, da nun mehr Koeffizienten als Abtastwerte vorhanden sind ($M \cdot N^* > K$).

3.3.9 Berechnung der Diskreten Gabor-Transformation

Aus der Gleichung für die Signaldarstellung (3.86) kann nicht ohne Weiteres eine analytische Berechnungsvorschrift für die Gabor-Koeffizienten abgeleitet werden, da die Basisfunktionen im Allgemeinen – wie eingangs erwähnt – nicht orthogonal sind. Daher gestaltet sich die Berechnung der Koeffizienten deutlich schwieriger als bei der Fourier-Transformation.

Die Darstellung des Signals $x(k)$ in (3.86) kann (für den Fall der kritischen Abtastung) als lineares Gleichungssystem in den K Unbekannten $c_{11},\ldots,c_{NM}$ aufgefasst werden:

$$\begin{pmatrix} g_{11}(1) & \cdots & g_{11}(K) \\ \vdots & & \vdots \\ g_{NM}(1) & \cdots & g_{NM}(K) \end{pmatrix} \begin{pmatrix} c_{11} \\ \vdots \\ c_{NM} \end{pmatrix} = \begin{pmatrix} x(1) \\ \vdots \\ x(K) \end{pmatrix} \tag{3.88}$$

oder, in Kurzschreibweise,

$$\mathbf{G}\cdot\mathbf{c} = \mathbf{x}. \tag{3.89}$$

Dieses Gleichungssystem kann nun exakt oder numerisch gelöst werden. Im Falle von Über- oder auch Unterabtastung (d. h. (3.84) gilt nicht) existiert keine eindeutige Lösung des Gleichungssystems, da es unter- bzw. überbestimmt ist. In diesem Fall kann eine Lösung mit minimalem Fehler $\mathbf{e} = \mathbf{y} - \mathbf{G}\cdot\mathbf{c}$ durch die *Methode der kleinsten Quadrate* gefunden werden. Hierzu wird das folgende (eindeutig bestimmte) Gleichungssystem gelöst:

$$(\mathbf{G}^T\cdot\mathbf{G})\cdot\mathbf{c} = \mathbf{G}\cdot\mathbf{y}. \tag{3.90}$$

Eine weitere Möglichkeit besteht darin, die Koeffizienten mithilfe eines linearen Perzeptrons (siehe Abschnitt 5.3) schrittweise zu approximieren. Hierzu werden die bekannten Funktionswerte $g_{11}(k),\ldots,g_{NM}(k)$ für $k = 1,\ldots,K$ als Eingabe und die Abtastwerte $y(k)$, $k = 1,\ldots,K$ als Zielwerte verwendet.

3.4 Vektordarstellung von M Signalen

Bei der Signalerkennung im Rauschen oder der Mustererkennung geht man in der Regel davon aus, dass das Nutzsignal von einem weißen Störprozess überlagert wird. Dieser lässt sich, wie bei der Karhunen-Loève-Transformation gezeigt, durch jede beliebige orthonormale Basis darstellen. Die Freiheit bei der Wahl der orthonormalen Basisfunktionen $\varphi_i(t)$ hat den wesentlichen Vorteil, dass man die Basis $\varphi_i(t)$ nur an die Nutzsignale anpassen muss. Nach Voraussetzung gibt es aber nur M bekannte Nutzsignale, so dass man kein vollständiges orthonormales Basissystem $\varphi_j(t)$, $j = 1,\ldots,N$ benötigt.

3.4.1 Analyse und Synthese von Signalen

Das Problem der Vektordarstellung von Signalen beschränkt sich in der Praxis auf den Fall, M bekannte Nutzsignale $x(t) = s_i(t)$, $i = 1,\ldots,M$ mit Hilfe einer orthonormalen Basis $\varphi_j(t)$ darzustellen. Weil hier das Ensemble der darzustellenden Signale bekannt ist, braucht man nur $N \le M$ orthonormale Basisfunktionen $\varphi_j(t)$, d. h. die den Signalen entsprechenden Vektoren haben die Dimension $N \leq M$. Damit gilt:

$$s_i(t) = \sum_{j=1}^{N} s_{ij}\varphi_j(t), \quad i = 1,\ldots,M \tag{3.91}$$

mit

$$s_{ij} = \int_0^T s_i(t)\varphi_j(t)\,dt, \quad i = 1,\ldots,M, \quad j = 1,\ldots,N. \tag{3.92}$$

Die Beschränkung auf das Beobachtungsintervall $0 \leq t < T$ ist willkürlich, d. h. man kann die Zeit T z. B. über alle Grenzen wachsen lassen. In der Praxis werden die Signale aber zeitbegrenzt sein, was auch durch die hier verwendete Schreibweise ausgedrückt wird.

Dem Signal $s_i(t)$ nach (3.91) wird der Vektor

$$\mathbf{s}_i = (s_{i1}, s_{i2}, \ldots, s_{iN})^T \tag{3.93}$$

zugeordnet. Zu seiner graphischen Darstellung benötigt man einen N-dimensionalen Raum, dessen Achsen die orthonormalen Funktionen $\varphi_j(t)$ zugeordnet werden, wie Abb. 3.13 zeigt.

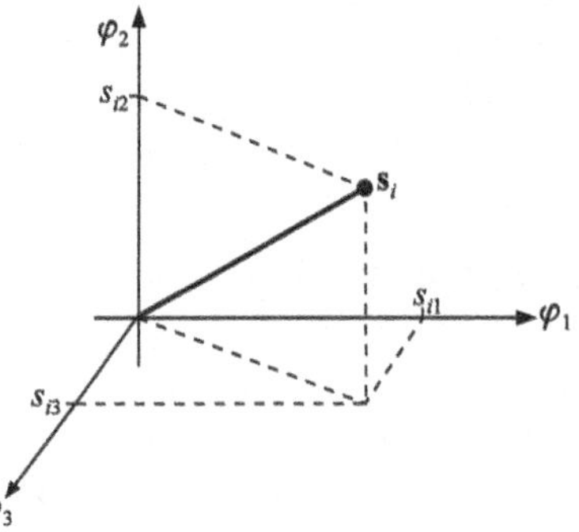

Abb. 3.13 Vektordarstellung eines Signals im 3-dimensionalen Raum

Es interessiert noch, wie man apparativ die Komponenten s_{ij} der Vektoren $\mathbf{s}_i$ gewinnt, und wie man umgekehrt aus den Komponenten das Signal rekonstruiert. Die Antwort auf diese Fragen liefern die Beziehungen (3.91) und (3.92), deren apparative Realisierung das Blockschaltbild in Abb. 3.14 zeigt. Sie entsprechen in abstrakter Form dem Aufbau der beiden Komponenten – dem *Demodulator* und dem *Modulator* – eines *Modems* [Kro91] bei der Datenübertragung. Nach (3.92) muss das Signal $s_i(t)$ jeweils mit der orthonormalen Funktion $\varphi_j(t),\ j = 1,\ldots,N$ multipliziert und dann über das Intervall $0 \leq t < T$ integriert werden, um die jeweilige Komponente des Vektors zu liefern, wie auch Abb. 3.14 zeigt. Die Integration erfolgt in dem Filter mit der Impulsantwort $h_0(t)$, das im idealen Fall rechteckförmig mit der Dauer T

ist. Nach der Abtastung jeweils zum Zeitpunkt T erhält man die Signalkomponente s_{ij}. Diese Operation enspricht der Demodulation.

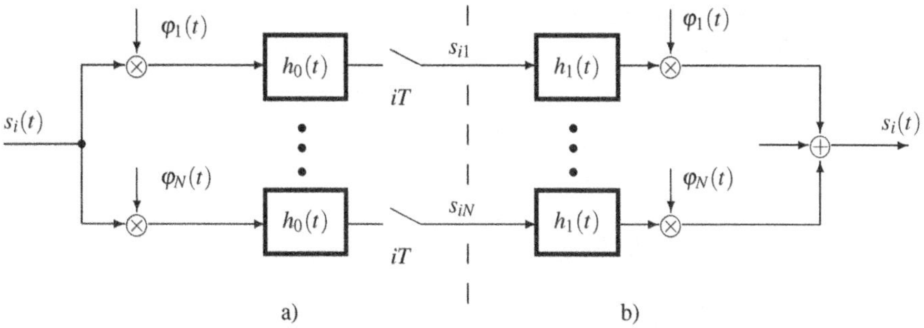

Abb. 3.14 a) Demodulator zur Gewinnung des Signalvektors und b) Modulator zur Synthese des Signals aus diesem Vektor

Umgekehrt wird bei der Modulation das Signal $s_i(t)$ durch die gewichtete Summe der orthonormalen Basisfunktionen gewonnen. Dazu speist man N parallele Filter mit der Impulsantwort $h_1(t)$ und multipliziert das Ausgangssignal mit der Basisfunktion $\varphi_j(t)$, danach werden die Ausgänge aufsummiert. Im idealen Fall hat das Filter ebenfalls eine rechteckförmige Impulsantwort $h_1(t) = h_0(t)$, wegen der Realisierungsprobleme und des spektralen Verhaltens verwendet man in der Praxis bei Modems jedoch sogenannte *Roll-off-Filter*, bei denen nach wie vor $h_1(t) = h_0(t)$ gilt [Kro91].

Bisher ist die Frage offen geblieben, wie man die N orthonormalen Basisfunktionen $\varphi_j(t)$ aus den M Signalen $s_i(t)$ gewinnen kann. Es gibt dazu mehrere Möglichkeiten. Eine oft benutzte Methode ist das *Gram-Schmidt-Verfahren*. bei dem man die Minimalzahl N von Basisvektoren $\varphi_j(t),\ j = 1,\dots,N$ erhält, wenn man M Signale $s_i(t),\ i = 1,\dots,M$ darstellen möchte.

3.4.2 Gram-Schmidt-Verfahren

Dieses Verfahren liefert für einen Satz von M vorgegebenen Signalen $s_i(t)$ mit endlicher Energie einen Satz von N orthonormalen Basisfunktionen $\varphi_j(t)$. Zunächst ordnet man die Signale $s_i(t)$ in einer *beliebigen* Reihenfolge an. In Abhängigkeit von dieser Reihenfolge erhält man verschiedene orthonormale Basissysteme $\varphi_j(t)$. Die Schritte des Verfahrens sind im einzelnen:

1. orthonormale Funktion
Mit $s_1(t) \neq 0$ gilt:

$$\varphi_1(t) = \frac{s_1(t)}{\sqrt{E_{s_1}}}, \quad E_{s_1} = \int_0^T s_1^2(t)\,dt, \tag{3.94}$$

wobei E_{s_1} der Norm entspricht.
Sofern $s_1(t) = 0$ gilt, beginnt man bei der ersten Funktion $s_i(t) \neq 0$.

2. orthonormale Funktion
Mit der Hilfsfunktion

$$h_1(t) = s_2(t) - s_{21} \cdot \varphi_1(t), \quad s_{21} = \int_0^T s_2(t)\varphi_1(t)\,dt \tag{3.95}$$

gilt:

$$\varphi_2(t) = \frac{h_1(t)}{\sqrt{E_{h1}}}, \quad E_{h_1} = \int_0^T h_1^2(t)\,dt \tag{3.96}$$

j. orthonormale Funktion
Mit der Hilfsfunktion

$$h_{j-1}(t) = s_j(t) - \sum_{i=1}^{j-1} s_{ji} \cdot \varphi_i(t), \quad s_{ji} = \int_0^T s_j(t)\varphi_i(t)\,dt, \quad i = 1,\ldots,j-1 \tag{3.97}$$

gilt:

$$\varphi_j(t) = \frac{h_{j-1}(t)}{\sqrt{E_{h_{j-1}}}}, \quad E_{h_{j-1}} = \int_0^T h_{j-1}^2(t)\,dt. \tag{3.98}$$

Wenn eine Hilfsfunktion $h_{j-1}(t)$ identisch verschwindet, so bedeutet dies, dass das Signal $s_j(t)$ durch eine *Linearkombination* der orthonormalen Funktionen $\varphi_i(t)$, $i = 1,\ldots,j-1$ vollständig dargestellt werden kann. Bei Berechnung der Hilfsfunktionen $h_{j-1}(t)$ werden ja alle Anteile des Signals $s_j(t)$, die durch die bisher gewonnenen Funktionen $\varphi_j(t)$ dargestellt werden, subtrahiert, um eine neue orthonormale Funktion zu gewinnen. Gilt für eine der Hilfsfunktionen $h_{j-1}(t) = 0$, so setzt man das Verfahren mit $s_{j+1}(t)$ fort. Auf diese Weise erhält man $N \leq M$ Funktionen $\varphi_j(t)$.

Die Signalenergie E_{s_i} der Signale $s_i(t)$ lässt sich leicht aus den Signalvektorkoeffizienten s_{ij} bestimmen:

$$\begin{aligned} E_{s_i} &= \int_0^T s_i^2(t)\,dt = \int_0^T \sum_{j=1}^N s_{ij}\varphi_j(t) \sum_{k=1}^N s_{ik}\varphi_k(t)\,dt \\ &= \sum_{j=1}^N \sum_{k=1}^N s_{ij}s_{ik} \int_0^T \varphi_j(t)\varphi_k(t)\,dt = \sum_{j=1}^N \sum_{k=1}^N s_{ij}s_{ik}\,\delta_{jk} = \sum_{j=1}^N s_{ij}^2. \end{aligned} \tag{3.99}$$

Dies ist die Aussage des *Theorems von Parseval.*

3.5 Irrelevante Information

Die Karhunen-Loève-Transformation besagt, dass ein weißer Störprozess $N(t)$ durch jede vollständige orthonormale Basis $\varphi_i(t)$, $i = 1,\ldots,N$ darstellbar ist. Bei der Betrachtung des Gram-Schmidt-Verfahrens zeigte es sich, dass man M Signale $s_i(t)$, wie sie als Nutzsignale bei Detektionsproblemen auftreten, durch $N \leq M$ orthonormale Funktionen $\varphi_i(t)$ darstellen kann. Diese orthonormale Basis $\varphi_i(t)$, $i = 1,\ldots,N$ ist in der Regel nicht vollständig, so dass man sicher nicht alle Musterfunktionen des Störprozesses $N(t)$ fehlerfrei durch diese Basis darstellen kann. Welche Auswirkung diese Tatsache auf die Darstellbarkeit von gestörten Signalen hat, soll nun näher untersucht werden.

Mit Hilfe der orthonormalen Basis $\varphi_j(t)$, $j = 1,\ldots,N$ werde das Nutzsignal $s(t)$ durch den Vektor **s** dargestellt. Dem Signal $s(t)$ überlagere sich additiv das Störsignal $n(t)$, der Repräsentant des Störprozesses $N(t)$, so dass das gestörte Signal

$$r(t) = s(t) + n(t) \tag{3.100}$$

entsteht, das wie $n(t)$ die Realisierung eines Zufallsprozesses darstellt. Bestimmt man die Komponenten r_j von $r(t)$ in dem orthonormalen Basissystem $\varphi_j(t)$, $j = 1,\ldots,N$ nach

$$r_j = \int_0^T r(t)\varphi_j(t)\,dt, \tag{3.101}$$

so wird durch die Linearkombination

$$r_\varphi(t) = \sum_{j=1}^{N} r_j \varphi_j(t) \neq r(t) \tag{3.102}$$

das gestörte Signal $r(t)$ in der Regel nicht vollständig dargestellt. Es gilt vielmehr

$$r(t) = r_\varphi(t) + r_d(t), \tag{3.103}$$

wobei die Restfunktion $r_d(t)$ nicht im orthonormalen Basissystem $\varphi_j(t)$, $j = 1,\ldots,N$ darstellbar ist. Weil nach Voraussetzung $s(t)$ durch die Basisfunktionen $\varphi_j(t)$ darstellbar ist, muss

$$r_\varphi(t) = s(t) + n_\varphi(t) \tag{3.104}$$

mit

$$n_\varphi(t) = \sum_{j=1}^{N} n_j \varphi_j(t), \quad n_j = \int_0^T n(t)\varphi_j(t)\,dt \tag{3.105}$$

gelten. Daraus ergibt sich $r_d(t)$ zu

$$r_d(t) = r(t) - r_\varphi(t) = n(t) - n_\varphi(t). \tag{3.106}$$

Wenn der zugehörige Prozess $R_d(t)$ statistisch unabhängig von den Prozessen $S(t)$ und $N_\varphi(t)$ ist, deren Musterfunktionen im orthonormalen Basissystem $\varphi_j(t)$, $j=1,\ldots,N$ darstellbar sind, kann man bei der Detektion auf die Kenntnis von $r_d(t)$ verzichten. Denn durch die Kenntnis von $r_d(t)$ könnte man nicht mehr über das Nutzsignal erfahren, als man durch die Vektordarstellung im orthonormalen Basissystem $\varphi_j(t)$ ohnehin schon weiß.

Wenn $R_d(t)$ von $S(t)$, dem Ensemble aller Signale $s_i(t)$, und $N_\varphi(t)$ statistisch unabhängig ist, dann muss für die Dichten

$$f_{R_d|N_\varphi,S}(r_d|n_\varphi,s) = f_{R_d}(r_d) \tag{3.107}$$

gelten. Nimmt man an, dass Nutz- und Störsignalprozess statistisch unabhängig voneinander sind, so folgt mit der Bayes-Regel nach einiger Umformung:

$$\begin{aligned} f_{R_d|N_\varphi,S}(r_d|n_\varphi,s) &= \frac{f_{R_d,N_\varphi,S}(r_d,n_\varphi,s)}{f_{N_\varphi,S}(n_\varphi,s)} = \frac{f_{R_d,N_\varphi}(r_d,n_\varphi)\cdot f_S(s)}{f_{N_\varphi}(n_\varphi)\cdot f_S(s)} \\ &= f_{R_d|N_\varphi}(r_d|n_\varphi), \end{aligned} \tag{3.108}$$

d. h. $R_d(t)$ und $S(t)$ sind statistisch unabhängig voneinander.

Nimmt man weiter an, dass $N(t)$ ein Gaußprozess mit verschwindendem Mittelwert ist, dann gilt dies für die Prozesse $R_d(t)$ und $N_\varphi(t)$ ebenso, weil beide Prozesse durch lineare Transformation aus dem Prozess $N(t)$ entstehen.

Bei Gaußprozessen sind aber statistische Unabhängigkeit und Unkorreliertheit identisch [Pap65]. Dann sind also $R_d(t)$ und $N_\varphi(t)$ statistisch unabhängig voneinander, wenn

$$\mathrm{E}\{R_d(t)\cdot N_\varphi(t)\} = \mathrm{E}\{R_d(t)\}\cdot\mathrm{E}\{N_\varphi(t)\} = 0 \tag{3.109}$$

gilt. Mit (3.105) folgt daraus

$$\mathrm{E}\{R_d(t_1)\cdot\sum_{j=1}^{N} N_j\varphi_j(t_2)\} = \sum_{j=1}^{N}\varphi_j(t_2)\mathrm{E}\{R_d(t_1)\cdot N_j\} \stackrel{?}{=} 0 \tag{3.110}$$

oder

$$\mathrm{E}\{R_d(t)\cdot N_j\} \stackrel{?}{=} 0. \tag{3.111}$$

Mit (3.106) gilt unter der schon genannten Annahme weißen Rauschens:

$$\begin{aligned}
&\mathrm{E}\{N(t)N_j\} - \mathrm{E}\{N_\varphi(t)N_j\} \\
&= \int_0^T \mathrm{E}\{N(t)N(\tau)\}\varphi_j(\tau)\,d\tau - \sum_{i=1}^N \mathrm{E}\{N_iN_j\}\varphi_i(t) \\
&= \int_0^T N_w\delta_0(t-\tau)\varphi_j(\tau)\,d\tau - \sum_{i=1}^N \mathrm{E}\{N_iN_j\}\varphi_i(t) \\
&= N_w\varphi_j(t) - \sum_{i=1}^N \int_0^T \int_0^T \mathrm{E}\{N(\alpha)N(\beta)\}\varphi_i(\alpha)\varphi_j(\beta)\,d\alpha\,d\beta\,\varphi_i(t) \\
&= N_w\varphi_j(t) - \sum_{i=1}^N N_w\,\delta_{ij}\,\varphi_i(t) \\
&= N_w\cdot(\varphi_j(t)-\varphi_j(t)) = 0. \qquad (3.112)
\end{aligned}$$

Damit ist gezeigt, dass $R_d(t)$ auch von $N_\varphi(t)$ statistisch unabhängig ist. Weil $R_d(t)$ weder von $S(t)$ noch von $N_\varphi(t)$ statistisch abhängt, kann man zur Detektion von $s_i(t)$ statt $r(t)$ lediglich $r_\varphi(t)$ betrachten, d. h. den Anteil von $r(t)$, der sich im orthonormalen Basissystem $\varphi_j(t),\ j=1,\ldots,N$ darstellen lässt. Deshalb soll künftig der Index φ in $r_\varphi(t)$ weggelassen werden, weil die *irrelevante Information* von $r_d(t)$ keine Rolle spielt.

3.6 Vektorkanäle

Es wurde gezeigt, dass sich ein gestörtes Signal unter bestimmen Voraussetzungen vollständig durch einen Vektor darstellen lässt, der aus demselben Basissystem $\varphi_j(t),\ j=1,\ldots,N$ gewonnen wurde, in dem man auch das ungestörte Signal darstellt. Deshalb genügt es, die entsprechenden Vektoren zu betrachten und Empfänger nach den Eigenschaften der Vektoren zu entwerfen, da die Wahl der Basisfunktionen $\varphi_j(t)$ keinen Einfluss auf den Empfänger hat.

Dies legt es nahe, das Nachrichtenübertragungssystem nach Abb. 1.3 durch ein anderes Modell zu ersetzen: Statt des bisherigen analogen Kanals zwischen Sender und Empfänger verwendet man einen *Vektorkanal*, der die Signalvektoren $\mathbf{s}_i$ überträgt und in dem sich den Signalkomponenten s_{ij} additiv die Störkomponenten n_j nach (3.105) überlagern. Der Vektorkanal besteht aus dem ursprünglichen Kanal und dem Modulator sowie dem Demodulator nach Abb. 3.14. Der ursprüngliche Sender wurde in einen Vektorsender und den Modulator aufgeteilt. Das Resultat dieser Umformung zeigt Abb. 3.15.

Da der Empfänger aus dem bereits bekannten Demodulator und einem Vektorempfänger besteht, genügt es, im folgenden den Vektorempfänger zu entwerfen. Dieser hat den angebotenen gestörten Empfangsvektor $\mathbf{r}$ mit den Komponenten nach (3.101) so zu verarbeiten, dass ein im Sinne der Optimalitätskriterien optimaler Schätzwert $\hat{M}$ für das von der Quelle ausgehende Ereignis M_i entsteht.

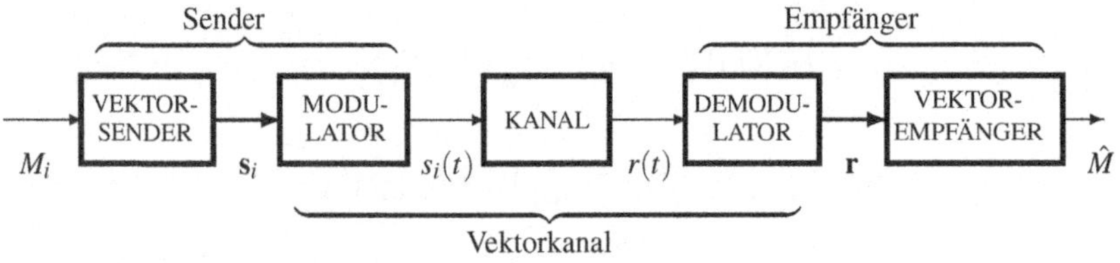

Abb. 3.15 Modell des Vektorkanals

Der Entwurf des Vektorempfängers ist unabhängig von den orthonormalen Basisfunktionen $\varphi_j(t)$, er hängt nur vom Empfangsvektor $\mathbf{r}$ ab. Deshalb werden Signale mit verschiedenen Basisfunktionen $\varphi_j(t)$ – aber denselben Empfangsvektoren $\mathbf{r}$ – denselben Empfänger beim Entwurfsprozess liefern.

3.7 Unabhängigkeitsanalyse und Blinde Quellentrennung

Die bisher genannten Verfahren zur Signaldarstellung verwenden gewichtete Summen orthonormaler bzw. unkorrelierter Basisfunktionen. Überträgt man diesen Ansatz auf *statistisch unabhängige* Basen für M Signale, führt dies zur Unabhängigkeitsanalyse, für die meist der englische Begriff *Independent Component Analysis* (ICA) verwendet wird. Anders als die KLT und DCT, die im Zeitbereich zur Datenkompression eingesetzt werden können, findet die ICA ihre Anwendung vor allem in der *blinden Quellentrennung* [Hyv01]. Das Ziel dabei ist, aus mehreren Signalen, die durch die Überlagerung einzelner, von statistisch unabhängigen Quellen ausgesandten Signale entstehen, die Quellensignale zu rekonstruieren. Auf diese Weise können beispielsweise Sprachsignale von Hintergrundgeräuschen getrennt werden. Da weder die Parameter der Quellensignale noch die Koeffizienten der Superposition bekannt sind, lässt sich dieses Problem nur approximativ lösen.

Gegeben sind also M Signale $x_1(t),\dots,x_M(t)$ als Superposition von M unbekannten, statistisch unabhängigen Quellen $s_1(t),\dots,s_M(t)$:

$$x_i(t) = a_{i1}s_1(t) + \cdots + a_{iM}s_M(t), \quad i = 1,\dots,M, \tag{3.113}$$

mit nichtnegativen Gewichtskoeffizienten $a_{ij}, i, j \in \{1,\dots,M\}$. Es wird angenommen, dass jede Quelle einem Zufallsprozess entspricht; ferner ist die Voraussetzung für die Anwendbarkeit von ICA, dass höchstens eine der Quellen von einem Gaußprozess erzeugt wird. Damit sind auch die $x_i(t)$ Zufallsprozesse, und das obige Modell lässt sich in vektorieller Notation wie folgt schreiben:

$$\mathbf{X} = \mathbf{AS}, \tag{3.114}$$

mit $\mathbf{X} = (X_1,\dots,X_M)^T$, $\mathbf{S} = (S_1,\dots,S_M)^T$ und der *Mischmatrix*

$$\mathbf{A} = \begin{pmatrix} a_{11} & \cdots & a_{1M} \\ \vdots & \ddots & \vdots \\ a_{M1} & \cdots & a_{MM} \end{pmatrix},$$

wobei $X_1, \ldots, X_M$, $S_1, \ldots, S_M$ skalare Zufallsvariablen sind. Ziel der ICA ist nun, die Quellen $\mathbf{S}$ aus den beobachteten Werten von $\mathbf{X}$ zu rekonstruieren; dazu wird eine *Entmisch*-Matrix $\mathbf{U} = (\mathbf{u}_1, \ldots, \mathbf{u}_M)^T$ gesucht mit

$$\mathbf{S} = \mathbf{U}\mathbf{X}. \tag{3.115}$$

Zur Vereinfachung wird meist angenommen, dass die Zufallsvariablen $X_1, \ldots, X_M$ unkorreliert und mittelwertfrei sind sowie normierte Varianz besitzen. Dies wird in der Praxis durch Anwendung der KLT und anschließender Normierung der Varianz auf 1 erreicht. Dieser Schritt wird auch als *Pre-Whitening* bezeichnet.

Als Maß für die Unabhängigkeit der Quellen $\mathbf{S}$ hat sich die wechselseitige Information $I(\mathbf{S})$ bewährt [Hyv99], die intuitiv besagt, wieviel Information über die Verteilung einer Zufallsvariablen S_j man aus der Beobachtung einer anderen Zufallsvariablen $S_i, i \neq j$ gewinnen kann. Folglich gilt $I(\mathbf{S}) = 0$, falls $S_i, \ldots, S_M$ paarweise statistisch unabhängig sind. Man kann ferner zeigen, dass ein enger Zusammenhang zwischen $I(\mathbf{S})$ und der *Negentropie* $J(\mathbf{S})$ besteht. Diese ist ein Maß für die Gauß-Unähnlichkeit einer Verteilung, d. h. eine hohe Negentropie bedeutet, dass die Verteilung wenig Ähnlichkeit mit einer Normalverteilung aufweist, und umgekehrt ist die Normalverteilung die einzige Verteilung mit Negentropie Null. Es gilt

$$J(\mathbf{S}) = H(\mathbf{S}_{\text{gauss}}) - H(\mathbf{S}), \tag{3.116}$$

wobei

$$H(\mathbf{S}) = -\int f_{\mathbf{S}}(\mathbf{y}) \log f_{\mathbf{S}}(\mathbf{y}) d\mathbf{y} \tag{3.117}$$

die *Entropie* von $\mathbf{S}$ und $\mathbf{S}_{\text{gauss}}$ ein Vektor von normalverteilten Zufallsvariablen mit derselben Kovarianzmatrix wie $\mathbf{S}$ ist. Für *unkorrelierte* Zufallsvariablen S_i lässt sich damit die wechselseitige Information $I(\mathbf{S}) = I(S_1, \ldots, S_M)$ wie folgt schreiben:

$$I(S_1, \ldots, S_M) = J(\mathbf{S}) - \sum_i J(S_i). \tag{3.118}$$

Um unabhängige Quellen $\mathbf{S}$ aus den $\mathbf{X}$ zu gewinnen, wird nun ein iteratives Verfahren zur Schätzung einer Matrix $\mathbf{U} = (\mathbf{u}_1, \ldots, \mathbf{u}_M)^T$ verwendet, die $J(\mathbf{S}) = J(\mathbf{UX})$ minimiert. Diese Problemstellung wird gemäß (3.118) auf die *Maximierung* der Summe der Negentropien $J(S_i)$ der einzelnen Quellen S_i zurückgeführt:

$$\text{Maximiere } \sum_{i=1}^{M} J(\mathbf{u}_i^T \mathbf{X}) \text{ bezüglich } \mathbf{u}_i, i = 1, \ldots, M, \tag{3.119}$$

unter der Bedingung, dass die Unkorreliertheit und Varianznormierung unter Transformation mit $\mathbf{U}$ erhalten bleibt:

$$\mathrm{E}\{(\mathbf{u}_j^T\mathbf{X})(\mathbf{u}_k^T\mathbf{X})\} = \begin{cases} 0 & j \neq k \\ 1 & j = k, \end{cases}$$

was in einer Orthogonalitätsbedingung für $\mathbf{U}$ resultiert.

Die Optimierung (3.119) lässt sich auch aus dem zentralen Grenzwertsatz begründen. Demnach strebt die Summe unabhängiger und gleichverteilter Zufallsvariablen gegen eine Gaußverteilung. Da jedes X_i eine Linearkombination der Quellen ist, lässt sich argumentieren, dass die durch Mischung der Quellen entstehenden Signale Gauß-ähnlicher sind als die Quellen $\mathbf{S}$. Umgekehrt ist anzunehmen, dass durch Maximierung der Gauß-Unähnlichkeit, gemessen mittels der Negentropie, von $\mathbf{S} = \mathbf{UX}$ die ursprünglichen Quellen erhalten werden können.

Der unter der Bezeichnung *FastICA* bekannt gewordene Algorithmus [Hyv99] zur effizienten Bestimmung der Quellen S_i führt für $i = 1, \ldots, M$ folgende Berechnungen durch:

1. Iterative Schätzung eines einzelnen S_i durch Maximierung der Negentropie $J(S_i)$, und
2. für $i > 1$ Dekorrelation der $S_1, \ldots, S_i$.

Der zweite Schritt verhindert, dass die Schätzung für verschiedene Quellen gegen das gleiche lokale Maximum konvergiert.

Für die praktische Umsetzung von Schritt 1 wird die Negentropie näherungsweise berechnet, da eine exakte Berechnung mit einem hohen Aufwand verbunden ist. Ein wichtiges Kriterium für eine geeignete Schätzung ist neben der einfachen Berechenbarkeit die Empfindlichkeit gegenüber Ausreißern, d. h. einzelnen mit einem großen Messfehler behafteten Beobachtungen. In [Hyv99] wird dieses Thema genauer behandelt. Da $S_i = \mathbf{u}_i^T\mathbf{X}$, lässt sich $J(S_i)$ als Funktion $J(\mathbf{u}_i)$ schreiben, die folgendendermaßen geschätzt wird:

$$J(\mathbf{u}_i) \approx J_G(\mathbf{u}_i) = [\mathrm{E}\{G(\mathbf{u}_i^T\mathbf{X})\} - \mathrm{E}\{G(v)\}]^2, \tag{3.120}$$

mit der standardnormalverteilten Zufallsvariable v und einer reellwertigen zweifach differenzierbaren Funktion G, deren Wahl stark von der Anwendung abhängt [Hyv99]. Für viele Probleme liefert

$$G(u) = \frac{1}{\alpha}\log\cosh(\alpha u) = \frac{1}{2\alpha}\log(e^{\alpha u} + e^{-\alpha u}), \quad 1 \leq \alpha \leq 2, \tag{3.121}$$

gute Ergebnisse. In diesem Fall ist die erste Ableitung von G durch $g(u) = \tanh(\alpha u)$ mit dem *Hyperbeltangens*

$$\tanh(\alpha u) = \frac{e^{\alpha u} - e^{-\alpha u}}{e^{\alpha u} + e^{-\alpha u}} \tag{3.122}$$

gegeben. Die iterative Maximierung von $J_G(\mathbf{u}_i)$ erfolgt mittels

$$\mathbf{u}_i^* = \mathrm{E}\{\mathbf{X}g(\mathbf{u}_i^T\mathbf{X})\} - \mathrm{E}\{g'(\mathbf{u}_i^T\mathbf{X})\}\mathbf{u}_i, \tag{3.123}$$

$$\mathbf{u}_i^{**} = \mathbf{u}_i^*/||\mathbf{u}_i^*||, \tag{3.124}$$

wobei $\mathbf{u}_i^{**}$ im nächsten Iterationsschritt anstelle von $\mathbf{u}_i$ verwendet wird. Die Dekorrelation in Schritt 2 des FastICA-Algorithmus wird durch eine dem Gram-Schmidt-Verfahren ähnliche Prozedur realisiert:

$$\mathbf{u}_i^* = \mathbf{u}_i - \sum_{j=1}^{i-1} (\mathbf{u}_i^T \mathbf{u}_j)\mathbf{u}_j, \tag{3.125}$$

wobei $\mathbf{u}_i^*$ anschließend analog zu (3.124) normalisiert wird.

Abb. 3.16 zeigt beispielhaft und in Ausschnitten die Anwendung des FastICA-Algorithmus auf zwei Signale $x_1(t)$ und $x_2(t)$, die durch lineare Superposition von zwei Sprachsignalen zweier unterschiedlicher Sprecher entstanden sind. Das Verfahren liefert ohne Vorwissen, also allein auf Grund der beschriebenen statistischen Optimierung, zwei Signale $s_1(t)$ und $s_2(t)$, die die Charakteristika der beiden Sprecher sehr gut voneinander abgrenzen. Das FastICA-Verfahren ist darüberhinaus durch seine schnelle Konvergenz und den geringen Rechenaufwand gekennzeichnet.

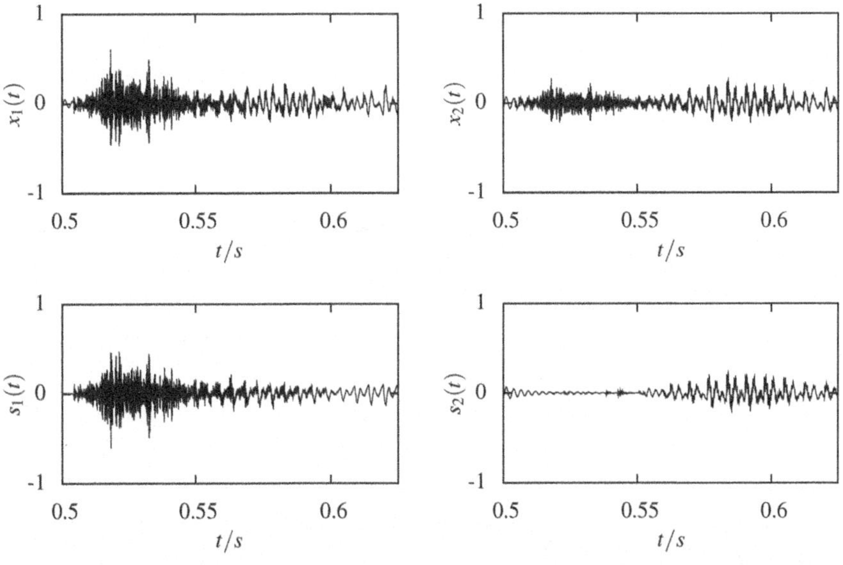

Abb. 3.16 Anwendung des FastICA-Algorithmus zur Rekonstruktion der Quellensignale $s_1(t)$ und $s_2(t)$ aus den Eingangssignalen $x_1(t)$ und $x_2(t)$, die durch lineare Mischung der Quellen entstehen

Eine wesentliche Einschränkung der ICA im Allgemeinen ist jedoch, dass zur Trennung von M Quellen M *verschiedene* Eingangssignale erforderlich sind, was den praktischen Einsatz oft erheblich erschwert, da z. B. zur Quellentrennung in Sprachsignalen eine entsprechende Anzahl Mikrophone zur Verfügung stehen muss. Weiterhin ist die Reihenfolge der Zeilen der Entmisch-Matrix $\mathbf{U}$, und damit die der ausgegebenen Quellensignale, nichtdeterministisch, da jede Matrix, die durch

Permutation der Zeilen von $\mathbf{U}$ entsteht, ebenfalls statistisch unabhängige Quellen liefert. Bei Verwendung des beschriebenen iterativen Verfahrens zur Schätzung von $\mathbf{U}$ hängt die Reihenfolge im Wesentlichen von der Initialisierung der Vektoren $\mathbf{u}_i$ ab. Folglich muss beispielsweise in der in Abb. 3.16 dargestellten Sprechertrennung nach der Quellentrennung ein Verfahren zur Mustererkennung eingesetzt werden, wenn das Ziel ist, die Äußerung eines bestimmten Sprechers zu gewinnen.

Kapitel 4
Signal- und Mustererkennung

4.1 Binäre Detektion

Nachrichtenquellen für Datensignale, Sprache, Bilder usw. liefern zwei oder mehrere Ereignisse M_i, $i = 1, \ldots, M$, denen nach den Ergebnissen des vorangehenden Kapitels die Vektoren $\mathbf{s}_i$ sowie die Auftritts- oder A-priori-Wahrscheinlichkeiten P_i zur Beschreibung des jeweiligen Sendesignals zugeordnet werden können. Am Ausgang des Vektorkanals steht dann der gestörten Empfangsvektor $\mathbf{r}$ zur Verfügung, dessen N Komponenten sich aus den Nutzsignalkomponenten s_{ij} und additiven Störkomponenten n_j zusammensetzen. Die Störungen, die sich dem Nutzanteil im Übertragungskanal überlagern, entstammen dabei in der Regel einem weißen Gaußschen Rauschprozess.

Der Vektorempfänger ist nun so zu entwerfen, dass er aus $\mathbf{r}$ den im Sinne eines vorgegeben Kriteriums optimalen Schätzwert $\hat{M}$ für das Ereignis M_i liefert.

Die Quelle liefert die beiden Ereignisse M_1 und M_2 mit den A-priori-Wahrscheinlichkeiten $P(M_1) = P_1$ und $P(M_2) = P_2$. Am Eingang des Vektorempfängers steht dann ein gestörter Empfangsvektor $\mathbf{r}$ der Dimension $N \leq 2$ als Repräsentant des Zufallsvektors $\mathbf{R}$ zur Verfügung. Den beiden Ereignissen entsprechen die beiden *Hypothesen* H_1 und H_2, zwischen denen sich der Empfänger nach einem noch festzulegenden Optimalitätskriterium durch Auswertung von $\mathbf{r}$ zu entscheiden hat. Unter der Hypothese H_i versteht man dabei, dass der Empfänger für den Schätzwert $\hat{M}$ das Ereignis M_i setzt, wie in Abb. 4.1 angegeben.

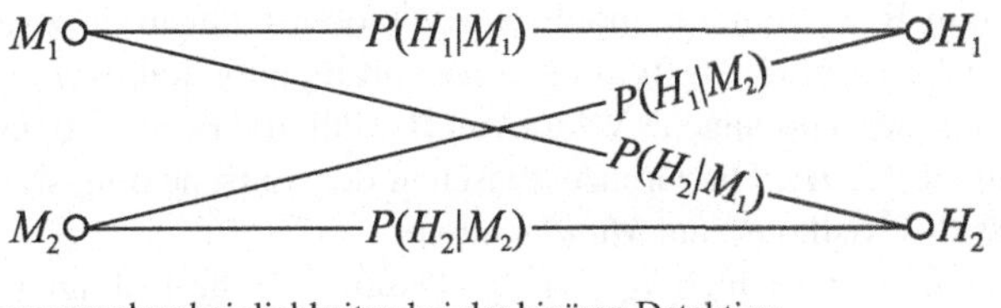

Abb. 4.1 Übergangswahrscheinlichkeiten bei der binären Detektion

Dabei kann man vier Fälle unterscheiden:

$$\left.\begin{array}{l}\text{1. Entscheidung für } H_1,\\ \text{2. Entscheidung für } H_2,\end{array}\right\}\text{wenn } M_1 \text{ gesendet}$$

$$\left.\begin{array}{l}\text{3. Entscheidung für } H_1,\\ \text{4. Entscheidung für } H_2,\end{array}\right\}\text{wenn } M_2 \text{ gesendet}$$

Die bedingten Wahrscheinlichkeiten für das Auftreten dieser Fälle zeigt Abb. 4.1. Ihre Berechnung hängt von der Entscheidungsregel des Empfängers und diese vom Optimalitätskriterium ab. Der erste und der vierte Fall stellen richtige, die übrigen Fälle falsche Entscheidungen dar.

4.1.1 Bayes-Kriterium

Das Bayes-Kriterium hängt von folgenden Größen ab:

1. den *A-priori-Wahrscheinlichkeiten* P_1 und P_2, mit denen die Quelle die Ereignisse M_1 und M_2 liefert,
2. den *Kosten*, die bei einer der möglichen Entscheidungen nach Abschnitt 4.1 entstehen.

Die Kosten für korrekte Entscheidungen – in Abb. 4.1 den Übergängen von M_1 nach H_1 bzw. von M_2 nach H_2 entsprechend – sind gering, eventuell sogar negativ, die Kosten für falsche Entscheidungen sind höher. Man bezeichnet die bei den vier möglichen Fällen auftretenden Kosten mit C_{ij}, wobei der Index i die vom Empfänger gewählte Hypothese H_i und j das von der Quelle gelieferte Ereignis M_j bezeichnet.

Beim Bayes-Kriterium soll der als *Risiko R* bezeichnete Mittelwert der Kosten zum Minimum werden. Mit den A-priori-Wahrscheinlichkeiten P_1 und P_2 der Ereignisse M_1 und M_2 und den Übergangswahrscheinlichkeiten nach Abb. 4.1 gilt für das Risiko:

$$\begin{aligned} R = {} & C_{11}\, P_1\, P(H_1|M_1) + C_{21}\, P_1\, P(H_2|M_1) \\ & + C_{12}\, P_2\, P(H_1|M_2) + C_{22}\, P_2\, P(H_2|M_2). \end{aligned} \tag{4.1}$$

Der Empfänger trifft durch Auswertung des gestörten Empfangsvektors $\mathbf{r}$ die Entscheidung für eine der Hypothesen H_i. Das bedeutet, dass der N-dimensionale Beobachtungsraum $\mathbf{R}$, in dem alle möglichen Vektoren $\mathbf{r}$ liegen, in zwei, den Hypothesen H_1 und H_2 zugeordnete Teilräume $\mathbf{R}_1$ und $\mathbf{R}_2$ aufgeteilt werden muss (siehe Abb. 4.2). Liegt der empfangene Vektor $\mathbf{r}$ in $\mathbf{R}_1$, fällt die Entscheidung für H_1, liegt er in $\mathbf{R}_2$, fällt sie für H_2. Die Grenze zwischen den Entscheidungsräumen wird so gezogen, dass das Risiko R zum *Minimum* wird.

Aus den bedingten Dichten $f_{\mathbf{R}|M_i}(\mathbf{r}|M_i)$ lassen sich die bedingten Wahrscheinlichkeiten in (4.1) als Integrale über die *Entscheidungsräume* $\mathbf{R}_1$ und $\mathbf{R}_2$ angeben. Man erhält:

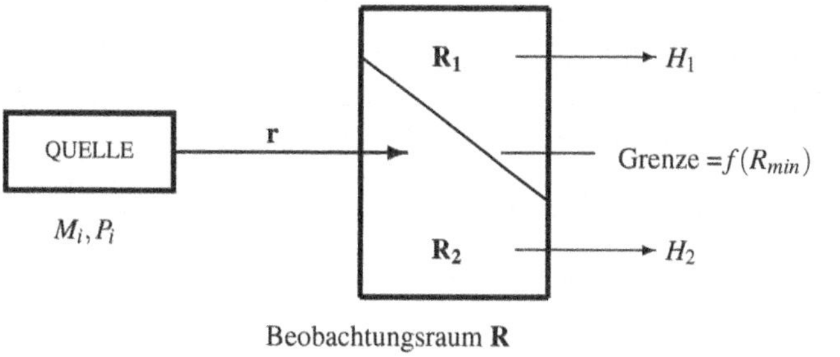

Abb. 4.2 Beobachtungsraum $\mathbf{R}$ und Entscheidungsräume $\mathbf{R}_1$ und $\mathbf{R}_2$

$$\begin{aligned} R = C_{11}\, P_1 \int_{\mathbf{R}_1} f_{\mathbf{R}|M_1}(\mathbf{r}|M_1)\, d\mathbf{r} + C_{21}\, P_1 \int_{\mathbf{R}_2} f_{\mathbf{R}|M_1}(\mathbf{r}|M_1)\, d\mathbf{r} \\ + C_{12}\, P_2 \int_{\mathbf{R}_1} f_{\mathbf{R}|M_2}(\mathbf{r}|M_2)\, d\mathbf{r} + C_{22}\, P_2 \int_{\mathbf{R}_2} f_{\mathbf{R}|M_2}(\mathbf{r}|M_2)\, d\mathbf{r}, \end{aligned} \quad (4.2)$$

wobei die Integrale wegen der Integration über die N-dimensionalen Räume $\mathbf{R}_i$ N-fach sind.

Weil die Teilräume $\mathbf{R}_1$ und $\mathbf{R}_2$ sich nicht überschneiden und sich zu $\mathbf{R}$ ergänzen, d. h. weil

$$\mathbf{R} = \mathbf{R}_1 \cup \mathbf{R}_2 \quad (4.3)$$

gilt, folgt

$$\int_{\mathbf{R}_2} f_{\mathbf{R}|M_i}(\mathbf{r}|M_i)\, d\mathbf{r} = 1 - \int_{\mathbf{R}_1} f_{\mathbf{R}|M_i}(\mathbf{r}|M_i)\, d\mathbf{r}. \quad (4.4)$$

Für (4.2) erhält man damit

$$\begin{aligned} R = C_{22}P_2 + C_{21}P_1 + \int_{\mathbf{R}_1} (P_2 \cdot [C_{12} - C_{22}] \cdot f_{\mathbf{R}|M_2}(\mathbf{r}|M_2) \\ - P_1 [\cdot C_{21} - C_{11}] \cdot f_{\mathbf{R}|M_1}(\mathbf{r}|M_1))\, d\mathbf{r}. \end{aligned} \quad (4.5)$$

Die ersten beiden Summanden stellen feste Kosten dar und sind durch Verändern der Teilräume $\mathbf{R}_i$ nicht zu beeinflussen. Das Integral stellt die Kosten dar, die bei Entscheidung für H_1 entstehen. Damit das Risiko möglichst klein wird, muss dieser Anteil möglichst negativ werden. Weil die Kosten C_{12} und C_{21} für falsche Entscheidungen höher sind als die Kosten C_{11} und C_{22} für richtige Entscheidungen, sind die Ausdrücke in den eckigen Klammern des Integranden positiv. Daraus folgt: Damit das Integral möglichst negativ wird, ordnet man alle Werte von $\mathbf{r}$, für die der zweite Term des Integranden größer als der erste ist, $\mathbf{R}_1$ zu. Sobald also

$$P_1 \cdot [C_{21} - C_{11}] \cdot f_{\mathbf{R}|M_1}(\mathbf{r}|M_1) > P_2 \cdot [C_{12} - C_{22}] \cdot f_{\mathbf{R}|M_2}(\mathbf{r}|M_2) \quad (4.6)$$

gilt, soll $\mathbf{r}$ in $\mathbf{R}_1$ liegen, d. h. die Hypothese H_1 wird gewählt. In allen übrigen Fällen soll $\mathbf{r}$ in $\mathbf{R}_2$ liegen, d. h. die Hypothese H_2 wird gewählt. Wenn beide Ausdrücke gleich sind, was zwar nicht unmöglich ist, aber nur mit verschwindender Wahrscheinlichkeit eintritt, ist es gleichgültig, für welche Hypothese man sich entscheidet; das Risiko wird durch beide Entscheidungen in gleicher Weise beeinflusst.

Zusammengefasst kann man schreiben:

$$\frac{f_{\mathbf{R}|M_1}(\mathbf{r}|M_1)}{f_{\mathbf{R}|M_2}(\mathbf{r}|M_2)} \underset{H_2}{\overset{H_1}{\gtrless}} \frac{P_2 \cdot [C_{12} - C_{22}]}{P_1 \cdot [C_{21} - C_{11}]}. \tag{4.7}$$

Den Ausdruck auf der linken Seite bezeichnet man als *Likelihood-Verhältnis* $\Lambda(\mathbf{r})$

$$\Lambda(\mathbf{r}) = \frac{f_{\mathbf{R}|M_1}(\mathbf{r}|M_1)}{f_{\mathbf{R}|M_2}(\mathbf{r}|M_2)}, \tag{4.8}$$

den Ausdruck auf der rechten Seite als *Schwelle* η des Tests

$$\eta = \frac{P_2 \cdot [C_{12} - C_{22}]}{P_1 \cdot [C_{21} - C_{11}]}, \tag{4.9}$$

weshalb das Bayes-Kriterium auch dem sogenannten *Likelihood-Verhältnis-Test* entspricht:

$$\Lambda(\mathbf{r}) \underset{H_2}{\overset{H_1}{\gtrless}} \eta. \tag{4.10}$$

Wegen der Monotonie des Logarithmus schreibt man auch:

$$\ln\Lambda(\mathbf{r}) \underset{H_2}{\overset{H_1}{\gtrless}} \ln \eta. \tag{4.11}$$

Diese Form ist bei Gaußdichten vorteilhaft, weil der Ausdruck $\ln\Lambda(\mathbf{r})$ sehr einfach wird.

Ein Empfänger, der mit dem Likelihood-Verhältnis-Test arbeitet, berechnet zunächst aus dem N-dimensionalen Vektor $\mathbf{r}$ das skalare Likelihood-Verhältnis $\Lambda(\mathbf{r})$, d. h. das Verhältnis zweier mehrdimensionaler bedingter Dichten für den empfangenen Vektor $\mathbf{r}$. Durch Vergleich mit der von außen zugeführten Schwelle η erfolgt die Entscheidung in einem Schwellenelement (Komparator) für eine der Hypothesen H_1 oder H_2 (siehe Abb. 4.3). Statt des Rechners kann man auch ein festverdrahtetes Netzwerk verwenden, wenn der Störprozess und die Vektoren der Nutzsignale sich nicht ändern.

Problematisch ist beim Bayes-Kriterium die Festlegung der Kostenfaktoren C_{ij}, wie das folgende Beispiel zeigen soll. Zur Steuerung einer automatischen Löschanlage werde das Sensorsignal eines Rauchmelders verwendet, der die Hypothesen $H_1 \hat{=}$ „Feuer“ und $H_2 \hat{=}$ „kein Feuer“ liefert. Dann beziffert der Kostenfaktor C_{22} die Grundkosten, d. h. die Kosten, die durch die Installation das Feuermeldesystems entstehen; in diesem Fall wird kein Brand gemeldet und ein Feuer ist auch nicht

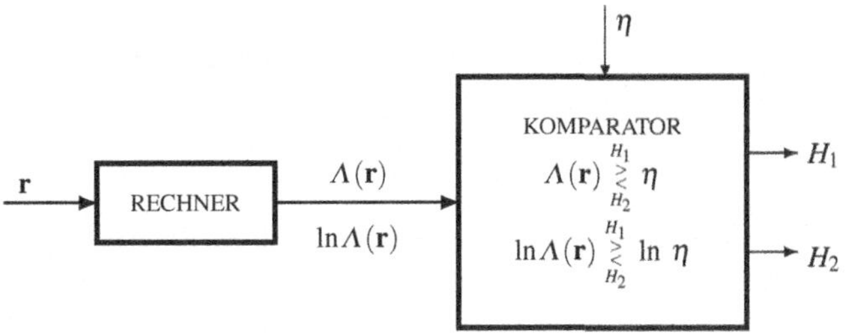

Abb. 4.3 Empfänger (Likelihood-Verhältnis-Test)

ausgebrochen. Diese Grundkosten steigen auf die Kosten C_{11} beim Ausbruch eines ordnungsgemäß gemeldeten Brandes, d. h. wenn tatsächlich ein Feuer ausgebrochen ist. In diesem Fall kann der Schaden z. B. durch Einsatz einer automatischen Löschanlage in Grenzen gehalten werden; es handelt sich somit bei C_{11} um die Minimalkosten bei Ausbruch eines Brandes. Mit C_{12} werden die Kosten bewertet, die bei Meldung eines Brandes entstehen, wenn gar kein Feuer aufgetreten ist. Hiermit werden die Kosten eines Wasserschadens durch das automatische Löschsystem erfasst; hinzu kommen natürlich die durch C_{22} erfassten Grundkosten. Im Fall der Kosten C_{21}, wenn also ein Brand entstanden ist, dieser aber nicht gemeldet wird, entstehen Kosten durch den Brandschaden, da die automatische Löscheinrichtung nicht in Aktion tritt. Hinzuzurechnen sind auch hier die Grundkosten C_{22}. Es ist nicht einfach, realistische Werte für C_{ij} selbst in diesem Fall zu ermitteln, in dem man die Kosten konkretisieren kann. Bei der Datenübertragung ist eine sinnvolle Zuordnung der Kosten C_{ij} z. B. nicht möglich, da man kaum sagen kann, welche Folgen es hat, wenn bei der Übertragung auf Grund der Kanalstörungen ein Binärzeichen vertauscht wird.

4.1.2 Maximum-a-posteriori-Kriterium (MAP)

Beim Maximum-a-posteriori-Kriterium wird die Fehlerwahrscheinlichkeit, d. h. die Wahrscheinlichkeit, mit der der Empfänger falsche Entscheidungen fällt, zum Minimum gemacht. Man kann dieses Kriterium unter zwei Gesichtspunkten herleiten:

- Die Kosten C_{ij} bei der Berechnung des Risikos R werden so gewählt, dass das Risiko zur *Fehlerwahrscheinlichkeit* $P(F)$ wird.
- Dem Namen des Kriteriums entsprechend wird die *A-posteriori Wahrscheinlichkeit* $P(M_i|\mathbf{r})$ bezüglich des Ereignisses M_i, $i = 1, 2$ maximiert.

Der erste Fall ist der Sonderfall des Bayes-Kriteriums mit den Kosten $C_{11} = C_{22} = 0$ für richtige Entscheidungen und den Kosten $C_{12} = C_{21} = 1$ für falsche Entscheidungen. Damit wird das Risiko nach (4.1) gleich der Fehlerwahrscheinlichkeit:

$$R = P(F) = P_1 \cdot P(H_2|M_1) + P_2 \cdot (H_1|M_2). \tag{4.12}$$

Für die Schwelle des Likelihood-Verhältnis-Tests nach (4.9) folgt:

$$\eta = \frac{P_2}{P_1}. \tag{4.13}$$

Bei Datenübertragungssystemen, z. B. dem symmetrischen Binärkanal (englisch: *binary symmetric channel* (BSC)) ist meist $P_1 = P_2 = 1/2$ und damit $\eta = 1$.

Im zweiten Fall kann man dieses Kriterium auch unter dem folgenden Gesichtspunkt herleiten, nach dem die Namensgebung erfolgte: Der Empfänger entscheidet sich bei Kenntnis des Empfängervektors $\mathbf{r}$ für dasjenige Ereignis M_i, das mit größter Wahrscheinlichkeit von der Quelle gesendet wurde. Diese Wahrscheinlichkeit ist die A-posteriori-Wahrscheinlichkeit $P(M_i|\mathbf{r})$, weil sie die Wahrscheinlichkeit für das Eintreffen des Ereignisses M_i ist, wenn der Empfängervektor $\mathbf{r}$ bereits bekannt ist. Weil sich der Empfänger für das Ereignis mit der größten A-posteriori-Wahrscheinlichkeit entscheidet, fällt die Entscheidung für M_1, wenn

$$P(M_1|\mathbf{r}) > P(M_2|\mathbf{r}) \tag{4.14}$$

gilt. Mit der gemischten Form der Bayes-Regel lässt sich dies umformen in

$$P(M_1|\mathbf{r}) = \frac{f_{\mathbf{R}|M_1}(\mathbf{r}|M_1) \cdot P_1}{f_{\mathbf{R}}(\mathbf{r})} > \frac{f_{\mathbf{R}|M_2}(\mathbf{r}|M_2) \cdot P_2}{f_{\mathbf{R}}(\mathbf{r})} = P(M_2|\mathbf{r}). \tag{4.15}$$

Damit erhält man die Entscheidungsregel, die dem Likelihood-Verhältnis-Test mit der Schwelle η nach (4.13) entspricht:

$$\frac{f_{\mathbf{R}|M_1}(\mathbf{r}|M_1)}{f_{\mathbf{R}|M_2}(\mathbf{r}|M_2)} \underset{H_2}{\overset{H_1}{\gtrless}} \frac{P_2}{P_1}. \tag{4.16}$$

Die beiden genannten Gesichtspunkte führen also zu dem selben Ergebnis. Dass die Fehlerwahrscheinlichkeit tatsächlich zum Minimum wird, zeigt sich, wenn man $P(F)$ nach (4.12) in der Form von (4.2) bzw. (4.5) angibt:

$$\begin{aligned} P(F) &= P_1 \int_{\mathbf{R}_2} f_{\mathbf{R}|M_1}(\mathbf{r}|M_1)\, d\mathbf{r} + P_2 \int_{\mathbf{R}_1} f_{\mathbf{R}|M_2}(\mathbf{r}|M_2)\, d\mathbf{r} \\ &= P_1 + \int_{\mathbf{R}_1} (P_2 \cdot f_{\mathbf{R}|M_2}(\mathbf{r}|M_2) - P_1 \cdot f_{\mathbf{R}|M_1}(\mathbf{r}|M_1))\, d\mathbf{r}. \end{aligned} \tag{4.17}$$

Mit (4.15) wird der zweite der Integranden größer als der erste, so dass die Fehlerwahrscheinlichkeit zum Minimum wird.

Das MAP-Kriterium erfordert in der vorliegenden Form die Kenntnis der A-priori-Wahrscheinlichkeiten P_i, die man aber nicht immer kennt. Bei der Datenübertragung kann man davon ausgehen, dass $P_1 = P_2 = 1/2$ gilt, indem man durch *Quellencodierung* die Nutzdatenrate maximiert. Bei anderen Anwendungen, z. B.

der Erkennung von Sprachpausen bei der Sprachübertragung, ist $P_1 = 1 - P_2$ unbekannt.

Um den Einfluss der A-priori-Wahrscheinlichkeiten auf die Fehlerwahrscheinlichkeit nach (4.17) zu studieren, sei das Beispiel betrachtet, bei dem der gestörte Empfangsvektor $\mathbf{r}$ ein Skalar r ist, der durch additive Überlagerung der Nutzsignalamplitude s_i, $i = 1, 2$ mit der Störung n entsteht:

$$r = s_i + n. \tag{4.18}$$

Für die zur Berechnung der Fehlerwahrscheinlichkeit $P(F)$ nach (4.17) erforderliche Dichte gilt, wenn die Gaußsche Störung N statistisch unabhängig vom Nutzanteil S_i und mittelwertfrei ist sowie die Varianz σ^2 besitzt:

$$\begin{aligned} f_{R|S_i}(r|s_i) &= f_{N|S_i}(r - s_i|s_i) = f_N(r - s_i) \\ &= \frac{1}{\sqrt{2\pi}\sigma} \exp\left(-\frac{(r-s_i)^2}{2\sigma^2}\right). \end{aligned} \tag{4.19}$$

Für den Likelihood-Verhältnis-Test nach (4.16) erhält man nach Logarithmierung

$$\ln\left(\frac{\frac{1}{\sqrt{2\pi}\sigma}\exp\left(-\frac{(r-s_1)^2}{2\sigma^2}\right)}{\frac{1}{\sqrt{2\pi}\sigma}\exp\left(-\frac{(r-s_2)^2}{2\sigma^2}\right)}\right) \underset{H_2}{\overset{H_1}{\gtrless}} \ln\left(\frac{P_2}{P_1}\right) = \ln\left(\frac{1-P_1}{P_1}\right) \tag{4.20}$$

und nach r aufgelöst:

$$r \underset{H_2}{\overset{H_1}{\gtrless}} \frac{\sigma^2}{s_1 - s_2} \ln\left(\frac{1-P_1}{P_1}\right) + \frac{s_1+s_2}{2}. \tag{4.21}$$

Wie aus (4.21) hervorgeht, vereinfacht sich bei dem hier betrachteten Beispiel die Struktur des Empfängers nach Abb. 4.3. Der Rechner, der in Abhängigkeit von der Eingangsgröße r das Likelihood-Verhältnis als Quotienten zweier bedingter Dichten berechnet, entfällt hier: Die Eingangsgröße r wird direkt mit der aus (4.21) folgenden Schwelle γ verglichen.

Damit sind die Grundlagen für eine sehr einfache Berechnung der Fehlerwahrscheinlichkeit $P(F)$ gelegt. In Abb. 4.4 sind die Dichten nach (4.19) und die zur Berechnung von $P(F)$ nötigen Wahrscheinlichkeiten $P(H_1|M_2)$ und $P(H_2|M_1)$ bei willkürlicher Festlegung der Schwelle γ eingezeichnet.

Mit (4.17) erhält man schließlich

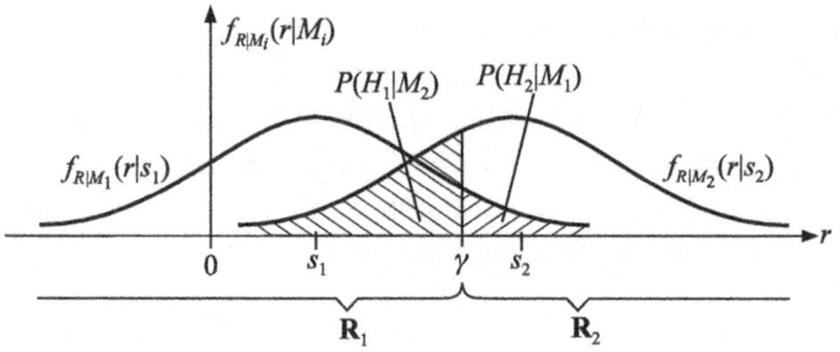

Abb. 4.4 Berechnung der Fehlerwahrscheinlichkeit bei Gaußscher Störung

$$
\begin{aligned}
P(F) &= P_1 \cdot P(H_2|M_1) + P_2 \cdot P(H_1|M_2) \\
&= P_1 \int_{\gamma}^{\infty} f_N(r-s_1)\,dr + P_2 \int_{-\infty}^{\gamma} f_N(r-s_2)\,dr \\
&= P_1 \int_{(\gamma-s_1)/\sigma}^{\infty} \frac{1}{\sqrt{2\pi}} \exp\left(-\frac{x^2}{2}\right) dx \\
&\quad +(1-P_1) \int_{-\infty}^{(\gamma-s_2)/\sigma} \frac{1}{\sqrt{2\pi}} \exp\left(-\frac{x^2}{2}\right) dx \\
&= P_1 \cdot Q(\frac{\gamma-s_1}{\sigma}) + (1-P_1)\cdot(1-Q(\frac{\gamma-s_2}{\sigma})),
\end{aligned}
\tag{4.22}
$$

wobei die im zweiten Kapitel eingeführte Q-Funktion verwendet wurde. Bisher war angenommen worden, dass die A-priori-Wahrscheinlichkeit P_1 bekannt ist, so dass die Minimierung der Fehlerwahrscheinlichkeit $P(F)$ unter Verwendung von P_1 erfolgen kann. Wenn man P_1 jedoch nicht kennt, stellt sich die Frage, wie man den Empfänger auslegt. Eine sinnvolle Lösung ist der Empfänger, für den das Maximum von $P(F)$ als Funktion der unbekannten A-priori-Wahrscheinlichkeit P_1 möglichst klein wird; einen derartigen Empfänger bezeichnet man als *Mini-Max-Empfänger*. Für seine Fehlerwahrscheinlichkeit gilt mit (4.22):

$$
P(F)_{min/max} = \min_{\gamma} \max_{P_1} P(F). \tag{4.23}
$$

Die auf das Minimum führende Schwelle γ folgt aber aus (4.21) zu

$$
\gamma = \frac{\sigma^2}{s_1 - s_2} \ln\left(\frac{1-P_1}{P_1}\right) + \frac{1}{2}(s_1 + s_2). \tag{4.24}
$$

Sie hängt von der A-priori-Wahrscheinlichkeit P_1, den Signalamplituden s_1 und s_2 sowie der Varianz σ^2 der Störungen am Eingang des Schwellenelements ab. Setzt man diese optimale Schwelle in (4.23) ein, so folgt:

$$P(F)_{min/max} = \max_{P_1} \left[P_1 \cdot Q\left(\frac{s_2 - s_1}{2\sigma} - \frac{\sigma}{s_2 - s_1} \ln\left(\frac{1-P_1}{P_1} \right) \right) \right.$$
$$\left. +(1-P_1) \cdot Q\left(\frac{s_2 - s_1}{2\sigma} + \frac{\sigma}{s_2 - s_1} \ln\left(\frac{1-P_1}{P_1} \right) \right) \right]. \qquad (4.25)$$

Damit hängt $P(F)$ lediglich von P_1 sowie dem Quotienten $(s_2 - s_1)/\sigma$ ab, der der Wurzel aus dem Signal-zu-Rauschverhältnis entspricht. Trägt man den in eckigen Klammern stehenden Ausdruck als Funktion von P_1 auf, erhält man das Ergebnis in Abb. 4.5. Das Maximum wird demnach für $P_1 = 0{,}5$ erreicht.

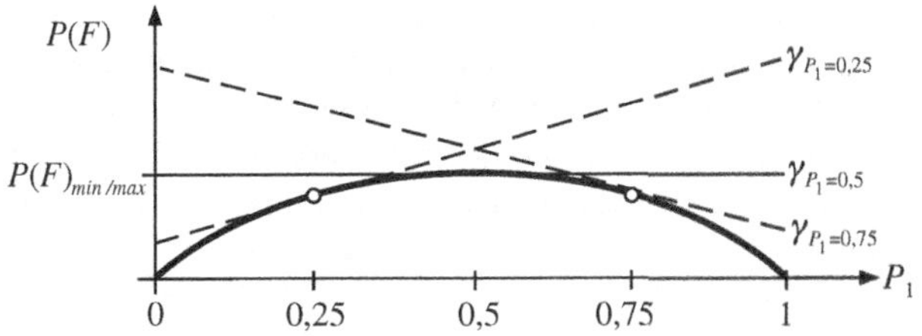

Abb. 4.5 Fehlerwahrscheinlichkeit $P(F)$ als Funktion der A-priori-Wahrscheinlichkeit P_1 und jeweils optimaler Schwelle (fett) sowie optimalen Schwellen für $P_1 = 0{,}25$, $P_1 = 0{,}5$ und $P_1 = 0{,}75$

Neben der Fehlerwahrscheinlichkeit bei optimaler Schwelle zeigt Abb. 4.5 auch die Fehlerwahrscheinlichkeiten bei festen Schwellen γ, die nach (4.24) für $P_1 = 0{,}25$, $P_1 = 0{,}5$ und $P_1 = 0{,}75$ berechnet wurden. Man erkennt, dass man mit der Schwelle $\gamma_{P_1=0{,}5}$ eine Abschätzung des minimalen Wertes von $P(F)$ bei unbekannter A-priori-Wahrscheinlichkeit mit $P(F)_{min/max} = Q((s_2 - s_1)/2\sigma)$ nach oben erhält. Man kann für $P_1 \neq 0{,}5$ zwar die Fehlerwahrscheinlichkeit reduzieren, sofern man den zutreffenden Wert von P_1 kennt, sofern man ihn aber nicht kennt und eine falsche Annahme trifft, muss man möglicherweise eine höhere Fehlerwahrscheinlichkeit in Kauf nehmen als bei Annahme von $P_1 = 0{,}5$. Aus diesem Sachverhalt erklärt sich auch die Bezeichnung Mini-Max-Empfänger. Eine andere Bezeichnung für das Maximum-a-posteriori-Kriterium mit der Annahme $P_1 = P_2 = 0{,}5$ bezüglich der A-priori-Wahrscheinlichkeiten ist *Maximum-Likelihood-Kriterium.*

Aus diesen Betrachtungen folgt, dass man bei der Datenübertragung die Schwelle $P_1 = P_2 = 0{,}5$ wählt, weil man dann bei höchstem Datendurchsatz den minimalen Fehler erhält. Selbst wenn die Forderung $P_1 = P_2 = 0{,}5$ wegen falscher Quellencodierung nicht erfüllt wird, steigt die Bitfehlerrate $P(F)$ nicht an!

4.1.3 Neyman-Pearson-Kriterium

Beim Neyman-Pearson-Kriterium benötigt man weder die A-priori-Wahrscheinlichkeiten P_1 und P_2 noch die Kosten C_{ij}. Die das Kriterium bestimmenden Größen sind *Fehlalarmwahrscheinlichkeit* oder *Falschalarmrate* und die *Entdeckungswahrscheinlichkeit*:

$$P_F = \int_{\mathbf{R}_1} f_{\mathbf{R}|M_2}(\mathbf{r}|M_2)\,d\mathbf{r} \tag{4.26}$$

$$P_E = \int_{\mathbf{R}_1} f_{\mathbf{R}|M_1}(\mathbf{r}|M_1)\,d\mathbf{r}. \tag{4.27}$$

Diese zwei Bezeichnungen stammen aus der Radartechnik: Das Ereignis M_1 bedeutet, dass z. B. ein Flugobjekt vorhanden, und M_2, dass kein Flugobjekt vorhanden ist. Dann ist P_F die Wahrscheinlichkeit dafür, dass ein Objekt gemeldet wird, obwohl kein Objekt vorhanden ist, und P_E ist die Wahrscheinlichkeit, mit der ein tatsächlich vorhandenes Objekt gemeldet wird. Man möchte grundsätzlich, dass P_E möglichst groß und P_F möglichst klein wird. Beide Forderungen widersprechen sich aber, wie Abb. 4.6 zeigt: Macht man die Schwelle γ sehr hoch, so wird zwar P_F sehr klein, dasselbe gilt aber auch für P_E. Macht man andererseits γ sehr klein, dann werden P_E

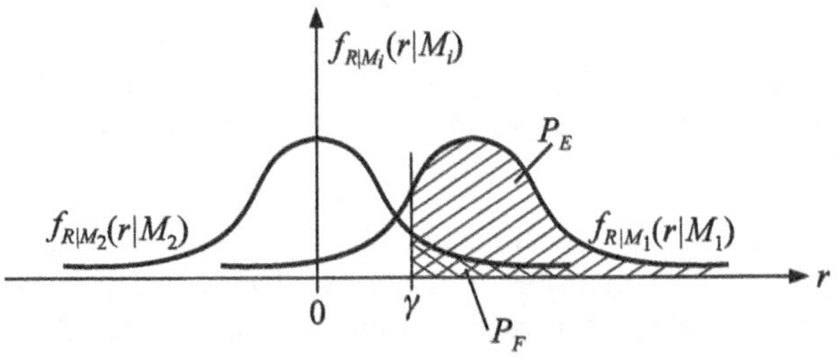

Abb. 4.6 Entdeckungswahrscheinlichkeit P_E und Fehlalarmwahrscheinlichkeit P_F

und P_F sehr groß. Die Grenzfälle sind also $P_E = P_F = 0$ und $P_E = P_F = 1$.

Beim Neyman-Pearson-Kriterium fordert man deshalb, dass P_E ein Maximum wird unter der Nebenbedingung, dass $P_F = P_{F_0}$ ist, bei Radarsystemen z. B. $P_{F_0} = 10^{-5}$. Zur Lösung dieser Aufgabe verwendet man die Multiplikatorregel von Lagrange, mit der die Funktion

$$F = P_E + \lambda_0 \cdot (P_{F_0} - P_F) \tag{4.28}$$

zum Maximum gemacht wird. Dabei ist λ_0 der Langrangesche Multiplikator. Mit $P_F = P_{F_0}$ wird P_E maximal, sofern F zum Maximum wird. Mit den Definitionen (4.26) und (4.27) folgt für (4.28):

$$F = \lambda_0 \cdot P_{F_0} + \int_{\mathbf{R}_1} [f_{\mathbf{R}|M_1}(\mathbf{r}|M_1) - \lambda_0 \cdot f_{\mathbf{R}|M_2}(\mathbf{r}|M_2)]\,d\mathbf{r}. \tag{4.29}$$

Nun wird F sicher zu einem Maximum, wenn der Integrand zum Maximum wird. Also zählt man alle die $\mathbf{r}$ zu $\mathbf{R}_1$, für die

$$f_{\mathbf{R}|M_1}(\mathbf{r}|M_1) > \lambda_0 \cdot f_{\mathbf{R}|M_2}(\mathbf{r}|M_2) \tag{4.30}$$

gilt. Alle übrigen Vektoren $\mathbf{r}$ zählt man zu $\mathbf{R}_2$. Im ersten Fall wird also die Hypothese H_1, im zweiten die Hypothese H_2 gewählt. Formt man (4.30) um, so erhält man einen Likelihood-Verhältnis-Test mit der Schwelle $\eta = \lambda_0$:

$$\frac{f_{\mathbf{R}|M_1}(\mathbf{r}|M_1)}{f_{\mathbf{R}|M_2}(\mathbf{r}|M_2)} = \Lambda(\mathbf{r}) \underset{H_2}{\overset{H_1}{\gtrless}} \lambda_0. \tag{4.31}$$

Die bisher unbekannte Schwelle λ_0 wird nach der Forderung

$$P_F = \int_{\mathbf{R}_1} f_{\mathbf{R}|M_2}(\mathbf{r}|M_2)\, d\mathbf{r} \stackrel{!}{=} P_{F0} \tag{4.32}$$

bestimmt. Als Realisierung des Empfängers für den Likelihood-Verhältnis-Test kann man sich das Blockschaltbild in Abb. 4.3 vorstellen. Darin berechnet ein Rechner aus dem N-dimensionalen Empfangsvektor $\mathbf{r}$ das skalare Likelihood-Verhältnis $\Lambda(\mathbf{r})$. Dies ist die Realisation einer Zufallsvariablen mit der bedingten Dichte $f_{\Lambda|M_i}(\lambda|M_i)$. Die Fehlerwahrscheinlichkeit lässt sich auch mit dieser Dichte bestimmen: Immer wenn das Ereignis M_2 vorliegt und die Schwelle λ_0 vom Likelihood-Verhältnis $\Lambda(\mathbf{r})$ überschritten wird, entsteht ein Fehlalarm. Daraus folgt:

$$P_F = \int_{\lambda_0}^{\infty} f_{\Lambda|M_2}(\lambda|M_2)\, d\lambda \stackrel{!}{=} P_{F0} \tag{4.33}$$

Weil P_{F0} vorgegeben wurde und die Dichte von Λ aus den bedingten Dichten von $\mathbf{R}$ bestimmbar ist, kann man mit Hilfe von (4.33) die Schwelle λ_0 bestimmen.

4.1.4 Der Likelihood-Verhältnis-Test

Vergleicht man die bisher betrachteten Kriterien der binären Detektion und die daraus gewonnenen Entscheidungsregeln miteinander, so erkennt man folgende Gemeinsamkeiten bei der Ausführung des Likelihood-Verhältnis-Tests:

- Das Likelihood-Verhältnis $\Lambda(\mathbf{r})$ wird aus den Daten der verwendeten Sendesignale und der Störungen auf dem Kanal gebildet.
- Man bestimmt eine vom Kriterium abhängige Schwelle η, mit der $\Lambda(\mathbf{r})$ verglichen wird. Dazu braucht man Daten von der Quelle (P_i, $i = 1, 2$) und vom Kriterium (C_{ij} bzw. P_F). Je nach Über- bzw. Unterschreiten der Schwelle fällt die Entscheidung für eine der beiden Hypothesen aus.

Diese Gemeinsamkeiten führen auf die bereits früher eingeführte Struktur des Empfängers nach Abb. 4.3, bei der aus den Daten $\mathbf{r}$ des gestörten Empfangsvektors in einem Rechner unter Verwendung der Kanal- bzw. Störungsparameter und der Senderdaten bzw. Sendesignalvektoren das Likelihood-Verhältnis $\Lambda(\mathbf{r})$berechnet wird. Anschließend erfolgt der Vergleich mit der von A-priori-Daten abhängigen Schwelle η.

Je nach Art der Dichten $f_{\mathbf{R}|M_i}(\mathbf{r}|M_i)$ ist die Berechnung des Likelihood-Verhältnisses mehr oder weniger aufwändig; im Falle Gaußscher Dichten kann nur eine lineare Operation erforderlich sein, die von einem Filter ausgeführt wird. Die verschiedenen Kriterien der binären Detektion unterscheiden sich nur in Bezug auf die erforderlichen Schwellen beim Likelihood-Verhältnis-Test wie Tab. 4.1 zeigt. Der Vergleich

Likelihood-Verhältnis-Test

$$\Lambda(\mathbf{r}) = \frac{f_{\mathbf{R}|M_1}(\mathbf{r}|M_1)}{f_{\mathbf{R}|M_2}(\mathbf{r}|M_2)} \underset{H_2}{\overset{H_1}{\gtrless}} \eta, \quad \ln\Lambda(\mathbf{r}) \underset{H_2}{\overset{H_1}{\gtrless}} \ln\eta$$

Kriterium/Algorithmus	Schwelle	Vorgabe
Bayes $R = \sum_{i=1}^{2}\sum_{j=1}^{2} P_j C_{ij} P(H_i\|M_j)$	$\eta = \frac{(1-P_1)\cdot[C_{12}-C_{22}]}{P_1\cdot[C_{21}-C_{11}]}$	P_1, C_{ij}
Maximum-a-posteriori $P(F) = \sum_{i=1}^{2}\sum_{j=1,j\neq i}^{2} P_j P(H_i\|M_j)$	$\eta = \frac{1-P_1}{P_1}$	P_1
Neyman-Pearson $P_E = \max(\eta)$, $P_F = P_{F0}$	$\eta = f(P_F)$	P_{F0}

Tab. 4.1 Binäre Detektion als Likelihood-Verhältnis-Test

der Kriterien nach Tab. 4.1 zeigt, dass man beim Bayes-Kriterium am meisten, beim Neyman-Pearson-Kriterium am wenigsten A-priori-Information benötigt. Keine A-priori-Information ist allerdings auch beim Mini-Max-Empfänger erforderlich.

4.1.5 Empfängerarbeitscharakteristik

Den vier Entscheidungsfällen, die bei der binären Detektion nach Abschnitt 4.1 auftreten können, entsprechen vier bedingte Wahrscheinlichkeiten. Weil nach (4.4) die beiden auf dasselbe Ereignis M_i bezogenen Wahrscheinlichkeiten nicht unabhängig voneinander sind, lassen sich von den insgesamt vier Wahrscheinlichkeiten jeweils zwei durch die übrigen zwei ausdrücken. Deshalb genügen zwei Wahrscheinlichkeiten, um die Wirkungsweise eines Empfängers zu charakterisieren. Beim Neyman-Pearson-Kriterium waren dies die Entdeckungswahrscheinlichkeit P_E nach (4.27) und die Fehlalarmwahrscheinlichkeit P_F nach (4.26). Drückt man das Risiko R nach (4.2) in diesen Wahrscheinlichkeiten aus, so gilt:

$$R = C_{11}P_1 \cdot P_E + C_{21}P_1 \cdot (1-P_E) + C_{12}P_2 \cdot P_F + C_{22}P_2 \cdot (1-P_F) \qquad (4.34)$$

und für die Fehlerwahrscheinlichkeit nach (4.12):

$$P(F) = P_1 \cdot (1 - P_E) + P_2 \cdot P_F. \tag{4.35}$$

Bei der Beschreibung des Neyman-Pearson-Kriteriums zeigte sich, dass man P_E und P_F nicht unabhängig voneinander wählen kann. Deshalb verwendet man zur Beschreibung der Wirkungsweise eines Empfängers die *Empfängerarbeitscharakteristik* (ROC: receiver operating characteristic)

$$P_E = f(P_F, d), \tag{4.36}$$

wobei d die Parameter des Empfängers beschreibt, die ihrerseits von den Eigenschaften der vorhandenen Nutz- und Störsignale abhängen. Geht man von eindimensionalen Vektoren, Gaußschen Störungen und additiver Überlagerung von Nutz- und Stösignal aus, so folgt mit (4.26) und (4.27)

$$P_F = \int_\gamma^\infty \frac{1}{\sqrt{2\pi}\sigma} \exp(-\frac{n^2}{2\sigma^2})dn = Q(\frac{\gamma}{\sigma}) \tag{4.37}$$

$$P_E = \int_\gamma^\infty \frac{1}{\sqrt{2\pi}\sigma} \exp(-\frac{(r-s)^2}{2\sigma^2})dr = Q(\frac{\gamma - s}{\sigma}) = Q(Q^{-1}(P_F) - \frac{s}{\sigma}). \tag{4.38}$$

Den freien Parameter identifiziert man mit

$$d = \frac{s}{\sigma} = \sqrt{\frac{E_s}{N_w}} = \sqrt{\text{SNR}}, \tag{4.39}$$

wobei mit E_s die Signalenergie, N_w die Leistungsdichte des weißen Rauschens und SNR das Signal-zu-Rauschverhältnis bezeichnet wird.

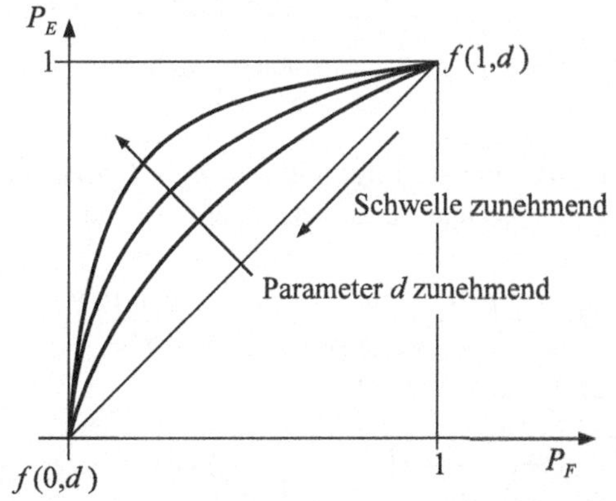

Abb. 4.7 Empfängerarbeitscharakteristiken

Abb. 4.7 zeigt typische Charakteristiken. Allen ist gemeinsam,

- dass sie durch die Punkte $f(1,d) = 1$ und $f(0,d) = 0$ gehen, weil für $P_E = 1$ auch $P_F = 1$ und für $P_E = 0$ auch $P_F = 0$ wird (siehe Neyman-Pearson-Kriterium), und

- dass sie oberhalb der Geraden $P_E = P_F$ liegen und nach rechts gekrümmt sind, wenn man sie im Sinne wachsender Werte von P_E durchläuft. Die Charakteristiken liegen oberhalb von $P_E = P_F$, weil mit $P_E = P_F$ für die Signalleistung $E_s = 0$ und damit für das Signal-zu-Rauschverhältnis SNR=0 gilt. Zwangsläufig folgt die Rechtskrümmung aus der ersten Eigenschaft und der Tatsache $P_E \geq P_F$.

Die Charakteristiken zeigen, dass mit wachsendem Parameter d, d. h. zunehmendem Signal-zu-Rausch-Verhältnis, bei festem P_F der Wert von P_E zunimmt. Dies wird in Abb. 4.8 veranschaulicht: Mit zunehmendem Signal-zu-Rausch-Verhältnis wird bei konstanter Signalleistung die Rauschleistung kleiner, d. h. mit abnehmender Varianz der Störkomponenten werden die Dichtefunktionen schmäler. Damit P_F konstant bleibt, muss die Schwelle γ weiter nach links rücken, so dass die Entdeckungswahrscheinlichkeit zunimmt. Ferner zeigt Abb. 4.7, dass mit wachsender Schwelle P_E und P_F kleiner werden. Das kann man sich an Abb. 4.8 verdeutlichen: Je weiter die Schwelle nach rechts rückt, d. h. zunimmt, desto kleiner werden die Flächen, die ein Maß für P_E und P_F sind.

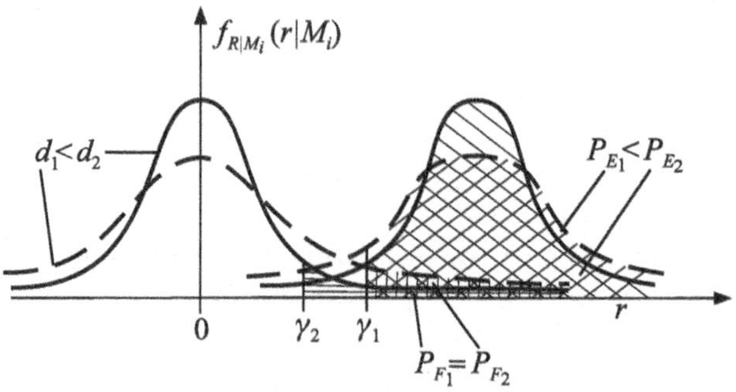

Abb. 4.8 Einfluss der Zunahme von d (Signal-zu-Rausch-Verhältnis)

Für den Mini-Max-Empfänger folgt mit $P_1 = P_2 = 0{,}5$ aus (4.24) eine Schwelle von $\gamma = (s_1 + s_2)/2$, so dass man für das Beispiel in (4.22)

$$P_F = P(H_1|M_2) = \int_{-\infty}^{\frac{s_1+s_2}{2}} \frac{1}{\sqrt{2\pi}\sigma} \exp\left(-\frac{(r-s_2)^2}{2\sigma^2}\right) dr = Q(\frac{s_2-s_1}{2\sigma}) \quad (4.40)$$

$$\begin{aligned} P_E &= P(H_1|M_1) = 1 - P(H_2|M_1) \\ &= 1 - \int_{\frac{s_1+s_2}{2}}^{\infty} \frac{1}{\sqrt{2\pi}\sigma} \exp\left(-\frac{(r-s_1)^2}{2\sigma^2}\right) dr = 1 - Q(\frac{s_2-s_1}{2\sigma}) \end{aligned} \quad (4.41)$$

erhält, woraus

$$P_E = 1 - P_F \quad (4.42)$$

folgt. Alle Punkte der Empfängerarbeitscharakteristik, die auf der Schnittstelle mit der Geraden $P_E = 1 - P_F$ liegen, kennzeichnen demnach einen Mini-Max-Empfänger.

Beim Neyman-Pearson-Kriterium ist die Fehlalarmwahrscheinlichkeit P_F vorgegeben. In der Charakteristik nach (4.36) ist deshalb d als variabler und P_F als fester Parameter aufzufassen. Dazu zeigt Abb. 4.9 eine Charakteristik, in der P_E als Funktion von d, dem vom Signal-zu-Rausch-Verhältnis abhängigen Parameter, dargestellt ist.

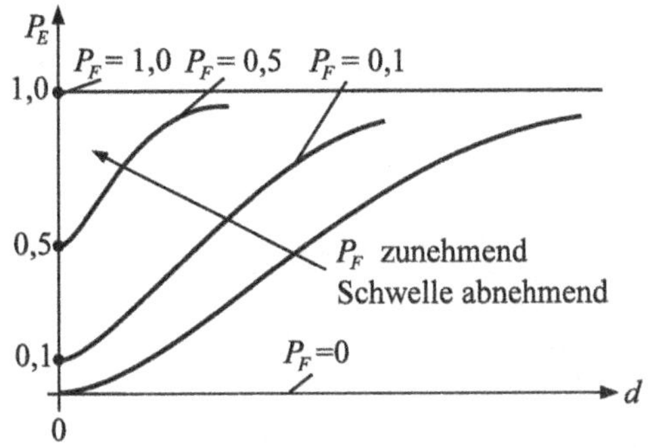

Abb. 4.9 Empfängercharakteristik für einen Empfänger nach dem Neyman-Pearson-Kriterium

Die Kurven beginnen auf der Ordinatenachse in den Punkten $P_E = P_F$ für $d = 0$. Mit steigendem P_F nimmt die Schwelle ab, wie auch aus Abb. 4.7 und den Überlegungen zu Abb. 4.8 hervorgeht. Die Empfängerarbeitscharakteristiken lassen einen Vergleich zwischen realisierten Empfängern zu. Bei der Realisierung wird man das optimale System nur näherungsweise erreichen. Deshalb wird man unter den realisierbaren Empfängern denjenigen wählen, dessen Charakteristik am günstigsten ist.

4.1.6 Entscheidungsräume bei binärer Detektion

In Abb. 4.2 wurden den beiden Hypothesen H_i, $i = 1, 2$ die zwei Entscheidungsräume $\mathbf{R}_i$, $i = 1, 2$ zugeordnet und gesagt, dass sich die Grenze der Entscheidungsräume nach dem Optimalitätskriterium richtet.

Zur Veranschaulichung dieses Sachverhalts sollen nun einige Entscheidungsräume berechnet werden. Dabei soll stets das MAP-Kriterium herangezogen werden, da die Festlegung der Kostenfaktoren C_{ij} beim Bayes-Kriterium oder der Fehlalarmwahrscheinlichkeit beim Neyman-Pearson-Kriterium sehr problemabhängig ist.

Die Lage der Entscheidungsräume hängt von

- den A-priori-Wahrscheinlichkeiten P_i
- der Art der Störung, d. h. deren Dichte $f_N(n)$, der Korrelation der Störvektorkomponenten untereinander sowie den Varianzen der Komponenten

ab. Die Annahmen gleicher A-priori-Wahrscheinlichkeiten und weißer Gaußscher Störungen, wie sie bei der Datenübertragung zutreffen, sollen deshalb fallen gelassen werden.

4.1.6.1 Entscheidungsräume bei Gaußschen Dichtefunktionen

Dem MAP-Kriterium nach (4.17) folgend muss der als *Unterscheidungsfunktion* bezeichnete Ausdruck

$$d_i(\mathbf{r}) = P_i \cdot f_{\mathbf{R}|M_i}(\mathbf{r}|M_i) \stackrel{!}{=} \max_i, \quad i = 1, 2 \tag{4.43}$$

maximiert werden. Die Grenzen der Entscheidungsräume ergeben sich für die Werte von $\mathbf{r}$, für die $d_1(\mathbf{r}) = d_2(\mathbf{r})$ gilt. Zur Vereinfachung soll zunächst angenommen werden, dass $\mathbf{r}$ eindimensional und Gaußisch ist, so dass für (4.43)

$$d_i(r) = P_i \cdot \frac{1}{\sqrt{2\pi}\sigma} \exp(-\frac{(r - s_i)^2}{2\sigma^2}) \stackrel{!}{=} \max_i, \quad i = 1, 2 \tag{4.44}$$

und für die Grenze $r = \gamma$ der Entscheidungsräume das Ergebnis von (4.24)

$$\gamma = \frac{\sigma^2}{s_1 - s_2} \ln\left(\frac{1 - P_1}{P_1}\right) + \frac{1}{2}(s_1 + s_2)$$

gilt, was in Abb. 4.10 veranschaulicht wird.

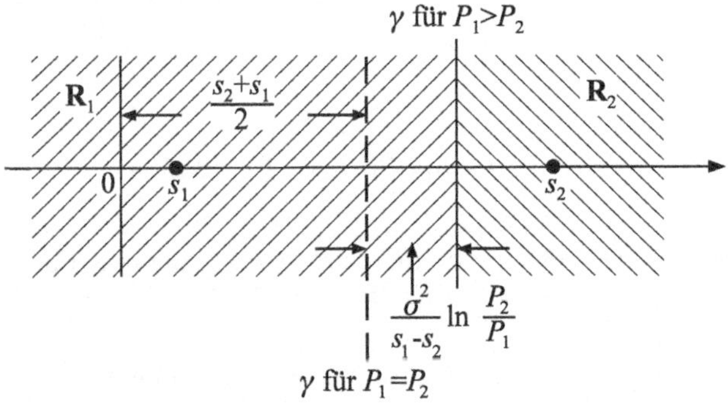

Abb. 4.10 Entscheidungsräme $\mathbf{R}_i$ als Funktion der P_i

Bei gleichen A-priori-Wahrscheinlichkeiten P_i liegt die Grenze der Entscheidungsräume γ in der Mitte zwischen s_1 und s_2, unabhängig von der Größe von σ. Bei unterschiedlichen Werten von P_i wächst der Entscheidungsraum mit der größeren A-priori-Wahrscheinlichkeit umso mehr, je größer σ ist. Gilt $\sigma = 0$, so liegt die Schwelle unabhängig von P_i bei $\gamma = (s_1 + s_2)/2$, was auch der Anschauung entspricht.

Bisher war angenommen worden, dass der Störprozess weiß und statistisch unabhängig vom Nutzsignalprozess ist. Diese Annahme stimmt bei der Informationsübertragung sicher auch mit der Realität überein. Bei der Mustererkennung muss dies aber nicht so sein. Für die Dichtefunktion des Störprozesses $N(t)$, der durch den Vektor **N** dargestellt wird, gilt in diesem Fall

$$f_{\mathbf{N}|M_i}(\mathbf{n}|M_i) = \frac{1}{\sqrt{(2\pi)^N |\mathbf{C}_{\mathbf{NN}}^{(i)}|}} \exp\left(-\frac{1}{2}\mathbf{n}^T (\mathbf{C}_{\mathbf{NN}}^{(i)})^{-1}\mathbf{n}\right), \quad i = 1, 2, \tag{4.45}$$

d. h. die Kovarianzmatrix $\mathbf{C}_{\mathbf{NN}}^{(i)}$ des Störprozessvektors **N** hängt vom Ereignis M_i ab, so dass die Dichte der Störung zu einer bedingten Dichte wird. Wie im Beispiel nach (4.18) sollen sich die Störung und das Nutzsignal additiv überlagern, wobei wegen der Mehrdimensionalität allerdings eine Vektordarstellung erforderlich ist:

$$\mathbf{r} = \mathbf{s}_i + \mathbf{n}, \quad i = 1, 2. \tag{4.46}$$

Damit folgt für die bedingten Dichten, die man zur Ausführung des Likelihood-Verhältnis-Tests benötigt:

$$\begin{aligned} f_{\mathbf{R}|M_i}(\mathbf{r}|M_i) &= f_{\mathbf{N}|M_i}(\mathbf{r}-\mathbf{s}_i|M_i), \quad i = 1, 2 \qquad (4.47)\\ &= \frac{1}{\sqrt{(2\pi)^N |\mathbf{C}_{\mathbf{NN}}^{(i)}|}} \cdot \exp\left(-\frac{1}{2}(\mathbf{r}-\mathbf{s}_i)^T (\mathbf{C}_{\mathbf{NN}}^{(i)})^{-1}(\mathbf{r}-\mathbf{s}_i)\right). \end{aligned}$$

Der Likelihood-Verhältnis-Test aus Tab. 4.1 mit der Schwelle nach dem MAP-Kriterium liefert nach Logarithmierung die Entscheidungsregel

$$\ln\left(P_1 \cdot f_{\mathbf{N}|M_1}(\mathbf{r}-\mathbf{s}_1|M_1)\right) \underset{H_2}{\overset{H_1}{\gtrless}} \ln\left(P_2 \cdot f_{\mathbf{N}|M_2}(\mathbf{r}-\mathbf{s}_2|M_2)\right) \tag{4.48}$$

bzw. in einer allgemeineren Form

$$\ln\left(P_i \cdot f_{\mathbf{N}|M_i}(\mathbf{r}-\mathbf{s}_i|M_i)\right) = \max_i, \quad i = 1, 2. \tag{4.49}$$

Für die linke Seite dieser Gleichung erhält man mit (4.45)

$$\ln(P_i) - \frac{N}{2}\ln(2\pi) - \frac{1}{2}\ln|\mathbf{C}_{\mathbf{NN}}^{(i)}| - \frac{1}{2}(\mathbf{r}-\mathbf{s}_i)^T (\mathbf{C}_{\mathbf{NN}}^{(i)})^{-1}(\mathbf{r}-\mathbf{s}_i), \tag{4.50}$$

wobei der Term $\frac{N}{2}\ln(2\pi)$ nicht von i abhängt und deshalb bei der Entscheidung vernachlässigt werden kann. Für die zu maximierende *Unterscheidungsfunktion* erhält man deshalb

$$\begin{aligned} d_i(\mathbf{r}) &= \ln(P_i) - \frac{1}{2}\ln|\mathbf{C}_{\mathbf{NN}}^{(i)}| - \frac{1}{2}(\mathbf{r}-\mathbf{s}_i)^T (\mathbf{C}_{\mathbf{NN}}^{(i)})^{-1}(\mathbf{r}-\mathbf{s}_i)\\ &\overset{!}{=} \max_i, \; i = 1, 2, \qquad (4.51) \end{aligned}$$

wobei der (4.43) entsprechende Ausdruck wegen der Gaußschen Dichtefunktion logarithmiert wurde, da sich dadurch die Rechnung vereinfacht, das Maximum aber nicht verschiebt. Der letzte Term

$$(\mathbf{r}-\mathbf{s}_i)^T(\mathbf{C}_{\mathbf{NN}}^{(i)})^{-1}(\mathbf{r}-\mathbf{s}_i)$$

stellt den mit $(\mathbf{C}_{\mathbf{NN}}^{(i)})^{-1}$ gewichteten geometrischen Abstand zwischen den Vektoren $\mathbf{r}$ und $\mathbf{s}_i$ dar und wird mit *Mahalanobisabstand* bezeichnet. Für die Werte $\mathbf{r}$, die die gemeinsame Grenze der Entscheidungsräume $\mathbf{R}_1$ und $\mathbf{R}_2$ bestimmen, gilt mit (4.51) $d_1(\mathbf{r}) = d_2(\mathbf{r})$. Es soll nun untersucht werden, wie diese Grenze der Entscheidungsräume von der Kovarianzmatrix $\mathbf{C}_{\mathbf{NN}}^{(i)}$ abhängt.

Für die Ereignisse $M_i,\ i = 1, 2$ gelte:

$$P_1 = \frac{1}{2}, \quad \mathbf{s}_1 = (-1,\ -1)^T; \qquad P_2 = \frac{1}{2}, \quad \mathbf{s}_2 = (1,\ 1)^T. \tag{4.52}$$

Logarithmiert man die Unterscheidungsfunktion $d_i(\mathbf{r})$ nach (4.51), wodurch sich an den Größenverhältnissen der Werte $d_i,\ i = 1, 2$ untereinander und damit an der Entscheidung nichts ändert, lautet für $N = 2$ Dimensionen der Vektoren $\mathbf{r}$ und $\mathbf{s}_i$:

$$\begin{aligned} d_i(\mathbf{r}) = {} & \ln(P_i) - \frac{1}{2}\ln(\sigma_1^{(i)2}\sigma_2^{(i)2} - \sigma_{12}^{(i)}\sigma_{21}^{(i)}) \\ & - \frac{1}{2}\left[\frac{\sigma_1^{(i)2}(r_2 - s_{i2})^2 + \sigma_2^{(i)2}(r_1 - s_{i1})^2}{\sigma_1^{(i)2}\sigma_2^{(i)2} - \sigma_{12}^{(i)}\sigma_{21}^{(i)}} - \frac{(\sigma_{12}^{(i)} + \sigma_{21}^{(i)})(r_1 - s_{i1})(r_2 - s_{i2})}{\sigma_1^{(i)2}\sigma_2^{(i)2} - \sigma_{12}^{(i)}\sigma_{21}^{(i)}}\right] \end{aligned} \tag{4.53}$$

mit

$$\mathbf{r} = (r_1,\ r_2)^T, \quad \mathbf{C}_{\mathbf{NN}}^{(i)} = \begin{pmatrix} \sigma_1^{(i)2} & \sigma_{12}^{(i)} \\ \sigma_{21}^{(i)} & \sigma_2^{(i)2} \end{pmatrix}. \tag{4.54}$$

Im ersten, dem allgemeinsten Fall, ist die Kovarianzmatrix $\mathbf{C}_{\mathbf{NN}}^{(i)}$ der Störungen ereignisabhängig und die Störkomponenten sind miteinander korreliert:

$$\mathbf{C}_{\mathbf{NN}}^{(1)} = \begin{pmatrix} 1 & 0{,}5 \\ 0{,}5 & 1 \end{pmatrix}, \quad \mathbf{C}_{\mathbf{NN}}^{(2)} = \begin{pmatrix} 2 & 0{,}5 \\ 0{,}5 & 2 \end{pmatrix}. \tag{4.55}$$

Mit $d_1(\mathbf{r}) = d_2(\mathbf{r})$ folgt aus (4.53):

$$\begin{aligned} & \ln\frac{3}{4} + \frac{4}{3}[(r_2+1)^2 - (r_1+1)(r_2+1) + (r_1+1)^2] \\ & = \ln\frac{15}{4} + \frac{4}{15}[2(r_2-1)^2 - (r_1-1)(r_2-1) + 2(r_1-1)^2] \\ & r_2^2 + \frac{4}{3}(2 - r_1)r_2 = \frac{5}{4}\left(\ln\frac{15}{4} - \ln\frac{3}{4}\right) - \frac{2}{3} - \frac{8}{3}r_1 - r_1^2 \\ & r_2 = \frac{2}{3}r_1 - \frac{4}{3} \pm \sqrt{\frac{5}{4}\left(\ln\frac{15}{4} - \ln\frac{3}{4}\right) + \frac{10}{9} - \frac{5}{9}r_1^2 - \frac{40}{9}r_1}. \end{aligned} \tag{4.56}$$

Die Grenze der Entscheidungsräume ist in Abb. 4.11 dargestellt. Die beiden Ellip-

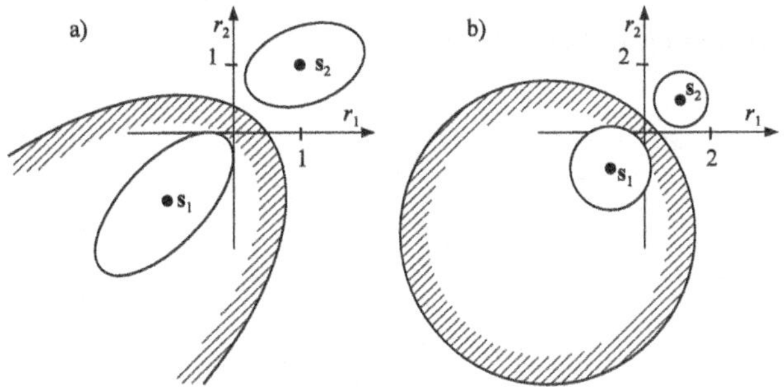

Abb. 4.11 Grenze der Entscheidungsräume mit typischen Höhenlinien der Dichten bei ereignisabhängigen und a) korrelierten, b) unkorrelierten Störungen

sen in jedem der Entscheidungsräume repräsentieren die Höhenlinien der jeweiligen Verbunddichtefunktionen, wobei die Größe der Ellipsen, d. h. die Länge ihrer Haupt- und Nebenachsen, ein Maß für die Varianz der Störung ist.

Sind die Störkomponenten nicht korreliert und besitzen gleiche Varianz in den beiden Koordinatenrichtungen, d. h. gilt für die Kovarianzmatrizen

$$\mathbf{C}_{\mathrm{NN}}^{(1)} = \begin{pmatrix} 1 & 0 \\ 0 & 1 \end{pmatrix}, \quad \mathbf{C}_{\mathrm{NN}}^{(2)} = \begin{pmatrix} 2 & 0 \\ 0 & 2 \end{pmatrix}, \tag{4.57}$$

so folgt mit $d_1(\mathbf{r}) = d_2(\mathbf{r})$

$$\begin{aligned} \ln(1) + (r_2+1)^2 + (r_1+1)^2 &= \ln(4) + \frac{1}{4}(2(r_2-1)^2 + 2(r_1-1)^2) \\ r_2^2 + 6r_2 + 6r_1 + r_1^2 &= 2 \cdot \ln(4) - 2 \\ (r_2+3)^2 + (r_1+3)^2 &= 2 \cdot \ln(4) + 16 = \rho^2 \end{aligned} \tag{4.58}$$

als Grenze zwischen den Entscheidungsräumen ein Kreis mit dem Radius ρ, der ebenfalls in Abb. 4.11 dargestellt ist. Die Höhenlinien, für die je ein Beispiel eingezeichnet wurde, sind in diesem Fall Kreise. Bei den folgenden Beispielen soll die Kovarianzmatrix der Störungen nicht mehr vom Ereignis M_i abhängen. Zunächst gelte:

$$\mathbf{C}_{\mathrm{NN}}^{(1)} = \mathbf{C}_{\mathrm{NN}}^{(2)} = \mathbf{C}_{\mathrm{NN}} = \begin{pmatrix} 1 & 0{,}5 \\ 0{,}5 & 2 \end{pmatrix}. \tag{4.59}$$

Weil hier die Kovarianzmatrix der Störungen unabhängig von den Ereignissen ist, spielt in (4.51) der zweite Term keine Rolle bei der Entscheidung. Mit $d_1(\mathbf{r}) = d_2(\mathbf{r})$ folgt hier:

$$\begin{aligned} &(r_2+1)^2 + (r_2+1)(r_1+1) + 2(r_1+1)^2 \\ &= (r_2-1)^2 + (r_2-1)(r_1-1) + 2(r_1-1)^2 \end{aligned}$$

$$r_2 = -\frac{5}{3} r_1 . \tag{4.60}$$

Die in Abb. 4.12 gezeigte Entscheidungsgrenze ist hier eine Gerade und der Entscheidungsalgorithmus demzufolge linear.

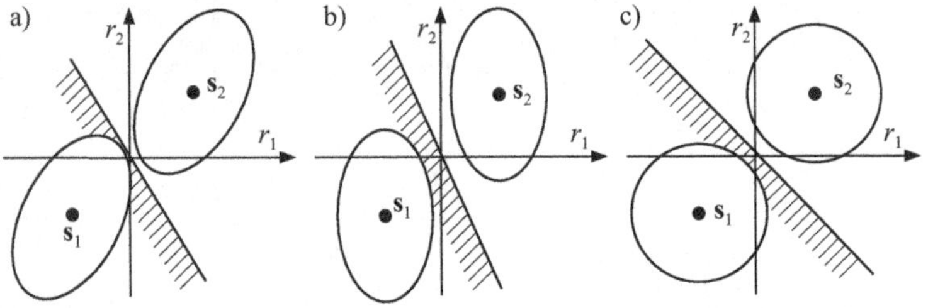

Abb. 4.12 Grenze der Entscheidungsräume und typische Höhenlinien der Dichten bei ereignisunabhängigen Störungen, die a) korreliert, b) unkorreliert und c) weiß sind

Wenn die Kovarianzmatrix der Störungen durch

$$\mathbf{C}_{\mathbf{NN}}^{(1)} = \mathbf{C}_{\mathbf{NN}}^{(2)} = \mathbf{C}_{\mathbf{NN}} = \begin{pmatrix} 1 & 0 \\ 0 & 2 \end{pmatrix} \tag{4.61}$$

gegeben ist, d. h. die Störungen gegenüber (4.59) unkorreliert sind, erhält man als Grenze der Entscheidungsräume

$$\begin{aligned} (r_2+1)^2 + 2(r_1+1)^2 &= (r_2-1)^2 + 2(r_1-1)^2 \\ r_2 &= -2r_1, \end{aligned} \tag{4.62}$$

die ebenfalls in Abb. 4.12 gezeigt wird. Schließlich soll noch der Fall weißer Störungen betrachtet werden, für den

$$\mathbf{C}_{\mathbf{NN}}^{(1)} = \mathbf{C}_{\mathbf{NN}}^{(2)} = \mathbf{C}_{\mathbf{NN}} = \begin{pmatrix} 1 & 0 \\ 0 & 1 \end{pmatrix} \tag{4.63}$$

gilt und der auf die in Abb. 4.12 gezeigte Grenze der Entscheidungsräume

$$\begin{aligned} (r_2+1)^2 + (r_1+1)^2 &= (r_2-1)^2 + (r_1-1)^2 \\ r_2 &= -r_1 \end{aligned} \tag{4.64}$$

führt. Die unterschiedliche Lage der Grenze der Entscheidungsräume in Abb. 4.12 erklärt sich daraus, dass im Falle der weißen unkorrelierten Störungen nach (4.63) die Höhenlinien der Gaußschen Dichtefunktionen Kreise sind, deren Mittelpunkte den Signalvektoren $\mathbf{s}_1$ und $\mathbf{s}_2$ entsprechen. In den beiden anderen Fällen sind diese Höhenlinien Ellipsen, deren Haupt- und Nebenachsen bei (4.61) parallel zu den

Koordinatenachsen verlaufen, die bei (4.59) gegenüber den Koordinatenachsen verdreht sind. In all diesen Fällen sind die Höhenlinien aber von gleicher Art, d. h. sie sind nur gegeneinander verschoben. Dies gilt nicht mehr für den Fall ereignisabhängiger Kovarianzmatrizen, wie man aus Abb. 4.11 ersehen kann. Hier sind die Varianzen ereignisabhängig; bei Korrelation der Störkomponenten sind die Achsen der als Ellipsen erscheinenden Höhenlinien gegenüber den Koordinatenachsen gedreht.

4.1.6.2 Ein Beispiel für nicht zusammenhängende Entscheidungsräume

Es werde angenommen, dass das gestörte Empfangssignal wie in (4.18) durch den Skalar $r = s_i + n$ beschrieben wird und dass die Störung N mit dem Repräsentanten n durch die *Cauchydichte*

$$f_N(n) = \frac{\alpha/\pi}{\alpha^2 + n^2} \tag{4.65}$$

gegeben sei. Für die Schwelle γ des Likelihood-Verhältnis-Tests nach (4.16)

$$\begin{aligned}
\Lambda(r)|_{r=\gamma} = \frac{f_{R|M_1}(r|M_1)|_{r=\gamma}}{f_{R|M_2}(r|M_2)|_{r=\gamma}} &= \eta = \frac{P_2}{P_1} \\
P_1 \cdot f_{R|M_1}(\gamma|M_1) &= P_2 \cdot f_{R|M_2}(\gamma|M_2) \\
P_1 \cdot f_N(\gamma - s_1) &= P_2 \cdot f_N(\gamma - s_2) \\
P_1 \cdot \frac{\alpha/\pi}{\alpha^2 + (\gamma - s_1)^2} &= P_2 \cdot \frac{\alpha/\pi}{\alpha^2 + (\gamma - s_2)^2} \\
P_1(\alpha^2 + \gamma^2 - 2\gamma s_2 + s_2^2) &= P_2(\alpha^2 + \gamma^2 - 2\gamma s_1 + s_1^2)
\end{aligned} \tag{4.66}$$

erhält man die Lösung

$$\gamma = \frac{P_1 s_2 - P_2 s_1 \pm \sqrt{(s_1 - s_2)^2 P_1 P_2 - \alpha^2 (P_1 - P_2)^2}}{P_1 - P_2}. \tag{4.67}$$

Als Beispiel sei angenommen, dass für den freien Parameter $\alpha = 4$, für die Signalvektoren $s_1 = -s_2 = -2$ und für die A-priori-Wahrscheinlichkeiten $P_1 = 2/3$ und $P_2 = 1/3$ gelte. Mit diesen Parametern erhält man die *beiden* Schwellenwerte $\gamma_1 = 2$ und $\gamma_2 = 10$. In Abb. 4.13 sind die gewichteten Dichten $P_i \cdot f_{R|M_i}(r|M_i)$ zusammen mit den Entscheidungsräumen $\mathbf{R}_i = R_i,\ i = 1, 2$ dargestellt.

Die Grenzen der Entscheidungsgebiete sind durch die Abszissenwerte gegeben, an denen die beiden gewichteten Dichten dieselbe Ordinate besitzen. Mit

$$R_1: \quad \begin{cases} -\infty < r \leq \gamma_1 = 2 \\ 10 < r < \infty \end{cases}, \quad R_2: \quad \gamma_1 = 2 < r \leq \gamma_2 = 10 \tag{4.68}$$

ist zwar der Entscheidungsraum R_2, nicht aber der Entscheidungsraum R_1 zusammenhängend. Offensichtlich hängt es bei sonst festen Parametern von den A-priori-

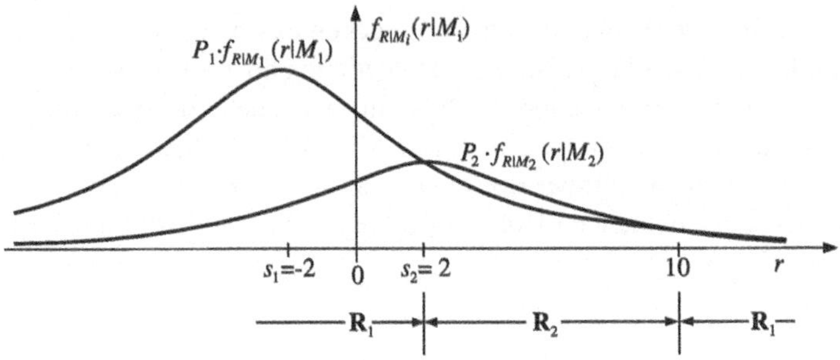

Abb. 4.13 Entscheidungsgebiete bei Störungen mit Cauchydichte

Wahrscheinlichkeiten ab, ob die Entscheidungsgebiete zusammenhängend sind oder nicht.

Bei gleichen A-priori-Wahrscheinlichkeiten $P_1 = P_2 = 1/2$ folgt aus (4.66) für die Schwelle die Lösung

$$\gamma = \frac{1}{2}(s_1 + s_2), \tag{4.69}$$

die *unabhängig* vom Parameter α ist und zwischen den beiden Signalwerten s_1 und s_2 liegt. Dies stimmt mit dem Ergebnis (4.24) bzw. Abb. 4.10 überein, wo für $P_1 = P_2$ die Schwelle γ auch unabhängig von der Varianz σ^2 war.

4.1.7 Rückweisung

Bei den bisherigen Betrachtungen wurde vorausgesetzt, dass unabhängig davon, wie groß die Störung und damit die Fehlerwahrscheinlichkeit $P(F)$ wird, eine Entscheidung für eines der Ereignisse M_i, $i = 1, 2$ getroffen wird. Bei der Signalerkennung im Rauschen, die z. B. bei der Informationsübertragung ausgeführt wird, ist dieses Vorgehen sinnvoll, da man zu große Fehler durch andere Maßnahmen, z. B. die Kanalcodierung [Kro90], vermeiden kann. Anders verhält es sich bei der Mustererkennung, bei der man in der Regel keinen Einfluss auf das im Messsignal enthaltene Nutzsignal hat. Hier kann es sinnvoll sein, bei zu starken Störungen des Nutzsignals eine Entscheidung zu verweigern. Man denke dabei z. B. an die Ziffernerkennung von Postleitzahlen. Das automatische Erkennungssystem soll mit einer gewissen Sicherheit arbeiten, was zur Folge hat, dass man bei sehr unleserlich geschriebenen Zahlen, bei denen das automatische Erkennungsystem versagt, die entsprechenden Ziffern aussortiert und durch einen Menschen auswerten lässt.

Zur Definition einer Rückweisungsklasse kann man zwei Wege beschreiten:

- Man kann alle Empfangsvektoren, deren Störkomponenten eine bestimmte Schranke – z. B. ein Viertel des Abstands benachbarter Signalvektoren – überschreiten, der Rückweisungsklasse zuordnen.

- Man kann von vornherein einen bestimmten Prozentsatz der zu klassifizierenden Empfangsvektoren **r** der Rückweisungsklasse zuordnen, weil diese sich wegen der Störungen zu weit von den ungestörten Signalvektoren entfernen.

Um die Rückweisungsklasse H_0 einzuführen, muss man beim Likelihood-Verhältnis-Test nach Tab 4.1 drei Entscheidungsmöglichkeiten einführen, zum einen wie bisher für die beiden Hypothesen H_1 und H_2 und zusätzlich für die Rückweisungsklasse H_0. Für den Likelihood-Verhältnis-Test gilt in diesem Fall

$$\Lambda(\mathbf{r}) = \frac{f_{\mathbf{R}|M_1}(\mathbf{r}|M_1)}{f_{\mathbf{R}|M_2}(\mathbf{r}|M_2)} \begin{cases} \Lambda(\mathbf{r}) > \eta_o = \eta \cdot \rho_1 & H_1 \\ \eta_u \leq \Lambda(\mathbf{r}) \leq \eta_o & H_0 \\ \Lambda(\mathbf{r}) < \eta_u = \eta \cdot \rho_2 & H_2, \end{cases} \tag{4.70}$$

wobei die Größe der Rückweisungsklasse durch die Parameter ρ_1 und ρ_2 bestimmt wird, für die

$$\rho_1 > 1, \quad 0 < \rho_2 < 1 \tag{4.71}$$

gilt. Die Wirkung dieser Parameter auf die Rückweisungsklasse soll anhand des Beispiels in (4.19) – für eine eindimensionale Gaußsche Störung also – untersucht werden. Die zugehörigen Dichtefunktionen zeigt Abb. 4.14.

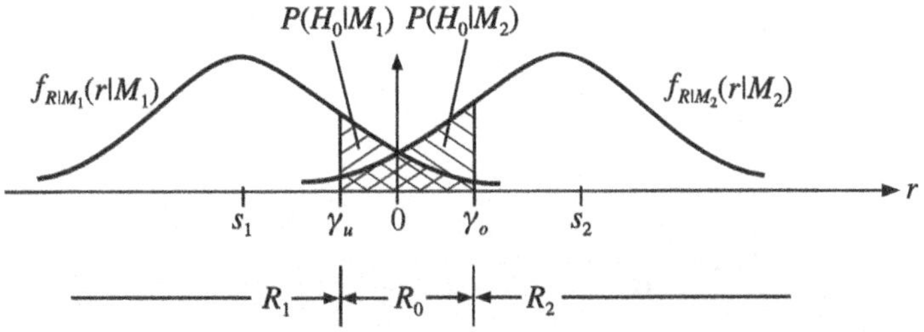

Abb. 4.14 Definition der Rückweisungsklasse mit dem Entscheidungsgebiet $\mathbf{R}_0 = R_0$

Den Hypothesen H_i, $i = 1, 2$ bzw. der Rückweisungsklasse mit der Bezeichnung H_0 werden folgende Entscheidungsräume bzw. -gebiete zugeordnet:

$$\begin{aligned} H_1 &: -\infty < r \in R_1 < \gamma_u, \\ H_0 &: \gamma_u \leq r \in R_0 \leq \gamma_o, \\ H_2 &: \gamma_0 < r \in R_2 < +\infty. \end{aligned} \tag{4.72}$$

Setzt man in die Dichtefunktion $f_{R|M_i}(r|M_i)$ nach (4.19) die Signalamplituden $s_2 = -s_1 = s$ ein, erhält man für das Likelihood-Verhältnis (4.70):

$$\Lambda(r) = \frac{\exp(-\frac{(r-s_1)^2}{2\sigma^2})}{\exp(-\frac{(r-s_2)^2}{2\sigma^2})} = \frac{\exp(-\frac{(r+s)^2}{2\sigma^2})}{\exp(-\frac{(r-s)^2}{2\sigma^2})} = \exp(-\frac{2rs}{\sigma^2}). \tag{4.73}$$

Zur Festlegung der Rückweisungsklasse soll hier der zuerst genannte Fall angenommen werden, d. h. die Störkomponente N soll einen vorgegebenen Wert nicht überschreiten, der hier z. B. auf die halbe Signalamplitude, d. h. auf

$$\gamma_u = -\gamma_o = -\frac{s}{2} \tag{4.74}$$

festgelegt wird. Man könnte die Schwelle für die Rückweisungsklasse auch in Abhängigkeit vom Signal-zu-Rauschverhältnis oder von den A-priori-Wahrscheinlichkeiten festlegen. Mit (4.70) und (4.73) folgt damit für die Parameter ρ_1 und ρ_2

$$\Lambda(r)|_{r=\gamma_u=-s/2} = \exp(-\frac{2rs}{\sigma^2})\Big|_{r=-s/2} = \exp(\frac{s^2}{\sigma^2}) = \eta \cdot \rho_1 \tag{4.75}$$

$$\Lambda(r)|_{r=\gamma_o=s/2} = \exp(-\frac{2rs}{\sigma^2})\Big|_{r=s/2} = \exp(-\frac{s^2}{\sigma^2}) = \eta \cdot \rho_2. \tag{4.76}$$

Aus (4.75) und (4.76) folgt

$$\eta \cdot \rho_1 = \frac{1}{\eta \cdot \rho_2}. \tag{4.77}$$

Die Wahrscheinlichkeit, mit der eine Entscheidung für die Rückweisungsklasse fällt, berechnet sich zu

$$\begin{aligned} P(H_0) &= P_1 \cdot P(H_0|M_1) + P_2 \cdot P(H_0|M_2) && (4.78)\\ &= P_1 \int_{\gamma_u}^{\gamma_o} f_{R|M_1}(r|M_1)\,dr + (1-P_1)\int_{\gamma_u}^{\gamma_o} f_{R|M_2}(r|M_2)\,dr \\ &= P_1[Q(\frac{\gamma_u+s}{\sigma}) - Q(\frac{\gamma_o+s}{\sigma})] \\ &\quad +(1-P_1)[Q(\frac{\gamma_u-s}{\sigma}) - Q(\frac{\gamma_o-s}{\sigma})]\Big|_{\gamma_u=-s/2,\gamma_o=s/2} \\ &= Q(\frac{s}{2\sigma}) - Q(\frac{3s}{2\sigma}) \\ &\approx \frac{1}{2}\left(e^{-s^2/8\sigma^2} - e^{-9s^2/8\sigma^2}\right) = \frac{1}{2}e^{-s^2/8\sigma^2}\left(1 - e^{-s^2/\sigma^2}\right). && (4.79) \end{aligned}$$

Man erkennt hieran, dass $P(H_0)$ unabhängig von P_i ist und mit Zunahme des Signal-zu-Rauschverhältnisses s^2/σ^2 die Wahrscheinlichkeit der Rückweisung abnimmt und im Grenzfall der Fehlerfreiheit $P(H_0) = 0$ gilt.

Alternativ zur Festlegung einer Schwelle für die Störkomponente kann man zur Definition der Rückweisungsklasse auch eine *Rückweisungswahrscheinlichkeit* $P(H_0)$ vorgeben. Mit dieser Vorgabe allein lässt sich jedoch nicht eindeutig der Entscheidungsraum für die Rückweisungsklasse festlegen. Vielmehr muss noch der Anteil der Ereignisse M_1 und M_2 für die Rückweisung festgelegt werden. Sinnvoll ist z. B., den Anteil dieser Ereignisse bei der Rückweisung in gleicher Weise aufzuteilen, so dass mit (4.78)

$$P_1 \cdot P(H_0|M_1) = P_2 \cdot P(H_0|M_2) = \frac{1}{2}P(H_0) \tag{4.80}$$

gilt. Aus (4.79) folgt dann weiter

$$\begin{aligned} \frac{1}{2}P(H_0) &= P_1[Q(\frac{\gamma_u + s}{\sigma}) - Q(\frac{\gamma_o + s}{\sigma})] \\ &= (1-P_1)[Q(\frac{\gamma_u - s}{\sigma}) - Q(\frac{\gamma_o - s}{\sigma})]. \end{aligned} \tag{4.81}$$

Damit sind zwar implizite Gleichungen zur Bestimmung der Grenzen γ_u und γ_o gegeben; leider ist nur eine numerische Berechnung dieser Grenzen möglich, da die Q-Funktion nicht geschlossen bestimmt werden kann. Selbst wenn man für die Q-Funktion eine der Näherungen aus Abschnitt 2.1 verwendet, ist eine geschlossene Lösung nicht garantiert. Aus (4.81) erhält man die Grenzen $\gamma_u = f_u(P_1, s, \sigma)$ und $\gamma_o = f_o(P_1, s, \sigma)$. Diese liefern mit (4.70) die Parameter

$$\rho_1 = \frac{1}{\eta}\frac{f_{R|M_1}(\gamma_u|M_1)}{f_{R|M_2}(\gamma_u|M_2)} \tag{4.82}$$

$$\rho_2 = \frac{1}{\eta}\frac{f_{R|M_1}(\gamma_o|M_1)}{f_{R|M_2}(\gamma_o|M_2)}. \tag{4.83}$$

Im Gegensatz zu (4.78) hängt hier die Wahrscheinlichkeit für die Rückweisung von der A-priori-Wahrscheinlichkeit ab und der Entscheidungsraum für die Rückweisungsklasse ist nicht wie in Abb. 4.14 eingezeichnet symmetrisch zum Ursprung gelegen. Nach (4.80) würde sich der entsprechende Entscheidungsraum $\mathbf{R}_0$ in Abb. 4.14 mit $\eta = P_2/P_1 > 1$ weiter nach links verschieben.

Auch wenn man eine Rückweisungsklasse einführt, sind Fehlentscheidungen nicht auszuschließen; ihre Anzahl bzw. ihre Auftrittswahrscheinlichkeit wird nur reduziert. Im hier betrachteten Beispiel berechnet sich die Fehlerwahrscheinlichkeit zu

$$\begin{aligned} P(F) &= P_1 \cdot \int_{\gamma_o}^{\infty} f_{R|M_1}(r|M_1)\,dr + P_2 \cdot \int_{-\infty}^{\gamma_u} f_{R|M_2}(r|M_2)\,dr \\ &= P_1 \cdot Q(\frac{\gamma_o - s_1}{\sigma}) + (1-P_1)\cdot(1 - Q(\frac{\gamma_u - s_2}{\sigma})). \end{aligned} \tag{4.84}$$

Durch die Wahl der Grenzen γ_u und γ_o wird bestimmt, um welchen Anteil die Rückweisungswahrscheinlichkeit $P(H_0)$ zu- und die Fehlerwahrscheinlichkeit $P(F)$ abnimmt.

4.2 Multiple Detektion

Bisher wurde angenommen, dass die Quelle nur *zwei* Ereignisse emittiert. Nun soll die Quelle M Ereignisse M_i liefern können, denen M Signale $s_i(t)$ entsprechen. Mit

Hilfe von $N \leq M$ orthonormalen Basisfunktionen $\varphi_j(t)$ lassen sich diese Signale nach den Ausführungen im dritten Kapitel als N-dimensionale Vektoren darstellen.

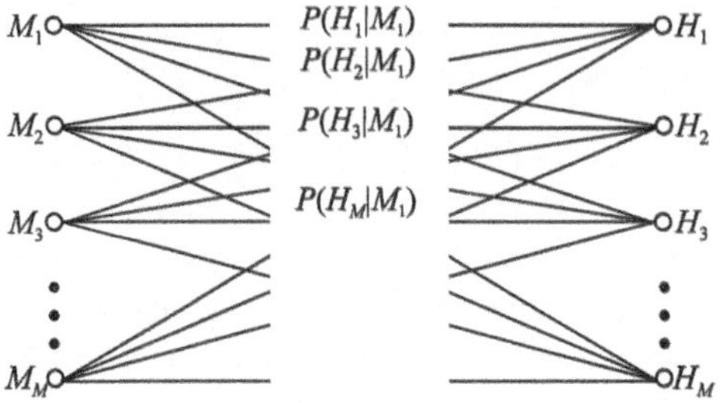

Abb. 4.15 Übergangswahrscheinlichkeiten bei multipler Detektion

Zur multiplen Detektion gehört auch die *Mustererkennung*, bei der ein bestimmtes Muster – z. B. eine sprachliche Artikulation oder eines von mehreren Objekten in einer Bildvorlage – zu identifizieren ist; man spricht deshalb auch von *Klassifikation*. Deshalb wird in diesem Buch nicht streng zwischen multipler Detektion und Klassifikation unterschieden.

Wie bei der binären Detektion kann man Kriterien nach Bayes, Neyman-Pearson oder dem MAP-Prinzip aufstellen, um die Entscheidungsregel des Empfängers herzuleiten. Kennt man z. B. die A-priori-Wahrscheinlichkeiten P_i der Ereignisse M_i sowie die bedingten Dichten $f_{\mathbf{R}|M_i}(\mathbf{r}|M_i)$ des gestörten Empfangsvektors und gibt die Kosten C_{ij} vor, so erhält man entsprechend (4.2) für das Risiko bei multipler Detektion:

$$R = \sum_{i=1}^{M} \sum_{j=1}^{M} P(M_j) C_{ij} P(H_i|M_j) = \sum_{i=1}^{M} \sum_{j=1}^{M} P_j C_{ij} \int_{\mathbf{R}_i} f_{\mathbf{R}|M_j}(\mathbf{r}|M_j)\, d\mathbf{r}, \qquad (4.85)$$

wobei sich das Integral über den N-dimensionalen Entscheidungsraum $\mathbf{R}_i$ für die Hypothese H_i erstreckt. Formal besteht also kein Unterschied zu dem Ergebnis bei der binären Detektion. Das Risiko nach (4.85) umfasst jedoch M^2 Terme, weil man bei M Ereignissen M_j und M Hypothesen H_i insgesamt M^2 Fälle bei der Entscheidung des Empfängers erhält (siehe Abb. 4.15); folglich ergaben sich bei der binären Detektion vier Fälle.

Für große Werte von M ist es oft unmöglich, sinnvolle Werte für die Kosten C_{ij} des Bayes-Kriteriums bzw. für die Fehlalarmwahrscheinlichkeiten des Neyman-Pearson-Kriteriums anzugeben. Deshalb wird bei multipler Detektion fast ausschließlich das MAP-Prinzip als Optimalitätskriterium verwendet, wenn man von Anwendungen des Bayes-Kriteriums in der Mustererkennung einmal absieht, bei der man für Kostenfaktoren sinnvolle Werte angeben kann, um z. B. die Unterscheidungsmerkmale von zu erkennenden Ziffern und Buchstaben zu gewichten. Ansonsten, z. B. bei der Datenübertragung, verwendet man das MAP-Kriterium, das den

Vorteil aufweist, ohne Angabe von Bewertungsgrößen für die M^2 Fälle die Fehlerwahrscheinlichkeit zum Minimum zu machen.

4.2.1 MAP-Prinzip für multiple Detektion

Im Abschnitt 4.1.2 wurde das MAP-Prinzip bei binärer Detektion betrachtet. Es soll nun auf M Ereignisse erweitert werden. Die Aussage des MAP-Prinzips besteht darin, dass der Empfänger sich für die Hypothese bzw. das Ereignis M_i entscheidet, das bei Kenntnis des gerade eingetroffenen Empfangsvektors $\mathbf{r}$ mit größter Wahrscheinlichkeit von der Quelle geliefert wurde. Dazu sucht der Empfänger unter allen A-posteriori-Wahrscheinlichkeiten $P(M_i|\mathbf{r})$, $i = 1,\ldots,M$ nach der größten. Die Entscheidungsregel lautet also

$$P(M_i|\mathbf{r}) > P(M_j|\mathbf{r}), \quad j = 1,\ldots,M;\ j \neq i, \tag{4.86}$$

d. h. bei der Gültigkeit dieser Beziehung entscheidet sich der Empfänger für die Hypothese H_i, dass das Ereignis M_i von der Quelle gesendet wurde. Mit der gemischten Form der Bayes-Regel kann man (4.86) folgendermaßen umformen:

$$\begin{aligned} \frac{P_i \cdot f_{\mathbf{R}|M_i}(\mathbf{r}|M_i)}{f_{\mathbf{R}}(\mathbf{r})} &> \frac{P_j \cdot f_{\mathbf{R}|M_j}(\mathbf{r}|M_j)}{f_{\mathbf{R}}(\mathbf{r})}, \quad j = 1,\ldots,M;\ j \neq i \\ P_i \cdot f_{\mathbf{R}|M_i}(\mathbf{r}|M_i) &> P_j \cdot f_{\mathbf{R}|M_j}(\mathbf{r}|M_j), \quad j = 1,\ldots,M;\ j \neq i. \end{aligned} \tag{4.87}$$

Die Wahrscheinlichkeit, dass der Empfänger eine richtige Entscheidung trifft, d. h. mit der er sich für die Hypothese H_i entscheidet, wenn tatsächlich M_i von der Quelle gesendet wurde, bezeichnet man mit $P(C|M_i)$. Sie hat die Größe:

$$P(C|M_i) = \int_{\mathbf{R}_i} f_{\mathbf{R}|M_i}(\mathbf{r}|M_i)\,d\mathbf{r}. \tag{4.88}$$

Die Wahrscheinlichkeit für alle korrekten Entscheidungen ist dann aber gleich der mit den A-priori-Wahrscheinlichkeiten P_i gewichteten Summe der Wahrscheinlichkeit in (4.88):

$$P(C) = \sum_{i=1}^{M} P_i \cdot P(C|M_i) = \sum_{i=1}^{M} P_i \int_{\mathbf{R}_i} f_{\mathbf{R}|M_i}(\mathbf{r}|M_i)\,d\mathbf{r}. \tag{4.89}$$

Weil nur richtige oder falsche Entscheidungen möglich sind, ergänzen sich die Wahrscheinlichkeiten für richtige und falsche Entscheidungen zu eins. Daraus folgt:

$$P(F) = 1 - P(C). \tag{4.90}$$

Durch die Bedingung (4.87) wird der Integrand in (4.89) und damit $P(C)$ zum Maximum. Folglich wird die Fehlerwahrscheinlichkeit $P(F)$ zum Minimum.

4.2.2 Entscheidungsregel bei Gaußprozessen

Bei Problemen der Detektion geht man meist von dem Modell aus, dass sich Nutz- und Störanteil additiv überlagern, so dass für den Repräsentanten des gestörten Empfangsvektors

$$\mathbf{r} = \mathbf{s}_i + \mathbf{n} \tag{4.91}$$

gilt. Weiter soll angenommen werden, dass die durch den Vektor **n** repräsentierten Störungen **N** einem Gaußprozess entstammen und alle Ereignissse $M_i, i = 1, \ldots, M$ mit $P_i = 1/M$ gleichwahrscheinlich sind, was insbesondere bei der Datenkommunikation zutrifft und dem Mini-Max-Empfänger entspricht. Für die Unterscheidungsfunktion nach (4.51) folgt damit:

$$\begin{aligned} d_i(\mathbf{r}) &= -\frac{1}{2}\ln|\mathbf{C}_{\mathbf{NN}}^{(i)}| - \frac{1}{2}(\mathbf{r}-\mathbf{s}_i)^T(\mathbf{C}_{\mathbf{NN}}^{(i)})^{-1}(\mathbf{r}-\mathbf{s}_i) \\ &= \max_i, \; i = 1, \ldots, M. \end{aligned} \tag{4.92}$$

Man spricht hier von der *Maximum-Likelihood-Klassifikation*. Zur Vereinfachung der Rechnung lässt man auch den ersten Term in (4.92) weg und erhält den *Mahalanobis-Abstandsklassifikator*

$$d_i(\mathbf{r}) = (\mathbf{r}-\mathbf{s}_i)^T(\mathbf{C}_{\mathbf{NN}}^{(i)})^{-1}(\mathbf{r}-\mathbf{s}_i) = \min_i, \; i = 1, \ldots, M, \tag{4.93}$$

bei dem das Minimum statt des Maximums zu bestimmen ist. Bei gleicher Kovarianzmatrix $\mathbf{C}_{\mathbf{NN}}^{(i)}$ für alle Ereignisse M_i, $i = 1, \ldots, M$, z. B. $\mathbf{C}_{\mathbf{NN}}^{(i)} = \mathbf{C}_{\mathbf{NN}} = \sigma^2\mathbf{I}$ wie beim weißen Rauschen, erhält man den *Euklidischen Abstandsklassifikator*:

$$d_i(\mathbf{r}) = (\mathbf{r}-\mathbf{s}_i)^T(\mathbf{r}-\mathbf{s}_i) = \min_i, \; i = 1, \ldots, M. \tag{4.94}$$

Alle hier genannten Klassifikatoren beruhen auf *parametrischen Ansätzen*, d. h. zu ihrem Entwurf muss man mehr oder weniger viele Parameter des Nutz- und Störprozesses kennen.

Der Euklidische Abstandsklassifikator soll hier etwas genauer betrachtet werden, da er insbesondere bei der Informationsübertragung eine wesentliche Rolle spielt. Der Entwurf dieses speziellen MAP-Empfängers erfordert die Zerlegung des Beobachtungsraums **R**, in dem alle möglichen Empfangsvektoren **r** liegen, in die Entscheidungsräume $\mathbf{R}_i$. Dabei gelten die folgenden hier noch einmal zusammengefassten Annahmen:

- Die Störungen entstammen *weißem Gaußschen Rauschen*.
- Nutzsignale und Störungen sind *statistisch unabhängig voneinander*.
- Die Signale werden mit Hilfe eines orthonormalen Funktionensystems in N-dimensionale Vektoren transformiert, deren Komponenten *unkorreliert* sind.

Erweitert man die Berechnung der Dichtefunktion $f_{R|M_i}(r|M_i)$ nach (4.19) auf N Dimensionen, so folgt:

$$f_{\mathbf{R}|M_i}(\mathbf{r}|M_i) = f_{\mathbf{N}|M_i}(\mathbf{r}-\mathbf{s}_i|M_i) = f_{\mathbf{N}}(\mathbf{r}-\mathbf{s}_i) \tag{4.95}$$
$$= \prod_{k=1}^{N} f_{N_k}(r_k - s_{ik}) = \frac{1}{(2\pi\sigma^2)^{N/2}} \exp\left(-\sum_{k=1}^{N} \frac{(r_k - s_{ik})^2}{2\sigma^2}\right).$$

Damit gilt für (4.87):

$$P_i \cdot \exp\left(-\sum_{k=1}^{N} \frac{(r_k - s_{ik})^2}{2\sigma^2}\right) > P_j \cdot \exp\left(-\sum_{k=1}^{N} \frac{(r_k - s_{jk})^2}{2\sigma^2}\right), \quad \begin{cases} j = 1, \dots M \\ j \neq i \end{cases} \tag{4.96}$$

bzw. aufgelöst nach den Komponenten

$$\sum_{k=1}^{N} (r_k - s_{ik})^2 < \sum_{k=1}^{N} (r_k - s_{jk})^2 + 2\sigma^2 \ln \frac{P_i}{P_j}, \quad \begin{cases} j = 1, \dots M \\ j \neq i. \end{cases} \tag{4.97}$$

In (4.97) treten die Abstandsquadrate zwischen dem Empfangsvektor $\mathbf{r}$ und den Signalvektoren $\mathbf{s}_i$ und $\mathbf{s}_j$ auf. Die Entscheidungsregel besagt: Wenn der quadratische Abstand zwischen $\mathbf{r}$ und einem Signalvektor $\mathbf{s}_i$ kleiner als zwischen $\mathbf{r}$ und jedem anderen Signalvektor $\mathbf{s}_j$ mit $j = 1, \dots, M,\ j \neq i$ zuzüglich der von den P_i und der Varianz σ^2 abhängigen Konstanten $c = 2\sigma^2 \cdot \ln \frac{P_i}{P_j}$ ist, dann soll angenommen werden, dass das Ereignis M_i von der Quelle gesendet wurde. Wenn aus der Ungleichung (4.97) eine Gleichung wird, ist es gleichgültig, ob sich der Empfänger für die Hypothese H_i oder H_j entscheidet; die Fehlerwahrscheinlichkeit $P(F)$ wird dadurch nicht beeinflusst. Diese Tatsache kann man zur Festlegung der Grenzen der *Entscheidungsräume* $\mathbf{R}_i$ benutzen. Für die Vektoren $\mathbf{r}$, welche die Grenzen der Räume $\mathbf{R}_i$ beschreiben, muss

$$\sum_{k=1}^{N} (r_k - s_{ik})^2 = \sum_{k=1}^{N} (r_k - s_{jk})^2 + 2\sigma^2 \cdot \ln \frac{P_i}{P_j}, \quad j = 1, \dots, M;\ j \neq i \tag{4.98}$$

bzw. bei gleichen A-priori-Wahrscheinlichkeiten

$$\sum_{k=1}^{N} (r_k - s_{ik})^2 = \sum_{k=1}^{N} (r_k - s_{jk})^2, \ j = 1, \dots, M;\ j \neq i \tag{4.99}$$

gelten. Bei (4.99) sind die Grenzen der Entscheidungsräume von jeweils zwei Signalvektoren gleich weit entfernt. Für die Dimension $N = 2$ sind sie gleich den Mittelsenkrechten der Verbindungsstrecken dieser Signale, wie das Beispiel in Abb. 4.16 zeigt. Hier schneiden sich die drei Mittelsenkrechten in einem Punkt und teilen so den Beobachtungsraum $\mathbf{R}$ in drei Teilräume $\mathbf{R}_i$ auf, welche die Signalvektoren $\mathbf{s}_i$ enthalten. Bei mehrdimensionalen Räumen sind die Verhältnisse ganz entsprechend. Bei ungleichen A-priori-Wahrscheinlichkeiten verschieben sich die Grenzen, wie in Abschnitt 4.1.6 gezeigt wurde.

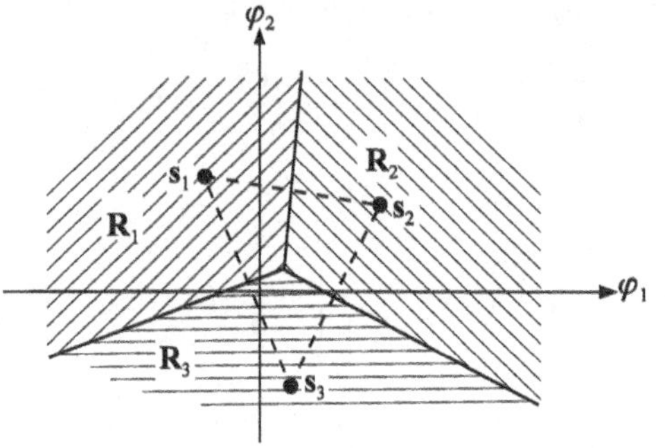

Abb. 4.16 Entscheidungsräume $\mathbf{R}_i$ bei gleichen A-priori-Wahrscheinlichkeiten

4.2.3 Wahl der Signalvektoren

Beim MAP-Prinzip wird die Fehlerwahrscheinlichkeit $P(F)$ zum Minimum gemacht. Weil (4.89) bzw. (4.90) nicht von den orthonormalen Basisfunktionen $\varphi_j(t)$ abhängen, ist das Minimum von $P(F)$ auch unabhängig von der Wahl der Funktionen $\varphi_j(t)$. Ebenso ändert sich nichts an $P(F)$, wenn man die Entscheidungsräume $\mathbf{R}_i$ und die zugehörigen Dichtefunktionen einer Translation, einer Rotation oder beiden Transformationen unterwirft (siehe Abb. 4.17). Dies wird daran deutlich, dass

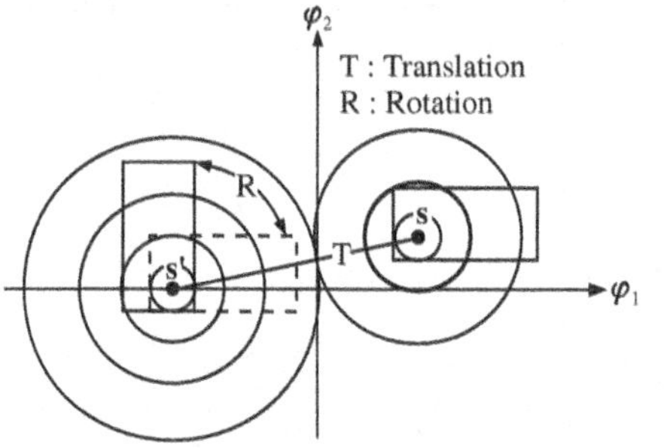

Abb. 4.17 Translation und Rotation im Raum **R** (konzentrische Kreise: Höhenlinien der Dichten)

die Beziehung (4.89) nicht vom Koordinatenursprung abhängt. Das Minimum von $P(F)$ hängt also nur von den *relativen* Abständen der Signalvektoren untereinander ab.

Bei der Wahl der Signalvektoren kann man über diesen Freiheitsgrad verfügen. Nach (3.99) hängt die Signalenergie vom Abstand des Vektors vom Ursprung bzw. dessen Länge ab. Nimmt man an, dass die Signalenergie von jedem Signal mit $E_{si} \leq E_0$ beschränkt ist, so müssten die Signalvektoren innerhalb eines Kreises liegen, dessen Radius gleich $\sqrt{E_0}$ ist.

Damit die mittlere Signalenergie

$$\bar{E}_s = \sum_{i=1}^{M} P_i E_{si} = \sum_{i=1}^{M} P_i \sum_{j=1}^{N} s_{ij}^2 \tag{4.100}$$

minimal wird, muss

$$\sum_{i=1}^{M} P_i \cdot \mathbf{s}_i = \mathrm{E}\{\mathbf{s}\} \stackrel{!}{=} 0 \tag{4.101}$$

gelten, d. h. bei $P_i = 1/M$ muss sich eine zum Ursprung symmetrische Lage der Signalvektoren $\mathbf{s}_i$ ergeben. Damit folgt bei gleichen A-priori-Wahrscheinlichkeiten $P_i = 1/M$ aus den Forderungen nach der Minimierung der mittleren Signalenergie $\bar{E}_s$, nach der Begrenzung der Energie E_{si} der einzelnen Signale auf $E_0 \leq E_{si}$ und nach der Minimierung der Fehlerwahrscheinlichkeit $P(F)$ für die Lage der Signalvektoren $\mathbf{s}_i$:

- $\bar{E}_s \stackrel{!}{=} \min$, $E_{si} \leq E_0$: alle Vektoren $\mathbf{s}_i$ liegen symmetrisch zum Ursprung innerhalb eines Kreises mit dem Radius $\sqrt{E_0}$
- $P(F) \stackrel{!}{=} \min$: der Abstand aller Vektoren $\mathbf{s}_i$ untereinander ist maximal.

4.2.4 Signalvektorkonfigurationen

Unter den im vorigen Abschnitt genannten Randbedingungen sind Konfigurationen von Signalvektoren zu betrachten, die vornehmlich bei Modulationsverfahren zur Informationsübertragung von Bedeutung sind. Dabei stellt man an die orthonormalen Basisfunktionen die Forderung, *technisch einfach* realisierbar zu sein und möglichst wenig Bandbreite zu benötigen. Zu derartigen Basisfunktionen zählen die Trägerfunktionen

$$\varphi_1(t) = \sqrt{\frac{2}{T}} \cos(2\pi f_c t), \quad \varphi_2(t) = \sqrt{\frac{2}{T}} \sin(2\pi f_c t), \quad 0 \leq t \leq T \tag{4.102}$$

und die bei der diskreten Fourier-Transformation [Kam92] verwendeten zeitdiskreten Funktionen

$$\varphi_n(k) = \frac{1}{\sqrt{N}} e^{j2\pi kn/N}, \quad k,n = 0,\ldots,N-1. \tag{4.103}$$

Während die Basisfunktionen in (4.102) wegen der Zeitdauer T einen Bandbreitebedarf von $\Delta f = 1/T$ besitzen, wenn man die Bandbreite auf den ersten Nulldurchgang des Spektrums der zugehörigen rechteckförmigen Hüllkurve bezieht, benötigt das Ensemble der Basisfunktionen nach (4.103) einen Bandbreitebedarf von $\Delta f = f_A/2$, wobei f_A die Abtastfrequenz der zeitdiskreten Signale ist.

Der Vergleich der nachfolgend diskutierten Signalvektorkonfigurationen soll auf der Basis der erzielbaren Fehlerwahrscheinlichkeit bzw. *Bit Error Rate* (BER) $P(F)$

als Funktion des Signal-zu-Rauschverhältnisses und der erforderlichen Anzahl N der orthonormalen Basisfunktionen $\varphi_i(t)$ bei einer Anzahl M von Signalvektoren $\mathbf{s}_j$ erfolgen. Dabei soll wie bei der Informationsübertragung üblich für die A-priori-Wahrscheinlichkeiten $P_i = 1/M$ vorausgesetzt werden.

4.2.4.1 Konfigurationen für Amplitudenmodulation

Verwendet man nur die erste der in (4.102) genannten Basisfunktionen, so gelangt man zu dem amplitudenmodulierten Signal

$$s_i(t) = A_i \cdot \cos(2\pi f_c t), \quad 0 \leq t \leq T,\ i = 1, \ldots, M, \tag{4.104}$$

was auch als diskrete Amplitudenmodulation oder *Amplitude Shift Keying* (ASK) bezeichnet wird. Als Beispiel zeigt Abb. 4.18a für $M = 4$ bei entsprechender Wahl

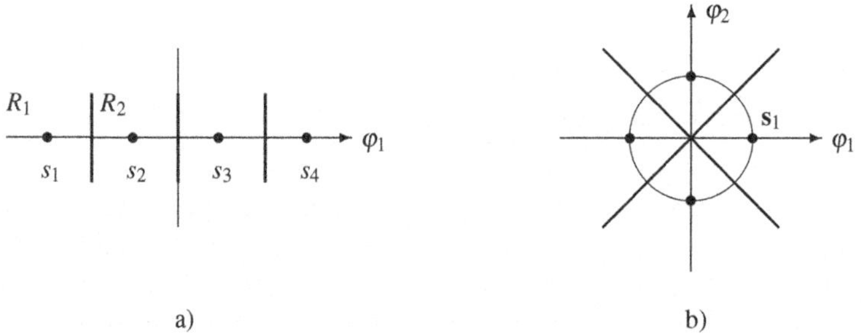

Abb. 4.18 Signalvektordiagramme für Modulationsverfahren. a) ASK, b) PSK

der A_i die zugehörige Vektorkonfiguartion, die wegen der einen verwendeten Basisfunktion skalar ist. Die Grenzen der Entscheidungsräume R_i sind die Mittelsenkrechten der Verbindungsstrecken der Signalvektoren s_i, die alle die gleiche Länge d besitzen. Man kann zwei Typen von Entscheidungsräumen R_i unterscheiden, von denen je ein Repräsentant, R_1 bzw. R_2, in Abb. 4.18a gekennzeichnet ist. Ein Fehler entsteht immer dann, wenn die sich dem Signalvektor s_i überlagernde Störkomponente n in einen benachbarten Entscheidungsraum reicht. Aus dieser Überlegung folgt für die Fehlerwahrscheinlichkeit

$$
\begin{aligned}
P(F) &= 1 - P(C) = 1 - \sum_{i=1}^{4} P_i P(C|M_i) = 1 - \frac{1}{2}P(C|M_1) - \frac{1}{2}P(C|M_2) \\
&= 1 - \frac{1}{2}\int_{R_1} f_{R_1|M_1}(r|M_1)dr - \frac{1}{2}\int_{R_2} f_{R_2|M_2}(r|M_2)dr \\
&= 1 - \frac{1}{2}P\{-\infty < n \le \frac{d}{2}\} - \frac{1}{2}P\{-\frac{d}{2} < n \le \frac{d}{2}\} \\
&= 1 - \frac{1}{2}\int_{-\infty}^{\frac{d}{2}} \frac{1}{\sqrt{2\pi}\sigma} e^{-\frac{n^2}{2\sigma^2}} dn - \frac{1}{2}\int_{-\frac{d}{2}}^{\frac{d}{2}} \frac{1}{\sqrt{2\pi}\sigma} e^{-\frac{n^2}{2\sigma^2}} dn \\
&= 1 - \frac{1}{2}(1 - Q(\frac{d}{2\sigma})) - \frac{1}{2}(1 - 2Q(\frac{d}{2\sigma})) \\
&= \frac{3}{2}Q(\frac{d}{2\sigma}) = \frac{3}{2}Q(\frac{1}{3}\sqrt{\frac{E_0}{N_w}}),
\end{aligned}
\tag{4.105}
$$

wobei $E_0 = (\frac{3}{2}d)^2$ die maximal auftretende Signalenergie ist.

Für M Signale dieser Art erhält man für die Fehlerwahrscheinlichkeit und die maximale Signalenergie

$$
P(F) = \frac{2(M-1)}{M} Q\left(\frac{1}{M-1}\sqrt{\frac{E_0}{N_w}}\right), \quad E_0 = \left(\frac{M-1}{2}d\right)^2 . \tag{4.106}
$$

Bei beschränkter Signalenergie E_0 rücken die Signalvektoren mit wachsender Anzahl M näher aufeinander, d. h. der Abstand d wird kleiner und die Fehlerwahrscheinlichkeit $P(F)$ steigt, wie man aus (4.106) ablesen kann. Um diesen Effekt zu vermeiden, bietet sich an, den Signalraum zu erweitern, indem man die zweite Basisfunktion nach (4.102) hinzunimmt.

4.2.4.2 Konfigurationen für Phasenmodulation

In Abb. 4.18b ist das Diagramm für digitale Phasenmodulation oder *Phase Shift Keying* (PSK) für $M = 4$ Vektoren dargestellt, dem bei Verwendung der Basisfunktionen nach (4.102) das Signal

$$
\begin{aligned}
s_i(t) &= A_{i1} \cdot \cos(2\pi f_c t) + A_{i2} \cdot \sin(2\pi f_c t) = A \cdot \sin(2\pi f_c t + \varphi_i), \\
A &= \sqrt{A_{i1}^2 + A_{i2}^2}, \ \varphi_i = \arctan\frac{A_{i1}}{A_{i2}}, \quad i = 1, \ldots, M
\end{aligned}
\tag{4.107}
$$

zuzuordnen ist, woran auch der Charakter der Phasenmodulation mit $\varphi_i \in \{0, \pi/2, \pi, 3\pi/2\}$ sichtbar wird. Für die Fehlerwahrscheinlichkeit $P(F)$ gilt entsprechend (4.105)

$$
\begin{aligned}
P(F) &= 1 - P(C) = 1 - \frac{1}{M}\sum_{i=1}^{M} P(C|M_i) = 1 - \int_{\mathbf{R}_i} f_{\mathbf{R}|M_i}(\mathbf{r}|M_i)d\mathbf{r} \\
&= 1 - \int_0^\infty f_{R_1|M_i}(r_1|M_i)dr_1 \cdot \int_0^\infty f_{R_2|M_i}(r_2|M_i)dr_2 \\
&= 1 - (P\{-\sqrt{E_0} < N \leq \infty\})^2 = 1 - (1 - Q(\sqrt{\frac{E_0}{N_w}}))^2 \\
&= 2Q(\sqrt{\frac{E_0}{N_w}}) - (Q(\sqrt{\frac{E_0}{N_w}}))^2, \qquad (4.108)
\end{aligned}
$$

weil alle Entscheidungsgebiete $\mathbf{R}_i$ gleich groß – $P(C|M_i)$ wird unabhängig von i – und die Komponenten R_1 und R_2 statistisch unabhängig voneinander – aus der Verbunddichte wird das Produkt der Einzeldichten – sind.

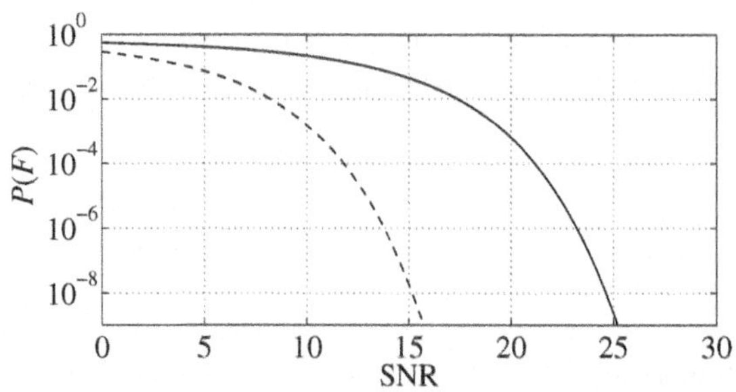

Abb. 4.19 Vergleich der Fehlerwahrscheinlichkeiten $P(F)$ bei ASK (—) und PSK (- -) für $M = 4$ Signalvektoren als Funktion des Signal-zu-Rauschverhältnisses SNR=10 $\log(E_0/N_w)$

Weil die Entscheidungsgebiete bei Phasenmodulation tortenstückförmige Kreissegmente sind, kann man die Integration in (4.108) auch in Polarkoordinaten unter Verwendung der Funktionaldeterminante

$$
\begin{aligned}
r_1 &= \sqrt{E_0}\,\rho \cdot \cos\alpha, \quad r_2 = \sqrt{E_0}\,\rho \cdot \sin\alpha \\
dr_1 dr_2 &= \begin{vmatrix} \cos\alpha & -\rho \cdot \sin\alpha \\ \sin\alpha & \rho \cdot \cos\alpha \end{vmatrix} E_0\, d\rho\, d\alpha = E_0\, \rho\, d\rho\, d\alpha \qquad (4.109)
\end{aligned}
$$

ausführen

$$
\begin{aligned}
P(F) &= 1 - \frac{1}{M}\sum_{i=1}^{M} P(C|M_i) = 1 - P(C|M_1) \\
&= 1 - \int_{-\sqrt{E_0}}^{\infty}\int_{-\sqrt{E_0}}^{\infty} \frac{1}{2\pi\sigma^2} \exp\left(-\frac{(r_1 - \sqrt{E_0})^2 + r_2^2}{2\sigma^2}\right) dr_1 dr_2 \\
&= 1 - \frac{E_0}{\pi N_w}\int_0^{\pi/4}\int_0^\infty \exp(-\frac{E_0}{2N_w}(\rho^2 - 2\rho\cos\alpha + 1))\rho\, d\rho\, d\alpha. \qquad (4.110)
\end{aligned}
$$

Dies Ergebnis kann man auf den allgemeinen Fall mit M Signalvektoren $\mathbf{s}_i$ erweitern, wenn man π/M als obere Grenze des Integrals über α setzt:

$$P(F) = 1 - \frac{E_0}{\pi N_w} \int_0^{\pi/M} \int_0^{\infty} \exp\left(-\frac{E_0}{2N_w}(\rho^2 - 2\rho\cos\alpha + 1)\right)\rho\, d\rho\, d\alpha. \quad (4.111)$$

Wie bei ASK gilt, dass mit steigender Anzahl M der Signalvektoren bei fester Signalenergie E_0 die Fehlerwahrscheinlichkeit $P(F)$ ansteigt, weil der Abstand der Signalvektoren untereinander sinkt. Zum Vergleich zeigt Abb. 4.19 $P(F)$ für $M = 4$ Signalvektoren als Funktion des Signal-zu-Rauschverhältnisses SNR=$10\log\frac{E_0}{N_w}$.

Eine Reduktion von $P(F)$ bei vorgegebener Energie E_0 ergibt sich für größere Werte von M, wenn man im Kreis mit dem Radius $\sqrt{E_0}$ die Signalvektoren $\mathbf{s}_i$ gleichmäßig verteilt.

4.2.4.3 Konfigurationen für Quadraturamplitudenmodulation

Bei der Quadraturamplitudenmodulation oder *Quadrature Amplitude Shift Keying* (QASK) werden die Signalvektoren symmetrisch zum Ursprung in einer regelmäßigen Konfiguration mit achsenparallelen Grenzen der Entscheidungsräume $\mathbf{R}_i$ angeordnet wie Abb. 4.20a für $M = 16$ zeigt.

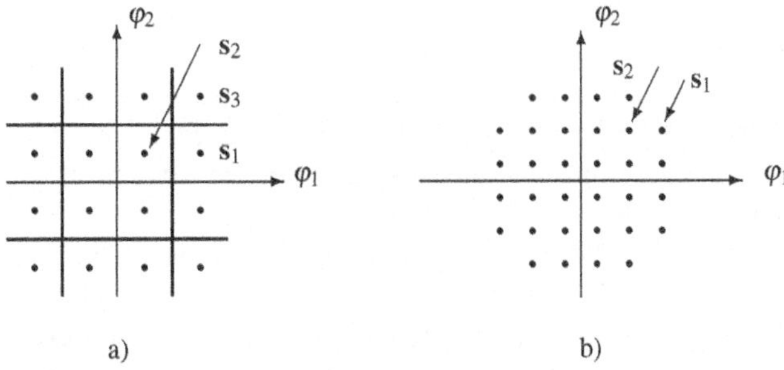

Abb. 4.20 Signalvektordiagramme für QASK. a) $M = 16$, b) $M = 32$

Die Anzahl M der Signalvektoren ist bei QASK zunächst quadratisch, in Abb. 4.20a $M = 4 \times 4$. Für die Fehlerwahrscheinlichkeit $P(F)$ gilt

$$
\begin{aligned}
P(F) &= 1 - \frac{1}{2}\, P(C|M_1) - \frac{1}{4}\, P(C|M_2) - \frac{1}{4}\, P(C|M_3) \\
&= 1 - \frac{1}{2}\, P\{-\frac{d}{2} \le N < \infty\} \cdot P\{-\frac{d}{2} \le N \le \frac{d}{2}\} \\
&\quad - \frac{1}{4}\, (P\{-\frac{d}{2} \le N \le \frac{d}{2}\})^2 - \frac{1}{4}\, (P\{-\frac{d}{2} \le N < \infty\})^2 \\
&= 3\, Q(\frac{d}{2\sigma}) - \frac{9}{4}\, (Q(\frac{d}{2\sigma}))^2 \\
&= 3\, Q(\frac{1}{3}\sqrt{\frac{E_0}{2N_w}}) - \frac{9}{4}\, (Q(\frac{1}{3}\sqrt{\frac{E_0}{2N_w}}))^2,
\end{aligned}
\tag{4.112}
$$

wobei für die Rasterweite $d = \sqrt{2E_0}/3$ als Funktion der maximalen Energie $E_0 = (3d)^2/2$ gilt. Verallgemeinert man dieses Ergebnis für M, so folgt

$$
\begin{aligned}
P(F) &= 4\frac{\sqrt{M}-1}{\sqrt{M}}\, Q(\frac{d}{2\sigma}) - 4(\frac{\sqrt{M}-1}{\sqrt{M}})^2\, (Q(\frac{d}{2\sigma}))^2 \\
&= 4 \cdot (q - q^2), \quad q = \frac{\sqrt{M}-1}{\sqrt{M}}\, Q(\frac{1}{\sqrt{M}-1}\sqrt{\frac{E_0}{2N_w}})
\end{aligned}
\tag{4.113}
$$

mit der Rasterweite $d = \sqrt{2E_0}/(\sqrt{M}-1)$ bzw. der Energie $E_0 = ((\sqrt{M}-1)d)^2/2$.

Weil bei der Datenübertragung Dualzahlen codiert werden, sollte M eine Potenz von 2 sein. Man realisiert dies durch Wahl der nächstgrößeren Quadratzahl, bei $2^3 = 8$ also $M = 3^2$, und läßt die am weitesten vom Ursprung entfernten Signalvektoren weg. In Abb. 4.20b ist dieser Fall für $M = 2^5$ dargestellt: Die 4 Signalvektoren an den Ecken der Konfiguration für $M = 6^2 = 36$ wurden weggelassen. Da dies die energiereichsten Signalvektoren sind, hat dieses Vorgehen noch den, wenn auch kleinen Vorteil, dass die Signalenergie sinkt. Die Grenze für die Entscheidungsräume läuft in den Ecken der Konfiguration im optimalen Fall entlang der Diagonalen, also nicht achsenparallel. Der Unterschied der beiden Grenzverläufe bezüglich der Fehlerwahrscheinlichkeit $P(F)$ ist aber gering, insbesondere bei großem M. In Tab. 4.2 sind die Werte M als Zweierpotenzen und die zugehörigen quadratischen Werte M' angegeben. Um zu einer symmetrischen Konfiguration zu kommen, wird bei

$X^2 =$	2^2	3^2	4^2	6^2	8^2	12^2	16^2	23^2	32^2
M'	4	9	16	36	64	144	256	529	1024
$M' - M$	0	1	0	4	0	16	0	17	0
$M =$	4	8	16	32	64	128	256	512	1024
2^x	2^2	2^3	2^4	2^5	2^6	2^7	2^8	2^9	2^{10}

Tab. 4.2 Zuordnung der Quadratzahlen M' zu den Zweierpotenzen M bei QASK

einer ungeraden Differenz $M' - M$ der Signalvektor im Ursprung weggelassen, ansonsten entsprechend viele Vektoren in den 4 Ecken der Konfiguration.

4.2.4.4 Konfigurationen für orthogonale Signalvektoren

Wenn die Anzahl M der Ereignisse M_i bzw. Signalvektoren $\mathbf{s}_i$ ansteigt, werden die Signalenergieen E_{si} bei QASK sehr unterschiedlich. Bei PSK besitzen zwar alle Vektoren dieselbe Energie $E_{si} = E_0$, die Fehlerwahrscheinlichkeit steigt mit wachsendem M jedoch stark an, so dass dies keine Lösung ist. Offensichtlich hilft nur eine Vergrößerung der Dimension N des Signalraums. Ohne zunächst die Frage zu beantworten, welche technisch sinnvollen, d. h. einfach zu generierenden und wenig Bandbreite beanspruchenden orthonormalen Basisfunktionen verwendet werden, soll dieser Weg beschritten werden.

Wählt man in einem N-dimensionalen Raum $\mathbf{R}$ die Signalvektoren nach Abb. 4.21a auf den Koordinatenachsen in gleichem Abstand $\sqrt{E_{si}} = \sqrt{E_0}$ vom Ursprung, so kann man $N = M$ Signale darstellen, deren Grenzflächen der Entscheidungsräume durch die Winkelhalbierenden der Quadranten verlaufen.

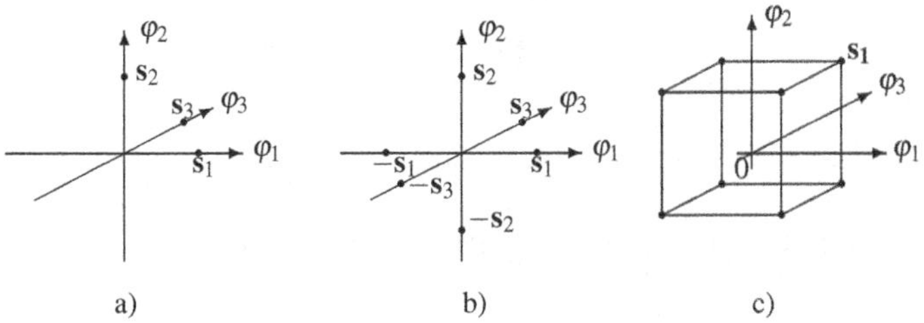

Abb. 4.21 Signalvektordiagramme. a) orthogonal, b) biorthogonal, c) Hyperkubus

Für die Komponenten der Vektoren gilt:

$$s_{ij} = \sqrt{E_0}\,\delta_{ij}. \tag{4.114}$$

Nach (4.99) werden die Entscheidungsräume $\mathbf{R}_i$ mit $P_i = 1/M$ durch die Bedingung

$$\sum_{k=1}^{N}(r_k - s_{ik})^2 = \sum_{k=1}^{N}(r_k - s_{jk})^2, \quad j = 1,\ldots,M$$
$$r_i = r_j, \quad j = 1,\ldots,M = N \tag{4.115}$$

festgelegt. Liegt das Ereignis M_1 vor und nimmt die Komponente r_1 den Wert κ an, wird eine korrekte Entscheidung gefällt, solange für die übrigen Komponenten, die reine Störkomponenten sind,

$$r_j = n_j < \kappa, \quad j = 2,\ldots,M = N \tag{4.116}$$

gilt, wie Abb. 4.22 zeigt. Wegen der statistischen Unabhängigkeit der durch n_j repräsentierten Komponenten lässt sich die Wahrscheinlichkeit hierfür mit

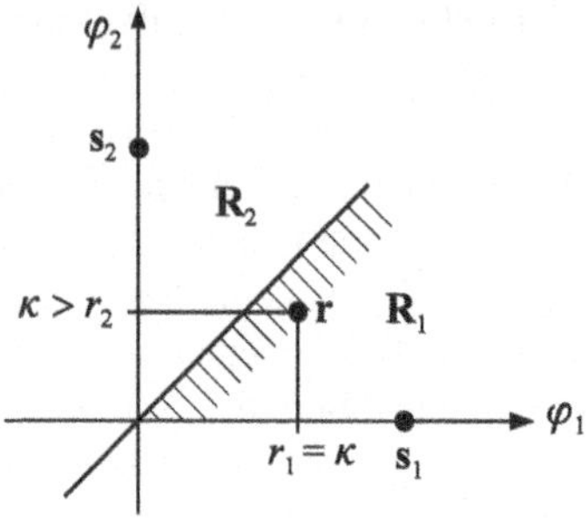

Abb. 4.22 Entscheidungsraum bei orthogonalen Signalvektoren

$$
\begin{aligned}
P(C|M_1, r_1 = \kappa) &= P\{N_2 < \kappa, N_3 < \kappa, \ldots, N_N < \kappa\} \\
&= \prod_{j=2}^{N} P\{N_j < \kappa\} = (P\{N < \kappa\})^{N-1}
\end{aligned}
\tag{4.117}
$$

angeben. Die Dichte von R_1 nach (4.95) und (4.114) liefert

$$
\begin{aligned}
P(C|M_1) &= \int_{-\infty}^{\infty} f_{R_1}(\kappa|M_1) P(C|M_1, r_1 = \kappa) d\kappa \\
&= \int_{-\infty}^{\infty} f_N(\kappa - \sqrt{E_s}) \cdot (\int_{-\infty}^{\kappa} f_N(n) dn)^{N-1} d\kappa \\
&= \int_{-\infty}^{\infty} f_N(\kappa - \sqrt{E_s}) \cdot (1 - Q(\frac{\kappa}{\sigma}))^{N-1} d\kappa.
\end{aligned}
\tag{4.118}
$$

Mit $\sigma^2 = N_w$ und wegen der Unabhängigkeit der Wahrscheinlichkeit korrekter Entscheidung $P(C|M_1) = P(C|M_i)$ vom Ereignis M_i gilt weiter:

$$
P(F) = 1 - \int_{-\infty}^{\infty} \frac{1}{\sqrt{2\pi \cdot N_w}} \exp\left(-\frac{(\kappa - \sqrt{E_s})^2}{2N_w}\right) \cdot \left(1 - Q(\frac{\kappa}{\sqrt{N_w}})\right)^{N-1} d\kappa.
\tag{4.119}
$$

Dieses Integral lässt sich nicht weiter vereinfachen, steht jedoch tabelliert zur Verfügung [Gol64].

Der Nachteil dieser Vektorkonfiguration ist, dass die mittlere Signalenergie nicht minimal ist. Durch Verschieben des Koordinatenursprungs kann man die mittlere Energie minimieren und gelangt zu den *Simplexsignalen* [Woz68].

Ein einfacherer Weg, die Signalenergie zu reduzieren, besteht darin, zu den orthogonalen Signalvektoren die bezüglich des Ursprungs symmetrischen Signalvektoren nach Abb. 4.21b hinzuzufügen. Diese Konfiguration führt auf die sogenannten *biorthogonalen Signale*. Hier kann man im N-dimensionalen Raum $M = 2N$ Signalvektoren darstellen. Die Grenzen der Entscheidungsräume sind wie bei den orthogonalen Vektoren durch (4.115) gegeben und in Abb. 4.23 dargestellt.

Wenn der Signalvektor $\mathbf{s}_1$ im gestörten Empfangsvektor $\mathbf{r}$ enthalten ist, dessen Komponente $r_1 = \kappa$ sei, dann sind alle übrigen Komponenten r_j für $j = 2, \ldots, N$

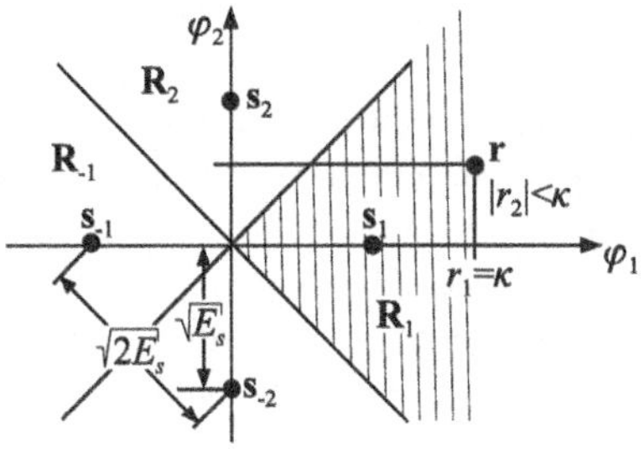

Abb. 4.23 Entscheidungsraum bei biorthogonalen Signalen

Störkomponenten. Der Empfänger trifft eine richtige Entscheidung, wenn

$$|r_j| = |n_j| < \kappa, \quad j = 2, \ldots, N \tag{4.120}$$

gilt. Gegenüber (4.116) erscheinen hier die Betragsstriche, da im Falle $n_j = -\kappa$ der Empfangsvektor $\mathbf{r}$ in den Entscheidungsraum $\mathbf{R}_{-j}$ fällt, obwohl nach Voraussetzung $\mathbf{s}_1$ in $\mathbf{r}$ enthalten ist. Die Erfüllung der Bedingung (4.120) tritt mit der Wahrscheinlichkeit

$$\begin{aligned} P(C|M_1, r_1 = \kappa) &= P\{|N_j| < \kappa, \quad j = 2, \ldots, N\} \\ &= \prod_{j=2}^{N} P\{|N_j| < \kappa\} = (P\{|N| < \kappa\})^{N-1} \end{aligned} \tag{4.121}$$

entsprechend (4.117) ein. Wie bei den orthonormalen Signalen erhält man nach (4.118) weiter

$$\begin{aligned} P(C|M_1) &= \int_0^\infty f_{R_1}(\kappa|M_1) P(C|M_1, r_1 = \kappa)\, d\kappa \\ &= \int_{-\sqrt{E_s}}^\infty f_N(\kappa - \sqrt{E_s}) \cdot \left(\int_{-\kappa}^{+\kappa} f_N(n) dn\right)^{N-1} d\kappa \\ &= \int_{-\sqrt{E_s}}^\infty f_N(\kappa - \sqrt{E_s}) \cdot \left(1 - 2Q\left(\frac{\kappa}{\sigma}\right)\right)^{N-1} d\kappa. \end{aligned} \tag{4.122}$$

Schließlich gilt für $P(F)$ mit $M = 2N$:

$$P(F) = 1 - \int_0^\infty \frac{1}{\sqrt{2\pi \cdot N_w}} \exp\left(-\frac{(\kappa - \sqrt{E_s})^2}{2N_w}\right) \cdot \left(1 - 2Q\left(\frac{\kappa}{\sqrt{N_w}}\right)\right)^{N-1} d\kappa. \tag{4.123}$$

Für große Signal-zu-Rauschverhältnisse und große Werte von M unterscheiden sich die Fehlerwahrscheinlichkeiten bei orthogonalen und biorthogonalen Signalen kaum. Es bleibt der Vorteil der biorthogonalen Signale, im N-dimensionalen Raum $M = 2N$ Signale darstellen zu können.

4.2.4.5 Konfigurationen für Signalvektoren im Hyperwürfel

Eine bessere Ausnutzung des N-dimensionalen Signalraums $\mathbf{R}$ als bei den orthogonalen Signalvektorkonfigurationen erhält man, wenn man $M = 2^N$ Signalvektoren an den Eckpunkten eines N-dimensionalen *Hyperwürfels* positioniert. Minimale, für alle Vektoren gleiche Signalenergie $E_{si} = E_0$ erreicht man, wenn der Würfel wie in Abb. 4.21c symmetrisch zum Koordinatenursprung liegt.

Wenn der Signalvektor $\mathbf{s}_i$ mit den Komponenten $s_{ij} = -d/2$ wie im zweidimensionalen Beispiel nach Abb. 4.24 im gestörten Empfangsvektor enthalten ist, fällt

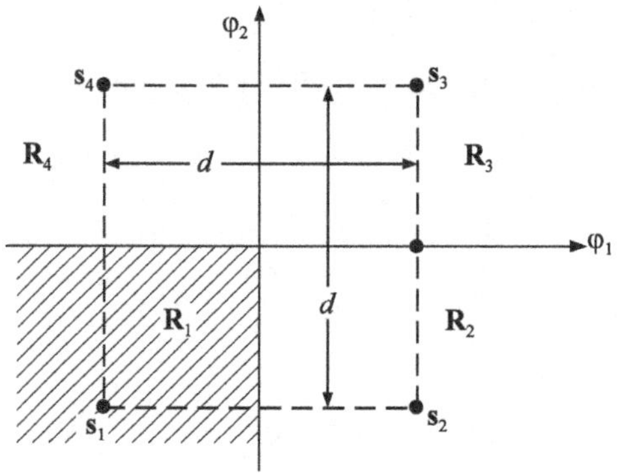

Abb. 4.24 Entscheidungsraum in einem N-dimensionalen Hyperwürfel für $N = 2$

die Entscheidung für die richtige Hypothese H_i, solange für alle N Störkomponenten die Bedingung $n_j < d/2$ eingehalten wird. Aus der statistischen Unabhängigkeit der von den n_j repräsentierten Zufallsvariablen N_j folgt mit

$$\begin{aligned} P(C|M_i) &= P\{-\infty < N_j \leq \frac{d}{2}, \quad j = 1,\ldots,N\} \\ &= (1 - Q(\frac{d}{2\sigma}))^N \end{aligned} \tag{4.124}$$

für alle Ereignisse M_i, $i = 1,\ldots,M$. Mit der Signalenergie

$$E_s = \sum_{j=1}^{N} \frac{d^2}{4} = N \cdot \frac{d^2}{4} \tag{4.125}$$

und der Rauschleistungsdichte $N_w = \sigma^2$ folgt für $P(F)$ mit $M = 2^N$:

$$\begin{aligned} P(F) &= 1 - \frac{1}{M} \sum_{i=1}^{M} P(C|M_i) = 1 - P(C|M_i) \\ &= 1 - \left(1 - Q(\frac{d}{2\sigma})\right)^N = 1 - \left(1 - Q(\sqrt{\frac{E_s}{N \cdot N_w}})\right)^N . \end{aligned} \tag{4.126}$$

Gegenüber den Verfahren mit orthogonalen Signalen, d. h. gegenüber (4.119) und (4.123), ist dieses Ergebnis numerisch einfacher zu bestimmen, weil keine Intergale über die Q-Funktion zu lösen sind. Um einen Vergleich der Verfahren ohne umfangreiche Rechnungen zu ermöglichen, sind *Abschätzverfahren* von Interesse.

4.2.5 Abschätzung der Fehlerwahrscheinlichkeit

Für M Signale mit Gaußschen Störungen gibt es eine Reihe von einfachen Abschätzverfahren für eine obere Schranke der Fehlerwahrscheinlichkeit $P(F)$. Diese Abschätzung wird immer dann von besonderem Interesse sein, wenn die Entscheidungsräume sehr komplizierte geometrische Formen haben, so dass die exakte Berechnung der Fehlerwahrscheinlichkeit nur mit numerischen Methoden möglich ist.

Die hier vorgestellten Verfahren benötigen nur die Q-Funktion, da Gaußsche Störungen vorausgesetzt werden. Sie beruhen auf der Betrachtung der Abstände von benachbarten Signalvektoren – das sogenannte *Union Bound* Verfahren – oder auf der Vereinfachung der Entscheidungsgebiete – das *Spherical Bound* Verfahren – und stellen nur einen Ausschnitt möglicher Verfahren dar.

4.2.5.1 Methode der Vereinigungsmengen (Union Bound)

Das erste Abschätzverfahren benutzt die *Vereinigungsmenge* aller einzelnen, voneinander abhängigen Fehlerfälle, um eine obere Schranke der Fehlerwahrscheinlichkeit zu ermitteln. Im Englischen wird diese Schranke mit *Union Bound* bezeichnet, was hier mit *Vereinigungsgrenze* übersetzt werden soll. Nach den Überlegungen in Abschnitt 4.2.2 fällt die Entscheidung stets für das Signal mit dem Vektor $\mathbf{s}_i$ aus, der dem gestörten Empfangsvektors $\mathbf{r}$ am nächsten liegt. Ein Fehler entsteht immer dann, wenn der Vektor $\mathbf{s}_i$ in $\mathbf{r}$ enthalten ist, $\mathbf{r}$ aber durch Einfluss der Störungen näher am Vektor $\mathbf{s_j}$, $j \neq i$ liegt. Dieses Ereignis soll mit F_{ij} bezeichnet werden. Die Vereinigungsmenge

$$\bigcup_{\substack{j=1\\j\neq i}}^{M} F_{i,j} = F_{i,1} \cup F_{i,2} \cup \cdots \cup F_{i,i-1} \cup F_{i,i+1} \cup \cdots \cup F_{i,M} \tag{4.127}$$

gibt dann das Ereignis an, dass eine Fehlentscheidung zugunsten irgendeines M_j, $j = 1 \ldots M\ j \neq i$ fällt, wenn des Ereignis M_i von der Quelle gesendet wurde. Für die Wahrscheinlichkeit

$$P(F|M_i) = P\left(\bigcup_{\substack{j=1\\j\neq i}}^{M} F_{ij}\right) = \sum_{\substack{j=1\\j\neq 1}}^{M} P(F_{ij}) - P\left(\bigcap_{\substack{j=1\\j\neq i}}^{M} F_{ij}\right) \tag{4.128}$$

kann man die obere Grenze

$$P\left(\bigcup_{\substack{j=1\\j\neq i}}^{M} F_{ij}\right) \leq \sum_{\substack{j=1\\j\neq 1}}^{M} P(F_{ij}) \tag{4.129}$$

angeben, weil sich die Ereignisse F_{ij} nicht gegenseitig ausschließen. Denn der Empfangsvektor $\mathbf{r}$ kann den Vektoren $\mathbf{s}_k$ und $\mathbf{s}_l$ näher als dem in $\mathbf{r}$ enthaltenen Vektor $\mathbf{s}_i$ liegen, d. h. es wären die Ereignisse F_{ik} und F_{il} gleichzeitig eingetroffen. Die Summe der Wahrscheinlichkeiten all dieser zu Fehlern führenden Ereignisse ist deshalb größer als die Wahrscheinlichkeit, mit der bei Vorliegen des Ereignisses M_i Fehlentscheidungen getroffen werden.

Die Wahrscheinlichkeit $P(F_{ij})$ hängt nur von den Vektoren $\mathbf{s}_i$ und $\mathbf{s}_j$ ab. Das Ereignis F_{ij} tritt nämlich dann ein, wenn die Komponente n des Störvektors $\mathbf{N}$ in Richtung der Verbindungslinie von $\mathbf{s}_i$ zu $\mathbf{s}_j$ größer als der halbe Abstand d_{ij} zwischen $\mathbf{s}_i$ und $\mathbf{s}_j$ ist (siehe Abb. 4.25). Die Wahrscheinlichkeit, mit der die Gaußsche

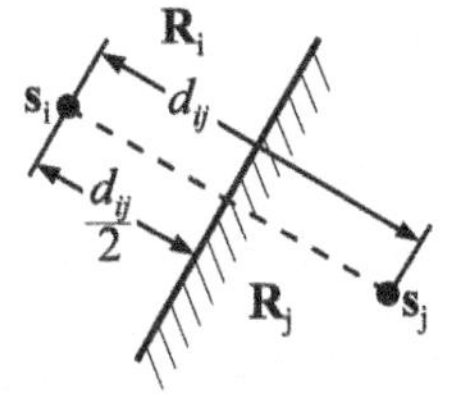

Abb. 4.25 Zur Erklärung von F_{ij}: Ereignis, dass $\mathbf{s}_i$ in $\mathbf{r}$ enthalten ist und $\mathbf{r}$ in den Raum $\mathbf{R}_j$ fällt (*Union Bound* oder *Vereinigungsgrenze*)

Störkomponente N den Wert $d_{ij}/2$ überschreitet, beträgt

$$P(F_{ij}) = \int_{\frac{d_{ij}}{2}}^{\infty} \frac{1}{\sqrt{2\pi}\sigma} \exp(\frac{n^2}{2\sigma^2})\, dn = Q(\frac{d_{ij}}{2\sigma}), \tag{4.130}$$

woraus mit (4.128) bzw. (4.129) für die Fehlerwahrscheinlichkeit

$$P(F) = \sum_{i=1}^{M} P(F|M_i) \cdot P_i \leq \sum_{i=1}^{M} \sum_{\substack{j=1\\j\neq i}}^{M} P(F_{ij}) \cdot P_i \tag{4.131}$$

folgt. Wenn alle Signalvektoren untereinander den Abstand d haben, gilt für die Abschätzung von $P(F)$ bei gleicher Wahrscheinlichkeit aller Ereignisse M_i die besonders einfache Beziehung

$$P(F) = \sum_{i=1}^{M} P(F|M_i) \cdot P_i = P(F|M_i)$$
$$\leq \sum_{\substack{j=1 \\ j \neq i}}^{M} P(F_{ij}) = (M-1) \cdot P(F_{ij}) = (M-1) \cdot Q(\frac{d}{2\sigma}). \tag{4.132}$$

Für eine gröbere Abschätzung kann man für d auch den kleinsten auftretenden Abstand einsetzen.

Damit ist eine Abschätzformel für eine obere Schranke der Fehlerwahrscheinlichkeit gefunden, die hier für den Sonderfall M gleichwahrscheinlicher, durch Gaußsches weißes Rauschen der Leistungsdichte $\sigma^2 = N_w$ gestörter Signale angegeben wurde. Die Schranke stellt ein gutes Hilfsmittel zur Abschätzung der meist schwer zu berechnenden exakten Werte von $P(F)$ dar. Bei festem M wird diese Abschätzung der Fehlerwahrscheinlichkeit mit zunehmendem Signal-zu-Rausch-verhältnis genauer.

4.2.5.2 Kreisflächengrenze (Spherical Bound)

Das zweite Abschätzungsverfahren ersetzt die wahren Entscheidungsgebiete durch *kreisförmige* Flächen, was eine sehr einfache Berechnung der bedingten Wahrscheinlichkeiten $P(C|M_i)$ für korrekte Entscheidungen nach (4.89) zur Folge hat. Im Englischen wird die dabei gewonnene obere Schranke als *Spherical Bound* bzw. im Deutschen mit *Kreisflächengrenze* bezeichnet. Zur Abschätzung von (4.89) schreibt man:

$$P(F) = 1 - \sum_{i=1}^{M} P_i \cdot P(C|M_i) \leq 1 - \sum_{i=1}^{M} P_i \cdot P\{\mathbf{N} \in \mathbf{K}_i|M_i\}, \tag{4.133}$$

wobei die Wahrscheinlichkeit $P\{\mathbf{N} \in \mathbf{K}_i|M_i\}$ den Fall beschreibt, dass sich der Störvektor $\mathbf{n}$ innerhalb des Kreises $\mathbf{K}_i$ befindet, wenn das Ereignis M_i von der Quelle gesendet wurde. Für drei Ereignisse M_i zeigt Abb. 4.26 die den optimalen Entscheidungsgebieten einbeschriebenen Kreisflächen $\mathbf{K}_i$, die zu einer Abschätzung der Fehlerwahrscheinlichkeit nach oben führen.

Wegen der statistischen Unabhängigkeit von Ereignis und Störung gilt bei zweidimensionalen Entscheidungsräumen weiter:

$$P\{\mathbf{N} \in \mathbf{K}_i|M_i\} = P\{\mathbf{N} \in \mathbf{K}_i\} = \int\int_{\mathbf{K}_1} f_{\mathbf{N}}(n_1, n_2)\, dn_1\, dn_2$$
$$= \int\int_{\mathbf{K}_1} f_{N_1}(n_1) \cdot f_{N_2}(n_2)\, dn_1\, dn_2, \tag{4.134}$$

wobei die zuletzt genannte Beziehung aus der statistischen Unabhängigkeit der Störkomponenten folgt. Nimmt man Gaußsche Störungen an, so folgt weiter:

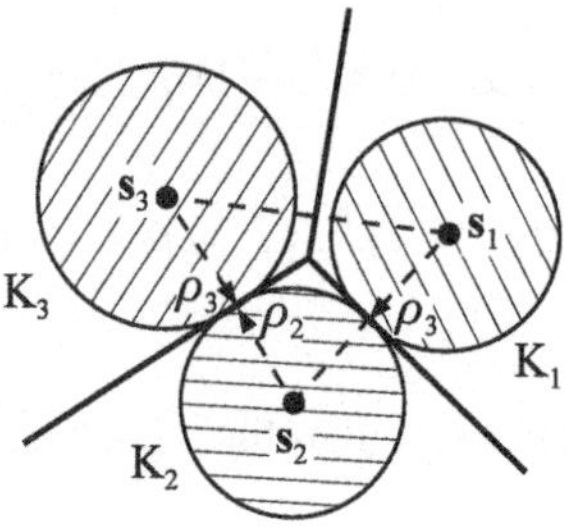

Abb. 4.26 Abschätzung der Fehlerwahrscheinlichkeit durch Einbeschreiben von Kreisflächen (*Spherical Bound* oder *Kreisflächengrenze*)

$$P\{\mathbf{N} \in \mathbf{K}_i\} = \int\int_{\mathbf{K}_i} \frac{1}{2\pi \cdot \sigma^2} \exp(-\frac{n_1^2 + n_2^2}{2\sigma^2}) \, dn_1 \, dn_2. \quad (4.135)$$

Zur Auswertung der Integrale führt man Polarkoordinaten nach (4.109) ein und erhält schließlich das Ergebnis

$$\begin{aligned} P(C|M_i) &\geq P\{\mathbf{N} \in \mathbf{K}_i\} = P\{|\mathbf{N}| \leq \rho_i\} \\ &= \frac{1}{2\pi \cdot \sigma^2} \int_0^{2\pi} \int_0^{\rho_i} \exp(-\frac{\rho^2}{2\sigma^2}) \rho \, d\rho \, d\alpha \\ &= 1 - \exp(-\frac{\rho_i^2}{2\sigma^2}). \end{aligned} \quad (4.136)$$

Für die Fehlerwahrscheinlichkeit folgt damit

$$P(F) \leq 1 - P(C) = \frac{1}{M} \sum_{i=1}^{M} \exp(-\frac{\rho_i^2}{2\sigma^2}) \quad (4.137)$$

als Abschätzung. Mit den einfach zu berechnenden Radien ρ_i der einbeschriebenen Entscheidungsgebiete lässt sich so die obere Schranke der Fehlerwahrscheinlichkeit sehr leicht bestimmen.

4.2.6 Vergleich der Signalvektorkonfigurationen

Ein Vergleich der in diesem Kapitel beschriebenen Vektorkonfigurationen bezüglich der Fehlerwahrscheinlichkeit $P(F)$ ist wegen der verschiedenen Parameter, nämlich

- der Dimension N der Vektoren,
- der Anzahl M der Ereignisse M_i und
- des Signal-zu-Rausch-Verhältnisses

sowie wegen der zum Teil schwer auswertbaren Ausdrücke für die Fehlerwahrscheinlichkeit nur mit großem Aufwand durchzuführen. Mit den Abschätzformeln für $P(F)$ ist jedoch wenigstens näherungsweise ein Vergleich möglich, wobei allerdings eine Erweiterung bei N-dimensionalen Signalräumen erforderlich ist.

Zunächst soll QASK mit der Hyperwürfel-Konfiguration für $M = 16$ und $M = 64$ Vektoren verglichen werden, wobei für QASK $N = 2$, für den Hyperwürfel jedoch $N = \mathrm{ld}(M)$, d. h. $N = 4$ bzw. $N = 6$ Basisfunktionen erforderlich sind. Das Ergebnis dieses Vergleichs zeigt Abb. 4.27 für $P(F)$ als Funktion des Signal-zu-Rauschverhältnisses SNR=$10\log(E_0/N_w)$. Man erkennt, dass mit zunehmender An-

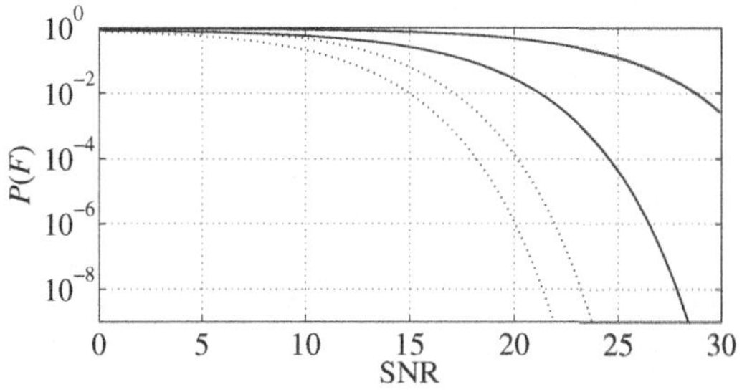

Abb. 4.27 Fehlerwahrscheinlichkeit für QASK (—) und den Hyperwürfel (···) für $M = 16$ bzw. $M = 64$ Vektoren als Funktion des Signal-zu-Rauschverhältnisses

zahl M der Vektoren der Fehler steigt, weil die Vektoren wegen der beschränkten maximalen Signalenergie E_0 aufeinanderrücken. Dies gilt für QASK im stärkeren Maße, so dass dieses Verfahren grundsätzlich den höheren Fehler bei allerdings geringerer, von M unabhängiger Zahl N der Basisfunktionen aufweist. Es ist ferner zu beachten, dass der Vergleich bezogen auf die maximale Energie E_0 erfolgt und nicht auf die mittlere Energie, die beispielsweise für $M = 16$ bei QASK $\bar{E} = E_0/3$ und im Hyperwürfel $\bar{E} = E_0$ ist.

Zum Abschluss soll noch die Wirkungsweise der Abschätzverfahren näher untersucht werden. Das Verfahren der Union Bound eignet sich besonders gut, wenn alle Vektoren gleiche Abstandsverhältnisse zu den anderen Vektoren haben, weil dann nur für *einen* Vektor die Abstände zu allen anderen berechnet werden müssen. Dies trifft für die orthogonalen Konfigurationen und den Hyperwürfel zu. Die Kreisflächengrenze ist dagegen besser für die PSK und QASK geeignet. In Abb. 4.28 wird neben den genauen Werten die Approximation von $P(F)$ für $M = 4$, $M = 16$ und $M = 64$ mit der Kreisflächenmethode dargestellt. Wegen der mit M stark ansteigenden Anzahl unterschiedlicher Abstände ist nur für $M = 4$ und $M = 16$ zusätzlich die Abschätzung mit der Union Bound berechnet worden.

Man erkennt, dass die Abschätzung mit der *Spherical Bound* recht grob ist und mit zunehmendem SNR im Gegensatz zur *Union Bound* auch nicht besser wird. Bei der Union Bound ist für höhere, d. h. technisch interessante Werte von SNR kein Unterschied zum exakten Wert von $P(F)$ feststellbar, d. h. der höhere Aufwand bei der Berechnung macht sich durch höhere Genauigkeit bemerkbar.

Die Abschätzung mit der Union Bound lässt sich leicht auf mehr als $N = 2$ Dimensionen erweitern. Bei den orthogonalen Signalen haben alle M Vektoren den-

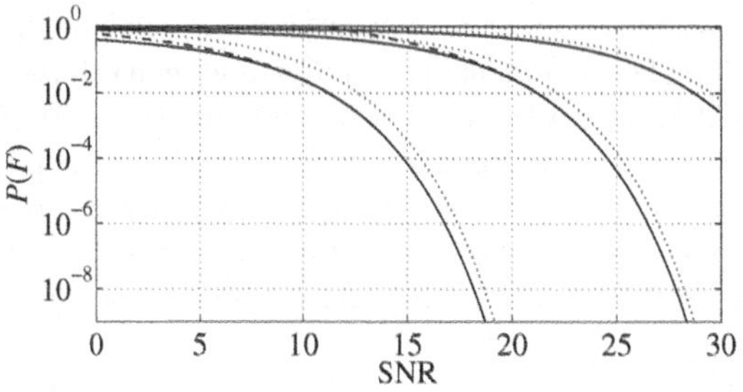

Abb. 4.28 Abschätzung von $P(F)$ für QASK mit $M = 4$, $M = 16$, $M = 64$. Exakter Wert (—), Abschätzung mit Spherical Bound ($\cdots$) und Union Bound (- $\cdot$, ohne $M = 64$)

selben Abstand $d = \sqrt{2E_0} = \sqrt{2E_s}$, bei den biorthogonalen gilt dies bis auf den Abstand $d = 2\sqrt{E_0}$ zum Vektor, der symmetrisch zum Ursprung liegt (siehe Abb. 4.21). Bei den biorthogonalen Vektoren gilt für die Abschätzung

$$P(F) \leq Q(\sqrt{\frac{E_0}{N_w}}) + (M-2) \cdot Q(\sqrt{\frac{E_0}{2N_w}}), \tag{4.138}$$

bei den Vektoren im Hyperwürfel hängt die Anzahl unterschiedlicher Abstände von der Dimension $N = \mathrm{ld}(M)$ ab und ist für einen vierdimensionalen Würfel mit $4 = \mathrm{ld}(16)$ durch

$$P(F) \leq 4 \cdot Q(\frac{1}{2}\sqrt{\frac{E_0}{N_w}}) + 6 \cdot Q(\frac{1}{\sqrt{2}}\sqrt{\frac{E_0}{N_w}}) + 4 \cdot Q(\frac{\sqrt{3}}{2}\sqrt{\frac{E_0}{N_w}}) + Q(\sqrt{\frac{E_0}{N_w}}) \tag{4.139}$$

und für einen sechsdimensionalen Würfel mit $6 = \mathrm{ld}(64)$ durch

$$P(F) \leq 6 \cdot Q(\frac{1}{\sqrt{6}}\sqrt{\frac{E_0}{N_w}}) + 15 \cdot Q(\frac{1}{\sqrt{3}}\sqrt{\frac{E_0}{N_w}}) + 20 \cdot Q(\frac{1}{\sqrt{2}}\sqrt{\frac{E_0}{N_w}}) +$$
$$+ 15 \cdot Q(\frac{2}{\sqrt{6}}\sqrt{\frac{E_0}{N_w}}) + 6 \cdot Q(\sqrt{\frac{5}{6}}\sqrt{\frac{E_0}{N_w}}) + Q(\sqrt{\frac{E_0}{N_w}}) \tag{4.140}$$

gegeben. In Abb. 4.29 ist für $M = 16$ und $M = 64$ die Abschätzung von $P(F)$ für biorthogonale Vektoren und solche im Hyperwürfel dargestellt, wobei im ersten Fall $N = 8$ bzw. $N = 32$, im zweiten nur $N = 4$ bzw. $N = 6$ Dimensionen und damit othonormale Basisfunktionen erforderlich sind. Zusätzlich ist für die Vektoren im Hyperwürfel die exakte Berechnung von $P(F)$ angegeben.

Die biorthogonalen Vektoren liefern gegenüber der Konfiguration im Hyperwürfel bei allerdings erhöhter Zahl N an Basisvektoren das bessere Ergebnis, weil hier die Kompaktheit der Vektoren im Signalraum geringer ist. Man erkennt ferner, dass die Abschätzung mit der Union Bound insbesondere für große SNR-Werte sehr gut ist.

Zusammenfassend kann festgestellt werden, dass

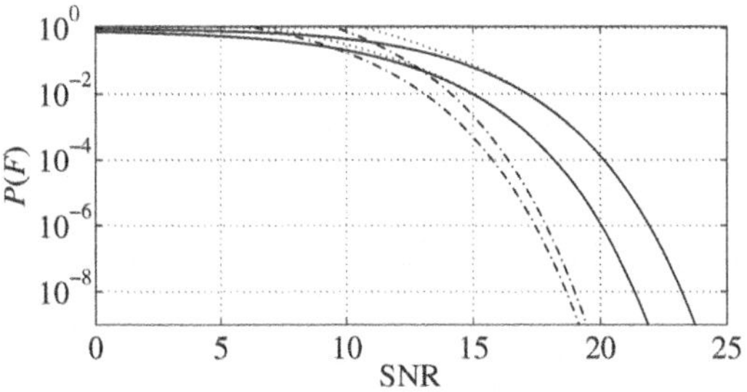

Abb. 4.29 Abschätzung von $P(F)$ mit der Union Bound für $M = 16$ und $M = 64$ biorthogonale Vektoren (- ·) und solche im Hyperwürfel (· · ·). Exakter Wert für $P(F)$ beim Hyperwürfel(—)

- die Fehlerwahrscheinlichkeit $P(F)$ mit zunehmender Anzahl von Vektoren pro Dimension zunimmt
- folglich bei gleicher Anzahl M von Vektoren orthogonale Konfigurationen und die Signalanordnung im Hyperwürfel dem zweidimensionalen QASK-Muster überlegen sind
- die Union Bound in der Regel einen höheren Rechenaufwand, dafür aber eine engere Grenze für $P(F)$ darstellt, die zudem mit zunehmendem Signal-zu-Rauschverhältnis SNR enger wird; demgegenüber stellt die Sperical Bound unabhängig von SNR eine recht grobe, dafür im zweidimensionalen Raum einfach zu berechnende Schranke dar.

4.3 Klassifikation durch Cluster

Bei der Signalerkennung werden Ereignisse durch Signale repräsentiert, deren Form man in der Regel kennt, da sie – z. B. bei der Datenübertragung – gezielt ausgewählt werden. Bei der Darstellung dieser Signale durch Vektoren geht es darum, eine geeignete orthonormale Basis zu finden, die diese Signale mit möglichst wenigen Parametern beschreibt und an die Statistik der Störungen angepasst ist. Die sich dem Nutzsignal additiv überlagernden Störungen entstammen einem weißen Prozess und besitzen in der Regel eine Gaußsche Dichte, so dass alle Bestimmungsstücke für die Detektionsaufgabe bekannt sind.

Bei Aufgaben der Mustererkennung – z. B. die Erkennung handgeschriebener Ziffern oder der Spracherkennung – ist dieser formale Weg nicht möglich, da es nicht nur eine Signalform für ein Ereignis oder eine Klasse – eine Ziffer oder ein Wort – gibt, sondern sehr viele, da jedes Individuum eine andere Aussprache hat, die sich auch mit der Zeit ändert, so dass aus praktischen Gründen nur ein Teil erfassbar ist. Man kann deshalb nicht mit einem Modell wie bei der Signalerkennung arbeiten, bei dem sich einem in der Form bekannten Signal, welches das zu detektierende Ereignis oder die zu detektierende Klasse beschreibt, eine Störung mit bekannten statistischen Eigenschaften additiv überlagert.

Eine wesentliche Aufgabe der Mustererkennung besteht deshalb darin, aus dem gemessenen Signal Merkmale zu extrahieren, die klassentrennend sind. Dazu gibt es keinen formalen Weg wie bei der Signalerkennung im Rauschen, weshalb hier auch nicht näher darauf eingegangen werden kann. Es soll vielmehr angenommen werden, dass geeignete Merkmale in einem N-dimensionalen Vektor $\mathbf{r}$ zusammengefasst vorliegen. Man hat sich darunter bei der Spracherkennung z. B. die Parameter des Vocoders [Var98] vorzustellen, eines Modells zur Darstellung der Spracherzeugung. Dies sind nach Abb. 4.30 die Art – z. B. eine periodische Pulsfolge für Vokale, Rauschen für Zischlaute – der Anregung, die Verstärkung für die Lautstärke und die Parameter des zeitvariablen Filters mit der Impulsantwort $h_0(k)$ für den Vokaltrakt.

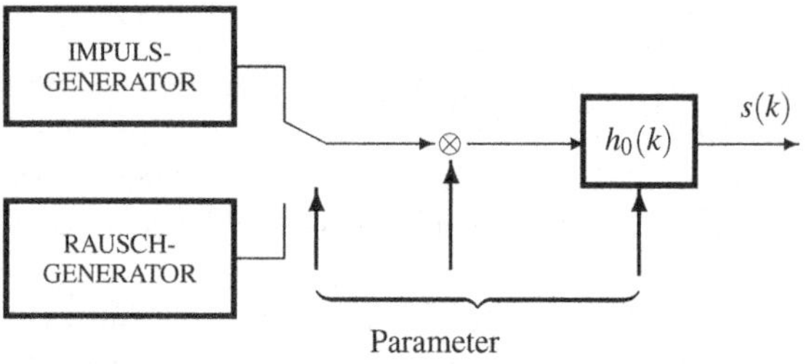

Abb. 4.30 Struktur und Parameter eines Vocoders

Ziel bei der Merkmalsuche ist es, klassentrennende Merkmalsvektoren $\mathbf{r}$ zu finden, die nicht homogen im Vektorraum verteilt sind, sondern sich in *Clustern* oder Ballungen konzentrieren, die den zu unterscheidenden Klassen entsprechen. Zur Klassifikation ist der Vektorraum angepasst an die Cluster aufzuteilen bzw. zu partitionieren, weshalb man auch von einer Aufteilung in *Partitionen* $\mathbf{P}_i$, $i = 1,\ldots,N$ spricht.

Dieses Vorgehen entspricht dem Entwurf skalarer Quantisierer, bei dem man der Eingangssignalamplitude r einen quantisierten Wert $Q(r)$ so zuordnet, dass der mittlere quadratische Fehler

$$F = \mathrm{E}\{(R - Q(R))^2\} \stackrel{!}{=} \min_{Q(\cdot)} \tag{4.141}$$

zum Minimum wird. Dabei wird ein Quantisierer nach Abb. 4.31 durch folgende Parameter bestimmt: Die Anzahl M der diskreten Ausgangswerte $c_i, i = 1,\ldots,M$, die im Englischen als *centroids* bezeichneten Quantisierungsstufen, und die zugehörigen Entscheidungsschwellen $p_i, i = 1,\ldots,M-1$ – die Werte p_0 und p_M markieren die Aussteuerungsgrenzen des Signals – für die Eingangsgröße, die im Englischen als *partition* bezeichnet werden. Mit der Dichtefunktion $f_R(r)$ der Zufallsvariablen R am Eingang des Quantisierers folgt für den Quantisierungsfehler nach (4.141):

$$F = \sum_{i=1}^{M} \int_{p_{i-1}}^{p_i} (r - c_i)^2 f_R(r)\, dr. \tag{4.142}$$

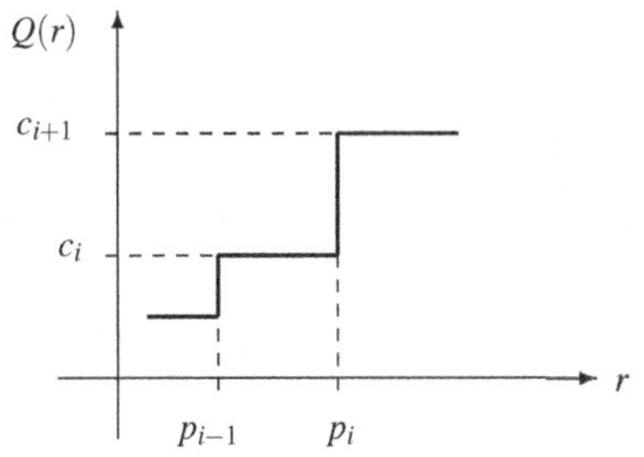

Abb. 4.31 Quantisierer mit Entwurfsparametern

Zur Bestimmung der optimalen Parameter, der Quantisierungsstufen $c_{s_i}, i = 1, \ldots, M$ und der Entscheidungsschwellen $p_{s_i}, i = 0, \ldots, M$, bildet man die Ableitung von (4.142) nach c_i bzw. p_i. Für die Ableitung nach c_i erhält man:

$$\begin{aligned} \frac{\partial F}{\partial c_i} &= \frac{\partial}{\partial c_i}\left(\sum_{i=1}^{M}\int_{p_{i-1}}^{p_i}(r^2 - 2c_i r + c_i^2) f_R(r)\,dr\right) \\ &= -2\int_{p_{i-1}}^{p_i} r f_R(r)\,dr + 2c_i \int_{p_{i-1}}^{p_i} f_R(r)\,dr = 0. \end{aligned} \tag{4.143}$$

Daraus folgt:

$$c_i = \frac{\int_{p_{i-1}}^{p_i} r f_R(r)\,dr}{\int_{p_{i-1}}^{p_i} f_R(r)\,dr} = \mathrm{E}\{R|r \in [p_{i-1}, p_i)\}, \quad i = 1 \ldots M. \tag{4.144}$$

Mit der partiellen Ableitung von (4.142) nach der Entscheidungsschwelle p_i, der Differentiation eines Integrals nach der oberen bzw. unteren Grenze [Bro62],

$$\begin{aligned} \frac{\partial F}{\partial p_i} &= \frac{\partial}{\partial p_i}\left(\sum_{i=1}^{M}\int_{p_{i-1}}^{p_i}(r - c_i)^2 f_R(r)\,dr\right) \\ &= \frac{\partial}{\partial p_i}\left(\int_{p_{i-1}}^{p_i}(r - c_i)^2 f_R(r)\,dr + \int_{p_i}^{p_{i+1}}(r - c_{i+1})^2 f_R(r)\,dr\right) \\ &= (p_i - c_i)^2 f_R(p_i) - (p_i - c_{i+1})^2 f_R(p_i) \\ &= \left(-2p_i c_i + c_i^2 + 2p_i c_{i+1} - c_{i+1}^2\right) \cdot f_R(p_i) = 0 \end{aligned} \tag{4.145}$$

folgt schließlich:

$$p_i = \frac{1}{2}(c_i + c_{i+1}), \quad i = 1 \ldots M - 1, \tag{4.146}$$

wobei die Randwerte p_0 und p_M entweder durch technisch bedingte Aussteuerungsgrenzen gegeben sind oder zu $-\infty$ bzw. $+\infty$ gesetzt werden. Mit den Bestimmungsgleichungen (4.144) und (4.146) erhält man die Parameter für den Quantisierer durch rekursives Einsetzen. Eine explizite Lösung wird man nur in Sonderfällen finden, selbst bei Gaußscher Statistik ist eine numerische Lösung erforderlich. Für Eingangsgrößen R mit Gaußscher Dichte sind in [Max60] einige Beispiele zu finden. Eine Erweiterung des Entwurfs von Quantisierern für gestörte Eingangssignale findet man in [Kro87].

Bei der Klassifikation mit Clustern sind wie bei der Dimensionierung von Quantisierern als Bestimmungsstücke Partitionen $\mathbf{P}_i, i = 1,\dots,M$ und Clusterschwerpunkte $\mathbf{c}_i = (c_{i1},\dots,c_{iN})^T, i = 1,\dots,M$ zu bestimmen. Dabei verfügt man aber nicht über die Dichtefunktion der Merkmalsvektoren $\mathbf{r} = (r_1,\dots,r_N)^T$. In Anlehnung an das Gütekriterium nach (4.141) verwendet man auf der *Holder-* oder *L_p-Norm*

$$F(\mathbf{r},\mathbf{c}_i) = \left(\sum_{j=1}^{N}(r_j - c_{ij})^p\right)^{1/p}, \quad p \geq 1 \tag{4.147}$$

aufbauende Maße wie den *Euklidischen Abstand* oder die *L_2-Norm* mit $p = 2$

$$F(\mathbf{r},\mathbf{c}_i) = \sqrt{\sum_{j=1}^{N}(r_j - c_{ij})^2} = \sqrt{(\mathbf{r}-\mathbf{c}_i)^T(\mathbf{r}-\mathbf{c}_i)}, \tag{4.148}$$

den quadratischen Abstand

$$F(\mathbf{r},\mathbf{c}_i) = \sum_{j=1}^{N}(r_j - c_{ij})^2 = (\mathbf{r}-\mathbf{c}_i)^T(\mathbf{r}-\mathbf{c}_i), \tag{4.149}$$

bei dessen Berechnung man gegenüber dem Euklidischen Abstand das Wurzelziehen einspart, oder Abstandsmaße mit Gewichtung wie z. B. den mit w_i bzw. der Diagonalmatrix $\mathbf{W}$ gewichteten quadratischen Abstand

$$F(\mathbf{r},\mathbf{c}_i) = \sum_{j=1}^{N} w_j \cdot (r_j - c_{ij})^2 = (\mathbf{r}-\mathbf{c}_i)^T\mathbf{W}(\mathbf{r}-\mathbf{c}_i), \tag{4.150}$$

den man auch auch als *Minkowski-Distanz* bezeichnet.

Sollen zur Vereinfachung der Rechnung Multiplikationen vermieden werden, kann man auch den *City-Block-Abstand*

$$F(\mathbf{r},\mathbf{c}_i) = \sum_{j=1}^{N} |r_j - c_{ij}| \tag{4.151}$$

verwenden, der auf dieselbe Zuordnung der $\mathbf{r}$ zu den $\mathbf{c}_i$ führt, wie der Euklidische oder der quadratische Abstand, d. h. man erhält bei der Aufteilung des Vektorraums dieselben Partitionen.

Die genannten Abstände beziehen sich jeweils nur auf *einen* Vektor $\mathbf{r}$ und einen Clusterschwerpunkt $\mathbf{c}_i, i = 1,\dots,M$. Ziel bei der Partitionierung des Raums mit den Merkmalsvektoren ist es, *alle* L Vektoren $\mathbf{r}^{(k)}, k = 1,\dots,L$ dem im Sinne des Abstandsmaßes nächsten Clusterschwerpunkt zuzuordnen, so dass der Gesamtfehler

$$F = \sum_{i=1}^{M} F_i = \sum_{i=1}^{M} \sum_{\mathbf{r}^{(k)} \in \mathbf{P}_i} (\mathbf{r}^{(k)} - \mathbf{c}_i)^T (\mathbf{r}^{(k)} - \mathbf{c}_i) \tag{4.152}$$

minimal wird, wobei die Schwerpunkte $\mathbf{c}_i$, $i = 1, \ldots, M$ der Partitionen oder Cluster durch

$$\mathbf{c}_i = \frac{1}{L_i} \sum_{\mathbf{r}^{(k)} \in \mathbf{P}_i} \mathbf{r}^{(k)} = \frac{1}{L_i} \sum_{k=1}^{L_i} \mathbf{r}^{(k)} \tag{4.153}$$

gegeben sind und L_i die Anzahl der Elemente $\mathbf{r}^{(k)}$ in der Partition $\mathbf{P}_i$ bezeichnet.

Zur Aufteilung des Raums der Merkmalsvektoren in Cluster benötigt man einen *Trainingsdatensatz*. Trainingsdatensätze unterscheiden sich darin, ob jedem seiner Elemente $\mathbf{r}^{(k)}$ ein Ereignis zugeordnet ist, so dass man von einem vorklassifizierten Datensatz spricht, oder nicht. Verwendet man einen vorklassifizierten Datensatz bei der Partitionierung, spricht man bei der Clusterbildung von *überwachtem*, im zweiten Fall von *unüberwachtem* Lernen. Das überwachte Lernen stellt ein vereinfachtes unüberwachtes Lernen dar, da man z. B. die Anzahl der Cluster kennt und aus den einem Cluster zugeordneten Elementen den Schwerpunkt des Clusters von vornherein berechnen kann, was beim unüberwachten Lernen nicht der Fall ist und ein wesentliches Problem bei der Clusterbildung darstellt. Aus diesem Grund soll hier zunächst die Clusterbildung durch unüberwachtes Lernen näher betrachtet werden, da dies der allgemeinere Fall ist.

Der Trainingsdatensatz ist für die Qualität des Klassifikationsergebnisses von entscheidender Wichtigkeit. In ihm müssen nicht nur Repräsentanten *aller* möglichen Ereignisse enthalten sein, sondern auch mit der Anzahl, die der *Wahrschein lichkeit* ihres Auftretens entspricht.

Die Clusterbildung kann unter verschiedenen Kriterien erfolgen. Dazu zählt

- die Zuordnungsvorschrift eines Elements zu einer Partition, das *Abstandsmaß* $F(\mathbf{r}, \mathbf{c}_i)$ z. B. als quadratischer Abstand,
- die Vorgabe – z. B. in der Form $M = 2^b$ – oder Nichtvorgabe der Zahl M der zu bildenden Partitionen $\mathbf{P}_i, i = 1, \ldots, M$,
- die *scharfe* oder *unscharfe* Zuordnung eines Elements $\mathbf{r}^{(k)}$ zu einer oder zu mehreren Partitionen, weil das Element Ähnlichkeit zu mehreren Partitionen hat, z. B. die Wörter „zwei“ und „drei“.

Dazu sollen nun Clusterverfahren, d. h. die Zerlegung des Raums der Merkmalsvektoren in Partitionen, im Detail beschrieben werden. Den Partitionen werden dabei Clusterschwerpunkte $\mathbf{c}_i$ zugeordnet, die Repräsentanten der zu unterscheidenden Klassen sind. Bei der Klassifikation sind dann wie bei den bisherigen Verfahren zur Detektion die Abstände des zu klassifizierenden Merkmalsvektors $\mathbf{r}$ zu den Repräsentanten $\mathbf{c}_i$ zu bestimmen, und der kleinste Abstand entscheidet über die endgültige Klassenzuordnung. Zur Veranschaulichung zeigt Abb. 4.32 drei Cluster mit ihren Schwerpunkten bei $\mathbf{c}_1 = \mathbf{r} = (0,1)^T$, $\mathbf{c}_2 = \mathbf{r} = (1,3)^T$ und $\mathbf{c}_3 = \mathbf{r} = (3,2)^T$. Man erkennt, dass die Cluster unterschiedlich viele Elemente umfassen und dass die Streuung um die Schwerpunkte unterschiedlich ist. Wenn die Anzahl der Elemente der Cluster und ihre Lage repräsentativ für die zugrundeliegende Statistik ist, könnte man daraus eine Schätzung der A-priori-Wahrscheinlichkeiten und der Varianz vornehmen. Setzt man zusätzlich eine Gaußsche Statistik voraus, könnte man eine Klassifikation z. B. mit dem MAP-Kriterium vornehmen. Die Klassifikation mit Clustern beruht jedoch nicht auf diesen Annahmen, sondern verwendet nur ein Abstandskriterium und ordnet ein zu klassifizierendes Element dem Schwerpunkt mit dem geringsten Abstand zu.

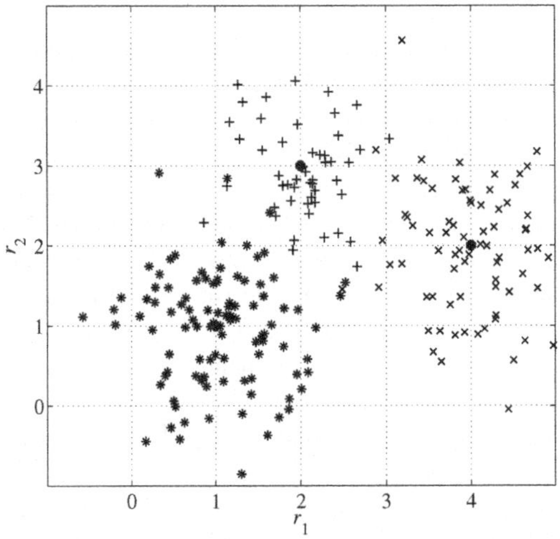

Abb. 4.32 Trainingsdaten mit Clustern und Clusterschwerpunkten (•), (1,1), (2,3), (4,2)

4.3.1 Vektorquantisierer

Der Vektorquantisierer stellt eine Erweiterung des skalaren Quantisierers dar: Anstelle eines Intervalls wird ein N-dimensionales Volumenelement mit den darin enthaltenen Vektoren einer Zahl zugeordnet. Dabei ist die Zahl M der Volumenelemente vorgegeben, bei den üblichen binären Zahlen also in der Form $M = 2^m, m \subset \mathbb{N}$.

Eine typische Anwendung ist die Sprachcodierung, die man bei Mobiltelefonen findet. Dazu wird die Sprache in Zeitabschnitte konstanter Länge unterteilt und für diese Sprachsegmente werden z. B. die $N = 8$ Vocoder-Parameter des Sprachtrakts nach Abb. 4.30 bestimmt. Diesem Merkmalsvektor wird in einem sogenannten Codebuch eine Binärzahl mit 36 Stellen zugeordnet, so dass auf jeden Parameter 4,5 Binärstellen entfallen, was gegenüber der üblichen Zahlendarstellung mit 8 Stellen eine deutliche Datenreduktion darstellt [VHH98].

Um dieses Codebuch zu erstellen bzw. die Partition des Vektorraums vorzunehmen, kann man den iterativen LBG-Algorithmus [Lin80] verwenden, der als Abstandsmaß den quadratischen Abstand verwendet. Man benötigt einen Satz von nicht klassifizierten *Trainingsdaten* $\mathbf{r}^{(k)}$, $k = 1,\ldots,L$, die das Klassifikationsproblem aus statistischer Sicht hinreichend genau abbilden. In der Initialisierungsphase des Algorithmus, die der Iteration mit dem Parameter $n = 0$ entspricht, werden die Anzahl $M = 2^m$ und die Lage der Clusterschwerpunkte $\mathbf{c}_i, i = 1,\ldots,M$ festgelegt sowie der Anfangswert für den Gesamtfehler nach (4.152) auf $F_{-1} = \infty$ gesetzt. Als Abbruchkriterium verwendet man die Schranke ε für die relative Fehleränderung, die sich nach jeder Iteration ergibt. Der Algorithmus durchläuft dann folgende Schritte:

1. Für die vorgegebenen Ausgangswerte $\mathbf{c}_i$, $i = 1,\ldots,M$ sucht man die Partition $\mathbf{P}_i$, $i = 1,\ldots,M$ mit minimalem Gesamtfehler, so dass
$$\mathbf{r}^{(k)} \in \mathbf{P}_i \quad \text{falls} \quad F(\mathbf{r}^{(k)}, \mathbf{c}_i) \leq F(\mathbf{r}^{(k)}, \mathbf{c}_j) \quad \forall\, j \neq i \tag{4.154}$$
gilt. Mit diesen Werten folgt für den Fehler:
$$F_n = \frac{1}{L} \sum_{k=1}^{L} \min_{\mathbf{c}=\mathbf{c}_i} F(\mathbf{r}^{(k)}, \mathbf{c}). \tag{4.155}$$
2. Falls das Abbruchkriterium für die relative Fehleränderung
$$\frac{F_{n-1} - F_n}{F_n} \leq \varepsilon \tag{4.156}$$
erfüllt ist, wird der Algorithmus abgebrochen und die Partition $\mathbf{P}_i$, $i = 1,\ldots,M$ sowie die Ausgangswerte $\mathbf{c}_i$, $i = 1,\ldots,M$ bestimmen den Vektorquantisierer. Falls das Abbruchkriterium nicht erfüllt ist, wird der Algorithmus iterativ fortgesetzt.
3. Für die zuvor berechnete Partition $\mathbf{P}_i$, $i = 1,\ldots,M$ sind die optimalen Ausgangswerte $\mathbf{c}_i$, $i = 1,\ldots,M$ zu berechnen. Verwendet man den quadratischen Fehler nach (4.149) als Optimalitätskriterium, so gilt
$$\mathbf{c}_i = \frac{\sum_{k:\mathbf{r}^{(k)} \in \mathbf{P}_i} \mathbf{r}^{(k)}}{L_i}, \tag{4.157}$$
wobei L_i die Anzahl der in $\mathbf{P}_i$ fallenden Werte $\mathbf{r}^{(k)}$ bezeichnet. Anschließend wird $n := n + 1$ gesetzt und bei 1. fortgesetzt.

Ein Problem stellt bisweilen die Festlegung der Anfangswerte der $\mathbf{c}_i$, $i = 1,\ldots,M$ dar. Eine Lösungsmöglichkeit besteht darin, eine gleichmäßige Verteilung dieser Werte im Raum des Trainingsdatensatzes vorzunehmen. Alternativ dazu kann man zunächst den Schwerpunkt $\mathbf{c}_0$ des Trainingsdatensatzes berechnen und diesen mit Hilfe eines Vektors Δc, der z. B. der Standardabweichung des Trainingsdatensatzes um den Schwerpunkt $\mathbf{c}_0$ in den Koordinatenrichtungen entspricht, in zwei neue Vektoren $\mathbf{c}_i = \mathbf{c}_0 \pm \Delta c$, $i = 1, 2$ aufspalten. Das setzt man m-mal fort, bis man die Anzahl $M = 2^m$ der gewünschten Ausgangswerte $\mathbf{c}_i$ bzw. Partitionen $\mathbf{P}_i$ gefunden hat.

Zum Abschluss soll noch ein Beispiel vorgestellt werden, für das die Zahlenwerte aus [Lin80] entnommen wurden. Dabei wird ein Trainingsdatensatz von $L = 12$ Werten für den Entwurf eines Quantisierers der Dimension $N = 2$ mit $M = 2^2 = 4$ Ausgangswerten und mit dem quadratischen Fehler als Optimalitätskriterium dimensioniert. Das Ergebnis ist in Abb. 4.33 gezeigt.

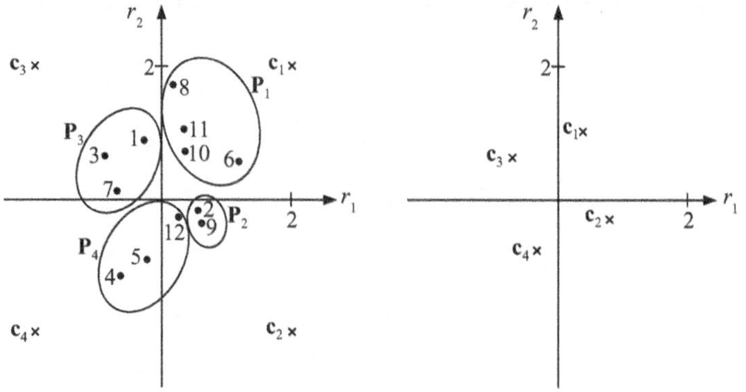

Abb. 4.33 Beispiel zur Dimensionierung eines Vektorquantisierers mit dem LBG-Algorithmus. Die Clusterschwerpunkte $\mathbf{c}_i$ am Anfang und die Partitionen $\mathbf{P}_i$ am Ende der Iteration sind links, die Clusterschwerpunkte am Ende der Iteration sind rechts dargestellt.

Im linken Teil von Abb. 4.33 erkennt man die $L = 12$ Punkte des Trainingsdatensatzes sowie die im Iterationsschritt $n = 0$ gewählten Anfangswerte der $\mathbf{c}_i$ und die mit dem LBG-Algorithmus bestimmten Cluster $\mathbf{P}_i$. Im Iterationsschritt $n = 1$ erhält man schließlich den neuen Satz der Werte $\mathbf{c}_i$, $i = 1, \ldots, 4$, der im rechten Teil von Abb. 4.33 zu sehen ist. Für den Abbruch der Iteration gilt der Fehler $\varepsilon = 0,001$; dieser Wert wird in der Iteration $n = 2$ erreicht, so dass damit das Endergebnis der Optimierung erreicht ist.

Der Vorteil der Vektorquantisierung liegt in einer *Datenreduktion*. Während vor der Quantisierung $L = 12$ Werte zu codieren waren, was einem Informationsgehalt von $\mathrm{ld}(12) = 3{,}6$ entspricht, sind nach der Quantisierung nur noch $M = 4$ Werte zu codieren, deren Informationsgehalt $\mathrm{ld}(4) = 2$ ist. Erreicht wurde dies dadurch, dass die Eingangsvektoren $\mathbf{r}^{(k)}$ im Sinne eines Abstandsmaßes zu *Clustern* zusammengefasst wurden. Da die Elemente $\mathbf{r}^{(\mathbf{k})}$ des Trainingsdatensatzes vor der Vektorquantisierung keiner bestimmten Klasse zugeordnet waren, handelt es sich um eine *Clusterbildung mit unüberwachtem Lernen*. Vorgegeben wurde nur der Parameter M für die Anzahl der Cluster bzw. Klassen, was mehr oder weniger willkürlich ist, wie die Betrachtung von Abb. 4.33 zeigt.

4.3.2 Cluster mit scharfen Partitionen

Wenn die Zahl M der Cluster bzw. Klassen nicht bekannt ist und auch nicht angestrebt wird, die Zahl der Klassen zur Datenreduktion als Binärzahl darzustellen, benötigt man ein Verfahren, mit dem sich die dem Trainingsdatensatz $\mathbf{r}^{(k)} = (r_1^{(k)},\ldots,r_N^{(k)})^T$, $k = 1,\ldots,L$ angemessene Klassenanzahl und die Einteilung in Partitionen bestimmen läßt. Wenn es sich dabei um *scharfe* Partitionen handeln soll, so darf jeder dieser Vektoren $\mathbf{r}^{(k)}$ nur einer einzigen der Partitionen $\mathbf{P}_i$ zugeordnet werden, aber alle Vektoren $\mathbf{r}^{(k)}$ müssen auch einer dieser Partitionen $\mathbf{P}_i$ zugeordnet werden. Bei L auf M Partitionen $\mathbf{P}_i$ aufzuteilenden Merkmalsvektoren $\mathbf{r}^{(k)}$ ergeben sich insgesamt

$$Z(L,M) = \frac{1}{M!}\sum_{j=1}^{M}(-1)^{M-j}\binom{M}{j} j^L \tag{4.158}$$

Zuordnungsmöglichkeiten [Spa77]. Geht man beispielsweise davon aus, dass $L = 100$ Trainingsvektoren $\mathbf{r}^{(k)}$ auf $M = 5$ Partitionen $\mathbf{P}_i$ aufzuteilen sind, erhält man schon näherungsweise $Z(100,5) = 10^{68}$ Möglichkeiten! Daraus wird ersichtlich, dass eine systematische Suche nach der optimalen Clusterung nicht durchführbar ist, zumal in der Praxis erheblich höhere Werte für L und M als im gewählten Beispiel auftreten. Dies gilt unabhängig von der Wahl des Abstandsmaßes bzw. Optimalitätskriteriums. Damit kommen nur Verfahren in Betracht, bei denen nicht garantiert ist, dass das globale Optimum erreicht wird, d. h. man hat es mit ähnlichen Verhältnissen wie bei der Optimierung des Vektorquantisierers zu tun.

Es gibt eine ganze Reihe von Verfahren zur Clusteranalyse [Spa77], z. B. heuristische Verfahren, die hier nicht näher dargestellt werden sollen. Stattdessen werden nur diejenigen Verfahren betrachtet, bei denen ein Abstandsmaß zwischen den Elementen einer Partition und dem Schwerpunkt der Partition zur Generierung der Cluster verwendet wird, also z. B. die Maße (4.148) bis (4.151). Hier soll das Kriterium nach (4.149) benutzt werden, das auch unter dem Namen *Varianzkriterium* [Boc74] bekannt ist. Dabei ist der Fehler nach (4.152) zum Minimum zu machen, d. h. die Summe der quadratischen Abstände zwischen den Elementen $\mathbf{r}^{(k)}$ eines Clusters und dessen Schwerpunkt $\mathbf{c}_i$ zu bilden, diese Ergebnisse über alle Cluster zu summieren und den gesamten quadratischen Abstand durch Zuordnung der Daten $\mathbf{r}^{(k)}$ zu den Partitionen $\mathbf{P}_i$ zu minimieren.

Um das Minimum von (4.152) zu finden, gibt es eine Vielzahl von Algorithmen, die keine vollständige und damit unpraktikable Suche im oben beschriebenen Sinne darstellen. Als Beispiel soll hier der sogenannte *K-Means-Algorithmus* verwendet werden, dessen Herleitung sich weitgehend an der Darstellung in [Spa77] orientiert. Bei diesem Algorithmus wird in der Initialisierungsphase eine Anfangszuordnung der Elemente $\mathbf{r}^{(k)}$ zu den Partitionen $\mathbf{P}_i$ gewählt, bei der etwa gleich viele Elemente in jedem Cluster sind. Diese Zuordnung erhält man z. B. durch die Vorschrift

$$\mathbf{r}^{(k)} \in \mathbf{P}_i, \quad i = (j+1)[\mathrm{mod}\, M] + 1, \quad j = 1,\ldots,L. \tag{4.159}$$

Es gibt sicher auch andere mögliche Anfangsbelegungen, doch die hier genannte hat sich bei vielen Anwendungen bewährt. Von dieser Anfangsbelegung ausgehend werden die einzelnen Elemente $\mathbf{r}^{(k)}$ von der Partition, der sie ursprünglich zugeordnet wurden, jeder der anderen Partitionen zugeordnet. Wenn dabei der Beitrag dieses Elements zum gesamten quadratischen Abstand F nach (4.152) geringer wird, ordnet man das Element demjenigen Cluster zu, bei dem dieser Beitrag zum gesamten quadratischen Abstand F minimal wird. Dabei ist es nicht erforderlich, nach jeder neuen Zuordnung eines Elements den gesamten quadratischen Abstand F neu zu berechnen, vielmehr genügt eine einfache, später anzugebende Rechnung, um die Wirkung der neuen Zuordnung zu beurteilen. Die Neuzuordnung der Elemente $\mathbf{r}^{(k)}$ zu den Partitionen $\mathbf{P}_i$ wird so lange fortgesetzt, bis sich trotz L-maliger Neuzuordnung keine Verringerung von F mehr ergibt. Abschließend werden die Schwerpunkte der Cluster und der Wert von F berechnet. Die Schwerpunkte sind zwar im Gegensatz zur Vektorquantisierung ohne Bedeutung für die Clusterbildung, können aber bei einem erneuten Durchlauf des Algorithmus als Anfangswerte verwendet werden. Der erzielte Wert von F ist dagegen sehr wesentlich für das Verfahren, da aus ihm bei Variation der vorgegebenen Zahl M von Clustern darauf geschlossen werden kann, welche Klassenanzahl M dem zugehörigen Datensatz am angemessensten ist. Sicher wird F bei angemessenem M einen kleineren Wert annehmen als bei einem nicht passenden Wert von M.

Nun soll die oben erwähnte Rechenvorschrift näher betrachtet werden, die eine Entscheidung über die Zuordnung eines Elements $\mathbf{r}^{(\ell)}$ zu einer Partition gestattet. Dazu sei angenommen, dass der Partition $\mathbf{P}_i$ mit L_i Elementen das Element $\mathbf{r}^{(\ell)}$ entnommen wird. In diesem Cluster ist die Summe der Abstandsquadrate zwischen den Elementen $\mathbf{r}^{(k)}$ und dem Schwerpunkt $\mathbf{c}_i$ durch

$$F_i = \sum_{k=1}^{L_i} (\mathbf{r}^{(k)} - \mathbf{c}_i)^T (\mathbf{r}^{(k)} - \mathbf{c}_i) = \sum_{\mathbf{r}^{(k)} \in \mathbf{P}_i} (\mathbf{r}^{(k)} - \mathbf{c}_i)^T (\mathbf{r}^{(k)} - \mathbf{c}_i) \tag{4.160}$$

gegeben. Quadriert man diesen Ausdruck aus, so erhält man mit (4.153):

$$\begin{aligned} F_i &= \sum_{\mathbf{r}^{(k)} \in \mathbf{P}_i} \left(\mathbf{r}^{(k)^T} \mathbf{r}^{(k)} - 2\mathbf{r}^{(k)^T} \mathbf{c}_i + \mathbf{c}_i^T \mathbf{c}_i\right) \\ &= \sum_{\mathbf{r}^{(k)} \in \mathbf{P}_i} \mathbf{r}^{(k)^T} \mathbf{r}^{(k)} - L_i \cdot \mathbf{c}_i^T \mathbf{c}_i. \end{aligned} \tag{4.161}$$

Mit diesen Werten erhält man für den Schwerpunkt $\mathbf{c}_i^-$ des gegenüber $\mathbf{P}_i$ um das Element $\mathbf{r}^{(\ell)}$ verminderten Clusters $\mathbf{P}_i^-$ [How66]:

$$\mathbf{c}_i^- = \frac{L_i \mathbf{c}_i - \mathbf{r}^{(\ell)}}{L_i - 1} \tag{4.162}$$

und der Summe der Abstandsquadrate

$$F_i^- = F_i - \frac{L_i}{L_i - 1}(\mathbf{c}_i - \mathbf{r}^{(\ell)})^T(\mathbf{c}_i - \mathbf{r}^{(\ell)}). \qquad (4.163)$$

Das Element $\mathbf{r}^{(\ell)}$, das von dem Cluster $\mathbf{P}_i$ entfernt wurde, wird dem Cluster $\mathbf{P}_j$ zugeordnet. Bei diesem ergibt sich entsprechend für den Schwerpunkt

$$\mathbf{c}_j^+ = \frac{L_j\mathbf{c}_j + \mathbf{r}^{(\ell)}}{L_i + 1} \qquad (4.164)$$

und für die Summe der Abstandsquadrate

$$F_j^+ = F_j + \frac{L_j}{L_j + 1}(\mathbf{c}_j - \mathbf{r}^{(\ell)})^T(\mathbf{c}_i - \mathbf{r}^{(\ell)}). \qquad (4.165)$$

Das Element $\mathbf{r}^{(\ell)}$ wird aus dem Cluster $\mathbf{P}_i$ entnommen und dem Cluster $\mathbf{P}_j$ hinzugefügt, wenn

$$\frac{L_i}{L_i - 1}(\mathbf{c}_i - \mathbf{r}^{(\ell)})^T(\mathbf{c}_i - \mathbf{r}^{(\ell)}) > \frac{L_j}{L_j + 1}(\mathbf{c}_j - \mathbf{r}^{(\ell)})^T(\mathbf{c}_j - \mathbf{r}^{(\ell)}), \quad j \neq i \qquad (4.166)$$

gilt. Unter allen Clustern $\mathbf{P}_j$ wird dasjenige gesucht, für das der Ausdruck

$$\frac{L_j}{L_j + 1}(\mathbf{c}_j - \mathbf{r}^{(\ell)})^T(\mathbf{c}_j - \mathbf{r}^{(\ell)}), \quad j \neq i$$

zum Minimum wird. Durch diese Wahl wird der ursprüngliche Beitrag $F_i + F_j$ zum Gesamtwert des Abstandsquadrats F durch den minimalen Ausdruck

$$F_i - \frac{L_i}{L_i - 1}(\mathbf{c}_i - \mathbf{r}^{(\ell)})^T(\mathbf{c}_i - \mathbf{r}^{(\ell)}) + F_j + \frac{L_j}{L_j + 1}(\mathbf{c}_j - \mathbf{r}^{(\ell)})^T(\mathbf{c}_j - \mathbf{r}^{(\ell)})$$

ersetzt, so dass F insgesamt minimal wird. Damit ist aber nicht sichergestellt, dass F zum globalen Optimum wird. Vorteilhaft an diesem Algorithmus ist jedoch, dass man nicht die Gesamtsumme der quadratischen Abstände für alle Elemente $\mathbf{r}^{(k)}, k = 1, \ldots, L$ berechnen muss, sondern nur die Wirkung der Verschiebung des einen Elements $\mathbf{r}^{(\ell)}$ von einem Cluster in ein anderes.

Zum Abschluss soll der K-Means-Algorithmus noch mit Hilfe eines aus [Spa77] entnommenen Beispiels verdeutlicht werden. In Abb. 4.34 ist ein Datensatz mit $L = 10$ Elementen $\mathbf{r}^{(k)}$ zu erkennen. In dieser Abbildung wurde auch die Anfangsclusterung nach (4.159) eingetragen.

Mit Hilfe des K-Means-Algorithmus wurden Clusterungen für $M = 2$ bis $M = 5$ Cluster bestimmt, die in Abb. 4.35 zu sehen sind. Bei Betrachtung von Abb. 4.34 erwartet man als Ergebnis die Bildung von $M = 3$ Clustern. Dies wird auch bei der Analyse der vom K-Means-Algorithmus gelieferten Werte für die Summe F der Abstandsquadrate nach Tab. 4.3.2 als Funktion der Anzahl M der Cluster nahegelegt.

Aus den Werten für F in Tab. 4.3.2 kann man entnehmen, dass F beim Übergang von $M = 2$ auf $M = 3$ sehr stark abfällt, was bei weiterer Erhöhung von M nicht

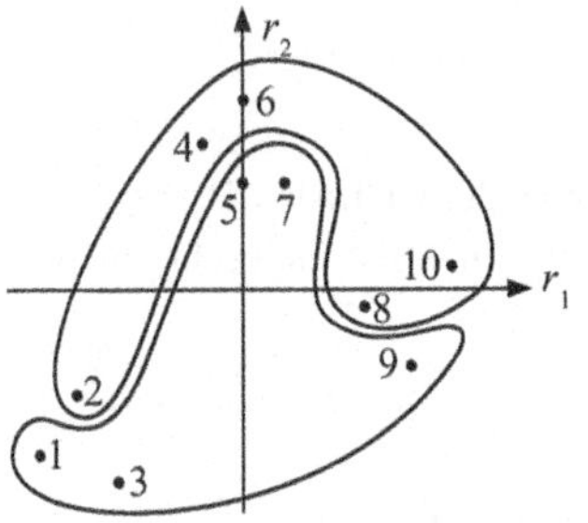

Abb. 4.34 Beispiel für einen Datensatz mit Anfangsclusterung

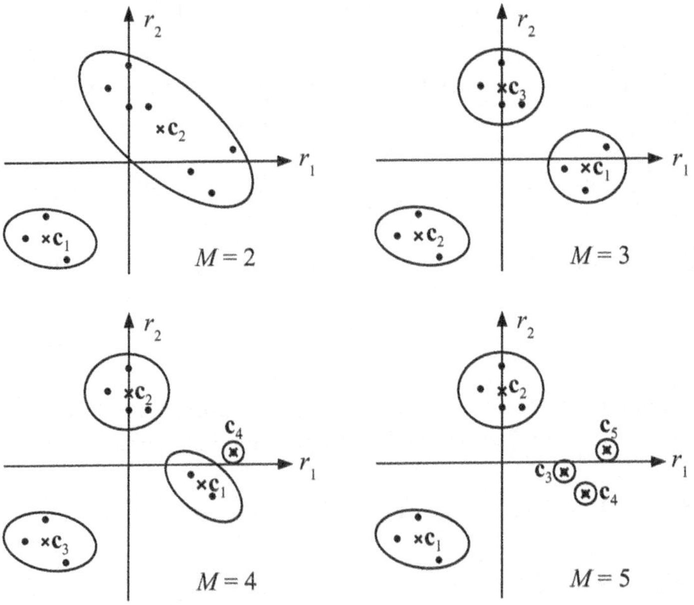

Abb. 4.35 Ergebnis des K-Means-Algorithmus für $M = 2$, $M = 3$, $M = 4$ und $M = 5$ Cluster

M	2	3	4	5
F	64,3	12,7	9,7	8,7

Tab. 4.3 Beispiel für die Clusterung mit dem K-Means-Algorithmus

der Fall ist. Daraus folgt, dass in diesem Beispiel $M = 3$ die angemessene Anzahl von Clustern ist. Dass der Wert von F mit wachsendem M weiter sinkt, ist insofern nicht verwunderlich, da er dann gleich Null wird, wenn in jedem Cluster nur noch ein Wert $\mathbf{r}^{(k)}$ enthalten ist, wie aus der Definition von F nach (4.152) folgt.

4.3.3 Cluster mit unscharfen Partitionen

Der Unterschied der Clusterbildung mit scharfen Partitionen, bei der ein Element $\mathbf{r}^{(\ell)}$ des Trainingsdatensatzes $\mathbf{r}^{(k)}, k = 1, \ldots, L$ jeweils nur *einem einzigen* Cluster angehören darf, zur Clusterbildung mit unscharfen Partitionen, die man auch als *Fuzzy-Clusterung* bezeichnet, besteht darin, dass dieses Element $\mathbf{r}^{(\ell)}$ *mehr als einem* Cluster, im Extremfall auch jedem Cluster mehr oder weniger stark zugerechnet wird. Die Zugehörigkeit zu den Clustern $\mathbf{P}_i$, $i = 1, \ldots, M$ wird durch den *Zugehörigkeitswert* μ_{ik}, $i = 1, \ldots, M$; $k = 1, \ldots, L$ beschrieben. Diese Werte lassen sich in der Matrix $\mathbf{P}$

$$\mathbf{P} = \begin{pmatrix} \mu_{11} & \ldots & \mu_{1L} \\ \vdots & \ddots & \vdots \\ \mu_{M1} & \ldots & \mu_{ML} \end{pmatrix} \tag{4.167}$$

zusammenfassen, die man als *Fuzzy-Partitionsmatrix* bezeichnet. Die Zugehörigkeitswerte μ_{ik} kann man nicht beliebig wählen, sondern sie müssen folgenden Bedingungen genügen:

$$\mu_{ik} \in [0,1], \quad 1 \leq i \leq M; 1 \leq k \leq L \tag{4.168}$$

$$\sum_{i=1}^{M} \mu_{ik} = 1, \quad 1 \leq k \leq L \tag{4.169}$$

$$0 < \sum_{k=1}^{L} \mu_{ik} < L, \quad 1 \leq i \leq M. \tag{4.170}$$

Aus diesen Bedingungen folgt, dass die Zugehörigkeitswerte im Intervall $0 \leq \mu_{ik} \leq 1$ liegen, sich über alle Cluster summiert zu Eins ergänzen und die Summe der zu einem Cluster gehörenden Zugehörigkeitswerte kleiner als die Zahl L aller Elemente sein muss. Die zuletzt genannte Bedingung folgt unmittelbar aus (4.168) und (4.169).

Ein Fuzzy-Cluster wird durch die Fuzzy-Partitionsmatrix $\mathbf{P}$ sowie die Clusterschwerpunkte $\mathbf{c}_i$, $i = 1, \ldots, M$ definiert. Die Frage ist nun, wie man diese Bestimmungsstücke berechnen kann. Als Zielfunktion soll dabei der Ausdruck

$$\sum_{i=1}^{M} \sum_{k=1}^{L} \mu_{ik}^{w} \cdot F(\mathbf{r}^{(k)}, \mathbf{c}_i) \stackrel{!}{=} \min_{\mu_{ik}} \tag{4.171}$$

als Funktion der μ_{ik}, $i = 1, \ldots, M; k = 1, \ldots, L$ zum Minimum werden. Für $F(\mathbf{r}^{(k)}, \mathbf{c}_i)$ kann man ein Abstandsmaß nach (4.148) bis (4.148) wählen, z. B. den quadratischen Abstand.

In (4.171) stellt w einen wählbaren Parameter dar, der das Ergebnis der Clusterbildung wesentlich beeinflusst. Für seine Wahl gilt:

$$w \geq 1. \tag{4.172}$$

Er bestimmt die *Schärfe* bzw. *Unschärfe* der Partition. Je größer man ihn wählt, desto unschärfer werden die Cluster. Im Grenzfall mit $w \to \infty$ gehören alle Elemente $\mathbf{r}^{(j)}$, $j = 1, \ldots, L$ allen Clustern $\mathbf{P}_i$, $i = 1, \ldots, M$ mit demselben Zugehörigkeitswert an.

Ein übliches Verfahren, um das Minimum in (4.171) zu bestimmen, ist der *Fuzzy-C-Means-Algorithmus* [Bez81], der ähnlich wie bei der Bestimmung der Parameter des Vektorquantisierers oder der Clusterbildung mit scharfen Partitionen kein vollständiges Suchverfahren nach dem globalen Optimum ist und deshalb möglicherweise nur ein lokales Optimum liefert. Dieser Algorithmus durchläuft die folgenden Schritte:

1. Man wählt ein Abstandsmaß $F(\mathbf{r}^{(k)}, \mathbf{c}_i)$, die Anzahl M der zu bildenden Cluster mit $2 \leq M \leq L$, den Parameter $w \geq 1$, z. B. $w = 2$, und eine Anfangsbelegung der Fuzzy-Partitionsmatrix $\mathbf{P}^{(0)}$. Man kann die Werte $\mu_{ik}^{(0)}$ z. B. so wählen, dass sie ein Cluster mit scharfen Partitionen beschreiben oder auch Zufallszahlen, die allerdings den Bedingungen (4.168) bis (4.170) genügen müssen. Für den Abbruch der Rechnung wählt man eine Schwelle ε für die Änderung der Zugehörigkeitswerte nach jeder Iteration. Schließlich ist der Iterationszähler auf $n = 0$ zu setzen.
2. Man berechnet die Clusterschwerpunkte $\mathbf{c}_i^{(n)}$, $i = 1, \ldots, M$ nach der Vorschrift

$$\mathbf{c}_i^{(n)} = \frac{\sum_{k=1}^{L} (\mu_{ik}^{(n)})^w \cdot \mathbf{r}^{(k)}}{\sum_{k=1}^{L} (\mu_{ik}^{(n)})^w}, \quad i = 1, \ldots, M. \tag{4.173}$$

3. Sofern $\mathbf{r}^{(k)} \neq \mathbf{c}_i^{(n)}$ gilt, werden die neuen Elemente der Fuzzy-Partitionsmatrix $\mathbf{P}^{(n)}$ nach der Vorschrift

$$\mu_{ik}^{(n)} = \frac{\left(\frac{1}{F(\mathbf{r}^{(k)}, \mathbf{c}_i^{(n)})} \right)^{\frac{1}{w-1}}}{\sum_{j=1}^{M} \left(\frac{1}{F(\mathbf{r}^{(k)}, \mathbf{c}_j^{(n)})} \right)^{\frac{1}{w-1}}}, \quad i = 1, \ldots, M; k = 1, \ldots, L \tag{4.174}$$

berechnet. Falls $\mathbf{r}^{(k)} = \mathbf{c}_i^{(n)}$ gilt, setzt man

$$\mu_{ik}^{(n)} = \begin{cases} 1 \text{ wenn } & k = i \\ 0 \text{ wenn } & k \neq i. \end{cases} \tag{4.175}$$

4. Falls der Fehler der Zugehörigkeitswerte, z. B.

$$\sum_{i=1}^{M} \sum_{k=1}^{L} (\mu_{ik}^{(n)} - \mu_{ik}^{(n-1)})^2 > \varepsilon \tag{4.176}$$

die Schwelle ε überschreitet, wird $n := n + 1$ gesetzt und bei 2. fortgefahren. Andernfalls ist die endgültige Fuzzy-Partitionsmatrix berechnet worden.

Bezüglich des Ergebnisses der Optimierung gilt Ähnliches wie bei der Vektorquantisierung und der Clusterung mit scharfer Partition. Die Startwerte entscheiden darüber, ob ein lokales oder das globale Optimum gefunden wird. Üblicherweise wählt man für den Parameter w den Wert $w = 2$. Die Wahl der Anfangswerte für die Fuzzy-Partitionsmatrix $\mathbf{P}$ ist unproblematisch, sofern die Anzahl M der Cluster sinnvoll gewählt wurde und die Cluster gut trennbar sind. Um zu überprüfen, ob man das globale Optimum gefunden hat, kann man eine Reihe von Kriterien verwenden. Wenn man z. B. bei verschiedenen Startwerten der Fuzzy-Partitionsmatrix immer dasselbe Ergebnis erhält oder wenn die Konvergenz sich nach wenigen Iterationen einstellt, ist das ein Hinweis darauf, dass die Anzahl M der Cluster dem Datensatz angemessen ist. Aber all das sind allenfalls notwendige, nicht aber hinreichende Indizien. Objektivere Maße zur Beurteilung des Ergebnisses sind der *Partitionskoeffizient*, die *Partitionsentropie* und der *Partitionsexponent* [Bez81]. Hier sei der Partitionskoeffizient näher betrachtet, der umso größer ist, je besser das Ergebnis der Cluster-Analyse zu beurteilen ist. Er ist definiert durch

$$P_s = \frac{1}{L} \sum_{i=1}^{M} \sum_{k=1}^{L} \mu_{ik}^2. \tag{4.177}$$

Die Wirkung dieses Koeffizienten soll an einem Beispiel näher erörtert werden. In Abb. 4.36 ist ein Datensatz dargestellt, in dem die $L = 17$ Elemente $\mathbf{r}^{(k)}$ in Form eines Kreuzes angeordnet sind.

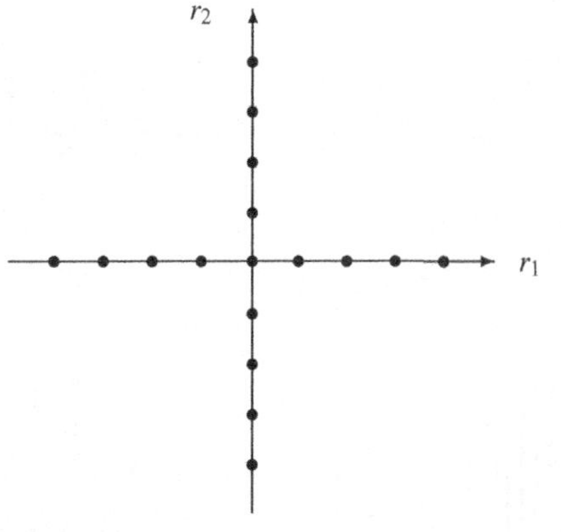

Abb. 4.36 Datensatz in Form eines Kreuzes

Trägt man den Partitionskoeffizienten nach (4.177) über der Anzahl M der Cluster auf, so erhält man das in Abb. 4.37 gezeigte Ergebnis mit w als Parameter. Man erkennt, dass für $w = 1{,}25$ kein sehr ausgeprägtes Maximum zu erkennen ist, dass der übliche Parameter $w = 2$ den Wert $M = 5$ als Optimum ausweist, der auch für $w = 3$ als lokales Optimum erscheint. Schließlich ist bei $w = 3$ auch $M = 2$ ein optimaler Wert, und bei $w = 2$ kann man ablesen, dass auch $M = 4$ nicht allzu weit vom Optimum entfernt liegt.

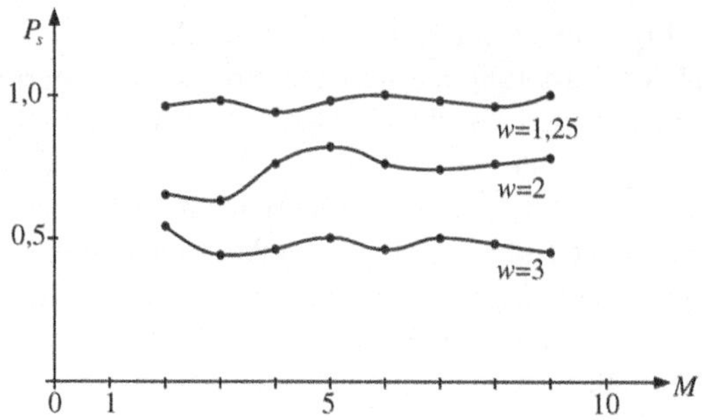

Abb. 4.37 Partitionskoeffizient als Funktion der Zahl M der Cluster mit w als Parameter

Beurteilt man das Ergebnis durch Betrachtung von Abb. 4.36, so kommt man zu dem Schluss, dass $M = 4$ oder $M = 5$ das angemessenste Ergebnis ist. Man kann das Kreuz nämlich entweder in die vier Arme aufteilen und das zentrale Element allen vier Clustern zu je einem Viertel zuordnen oder man betrachtet die vier Arme als die ersten vier und das zentrale Element als fünftes Cluster. Um einen Eindruck von den mit dem Fuzzy-C-Means-Algorithmus gewonnenen Zugehörigkeitswerten μ_{ij} zu vermitteln, zeigt Abb. 4.38 diese Werte für $M = 4$ Cluster. Man erkennt deutlich

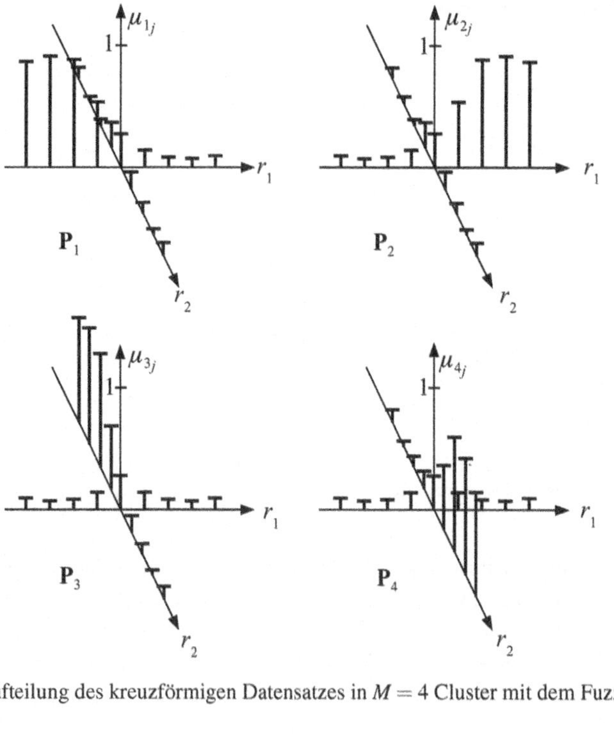

Abb. 4.38 Aufteilung des kreuzförmigen Datensatzes in $M = 4$ Cluster mit dem Fuzzy-C-Means-Algorithmus

den schleifenden Übergang der Zugehörigkeit zwischen den einzelnen Clustern und auch die Sonderstellung des zentralen Elements im Kreuzungspunkt, das zu allen vier Clustern in gleicher Weise gehört.

4.4 Klassifikation ohne Kenntnis der Dichtefunktion

Bisher wurden die Fälle betrachtet, dass entweder die Dichtefunktionen $f_{\mathbf{R}|M_i}(\mathbf{r}|M_i)$, $i = 1,\ldots,M$ des gestörten Empfangsvektors oder Messvektors bekannt sind oder dass man über einen Trainingsdatensatz verfügt. Der erste Fall trifft hinreichend genau für Aufgaben der Datenübertragung zu, bei denen die Störungen, die sich im Übertragungskanal dem Nutzsignal überlagern, Gaußisch sind und in der Regel den Mittelwert $\mu = 0$ besitzen. Die Varianz dieser Störungen lässt sich durch Messungen des Signal-zu-Rauschverhältnisses bestimmen, so dass damit die Parameter der Dichtefunktionen bekannt sind. Man nennt diese Klassifikationsverfahren deswegen auch *verteilungsabhängig* und *parametrisch*. Zusammen mit der A-priori-Kenntnis über die zu detektierenden Signale sind somit alle Bestimmungsstücke für die Dichtefunktionen $f_{\mathbf{R}|M_i}(\mathbf{r}|M_i)$, $i = 1,\ldots,M$ bekannt.

Bei Aufgaben der *Klassifikation*, z. B. der Spracherkennung, liegen die Verhältnisse anders. Selbst wenn der gestörte Empfangsvektor oder Messvektor eine Gaußdichte hat, sind in der Regel die Parameter Mittelwert und Varianz nicht bekannt und nicht ohne weiteres zu bestimmen. In diesem Fall kann man durch Schätzverfahren aus einer Stichprobe von Messwerten diese Parameter bestimmen, wozu man sich der Methoden der später zu behandelnden *Parameterschätzung* bedient. Verwendet man den sog. *Maximum-Likelihood-Schätzwert*, so erhält man für den Mittelwertsvektor der mehrdimensionalen Gaußschen Dichtefunktion beim Ereignis M_i

$$\hat{\boldsymbol{\mu}}_i = \frac{1}{L_i}\sum_{k=1}^{L_i} \mathbf{r}_i^{(k)}, \quad i = 1,\ldots,M, \tag{4.178}$$

wobei L_i die Anzahl der Messwerte aus der Stichprobe $\mathbf{r}_i^{(k)}$, $k = 1,\ldots,L_i$ für das Ereignis M_i, $i = 1,\ldots,M$ bezeichnet.

Für die in der Kovarianzmatrix zusammengefassten Varianzen der mehrdimensionalen Dichtefunktionen erhält man den Schätzwert

$$\hat{\mathbf{C}}_i = \frac{1}{L_i}\sum_{k=1}^{L_i} (\mathbf{r}_i^{(k)} - \hat{\boldsymbol{\mu}}_i)(\mathbf{r}_i^{(k)} - \hat{\boldsymbol{\mu}}_i)^T, \tag{4.179}$$

wobei die Schätzwerte für den Mittelwert aus (4.178) verwendet werden. Um eine hinreichende Genauigkeit für die Schätzwerte zu erzielen, ist ein Stichprobenumfang in der Größe von $L_i = 1000$ bis $L_i = 10000$ Werten je Ereignis erforderlich. Daraus folgt, dass für eine zuverlässige Berechnung der Schätzwerte ein sehr großer Stichprobenumfang erforderlich wird.

Da die multiple Detektion bzw. Klassifikation mehrdimensionale gestörte Empfangs- bzw. Messvektoren erfordert, benötigt man für die Modellannahme mehrdimensionale Dichten. Neben der Gaußschen Dichte gibt es weitere Familien von N-dimensionalen parametrischen Dichten, z. B. die *t-Verteilung*, die *Dirichlet-Verteilung* und die *multinomiale Verteilung* [Nie83]. Schließlich kann man noch N-dimensionale Erweiterungen von eindimensionalen Funktionen verwenden, bei denen aus der eindimensionalen Dichte

$$f_R(r) = \alpha_1 \cdot f(r) \tag{4.180}$$

die mehrdimensionale Dichte nach

$$f_{\mathbf{R}}(\mathbf{r}) = \alpha_N \sqrt{|\mathbf{H}|} \cdot f\left(\sqrt{(\mathbf{r}-\boldsymbol{\mu})^T \mathbf{H} (\mathbf{r}-\boldsymbol{\mu})}\right) \tag{4.181}$$

entsteht. Die Matrix

$$\mathbf{H} = \beta \cdot \mathbf{C}^{-1} \tag{4.182}$$

lässt sich aus der Kovarianzmatrix $\mathbf{C}$ bzw. dem zugehörigen Schätzwert bestimmen. Die Konstanten α_1, α_N und β sind so zu wählen, dass das N-dimensionale Integral über die Dichte $f_{\mathbf{R}}(\mathbf{r})$ eins ergibt. Die Abweichungen dieser mehrdimensionalen Dichten von der entsprechenden Gaußschen Dichte sind aber sehr gering.

Besonders vorteilhaft ist es, wenn die durch r_j repräsentierten Komponenten R_j, $j = 1, \ldots, N$ des gestörten Empfangsvektors bzw. Messvektors $\mathbf{R}$ statistisch unabhängig sind. In diesem Fall lässt sich die mehrdimensionale Verbunddichtefunktion als Produkt der Einzeldichten darstellen:

$$f_{\mathbf{R}|M_i}(\mathbf{r}|M_i) = \prod_{j=1}^{N} f_{R_j|M_i}(r_j|M_i). \tag{4.183}$$

Verwendet man für die Signaldarstellung Vektoren, deren Komponenten durch die Karhunen-Loève-Entwicklung gewonnen werden, so sind die Komponenten R_j des Zufallsvektors $\mathbf{R}$ näherungsweise statistisch unabhängig, so dass die einfache Berechnung der Verbunddichtefunktion nach (4.183) möglich ist.

Aus den in diesem Abschnitt genannten Gründen ist bei unbekannter Dichtefunktion nur dann ein statistischer Klassifikator sinnvoll zu dimensionieren, wenn man

- entweder eine klassenweise Gaußsche Dichtefunktion
- oder statistische Unabhängigkeit der Komponenten des gestörten Empfangsvektors bzw. Messvektors

annimmt. Es ist aber nicht garantiert, dass z. B. die Modellvorstellung einer Gaußschen Statistik des Messvektors der Wirklichkeit entspricht. Geht man von Sprachsignalen aus, so ist das Sprachsignal selbst sicher nicht durch eine Gaußsche Statistik beschreibbar, sondern durch eine k_0-Verteilung oder auch Laplace-Verteilung [Pae72]. Aus diesem Grunde ist man bestrebt, einen Klassifikator zu entwerfen, der ohne Kenntnis der Dichtefunktion auskommt. Man spricht deswegen von *ver-*

teilungsfreien oder auch *nichtparametrischen* Klassifikationsverfahren. Eine ganz andere Möglichkeit, ohne Kenntnis der Dichtefunktionen einen Klassifikator aufzubauen, besteht darin, die Struktur des Klassifikators vorzugeben und die den Klassifikator beschreibenden Parameter aus einer Stichprobe von Messwerten zu gewinnen, was im folgenden Kapitel näher beschrieben werden wird.

In diesem Abschnitt sollen Verfahren aufgezeigt werden, die ohne Kenntnis der Dichtefunktionen und ohne Berechnung der Parameter einer modellhaft angenommenen Dichtefunktion ein Klassifikationsergebnis liefern. Vorausgesetzt wird nur eine Stichprobe von Messwerten, die von vornherein den zu unterscheidenden Klassen zugeordnet sind, um auf diese Weise ein Training des Klassifikators zu ermöglichen. Man spricht deswegen hier von *überwachten Klassifikationsverfahren*. Die Klassifikatoren oder Mustererkennungssysteme werden hier also nach der Methode des Lernens aus Beispielen dimensioniert. Dabei kommt es wesentlich darauf an, dass diese Beispiele, die die Lernstichprobe bilden, *repräsentativ* für das zu lösende Klassifikationsproblem sind. Damit ist gemeint, dass diese Stichprobe die inhärenten statistischen Eigenschaften in angemessener Weise wiedergibt, dass z. B. in der Lernstichprobe die zu unterscheidenden Klassen entsprechend ihrer A-priori-Wahrscheinlichkeiten enthalten sind.

4.4.1 Schätzung der A-posteriori-Wahrscheinlichkeiten

Beim Maximum-a-posteriori-Kriterium der Detektion fällt die Entscheidung für das Ereignis bzw. die Klasse M_i, $i = 1, \dots, M$ mit der größten A-posteriori-Wahrscheinlichkeit $P(M_i|\mathbf{r})$, die sich mit der gemischten Form der Bayes-Regel zu

$$P(M_i|\mathbf{r}) = \frac{f_{\mathbf{R}|M_i}(\mathbf{r}|M_i)}{f_{\mathbf{R}}(\mathbf{r})} \cdot P_i \tag{4.184}$$

berechnet. Wenn die Bestimmungsstücke $f_{\mathbf{R}|M_i}(\mathbf{r}|M_i)$, $f_{\mathbf{R}}(\mathbf{r})$ und P_i nicht zur Verfügung stehen, sondern nur eine Stichprobe das Klassifikationsproblem beschreibt, kann man versuchen, die A-posteriori-Wahrscheinlichkeiten $P(M_i|\mathbf{r})$ aus dieser Stichprobe zu schätzen. Dabei spart man den Umweg über die Schätzung der Dichtefunktionen wie im vorigen Abschnitt.

Man beschränkt sich bei der Abschätzung der bedingten Wahrscheinlichkeit $P(M_i|\mathbf{r})$ auf ein Volumenelement V, in dem der gestörte Empfangsvektor bzw. Messvektor $\mathbf{r}$ liegt. Geht man davon aus, dass die Stichprobe einen Gesamtumfang von L Werten hat, wobei jedem Ereignis M_i eine Teilmenge des Umfangs L_i mit $L = \sum_{i=1}^{M} L_i$ zuzuordnen ist, dann erhält man als Schätzwert für die A-priori-Wahrscheinlichkeit

$$\hat{P}_i = \frac{L_i}{L}. \tag{4.185}$$

Bezeichnet man mit $L^{(V)}$ die Anzahl der Vektoren $\mathbf{r}$ aus der Stichprobe, die in das Volumenelement V fallen, so erhält man als Schätzwert für die Dichtefunktion des

Zufallsvektors **R** in diesem Volumenelement

$$\hat{f}_{\mathbf{R}}(\mathbf{r})\big|_{\mathbf{r}\in V} = \frac{L^{(V)}}{L \cdot V}. \tag{4.186}$$

Wenn $L_i^{(V)}$ die Anzahl der Stichprobenwerte ist, die dem Ereignis M_i zuzuordnen sind und in das Volumenelement V fallen, so erhält man entsprechend (4.185) als Schätzwert für die Wahrscheinlichkeit, dass in dem Volumenelement V ein dem Ereignis M_i zuzurechnendes Stichprobenelement **r** fällt:

$$\hat{P}_i\big|_{\mathbf{r}\in V} = \frac{L_i^{(V)}}{L_i}. \tag{4.187}$$

Damit folgt aber für den Schätzwert der bedingten Dichtefunktion $f_{\mathbf{R}|M_i}(\mathbf{r}|M_i)$ im Volumenelement V:

$$\hat{f}_{\mathbf{R}|M_i}(\mathbf{r}|M_i)\big|_{\mathbf{r}\in V} = \frac{\hat{P}_i|_{\mathbf{r}\in V}}{V} = \frac{L_i^{(V)}}{L_i \cdot V}. \tag{4.188}$$

Setzt man die Ergebnisse nach (4.185), (4.186) und (4.188) in (4.184) ein, so erhält man als Schätzwert für die A-posteriori-Wahrscheinlichkeit

$$\hat{P}(M_i|\mathbf{r})\big|_{\mathbf{r}\in V} = \frac{L_i^{(V)} \cdot LV \cdot L_i}{L_i V \cdot L^{(V)} \cdot L} = \frac{L_i^{(V)}}{L^{(V)}}. \tag{4.189}$$

Eine Klassifikationsmöglichkeit ergibt sich nun dadurch, dass man diese A-posteriori-Wahrscheinlichkeit maximiert. Für die Unterscheidungsfunktion erhält man mit (4.189):

$$d_i(\mathbf{r}) = \frac{L_i^{(V)}}{L^{(V)}} = \max_i, \; i = 1,\ldots,M \quad \Rightarrow \quad \mathbf{r} \in \mathbf{R}_i. \tag{4.190}$$

Die Klassifikation hängt sicher von der Wahl des Volumenelements V ab; es muss so gewählt werden, dass mindestens ein Stichprobenelement hineinfällt. Man kann für V im N-dimensionalen Raum z. B. eine Hyperkugel mit dem Radius ρ verwenden, für das

$$V = \frac{2\pi^{N/2}}{N \cdot \Gamma(N/2)} \cdot \rho^N \tag{4.191}$$

gilt, wobei die Gamma-Funktion nach

$$\Gamma(1/2) = \sqrt{\pi}$$

$$\Gamma(1) = 1$$

$$\Gamma(x+1) = x \cdot \Gamma(x)$$

rekursiv berechnet werden kann. Klassifikatoren, die nach diesem Verfahren arbeiten, bezeichnet man als *Nächster-Nachbar-Klassifikatoren* oder kurz *NN-Klassifikatoren*. Der Vorteil dieser Klassifikatoren ist, dass man die Dichtefunktionen nicht kennen muss und dass das Entscheidungsverfahren sehr einfach abläuft. Der Nachteil ist, dass man die möglicherweise recht umfangreiche Lernstichprobe speichern muss.

Es ist nicht notwendig, eine Hyperkugel als Volumenelement zu verwenden, man kann auch Polyeder oder Volumenelemente, die keine scharfe Begrenzung nach außen besitzen, verwenden. Auf die Eigenschaften der NN-Klassifikatoren soll im folgenden Abschnitt eingegangen werden.

4.4.2 Nächster-Nachbar-Klassifikator

Zur Definition des Nächster-Nachbar-Klassifikators braucht man zwei Bestimmungsstücke:

- Eine *Lernstichprobe* mit den Elementen $\mathbf{r}_i^{(k)}$, $i = 1,\ldots,M; k = 1,\ldots,L_i$. Diese Elemente der Lernstichprobe sind den Klassen M_i, $i = 1,\ldots,M$ zugeordnet und haben den Umfang L_i. Die Gesamtlernstichprobe hat den Umfang $L = \sum_{i=1}^{M} L_i$.
- Ein *Abstandsmaß*, das nach (4.147) in der Form

$$d(\mathbf{r},\mathbf{r_i}) = \left(\sum_{n=1}^{N} |r_n - r_{i,n}|^p \right)^{1/p} \tag{4.192}$$

  gegeben ist. Für $p = 1$ erhält man den City-Block-Abstand, für $p = 2$ den Euklidischen Abstand und für $p = \infty$ den Maximum-Abstand.

Die Klassifikation erfolgt nun so, dass ein zu klassifizierender Vektor $\mathbf{r}$ im Sinne des in (4.192) definierten Abstandsmaßes mit benachbarten Elementen $\mathbf{r}_i^{(k)}$ der Stichprobe verglichen wird. Die Entscheidung fällt auf das Ereignis M_i, wenn der zu klassifizierende Vektor $\mathbf{r}$ zum Element $\mathbf{r}_i^{(k)}$ mit dem Index i den gerinsten Abstand hat. Verwendet man als Abstandsmaß den Euklidischen Abstand, so lautet die Unterscheidungsfunktion

$$d_i(\mathbf{r}) = |\mathbf{r} - \mathbf{r}_i^{(k)}| = \min_i, \; i = 1,\ldots,M \quad \Rightarrow \quad \mathbf{r} \in \mathbf{R}_i. \tag{4.193}$$

Aus dieser Vorschrift erhält man als Trennfläche zwischen den Entscheidungsräumen $\mathbf{R}_i$, die den einzelnen Ereignissen M_i zugeordnet sind, eine Kurve, die sich segmentweise aus den Mittelsenkrechten zwischen den Elementen aneinandergrenzender Ereignisse M_i der Stichprobe nach Abb. 4.39 zusammensetzt. Die Grenzfläche ist hier sehr viel zerklüfteter als bei der Detektion mit Gaußscher Statistik. Auf diese Weise lassen sich auch sehr viel komplexere Entscheidungsgebiete gewinnen.

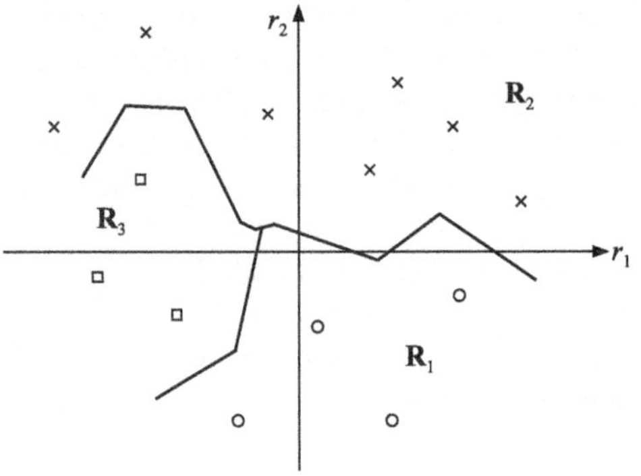

Abb. 4.39 Zerlegung des Entscheidungsraums bei der Nächster-Nachbar-Klassifikation

Überträgt man die Überlegungen, die zum NN-Klassifikationsverfahren führten, auf die näherungsweise Berechnung der A-posteriori-Wahrscheinlichkeit vom vorigen Abschnitt, so gelangt man zu folgender Interpretation: Man wählt den Radius ρ des kugelförmigen Volumenelements V, dessen Mittelpunkt der zu klassifizierende Messvektor $\mathbf{r}$ ist, z. B. so groß, dass in dieses Volumenelement nur ein Exemplar $\mathbf{r}_i^{(k)}$ der Stichprobe fällt. Die Entscheidung erfolgt dann zugunsten desjenigen Ereignisses M_i, zu dem dieses Element $\mathbf{r}_i^{(k)}$ gehört.

Da hier nur ein Element der Lernstichprobe für die Entscheidung herangezogen wurde, bezeichnet man das Verfahren als 1NN-Klassifikation. Dieses Verfahren kann man zur KNN-Klassifikation erweitern, indem man den Radius ρ so groß wählt, dass nach Abb. 4.40 eine ungerade Anzahl K von Stichprobenelementen $\mathbf{r}_i^{(k)}$ in das kugelförmige Volumenelement V fällt. Die Entscheidung erfolgt dann für die

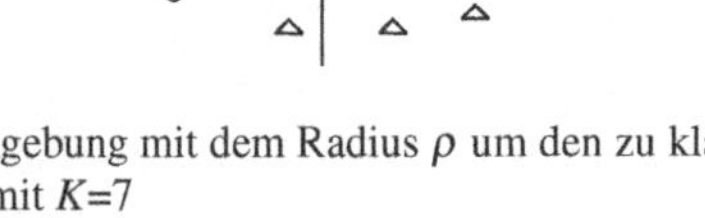

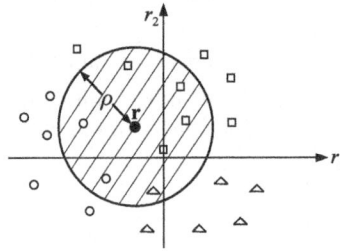

Abb. 4.40 Kreisförmige Umgebung mit dem Radius ρ um den zu klassifizierenden Messvektor $\mathbf{r}$ bei der KNN-Klassifikation mit K=7

Klasse bzw. das Ereignis M_i, von dem die größte Anzahl $L_i^{(V)}$ von Elementen $\mathbf{r}_i^{(k)}$ in diesem Volumenelement enthalten ist, so dass man für die Unterscheidungsfunktion

$$d_i(\mathbf{r}) = L_i^{(V)} = \max_i, \; i = 1, \ldots, M \quad \Rightarrow \quad \mathbf{r} \in \mathbf{R}_i \tag{4.194}$$

erhält.

Eine Modifikation dieser Entscheidungsregel erhält man, wenn man eine Mindestanzahl L_0 von Elementen derjenigen Klasse im Volumenelement V vorschreibt, für die die Entscheidung getroffen werden soll. Wird diese Anzahl nicht erreicht, erfolgt eine Rückweisung, d. h. die Zuordnung zum Entscheidungsraum $\mathbf{R}_0$:

$$L_i^{(V)} \begin{cases} \geq L_0 \Rightarrow & \mathbf{r} \in \mathbf{R}_i \\ < L_0 \Rightarrow & \mathbf{r} \in \mathbf{R}_0, \end{cases} \tag{4.195}$$

wobei für die Mindestzahl $L_0 > K/2$ gilt, da das Verfahren auch anwendbar sein muss, wenn sich nur Elemente zweier Klassen im Volumenelement V befinden.

Man kann die bei der NN-Klassifikation erzielbare Fehlerwahrscheinlichkeit $P_{NN}(F)$ mit Hilfe der Fehlerwahrscheinlichkeit $P(F)$, die man beim Maximum-a-posteriori-Kriterium erzielt, abschätzen [Nie83]:

$$P(F) \leq P_{NN}(F) \leq P(F)\left(2 - P(F)\frac{M}{M-1}\right), \tag{4.196}$$

wobei M die Anzahl der zu unterscheidenden Ereignisse M_i bezeichnet. Wenn die Fehlerwahrscheinlichkeit $P(F)$ sehr klein ist, d. h. für $P(F) \ll 1$, gilt bei Vernachlässigung des quadratischen Terms näherungsweise:

$$P(F) \leq P_{NN}(F) \leq 2 \cdot P(F). \tag{4.197}$$

Aus dieser Abschätzung folgt, dass man bei Erweiterung der KNN-Klassifikation auf $K = L$ Werte, wobei L den Umfang der gesamten Stichprobe bezeichnet, die erzielbare Fehlerwahrscheinlichkeit allenfalls halbieren kann.

4.4.3 Klassifikation mittels Mahalanobis-Abstand

Ein entscheidender Nachteil des Nächster-Nachbar-Klassifikators mit Euklidischem Abstand aus dem vorherigen Abschnitt besteht darin, dass er sehr empfindlich auf unterschiedliche Skalierung, d. h. Streuung in r_1- bzw. r_2-Richtung, reagiert. In Abb. 4.41 a) würden bei Anwendung der NN-Klassifikationsregel mit Euklidischem Abstand (4.193) mehrere Vektoren falsch klassifiziert, während in Abb. 4.41 b) durch günstige Skalierung beide Klassen perfekt trennbar sind. Zur besseren Anschauung wurde dabei $L_1 = L_2 = 1$ gewählt, d. h. ein Prototyp pro Klasse. In diesem Fall spricht man auch von *Minimum-Abstands-Klassifikation*. Man kann den Euklidischen Abstand nun so verallgemeinern, dass die Abstandsmessung in einem transformierten Raum vorgenommen wird, in dem die Varianzen in den Koordinatenachsen auf 1 normiert wurden, und erhält den *gewichteten Euklidischen Abstand*

$$d(\mathbf{r}, \mathbf{r}_i)^2 = \sum_{n=1}^{N} \frac{1}{\sigma_n^2}(r_n - r_{i,n})^2 = (\mathbf{r} - \mathbf{r}_i)^T \mathbf{G}(\mathbf{r} - \mathbf{r}_i) \tag{4.198}$$

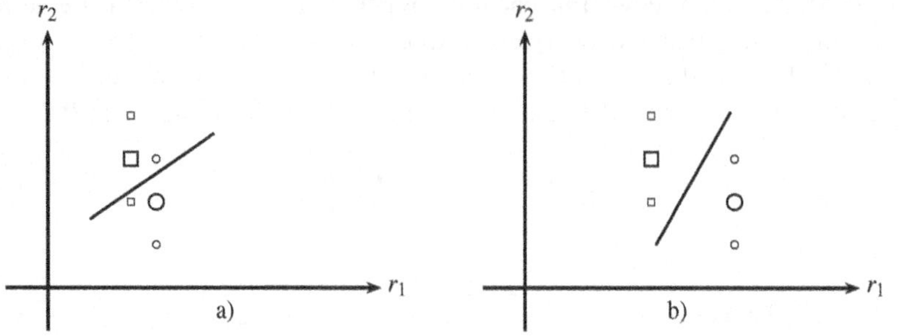

Abb. 4.41 Beispiel für die Vermeidung von Fehlklassifikationen (a) in einem Zwei-Klassen-Problem durch Skalierung (b). Prototypen sind durch vergrößerte Symbole dargestellt.

mit der Gewichtsmatrix **G**:

$$\mathbf{G} = \begin{pmatrix} \frac{1}{\sigma_1^2} & \cdots & 0 \\ \vdots & \vdots & \vdots \\ 0 & \cdots & \frac{1}{\sigma_N^2} \end{pmatrix}. \tag{4.199}$$

Hierzu müssen die Varianzen σ_n^2, $n = 1,\ldots,N$ empirisch aus einer Stichprobe von Mustervektoren geschätzt werden.

Die Klassifikationsfehler, die in Abb. 4.41 entstehen, werden durch den gewichteten Euklidischen Abstand vermieden. Für eine Anordnung wie in Abb. 4.42 löst die Gewichtsmatrix **G** aus (4.199) das Problem der Fehlklassifikation jedoch nicht, da in diesem Fall die Varianzen entlang der Koordinatenachsen gleich sind – vielmehr besteht hier unterschiedliche Varianz entlang der *Hauptachsen* der Musterverteilung. Es lässt sich zeigen, dass die Richtung der Hauptachsen durch die Eigenvek-

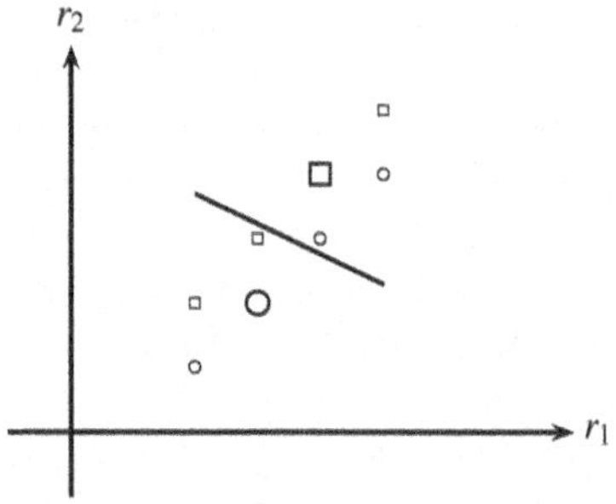

Abb. 4.42 Beispiel für eine schiefliegende Musterverteilung in einem Zwei-Klassen-Problem, die zu häufigen Fehlklassifikationen trotz ähnlicher Varianzen entlang der Koordinatenachsen führt.

toren der Kovarianzmatrix $\mathbf{C}$ der Musterverteilung gegeben ist und die zugehörigen Eigenwerte die Varianz entlang der Hauptachsen beschreiben. Verwendet man nun die *inverse Kovarianzmatrix* $\mathbf{C}^{-1}$ als Gewichtsmatrix, werden ungleiche Streuungen in den Hauptachsen ausgeglichen und die Kovarianzen zwischen den Komponenten der Vektoren eliminiert. Man erhält als Abstandsmaß den bereits bekannten Mahalanobis-Abstand:

$$d(\mathbf{r},\mathbf{r}_i)^2 = (\mathbf{r}-\mathbf{r}_i)^T \mathbf{C}^{-1} (\mathbf{r}-\mathbf{r}_i). \tag{4.200}$$

Sind die Kovarianzen gleich Null, ist die Matrix $\mathbf{C}$ eine Diagonalmatrix, und $\mathbf{C}^{-1}$ ist gleich der Gewichtsmatrix des gewichteten Euklidischen Abstandes (4.199).

Da die exakte Kovarianzmatrix $\mathbf{C}$ des den Mustervektoren zugrundeliegenden Prozesses in der Praxis nicht bekannt ist, wird diese aus einem großen Trainingsdatensatz von K Vektoren $\mathbf{r}(1),\ldots,\mathbf{r}(K)$ geschätzt, wie bereits in der Einleitung zu Abschnitt 4.4 angedeutet. Analog zu (4.179) lautet die Berechnungsvorschrift also:

$$\hat{\mathbf{C}} = \frac{1}{K}\sum_{k=1}^{K}(\mathbf{r}(k)-\hat{\boldsymbol{\mu}})(\mathbf{r}(k)-\hat{\boldsymbol{\mu}})^T, \tag{4.201}$$

wobei $\hat{\boldsymbol{\mu}}$ der Schätzwert des globalen Mittelwerts der Mustervektoren (analog zu (4.178)) ist. Man beachte, dass man diese Vorschrift nach (2.8) umformulieren kann:

$$\hat{\mathbf{C}} = \left(\frac{1}{K}\sum_{k=1}^{K}\mathbf{r}(k)\mathbf{r}(k)^T\right) - \hat{\boldsymbol{\mu}}\hat{\boldsymbol{\mu}}^T. \tag{4.202}$$

In diesem Fall ist keine vorherige Berechnung von $\hat{\boldsymbol{\mu}}$ erforderlich, der Trainingsdatensatz muss also nicht gespeichert und nur einmal durchlaufen werden. Dies ist u. a. in der Sprachverarbeitung von großem praktischen Vorteil. Im Folgenden wird nun angenommen, dass diese Schätzung hinreichend genau ist, und daher das Symbol $\mathbf{C}$ auch für geschätzte Kovarianzmatrizen verwendet.

Eine wichtige Erweiterung von (4.200) besteht nun darin, auch unterschiedliche Verteilungen in den einzelnen Klassen zu berücksichtigen. Hierzu verwendet man klassenspezifische Kovarianzmatrizen $\mathbf{C}_i$, $i=1,\ldots,M$, deren Berechnung nach der Vorschrift (4.179) aus einer großen Anzahl von Vektoren mit bekannter Klassenzugehörigkeit erfolgt. Man erhält schließlich eine Variante von (4.200), bei der der Euklidische Abstand zu den Elementen der Lernstichprobe je nach deren Klassenzugehörigkeit unterschiedlich gewichtet wird:

$$d(\mathbf{r},\mathbf{r}_i)^2 = (\mathbf{r}-\mathbf{r}_i)^T \mathbf{C}_i^{-1} (\mathbf{r}-\mathbf{r}_i). \tag{4.203}$$

Unter der Annahme, dass die Klassen gleiche Kovarianzmatrizen besitzen, sind (4.203) und (4.200) äquivalent.

Wie in Abschnitt 4.1.6 skizziert, sind die Konturen gleichen Abstands beim Mahalanobis-Abstand schiefliegende Ellipsen bzw. Ellipsoide. Insbesondere sind bei einer NN-Klassifikation mit dem Mahalanobis-Abstand die Grenzen zwischen den Klassen noch komplexer als bei Verwendung des Euklidischen Abstands (Abb.

4.39) und bestehen stückweise aus allgemeinen Kegelschnitten (Ellipsen, Parabeln, Hyperbeln).

4.4.4 Parzen-Fenster-Klassifikator

Anstatt wie in Abschnitt 4.4.1 die A-posteriori-Wahrscheinlichkeit aus der Lernstichprobe zu schätzen, kann man die einzelnen Elemente $\mathbf{r}_i^{(k)}$ der Lernstichprobe auch als Stützstellen der Verbunddichtefunktionen der Messwerte $\mathbf{r}$ für die Ereignisse M_i interpretieren. Ordnet man jeder Stützstelle den Dirac-Impuls $\delta_0(x)$ zu, so erhält man die Darstellung

$$\hat{f}_{\mathbf{R}|M_i}(\mathbf{r}|M_i) = \frac{1}{L_i} \sum_{j=1}^{L_i} \delta_0(\mathbf{r} - \mathbf{r}_i^{(k)}), \qquad (4.204)$$

die allerdings den Nachteil hat, dass nur an den Stellen im N-dimensionalen Raum, an denen sich ein Element $\mathbf{r}_i^{(k)}$ der Stichprobe befindet, die geschätzte Dichtefunktion einen von Null verschiedenen Wert besitzt. Eine Verbesserung ergibt sich dann, wenn man den Dirac-Stoß durch eine *Fensterfunktion* [Par62] ersetzt, so dass statt (4.204) nun

$$\hat{f}_{\mathbf{R}|M_i}(\mathbf{r}|M_i) = \frac{1}{L_i} \sum_{j=1}^{L_i} f\left(\frac{\mathbf{r} - \mathbf{r}_i^{(k)}}{g_i}\right) \qquad (4.205)$$

gilt, wobei die Fensterfunktion mit $f((\mathbf{r} - \mathbf{r}_i^{(k)})/g_i)$ bezeichnet wird und g_i eine Konstante ist, die die Breite dieser Funktion und damit den Einflussbereich des Elements $\mathbf{r}_i^{(k)}$ bestimmt. Man bezeichnet diesen Ansatz als *Parzen-Fenster-Methode*. Im Allgemeinen wird eine zu $\mathbf{r}_i^{(k)}$ symmetrische Fensterfunktion verwendet, die u. a. den Bedingungen einer Wahrscheinlichkeitsdichtefunktion

$$f\left(\frac{\mathbf{r} - \mathbf{r}_i^{(k)}}{g_i}\right) > 0 \quad \text{und} \quad \int\!\!\int_{-\infty}^{+\infty} f\left(\frac{\mathbf{r} - \mathbf{r}_i^{(k)}}{g_i}\right) d\mathbf{r} = 1$$

genügt. Als Beispiel dient die einer Gaußschen Dichtefunktion entsprechende Fensterfunktion:

$$f\left(\frac{\mathbf{r} - \mathbf{r}_i^{(k)}}{g_i}\right) = \frac{1}{\sqrt{\pi} \cdot g_i} \exp\left(-\frac{|\mathbf{r} - \mathbf{r}_i^{(k)}|^2}{2g_i}\right). \qquad (4.206)$$

Der Vorteil dieser Darstellung gegenüber (4.204) besteht darin, dass der Einfluss eines Elements der Stichprobe nicht nur auf den Ort der Stichprobe selbst beschränkt bleibt, sondern eine Auswirkung auf die Umgebung besitzt. Wegen der Überlappung der den einzelnen Elementen $\mathbf{r}_i^{(k)}$ zugeordneten Fensterfunktionen beeinflussen sich benachbarte Elemente der Stichprobe. Insbesondere wird dann, sofern die Überlappung weit genug ist, auch die A-priori-Wahrscheinlichkeit P_i der Ereignisse M_i berücksichtigt, was bei (4.204) nicht der Fall ist.

Es gibt weitere mögliche Fensterfunktionen, z. B. eine rechteckförmige Fensterfunktion, die allerdings den Nachteil aufweist, dass der Einfluss eines Elements $\mathbf{r}_i^{(k)}$ der Stichprobe wiederum nur eine begrenzte lokale Auswirkung hat. Dies trifft auch zu, wenn man beispielweise um jedes Element der Stichprobe eine Kugel legt, wie das in entsprechender Weise beim Nächster-Nachbar-Klassifikator der Fall ist.

Zwischen dem Parzen-Fenster-Klassifikator und der im folgenden Kapitel beschriebenen Klassifikation mit künstlichen neuronalen Netzen besteht ein enger Zusammenhang. Bei kugelförmigen Entscheidungsbereichen erhält man das *Restricted Coulomb Energy Network*, bei einem Fenster mit Gaußform ein sogenanntes *Netz mit radialer Basisfunktion* oder *Radial Basis Function Network* [Kos92], auf das in Abschnitt 5.3.4 noch genauer eingegangen wird.

Eine Entscheidung für eines der Ereignisse M_i erfolgt wie bei den Kriterien der Detektion dadurch, dass man an der Stelle des zu klassifizierenden Messvektors $\mathbf{r}$ die Schätzwerte $\hat{f}_{\mathbf{R}|M_i}(\mathbf{r}|M_i)$ bestimmt und von diesen Schätzwerten das Maximum sucht, wodurch das auszuwählende Ereignis M_i durch folgende Unterscheidungsfunktion festgelegt wird:

$$d_i(\mathbf{r}) = \hat{f}_{\mathbf{R}|M_i}(\mathbf{r}|M_i) = \max_i, \; i = 1, \ldots, M \quad \Rightarrow \quad \mathbf{r} \in \mathbf{R}_i. \tag{4.207}$$

Nachteilig an diesem Verfahren ist der hohe Rechenaufwand, da für jedes Element der Stichprobe eine Fensterfunktion gebildet wird und diese mit den Fensterfunktionen der übrigen Elemente der Stichprobe zu überlagern ist. Um ein befriedigendes Klassifikationsergebnis zu erhalten, ist eine hinreichend große Stichprobe zur Verfügung zu stellen. Aus diesem Grunde ist das Verfahren in der beschriebenen Form wenig praktikabel. Eine Verbesserung des Verfahrens lässt sich dadurch erzielen, dass man Gruppen von Elementen $\mathbf{r}_i^{(k)}$ der Stichprobe zusammenfasst und ihnen die Referenzen $\mathbf{s}_i^{(k)}$ zuordnet, was im folgenden Abschnitt näher betrachtet wird.

4.4.5 Mehrreferenzen-Klassifikation

Zur Reduktion der Anzahl der Repräsentanten eines Ereignisses M_i kann man Clusterverfahren verwenden, z. B. das Verfahren zur Bildung von Clustern mit scharfen Partitionen oder die Vektorquantisierung. Als Ergebnis dieser Clusterbildung erhält man die Partitionen $\mathbf{P}_i^{(k)}$, die man einzelnen Ereignissen M_i zuordnen kann, da bei der Lernstichprobe mit den Elementen $\mathbf{r}_i^{(k)}$ bekannt ist, zu welchen der Ereignisse M_i sie gehören und welcher Partition $\mathbf{P}_i^{(k)}$ sie zugeordnet wurden. Varianten der Clusterbildung können vorsehen, dass die Partitionen jeweils dieselbe Größe besitzen, wie das in Abb. 4.43 veranschaulicht wird.

Der Vorteil dieser Art von Klassifikatoren besteht darin, dass zum einen der Speicherbedarf relativ niedrig ist und zum anderen eine sehr einfache Klassifikation

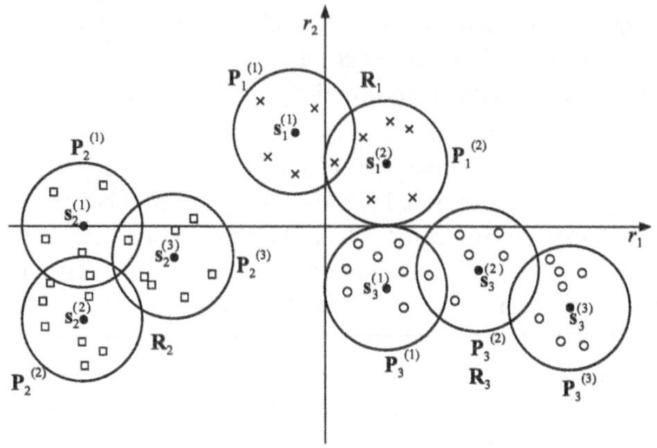

Abb. 4.43 Mehrreferenzen-Klassifikation mit Entscheidungsgebieten, die aus mehreren Partitionen zusammengesetzt sind

vorgenommen werden kann. Der Aufwand beim Entwurf derartiger Klassifikatoren besteht darin, geeignete *Referenzen* in Form der Partitionen aus der Lernstichprobe zu gewinnen. Der Entscheidungsvorgang läuft dabei folgendermaßen ab: Zunächst wird der quadratische Abstand zwischen dem zu klassifizierenden Messvektor $\mathbf{r}$ und den Referenzvektoren $\mathbf{s}_i^{(k)}$ gebildet. Der kleinste dieser Abstände bestimmt dann über den Index i das Ereignis M_i, dem der zu klassifizierende Vektor $\mathbf{r}$ zuzuordnen ist. Für die Unterscheidungsfunktion gilt damit:

$$d_i(\mathbf{r}) = |\mathbf{r} - \mathbf{s}_i^{(k)}| = \min_k, \; i = 1, \ldots, M \quad \Rightarrow \quad \mathbf{r} \in \mathbf{P}_i^{(k)} \subseteq \mathbf{R}_i. \tag{4.208}$$

Bei dieser Klassifikation fällt nicht nur die Information an, welchem Ereignis M_i der zu klassifizierende Messvektor $\mathbf{r}$ zuzuordnen ist, sondern auch, welcher Partition dieser Vektor angehört. Von dieser Information wird allerdings bei der einfachen Klassifikation kein Gebrauch gemacht; man könnte sie allenfalls dafür verwenden, etwas über die Zuverlässigkeit der Entscheidung auszusagen.

4.4.6 Transformationen im Merkmalsraum

In diesem Kapitel wurde bisher meist davon ausgegangen, dass die Verteilungen in den Komponenten der Mustervektoren, d. h. die Verteilung im *Merkmalsraum*, gut geeignet sind, um eine Trennbarkeit der Klassen zu gewährleisten. Wie jedoch in den Ausführungen zum Mahalanobis-Abstand (Abschnitt 4.4.3) bereits angedeutet wurde, ist dies in der Praxis oft nicht der Fall, da Korrelationen zwischen Merkmalen auftreten oder Klassen eng zusammenliegen können. In diesem Abschnitt sollen daher zwei Verfahren zur Lösung dieser Probleme näher erläutert werden.

Zunächst betrachten wir die in Abschnitt 3.2.1 eingeführte diskrete Karhunen-Loève-Transformation, die auch unter dem Namen *Hauptachsentransformation* oder im Englischen als *Principal Components Analysis* (PCA) bekannt ist. Anders als in Abschnitt 3.2.1 ist die Anwendung nicht mehr auf Abtastwerte eines Zeitsignals beschränkt. Die Vorstellung soll vielmehr sein, dass die Verfahren auf aus dem Zeitsignal gewonnene, N-dimensionale Merkmalsvektoren $\mathbf{r}$, wie z. B. die Kurzzeitspektren der DFT, angewandt werden. In der Praxis sind diese meist reellwertig (z. B. Betragsspektren), die Theorie in diesem Kapitel ist jedoch auch für komplexwertige Merkmale gültig.

Die Betrachtungen aus Abschnitt 3.2.1 sollen nun dahingehend ergänzt werden, dass die Auswirkung der Transformation auf die Verteilung der Merkmale, insbesondere deren Kovarianzmatrix $\mathbf{C}$, untersucht wird. Für die Kovarianzmatrix $\mathbf{C}'$ des Datensatzes $\mathbf{r}'(1),\ldots,\mathbf{r}'(K) = \boldsymbol{\Phi}^T\mathbf{r}(1),\ldots,\boldsymbol{\Phi}^T\mathbf{r}(K)$ mit $\boldsymbol{\Phi}$ aus (3.17) gilt:

$$\begin{aligned}\mathbf{C}' &= \mathrm{E}\{\boldsymbol{\Phi}^T(\mathbf{r}-\boldsymbol{\mu})(\boldsymbol{\Phi}^T(\mathbf{r}-\boldsymbol{\mu}))^T\} \\ &= \mathrm{E}\{\boldsymbol{\Phi}^T(\mathbf{r}-\boldsymbol{\mu})(\mathbf{r}-\boldsymbol{\mu})^T\boldsymbol{\Phi}\} \\ &= \boldsymbol{\Phi}^T\mathrm{E}\{(\mathbf{r}-\boldsymbol{\mu})(\mathbf{r}-\boldsymbol{\mu})^T\}\boldsymbol{\Phi} \\ &= \boldsymbol{\Phi}^T\mathbf{C}\boldsymbol{\Phi} \qquad (4.209)\end{aligned}$$

Die Formulierung der Eigenwertgleichungen $\mathbf{C}\boldsymbol{\varphi}_j = \lambda_j\boldsymbol{\varphi}_j,\ j=1,\ldots,N$ (vgl. 3.25) in Matrixform lautet

$$\mathbf{C}\boldsymbol{\Phi} = \boldsymbol{\Lambda}\boldsymbol{\Phi} = \boldsymbol{\Phi}\boldsymbol{\Lambda}, \qquad (4.210)$$

wobei $\boldsymbol{\Lambda}$ die N Eigenwerte λ_j von $\mathbf{C}$ in der Hauptdiagonalen enthält. Wegen Bedingung (3.18), d. h. $\boldsymbol{\Phi}^T\boldsymbol{\Phi} = \mathbf{I}$, folgt

$$\boldsymbol{\Phi}^T\mathbf{C}\boldsymbol{\Phi} = \mathbf{C}' = \boldsymbol{\Lambda}. \qquad (4.211)$$

Die Kovarianzmatrix im transformierten Merkmalsraum ist also diagonal, d. h. die Merkmale sind *unkorreliert*, und die Varianzen entlang der Hauptachsen entsprechen den Eigenwerten von $\mathbf{C}$. Geometrisch betrachtet bewirkt die Multiplikation mit der Matrix $\boldsymbol{\Phi}^T$ eine Drehung der Muster im Merkmalsraum in Richtung der größten Korrelation zwischen den Dimensionen. Die in der Herleitung der Eigenwertgleichungen geforderte Mittelwertfreiheit des Datensatzes wird in der Praxis durch Subtraktion des Mittelwertes $\boldsymbol{\mu}$ vor der Transformation erreicht:

$$\mathbf{r}'(k) = \boldsymbol{\Phi}^T(\mathbf{r}(k)-\boldsymbol{\mu}),\ k=1,\ldots,K. \qquad (4.212)$$

Abb. 4.44 veranschaulicht dieses Prinzip.

Außerdem wird die PCA in der Mustererkennung häufig zur Reduktion des Merkmalsraums verwendet, um die Komplexität des Klassifikationsschrittes (vgl. Kapitel 5) zu verringern, vergleichbar mit der in Abschnitt 3.2.1 erwähnten Datenkompression im Zeitbereich. Dies geschieht üblicherweise durch Auswahl der Merkmale mit der größten Varianz im transformierten Merkmalsraum. Diese Vari-

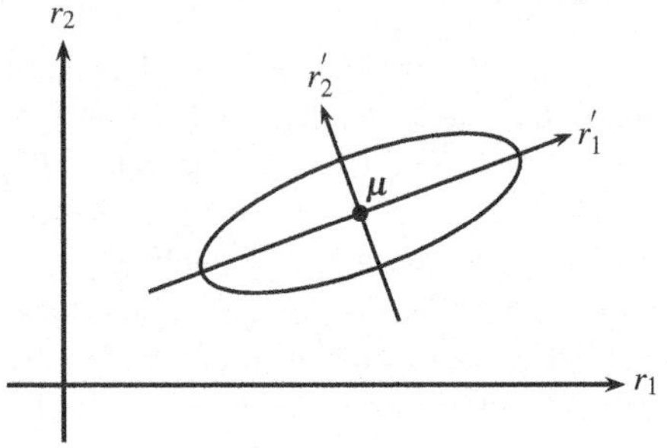

Abb. 4.44 Exemplarische Darstellung der PCA im zweidimensionalen Raum. Die PCA bewirkt eine Transformation in ein neues Koordinatensystem, dessen Achsen entlang der Eigenvektoren der Kovarianzmatrix verlaufen und dessen Ursprung im Mittelwert $\boldsymbol{\mu}$ des Datensatzes liegt.

anzen lassen sich wegen (4.211) ohne weitere Berechnung aus den Eigenwerten λ_j der Kovarianzmatrix ablesen.

Ein wesentlicher Nachteil der PCA ist jedoch, dass keinerlei Information über die Klassenzugehörigkeit des Trainingsdatensatzes berücksichtigt wird. Dadurch kann insbesondere die Trennbarkeit der Klassen im Merkmalsraum nicht optimiert werden.

Diese Überlegung führt zum Verfahren der *Linearen Diskriminanzanalyse* (LDA), bei dem sichergestellt wird, dass die Vektoren je einer Klasse möglichst kompakt zusammenliegen, während zu unterschiedlichen Klassen gehörende Vektoren im Mittel möglichst weit auseinanderliegen. Zur Formulierung dieser Kriterien trennt man die Kovarianzmatrix $\mathbf{C}$ in eine *Intraklassen*-Kovarianzmatrix $\mathbf{C}_a$ und eine *Interklassen*-Kovarianzmatrix $\mathbf{C}_b$ auf:

$$\mathbf{C} = \mathbf{C}_a + \mathbf{C}_b. \tag{4.213}$$

$\mathbf{C}_a$ beschreibt den Erwartungswert der Kovarianzmatrizen $\mathbf{C}_i$ (4.179) der M einzelnen Klassen:

$$\mathbf{C}_a = \mathrm{E}\{\mathbf{C}_i\} = \sum_{i=1}^{M} p_i \mathbf{C}_i. \tag{4.214}$$

Die Matrizen $\mathbf{C}_i$ werden hierbei mit den *A-priori-Klassenwahrscheinlichkeiten* $p_i = K_i/K$ gewichtet, wobei K_i die Anzahl der Mustervektoren im Trainingsdatensatz sei, die zu Klasse i gehören.

$\mathbf{C}_b$ dagegen repräsentiert die Abweichung der einzelnen Klassenmittelpunkte $\boldsymbol{\mu}_i$ (d. h. der Erwartungswerte der zu einer Klasse gehörenden Mustervektoren) vom Erwartungswert des Gesamtdatensatzes $\boldsymbol{\mu}$. Daher ist $\mathbf{C}_b$ ein Maß für die Streuung der Klassenmittelpunkte im Merkmalsraum:

$$\mathbf{C}_b = \sum_{i=1}^{M} p_i (\boldsymbol{\mu}_i - \boldsymbol{\mu})(\boldsymbol{\mu}_i - \boldsymbol{\mu})^T. \tag{4.215}$$

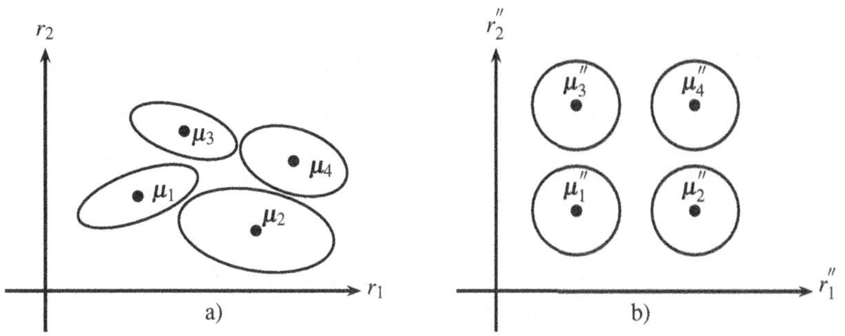

Abb. 4.45 Exemplarische Verteilung vierer Klassen und ihrer Mittelpunkte in einem zweidimensionalen Datensatz vor (a) und nach (b) der LDA-Transformation.

Um eine optimale Trennbarkeit der Klassen zu gewährleisten, sollte nun idealerweise die Streuung der Mustervektoren innerhalb der Klassen, d. h. $\mathbf{C}_a$, möglichst *klein* sein, während die Klassenmittelpunkte möglichst weit voneinander entfernt sein sollten, d. h. $\mathbf{C}_b$ sollte möglichst *groß* sein. Abb. 4.45 veranschaulicht beispielhaft, wie sich dieses Verfahren auf eine Verteilung von Mustervektoren auswirkt.

Das LDA-Verfahren realisiert einen Kompromiss zwischen diesen beiden Kriterien durch eine Transformation $\boldsymbol{\Psi}$, die ihrerseits aus einer Verschaltung $\boldsymbol{\Psi}$ zweier Transformationen $\boldsymbol{\Psi}_a$ und $\boldsymbol{\Psi}_b$ besteht:

$$\boldsymbol{\Psi} = \boldsymbol{\Psi}_b \cdot \boldsymbol{\Psi}_a. \tag{4.216}$$

Zunächst wird eine lineare Transformation $\boldsymbol{\Psi}_a$ angewandt, die bewirkt, dass im transformierten Merkmalsraum die Intraklassen-Kovarianzmatrix gleich der Identitätsmatrix $\mathbf{I}$ ist, d. h. die Kovarianzen sind eliminiert und die Streuung in den Hauptachsen normiert. Eine weitere orthogonale Transformation $\boldsymbol{\Psi}_b$ verwirklicht dann wie bei der PCA eine Drehung, so dass die Klassenmittelpunkte entlang der neuen Koordinatenachsen möglichst weit streuen.

Betrachtet man die Auswirkung der Transformation $\boldsymbol{\Psi}_a$ auf die klassenspezifische Kovarianzmatrix $\mathbf{C}_i$ des Datensatzes $\mathbf{r}'(1),\ldots,\mathbf{r}'(K) = \boldsymbol{\Psi}_a\mathbf{r}(1),\ldots\boldsymbol{\Psi}_a\mathbf{r}(K)$, liefert eine ähnliche Überlegung wie oben (4.209):

$$\mathbf{C}_i' = \boldsymbol{\Psi}_a\mathbf{C}_i\boldsymbol{\Psi}_a^T. \tag{4.217}$$

Folglich gilt für die Intraklassen-Kovarianzmatrix $\mathbf{C}_a'$ des transformierten Datensatzes unter Berücksichtigung von (4.214):

$$\mathbf{C}_a' = \boldsymbol{\Psi}_a\mathbf{C}_a\boldsymbol{\Psi}_a^T. \tag{4.218}$$

Bezeichnet man mit $\boldsymbol{\Phi}_a$ die Matrix, deren Spalten die Eigenvektoren der Intraklassen-Kovarianzmatrix $\mathbf{C}_a$ enthalten (vgl. 3.17) und mit $\boldsymbol{\Lambda}_a$ eine Diagonalmatrix der Eigenwerte von $\mathbf{C}_a$ und setzt man

$$\boldsymbol{\Psi}_a := \boldsymbol{\Lambda}_a^{-1/2} \boldsymbol{\Phi}_a^T, \tag{4.219}$$

so lässt sich zeigen:

$$\begin{aligned}
\mathbf{C}_a' &= \boldsymbol{\Lambda}_a^{-1/2} \boldsymbol{\Phi}_a^T \mathbf{C}_a \boldsymbol{\Phi}_a (\boldsymbol{\Lambda}_a^{-1/2})^T \\
&= \boldsymbol{\Lambda}_a^{-1/2} \boldsymbol{\Lambda}_a \boldsymbol{\Lambda}_a^{-1/2} \\
&= \mathbf{I}.
\end{aligned}$$

Als Transformation $\boldsymbol{\Psi}_b$ verwendet man nun $\boldsymbol{\Phi}_b^T$, wobei $\boldsymbol{\Phi}_b$ die Matrix der Eigenvektoren der Interklassen-Kovarianzmatrix $\mathbf{C}_b' = \boldsymbol{\Psi}_a \mathbf{C}_b \boldsymbol{\Psi}_a^T$ ist.
Somit gilt für die Interklassen-Kovarianzmatrix $\mathbf{C}_b''$ des LDA-transformierten Datensatzes $\mathbf{r}''(1), \ldots, \mathbf{r}''(K) = \boldsymbol{\Psi}\mathbf{r}(1), \ldots, \boldsymbol{\Psi}\mathbf{r}(K)$:

$$\mathbf{C}_b'' = \boldsymbol{\Phi}_b^T \cdot \mathbf{C}_b' \boldsymbol{\Phi}_b = \boldsymbol{\Lambda}_b'. \tag{4.220}$$

Die Matrix $\boldsymbol{\Lambda}_b'$ enthält dabei die Eigenwerte von $\mathbf{C}_b'$ in der Hauptdiagonalen. Man beachte, dass die Intraklassen-Kovarianzmatrix $\mathbf{C}_a' = \mathbf{I}$ unter $\boldsymbol{\Psi}_b$ invariant ist, da

$$\boldsymbol{\Psi}_b \mathbf{I} \boldsymbol{\Psi}_b^T = \boldsymbol{\Psi}_b \boldsymbol{\Psi}_b^T = \mathbf{I}.$$

Für die Kovarianzmatrix $\mathbf{C}''$ des LDA-transformierten Datensatzes gilt mit (4.213)

$$\mathbf{C}'' = \mathbf{C}_a'' + \mathbf{C}_b'' = \mathbf{I} + \boldsymbol{\Lambda}_b'. \tag{4.221}$$

Die Multiplikation mit $\boldsymbol{\Psi}$ bewirkt also einerseits – wie die PCA – eine Dekorrelierung der Merkmale, sorgt andererseits aber zusätzlich für eine möglichst breite Streuung der Klassenmittelpunkte entlang der Achsen des neuen Koordinatensystems. Insgesamt kann man die Lineare Diskriminanzanalyse als Zusammensetzung zweier PCA-Transformationen erklären, bei der die erste Transformation mit einer zusätzlichen Gewichtung versehen wird.

4.5 Vergleich der Verfahren

Die in diesem Kapitel diskutierten Verfahren kann man in zwei Gruppen einteilen:

- Das *Signalmodell*, in welchem die Überlagerung des Nutz- und des Störanteils beschrieben wird, und die *Statistik* von Nutz- und Störanteil sind vollständig bekannt.
- Von dem zu klassifizierenden Signal liegt eine *Lernstichprobe* vor, d. h. von jedem Element dieser Stichprobe kennt man die korrekte *Klassenzugehörigkeit*.

Grundsätzlich sind immer die Verfahren im Sinne des vorgegebenen Optimalitätskriteriums – z. B. der Fehlerwahrscheinlichkeit – günstiger, bei deren Implementierung man über mehr A-priori-Wissen verfügen kann. Das trifft bei der oben stehenden Aufstellung für die Verfahren der ersten Gruppe zu.

Andererseits gibt es wenige Fälle bei der praktischen Anwendung der Klassifikation, in denen man das Signalmodell und die zugehörige Statistik genau kennt. Bei der Datenübertragung wählt man das Nutzsignal in Abhängigkeit von dem zu übertragenden Datenstrom und verfügt damit über die genaue Kenntnis des Signalmodells. Die Signalstatistik wird so gewählt, dass eine optimale Ausnutzung des Datenkanals möglich wird, d. h., man wird ein Quellencodierungsverfahren einsetzen, das gleiche A-priori-Wahrscheinlichkeiten der zu übertragenden Daten bzw. Datenblöcke garantiert. Durch Messungen wurde ferner bestätigt, dass das Modell der additiven Überlagerung von Nutzsignal und weißem Gaußschem Rauschen mit guter Näherung zutrifft. Im Falle der Datenübertragung ist damit die Voraussetzung bekannter Signal- und Störstatistik sowie eines bekannten Signalmodells gegeben. Bei anderen Anwendungsgebieten der Signalerkennung im Rauschen – z. B. der Materialprüfung mit Hilfe wählbarer Testsignale; ein Beispiel ist das Anklopfen von Fliesen zur Erkennung von Haarrissen und anderen Schäden aus dem Luft- oder Körperschallsignal – wird die Modellierung des zu klassifizierenden Signals schon erheblich problematischer, weil man z. B. nicht von einer bekannten Statistik ausgehen kann.

Diese Situation wird generell bei Aufgaben der Mustererkennung noch dadurch verschärft, dass man die Erzeugung des Nutzsignals nicht in der Hand hat, sondern dass das Nutzsignal aufgrund vorgegebener physikalischer oder physiologischer Phänomene – man denke an die Spracherzeugung – vorgegeben ist. Hier wird man in der Regel mit einer Lernstichprobe auskommen müssen, um das Klassifikationsproblem zu lösen. Nachteil dieser Ansätze ist, dass man freie Parameter – die Größe K der bei der NN-Klassifikation zu berücksichtigenden Referenzgrößen oder den Umfang der Partitionen bei der Mehrreferenzen-Klassifikation – auswählen muss, deren Festlegung nicht zwingend durch die Aufgabenstellung vorgegeben werden kann. Um zu einem optimalen Klassifikationsergebnis zu kommen, ist es deswegen erforderlich, auf Erfahrungswissen zurückzugreifen, bzw. durch Tests empirisch die günstigsten Parameter zu ermitteln. Vom Standpunkt der Theorie aus gesehen möchte man nach Vorgabe eines Optimalitätskriteriums die Parameter des zu dimensionierenden Systems ableiten können, um sicher zu sein, dass keine andere Parameterwahl zu einem im Sinne des Optimalitätskriteriums besseren Klassifikator führt. Ohne Kenntnis des Signalmodells und der Signalstatistik kann man aber keinen eindeutigen, durch eine Funktion beschreibbaren Zusammenhang zwischen dem Optimalitätskriterium und den frei zu wählenden Parametern des zu dimensionierenden Systems herleiten. Folglich ist die Optimalität eines Systems bei Vorliegen des zweiten oben genannten Falls nur durch Versuch und Irrtum näherungsweise zu ermitteln. Die Problematik der Bewertung unterschiedlicher Entwurfsansätze verdient eine genauere Betrachtung und ist daher Gegenstand des nächsten Kapitels.

Kapitel 5
Systeme für die Signal- und Mustererkennung

In diesem Kapitel soll auf die Realisierung von Systemen eingegangen werden, die zur Signalerkennung und Mustererkennung dienen. Synonyme Bezeichnungen für diese Systeme sind im Falle der Signalerkennung Empfänger, insbesondere *Optimalempfänger*, bei der Mustererkennung wird der Begriff *Klassifikator* verwendet. Üblich sind auch die Bezeichnungen Schätzsysteme oder Entscheider.

Im Falle der Signalerkennung geht man davon aus, dass die Statistik des Prozesses, der das gestörte Empfangssignal oder das Messsignal beschreibt, bekannt ist. Ein besonders wichtiger Fall liegt bei Gaußscher Statistik vor. Wie im vierten Kapitel gezeigt wurde, hängen die Unterscheidungsfunktionen $d_i(\mathbf{r})$, $i = 1, \ldots, M$ *linear* vom Vektor $\mathbf{r}$ ab, wenn die Statistik unabhängig von dem durch den Index i gekennzeichneten Ereignis M_i wird. Dieser Fall trifft insbesondere bei der Informations- und Datenübertragung zu und führt auf den *Korrelationsempfänger*.

Bei der Mustererkennung kann man in der Regel nicht davon ausgehen, dass der Messsignalprozess durch eine Gaußsche Statistik beschrieben werden kann. Deshalb kann der Klassifkator auch *nichtlinear* sein. Einen allgemeinen Ansatz für den nichtlinearen Klassifikator stellt der *Polynomklassifikator* dar.

Bei den bisher genannten Systemen werden Unterscheidungsfunktionen berechnet, deren Maximum die Entscheidung für eines von M möglichen Ereignissen liefert. Die Parameter dieser Unterscheidungsfunktionen werden durch Optimierung einer *Zielfunktion*, z. B. der Fehlerwahrscheinlichkeit oder des mittleren quadratischen Fehlers, bestimmt. Dazu bedarf es aber der Kenntnis der Statistik des Messsignalprozesses. Wenn man diese Kenntnis nicht hat, sondern nur über Messwerte verfügt, kann man mit Hilfe eines Trainingsdatensatzes die Parameter eines *künstlichen neuronalen Netzes* bestimmen, das als Klassifikator dient. Als Alternativen dazu existieren Verfahren wie Entscheidungsbäume oder Kernelmaschinen. Zur Klassifikation von Sequenzen existieren darüber hinaus Verfahren, die eine nichtlineare Verzerrung der Zeitachse erlauben, um Asynchronitäten zwischen Mustern und Referenzen auszugleichen. Prominente Vertreter sind vor allem die Dynamische Programmierung mittels Dynamic-Time-Warps sowie als statistisches Verfahren die Hidden-Markov-Modelle. Trainingsinstabilitäten können dabei mittels Ensemblelernen bei instabilen Klassifikatoren kompensiert werden. Wenn auch kein Trainingsdatensatz gewonnen werden kann und man nur über grobe oder unscharfe Aussagen über das Messsignal verfügt, kann man das Klassifikationsproblem bei Kenntnis der physikalischen Zusammenhänge im Messsignal mit einem *Fuzzy-Klassifikator* lösen. Um die Stärken unterschiedlicher Klassifikatoren zu vereinen, bietet sich schließlich das Prinzip der Metaklassifikation an.

5.1 Signalerkennung mit Korrelationsempfängern

Nach (4.97) lautet die Entscheidungsregel eines Empfängers für Signale, die durch einen Gaußschen Prozess der Varianz $\sigma^2 = N_w$ gestört werden:

$$\sum_{k=1}^{N}(r_k - s_{ik})^2 - 2N_w \ln P_i < \sum_{k=1}^{N}(r_k - s_{jk})^2 - 2N_w \ln P_j, \quad \begin{array}{l} j = 1,\ldots,M \\ j \neq i. \end{array} \tag{5.1}$$

Dies bedeutet: Der Empfänger berechnet für jeden Signalvektor $\mathbf{s}_i$ den Ausdruck

$$\sum_{k=1}^{N}(r_k - s_{ik})^2 - 2N_w \ln P_i, \quad i = 1,\ldots,M \tag{5.2}$$

und entscheidet sich für den Signalvektor $\mathbf{s}_i$, für den dieser Ausdruck ein Minimum annimmt. Durch Umformung von (5.2) erhält man:

$$\sum_{k=1}^{N}(r_k - s_{ik})^2 - 2N_w \ln P_i = \sum_{k=1}^{N} r_k^2 - 2\sum_{k=1}^{N} r_k \cdot s_{ik} + E_{s_i} - 2N_w \ln P_i. \tag{5.3}$$

Weil der Ausdruck $\sum_{k=1}^{N} r_k^2$ vom Index i unabhängig ist, genügt es, den der Unterscheidungsfunktion nach (4.92) entsprechenden Ausdruck

$$d_i(\mathbf{r}) = \sum_{k=1}^{N} r_k \cdot s_{ik} + N_w \ln P_i - \frac{1}{2}E_{s_i} = \sum_{k=1}^{N} r_k \cdot s_{ik} + c_i \tag{5.4}$$

zu einem Maximum zu machen, um (5.1) zu erfüllen. In der Konstanten c_i sind alle A-priori-Daten – die Signalenergie und die A-priori-Wahrscheinlichkeiten – zusammengefasst.

Dem zu realisierenden Empfänger steht nach Abb. 1.3 das Signal $r(t)$ zur Verfügung, das durch den Vektor $\mathbf{r}$ dargestellt wird. Man gewinnt $\mathbf{r}$ aus $r(t)$ mit dem Demodulator nach Abb. 3.14a. Mit der Definitionsgleichung (3.101) für die Komponenten r_k von $\mathbf{r}$ kann man schreiben:

$$\sum_{k=1}^{N} r_k \cdot s_{ik} = \sum_{k=1}^{N} s_{ik} \int_0^T r(t) \cdot \varphi_k(t)\,dt$$
$$= \int_0^T r(t) \sum_{k=1}^{N} s_{ik} \cdot \varphi_k(t)\,dt = \int_0^T r(t)\, s_i(t)\,dt. \tag{5.5}$$

Man bezeichnet

$$\int_{-\infty}^{\infty} x(t) y^*(t-\tau)\,dt = k(\tau) \tag{5.6}$$

wegen der Ähnlichkeit mit (2.33) als *Korrelationsfunktion*. Dabei ist $y^*(t)$ die konjugiert komplexe Funktion zu $y(t)$. Weil $s_i(t)$ reell ist und $r(t)$ und $s_i(t)$ zeitbegrenzte, innerhalb des Intervalls $0 \leq t \leq T$ liegende Funktionen sind, ist (5.5) die zugehörige Korrelationsfunktion für $\tau = 0$.

Deshalb bezeichnet man das System, das den Ausdruck (5.5) bestimmt, als *Korrelationsempfänger*. Abb. 5.1 zeigt das Blockschaltbild dieses Empfängers.

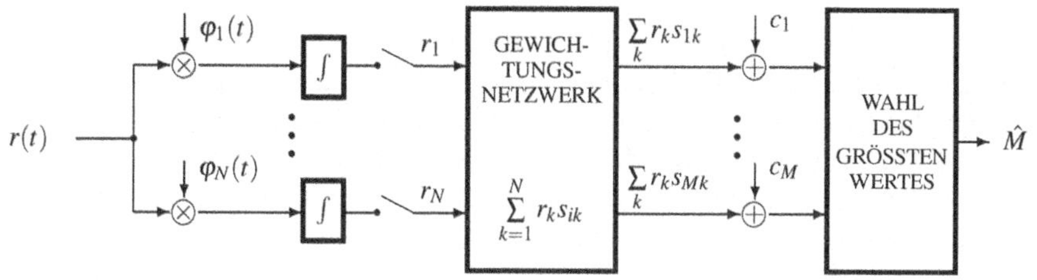

Abb. 5.1 Struktur des Korrelationsempfängers

Der Empfänger setzt sich aus drei Teilen zusammen:

- dem *Demodulator*,
- einem *Gewichtungsnetzwerk* zur Bestimmung der gewichteten Summen nach (5.5) und der nur von A-priori-Größen abhängigen Konstanten c_i für $i = 1, \ldots, M$,
- dem *Komparator*, der den *größten* Ausdruck nach (5.4) aussucht.

Bei modernen Modems zur Datenübertragung realisiert man das Gewichtungsnetzwerk mit Signalprozessoren, die allerdings gleichzeitig auch die Funktionen anderer Komponenten des Empfängers – Demodulator, Entscheider usw. – übernehmen.

Wenn die A-priori-Wahrscheinlichkeiten P_i alle gleich sind und die Signale gleiche Energie besitzen, was durch Wahl der Vektoren nach Abschnitt 4.2.4 erreichbar ist, werden die Konstanten c_i in (5.4) für alle Signale gleich und können bei der Entscheidung des Empfängers unberücksichtigt bleiben. Bei der Datenübertragung trifft dies z. B. bei digitaler Phasenmodulation oder PSK (Englisch: Phase Shift Keying) zu. Dadurch vereinfacht sich die Struktur in Abb. 5.1. Auf die Multiplikation im Gewichtungsnetzwerk kann man auch verzichten, wenn man regelmäßige Strukturen wie bei den rechtwinkligen Entscheidungsräumen verwendet, die zudem achsenparallel sind. Dies entspricht der im vorhergehenden Kapitel beschriebenen QASK-

Modulation. Bei diesem Signaltyp muss man nur entscheiden, innerhalb welchen Abszissen- bzw. Ordinatenabschnitts man sich befindet, woraus die Schätzwerte $\hat{s}_i$ für die Komponenten s_i gewonnen werden, wie Abb. 5.2 zeigt.

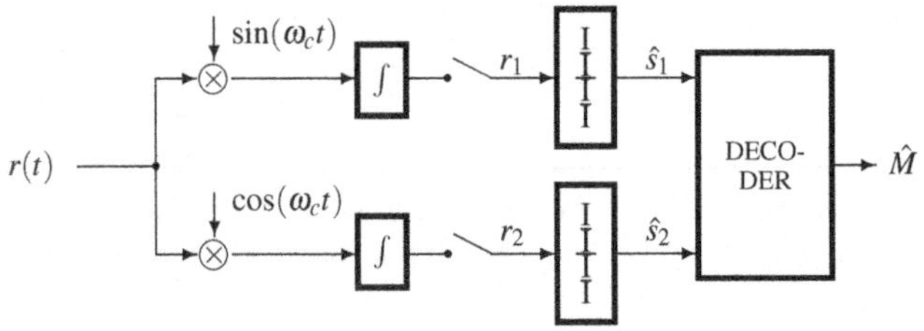

Abb. 5.2 Empfänger mit vereinfachtem Gewichtungsnetzwerk bei rechtwinkligen, achsenparallelen Entscheidungsräumen

Weil die Signale $s_i(t)$ und damit die orthonormalen Basisfunktionen voraussetzungsgemäß außerhalb des Intervalls $0 \leq t \leq T$ identisch verschwinden, lässt sich der Empfänger auch ohne Multiplizierer realisieren. Dies ist manchmal vorteilhaft, weil die Multiplikation technisch aufwendiger und damit zeitraubender als eine einfache Filterung sein kann. Ein System mit der Impulsantwort $h(t)$ liefert bei Einspeisung von $r(t)$ das Ausgangssignal

$$y(t) = h(t) * r(t) = \int_{-\infty}^{\infty} h(t-\tau)r(\tau)\,d\tau. \tag{5.7}$$

Wählt man

$$h(t) = \varphi_j(T-t), \tag{5.8}$$

so gilt:

$$y(t) = \int_{-\infty}^{\infty} \varphi_j(T-t+\tau)r(\tau)\,d\tau \tag{5.9}$$

und zum Zeitpunkt $t = T$:

$$y(T) = \int_{-\infty}^{\infty} \varphi_j(\tau)r(\tau)\,d\tau = r_j, \tag{5.10}$$

d. h. der Abtastwert des Ausgangssignals $y(t)$ zum Zeitpunkt $t = T$ liefert die Komponente r_j von $\mathbf{r}$. Verwendet man N parallele Filter mit Impulsantworten nach (5.8), so kann man den Demodulator in Abb. 5.1 durch die Filterbank mit Abtastern in Abb. 5.3 ersetzen. Allerdings wird der Aufwand hier z. B. bei der Datenübertragung größer als bei der zuvor beschriebenen Realisierungsmethode, da als orthonormale Basisfunktionen die auf das Intervall $0 \leq t \leq T$ beschränkten trigonometrischen Funktionen $\sin \omega_c t$ und $\cos \omega_c t$ verwendet werden, an welche die Impulsantworten der Filter anzupassen wären.

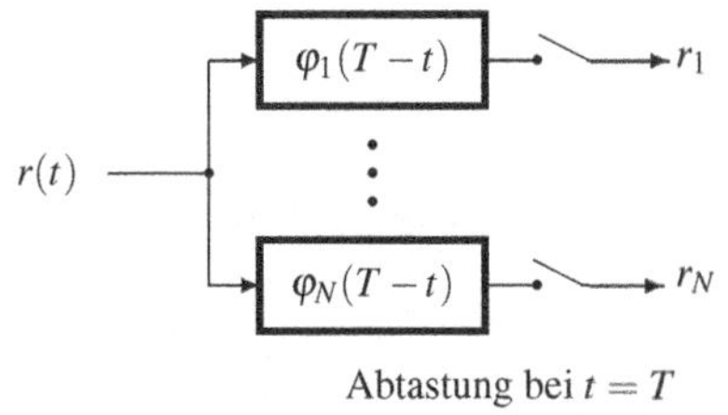

Abb. 5.3 Eingangsnetzwerk des Matched-Filter-Empfängers

Man bezeichnet die Filter mit der Impulsantwort nach (5.8) als *Matched-Filter*, weil sie in ihrem zeitlichen Verlauf den Funktionen $\varphi_j(t)$ angepasst sind. Sie lassen sich nur dann als kausale Filter realisieren, wenn $\varphi_j(t) = 0$ für $t > T$ gilt, woraus $h(t) = 0$ für $t < 0$ folgt. Je größer T ist, desto länger dauert es, bis die Komponente r_j von $\mathbf{r}$ berechnet wird.

Das Matched-Filter ist dadurch gekennzeichnet, dass es bei vorgegebenem Eingangssignal zu einem festen Zeitpunkt das maximal mögliche Signal-zu-Rauschverhältnis liefert. Das Ausgangssignal eines Filters mit der Impulsantwort $h(t)$ ist nach (5.7) zum Zeitpunkt $t = T$ bei Erregung mit $x(t)$

$$y(t) = \int_{-\infty}^{\infty} h(t-\tau)x(\tau)\,d\tau. \tag{5.11}$$

Das Signal $x(t)$ werde von einer Musterfunktion $n(t)$ eines weißen, mittelwertfreien Rauschprozesses $N(t)$ mit der Autokovarianzfunktion $c_{NN}(\tau) = N_w \cdot \delta_0(\tau)$ additiv überlagert. Der quadratische Mittelwert des von den Störungen erzeugten Ausgangssignals ist dann gleich der Varianz [Woz68]:

$$\begin{aligned}
\sigma_Y^2 &= \mathrm{E}\{\int_{-\infty}^{\infty}\int_{-\infty}^{\infty} h(T-\tau)h(T-t)N(\tau)N(t)\,d\tau\,dt\} \\
&= \int_{-\infty}^{\infty}\int_{-\infty}^{\infty} \mathrm{E}\{N(\tau)N(t)\}h(T-\tau)h(T-t)\,d\tau\,dt \\
&= N_w \int_{-\infty}^{\infty}\int_{-\infty}^{\infty} \delta_0(\tau-t)h(T-\tau)h(T-t)\,d\tau\,dt \\
&= N_w \int_{-\infty}^{\infty} h^2(T-t)\,dt = N_w \int_{-\infty}^{\infty} h^2(t)\,dt.
\end{aligned} \tag{5.12}$$

Das Signal-zu-Rausch-Verhältnis SNR kann man als Quotienten aus dem Quadrat des ungestörten Ausgangssignals und dem quadratischen Mittelwert des Rauschprozesses am Ausgang des Filters definieren. Nach (5.11) und (5.12) gilt zum Zeitpunkt $t = T$:

$$\mathrm{SNR} = \frac{(\int_{-\infty}^{\infty} h(T-\tau)x(\tau)\,d\tau)^2}{N_w \int_{-\infty}^{\infty} h^2(\tau)\,d\tau}. \tag{5.13}$$

Mit der *Schwarzschen Ungleichung* kann man den Zähler nach oben abschätzen:

$$[\int_{-\infty}^{\infty} h(T-\tau)\cdot x(\tau)\,d\tau]^2 \leq [\int_{-\infty}^{\infty} h^2(T-\tau)\,d\tau][\int_{-\infty}^{\infty} x^2(\tau)\,d\tau]. \tag{5.14}$$

Für

$$h(T-\tau) = c \cdot x(t) \tag{5.15}$$

geht die Ungleichung in eine Gleichung über. Für (5.13) folgt damit

$$\mathrm{SNR} \leq \frac{[\int_{-\infty}^{\infty} h^2(T-\tau)\,d\tau][\int_{-\infty}^{\infty} x^2(\tau)\,d\tau]}{N_w \int_{-\infty}^{\infty} h^2(\tau)\,d\tau} = \frac{\int_{-\infty}^{\infty} x^2(\tau)\,d\tau}{N_w}, \tag{5.16}$$

d. h. unter der Voraussetzung, dass die Bedingung in (5.15) erfüllt ist, wird die obere Schranke in (5.16) erreicht. Für das Filterproblem heißt dies: Ist die Matched-Filter-Bedingung (5.15) erfüllt, erhält man zum Zeitpunkt $t = T$ das maximal mögliche Signal-zu-Rauschverhältnis. Die Bedeutung der Bedingung (5.15) im Frequenzbereich erkennt man an der Fourier-Transformierten

$$\begin{aligned} H(f) &= \int_{-\infty}^{\infty} h(t) e^{-j2\pi f t}\,dt = \int_{-\infty}^{\infty} c \cdot x(T-t) e^{-j2\pi f t}\,dt \\ &= c \cdot e^{-j2\pi f T} X^*(f). \end{aligned} \tag{5.17}$$

Für den Amplitudengang gilt damit

$$|H(f)| = c \cdot |X(f)|, \tag{5.18}$$

d. h. der Amplitudengang $|H(f)|$ des Matched-Filters stimmt bis auf eine Konstante mit dem Betrag $|X(f)|$ des Spektrums von demjenigen Nutzsignal überein, an das das Filter angepasst wurde. Das Filter ist dort „durchlässig“, wo die Signalfrequenzen liegen, im übrigen Frequenzbereich sperrt es, da hier nur Störkomponenten zu erwarten sind.

Neben der Realisierung des Empfängers durch Matched-Filter zur Darstellung der orthonormalen Basisfunktionen $\varphi_j(t)$ gibt es noch eine weitere Möglichkeit. Im Korrelationsempfänger werden Ausdrücke der Form (5.5) berechnet. Statt der Summenbildung kann man auch die Integration ausführen. Liegt das Signal $r(t)$ am Eingang eines Filters mit der Impulsantwort

$$h(t) = s_i(T-t), \tag{5.19}$$

so liefert es zum Zeitpunkt $t = T$ wegen der Beschränkung von $s_i(t)$ auf das Intervall $0 \leq t \leq T$ den Ausdruck nach (5.5):

$$\begin{aligned} y(T) &= \int_{-\infty}^{\infty} h(t-\tau) r(\tau)\,d\tau|_{t=T} = \int_{-\infty}^{\infty} s_i(T-t+\tau) r(\tau)\,d\tau|_{t=T} \\ &= \int_{-\infty}^{\infty} s_i(\tau) r(\tau)\,d\tau. \end{aligned} \tag{5.20}$$

Die Filter mit den Impulsantworten nach (5.19) stellen Matched-Filter für die Signale $s_i(t)$ dar. Diese Realisierung eignet sich nur dann, wenn die Signale $s_i(t)$ sich einfach durch Impulsantworten darstellen lassen, was z. B. bei der Mustererkennung zutreffen kann. Bei der Datenübertragung, z. B. für die Realisierung eines Modems, eignet sich diese Methode nicht, da die $s_i(t)$ Zeitausschnitte aus einer Cosinus- bzw. Sinus-Funktion sind, die sich als Impulsantworten von Filtern nur mit relativ hohem Aufwand realisieren lassen. Es kommt hinzu, dass bei Umsetzung von (5.20) statt des Demodulators mit N Zweigen – bei einem Modem sind das mit den zu $\cos(\omega_c t)$ und $\sin(\omega_c t)$ proportionalen Basisfunktionen $N = 2$ Zweige – und des Gewichtungsnetzwerks in Abb. 5.1 eine Filterbank mit M parallelen Filtern verwendet wird. Da stets $N \leq M$ gilt, kann die Ersparnis des Gewichtungsnetzwerks also durch einen hohen Aufwand bei der Realisierung der Filter erkauft werden. Andererseits sind die Anforderungen an die Realisierungsgenauigkeit der Matched-Filter bei einfacheren Signalformen nicht sehr hoch, wie im folgenden Abschnitt gezeigt wird. Deshalb und wegen des hohen Frequenzbereichs verzichtet man bei *Radarsystemen* auf die Multiplikation mit den Basisfunktionen am Eingang des Empfängers in Abb. 5.1 und verwendet an die Sendesignale angepasste Matched-Filter.

Approximation des idealen Matched-Filters

In diesem Abschnitt soll untersucht werden, wie genau die Bedingung für ein Matched-Filter mit der Impulsantwort $h(t)$ an das zugehörige Sendesignal $x(t)$ angepasst werden muss, d. h. wie genau die Bedingung $h(t) = c \cdot x(T-t)$ zu erfüllen ist. Diese Frage ist deswegen von Interesse, weil sich wegen der Signalform $x(t)$ ein nur schwer realisierbares Filter mit der Impulsantwort $h(t)$ ergeben kann. Zum anderen möchte man wissen, wie weit man sich vom Maximum des Signal-zu-Rauschverhältnisses des idealen Matched-Filters entfernt, sofern die Matched-Filter-Bedingung nur näherungsweise eingehalten wird.

Um dies genauer zu untersuchen, sei angenommen, dass ein *rechteckförmiges* Sendesignal

$$s(t) = \delta_{-1}(t) - \delta_{-1}(t-T) \tag{5.21}$$

durch den weißen Störprozess $N(t)$ mit der Leistungsdichte $S_{NN}(f) = N_w$ gestört werde. Zunächst soll für das ideale Matched-Filter das Signal-zu-Rauschverhältnis berechnet werden, das durch

$$\mathrm{SNR} = \frac{(h(t) * s(t))^2|_{t=T}}{N_w \cdot \int_{-\infty}^{\infty} h^2(t)\,dt} \tag{5.22}$$

gegeben ist. Dieses Signal-zu-Rauschverhältnis soll für das ideale Matched-Filter, einen dieses Filter approximierenden RC-Tiefpass, einen Gauß-Tiefpass sowie einen idealen Tiefpass berechnet werden.

Für das *ideale Matched-Filter* erhält man die Impulsantwort

$$h(t) = \frac{1}{T}\left(\delta_{-1}(t) - \delta_{-1}(t-T)\right). \tag{5.23}$$

Mit dieser Impulsantwort folgt für das Signal-zu-Rauschverhältnis nach (5.22)

$$\mathrm{SNR}|_{opt} = \frac{\frac{1}{T^2}T^2}{N_w \frac{1}{T^2} T} = \frac{T}{N_w}. \tag{5.24}$$

Für den *RC-Tiefpass* erhält man mit der Impulsantwort

$$h(t) = \begin{cases} \frac{1}{\tau} e^{-t/\tau} & t \geq 0 \\ 0 & t < 0. \end{cases} \tag{5.25}$$

das Signal-zu-Rauschverhältnis

$$\mathrm{SNR} = \frac{\frac{1}{\tau^2}(\int_0^T e^{-t/\tau}\,dt)^2}{N_w \frac{1}{\tau^2}\int_0^\infty e^{-2t/\tau}\,dt} = \frac{(-\tau e^{-t/\tau})^2|_0^T}{N_w(-\frac{\tau}{2}e^{-2t/\tau})|_0^\infty} = \frac{2\tau(1-e^{-T/\tau})^2}{N_w}. \tag{5.26}$$

Normiert man dieses Signal-zu-Rauschverhältnis auf den maximal möglichen Wert nach (5.24), erhält man

$$\gamma = \frac{\mathrm{SNR}}{\mathrm{SNR}|_{opt}} = \frac{2\tau}{T}(1-e^{-T/\tau})^2. \tag{5.27}$$

Der *Gauß-Tiefpass* besitzt die Impulsantwort

$$h(t) = \frac{1}{\tau} e^{-t^2/\tau^2}. \tag{5.28}$$

Man erhält den wegen fehlender Kausalität – die Impulsantwort verschwindet nicht für negative Zeiten – nicht realisierbaren Gauß-Tiefpass näherungsweise durch Kettenschaltung mehrerer RC-Tiefpässe, wobei mindestens 6 RC-Tiefpässe erforderlich sind, um ein kausales Filter zu erhalten, dessen Impulsantwort die typische Gauß-Kurve sichtbar approximiert. Die Impulsantwort nach (5.28) führt mit (5.22) auf das Signal-zu-Rauschverhältnis:

$$\mathrm{SNR} = \frac{\frac{1}{\tau^2}(\int_{-T/2}^{T/2} e^{-t^2/\tau^2}\,dt)^2}{N_w \frac{1}{\tau^2}\int_{-\infty}^{\infty} e^{-2t^2/\tau^2}\,dt} = \frac{\pi\tau^2(1-2Q(\frac{T}{\sqrt{2}\tau}))^2}{N_w \cdot \sqrt{\frac{\pi}{2}}}. \tag{5.29}$$

Normiert man wieder auf das maximale Signal-zu-Rauschverhältnis nach (5.24), erhält man:

$$\gamma = \frac{\mathrm{SNR}}{\mathrm{SNR}|_{opt}} = \frac{\tau}{T}\sqrt{2\pi}\left(1-2Q(\frac{T}{\sqrt{2}\tau})\right)^2. \tag{5.30}$$

Schließlich besitzt der *ideale Tiefpass* die Impulsantwort

$$h(t) = \frac{1}{\tau}\frac{\sin(\pi t/\tau)}{\pi t/\tau}. \tag{5.31}$$

Man erhält dafür das Signal-zu-Rauschverhältnis:

$$\mathrm{SNR} = \frac{\frac{1}{\tau^2}(\int_{-T/2}^{T/2} \frac{\sin(\pi t/\tau)}{\pi t/\tau}\,dt)^2}{N_w \frac{1}{\tau^2}\int_{-\infty}^{\infty} (\frac{\sin(\pi t/\tau)}{\pi t/\tau})^2\,dt} = \frac{4\tau \mathrm{Si}^2(\frac{\pi \cdot T}{2\tau})}{\pi^2 N_w}, \tag{5.32}$$

wobei mit $\mathrm{Si}(x)$ der *Integralsinus* [Bro62] bezeichnet wird. Normierung auf das optimale Signal-zu-Rauschverhältnis liefert das Ergebnis

$$\gamma = \frac{\mathrm{SNR}}{\mathrm{SNR}|_{opt}} = \frac{4\tau \mathrm{Si}^2(\frac{\pi \cdot T}{2\tau})}{\pi^2 T}. \tag{5.33}$$

Zum Vergleich der Ergebnisse ist in Abb. 5.4 das auf den Maximalwert normierte Signal-zu-Rauschverhältnis der drei Filter als Funktion der auf die Zeitkonstante der Filter normierten Signaldauer T aufgetragen.

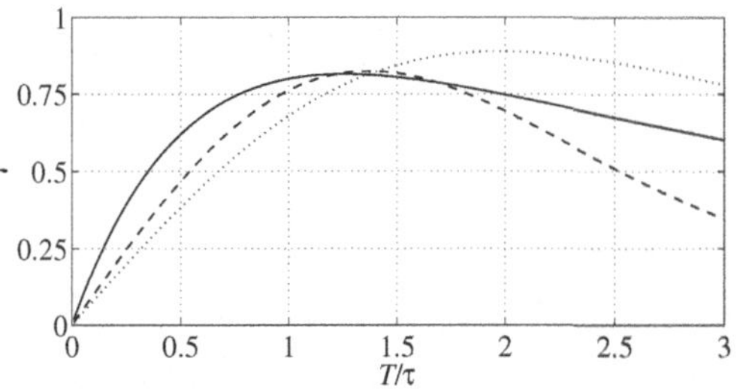

Abb. 5.4 Vergleich des normierten Signal-zu-Rauschverhältnisses γ von Approximationen des Matched-Filters: Gauß-TP (· · ·), RC-TP (—), Id.-TP (- -). T: Dauer des rechteckförmigen Sendesignals, τ: Zeitparameter der Filter

Um die drei Approximationen des idealen Matched-Filters miteinander zu vergleichen, findet man in Tab. 5.1 die Maxima der auf das Optimum bezogenen Signal-zu-Rauschverhältnisse sowie der Zeitparameter T/τ, für den dieses Maximum erreicht wird. Betrachtet man die Kurvenverläufe in Abb. 5.4, so erkennt man, dass

Filter	$\gamma = \frac{\mathrm{SNR}}{\mathrm{SNR}\|_{opt}}$	$\frac{T}{\tau}\|_{opt}$
RC-TP	0,81	1,26
Gauß-TP	0,89	2,0
Id.-TP	0,82	1,4

Tab. 5.1 Parameter der Optima der das ideale Matched Filter approximierenden Tiefpässe (TP)

alle drei Maxima des Signal-zu-Rauschverhältnisses nicht allzu weit von dem des idealen Matched-Filter entfernt liegen. Dies wird auch durch Vergleich der Ergebnisse in Tab. 5.1 bestätigt.

Die Verluste des Signal-zu-Rausch-Verhältnisses gegenüber dem exakten Anpassungsfall, d. h. dem idealen Matched-Filter nach (5.15) bzw. (5.18), betragen beim Gauß-Tiefpass nur 0,51 dB, beim idealen Tiefpass 0,86 dB und beim RC-Tiefpass erster Ordnung 0,91 dB, sofern die Bandbreite der genannten Filter optimiert wurde [Sch59]. Damit schneidet der RC-Tiefpass am schlechtesten ab.

Anders verhält es sich mit der Ausprägung der Maxima des Signal-zu-Rausch-Verhältnisses: Beim Gauß-Tiefpass und beim RC-Tiefpass sind die Maxima sehr flach, während das Maximum beim idealen Tiefpass sehr ausgeprägt ist. Vorteilhaft ist immer ein flaches Maximum, weil es eine geringe Genauigkeitsanforderung an die Darstellung der Parameter des Filters stellt. Der Aufwand bei der Realisierung der Struktur dieser drei Filter ist sehr unterschiedlich. Während man beim Gauß-Tiefpass und beim idealen Tiefpaß einen sehr hohen Aufwand treiben muss, stellt der RC-Tiefpass erster Ordnung ein System minimalen Aufwands dar. Es kommt also beim Entwurf des Matched-Filters im Wesentlichen darauf an, die richtige Zeitkonstante bzw. Bandbreite des Filters zu treffen, während die Signalform, die ja bei diesen drei Filtern sehr weit von der Form des anzupassenden Rechtecksignals abweicht, keine übermäßig große Rolle spielt.

5.2 Polynomklassifikator

Wie beim Korrelationsempfänger ist die Eingangsgröße dieses Klassifikators der gestörte Signalvektor $\mathbf{r}$. Aus diesem wird eine *Unterscheidungsfunktion* $d_i(\mathbf{r})$ gewonnen, die nichtlinear ist und durch

$$\begin{aligned} d_i(\mathbf{r}) &= h_{0,i} + h_{1,i} r_1 + h_{2,i} r_2 + \cdots + \\ &\quad + h_{N,i} r_N + h_{N+1,i} r_1^2 + h_{N+2,i} r_1 r_2 + \ldots \\ &= h_{0,i} m_0 + h_{1,i} m_1 + \cdots + \\ &\quad + h_{N,i} m_N + h_{N+1,i} m_{N+1} + h_{N+2,i} m_{N+2} + \ldots \\ &= \mathbf{h}_i^T \mathbf{m}(\mathbf{r}) \end{aligned} \tag{5.34}$$

beschrieben wird, wobei die Anzahl der Terme vom Grad des Polynomklassifikators abhängt. Bestimmungsstücke dieser Unterscheidungsfunktionen sind zum einen die mit $m_0, m_1, \ldots$ bezeichneten *Monome*, die Produkte der Komponenten r_i des Empfangsvektors $\mathbf{r}$ darstellen. Formal lassen sich diese Monome zu dem Vektor

$$\mathbf{m}(\mathbf{r}) = (m_0, m_1, \ldots, m_P)^T = (1, r_1, r_2, \ldots, r_1^2, \ldots)^T \tag{5.35}$$

zusammenfassen. Die Koeffizienten der Unterscheidungsfunktionen können ebenfalls in einem Vektor

$$\mathbf{h}_i = (h_{0,i}, h_{1,i}, \ldots, h_{N,i}, \ldots)^T, \quad i = 1, \ldots, M \tag{5.36}$$

zusammengefasst werden. Um eine globale Beschreibung des Polynomklassifikators zu erhalten, vereinigt man die Unterscheidungsfunktionen $d_i(\mathbf{r})$ als Komponenten in dem Vektor

$$\mathbf{d}(\mathbf{r}) = \begin{pmatrix} d_1(\mathbf{r}) \\ \vdots \\ d_M(\mathbf{r}) \end{pmatrix} = \begin{pmatrix} \mathbf{h}_1^T \\ \vdots \\ \mathbf{h}_M^T \end{pmatrix} \cdot \mathbf{m}(\mathbf{r}) \tag{5.37}$$

$$= \begin{pmatrix} h_{0,1} & h_{1,1} & \cdots \\ \vdots & \vdots & \ddots \\ h_{0,M} & h_{1,M} & \cdots \end{pmatrix} \cdot \mathbf{m}(\mathbf{r}) = \mathbf{H} \cdot \mathbf{m}(\mathbf{r}), \tag{5.38}$$

wobei in der Matrix $\mathbf{H}$ die Koeffizientenvektoren $\mathbf{h}_i$ nach (5.36) enthalten sind. Geht man davon aus, dass die Dimension des Signalraums, in dem sich der gestörte Empfangsvektor $\mathbf{r}$ befindet, wie bisher N ist und dass der maximale Grad der Monome G ist, so lässt sich die Anzahl der Glieder P des Polynomklassifikators zu

$$P = \binom{N+G}{G} = \dim\{\mathbf{m}\} = \frac{(N+G)(N+G-1)\cdots(N+1)}{1\cdot 2 \ldots G} \tag{5.39}$$

berechnen. Gilt für die Dimension des Signalraums beispielsweise $N = 2$ und für den Grad der Monome $G = 2$, d. h. es wird ein quadratischer Polynomklassifikator betrachtet, so erhält man insgesamt

$$P = \frac{4\cdot 3}{1\cdot 2} = 6 \tag{5.40}$$

Glieder. Die Struktur des Polynomklassifikators zeigt Abb. 5.5.

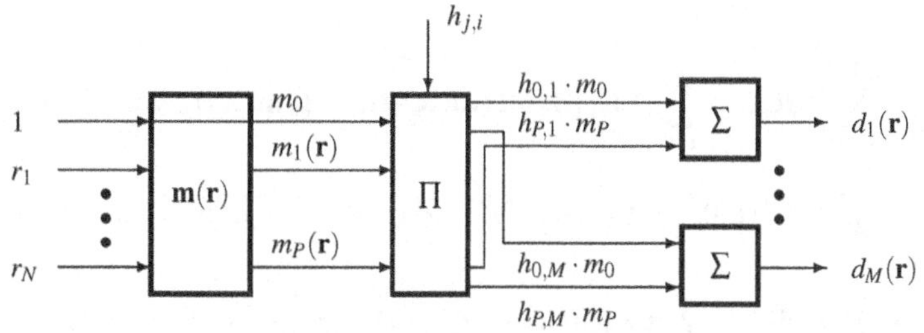

Abb. 5.5 Struktur des Polynomklassifikators

Es handelt sich dabei um ein sogenanntes *Π/Σ-Netzwerk* , wobei Π für die Multiplikation mit den Koeffizienten $h_{i,j}$ und Σ für die Summation der gewichteten Eingangskomponenten des Empfangsvektors $\mathbf{r}$ steht. Wie beim Korrelationsempfänger wird die Entscheidung durch Auswahl der größten Unterscheidungsfunktion getroffen, so dass in dem Blockschaltbild nach Abb. 5.5 noch ein Komparator nachzuschalten ist.

Der Polynomklassifikator lässt sich verallgemeinern, indem man die Monome $m_j(\mathbf{r})$ durch beliebige Funktionen $g_i(\mathbf{r})$ ersetzt. Man gelangt dabei zum *Funktionalklassifikator*. Durch geschickte Wahl der Funktionen $g_i(\mathbf{r})$ lässt sich der Aufwand beim Funktionalklassifikator gegenüber dem Polynomklassifikator gegebenenfalls reduzieren, d. h. die Gliedanzahl P des Klassifikators sinkt.

Zur vollständigen Beschreibung des Polynomklassifikators ist die Bestimmung der Koeffizienten $h_{i,j}$ erforderlich. Als Optimalitätskriterium bietet sich der minimale mittlere quadratische Fehler zwischen dem vom Polynomklassifikator gelieferten Wert der Unterscheidungsfunktion $d_i(\mathbf{r})$ und dem korrekten Wert für die Unterscheidungsfunktion an; der korrekte Wert soll durch den Vektor $\mathbf{d}_i$ repräsentiert werden, den man aus dem im gestörten Empfangsvektor $\mathbf{r}$ steckenden Signalvektor $\mathbf{s}_i$ über die Zuordung

$$\mathbf{s}_i = \begin{pmatrix} s_{i,1} \\ \vdots \\ s_{i,N} \end{pmatrix} \quad \Rightarrow \quad \mathbf{d}_i = \begin{pmatrix} 0 \\ \vdots \\ 1 \\ \vdots \\ 0 \end{pmatrix} \tag{5.41}$$

erhält. Dem N-dimensionalen Vektor $\mathbf{s}_i$ ordnet man also einen M-dimensionalen Vektor zu, der nur an der i-ten Stelle eine 1, sonst jedoch Nullen enthält. Damit kann man einen ereignisabhängigen Fehler

$$\mathbf{E}_i = \mathbf{d}_i - \mathbf{H}\,\mathbf{m}(\mathbf{R})|\mathbf{s}_i, \quad i = 1, \ldots, M \tag{5.42}$$

definieren, dem die ereignisabhängigen Fehlerkorrelationsmatrizen $\mathbf{R}_{\mathbf{EE}}^{(i)}$ entsprechen, die in der globalen Matrix $\mathbf{R}_{\mathbf{EE}}$ zusammengefasst werden. Das Minimum dieser Fehlerkorrelationsmatrix führt auf die optimalen Koeffizienten $h_{i,j}$. Bezeichnet man wie bisher mit P_i die Auftrittswahrscheinlichkeit der Signalvektoren $\mathbf{s}_i$, so gilt für die Fehlerkorrelationsmatrix

$$\begin{aligned}
\mathbf{R}_{\mathbf{EE}} &= \sum_{i=1}^{M} P_i\, \mathbf{R}_{\mathbf{EE}}^{(i)} = \sum_{i=1}^{M} P_i\, \mathrm{E}\{(\mathbf{d}_i - \mathbf{H}\,\mathbf{m}(\mathbf{R}))(\mathbf{d}_i - \mathbf{H}\,\mathbf{m}(\mathbf{R}))^T|\mathbf{s}_i\} \\
&= \sum_{i=1}^{M} P_i\, \mathrm{E}\{(\mathbf{d}_i\mathbf{d}_i^T - \mathbf{d}_i\,\mathbf{m}(\mathbf{R})^T\,\mathbf{H}^T - \mathbf{H}\,\mathbf{m}(\mathbf{R})\,\mathbf{d}_i^T + \mathbf{H}\,\mathbf{m}(\mathbf{R})\,\mathbf{m}^T(\mathbf{R})\,\mathbf{H}^T)|\mathbf{s}_i\} \\
&= \sum_{i=1}^{M} P_i[\mathbf{d}_i\mathbf{d}_i^T - 2\,\mathbf{H}\,\mathrm{E}\{\mathbf{m}(\mathbf{R})|\mathbf{s}_i\}\,\mathbf{d}_i^T + \mathbf{H}\,\mathrm{E}\{\mathbf{m}(\mathbf{R})\,\mathbf{m}^T(\mathbf{R})|\mathbf{s}_i\}\,\mathbf{H}^T].
\end{aligned} \tag{5.43}$$

Die Minimierung der Fehlerkorrelationsmatrix $\mathbf{R}_{\mathbf{EE}}$ lässt sich mit Hilfe des *Variationsansatzes* durchführen. Dazu wird die Gewichtsmatrix $\mathbf{H}$ durch die variierte Gewichtsmatrix $\mathbf{H} + \Delta\mathbf{H}$ ersetzt, wobei angenommen wird, dass die Matrix $\mathbf{H}$ die optimalen, zum Minimum von $\mathbf{R}_{\mathbf{EE}}$ führenden Gewichtsfaktoren $h_{i,j}$ enthält, so dass

$$\mathrm{spur}\,\{\mathbf{R}_{\mathbf{EE}}(\mathbf{H} + \Delta\mathbf{H})\} \geq \mathrm{spur}\,\{\mathbf{R}_{\mathbf{EE}}(\mathbf{H})\} \tag{5.44}$$

gilt. Ersetzt man in (5.43) die Matrix $\mathbf{H}$ durch $\mathbf{H} + \Delta\mathbf{H}$, erhält man:

$$\begin{aligned}\mathbf{R_{EE}}(\mathbf{H}+\Delta\mathbf{H}) = \sum_{i=1}^{M} P_i\, [\mathbf{d}_i\mathbf{d}_i^T + \mathbf{H}\,\mathrm{E}\{\mathbf{m}(\mathbf{R})\,\mathbf{m}^T(\mathbf{R})|\mathbf{s}_i\}\,\mathbf{H}^T \\ -2\,\mathbf{H}\,\mathrm{E}\{\mathbf{m}(\mathbf{R})|\mathbf{s}_i\}\,\mathbf{d}_i^T + \Delta\mathbf{H}\,\mathrm{E}\{\mathbf{m}(\mathbf{R})\,\mathbf{m}^T(\mathbf{R})|\mathbf{s}_i\}\,\Delta\mathbf{H}^T \\ +2\,\Delta\mathbf{H}\,\mathrm{E}\{\mathbf{m}(\mathbf{R})\,\mathbf{m}^T(\mathbf{R})|\mathbf{s}_i\}\,\mathbf{H}^T - 2\,\Delta\mathbf{H}\,\mathrm{E}\{\mathbf{m}(\mathbf{R})|\mathbf{s}_i\}\,\mathbf{d}_i^T].\end{aligned} \tag{5.45}$$

Setzt man dies in (5.44) ein, so erhält man nach Vereinfachung:

$$\begin{aligned}\mathrm{spur}\,\{\Delta\mathbf{H}\,\mathrm{E}\{\mathbf{m}(\mathbf{R})\,\mathbf{m}^T(\mathbf{R})|\mathbf{s}_i\}\Delta\mathbf{H}^T\} \\ -2\,\mathrm{spur}\Big\{\Delta\mathbf{H}[\sum_{i=1}^{M} P_i(\mathrm{E}\{\mathbf{m}(\mathbf{R})|\mathbf{s}_i\}\,\mathbf{d}_i^T - \mathrm{E}\{\mathbf{m}(\mathbf{R})\,\mathbf{m}^T(\mathbf{R})|\mathbf{s}_i\}\mathbf{H}^T)]\Big\} \geq 0.\end{aligned} \tag{5.46}$$

Der erste Term ist die *Spur* einer Matrix, die eine quadratische Form darstellt und damit immer *positiv definit* ist. Der zweite Term kann verschiedene Werte annehmen. Damit der gesamte Ausdruck stets größer oder gleich null wird, muss man den Ausdruck in der eckigen Klammer verschwinden lassen, so dass

$$\sum_{i=1}^{M} P_i\,\mathrm{E}\{\mathbf{m}(\mathbf{R})|\mathbf{s}_i\}\mathbf{d}_i^T = \sum_{i=1}^{M} P_i\,\mathrm{E}\{\mathbf{m}(\mathbf{R})\,\mathbf{m}^T(\mathbf{R})|\mathbf{s}_i\}\,\mathbf{H}^T \tag{5.47}$$

gilt. Daraus folgt die Bestimmungsgleichung für die Matrix der Gewichte $h_{i,j}$:

$$\begin{aligned}\mathbf{H} &= \left((\sum_{i=1}^{M} P_i\,\mathrm{E}\{\mathbf{m}(\mathbf{R})\,\mathbf{m}^T(\mathbf{R})|\mathbf{s}_i\})^{-1} \sum_{i=1}^{M} P_i\,\mathrm{E}\{\mathbf{m}(\mathbf{R})|\mathbf{s}_i\}\mathbf{d}_i^T \right)^T \\ &= \sum_{i=1}^{M} P_i\,\mathbf{d}_i\,\mathrm{E}\{\mathbf{m}^T(\mathbf{R})|\mathbf{s}_i\}\cdot(\sum_{i=1}^{M} P_i\,\mathrm{E}\{\mathbf{m}(\mathbf{R})\,\mathbf{m}^T(\mathbf{R})|\mathbf{s}_i\})^{-1}.\end{aligned} \tag{5.48}$$

In dieser Gleichung treten nur bekannte Größen auf, nämlich der Vektor $\mathbf{m}(\mathbf{r})$ der Monome des Polynomklassifikators sowie die Signalvektoren $\mathbf{s}_i$ bzw. die daraus abgeleiteten Vektoren $\mathbf{d}_i$, so dass diese Gleichung lösbar ist. Allerdings benötigt man zur Berechnung der Erwartungswerte die bedingten Dichtefunktionen $f_{\mathbf{R}|\mathbf{s}_i}(\mathbf{r}|\mathbf{s}_i)$. Häufig wird man über diese Größen nicht verfügen, sondern nur Messdaten in Form einer Lernstichprobe besitzen, so dass man die linearen und quadratischen Mittelwerte mit Hilfe der Parameterschätzung bestimmt. Grundsätzlich sind mit (5.48) aber die Bestimmungsstücke des Polynomklassifikators bekannt.

5.3 Klassifikatoren als neuronale Netze

Klassifikatoren, die sogenannte *künstliche neuronale Netze* verwenden, besitzen eine Struktur, die in sehr vereinfachter Weise Nervenzellen nachbilden. Das menschliche Gehirn besitzt etwa 10^{11} *Neuronen* oder Nervenzellen, die untereinander stark vernetzt sind. Man geht davon aus, dass jedes Neuron im Schnitt mit 10^4 anderen

Neuronen verknüpft ist. Die Arbeitsgeschwindigkeit, mit der diese Neuronen arbeiten, ist verglichen mit technischen Systemen niedrig. Durch die sehr intensive Verknüpfung der einzelnen Nervenzellen und die damit gegebene parallele Verarbeitung von Informationen entsteht die hohe Leistungsfähigkeit von biologischen Systemen. Beispiele dafür sind im Bereich der *Bildverarbeitung* und der *akustischen Signalverarbeitung* zu sehen.

Das sehr vereinfachte Modell eines in künstlichen neuronalen Netzen verwendeten Neurons ist in Abb. 5.6 dargestellt. Am Eingang befinden sich insgesamt $I+1$

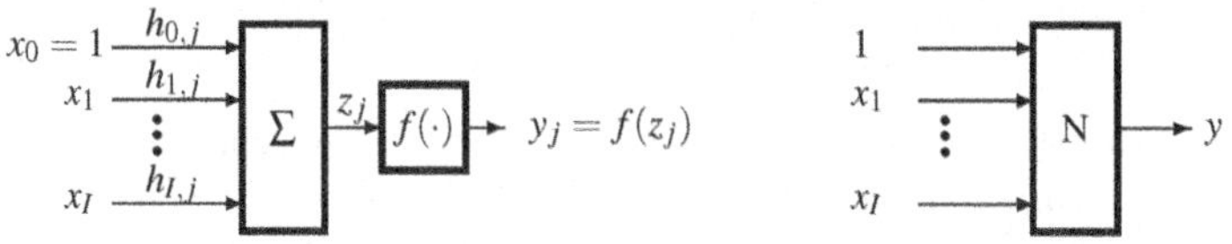

Abb. 5.6 Modell eines künstlichen Neurons und dessen kompakte Darstellung

Werte x_i, die von anderen Modellneuronen geliefert werden können oder von Sensoren bereitgestellt werden. Der erste Wert $x_0 = 1$ ermöglicht es, eine Gleichkomponente am Eingang des Modellneurons zu realisieren. Alle $I+1$ Eingangswerte werden mit Gewichten $h_{i,j}$, $i = 0,\ldots,I$ gewichtet und anschließend aufsummiert. Das Ergebnis dieser Operation ist ein Zwischenwert z_j, der über ein nichtlineares Element mit der Funktion $y_j = f(z_j)$ abgebildet wird und am Ausgang den Wert y_j liefert. Fasst man die Eingangsvariablen x_i, $i = 0,\ldots,I$ in einem Vektor zusammen, so dass

$$\mathbf{x} = (x_0, x_1, \ldots, x_I)^T \tag{5.49}$$

gilt, und definiert man in entsprechender Weise für die Gewichtskoeffizienten $h_{i,j}$, $i = 0,\ldots,I$ den Vektor

$$\mathbf{h}_j = (h_{0,j}, h_{1,j}, \ldots, h_{I,j})^T\,, \tag{5.50}$$

so lässt sich die Ausgangsgröße y_j in folgender Weise angeben:

$$y_j = f(z_j) = f(\sum_{i=0}^{I} h_{i,j} x_i) = f(\mathbf{h}_j^T \mathbf{x}) = f(\mathbf{x}^T \mathbf{h}_j). \tag{5.51}$$

Man kann das Modell des künstlichen Neurons nach Abb. 5.6 auch verallgemeinern, indem man statt der additiven Verknüpfung eine Verknüpfung der gewichteten Eingangsgrößen durch eine beliebige Funktion $g(\mathbf{x}, \mathbf{h}_j)$ vornimmt. Durch geeignete Wahl von $g(\mathbf{x}, \mathbf{h}_j)$ lässt sich eventuell eine Reduktion des Aufwands bei der Realisierung der Klassifikatoren erzielen.

Für die Funktion in (5.51), die man als *Aktivierungsfunktion* bezeichnet, verwendet man eine nichtlineare Abbildungsvorschrift. Wählt man z. B. eine Sprungfunktion, so lässt sich das *Feuern* eines Neurons nachbilden: Immer dann, wenn der gewichtete Eingangsvektor einen bestimmten Schwellenwert überschreitet, liefert das künstliche Neuron am Ausgang einen Beitrag. Wenn die Schwelle unterschritten wird, bleibt das Neuron inaktiv und der Ausgangswert $y_j = 0$ ist abgreifbar. Der Nachteil einer sprungförmigen Funktion besteht darin, dass sie keine stetige Ableitung liefert, was bei der Bestimmung der Gewichtskoeffizienten $h_{i,j},\ i = 0,\ldots,I$ auf Probleme führen kann. Deswegen verwendet man für die Abbildungsvorschrift des Wertes z_j auf y_j häufig die durch die Parameter α und β bestimmte *Sigmoidfunktion*, für die bei Weglassen der Indizes j, d. h. für $y_j = y$ und $z_j = z$

$$y = f(z) = \frac{1}{1+e^{-\alpha(z-\beta)}} \tag{5.52}$$

gilt. In Abb. 5.7 sind einige Beispiele für die Sigmoidfunktion mit den frei wählbaren Parametern α und β angegeben.

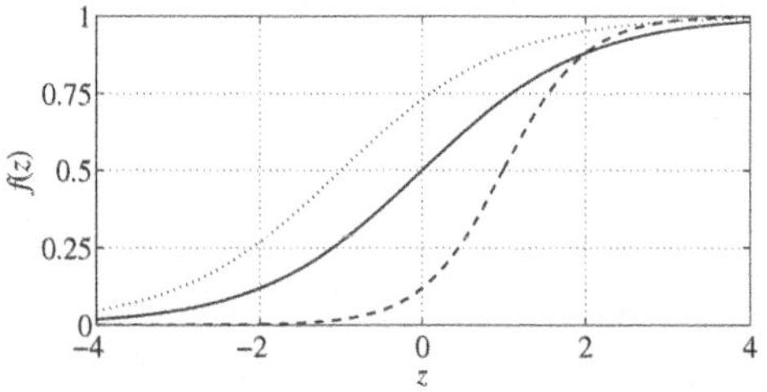

Abb. 5.7 Sigmoidfunktion für $\alpha = 1, \beta = 0$ (—), $\alpha = 1, \beta = -1$ (···) und $\alpha = 2, \beta = 1$ (- -)

Mit den Parametern $\alpha = 2$ und $\beta = 0$ lässt sich ein einfacher Zusammenhang zwischen der Sigmoidfunktion und dem *Hyperbeltangens* herstellen:

$$\tanh(z) = \frac{e^z - e^{-z}}{e^z + e^{-z}} = \frac{2}{1+e^{-2z}} - 1 = 2 \cdot \frac{1}{1+e^{-\alpha(z-\beta)}|_{\alpha=2,\beta=0}} - 1. \tag{5.53}$$

Die Steilheit des Übergangs zwischen den beiden Niveaus lässt sich mit dem Parameter α anpassen, wobei die gleiche Wirkung durch einen konstanten Faktor bei allen Gewichten $h_{i,j},\ i = 0,\ldots,I$ erzielt wird; der zweite Parameter β bewirkt eine Verschiebung der Sigmoidfunktion, wobei dieselbe Wirkung durch einen entsprechenden Faktor $h_{0,j}$ des konstanten Eingangsterms erreicht werden kann. Häufig setzt man deshalb für die Parameter $\alpha = 1$ und $\beta = 0$, d. h. man verwendet die Sigmoidfunktion in der Form und mit der Bezeichnung $s(z)$

$$s(z) = \frac{1}{1+e^{-z}}, \tag{5.54}$$

weil bei entsprechender Anpassung der Gewichte $h_{i,j}, i = 0,\ldots,I$ diese spezielle Wahl der freien Parameter der Sigmoidfunktion kompensiert werden kann. Die nichtlineare Sigmoidfunktion ist differenzierbar; für ihre Ableitung gilt:

$$\frac{ds(z)}{dz} = \frac{-e^{-z}(-1)}{(1+e^{-z})^2} = \frac{e^{-z}}{(1+e^{-z})^2} = \frac{1}{1+e^{-z}}(1-\frac{1}{1+e^{-z}})$$
$$= s(z)(1-s(z)). \tag{5.55}$$

Es zeigt sich, dass man die Ableitung der Sigmoidfunktion durch diese selbst ausdrücken kann, was sich bei der Berechnung der Koeffizienten $h_{i,j}$, $i = 0,\ldots,I$ als vorteilhaft erweisen wird.

5.3.1 *Strukturen künstlicher neuronaler Netze*

Es gibt eine Vielzahl von künstlichen neuronalen Netzen, von denen hier nur die drei Grundtypen dargestellt werden sollen. Das künstliche Neuron wird durch das Symbol „N" dargestellt und die in Abb. 5.8 gezeigten Netze enthalten je nach Zählungsart zwei oder drei *Schichten* in Abhängigkeit davon, ob man die Eingangsschicht mitzählt oder nicht. Im Rahmen dieser Betrachtung soll die Eingangsschicht nicht mitgezählt werden, so dass die in Abb. 5.8 dargestellten Strukturen als zweischichtige neuronale Netze bezeichnet werden.

Die am häufigsten verwendete Struktur ist die sogenannte *Feed-Forward-Struktur*, die in Abb. 5.8 oben dargestellt ist. Man erkennt, dass der Signalfluss von links nach rechts verläuft und keinerlei Querverbindungen zwischen den einzelnen künstlichen Neuronen sowie keine Rückkopplungszweige auftreten.

Fügt man Rückkopplungszweige hinzu, so gelangt man zum neuronalen Netz in *Feed-Back-Struktur*, die Abb. 5.8 in der Mitte zeigt. Der Signalfluss verläuft nun nicht mehr in eine Richtung und die Beschreibung des Netzes wird dadurch komplizierter.

Fügt man zu den Rückkopplungszweigen noch Zweige zwischen den einzelnen künstlichen Neuronen hinzu, so gelangt man zur *lateral-rekurrenten Struktur*, die in dieser Betrachtung allgemeinste Form eines künstlichen neuronalen Netzes, wie man durch Vergleich der Strukturen in Abb. 5.8 erkennen kann.

Die Beschreibung eines künstlichen neuronalen Netzes wird umso komplexer, je mehr Verbindungen vorhanden sind und je komplexer die Verbindungen in Form von Rückkopplungsschleifen bzw. Verbindungen der künstlichen Neuronen untereinander sind. Deswegen soll hier nur die einfachste Struktur, nämlich das künstliche neuronale Netz mit Feed-forward-Struktur, betrachtet werden.

5.3.2 *Mehrschichten-Perzeptron*

Im vorigen Abschnitt wurde gezeigt, dass ein künstliches neuronales Netz aus mehreren – meist zwei – Schichten aufgebaut ist. Als Beispiel wird eine Schicht des sogenannten *Mehrschichten-Perzeptrons* näher betrachtet, die einen Eingangsvektor mit insgesamt $I+1$ Komponenten x_i und J Ausgangsgrößen y_j besitzt.

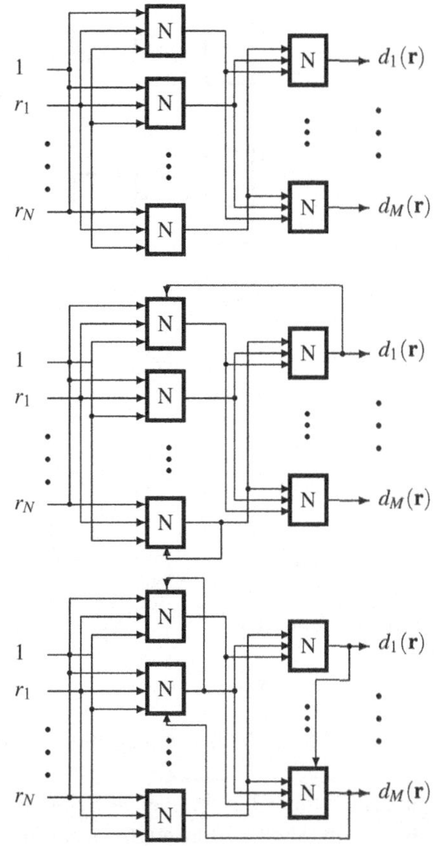

Abb. 5.8 Strukturen künstlicher neuronaler Netze. Von oben nach unten: Feed-Forward-Struktur, Feed-Back-Struktur, lateral-rekurrente Struktur

Das Mehrschichten-Perzeptron stellt ein künstliches neuronales Netzwerk in Feedforward-Struktur nach Abb. 5.8 dar.

Eine Schicht des Mehrschichten-Perzeptrons mit dem Eingangsvektor $\mathbf{x}$ und dem Ausgangsvektor

$$\mathbf{y} = (y_1, y_2, \ldots, y_J)^T, \tag{5.56}$$

dessen Komponenten sich nach

$$y_j = s(z_j) = s\left(h_{0,j} \cdot 1 + \sum_{i=1}^{I} h_{i,j} x_i\right) = s\left(\mathbf{h}_j^T \cdot \mathbf{x}\right), \quad j = 1, \ldots, J \tag{5.57}$$

berechnen, zeigt Abb. 5.9. Dabei wird der Vektor der Gewichtungskoeffizienten $\mathbf{h}_j$ nach (5.50) und der Vektor $\mathbf{x}$ der Eingangsvariablen nach (5.49) mit $x_0 = 1$ verwen-

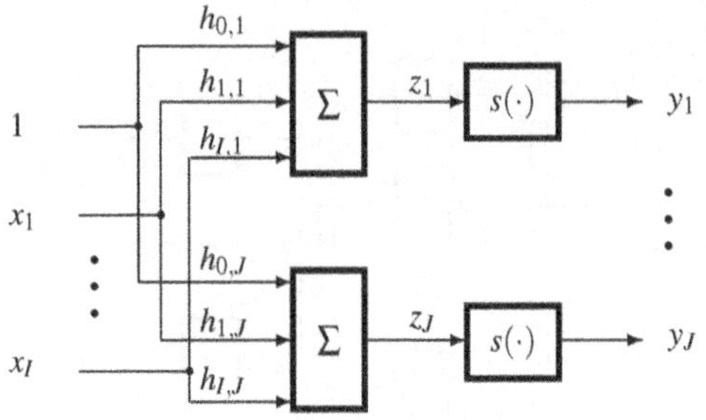

Abb. 5.9 Eine Schicht des Mehrschichten-Perzeptrons

det. Fasst man die Vektoren $\mathbf{h}_j$ zu der Matrix

$$\mathbf{H} = \begin{pmatrix} \mathbf{h}_1^T \\ \mathbf{h}_2^T \\ \vdots \\ \mathbf{h}_J^T \end{pmatrix} = \begin{pmatrix} h_{0,1} & \dots & h_{I,1} \\ \vdots & \ddots & \vdots \\ h_{0,J} & \dots & h_{I,J} \end{pmatrix} \tag{5.58}$$

zusammen, erhält man für $\mathbf{y}$ schließlich

$$\mathbf{y} = \mathbf{s}(\mathbf{H}\mathbf{x}), \tag{5.59}$$

wobei der Operator $\mathbf{s}(\cdot)$ die Anwendung der Sigmoidfunktion auf jede Zeile des Vektors $\mathbf{H}\mathbf{x}$ beschreibt.

Baut man aus mehreren der hier beschriebenen Schichten ein neuronales Netz auf, so erhält man z. B. das in Abb. 5.10 gezeigte *zweischichtige* Perzeptron, d. h. ein künstliches neuronales Netz mit einer *Eingangs-*, einer *verborgenen* und einer *Ausgangsschicht*. Diese Schichten sind jeweils nach Abb. 5.9 aufgebaut.

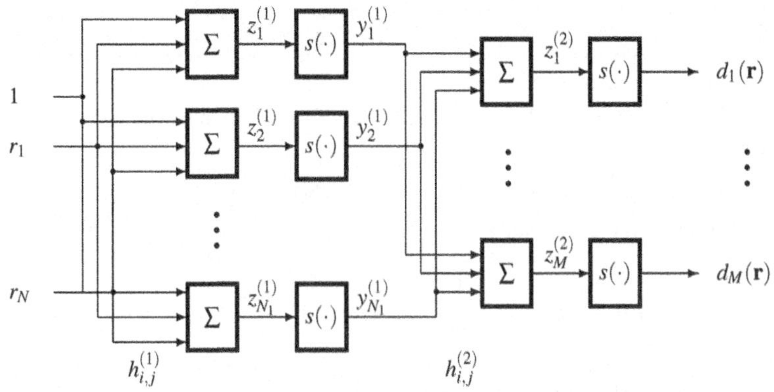

Abb. 5.10 Beispiel für ein zweischichtiges Perzeptron

In Abb. 5.10 wird angenommen, dass am Eingang ein zweidimensionaler gestörter Empfangsvektor $\mathbf{r} = (r_1, r_2)^T$ anliegt und am Ausgang drei Unterscheidungsfunktionen $d_i(\mathbf{r})$, $i = 1,2,3$ verfügbar sind. Die den einzelnen Schichten zugeordneten Größen werden durch einen in Klammern hochgesetzten Index bezeichnet. Für die Eingangsstufe ergeben sich die Koeffizienten $h_{i,j}^{(1)}$, $i = 0,1,2$; $j = 1,2$ und damit $3 \cdot 2 = 6$ Werte. Die Zwischenstufe enthält zwei Komponenten, während die Ausgangsstufe drei Komponenten enthält. Damit ergeben sich für die Koeffizienten $h_{i,j}^{(2)}$, $i = 0,1,2$; $j = 1,2,3$ insgesamt $3 \cdot 3 = 9$ Werte. Die Ausgangswerte $y_j^{(1)}$, $j = 1,2$ der verborgenen Schicht sind die Eingangswerte der Ausgangsschicht. Durch rekursives Einsetzen der Ausgangsgrößen der vorhergehenden Schicht als Eingangsgrößen der nachfolgenden Schicht lässt sich ein neuronales Netz mit beliebig vielen verborgenen Schichten aufbauen.

Allgemein gilt für die Eingangsgrößen

$$\mathbf{x}^{(1)} = \begin{pmatrix} 1 \\ r_1 \\ \vdots \\ r_N \end{pmatrix} = \tilde{\mathbf{r}}, \tag{5.60}$$

d. h. sie besitzen als erste Komponente die Konstante $\tilde{r}_0 = 1$, während die übrigen Komponenten mit $\tilde{r}_i = r_i$ gleich den Komponenten des gestörten Empfangsvektors – am Eingang des Perzeptrons – bzw. allgemein gleich den Komponenten der vorhergehenden Schicht sind. Die Ausgangsgröße der i-ten Schicht eines H-schichtigen Netzes ist durch

$$\mathbf{y}^{(i)} = \mathbf{s}(\mathbf{H}^{(i)} \mathbf{x}^{(i)}), \quad i = 1, \ldots, H \tag{5.61}$$

gegeben, die die Eingangsgröße der folgenden Schicht liefert:

$$\mathbf{x}^{(i+1)} = \begin{pmatrix} 1 \\ \mathbf{y}^{(i)} \end{pmatrix} = \begin{pmatrix} 1 \\ y_1^{(i)} \\ \vdots \\ y_J^{(i)} \end{pmatrix}, \tag{5.62}$$

wobei für die erste Komponente die bei (5.60) erklärte Regel gilt. Für den Ausgangsvektor erhält man bei M Klassen schließlich:

$$\mathbf{d}(\mathbf{r}) = \mathbf{y}^{(H)} = \begin{pmatrix} y_1^{(H)} \\ \vdots \\ y_M^{(H)} \end{pmatrix}. \tag{5.63}$$

Durch rekursives Einsetzen der Eingangs- und Ausgangsgrößen der einzelnen Schichten lässt sich die Ausgangsgröße des gesamten Netzes darstellen:

$$\mathbf{d}(\mathbf{r}) = \mathbf{s}\left(\mathbf{H}^{(H)}\mathbf{s}\left(\mathbf{H}^{(H-1)}\ldots\,\mathbf{s}\left(\mathbf{H}^{(1)}\tilde{\mathbf{r}}\right)\right)\right). \tag{5.64}$$

Für das zweischichtige Perzeptron nach Abb. 5.10 nimmt (5.64) mit $H = 2$ die Form

$$\mathbf{d}(\mathbf{r}) = \mathbf{s}\left(\mathbf{H}^{(2)}\mathbf{s}\left(\mathbf{H}^{(1)}\tilde{\mathbf{r}}\right)\right) \tag{5.65}$$

an. Zur Beschreibung des Perzeptrons ist die Berechnung der Gewichte $h_{i,j}$ notwendig. Geht man davon aus, dass die Dimension des Vektors $\mathbf{r}$ durch N gegeben ist, dass man ein zweischichtiges Netz hat und N_1 die Dimension der verborgenen Schicht sowie M die Anzahl der zu unterscheidenden Klassen bezeichnet, so erhält man für die Anzahl der Gewichte $h_{i,j}$:

$$N_{MLP} = (N+1)\cdot N_1 + (N_1+1)\cdot M = (N+M+1)\cdot N_1 + M. \tag{5.66}$$

Die Anzahl der Koeffizienten wächst offensichtlich sehr schnell, auch wenn nur eine Zwischenschicht vorhanden ist.

An dieser Stelle stellt sich die Frage, wieviel Zwischenschichten grundsätzlich erforderlich sind. Ein Perzeptron, das nur aus einer Schicht besteht, unterscheidet sich vom Polynomklassifikator nur durch die nichtlineare Aktivierungsfunktion am Ausgang. Deswegen kann man in diesem Fall nicht von einem *universellen Klassifikator* ausgehen. Demgegenüber lässt sich mit einem Perzeptron, auch wenn es nur eine einzige verborgene Schicht besitzt, jede stetige Funktion beliebig approximieren, sofern die Dimension N_1 dieser verborgenen Schicht keinen Beschränkungen unterworfen ist. Deshalb sollen nur noch zweischichtige neuronale Netze betrachtet werden, die einen universellen Klassifikator darstellen, für den nun die Koeffizienten $h_{i,j}$ bestimmt werden.

5.3.3 Koeffizienten des zweischichtigen Perzeptrons

Die vom Perzeptron zu lösende Detektionsaufgabe besteht darin, dem am Eingang liegenden N-dimensionalen gestörten Empfangsvektor oder Messvektor $\mathbf{r}$ am Ausgang eine Kenngröße zuzuordnen, die das in $\mathbf{r}$ enthaltene Ereignis bzw. die in $\mathbf{r}$ enthaltene Klasse kennzeichnet. So könnte das Perzeptron am Ausgang im idealen, d. h. störungsfreien Fall, z. B. den N-dimensionalen Vektor $\mathbf{s}_i$, $i = 1,\ldots,M$ liefern, der dem Sendesignal entspricht. Wegen der in $\mathbf{r}$ enthaltenen Störungen wird der Vektor am Ausgang des Perzeptrons aber nur mehr oder weniger gut mit dem korrekten Vektor $\mathbf{s}_i$ übereinstimmen, so dass sich eine Operation anschließt, die dem Ausgangswert z. B. den am nächsten gelegenen Wert $\mathbf{s}_i$ zuordnet. Um diese zusätzliche Operation zu vermeiden und wie bei den bisherigen Klassifikatoren durch Auswahl der maximalen Unterscheidungsfunktion $d_i(\mathbf{r})$ das Detektionsproblem nach der Bedingung

$$d_i(\mathbf{r}) = \max_i, \quad i = 1,\ldots,M \tag{5.67}$$

zu lösen, soll das Perzeptron wie in (5.41) durch Wahl der Koeffizienten $h_{i,j}$ den M-dimensionalen Vektor $\mathbf{d}(\mathbf{r}) = \mathbf{d_i}$ liefern, der an derjenigen Komponente ein Maximum besitzt, die der in $\mathbf{r}$ enthaltenen Klasse bzw. dem Signalvektor $\mathbf{s}_i$ entspricht. Dieser Ansatz hat zum einen den oben genannten Vorteil, ohne Zuordnung der Ausgangsgröße zu einem der Vektoren $\mathbf{s}_i$ bei der Signalerkennung im Rauschen auszukommen und ist zum anderen auch für die Mustererkennung besser geeignet.

Grundlage der Berechnung der Koeffizienten $h_{i,j}$ ist die Annahme, dass eine Lernstichprobe zum Training des Netzes zur Verfügung steht. Damit ist gemeint, dass für einen Satz von Eingangsvektoren $\mathbf{r}^{(n)}$ der in (5.41) definierte zugehörige Satz von Vektoren $\mathbf{d}_i$ bekannt ist, der das in $\mathbf{r}^{(n)}$ enthaltene und zu detektierende Signal $\mathbf{s}_i$ bzw. die zu erkennende Klasse beschreibt. Zur Vereinfachung der Schreibweise soll der Index i bei $\mathbf{d}_i$ weggelassen werden und die bekannte und korrekte Zuordnung von $\mathbf{r}^{(n)}$ zu $\mathbf{d}_i$ durch die Bezeichnung $\mathbf{d}^{(n)}$ zum Ausdruck kommen; durch die Randbedingung, dass der in $\mathbf{r}^{(n)}$ steckende Vektor $\mathbf{d}^{(n)}$ bekannt ist, wird ein *überwachtes* Lernen möglich. Mit Hilfe der Trainingsdaten bzw. der Lernstichprobe $\mathbf{r}^{(n)}$ sind die Koeffizienten $h_{i,j}$ des Perzeptrons so zu wählen, dass der Fehler

$$F = \sum_n F^{(n)} = \sum_n \left(\mathbf{d}^{(n)} - \mathbf{d}(\mathbf{r}^{(n)})\right)^T \cdot \left(\mathbf{d}^{(n)} - \mathbf{d}(\mathbf{r}^{(n)})\right) \tag{5.68}$$

über alle n Trainingsdaten zum Minimum wird. Zur Bestimmung der Koeffizienten $h_{i,j}^{(h)}$, $h = 1, \ldots, H$ für die H Schichten wird der rekursive Ansatz

$$h_{i,j}^{(h)}(k) = h_{i,j}^{(h)}(k-1) - \mu \cdot \frac{\partial F^{(n)}}{\partial h_{i,j}^{(h)}} = h_{i,j}^{(h)}(k-1) - \mu \cdot \Delta h_{i,j}^{(h)} \tag{5.69}$$

verwendet, wobei der Parameter k den aktuellen Zeitpunkt der Rekursion beschreibt und i und j die Indizes der künstlichen Neuronen in den jeweils betrachteten aufeinanderfolgenden Schichten durchlaufen. Dabei stellt μ die Adaptionskonstante dar, so dass der rekursive Ansatz mit dem bekannten Verfahren des LMS- oder *Least-Mean-Square-Algorithmus* [Wid85] übereinstimmt, der bei der Parameterschätzung noch näher zu betrachten sein wird.

Die Grundidee dieses Ansatzes besteht darin, die Koeffizienten $h_{i,j}$ in Richtung des negativen Gradienten des Fehlers zu verändern, so dass mit jedem mit k indizierten Rekursionsschritt der Fehler $F^{(n)}$ kleiner wird. Die Rekursion wird dabei so lange fortgesetzt, bis die Verkleinerung des Fehlers eine vorgegebene Schranke unterschreitet. Als Startwerte $h_{i,j}^{(h)}(0)$ für die Koeffizienten verwendet man z. B. Zufallsvariable. Offen bleibt noch, wie man den Gradienten $\Delta h_{i,j}$ und die Adaptionskonstante μ bestimmt. Zum einen ist zu gewährleisten, dass die Rekursion *stabil* ist, d. h. auf das Minimum von $F^{(n)}$ führt; zum anderen soll das Minimum möglichst *genau* getroffen werden. Für die Adaptionskonstante wählt man deshalb z. B. den Wert $\mu = 1/k$ [Bra91]. Es soll nun noch die offene Frage beantwortet werden, wie man den Gradienten $\Delta h_{i,j}^{(h)}$ mit Hilfe der Lernstichprobe für die einzelnen Schichten des zweischichtigen Perzeptrons bestimmt.

Dabei beginnt man bei dem hier näher beschriebenen *Back-Propagation-Algorithmus* mit den Koeffizienten $h_{i,j}^{(2)}$ der Ausgangsschicht, da man aus der Lernstichprobe das klassifizierte Datenpaar $\mathbf{r}^{(n)}$ am Eingang und $\mathbf{d}(\mathbf{r}^{(n)})$ am Ausgang kennt. Geht man wie bisher von M Klassen und N_1 Neuronen in der verborgenen Schicht aus, so gilt mit (5.69)

$$h_{i,j}^{(2)}(k) = h_{i,j}^{(2)}(k-1) - \mu\, \Delta h_{i,j}^{(2)}, \quad i = 0,1,\ldots,N_1,\ j = 1,\ldots,M \tag{5.70}$$

für die rekursive Berechnung der Koeffizienten. Aus der Kettenregel folgt für die Änderung $\Delta h_{i,j}^{(2)}$ der Koeffizienten:

$$\Delta h_{i,j}^{(2)} = \frac{\partial F^{(n)}}{\partial h_{i,j}^{(2)}} = \frac{\partial F^{(n)}}{\partial z_j^{(2)}} \cdot \frac{\partial z_j^{(2)}}{\partial h_{i,j}^{(2)}}. \tag{5.71}$$

Für den ersten Faktor in (5.71) kann man wiederum mit der Kettenregel

$$\frac{\partial F^{(n)}}{\partial z_j^{(2)}} = \frac{\partial F^{(n)}}{\partial y_j^{(2)}} \cdot \frac{\partial y_j^{(2)}}{\partial z_j^{(2)}} = \delta_j^{(2)} \tag{5.72}$$

schreiben, wobei dieser Ausdruck für die weitere Verwendung als $\delta_j^{(2)}$ definiert wird. Für den ersten Faktor dieses Ausdrucks gilt

$$\frac{\partial F^{(n)}}{\partial y_j^{(2)}} = \frac{\partial F^{(n)}}{\partial d_j(\mathbf{r}^{(n)})} = \frac{\partial}{\partial d_j(\mathbf{r}^{(n)})}(d_j^{(n)} - d_j(\mathbf{r}^{(n)}))^2 = -2(d_j^{(n)} - d_j(\mathbf{r}^{(n)})), \tag{5.73}$$

wobei $y_j^{(2)} = d_j(\mathbf{r}^{(n)})$ gesetzt wurde, da der Wert $y_j^{(2)}$ der Ausgangsschicht die j-te Komponente des Vektors $\mathbf{d}(\mathbf{r}^{(n)})$ der Lernstichprobe ist. Hieran wird auch deutlich, warum das Verfahren *Back-Propagation-Algorithmus* heißt: Ausgehend vom Ausgangswert des Netzes, dem ein bekannter Eingangswert der Lernstichprobe zugeordnet ist, weshalb man auch von *überwachtem Lernen* spricht, werden die Koeffizienten $h_{i,j}^{(h)}$ zunächst der Ausgangsschicht, dann der verborgenen Schicht berechnet. Da die Komponenten d_j und $\mathbf{d}(\mathbf{r}^{(n)})$ aus der Lernstichprobe bekannt sind, kann der Ausdruck (5.73) ausgewertet werden.

Für den zweiten Faktor in (5.72) kann man unter Verwendung der Ableitung der Sigmoidfunktion nach (5.55)

$$\begin{aligned}\frac{\partial y_j^{(2)}}{\partial z_j^{(2)}} &= \frac{\partial}{\partial z_j^{(2)}}\, s(z_j^{(2)}) = s(z_j^{(2)})(1 - s(z_j^{(2)})) = y_j^{(2)}(1 - y_j^{(2)}) \\ &= d_j(\mathbf{r}^{(n)})(1 - d_j(\mathbf{r}^{(n)}))\end{aligned} \tag{5.74}$$

schreiben, wobei für $y_j^{(2)}$ bzw. für den Zusammenhang mit dem Trainingsdatensatz die Aussagen im Zusammenhang mit (5.73) gelten.

Für den zweiten Faktor in (5.71) kann man

$$\frac{\partial z_j^{(2)}}{\partial h_{i,j}^{(2)}} = \frac{\partial}{\partial h_{i,j}^{(2)}} \sum_{i=0}^{N_1} h_{i,j}^{(2)} x_i^{(2)} = x_i^{(2)} \tag{5.75}$$

schreiben, wobei $z_j^{(2)}$ nach (5.57) ersetzt wurde. Für den Gradienten gilt damit

$$\begin{aligned} \Delta h_{i,j}^{(2)} &= \delta_j^{(2)} \cdot x_i^{(2)}, \quad i = 0, \ldots, N,\ j = 1, \ldots, N_1 \\ &= -2(d_j^{(n)} - d_j(\mathbf{r}^{(n)}))\, d_j(\mathbf{r}^{(n)})(1 - d_j(\mathbf{r}^{(n)})) \cdot y_i^{(1)}, \end{aligned} \tag{5.76}$$

wobei für den unbekannten Eingangswert $x_i^{(2)}$ der Ausgangsschicht wegen der Verkettung der Schichten mit $x_i^{(2)} = y_i^{(1)}$ der Ausgangswert $y_i^{(1)}$ der verborgenen Schicht eingesetzt wurde: Der Eingangswert $x_i^{(2)}$ der Ausgangsschicht wird im Sinne des Back-Propagation-Algorithmus gewissermaßen in die verborgene Schicht "zurückgereicht" und erscheint dort als Ausgangswert.

Dem Rekursionsalgorithmus zur Bestimmung der Koeffizienten der Ausgangsschicht entsprechend werden nun die Koeffizienten der verborgenen Schicht $h_{i,j}^{(1)}$ in entsprechender Weise berechnet

$$h_{i,j}^{(1)}(k) = h_{i,j}^{(1)}(k-1) - \mu\, \Delta h_{i,j}^{(1)}, \quad i = 0, 1, \ldots, N,\ j = 1, \ldots, N_1, \tag{5.77}$$

wobei N_1 wieder die Zahl der Neuronen in der verborgenen Schicht und N die Dimension des Eingangsvektors $\mathbf{r}$ ist. Für den Gradienten

$$\Delta h_{i,j}^{(1)} = \frac{\partial F^{(n)}}{\partial h_{i,j}^{(1)}} = \frac{\partial F^{(n)}}{\partial z_j^{(1)}} \cdot \frac{\partial z_j^{(1)}}{\partial h_{i,j}^{(1)}} \tag{5.78}$$

erfolgt die Berechnung wie für den entsprechenden Ausdruck der Ausgangsschicht. Für den ersten Faktor kann man wieder die $\delta_j^{(2)}$ entsprechende Definition

$$\frac{\partial F^{(n)}}{\partial z_j^{(1)}} = \frac{\partial F^{(n)}}{\partial y_j^{(1)}} \cdot \frac{\partial y_j^{(1)}}{\partial z_j^{(1)}} = \delta_j^{(1)} \tag{5.79}$$

einführen. Der erste Faktor dieses Ausdrucks liefert unter Verwendung des totalen Differentials

$$\frac{\partial F^{(n)}}{\partial y_j^{(1)}} = \sum_{m=1}^{M} \frac{\partial F^{(n)}}{\partial z_m^{(2)}} \cdot \frac{\partial z_m^{(2)}}{\partial y_j^{(1)}} = \sum_{m=1}^{M} \delta_m^{(2)} \frac{\partial z_m^{(2)}}{\partial y_j^{(1)}}, \tag{5.80}$$

wobei $\delta_m^{(2)}$ aus der Berechnung für die Ausgangsschicht bekannt ist und hier nur "zurückgereicht" wird. Für den partiellen Differentialquotienten in (5.80) kann man mit (5.57)

$$\frac{\partial z_m^{(2)}}{\partial y_j^{(1)}} = \frac{\partial}{\partial y_j^{(1)}} \sum_{i=0}^{N} h_{i,m}^{(2)} x_i^{(2)} = \frac{\partial}{\partial y_j^{(1)}} \sum_{i=0}^{N} h_{i,m}^{(2)} y_i^{(1)} = h_{j,m}^{(2)} \tag{5.81}$$

schreiben, wobei wieder $x_i^{(2)} = y_i^{(1)}$ gesetzt wurde. Schließlich gilt für den zweiten Faktor in (5.78)

$$\frac{\partial z_j^{(1)}}{\partial h_{i,j}^{(1)}} = \frac{\partial}{\partial h_{i,j}^{(1)}} \sum_{i=0}^{N} h_{i,j}^{(1)} x_i^{(1)} = x_i^{(1)} = \tilde{r}_i, \tag{5.82}$$

wobei hier $x_i^{(1)} = \tilde{r}_i$ gesetzt wurde: Die Eingangswerte $x_i^{(1)}$ der Eingangsschicht stimmen mit den um die Konstante $x_0^{(1)} = 1$ erweiterten gestörten Messwerten r_i überein.

Als Ergebnis erhält man

$$\begin{aligned} \Delta h_{i,j}^{(1)} &= \delta_j^{(1)} \cdot x_i^{(1)}, \quad i = 0,\dots,N, \; j = 1,\dots,N_1 \\ &= \left(\sum_{m=1}^{M} \delta_m^{(2)} h_{j,m}^{(2)} \right) x_j^{(2)} (1 - x_j^{(2)}) \cdot \tilde{r}_i, \end{aligned} \tag{5.83}$$

wobei nur die aus der Lernstichprobe bekannten gestörten Eingangswerte $\tilde{r}_i$ sowie die aus der vorausgegangenen Rekursionsrechnung bekannten Eingangswerte $x_j^{(2)}$ und die Ableitungen $\delta_m^{(2)}$ der Ausgangsschicht benötigt werden.

Zur Veranschaulichung des Back-Propagation-Algorithmus zeigt Abb. 5.11 ein Blockschaltbild, das den Signalfluss beim Ablauf der Berechnung der Koeffizienten $h_{i,j}^{(h)}, h = 1, 2$ zeigt.

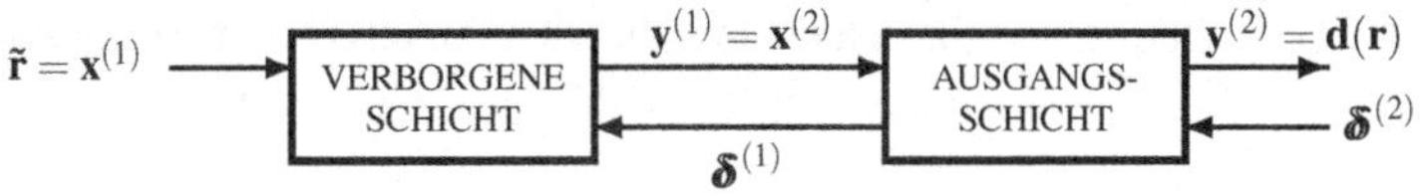

Abb. 5.11 Veranschaulichung des Back-Propagation-Algorithmus

Mit Hilfe des mit n indizierten Wertepaares $\mathbf{d}^{(n)}$ und $\mathbf{r}^{(n)}$ sind damit die Gradienten nach (5.76) und (5.83) bestimmt und können für die Rekursion nach (5.70) bzw. (5.77) verwendet werden. Diese bricht ab, wenn der vorgegebene Fehler unterschritten wird. Die dabei gewonnenen Koeffizienten $h_{i,j}^{(h)}$ dienen als neue Startwerte für die nächste rekursive Berechnung mit Hilfe der aus dem Wertepaar $\mathbf{d}^{(n+1)}$ und $\mathbf{r}^{(n+1)}$ der Lernstichprobe neu zu berechnenden Gradienten. Das Verfahren ist abgeschlossen, wenn alle Wertepaare der Lernstichprobe verbraucht sind.

Ein alternatives Verfahren führt die Rekursion nach (5.70) bzw. (5.77) nur einmal aus, wobei ein Gradient verwendet wird, der aus allen Wertepaaren der Lernstichprobe bestimmt wird. Der Rekursionsansatz hat dann die Form:

$$h_{i,j}^{(h)}(k) = h_{i,j}^{(h)}(k-1) - \mu \sum_n \frac{\partial F^{(n)}}{\partial h_{i,j}^{(h)}}, \quad h = 1,2. \tag{5.84}$$

Für jedes Wertepaar der Lernstichprobe wird in diesem Fall zunächst der Gradient bestimmt, diese Gradienten werden dann aufsummiert und für die Rekursion verwendet. Geht man davon aus, dass die Lernstichprobe als Gesamtheit zur Verfügung steht und nicht sukzessive geliefert wird und dass es sich um stationäre Prozesse handelt, die durch die Werte der Lernstichprobe repräsentiert werden, empfiehlt sich das zuletzt genannte Verfahren.

5.3.4 Netze mit radialen Basisfunktionen

Eine Abwandlung der bisher vorgestellten künstlichen neuronalen Netze stellen die Netze mit radialen Basisfunktionen (RBF-Netze) dar. Hierbei handelt es sich ebenfalls um neuronale Netze, jedoch unterscheiden sich diese in der Art der verwendeten Neuronen in der verborgenen Schicht. Im Folgenden wird zunächst das RBF-Neuron beschrieben, sowie der Aufbau eines typischen RBF-Netzes. Danach folgt ein Überblick über die Trainingsverfahren, die für RBF-Netze verwendet werden können. Abschließend werden die Eigenschaften der RBF-Netze mit denen der Perzeptron-Netze verglichen.

RBF-Neuronen sind von ihrer Funktion her Neuronen z. B. aus dem visuellen Kortex von Säugetieren recht ähnlich. Sie reagieren nur auf Reize aus bestimmten lokalen Bereichen. Solche Neuronen nennt man daher auch *rezeptive Felder*. Diese sind eng verwandt mit dem Parzen-Fenster-Klassifikator (Abschnitt 4.4.4). Wie bei einem Perzeptron gilt für ein RBF-Neuron j, dass sein Ausgang y_j über eine nichtlineare Funktion f_j mit dem Eingangsvektor $\mathbf{x} = (x_0, x_1, ..., x_I)^T$ zusammenhängt:

$$y_j = f_j(\mathbf{x}). \tag{5.85}$$

Um die oben genannte Lokalitätseigenschaft des Eingangs zu gewährleisten, wird in der Funktion f_j der Abstand des Eingangsvektors zu einem Mittelpunktsvektor $\boldsymbol{\mu}_j$ des Neurons berücksichtigt:

$$y_j = f_j(\mathbf{x}) = \overline{f}_j\left(||\mathbf{x} - \boldsymbol{\mu}_j||\right). \tag{5.86}$$

Als Aktivierungsfunktion $f_j(\mathbf{x})$ wird üblicherweise eine Gaußglocke verwendet, so dass damit $f_j(\mathbf{x})$ einer N-dimensionalen Gaußkurve entspricht (siehe auch Abb. 5.12):

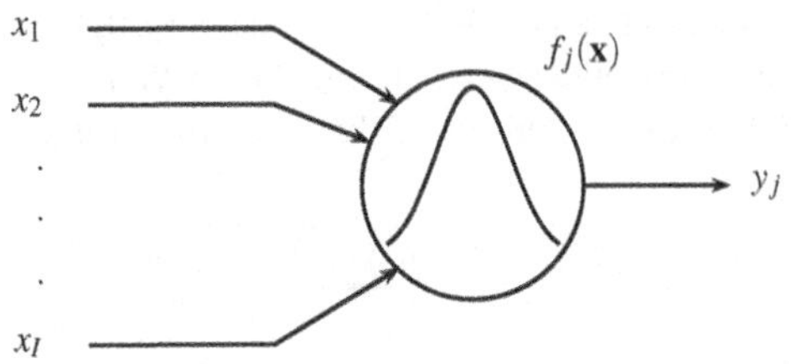

Abb. 5.12 RBF-Neuron mit einer Gauß-Aktivierungsfunktion.

$$y_j = f_j(\mathbf{x}) = \exp\left[-\frac{1}{2}\left(\mathbf{x}-\boldsymbol{\mu}_j\right)^T \mathbf{C}_j^{-1}\left(\mathbf{x}-\boldsymbol{\mu}_j\right)\right]. \tag{5.87}$$

Der Exponent in (5.87) entspricht dem Mahalanobisabstand (Abschnitt 4.1.6.1). Ein RBF-Neuron ist daher dem Mahalanobis-Abstandsklassifikator (Abschnitt 4.2.2) sehr ähnlich. Der Ausgang des RBF-Neurons j kann als der mit einer Gaußkurve gewichtete Mahalanobisabstand des Eingangsmusters $\mathbf{x}$ zum Mittelpunktsvektor $\boldsymbol{\mu}_j$ des entsprechenden Neurons angesehen werden.

In der Praxis wird zur Vereinfachung oftmals statt einer voll besetzten Kovarianzmatrix $\mathbf{C}$ eine reine Diagonalmatrix verwendet. Diese berücksichtigt nur die Varianz jeder einzelnen Eingangsgröße, jedoch keine Beziehungen der Eingangsgrößen zueinander (Kovarianzen). Die Matrix $\mathbf{C}_j^{-1}$ ergibt sich dann aus den Standardabweichungen $\sigma_{j,i}$ der I Eingangsgrößen $i = 1,\ldots,I$ wie folgt:

$$\mathbf{C}_j^{-1} = \begin{pmatrix} \frac{1}{\sigma_{j,1}^2} & & \\ & \ddots & \\ & & \frac{1}{\sigma_{j,I}^2} \end{pmatrix}. \tag{5.88}$$

Der Ausgang des Neurons kann dann skalar dargestellt werden:

$$y_j = f_j(\mathbf{x}) = \exp\left[-\sum_{i=1}^{I} \frac{(x_i-\mu_{j,i})^2}{2\sigma_{j,i}^2}\right]. \tag{5.89}$$

Ein typisches RBF-Netz ist ähnlich aufgebaut wie ein mehrschichtiges Perzeptronnetz. Es besitzt eine versteckte Schicht, die ausschließlich aus RBF-Neuronen besteht, sowie eine Ausgangsschicht mit einer einzigen linearen Summationseinheit (siehe Abb. 5.13). Alle Elemente r_i des Eingangsvektors $\mathbf{r} = (r_0 = 1, r_1, ..., r_I)^T$ sind mit jedem RBF-Neuron j verbunden. Der Eingang r_0, der konstant 1 ist, wird mit dem Gewicht h_0 multipliziert und die Ausgänge y_j des RBF-Neurons j werden mit den Gewichten h_j $(j > 0)$ der Ausgangsschicht multipliziert und im Summationsknoten aufaddiert. Das Ergebnis ist der Netzwerkausgang d in Abhängigkeit vom Eingangsvektor $\mathbf{r}$:

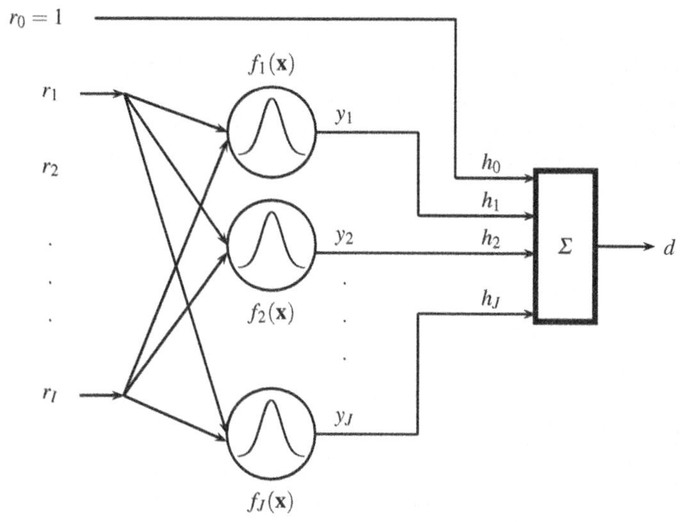

Abb. 5.13 Typischer Aufbau eines RBF-Netzwerkes mit zwei Schichten.

$$d(\mathbf{r}) = h_0 + \sum_{j=1}^{J} h_j \cdot f_j \left(\mathbf{r}, \boldsymbol{\mu}_j, \boldsymbol{\sigma}_j\right). \qquad (5.90)$$

Anschaulich kann (5.90) so interpretiert werden, dass das RBF-Netz eine beliebige nichtlineare Funktion $d = f_N(\mathbf{r})$ durch eine gewichtete Summe von J radialen Basisfunktionen f_j annähert.

5.3.5 Koeffizienten des RBF-Netzes

Ein RBF-Netz wie in Abb. 5.13 dargestellt wird durch drei Koeffizientensätze beschrieben (J ist die Anzahl der RBF-Neuronen in der versteckten Schicht; I ist die Anzahl der Netzwerk Eingänge):

- $J+1$ Gewichte h_j ($j = 0, ..., J$)
- J I-dimensionalen Mittelpunktsvektoren $\boldsymbol{\mu}_j = \left(\mu_{j,1}, \mu_{j,2}, ..., \mu_{j,I}\right)^T$
- J I-dimensionalen Standardabweichungs-Vektoren $\boldsymbol{\sigma}_j = \left(\sigma_{j,1}, \sigma_{j,2}, ..., \sigma_{j,I}\right)^T$

Die Grundlage der Berechnung der oben genannten Koeffizienten ist - analog zu Abschnitt 5.3.3 - die Annahme, dass eine Lernstichprobe zum Training des Netzes zur Verfügung steht. D. h. zu einem Satz von Eingangsvektoren $\mathbf{r}^{(n)}$ sind die zugehörigen Ausgangsskalare $d^{(n)}$ bekannt.

Nach (5.90) ist der Ausgang d linear von den Gewichten h_j abhängig, jedoch nicht linear von den Größen $\boldsymbol{\mu}_j$ und $\boldsymbol{\sigma}_j$. Alle Parameter können ähnlich wie bei den

Perzeptronnetzen mit einem iterativen Gradientenabstiegsverfahren bestimmt werden. Aufgrund des linearen Zusammenhangs können die Gewichte h_j auch analytisch in einem einzigen Schritt mit der Methode kleinster Quadrate (MKQ) bestimmt werden. Beide Methoden werden im Folgenden dargelegt.

Für das Gradientenabstiegsverfahren wird das aus Abschnitt 5.3.3 bekannte Fehlermaß aus (5.68) angesetzt. Aufgrund der skalaren Ausgangsgröße d vereinfacht sich die Gleichung zu:

$$F = \sum_n \left(F^{(n)}\right) = \sum_n \left(d^{(n)} - d(\mathbf{r}^{(n)})\right)^2. \tag{5.91}$$

Durch Einsetzen von (5.90) erhält man folgenden Ausdruck für das Fehlermaß:

$$F = \sum_n \left(d^{(n)} - h_0 - \sum_{j=1}^{J} h_j \cdot f_j\left(\mathbf{r}^{(n)}, \boldsymbol{\mu}_j, \boldsymbol{\sigma}_j\right)\right)^2. \tag{5.92}$$

Um die iterativen Lernregeln, die auf der ersten Ableitung der Fehlermaßgleichung beruhen, möglichst einfach darstellen zu können, wird das Fehlermaß mit dem Faktor $\frac{1}{2}$ skaliert. Für den Fehler $F^{(n)}$ für ein einzelnes Trainingsmuster $\mathbf{r}^{(n)}$ erhält man damit:

$$F^{(n)}(\mathbf{h}, \boldsymbol{\mu}, \boldsymbol{\sigma}) = \frac{1}{2}\left(d^{(n)} - h_0 - \sum_{j=1}^{J} h_j \cdot f_j\left(\mathbf{r}^{(n)}, \boldsymbol{\mu}_j, \boldsymbol{\sigma}_j\right)\right)^2. \tag{5.93}$$

In Analogie zu (5.68) ergibt sich folgender rekursiver Ansatz für die RBF-Netz Koeffizienten:

$$\left\{\begin{matrix} \mathbf{h}^{k+1} \\ \boldsymbol{\mu}_i^{k+1} \\ \boldsymbol{\sigma}_i^{k+1} \end{matrix}\right\} = \left\{\begin{matrix} \mathbf{h}^{k} \\ \boldsymbol{\mu}_i^{k} \\ \boldsymbol{\sigma}_i^{k} \end{matrix}\right\} + \eta \cdot \left\{\begin{matrix} (\frac{\delta F}{\delta \mathbf{h}})^k \\ (\frac{\delta F}{\delta \mu_i})^k \\ (\frac{\delta F}{\delta \sigma_i})^k \end{matrix}\right\}, \qquad i = 1, 2, ..., I. \tag{5.94}$$

Der Parameter k gibt den aktuellen Zeitpunkt der Rekursion an. In (5.94) bezeichnet η die Adaptionsrate (μ in (5.68)), um Verwechslungen mit den Mittelwertsvektoren $\boldsymbol{\mu}$ der RBF-Neuronen zu vermeiden.

Das Gradientenverfahren bietet den Vorteil, dass alle Koeffizienten damit bestimmt werden können. Jedoch ist das Training des Netzes mit diesem Verfahren sehr zeitintensiv. Da bei RBF-Netzen aufgrund des linearen Ausgangs die Gewichte h_j analytisch bestimmt werden können, bietet sich eine schnelle Koeffizientenbestimmungsmethode basierend auf der Methode kleinster Quadrate an. Die Koeffizientenvektoren $\boldsymbol{\mu}_j$ und $\boldsymbol{\sigma}_j$ müssen bei diesem Verfahren jedoch bekannt sein, da sie nichtlinear in die Netzwerk Gleichung eingehen und somit nicht mittels MKQ bestimmt werden können. In der Regel wird hierzu eine Vorab-Partitionierung des Eingangsraums $\mathbf{r}^{(n)}$ vorgenommen, und aus J Clustern die Mittelwerts- und Standardabweichungsvektoren für die einzelnen Neuronen berechnet. Setzt man nun $\boldsymbol{\mu}_j$ und $\boldsymbol{\sigma}_j$ als konstant vorraus, reduziert sich (5.90) zu:

$$d(\mathbf{r}) = h_0 + \sum_{j=1}^{J} h_j \cdot f_j(\mathbf{r}). \tag{5.95}$$

Dies kann auch als Skalarprodukt dargestellt werden:

$$d(\mathbf{r}) = (1, f_1(\mathbf{r}), f_2(\mathbf{r}), \dots, f_J(\mathbf{r})) \cdot \begin{pmatrix} h_0 \\ h_1 \\ h_2 \\ \vdots \\ h_J \end{pmatrix} = \mathbf{f}^T(\mathbf{r}) \cdot \mathbf{h}. \tag{5.96}$$

Hat man eine Lernstichprobe $\mathbf{r}^{(n)}$ mit bekannten $d^{(n)}$ und mindestens $J+1$ Mustern, so kann mittels dieser ein Gleichungssystem aufgestellt werden. Sind genau $J+1$ Muster vorhanden, können die Gewichte h_j exakt bestimmt werden. In der Praxis ist dies jedoch nicht zu empfehlen, da ein so bestimmter Klassifikator zu spezifisch an die Lernstichprobe angepasst ist, d. h. die Generalisierungsfähigkeit für unbekannte Daten ist sehr gering (Überadaption). Daher ist es ratsam die Anzahl der Muster in der Lernstichprobe wesentlich größer als $J+1$ zu wählen. Man erhält ein überbestimmtes Gleichungssystem, für welches mittels der Methode kleinster Quadrate (Least-Mean-Squares-Algorithmus (LMS) [Wid85]) eine Lösung mit minimalem quadratischen Fehler gefunden werden kann. Eine analytische Darstellung der Lösung mithilfe der Pseudo-Links-Inversen $\mathbf{f}^+$ von $\mathbf{f}$ ist:

$$\overline{\mathbf{h}} = \mathbf{f}^+ \cdot d = \left(\mathbf{f}^T\mathbf{f}\right)^{-1} \mathbf{f}^T d. \tag{5.97}$$

Das oben erwähnte Problem der Überadaption betrifft nicht nur die MKQ, sondern auch, wenn auch in anderer Form, das Gradientenabstiegsverfahren. Hierbei ist zu beachten, dass nach zu vielen Rekursionen k die Koeffizientenwerte zu speziell an die Lernstichprobe angepasst sind. Es muss also während des Trainings nach jeder Rekursionsiteration eine Evaluierung auf einem Validierungs-Datensatz durchgeführt werden. Das rekursive Training wird dann abgebrochen, wenn auf dem Validierungsdatensatz über eine festgelegte Anzahl von Iterationen hinaus keine Verringerung des Ausgangsfehlers erreicht wurde.

5.4 Klassifikation mit Fuzzy-Logik

Alle bisher betrachteten Systeme zur Lösung von Aufgaben der Detektion verwendeten Zahlenwerte als Eingangsvariable oder Messgrößen, die durch Abtastung oder Transformation aus kontinuierlichen Signalen gewonnen wurden. Aus diesen Zahlenwerten berechnete man z. B. die Unterscheidungsfunktionen, die für den Hypothesentest benötigt wurden. Bei dieser Vorgehensweise geht man von der Annahme aus, dass das Signalmodell, das auf diese Zahlenwerte führt, korrekt ist. Bei dem Modell für die Signalerkennung im Rauschen, das z. B. bei der Datenübertragung angewendet wird, stimmt diese Annahme bezüglich des Nutzanteils. Bei den Störungen ist z. B. die Annahme additiver Verknüpfung von Nutz- und Störanteil und Gaußscher Statistik schon erheblich problematischer. Bei der Mustererkennung geben die Modelle für das Nutzsignal die Wirklichkeit nur noch mehr oder weniger genau wieder; man denke nur an das Modell zur Erzeugung menschlicher Sprache, bei dem man sich die Erzeugung der Vokale durch sinusförmige Anregung des als lineares Übertragungssystem modellierten Vokaltrakts vorstellt [Fel84]. Trotz der Ungenauigkeit der Modelle werden die Messgrößen als exakte, von diesen Modellen generierte Zahlenwerte betrachtet.

An dieser Stelle setzt die *Fuzzy-Logik* [Bez81], [Boe93], [Kos92] ein, wobei das englische Wort *fuzzy* für vage, unscharf steht. Statt die zur Verfügung stehenden Messwerte als exakte, scharfe Zahlenwerte zu begreifen, beschreibt man sie durch unscharfe *linguistische Werte* wie z. B. „klein“, „mittel“ und „groß“ oder „schnell“ und „langsam“. Die Unschärfe, mit der die Messgrößen angegeben werden, begründet sich damit, dass die Annahmen über die Signalmodelle die Wirklichkeit nur ungenau beschreiben, unvollständig oder sogar fehlerhaft sind.

Mit Hilfe der Fuzzy-Logik werden die scharfen Messgrößen in unscharfe Mengen, sogenannte *fuzzy sets* bzw. *linguistische Werte*, abgebildet, die sich zudem noch überlappen können. Als Beispiel sei angenommen, dass die Komponente r_1 des gestörten Empfangsvektors $\mathbf{r}$ die Kophasalkomponente eines modulierten Signals sei. Man bezeichnet die Kophasalkomponente r_1 im Sinne der Fuzzy-Logik auch als *linguistische* Variable, die nach Abb. 5.14 die linguistischen Werte oder auch linguistischen Terme „negativ“, in der Abbildung mit N bezeichnet, „null“, mit Z für *zero* bezeichnet, und „positiv“, mit P bezeichnet, annehmen kann. Zur wertmäßigen Zuordnung verwendet man *Zugehörigkeitsfunktionen* oder *membership functions*, die auch in anderer Weise als im Beispiel gezeigt erfolgen könnte und sich nach der Aufgabenstellung richtet.

Um die Fuzzifizierung zu veranschaulichen, wird vorausgesetzt, dass der in der Messgröße r_i enthaltene Nutzanteil die drei Werte $r_i = -\sqrt{E_s}$, $r_i = 0$ und $r_i = +\sqrt{E_s}$ annehmen kann, denen die in Abb. 5.14 dargestellten linguistischen Werte mit den dreieckförmigen Zugehörigkeitsfunktionen $\mu_j(r_i)$, $j \in \{N, Z, P\}$ entsprechen. Die Abbildung der scharfen Eingangswerte in die unscharfen linguistischen Werte bezeichnet man als *Fuzzifizierung*.

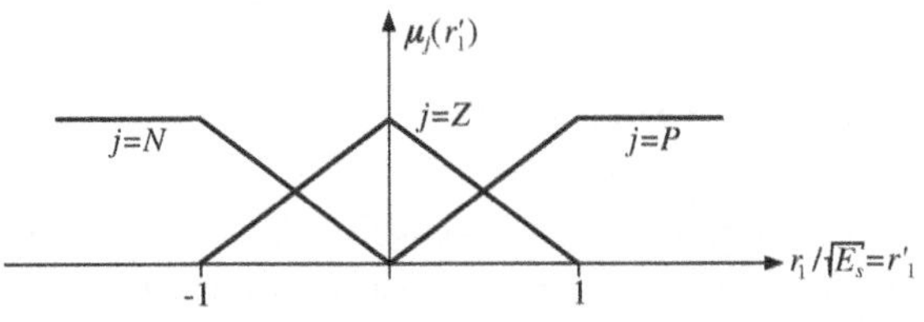

Abb. 5.14 Fuzzifizierung einer Messgröße

Jeder Komponente r_i, $i = 1, \ldots, N$ des Messvektors $\mathbf{r}$ werden bei der Fuzzifizierung bei J möglichen linguistischen Werten J *Zugehörigkeitsgrade* $m_{i,j}$ zugeordnet, die die Übereinstimmung der Messgröße r_i mit den linguistischen Werten beschreiben. Die Zugehörigkeitsgrade $m_{i,j}$ aller Komponenten r_i werden zu einem Vektor $\mathbf{m}$ der Dimension $J \cdot N$ zusammengefasst und nach Abb. 5.15 der *Inferenzkomponente* des Klassifikators zugeführt, in der durch Verknüpfung der linguistischen Variablen mit Hilfe problemangepasster Regeln nach der Form WENN ... DANN die Entscheidungsfindung vorbereitet wird. Die durch die Regeln ermittelten Größen werden miteinander verknüpft und auf unscharfe Mengen abgebildet, welche die zu unterscheidenden Ereignisse bzw. Klassen repräsentieren.

Die eigentliche Klassifikation erfolgt in der dritten Stufe, der *Defuzzifizierung*, für die es je nach angestrebter Art der Klassifikation verschiedene Entwurfskriterien gibt. Das Kriterium bestimmt u. a. die Schärfe der Aussagen, d. h. man kann eine eindeutige Zuordnung zu einem der Ereignisse oder Klassen oder auch eine graduelle Aussage anstreben, bei der eine durch Zugehörigkeitsgrade ausgedrückte Zuordnung zu mehreren Klassen erfolgt.

Man kann bei einem Klassifikator auf der Basis der Fuzzy-Logik also drei Komponenten unterscheiden, die in Abb. 5.15 zu erkennen sind. Diese Komponenten haben die folgenden Funktionen:

- In der *Fuzzifizierungsstufe* werden die scharfen Messwerte, die im gestörten Empfangsvektor $\mathbf{r}$ zusammengefasst sind, in unscharfe linguistische Werte umgesetzt und diesen Zugehörigkeitsgrade zugeordnet.
- In der *Inferenzstufe* werden anhand von vorformulierten Regeln die unscharfen Eingangsgrößen miteinander verknüpft und eine Schlussfolgerung aus der Kombination der Einzelregeln gezogen.
- Bei der *Defuzzifizierung* werden die unscharfen Aussagen anhand geeigneter Kriterien in mehr oder weniger scharfe Aussagen umgesetzt.

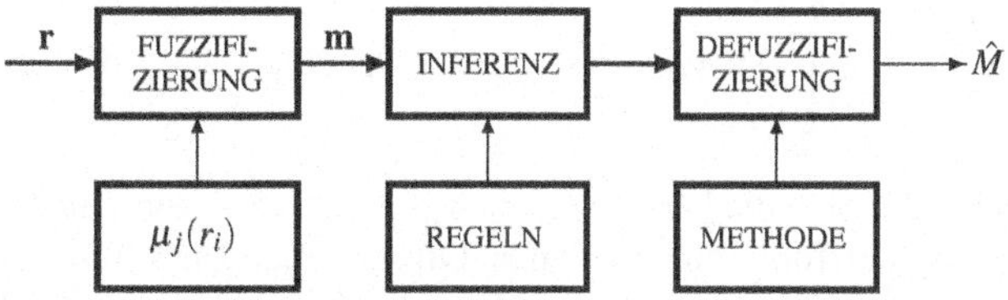

Abb. 5.15 Klassifikator auf der Basis der Fuzzy-Logik

Das Ergebnis dieser Klassifikation kann entweder eine scharfe Zuordnung zu einer der vorgegebenen Klassen oder ein Vektor sein, dessen Komponenten Maßzahlen sind, die eine graduelle Zuordnung zu den zur Auswahl stehenden Klassen zulässt.

Es gibt eine Fülle von Möglichkeiten, die einzelnen Stufen zu realisieren, indem man den linguistischen Variablen linguistische Werte zuordnet, die Art der Zugehörigkeitsfunktion auswählt, das Regelwerk, das aufgrund der Kenntnis des zu lösenden Detektionsproblems zu formulieren ist, festlegt und Kriterien für die Defuzzifizierung auswählt. Wenn man einmal diese Elemente des Klassifikators bestimmt hat, ist der eigentliche Klassifikationsvorgang sehr einfach und lässt sich deshalb mit einfachen elektronischen Komponenten realisieren [Bot93], [Til93].

5.4.1 Fuzzifizierung der Eingangsgrößen

In Abb. 5.14 wurde die Umsetzung der scharfen Messgröße r_i mit Hilfe dreieckförmiger Zugehörigkeitsfunktionen in linguistische Terme beschrieben. Man kann jedoch auch andere Formen der Zugehörigkeitsfunktionen wählen, für die in Abb. 5.16 einige Beispiele gezeigt sind.

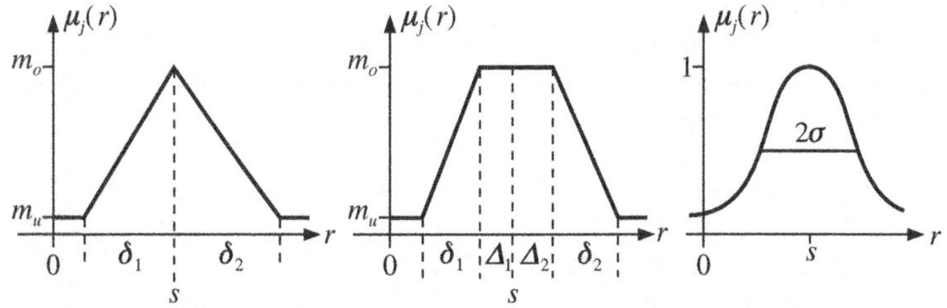

Abb. 5.16 Beispiele für Zugehörigkeitsfunktionen

Wegen der geringen Zahl vorzugebender Parameter wird häufig die *dreieckförmige* Zugehörigkeitsfunktion $\mu_j(r)$ verwendet, die sich durch

$$\mu_j(r) = \begin{cases} m_u & r < s - \delta_1 \\ (r + \delta_1 - s)(m_o - m_u)/\delta_1 + m_u & s - \delta_1 \leq r < s \\ m_o & r = s \\ (s + \delta_2 - r)(m_o - m_u)/\delta_2 + m_u & s < r \leq s + \delta_2 \\ m_u & r > s + \delta_2 \end{cases} \tag{5.98}$$

beschreiben lässt, wobei die Parameter m_u, m_o, δ_1 und δ_2 sowie s die Lage und Form dieser Zugehörigkeitsfunktion bestimmen. Oft setzt man zur Vereinfachung $m_u = 0$, $m_o = 1$ und $\delta_1 = \delta_2$. Die *trapezförmige* Zugehörigkeitsfunktion wird durch

$$\mu_j(r) = \begin{cases} m_u & r < s - \delta_1 - \Delta_1 \\ r + \delta_1 - s + \Delta_1)(m_o - m_u)/\delta_1 + m_u & s - \delta_1 - \Delta_1 \leq r < s - \delta_1 \\ m_o & s - \Delta_1 \leq r \leq s + \Delta_2 \\ (\delta_2 + s + \Delta_2 - r)(m_o - m_u)/\delta_2 + m_u & s + \Delta_2 < r \leq s + \Delta_2 + \delta_2 \\ m_u & r > s + \Delta_2 + \delta_2 \end{cases}$$

beschrieben, wobei gegenüber der dreieckförmigen Zugehörigkeitsfunktion die weiteren Parameter Δ_1 und Δ_2 hinzukommen. Auch hier vereinfacht sich die Darstellung, wenn man $m_u = 0$, $m_o = 1$ sowie $\delta_1 = \delta_2$ und $\Delta_1 = \Delta_2$ wählt. Die wenigsten

Parameter braucht man für die Zugehörigkeitsfunktion in *Gaußform*, die durch

$$\mu_j(r) = \exp\left(-\frac{(r-s)^2}{2\sigma^2}\right) \tag{5.99}$$

gegeben ist. Hier benötigt man nur den Parameter s, der den Mittelwert, und σ, der die Weite der Glockenkurve beschreibt. In (5.99) fällt gegenüber der Gaußschen Dichtefunktion der Vorfaktor weg, so dass das Maximum der Zugehörigkeitsfunktion den Wert $\mu_j(r) = 1$ besitzt. Man könnte nun vermuten, dass die Gaußsche Zugehörigkeitsfunktion wegen der geringen Parameteranzahl am günstigsten für den praktischen Einsatz ist. Dies stimmt aber nicht, wenn man bedenkt, dass die Berechnung der Exponentialfunktion gegenüber den linearen Kurvenstücken bei den übrigen Zugehörigkeitsfunktionen rechentechnisch aufwändig ist. Daraus erklärt sich der erwähnte häufige Einsatz der dreieckförmigen Zugehörigkeitsfunktion.

Bei der Fuzzifizierung geht es darum, den scharfen Eingangswerten unscharfe linguistische Terme zuzuordnen. In Abb. 5.17 wird angenommen, dass die zu fuzzifizierende Messgröße r sieben linguistische Werte annehmen kann, die mit „negative large" (*NL*), „negative medium" (*NM*), „negative small" (*NS*), „zero" (*ZE*), „postive small" (*PS*), „positive medium" (*PM*) und „positive large" (*PL*) bezeichnet werden. Geht man davon aus, dass der minimale und maximale Wert der Messgröße

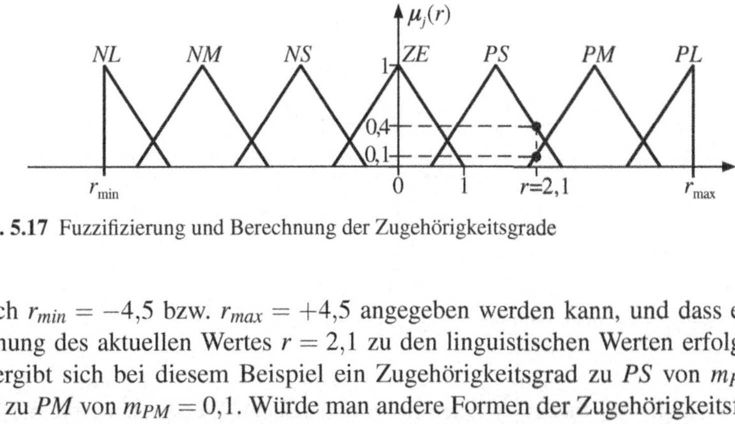

Abb. 5.17 Fuzzifizierung und Berechnung der Zugehörigkeitsgrade

durch $r_{min} = -4{,}5$ bzw. $r_{max} = +4{,}5$ angegeben werden kann, und dass eine Zuordnung des aktuellen Wertes $r = 2{,}1$ zu den linguistischen Werten erfolgen soll, so ergibt sich bei diesem Beispiel ein Zugehörigkeitsgrad zu *PS* von $m_{PS} = 0{,}4$ und zu *PM* von $m_{PM} = 0{,}1$. Würde man andere Formen der Zugehörigkeitsfunktion wählen, die sich stärker überlappen, so könnten sich Zugehörigkeiten auch zu den übrigen linguistischen Werten ergeben. Dies trifft besonders dann zu, wenn man die Gaußsche Zugehörigkeitsfunktion wählt, wobei allerdings die Zugehörigkeitsgrade je nach Wahl der Varianz σ für einige der linguistischen Werte sehr klein werden.

Wenn der Messvektor **r** am Eingang des Klassifikators nach Abb. 5.15 N-dimensional ist und jeder der Komponenten r_i jeweils J linguistische Werte zugeordnet werden können, so liefert der Fuzzifizierungsblock bekanntlich einen Vektor **m** der Dimension $J \cdot N$, der insgesamt N^J verschiedene Belegungen der Zugehörigkeitsgrade $m_{i,j}$ annehmen kann. Um die Interpretierbarkeit dieses Vektors überschaubar zu halten, ist es üblich, einer Komponente r_i des Messvektors **r** nicht mehr als fünf bis sieben linguistische Werte zuzuordnen.

5.4.2 Fuzzy-Inferenz mit Hilfe einer Regelbasis

Aufgabe der Inferenzkomponente bei der Klassifikation ist die Verknüpfung der linguistischen Variablen mit ihren durch die Zugehörigkeitsgrade $m_{i,j}$ quantitativ bewerteten linguistischen Werten in einer Regelbasis. Diese Regelbasis besteht aus einer dem Problem angepassten Anzahl widerspruchsfreier Regeln in Form von WENN ... DANN-Aussagen. Bezeichnet man die linguistischen Variablen mit A_i, die zugehörigen linguistischen Werte mit $W_{i,j}$ und die durch die Verknüpfung entstehende Aussage mit B, so hat eine Regel der Regelbasis folgendes Aussehen:

$$\text{Regel } k: \text{ WENN } A_1 = W_{1,j_1} \text{ UND } A_2 = W_{2,j_2} \text{ UND } \ldots \text{DANN } B = W_{k,l}. \quad (5.100)$$

Das Aufstellen dieser Regeln soll an einem Beispiel näher erläutert werden. Es wird angenommen, dass A_1 und A_2 die linguistischen Variablen *Kophasal-* und *Quadraturkomponente* bezeichnen, die von einem Signal mit 4-PSK Modulation [Kro91] stammen. Das zugehörige Signalvektordiagramm zeigt Abb. 5.18, wobei die Komponenten r_i nach der Vorschrift $r_i' = r_i/\sqrt{E_s}$ auf die Signalenergie E_s normiert wurden.

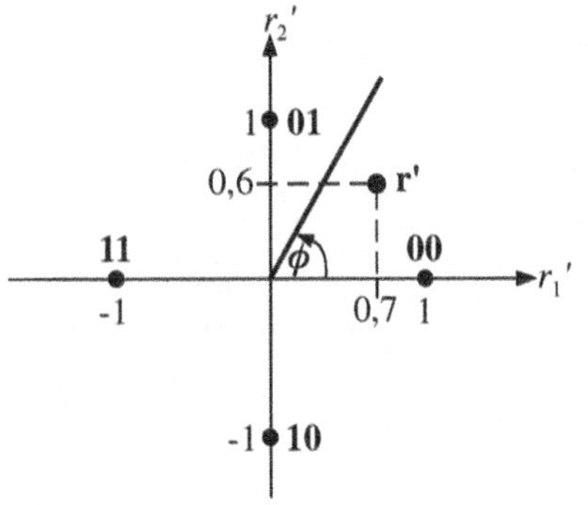

Abb. 5.18 Signalvektordiagramm für ein Signal mit 4-PSK Modulation

Den Variablen A_1 und A_2 werden die linguistischen Werte nach Abb. 5.14 zugeordnet. Als linguistische Variable am Ausgang der *Inferenzstufe* wird der Winkel ϕ des Signalvektordiagramms verwendet, der den im Vektordiagramm angegebenen zweistelligen Codewörtern entspricht. Die linguistischen Variablen haben nach Abb. 5.19 die Bezeichnung N für negative Winkel um $\phi = -\pi/2$, womit das Codewort 10 erfasst wird, Z für Winkel um $\phi = 0$ bzw. das Codewort 00, P für positive Winkel um $\phi = \pi/2$ oder das Codewort 01 und O für orthogonale Winkel um $\phi = \pi$ und das Codewort 11.

Mit den so getroffenen Definitionen erhält man folgende vier Regeln für die vier Signalvektorpunkte entsprechend der Konstruktionsvorschrift in (5.100):

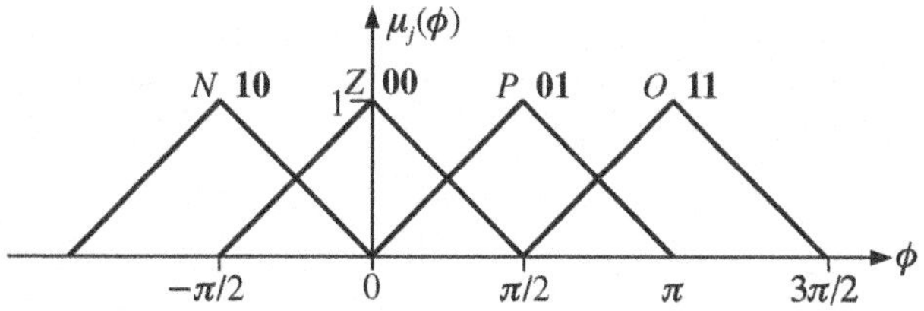

Abb. 5.19 Zugehörigkeitsfunktionen für die Ausgangsgrößen bei 4-PSK Modulation

$$\begin{aligned}
\mathbf{r}' = (+1,\ 0)^T &: \text{ WENN } A_1 = P \text{ UND } A_2 = Z \text{ DANN } B = Z \\
\mathbf{r}' = (0,\ +1)^T &: \text{ WENN } A_1 = Z \text{ UND } A_2 = P \text{ DANN } B = P \\
\mathbf{r}' = (-1,\ 0)^T &: \text{ WENN } A_1 = N \text{ UND } A_2 = Z \text{ DANN } B = O \\
\mathbf{r}' = (0,\ -1)^T &: \text{ WENN } A_1 = Z \text{ UND } A_2 = N \text{ DANN } B = N.
\end{aligned} \tag{5.101}$$

Mit Hilfe der Regelbasis sind die fuzzifizierten Eingangsgrößen zu verarbeiten. Dazu ist die Verknüpfung durch den UND-Operator zu definieren, z. B. als Minimum der Zugehörigkeitsgrade der einzelnen in der Regel zusammengefassten Aussagen:

$$b_k = \min\{m_{i,j}\}, \quad i = 1,\ 2;\ j = P, Z, N; k = 0, \ldots, 3. \tag{5.102}$$

Nimmt man an, dass der in Abb. 5.18 eingezeichnete normierte gestörte Empfangsvektor $\mathbf{r}' = (0{,}7,\ 0{,}6)^T$ zu fuzzifizieren ist, so erhält man die in Abb. 5.20 ablesbaren Übereinstimmungs- oder *Zugehörigkeitsgrade*:

$$\begin{aligned}
r_1' = 0{,}7 &: m_{1,P} = 0{,}7 \\
&: m_{1,Z} = 0{,}3 \\
&: m_{1,N} = 0{,}0
\end{aligned}$$

$$\begin{aligned}
r_2' = 0{,}6 &: m_{2,P} = 0{,}6 \\
&: m_{2,Z} = 0{,}4 \\
&: m_{2,N} = 0{,}0.
\end{aligned}$$

Mit der als *Aggregation* bezeichneten Operation nach (5.102) erhält man für diese Zahlenwerte aus den vier Regeln nach (5.101) als Ergebnis die Zugehörigkeitsgrade:

$$\begin{aligned}
b_0 &= \min(m_{1,P};\ m_{2,Z}) = \min(0{,}7;\ 0{,}4) = 0{,}4 \\
b_1 &= \min(m_{1,Z};\ m_{2,P}) = \min(0{,}3;\ 0{,}6) = 0{,}3 \\
b_2 &= \min(m_{1,N};\ m_{2,Z}) = \min(0{,}0;\ 0{,}4) = 0{,}0 \\
b_3 &= \min(m_{1,Z};\ m_{2,N}) = \min(0{,}3;\ 0{,}0) = 0{,}0.
\end{aligned}$$

Der Wichtigkeit der Regeln entsprechend können diese Werte modifiziert werden. Man bedient sich dabei der *Sicherheitsfaktoren* $c_k \in [0, 1]$ und verknüpft sie nach der allgemeinen Vorschrift

$$b'_k = f(b_k, c_k) \tag{5.103}$$

mit den Zugehörigkeitsgraden b_k, wobei z. B.

$$b'_k = b_k \cdot c_k \tag{5.104}$$

gelten kann. Hier soll angenommen werden, dass $c_k = 1$ und damit $b'_k = b_k$ gilt.

Die Zugehörigkeitsgrade b_k sind den Regeln gemäß auf die linguistischen Werte der Aussage B anzuwenden. Werden diese linguistischen Werte durch die Zugehörigkeitsfunktionen $\mu_j(y)$ beschrieben, wobei y die Ausgangsvariable – beim bisher betrachteten Beispiel der Winkel $y = \phi$ – ist, so lässt sich die *Schlussfolgerung* z. B. durch die modifizierte, auf ein Maximum begrenzte Zugehörigkeitsfunktion ausdrücken

$$\mu_{B_k}(y) = \begin{cases} \mu_j(y) & \mu_j(y) \leq b'_k \\ b_k & \mu_j(y) > b'_k, \end{cases} \tag{5.105}$$

was als *Begrenzungs-Methode* bezeichnet werden soll. Das Ergebnis dieser Operation zeigt ebenfalls Abb. 5.20.

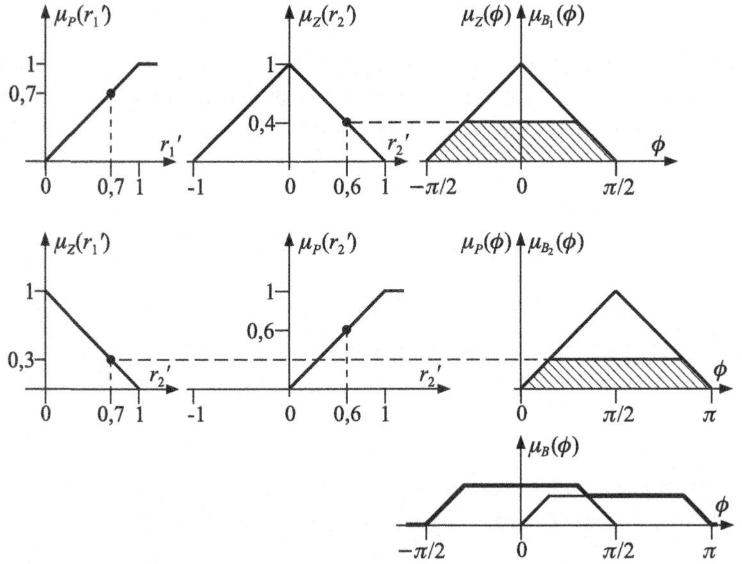

Abb. 5.20 Schlussfolgerung mit der Begrenzungs-Methode und Akkumulation

In Abb. 5.20 ist nur die Auswertung der ersten beiden Regeln dargestellt, da die übrigen beiden Regeln die Zugehörigkeitsfunktionen der Ausgangsgröße zum Verschwinden bringen und damit keinen Beitrag für das Inferenzergebnis liefern.

Um eine stärkere Konzentration der Aussage zu erzielen, kann man die Zugehörigkeitsfunktion der linguistischen Terme der Ausgangsgröße y auch mit den Übereinstimmungsgraden b_k^l multiplizieren

$$\mu_{B_k}(y) = b_k^l \cdot \mu_j(y), \tag{5.106}$$

was als *Produkt-Methode* bezeichnet werden soll. Die Wirkung dieser Operation bei Anwendung der ersten Regel zeigt Abb. 5.21. Auf diese Art der Auswertung der

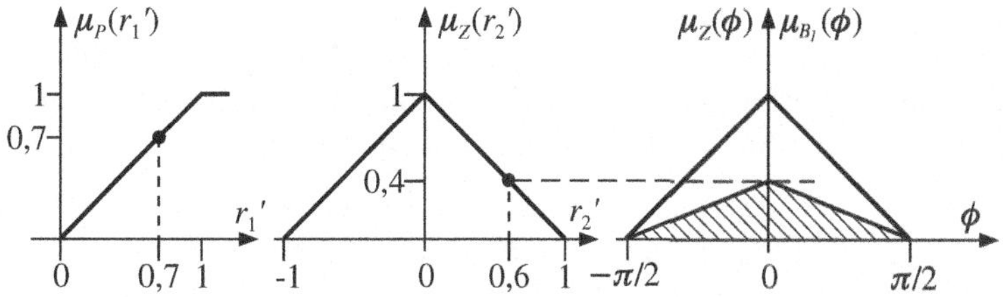

Abb. 5.21 Schlussfolgerung mit der Produkt-Methode

Regeln soll hier jedoch nicht weiter eingegangen, sondern auf andere Publikationen, z. B. [Til93], verwiesen werden.

Die Einzelergebnisse der Regeln sind nun zusammenzufassen, was man auch als *Akkumulation* bezeichnet. Interpretiert man die Regeln als alternative Aussagen über die Ausgangsgröße, so bietet sich an, die Verknüpfung der Einzelergebnisse der Regeln durch die ODER-Operation vorzunehmen. Am einfachsten lässt sich die ODER-Operation durch den Maximum-Operator realisieren, d. h. bei Überlagerung der einzelnen Zugehörigkeitsfunktionen, die den Aussagen der Regeln entsprechen, wird jeweils die maximale Amplitude gewählt:

$$\mu_B(y) = \max_y\{\mu_{B_k}(y)\}. \tag{5.107}$$

Dieses Ergebnis ist in Abb. 5.20 in der rechten unteren Ecke gezeichnet, wobei der Maximalwert durch die fett gezeichnete Kurve zum Ausdruck gebracht wird. Als Ergebnis der Inferenz wird damit die Überlagerung der durch die Regeln ausgewählten Zugehörigkeitsfunktionen geliefert; dieses Ergebnis wird der Defuzzifizierung zugeführt.

Zusammenfassend seien hier die bei der Schlussfolgerung oder *Inferenz* durchlaufenen Stufen aufgezählt:

- Die Verknüpfung oder *Aggregation* der linguistischen Variablen im Sinne der Regelbasis wird mit Hilfe der am Eingang zur Verfügung stehenden Zugehörigkeitsgrade $m_{i,j}$ ausgeführt. Ergebnis der Aggregation ist der Wert b_k für die Zugehörigkeit zu einem der linguistischen Werte der Ausgangsgröße y.
- In Abhängigkeit von der Wichtigkeit der auszuführenden Regeln wird der ermittelte Zugehörigkeitsgrad b_k für die Ausgangsvariable mit einem *Sicherheitsfaktor*

c_k bewertet, indem der Zugehörigkeitsgrad z. B. mit diesem Faktor multipliziert wird.

- Der mit dem Sicherheitsfaktor modifizierte Zugehörigkeitsgrad b'_k dient dazu, den mit der Regel bestimmten linguistischen Wert der Ausgangsgröße zu gewichten, was einer *Schlussfolgerung* entspricht. Diese Schlussfolgerung kann zum Beispiel bei Verwendung der Begrenzungs-Methode in der Begrenzung der Zugehörigkeitsfunktion des Ausgangsterms auf den Maximalwert b'_k oder bei Verwendung der Produkt-Methode in der Multiplikation der Zugehörigkeitsfunktion mit b'_k als Faktor bestehen.
- Die so modifizierten Zugehörigkeitsfunktionen, die den einzelnen Regeln entsprechen, werden zusammengefasst oder *akkumuliert*, indem man z. B. die ODER-Operation verwendet, bei der für jedes Argument der Ausgangsvariablen y der Maximalwert der Zugehörigkeitsfunktion bestimmt wird.

Modifikationen dieses Verfahrens sind möglich, insbesondere was die Operationen bei der Aggregation, der Bewertung mit dem Sicherheitsfaktor, die Schlussfolgerung und die Akkumulation betrifft.

5.4.3 Defuzzifizierung des Inferenz-Ergebnisses

Die Defuzzifizierung dient der Entscheidungsfindung bzw. *Klassifikation*. Man kann mehrere Fälle für diese Aufgabe unterscheiden, von denen zwei besonders wichtige herausgegriffen werden:

- Die Entscheidung fällt zugunsten eines einzigen Ereignisses bzw. *einer einzigen* Klasse.
- Für alle zu unterscheidenden Ereignisse bzw. Klassen werden *Zugehörigkeitsgrade* angegeben, die eine Aussage über die Sicherheit bei der Entscheidung zulassen.

In beiden Fällen ist es erforderlich, dass aus der von der Inferenzstufe gelieferten akkumulierten Zugehörigkeitsfunktion klassenspezifische Parameter gewonnen werden. Dafür gibt es eine Reihe von Verfahren [Bot93]. Bezeichnet man die akkumulierte Zugehörigkeitsfunktion am Ausgang der Inferenzstufe mit $\mu_B(y)$, so ergeben sich folgende Möglichkeiten der *Defuzzifizierung*:

- *Maximum-Methode*:
  Als Ausgangswert des Klassifikators wird das Maximum von $\mu_B(y)$ gewählt:
  $$\hat{M} = \max_y \{\mu_B(y)\}. \tag{5.108}$$
  Falls es mehrere gleich hohe Maxima gibt oder sich Plateaus der Maxima ergeben, kann man den Mittelwert dieser lokalen Maxima bzw. den Mittelwert des höchsten Plateaus wählen.

- *Schwerpunkt-Methode*:
  Der Flächenschwerpunkt der Zugehörigkeitsfunktion $\mu_B(y)$ bestimmt die Klassenzugehörigkeit:
$$\hat{M} = \frac{\int y\,\mu_B(y)\,dy}{\int \mu_B(y)\,dy}. \tag{5.109}$$
- *Lineare Defuzzifizierung*:
  Bei allen bisher betrachteten Verfahren haben im Prinzip alle Regeln Einfluss auf das Endergebnis. Um dies zu vermeiden, wertet man nur die Regel mit dem größten Zugehörigkeitsgrad b'_k aus:
$$\hat{M} = \max_y\{\max_k\{\mu_{B_k}(y)\}\} \tag{5.110}$$

Ergebnis all dieser Defuzzifizierungsmethoden ist ein Zahlenwert $\hat{M}$, der einem Ereignis bzw. einer Klasse zugeordnet werden muss. Geht man von dem im vorigen Abschnitt behandelten Beispiel der 4-PSK Modulation aus, so entspricht das Ergebnis $\hat{M}$ einem Winkel ϕ, den man einem der linguistischen Werte zuordnet, die mit den scharfen Zahlenwerten $\phi = -\pi/2, \phi = 0, \phi = \pi/2, \phi = \pi$ übereinstimmen.

Will man keine endgültige Entscheidung treffen, sondern den Ereignissen bzw. Klassen Zugehörigkeitsgrade zuordnen, so kann man auf die Defuzzifizierung verzichten und übernimmt die Zugehörigkeitsgrade b'_k, die am Ausgang der Inferenzkomponente zur Verfügung stehen. Sie stellen ein numerisches Maß für die mögliche Übereinstimmung des empfangenen Messvektors $\mathbf{r}$ mit einem der möglichen Ereignisse bzw. Klassen dar. Beim betrachteten Beispiel ergab sich als größter Zugehörigkeitsgrad $b_0 = b'_0 = 0{,}4$, als zweitgrößter $b_1 = b'_1 = 0{,}3$ und die übrigen Zugehörigkeitsgrade waren $b_2 = b'_2 = b_3 = b'_3 = 0$. Damit würde die Entscheidung zugunsten des Codeworts 00 ausfallen, während das Codewort 01 als zweites möglich wäre, während die übrigen Wörter nicht in Betracht kämen.

Wählt man eine der oben genannten Defuzzifizierungsmethoden, so erhält man das gleiche Ergebnis für die Maximum-Methode und für die lineare Methode. Bei der Schwerpunktsmethode ergäbe sich mit Abb. 5.20 folgende Rechnung:

$$\begin{aligned}\hat{M} = \frac{1}{0{,}4725\,\pi}\int_{-0{,}5\pi}^{-0{,}3\pi} \phi\,(\frac{2}{\pi}\phi+1)\,d\phi + \int_{-0{,}3\pi}^{0{,}3\pi} 0{,}4\,\phi\,d\phi \\ + \int_{0{,}3\pi}^{0{,}35\pi} \phi\,(1-\frac{2}{\pi}\phi)\,d\phi + \int_{0{,}35\pi}^{0{,}85\pi} 0{,}3\,\phi\,d\phi \\ + \int_{0{,}85\pi}^{\pi} \phi\,(2-\frac{2}{\pi}\phi)\,d\phi = 0{,}2181\pi.\end{aligned} \tag{5.111}$$

Der Winkel $\phi = 0{,}2181\pi$ entspricht einem Bereich, der unterhalb der Winkelhalbierenden im ersten Quadranten liegt, so dass der am nächsten benachbarte Signalvektorpunkt der Punkt mit dem Winkel $\phi = 0$ bzw. das Codewort 00 ist.

Mit Hilfe der Abszisse $\phi = 0{,}2181\pi$ des Schwerpunkts kann man statt der scharfen auch eine unscharfe Entscheidung fällen. Im Gegensatz zur unscharfen Entscheidung auf der Basis der Zugehörigkeitsgrade b'_k spielt bei Verwendung der Schwerpunktsabszisse das Zusammenspiel der Regeln bei der Entscheidung eine Rolle. Bei der alternativen Methode wird zunächst der Zugehörigkeitsgrad zu den linguistischen Werten der Ausgangsvariablen $y = \phi$ für den Schwerpunkt $\phi = 0{,}2181\pi$ ermittelt. Aus Abb. 5.19 liest man die Werte

$$\begin{aligned}
\text{Codewort 00}: \; & \mu_Z(\phi)|_{\phi=0{,}2181\pi} = 0{,}564 \\
\text{Codewort 01}: \; & \mu_P(\phi)|_{\phi=0{,}2181\pi} = 0{,}436 \\
\text{Codewort 10}: \; & \mu_N(\phi)|_{\phi=0{,}2181\pi} = 0 \\
\text{Codewort 11}: \; & \mu_O(\phi)|_{\phi=0{,}2181\pi} = 0
\end{aligned}$$

ab. Im Gegensatz zu den entsprechenden Werten $b'_0 = b_0 = 0{,}4$, $b'_1 = b_1 = 0{,}3$ und $b'_2 = b_2 = b'_3 = b_3 = 0$ bei der zuerst genannten Methode der unscharfen Klassifikation liegen die Zugehörigkeitsgrade hier etwas weiter auseinander, was der Anschauung mehr entspricht, wie aus der Lage des Vektors $\mathbf{r}$ in Bezug auf die Signalvektorpunkte $\mathbf{s}_0 = (1, 0)^T$ und $\mathbf{s}_1 = (0, 1)^T$ in Abb. 5.18 hervorgeht.

5.5 MAP-Prinzip zur Mustererkennung

Das in Abschnitt 4.2.1 definierte MAP-Prinzip zur multiplen Detektion wird häufig auch in der Mustererkennung eingesetzt. Der MAP-Klassifikator entscheidet sich analog zu (4.86) für die Klasse mit der größten A-posteriori-Wahrscheinlichkeit des beobachteten Mustervektors $\mathbf{r}$. Fasst man wie in Kapitel 4 das Auftreten eines Mustervektors einer Klasse i als Ereignis M_i mit A-priori-Wahrscheinlichkeit P_i auf, lässt sich diese Entscheidungsregel als Funktion d des Mustervektors $\mathbf{r}$ folgendermaßen schreiben:

$$d(\mathbf{r}) = \arg \max_i d_i(\mathbf{r}) \tag{5.112}$$

mit den Unterscheidungsfunktionen

$$d_i(\mathbf{r}) = P_i \cdot f_{\mathbf{R}|M_i}(\mathbf{r}). \tag{5.113}$$

Bereits in Abschnitt 4.2.1 wurde gezeigt, dass dieser Klassifikator hinsichtlich der Fehlerwahrscheinlichkeit optimal ist. Die praktische Anwendbarkeit von (5.112) hängt jedoch stark von der Schätzung der auftretenden Wahrscheinlichkeiten ab.

Die A-priori-Klassenwahrscheinlichkeiten P_i lassen sich aus einer hinreichend großen Lernstichprobe von Mustervektoren mit bekannter Klassenzugehörigkeit schätzen. Interessanter ist die Frage, wie die Dichte $f_{\mathbf{R}|M_i}$ angenähert wird. Der *Naive-Bayes-Klassifikator* macht hierzu zwei vereinfachende Annahmen: Einerseits geht man davon aus, dass die zur Klassifikation herangezogenen Merkmale voneinander statistisch unabhängig sind, wenn die Klasse bekannt ist. Andererseits wird angenommen, dass es keine anderen (verborgenen) Zufallsvariablen gibt, die den Klassifikationsprozess beeinflussen. Damit bietet der Naive-Bayes-Klassifikator einen einfachen Ansatz, um probabilistisches Wissen zu lernen und zu repräsentieren.

Aufgrund dieser Annahmen können sehr effiziente Algorithmen zum Trainieren und zur Klassifikation verwendet werden. Nachdem die N Merkmale als bedingt unabhängig angenommen werden, gilt

$$f_{\mathbf{R}|M_i}(\mathbf{r}) = \prod_{n=1}^{N} f_{R_n|M_i}(r_n|M_i), \tag{5.114}$$

wobei die r_n die Komponenten des Merkmalsvektors darstellen.

Ein wichtiger Vorteil des Naive-Bayes-Klassifikators ist die Möglichkeit, diskrete und kontinuierliche Merkmale, d. h. Merkmale mit einem endlichen Wertebereich $\{1,\ldots,J_n\}$ bzw. reellwertige Merkmale, in einem einzigen Klassifikator adäquat zu modellieren. Dies ist ein wesentlicher Unterschied zu den meisten anderen Klassifikatortypen, wie z. B. neuronalen Netzen. Im Falle diskreter Merkmale wird statt der Dichte $f_{R_n|M_i}$ eine bedingte Wahrscheinlichkeitstabelle für die Wahrscheinlichkeiten $P(R_n = j|M_i), j = 1,\ldots,J_n$ verwendet. Kontinuierliche, d. h. reellwertige Merkmale werden hingegen durch Wahrscheinlichkeitsverteilungen modelliert.

Die genannten bedingten Wahrscheinlichkeiten müssen aus den bedingten relativen Häufigkeiten in der Lernstichprobe abgeleitet werden. Zur Vereinfachung der Schätzung der bedingten Wahrscheinlichkeitsdichten wird meist eine Gauß-Verteilung der Merkmale angenommen, wodurch sich eine Maximum-Likelihood-Schätzung der beiden einzigen Verteilungsparameter Mittelwert und Varianz gemäß (4.178) und (4.179) vornehmen lässt.

Eine Verallgemeinerung des Naive-Bayes-Klassifikators stellen *Bayessche Netze* dar, die wiederum zur großen Klasse der *graphischen Modelle* gehören, auf die hier aber nicht näher eingegangen wird. Diese haben sich für viele komplexe Mustererkennungsaufgaben wie z. B. die Spracherkennung als geeignet erwiesen [Bil05].

5.6 Entscheidungsbäume

Als weitere Klassifikatoren sollen Entscheidungsbäume (englisch *Decision Trees*, DT), kurz vorgestellt werden. Ein Baum ist ein spezieller *Graph*, d. h. wie jeder Graph lässt sich ein Baum definieren durch eine Menge von *Knoten* V sowie eine Menge $E \subseteq V \times V$ von *Kanten*, wobei jedes Element $e = (v_1, v_2) \in E$ für eine gerichtete Verbindung von Knoten v_1 zu Knoten v_2 steht. Ein *Pfad* der Länge P durch den Baum ist eine Folge $v_1,\ldots,v_P$, $k = 1,\ldots,P$, $v_k \in V$ mit $(v_k, v_{k+1}) \in E$, $k = 1,\ldots,P-1$. Die Bedingungen für einen *Baum* sind nun, dass es keine kreisförmigen Verbindungen, d. h. Pfade von einem Knoten zu sich selbst, geben darf und dass jeder Knoten über einen Pfad von jedem anderen Knoten erreichbar sein muss (*Zusammenhang*). Diese Bedingungen werden in Bezug auf einen ungerichteten Baum definiert, d. h. die Richtung der Kanten spielt keine Rolle. Daraus ergibt sich zwangsläufig, dass jeder Baum genau $|V| - 1$ Kanten besitzt, und dass es genau einen Knoten w gibt, der keine eingehende Kante besitzt, d. h. E enthält kein Element der Form $(v, r), v \in V$. Der Knoten w wird auch als *Wurzel* bezeichnet. Analog werden alle Knoten b, die keine ausgehende Kante besitzen, d. h. für die es in E kein (b,v) mit $v \in V$ gibt, als *Blätter* bezeichnet; alle Knoten, die nicht Blätter sind, heißen *innere* Knoten.

Bei einem Entscheidungsbaum entsprechen die inneren Knoten jeweils einem Merkmal, d. h. gegeben einen Merkmalsraum der Dimension N wird eine Abbildung

$$a : V \rightarrow \{1,\ldots,N\}$$

definiert, wohingegen den Kanten unterschiedliche Werte der jeweiligen Merkmale zugeordnet werden. Um eine endliche Anzahl von Kanten zu erhalten, werden die möglichen Merkmalswerte in Intervalle quantisiert; im Folgenden wird deren Anzahl für jedes Merkmal n mit J_n bezeichnet. Von jedem inneren Knoten v gehen somit $J_{a(v)}$ Kanten aus. Ferner wird jedem Blatt eine Klasse zugeordnet.

Die Erkennung eines Mustervektors $\mathbf{r} = (r_1,\ldots,r_N)^T$ mit einem Entscheidungsbaum folgt, ausgehend von der Wurzel w, dem Pfad durch den Baum, der wie folgt definiert ist: An jedem Knoten v auf dem Pfad wird diejenige Kante gewählt, für die $r_{a(v)}$ im der Kante zugeordneten Intervall liegt. Das Ergebnis der Klassifikation ist die Klasse, die dem Blatt zugeordnet ist, an dem der Pfad endet. Abb. 5.22 zeigt exemplarisch einen Entscheidungsbaum für ein Zwei-Klassen-Problem und drei Merkmale, für den eine binäre Quantisierung der Merkmale gewählt wurde, wodurch sich an jedem inneren Knoten eine Schwellenwertentscheidung ergibt.

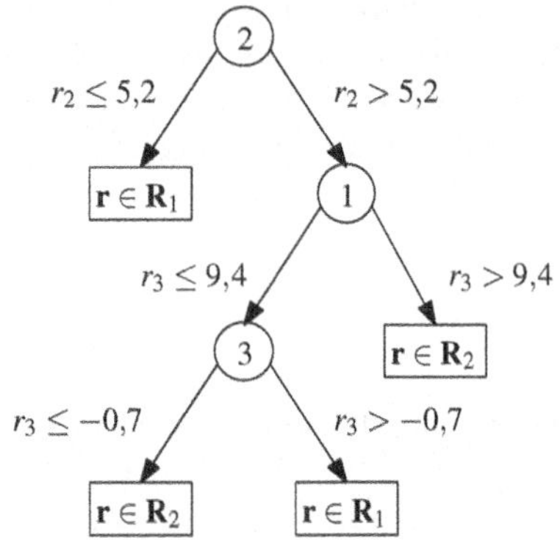

Abb. 5.22 Beispielhafter Entscheidungsbaum für ein Zwei-Klassen-Problem in einem dreidimensionalen Merkmalsraum. Kreise stehen für Merkmale und Rechtecke für Blätter, an denen die Klassenzuordnung vorgenommen wird

Gütekriterien für Entscheidungsbäume lassen sich aus der Informationstheorie ableiten. Ein guter DT ist dadurch gekennzeichnet, dass an jedem Knoten eine Entscheidung gemäß dem Merkmal erfolgt, das den größten Informationsgehalt hinsichtlich der korrekten Klassifikation unter den verbleibenden Merkmalen besitzt. Das informationstheoretische Maß hierfür ist die Shannon-Entropie $H(P)$ der Verteilung der Klassenwahrscheinlichkeiten $(P_1,\ldots,P_M)$:

$$H(p_1,\dots,p_M) = -\sum_{i=1}^{M} P_i \,\mathrm{ld}(P_i), \tag{5.115}$$

wobei ld für den Logarithmus zur Basis 2 steht. Für eine Lernstichprobe $\mathcal{L}$ von Mustervektoren mit bekannter Klassenzugehörigkeit wird die notwendige mittlere Informationsmenge $H(\mathcal{L})$, um ein Element aus $\mathcal{L}$ einer Klasse $i \in \{1,\dots,M\}$ zuzuordnen, bestimmt gemäß

$$H(\mathcal{L}) = -\sum_{i=1}^{M} \hat{P}_i \,\mathrm{ld}(\hat{P}_i), \quad \hat{P}_i = \frac{|\mathcal{L}_i|}{|\mathcal{L}|}, \tag{5.116}$$

wobei $\mathcal{L}_i$ die Menge der Elemente aus $\mathcal{L}$ mit Klassenzuordnung i bezeichnet. Um nun den Beitrag eines einzelnen Merkmals n zur angestrebten Klassenzuordnung herauszufinden, wird für jedes n die Menge $\mathcal{L}$ auf Basis der unterschiedlichen Werte von n in die Untermengen $\mathcal{L}_{n,j}, j = 1,\dots,J_n$ aufgeteilt. Die nach Beobachtung des Merkmals n noch zur Klassenzuordnung benötigte mittlere Information $H(\mathcal{L}|n)$ ergibt sich als gewichteter Mittelwert der Information $H(\mathcal{L}_{n,j})$, die nötig ist, um ein Element der Untermenge $\mathcal{L}_{n,j}$ klassifizieren zu können:

$$H(\mathcal{L}|n) = \sum_{j=1}^{J_n} \frac{|\mathcal{L}_{n,j}|}{|\mathcal{L}|} H(\mathcal{L}_{n,j}). \tag{5.117}$$

Mittels (5.117) lässt sich der Begriff *Information-Gain*, kurz IG, definieren, der beschreibt, wie die Entropie, d. h. die benötigte Information zur Zuordnung, durch Hinzunahme des Merkmals n verringert wird:

$$\mathrm{IG}(\mathcal{L},n) = H(\mathcal{L}) - H(\mathcal{L}|n). \tag{5.118}$$

Diese Definition neigt jedoch dazu, Attribute mit einer hohen Zahl unterschiedlicher Werte J_n zu bevorzugen. Sollten nämlich alle Elemente aus $\mathcal{L}$, deren Merkmal n denselben Wert hat, auch zur gleichen Klasse gehören – dies ist insbesondere der Fall, wenn ein Merkmal für jedes Element aus $\mathcal{L}$ einen unterschiedlichen Wert aufweist –, ergibt sich $H(\mathcal{L}|n)$ zu Null, und damit ein maximales $\mathrm{IG}(\mathcal{L},n)$. Dies kann durch die Einführung des *Information-Gain-Ratio* IGR kompensiert werden:

$$\mathrm{IGR}(\mathcal{L},n) = \frac{\mathrm{IG}(\mathcal{L},n)}{H\left(\frac{|\mathcal{L}_{n,1}|}{|\mathcal{L}|},\dots,\frac{|\mathcal{L}_{n,J_n}|}{|\mathcal{L}|}\right)}. \tag{5.119}$$

Der Term im Nenner von (5.119) wird nach (5.115) berechnet und wird auch als *Splitinformation* bezeichnet. Es handelt sich dabei um diejenige Information, die man aus der beschriebenen Aufteilung der Menge $\mathcal{L}$ gemäß den Werten des Attributs n erhält.

Um aus einer Lernstichprobe $\mathcal{L}$ einen Entscheidungsbaum zu erzeugen, kann das grundlegende ID3 Verfahren nach [Qui83] verwendet werden. Die Abkürzung ID steht dabei für *iterative Dichotomisierung*. ID3 ist ein *rekursives* Verfahren, d. h.

es konstruiert den Entscheidungsbaum für die gesamte Merkmalsmenge durch Zusammenfügen von Unterbäumen für je eine Teilmenge der Merkmale, die ebenfalls nach dem ID3-Verfahren konstruiert werden. Im Einzelnen wird, gegeben eine Merkmalsmenge $\mathcal{M} \subseteq \{1,\ldots,N\}$ und eine Lernstichprobe $\mathcal{L}$, folgende Prozedur ausgeführt:

1. Falls alle Elemente aus $\mathcal{L}$ zu einer Klasse i gehören, wird ein Blatt zurückgegeben, das mit i beschriftet ist.
2. Falls $\mathcal{M}$ leer ist, wird ein Blatt zurückgegeben, das mit der häufigsten Klasse in $\mathcal{L}$ beschriftet ist.
3. Anderenfalls wird das Merkmal n' mit dem größten IG gesucht, d. h.

$$n' = \arg\max_{n \in \mathcal{M}} \mathrm{IG}(\mathcal{L}, n).$$

   Statt des IG kann auch das IGR verwendet werden.
4. Mittels eines rekursiven Aufrufs des ID3-Verfahrens auf der Merkmalsmenge $\mathcal{M} - \{n'\}$ und der Lernmenge $\mathcal{L}_{n',j}$ wird für alle $j = 1,\ldots,J_{n'}$ ein Entscheidungsbaum konstruiert. Schließlich wird ein Baum zurückgegeben, dessen Wurzel mit dem Attribut n' beschriftet ist, und dessen Kanten zu den konstruierten Entscheidungsbäumen leiten. Dieser Schritt wird in Abb. 5.23 veranschaulicht.

Es ist zu beachten, dass bei Eintreten der Bedingung 2 ein Entscheidungsbaum zurückgegeben wird, der nicht alle Mustervektoren aus der Lernmenge korrekt klassifiziert; dies ist in der Praxis häufig der Fall. Ferner ist festzuhalten, dass das Verfahren immer terminiert, da bei jedem rekursiven Aufruf die betrachtete Merkmalsmenge kleiner wird, und der Fall einer leeren Merkmalsmenge gesondert behandelt wird. Es handelt sich um ein sogenanntes *Greedy*-Verfahren, da in jedem Iterationsschritt ein Merkmal nach einem lokalen Optimalitätskriterium ausgewählt wird; eine globale Optimalität des Entscheidungsbaumes wird nicht garantiert, d. h. insbesondere kann es Bäume geben, die zu einer besseren Klassifikationsgenauigkeit führen als der mittels ID3 konstruierte Baum.

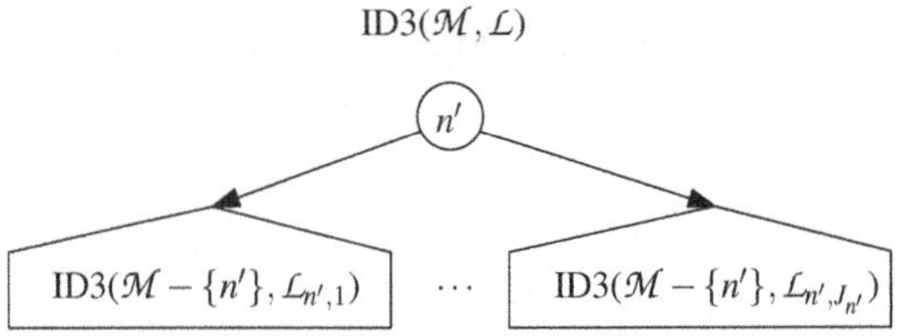

Abb. 5.23 Rekursiver Aufruf des ID3-Verfahrens für ein Merkmal n', das innerhalb der Merkmalsmenge $\mathcal{M}$ den maximalem Informationsgewinn bezüglich der Klassifikation von $\mathcal{L}$ liefert.

Eine Erweiterung des ID3-Verfahrens stellt der *C4.5*-Algorithmus dar. Hierbei kann ein sogenanntes *Pruning* (englisch für Abschneiden) von Teilbäumen eingesetzt werden [Qui87], bei dem ein ganzer Unterbaum durch ein Blatt ersetzt wird, falls die Fehlerwahrscheinlichkeit bei Durchlaufen des Unterbaums nicht wesentlich niedriger ist, als wenn direkt durch das Blatt eine Entscheidung getroffen wird. Hierdurch reduziert sich die Größe des Baumes, und damit verbunden auch die Zahl der zu berechnenden Merkmale.

Ein wesentlicher Vorteil von DT ist, dass sie sowohl im Training, als auch in der Klassifikation mit unvollständigen Merkmalsvektoren umgehen können, d. h. Vektoren, für die einzelne Merkmale keinen definierten Wert besitzen, beispielsweise durch fehlgeschlagene Messungen. In der Lernphase können die IG- oder IGR-Werte der Merkmale aus Daten, in denen diese definiert sind, berechnet werden. In der Erkennungsphase kann bei Fehlen eines Merkmals eine Schätzung über die Klassenwahrscheinlichkeiten anhand der vorhandenen Merkmale geleistet werden. Zudem lässt sich aus jedem DT direkt eine regelbasierte Klassifikation ableiten; die Anschaulichkeit der maschinellen Entscheidungsfindung ist also viel höher als beispielsweise bei neuronalen Netzen. Weiterhin spielen DT, insbesondere solche, die durch starkes Pruning vereinfacht wurden, im Rahmen der Ensembleklassifikation (Abschnitt 5.11) eine bedeutende Rolle, bei der schwache Lernverfahren zu starken vereint werden.

5.7 Klassifikation mittels Support-Vektor-Maschinen

Support-Vektor-Maschinen (SVM) wurden in [Vap95] zur Klassifizierung von Daten eingeführt. Sie basieren auf der statistischen Lerntheorie, und ihre theoretische Grundlage kann als Analogon zur Elektrostatik gesehen werden: Dabei korrespondiert ein Trainingsbeispiel zu einem geladenen Leiter an einem bestimmten Ort im Raum, die Entscheidungsfunktion zur elektrostatischen Potentialfunktion und die Lernzielfunktion zur Coulombschen Energie [Hoc02].

Das Konzept der SVM vereint mehrere Theorien des maschinellen Lernens und der Optimierung. Zunächst wird ein linearer Klassifikator – ähnlich einem Perzeptron mit linearer Aktivierungsfunktion – mit einer nichtlinearen Abbildung in einen höherdimensionalen Entscheidungsraum kombiniert, um auch komplexere Aufgabenstellungen bearbeiten zu können. Der lineare Klassifikator wird dabei aus einer Untermenge der Lernbeispiele, den sogenannten Stützvektoren, gebildet. Dadurch ist die Gefahr einer Überadaption an die Lernmenge gering. Die Auswahl der Stützvektoren erfolgt schließlich durch ein klassisches quadratisches Optimierungsverfahren.

Grundsätzlich sind SVM somit in der Lage, *zwei* Klassen voneinander zu trennen. In diesem Abschnitt wird nur die Lösung eines Zwei-Klassen-Problems behandelt. Eine Trennung mehrerer Klassen ist dann mit einem der in Abschnitt 5.9 vorgestellten Ansätze möglich.

Der durch eine SVM beschriebene Klassifikator wird aus einer endlichen Lernstichprobe $\mathcal{L}$ der Mächtigkeit L gebildet, deren Elemente jeweils einer Klasse zugeordnet sind. Für $l = 1,\dots,L$ wird mit $y_l \in \{-1,+1\}$ die Klassenzuordnung des Musters $\mathbf{r}_l$ bezeichnet. Per Definition sind die Muster $\mathbf{r}_l$ mit $y_l = +1$ die positiven

Instanzen, d. h. $\mathbf{r}_l \in \mathbf{R}_1$. Falls $y_l = -1$, ist $\mathbf{r}_l$ eine negative Instanz, d. h. $\mathbf{r}_l \in \mathbf{R}_2$. Damit kann man $\mathcal{L}$ wie folgt schreiben:

$$\mathcal{L} = \{(\mathbf{r}_l, y_l) \mid l = 1, \ldots, L\} \text{ mit } y_l \in \{+1, -1\}. \tag{5.120}$$

Durch die Zuordnung zu $y_l \in \{-1, +1\}$ wird die mathematische Herleitung einfacher. Um im Weiteren die jeweiligen Instanzen voneinander strikt trennen zu können, wird eine durch den Normalenvektor $\mathbf{w}$ und den skalaren *Bias* b definierte Hyperebene $H(\mathbf{w}, b)$ der Form

$$H(\mathbf{w}, b) = \{\mathbf{r} \mid \mathbf{w}^T \mathbf{r} + b = 0\} \tag{5.121}$$

gesucht, welche in der Lage ist, die Bedingungen

$$\begin{aligned} y_l = +1 &\Rightarrow \mathbf{w}^T \mathbf{r}_l + b \geq +1, \\ y_l = -1 &\Rightarrow \mathbf{w}^T \mathbf{r}_l + b \leq -1 \end{aligned} \tag{5.122}$$

zu erfüllen. Unter der Voraussetzung, dass eine Hyperebene zur fehlerfreien Trennung der Klassen tatsächlich existiert, ist eine Normierung der Randbedingungen aus (5.122) durch geeignete Skalierung von $\mathbf{w}$ und b erreichbar [Chr00]. Es ergibt sich nun unter Verwendung des folgenden vorzeichenbehafteten Abstands $D(\mathbf{r})$ eines Punktes $\mathbf{r}$ von der Hyperebene H

$$D(\mathbf{r}) = \frac{\mathbf{w}^T \mathbf{r} + b}{||\mathbf{w}||} \tag{5.123}$$

die Trennbreite $\mu_{\mathcal{L}}$ als das Minimum der betragsmäßigen Abstände aller Punkte $\mathbf{r}_1 \ldots \mathbf{r}_l$ in $\mathcal{L}$ von H:

$$\mu_{\mathcal{L}}(\mathbf{w}, b) = \min_{l=1,\ldots,L} |D(\mathbf{r}_l)|. \tag{5.124}$$

In der englischsprachigen Literatur wird die Trennbreite auch als *Margin-Of-Separation* bezeichnet. Um eine maximale Diskriminativität zwischen den beiden Klassen zu gewährleisten, gilt es, diese Trennbreite zu maximieren. Hierzu wird eine optimale, die Trainingsmenge $\mathcal{L}$ separierende Hyperebene $H^* = H(\mathbf{w}^*, b^*)$ mit maximalem Wert $\mu^*_{\mathcal{L}}(\mathbf{w}^*, b^*)$ gesucht. Die jeweiligen Instanzen $\mathbf{r}_l^{sv} \in \mathcal{L}$, die (5.124) Genüge leisten, besitzen dabei die größte Nähe zur Hyperebene H^* und werden Support- oder Stützvektoren von H^* bezüglich $\mathcal{L}$ genannt. Ihr Abstand $D^*(\mathbf{r}_l^{sv})$ zur Hyperebene H^* beträgt auf Grund der Normierung der Trennbedingung:

$$D^*(\mathbf{r}_l^{sv}) = \frac{\pm 1}{||\mathbf{w}||}. \tag{5.125}$$

Folglich ergibt sich ein Korridor zwischen den positiven und negativen Instanzen mit der Breite $2||\mathbf{w}||^{-1}$. Sein Rand wird von den Stützvektoren gebildet, die in Abb. 5.24 vergrößert dargestellt sind.

Anstelle der Maximierung der Korridorbreite kann auch eine Minimierung des Ausdrucks $\frac{1}{2}\mathbf{w}^T \mathbf{w}$ vollzogen werden. Die sich ergebende zu minimierende Funktion

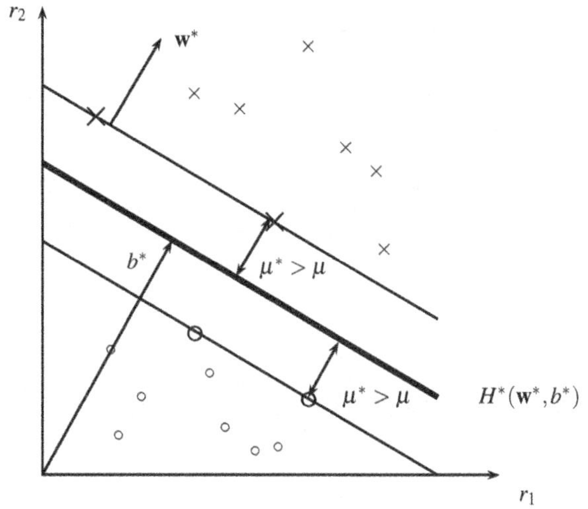

Abb. 5.24 Optimale Hyperebene $H^*(\mathbf{w}, b)$ mit maximaler Trennbreite μ^*, Darstellung im zweidimensionalen Merkmalsraum

ist streng konvex und besitzt ein eindeutiges Minimum $\mathbf{w}^*$. Aus (5.122) ergeben sich lineare Randbedingungen für die Optimierung:

$$y_l\,(\mathbf{w}^T\mathbf{r}_l + b) - 1 \geq 0 \text{ mit } l = 1, \ldots, L. \tag{5.126}$$

Zur Lösung dieses Randwertproblems können u. a. Lagrangesche Multiplikatoren genutzt werden, worauf hier unter Verweis auf [Vap95] nicht näher eingegangen wird.

Im allgemeinen, nicht trivialen Fall, existiert entgegen der vorab angenommenen Voraussetzung keine Hyperebene zur fehlerfreien Trennung der Trainingsmenge $\mathcal{L}$. In diesem Fall werden die Gleichungen aus (5.122) um sogenannte *Schlupfvariablen* $\xi_l \geq 0, l = 1, \ldots, L$, erweitert. Es ist somit erlaubt, den Ansatz aufrecht zu erhalten, weil Vektoren, die die Trennebene durchdringen, auf der falschen Seite platziert werden dürfen:

$$\begin{aligned} y_l = +1 &\Rightarrow \mathbf{w}^T\mathbf{r}_l + b \geq +1 - \xi_l, \\ y_l = -1 &\Rightarrow \mathbf{w}^T\mathbf{r}_l + b \leq -1 + \xi_l. \end{aligned} \tag{5.127}$$

Somit ist der Ausdruck

$$\frac{1}{2}\mathbf{w}^T\mathbf{w} + G \cdot \sum_{l=1}^{L} \xi_l \tag{5.128}$$

zu minimieren, wobei G ein frei zu bestimmender Fehlergewichtungsfaktor ist. Man kann zeigen, dass diese Optimierung, die auch als *primales Problem* bezeichnet wird, äquivalent zu einem *dualen Problem* ist, nämlich der Maximierung von

$$\sum_{l=1}^{L} a_l - \frac{1}{2} \sum_{k=1}^{L} \sum_{l=1}^{L} a_k a_l y_k y_l (\mathbf{r}_k^T \mathbf{r}_l), \tag{5.129}$$

mit den Nebenbedingungen

$$0 \leq a_l \leq C,\ l = 1, \ldots, L, \tag{5.130}$$

$$\sum_{l=1}^{L} a_l y_l = 0. \tag{5.131}$$

Die Hyperebene ist dann durch

$$\mathbf{w} = \sum_{l=1}^{L} a_l y_l \mathbf{r}_l, \tag{5.132}$$

$$b = y_{l^*}(1 - \xi_{l^*}) - \mathbf{r}_{l^*}^T \mathbf{w}_{l^*} \tag{5.133}$$

definiert. Dabei steht l^* für den Index des Vektors $\mathbf{r}_l$ mit dem größten Koeffizienten a_l. Der Normalenvektor $\mathbf{w}$ wird also als gewichtete Summe von Trainingsbeispielen mit den Koeffizienten $a_l \leq C, l = 1, \ldots, L$ dargestellt, wobei C wiederum einen frei zu wählenden Parameter bezeichnet. Durch die Einführung der Gewichtskoeffizienten verschwinden die Schlupfvariablen ξ_l aus dem Optimierungsproblem. Die Stützvektoren sind dann diejenigen Trainingsbeispiele $\mathbf{r}_l$ mit $a_l > 0$.

Es ist zu beachten, dass nun L^2 Terme der Form $\mathbf{r}_k^T \mathbf{r}_l$ auftreten, die sich in einer Matrix zusammenfassen lassen. In der Praxis wird häufig das sehr effiziente Verfahren der *sequentiellen minimalen Optimierung* (SMO) zur rekursiven Berechnung dieser Matrix und Lösung des dualen Problems verwendet [Pla99], auf das hier aber nicht näher eingegangen wird. Die Klassifikation mittels SVM ist schließlich durch die Funktion $d_{\mathbf{w},b} : \mathbf{R} \to \{-1, +1\}$,

$$d_{\mathbf{w},b}(\mathbf{r}) = \operatorname{sgn}(\mathbf{w}^T \mathbf{r} + b) \tag{5.134}$$

mit

$$\operatorname{sgn}(u) = \begin{cases} 1 & u \geq 0 \\ -1 & u < 0 \end{cases} \tag{5.135}$$

gegeben.

Das bisher hergeleitete Verfahren ist nur für solche Mustererkennungsaufgaben geeignet, bei dem die Instanzen unterschiedlicher Klassen – mit einem akzeptablen Fehler – durch eine Hyperebene im Raum $\mathbf{R}$ getrennt werden können. Man spricht auch von *linear trennbaren* Problemen. Zur Behandlung nicht linear trennbarer Klassen wird der sogenannte *Kerneltrick* verwendet [Scho02]. Abb. 5.25 zeigt ein Zwei-Klassen-Problem, das erst durch eine nichtlineare Transformation in einen höherdimensionalen Raum linear trennbar und damit mittels eines linearen Klassifikators behandelbar wird – im Beispiel sogar fehlerfrei.
Im Allgemeinen ist eine solche Transformation durch eine Abbildung

$$\boldsymbol{\Phi} : \mathbf{R} \to \mathbf{R}', \quad \dim(\mathbf{R}') > \dim(\mathbf{R}) \tag{5.136}$$

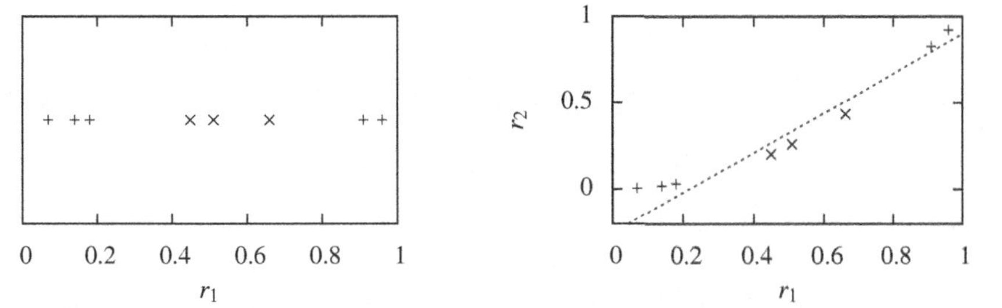

Abb. 5.25 Lösung eines beispielhaften, im eindimensionalen Raum nicht linear trennbaren Zwei-Klassen-Problems durch Projektion in den zweidimensionalen Raum mittels der Funktion $\boldsymbol{\Phi} : r_1 \mapsto (r_1, r_1^2)$

gegeben. Der Normalenvektor $\mathbf{w}$ wird dann

$$\mathbf{w} = \sum_{l:a_l>0} a_l \, y_l \, \boldsymbol{\Phi}(\mathbf{r}_l). \tag{5.137}$$

Die Entscheidungsfunktion $d_{\mathbf{w},b}(\mathbf{r})$ wird unter Verwendung von $\boldsymbol{\Phi}$ folgendermaßen angepasst:

$$d_{\mathbf{w},b}(\mathbf{r}) = \operatorname{sgn}(\mathbf{w}^T \boldsymbol{\Phi}(\mathbf{r}) + b). \tag{5.138}$$

Da

$$\mathbf{w}^T \boldsymbol{\Phi}(\mathbf{r}) = \sum_{l:a_l>0} a_l \, y_l \, \boldsymbol{\Phi}(\mathbf{r}_l)^T \boldsymbol{\Phi}(\mathbf{r}), \tag{5.139}$$

wird die Transformation $\boldsymbol{\Phi}$ also weder zur Parameterschätzung des Klassifikators noch zur Klassifikation explizit benötigt; stattdessen wird eine sogenannte *Kernel-Funktion* $K^{\Phi}(\mathbf{r}, \mathbf{s})$ definiert, für die die Bedingung

$$K^{\Phi}(\mathbf{r}, \mathbf{s}) = \boldsymbol{\Phi}(\mathbf{r})^T \boldsymbol{\Phi}(\mathbf{s}) \tag{5.140}$$

gilt. Darüberhinaus muss die Kernel-Funktion positiv semidefinit sein, Symmetrie aufweisen und die Cauchy-Schwarz-Ungleichung erfüllen. Die zur Lösung eines gegebenen Problems am besten geeignete Kernel-Funktion kann nur empirisch ermittelt werden. Ziel ist dabei neben einer optimalen Trennungsleistung ein geringer Rechenaufwand. In der Praxis finden vor allem folgende Funktionen Anwendung:

- Polynom-Kernel mit
$$K_p^{\Phi}(\mathbf{r}, \mathbf{s}) = (\mathbf{r}^T \mathbf{s} + 1)^p, \tag{5.141}$$
wobei p die Polynomordnung bezeichnet,
- Gauß-Kernel (*radiale Basisfunktion, RBF*) mit
$$K_\sigma^{\Phi}(\mathbf{r}, \mathbf{s}) = e^{\frac{||\mathbf{r}-\mathbf{s}||^2}{2\sigma^2}}, \tag{5.142}$$

wobei σ die Standardabweichung für die Gaußsche Glockenkurve angibt, und

- Sigmoid-Kernel mit

$$K^{\Phi}_{k,\Theta}(\mathbf{r},\mathbf{s}) = \tanh(k(\mathbf{r}^T\mathbf{s}) + \Theta), \tag{5.143}$$

wobei k die *Verstärkung*, und Θ den *Offset* bestimmen.

Die Verwendung der Kernelfunktion K^{Φ} anstelle der Transformation $\boldsymbol{\Phi}$ erniedrigt den Rechenaufwand erheblich und macht die praktische Nutzung von SVM für hochdimensionale Probleme überhaupt erst möglich, wie man am Beispiel des Polynom-Kernels leicht sieht. So müssten zur Auswertung eines Polynoms p. Grades über dem Entscheidungsraum $\mathbf{R}$

$$\binom{\dim(\mathbf{R})+p}{p} \approx \frac{\dim(\mathbf{R})^p}{p!}$$

Terme berechnet werden, während zur Berechnung des Polynom-Kernels (5.141) unabhängig von p nur etwa $\dim(\mathbf{R})$ Operationen erforderlich sind.

5.8 Dynamische Sequenzklassifikation

Soll anstelle eines statischen Merkmalsvektors eine zeitliche Abfolge von Merkmalsvektoren einer Klasse zugeordnet werden, so benötigt man Sequenzklassifikatoren, welche Zeitreihen unbekannter Länge mittels zeitlicher Verzerrung modellieren können. Vor allem im Bereich der Sprachsignalverarbeitung haben sich hierbei Hidden-Markov-Modelle (HMM) durchgesetzt [Rab89]. Diese ermöglichen das Modellieren der in einem Sprachsignal enthaltenen Dynamik und erlauben es, eine aus dem Sprachsignal gewonnene Merkmalsvektorsequenz einem Phonem (kleinste bedeutungsunterscheidenden Lauteinheit) oder einem Wort zuzuordnen. Jede Klasse i wird durch ein Hidden-Markov-Modell λ, welches die Wahrscheinlichkeit $P(R|i)$ modelliert, repräsentiert. Unter Verwendung der Regel von Bayes kann aus $P(R|i)$ bei Kenntnis der Klassenauftrittswahrscheinlichkeit die Wahrscheinlichkeit $P(i|R)$ ermittelt werden. Die aus T Zeitschritten bestehende Merkmalsvektorsequenz $R = \mathbf{r}_1, \mathbf{r}_2, \ldots, \mathbf{r}_T$ bezeichnet man als *Beobachtung*, welche von einem HMM *generiert* wird. Ein Markov-Modell kann als endlicher Zustandsautomat, welcher seinen Zustand in jedem Zeitschritt ändern kann, interpretiert werden. Zu jedem Zeitschritt t wird abhängig vom aktuellen Zustand s und gemäß der Emissionswahrscheinlichkeitsdichte $b_s(\mathbf{r})$ ein Merkmalsvektor $\mathbf{r}_t$ generiert. Die Wahrscheinlichkeit eines Übergangs von Zustand j zu Zustand k wird durch diskrete Wahrscheinlichkeiten a_{jk} ausgedrückt. Zusätzlich verfügt jedes HMM über eine Einsprungswahrscheinlichkeit a_0. Abb. 5.26 stellt die Struktur eines solchen endlichen Zustandsautomaten dar, wobei sich in diesem Falle die Zustandsnummer nicht verringern kann, was einem sogenannten *Links-Rechts-Modell* entspricht. Sind Zustandsübergänge von jedem Zustand zu jedem anderen Zustand erlaubt, so spricht man von einem *ergodischen* HMM.

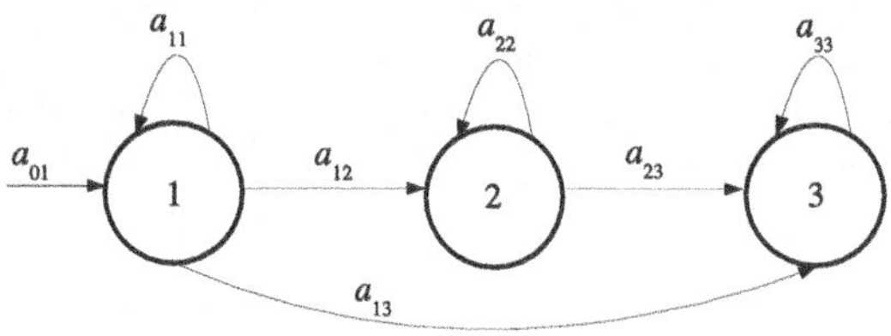

Abb. 5.26 Beispiel einer Links-Rechts-Markov-Modellstruktur mit drei Zuständen

Die Bezeichnung *Hidden-Markov-Modell* leitet sich von der Tatsache ab, dass die dem Markov-Prozess zugrundeliegende Zustandssequenz $s_1, s_2, \ldots, s_T$ im Gegensatz zur Beobachtungsequenz R verborgen (englisch *hidden*) ist.

Die benötigte Wahrscheinlichkeit $P(R|i)$ kann berechnet werden, indem über alle möglichen Zustandssequenzen aufsummiert wird:

$$P(R|i) = \sum_{Seq} a_{s_0 s_1} \prod_{t=1}^{T} b_{s_t}(\mathbf{r}_t) a_{s_t s_{t+1}}. \tag{5.144}$$

Seq bezeichnet hierbei die Menge aller möglichen Zustandsfolgen. Um eine einfachere Schreibweise zu ermöglichen, wird ein nicht-emittierender Eingangs-Zustand s_0 sowie ein nicht-emittierender Ausgangs-Zustand s_A definiert. Alternativ zur Summation über alle Zustandssequenzen kann als angemessene Annäherung auch lediglich die wahrscheinlichste Zustandsfolge berücksichtigt werden:

$$\hat{P}(R|i) = \max_{Seq} \left\{ a_{s_0 s_1} \prod_{t=1}^{T} b_{s_t}(\mathbf{r}_t) a_{s_t s_{t+1}} \right\}. \tag{5.145}$$

Zur effizienten Berechnung von $\hat{P}(R|i)$ kann der *Vorwärts-Algorithmus* (siehe Abschnitt 5.8.1) verwendet werden. Die Erkennungsaufgabe wird gelöst, indem die Beobachtung R der Klasse i mit der größten Wahrscheinlichkeit $P(R|i)$ zugeordnet wird. Wir setzen hierbei voraus, dass alle Parameter a_{jk} und $b_s(\mathbf{r}_t)$ für jedes Modell (bzw. für jede Klasse) bekannt sind. Diese Parameter sind das Ergebnis eines Schätzverfahrens, welches mehrere Trainingsbeispiele für jede Klasse nutzt, um daraus ein Hidden-Markov-Modell zu lernen.

In den meisten Anwendungen werden die Emissionswahrscheinlichkeitsdichten $b_s(\mathbf{r}_t)$ durch Gauß-Mixturen repräsentiert. Bezeichnet man die Anzahl der Mixtur-Komponenten mit M und die Gewichtung der m-ten Mixtur-Komponente mit c_{sm}, so lässt sich die Emissionswahrscheinlichkeitsdichte wie folgt berechnen:

$$b_s(\mathbf{r}_t) = \sum_{m=1}^{M} c_{sm} \mathcal{N}(\mathbf{r}_t; \mu_{sm}, \Sigma_{sm}). \tag{5.146}$$

Hierbei ist $\mathcal{N}(\cdot; \mu, \Sigma)$ eine mehrdimensionale Gauß-Verteilung mit Mittelwertsvektor μ und Kovarianzmatrix Σ. Neben kontinuierlichen Hidden-Markov-Modellen, deren Emissionswahrscheinlichkeitsdichten durch (5.146) beschrieben werden, können auch *diskrete* HMMs, welche durch diskrete Wahrscheinlichkeiten $b_s(\mathbf{r}_t)$ charakterisiert sind, verwendet werden.

5.8.1 Baum-Welch Schätzung

Die Parameter eines Hidden-Markov-Modells können mit dem Baum-Welch-Schätzverfahren ermittelt werden [Bau70]. Wenn die Maximum-Likelihood-Schätzungen der Mittelwerte und Kovarianzen für einen Zustand s berechnet werden sollen, so muss berücksichtigt werden, dass jeder Beobachtungsvektor $\mathbf{r}_t$ zu den Parameterwerten jedes Zustands beiträgt, da die Gesamtwahrscheinlichkeit einer Beobachtung auf der Summation über alle möglichen Zustandsfolgen basiert. Daher ordnet die Baum-Welch-Schätzformel jede Beobachtung jedem Zustand proportional zu der Zustandsaufenthaltswahrscheinlichkeit bei der Beobachtung des jeweiligen Vektors zu. Wenn L_{st} die Aufenthaltswahrscheinlichkeit in Zustand s zum Zeitpunkt t bezeichnet, so können die Baum-Welch-Schätzformeln für Mittelwerte und Kovarianzen einer aus einer Gauß-Komponente bestehenden Verteilung wie folgt berechnet werden:

$$\hat{\mu}_s = \frac{\sum_{t=1}^{T} L_{st} \mathbf{r}_t}{\sum_{t=1}^{T} L_{st}} \tag{5.147}$$

$$\hat{\Sigma}_s = \frac{\sum_{t=1}^{T} L_{st} (\mathbf{r}_t - \mu_s)(\mathbf{r}_t - \mu_s)^T}{\sum_{t=1}^{T} L_{st}}. \tag{5.148}$$

Die Erweiterung für Gauß-Mixtur-Verteilungen ist einfach, wenn die Mixtur-Komponenten als *Unterzustände*, in denen die Zustandsübergangswahrscheinlichkeiten den Mixtur-Gewichten entsprechen, betrachtet werden. Die Zustandsübergangswahrscheinlichkeiten können mittels der relativen Häufigkeiten

$$\hat{a}_{jk} = \frac{A_{jk}}{\sum_{s=1}^{S} A_{js}} \tag{5.149}$$

geschätzt werden. A_{jk} bezeichnet hierbei die Anzahl der Übergänge von Zustand j nach Zustand k und S repräsentiert die Anzahl der Zustände des Modells.

Zur Berechnung der Zustandsaufenthaltswahrscheinlichkeiten L_{st} wird der sogenannte *Vorwärts-Rückwärts-Algorithmus* verwendet. Die Vorwärtswahrscheinlichkeit $\alpha_s(t)$ für ein Modell, welches die Klasse i repräsentiert, wird als

$$\alpha_s(t) = P(\mathbf{r}_1, \ldots, \mathbf{r}_t, s_t = s | i) \tag{5.150}$$

definiert und kann als die Verbundwahrscheinlichkeit der Beobachtung der ersten t Merkmalsvektoren und des Aufenthalts in Zustand s zum Zeitpunkt t interpretiert werden. Mittels der Rekursion

$$\alpha_s(t) = \left[\sum_{j=1}^{S} \alpha_j(t-1) a_{js} \right] b_s(\mathbf{r}_t) \tag{5.151}$$

wird eine effiziente Berechnung der Vorwärtswahrscheinlichkeiten ermöglicht, wobei S die Anzahl der emittierenden Zustände bezeichnet. Die entsprechende Rückwärtswahrscheinlichkeit

$$\beta_s(t) = P(\mathbf{r}_{t+1}, \ldots, \mathbf{r}_T | s_t = s, i), \tag{5.152}$$

die die Verbundwahrscheinlichkeit der Beobachtungen von Zeitschritt $t+1$ bis T ausdrückt, kann mittels der Rekursion

$$\beta_j(t) = \sum_{s=1}^{S} a_{js} b_s(\mathbf{r}_{t+1}) \beta_s(t+1) \tag{5.153}$$

ermittelt werden. Um die Wahrscheinlichkeit eines Zustandsaufenthalts zu berechnen, multipliziert man Vorwärts- und Rückwärtswahrscheinlichkeit:

$$P(R, s_t = s | i) = \alpha_s(t) \cdot \beta_s(t). \tag{5.154}$$

Demnach kann L_{st} wie folgt berechnet werden:

$$L_{st} = P(s_t = s | R, i) = \frac{P(R, s_t = s | i)}{p(R|i)} = \frac{1}{p(R|i)} \cdot \alpha_s(t) \cdot \beta_s(t). \tag{5.155}$$

Wenn wir annehmen, dass der letzte Zustand S zum Zeitpunkt der letzten Beobachtung $\mathbf{r}_T$ besetzt sein muss, ist die Wahrscheinlichkeit $P(R|M_t)$ gleich $\alpha_S(T)$. Somit kann nun die Baum-Welch Schätzung durchgeführt werden, da die für die Formeln (5.147) und (5.148) benötigte Information vorliegt.

5.8.2 Viterbi-Dekodierung

Der Viterbi-Algorithmus, der normalerweise für die Erkennung verwendet wird, ähnelt dem Algorithmus für die Berechnung der Vorwärtswahrscheinlichkeit. Allerdings wird beim Viterbi-Algorithmus die Summation durch einen Maximum-Operator ersetzt. Dies erlaubt die Anwendung folgender Vorwärts-Rekursion:

$$\phi_s(t) = \max_j \{\phi_j(t-1) a_{js}\} b_s(\mathbf{r}_t). \tag{5.156}$$

Dabei bezeichnet $\phi_s(t)$ die Maximum-Likelihood-Wahrscheinlichkeit der Beobachtung der Vektoren $\mathbf{r}_1$ bis $\mathbf{r}_t$ und des Aufenthalts in Zustand s zum Zeitpunkt t für ein bestimmtes Modell, das die Klasse i repräsentiert. Demzufolge ist die geschätzte Maximum Likelihood Wahrscheinlichkeit $\hat{P}(R|i)$ gleich $\phi_S(T)$. Wie in Abb. 5.27 gezeigt, entspricht der Viterbi Algorithmus dem Finden des besten Pfades duch die *Trellis*. Diese kann als Matrix, deren vertikale Dimension den Zuständen und deren horizontale Dimension den Beobachtungen bzw. der Zeit entsprechen, interpretiert werden. Jedem Punkt in Abb. 5.27 kann die Wahrscheinlichkeit der Beobachtung eines Merkmalsvektors zu einem bestimmten Zeitpunkt zugeordnet werden. Dabei entsprechen die Verbindungslinien zwischen den Punkten den Übergangswahrscheinlichkeiten.

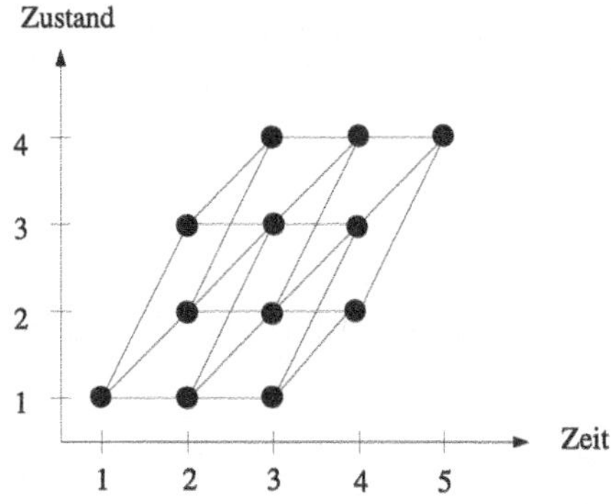

Abb. 5.27 Trellis eines Hidden-Markov-Modells

5.8.3 Dynamic-Time-Warping

Alternativ zur wahrscheinlichkeitsbasierten Klassifikation mittels Hidden-Markov-Modellen können auch Verfahren, welche auf Abstandsmaßen basieren, zur Sequenzklassifikation verwendet werden. Ein Beispiel hierfür ist der Dynamic-Time-Warping-Algorithmus (DTW) [Ita75], welcher auf dem Prinzip der Viterbi-Dekodierung beruht, das auch bei Hidden-Markov-Modellen eingesetzt wird. Der DTW-Algorithmus berechnet den Abstand zwischen einer Eingangssequenz und einer Referenzsequenz, welche als Prototyp einer bestimmten Klasse dient. Da diese zwei Sequenzen unterschiedliche Längen bzw. unterschiedliche zeitliche Charakteristiken haben können, berechnet der DTW-Algorithmus eine nicht-lineare Verzerrung der Zeitachsen, sodass eine maximale Übereinstimmung zwischen beiden Sequenzen erreicht wird. Neben einem Distanzmaß, welches als ein Ähnlichkeitsmaß zwischen der Eingangssequenz und einer gespeicherten Referenzsequenz interpretiert werden kann, ermittelt das DTW-Prinzip auch eine Verzerrungsfunktion, die jedem

Zeitschritt in der Eingangssequenz einen Zeitschritt in der Referenzsequenz zuordnet.

5.8.3.1 Abstandsberechnung

Bei einer gegebenen Eingangssequenz $T = \mathbf{t}_1, \mathbf{t}_2, ..., \mathbf{t}_J$ der Länge J und einer Referenzsequenz $R = \mathbf{r}_1, \mathbf{r}_2, ..., \mathbf{r}_I$ der Länge I definiert man eine $J \times I$ Matrix d, welche die Euklidischen Abstände zwischen den Beobachtungen zu jedem Zeitschritt der Sequenz T und jedem Zeitschritt der Sequenz R enthält:

$$d(i,j) = (\mathbf{r}_i - \mathbf{t}_j)^T(\mathbf{r}_i - \mathbf{t}_j) = \sum_{n=1}^{N} (r_{n,i} - t_{n,j})^2. \quad (5.157)$$

N ist hierbei die Dimension der Merkmalsvektoren. Um die beste Zuordnung der Zeitschritte von T und R zu ermitteln, muss man einen Pfad durch die Abstandsmatrix d ermitteln. Diese sogenannte *Verzerrungsfunktion* F (siehe Abbildung 5.28) besteht aus L Abtastwerten c_l:

$$F = c_1, c_2, ..., c_L \quad (5.158)$$

$$l = 1, ..., L. \quad (5.159)$$

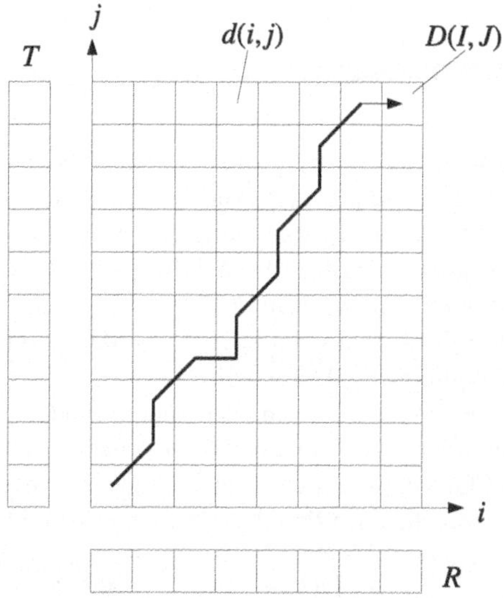

Abb. 5.28 Distanzmatrix mit Verzerrungsfunktion.

Der Gesamtabstand zwischen T und R ist die Summe der einzelnen Abstände $d(i,j)$ entlang der besten Verzerrungsfunktion:

$$D(I,J) = \min_F \sum_{l=1}^{L} d(c_l). \tag{5.160}$$

Für den aufakkumulierten Abstand definiert man eine $J \times I$ Matrix D, welche rekursiv berechnet werden kann:

$$D(i,j) = \min \begin{cases} D(i,j-1) & + d(i,j) \\ D(i-1,j-1) & + 2d(i,j) \\ D(i-1,j) & + d(i,j) \end{cases} \tag{5.161}$$

$$D(1,1) = 2 \cdot d(1,1). \tag{5.162}$$

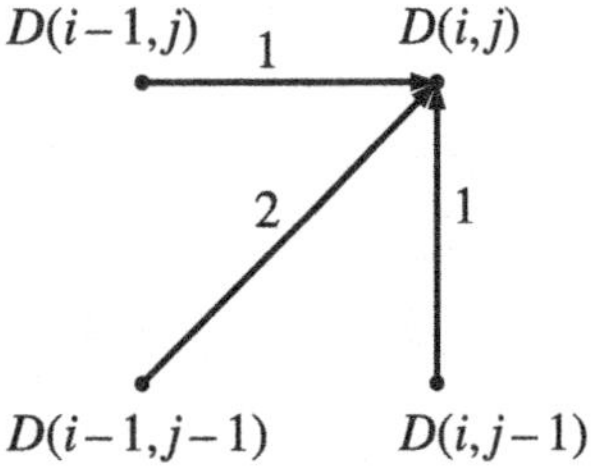

Abb. 5.29 Pfaddiagramm mit Gewichtungsfaktoren.

Jede Zelle in der aufakkumulierten Distanzmatrix D kann berechnet werden, indem die drei möglichen Vorgängerzellen ausgewertet werden. Es wird die Vorgängerzelle gewählt, die den geringsten aufakkumulierten Abstand zur Folge hat. Bei der Vorgängerzelle $D(i-1,j-1)$ wird der Abstand $d(i,j)$ mit dem Faktor 2 gewichtet, da $D(i,j)$ auch (anstatt durch einen Schritt in Diagonalrichtung) durch einen Schritt nach rechts und einen Schritt nach oben erreicht werden könnte. Das zugehörige Pfaddiagramm ist in Abbildung 5.29 zu sehen.

Abhängig von der Anwendung können auch andere Pfaddiagramme für die Berechnung der aufakkumulierten Distanzmatrix verwendet werden. Durch Gewichtungsfaktoren können Pfade entweder gleichberechtigt oder bevorzugt werden. Folgende Gleichungen entsprechen den Pfaddiagrammen in Abbildung 5.30:

$$D(i,j) = \min \begin{cases} D(i-1,j) & + d(i,j) \\ D(i-1,j-1) & + 2d(i,j) \\ D(i-1,j-2) & + 3d(i,j) \end{cases} \tag{5.163}$$

$$D(i,j) = \min \begin{cases} D(i-1,j-2) + 2d(i,j-1) + d(i,j) \\ D(i-1,j-1) + 2d(i,j) \\ D(i-2,j-1) + 2d(i-1,j) + d(i,j) \end{cases} \quad (5.164)$$

Um starke Abweichungen von der Diagonalen der Distanzmatrix bzw. extreme Verzerrungen der Zeitachse zu vermeiden, wird der Bereich, in dem gültige Pfade verlaufen können, meist beschränkt. Dies spart zudem Rechenleistung, da im Falle einer Pfadbeschränkung nicht alle Zellen der Distanzmatrix berechnet werden müssen.

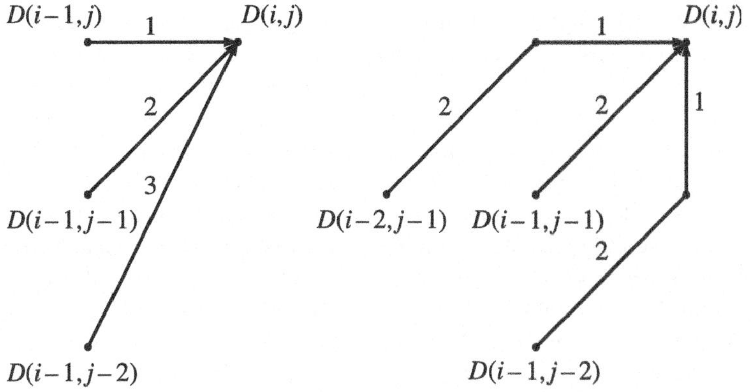

Abb. 5.30 Verschiedene Pfaddiagramme mit Gewichtungsfaktoren.

5.8.3.2 Backtracking

Um den Pfad, der den geringsten aufakkumulierten Abstand nach sich zieht, zu finden, muss ausgehend vom aufakkumulierten Gesamtabstand $D(I,J)$ die ausgewählte Vorgängerzelle für jede Zelle der aufakkumulierten Distanzmatrix, die Teil der Verzerrungsfunktion ist, ermittelt werden. Diese Methode bezeichnet man als *Backtracking*, da der Pfad rückwärts durchlaufen wird, bis schließlich die Zelle $D(1,1)$ erreicht ist. Zusätzlich zur erwähnten Pfadbeschränkung sind andere Beschränkungen des Backtracking-Pfades denkbar. Es kann beispielsweise eine Steigungsbeschränkung $P = p/q$ eingeführt werden, die fordert, dass der Pfad mindestens q-mal in Diagonalrichtung verlaufen muss, nachdem er p-mal parallel zu der i- oder j-Achse verlaufen ist.

5.8.3.3 Segmentierung und Klassifikation

Zur Klassifikation der Eingangssequenz T muss diese mit allen Referenzsequenzen R_m verglichen werden, wobei jede Referenzsequenz jeweils eine der M Klassen repräsentiert. Demnach muss der DTW-Algorithmus M-mal ausgeführt werden. Nach einer Pfadlängennormierung, die die Bevorzugung kurzer Referenzsequenzen vermeidet, wird T der Klasse zugeordnet, deren Referenz R_m die geringste Distanz zu T aufweist.

Wenn die Eingangssequenz, z. B. wie in der Sprachverarbeitung, aus mehreren aufeinanderfolgenden Mustern bzw. Klassen besteht, müssen die Segmentgrenzen gefunden werden, um die einzelnen Muster bzw. die einzelnen Wörter zu klassifizieren. Mit einigen Modifikationen kann der DTW-Algorithmus so erweitert werden, dass er gleichzeitig die Segmentierung, das Dynamic-Time-Warping sowie die Klassifikation durchführt. Wie in Abbildung 5.31 angedeutet, erstellt man hierzu die aufakkumulierte Distanzmatrix bezüglich jeder Referenz im Vokabular. Der DTW-Algorithmus wird nun in allen Feldern der Distanzmatrix simultan ausgeführt, um die Muster-Abfolge zu ermitteln, die den geringsten Gesamtabstand zur Folge hat. Dazu muss gefordert werden, dass ein vorangehendes Wort zum Zeitpunkt $j-1$ endet, falls das nachfolgende Wort zum Zeitpunkt j beginnt. Da die aufakkumulierte Distanzmatrix von links nach rechts berechnet wird, sind zur Zeit j alle Einträge der Matrix D für den Zeitpunkt $j-1$ bekannt, sodass das „beste Ende“ $D^{\star}(j-1)$ aller in Frage kommenden Vorgänger-Wörter ermittelt werden kann. Bezeichnet man die Länge der Referenzsequenz für die Klasse m mit I_m, so kann $D^{\star}(j-1)$ wie folgt berechnet werden:

$$D^{\star}(j-1) = \min_{m} D(I_m, j-1, m). \tag{5.165}$$

Wie im rechten Pfaddiagramm in Abbildung 5.31 zu sehen ist, kommen als Vorgängerzellen für eine Zelle $D(1,j)$ in der untersten Zeile der Distanzmatrix einer bestimmten Referenz entweder die Zelle $D(1,j-1)$ der zum selben Wort gehörenden Distanzmatrix oder das „Ende“ $D(I_m, j-1, m)$ eines beliebigen anderen Wortes in Frage. Dies kann durch folgende Gleichung, welche für die Distanzen *zwischen* den Referenzsequenzen gilt, ausgedrückt werden:

$$D(1,j) = \min \begin{cases} D(1,j-1) & + d(1,j) \\ D^{\star}(j-1) & + d(1,j) \end{cases} \tag{5.166}$$

Beginnt ein Wort zum Zeitputnkt j, so wird der Wert $D^{\star}(j-1)$ aufakkumuliert. Folglich kann der Pfad durch die Distanzmatrix von der obersten Zeile eines Feldes zu der untersten Zeile eines anderen Feldes „springen“ (siehe Abbildung 5.32). Da die Zeitpunkte j, zu denen der Pfad „springt“, den Segmentgrenzen entsprechen, kann nun die Eingangssequenz optimal segmentiert werden.

Für die Berechnung der aufakkumulierten Distanz *innerhalb* einer Referenz gilt:

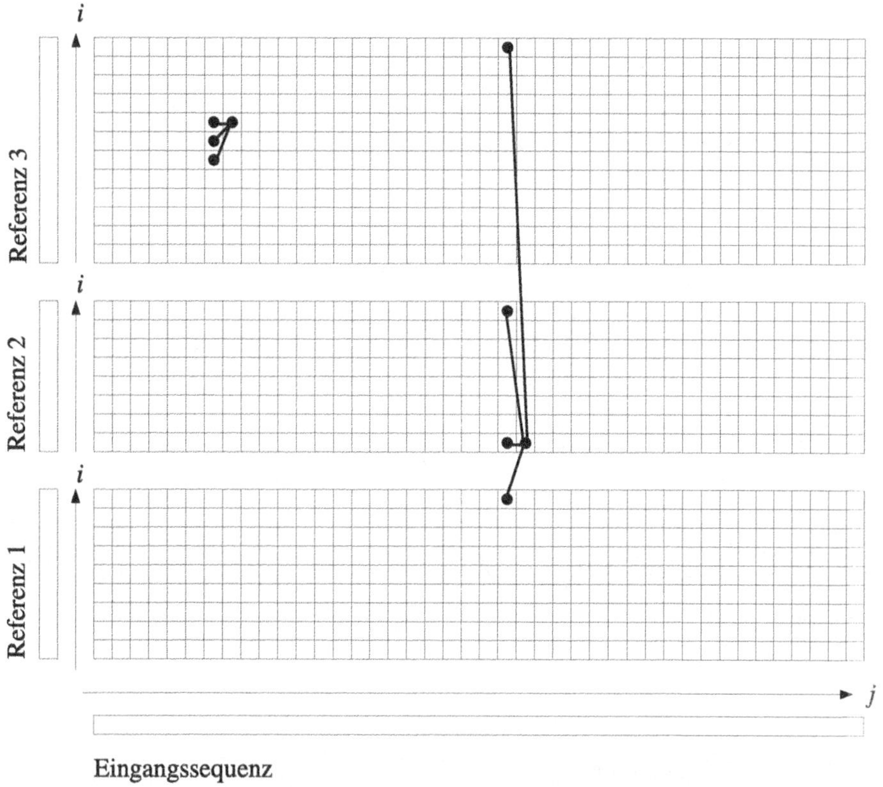

Abb. 5.31 Simultane Berechnung der Distanzmatrix für drei Referenzsequenzen.

$$D(i,j) = \min \begin{cases} D(i,j-1) & + d(i,j) \\ D(i-1,j-1) & + d(i,j) \\ D(i-2,j-1) & + d(i,j) \end{cases} \tag{5.167}$$

Mit dieser geänderten Berechnungsvorschrift für die Bestimmung von D werden ausschließlich Werte aus Spalte $j-1$ für die Berechnung der Spalte j benötigt. Demnach ist hier keine Pfadlängennormierung nötig, da jeder Pfad zum Zeitpunkt j die selbe Anzahl an Distanzen aufakkumuliert hat.

Der Pfad durch die aufakkumulierte Distanzmatrix wird mittels Backtracking bestimmt. Abbildung 5.32 zeigt einen möglichen Pfad, der die Eingangssequenz segmentiert und klassifiziert. Dieses Prinzip der gleichzeitigen Segmentierung und Klassifikation kann auch für Hidden-Markov-Modelle verwendet werden.

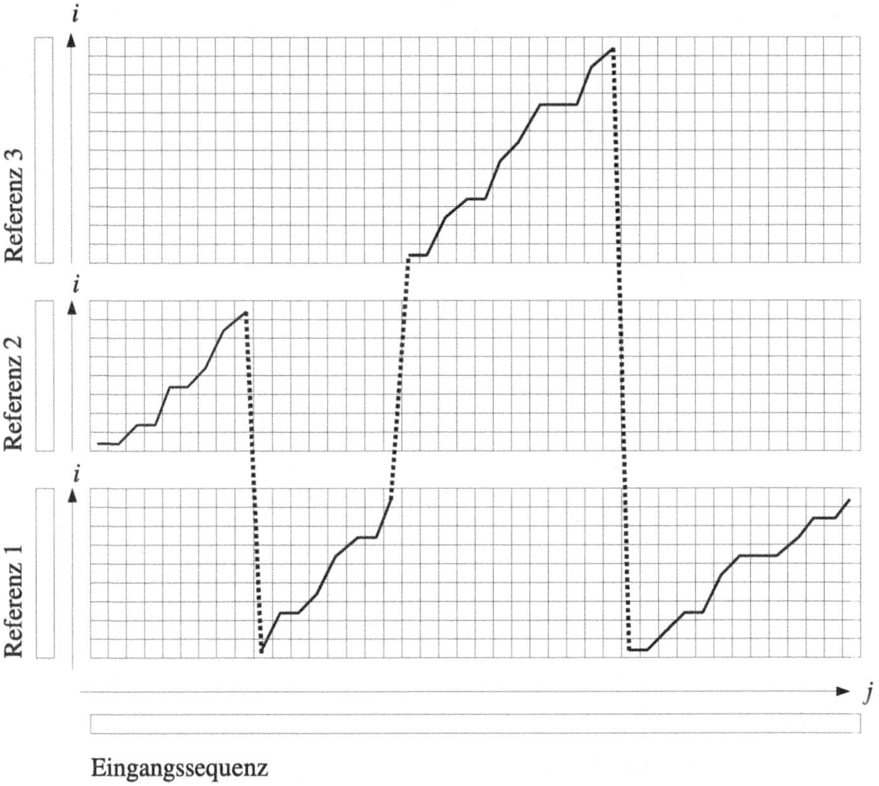

Abb. 5.32 Segmentierung und Klassifikation einer Eingangssequenz mittels DTW.

5.9 Entscheidungsregeln

Die bisher betrachteten Klassifikatoren bestehen aus einer im Allgemeinen vektorwertigen Abbildung $\mathbf{d}$ des Eingabemusters $\mathbf{r}$. Meist ist es nötig, diese Ausgabegröße in eine Entscheidung für eine Klasse umzuwandeln. Analog zur multiplen Detektion (Abschnitt 4.2) wird der Merkmalsraum $\mathbf{R}$ also in disjunkte Entscheidungsräume $\mathbf{R}_i, i = 0, \ldots, M$ aufgeteilt, wobei $\mathbf{R}_0$ der Rückweisungsraum ist und $\mathbf{R}_0 = \varnothing$ gelte, wenn keine Rückweisung erlaubt ist:

$$\mathbf{R} = \biguplus_{i=0}^{M} \mathbf{R}_i. \tag{5.168}$$

Im Falle der Polynomklassifikatoren und neuronalen Netze wurde vereinbart, als Klassenzuordnung den Index der Komponente von $\mathbf{d}(\mathbf{r}^{(n)})$ festzusetzen, die innerhalb des Ausgabevektors am größten ist, d. h.

$$\mathbf{d}_i(\mathbf{r}) = \max_{j=1,\ldots,M} \mathbf{d}_j(\mathbf{r}) \Rightarrow \mathbf{r} \in \mathbf{R}_i. \tag{5.169}$$

Diese Vorschrift kann man so modifizieren, dass eine Entscheidung für Klasse i nur dann vorgenommen wird, wenn die entsprechende Komponente des Ausgabevektors $\mathbf{d}_i$ um ein Vielfaches höher ist als die übrigen Komponenten:

$$\mathbf{r} \in \begin{cases} \mathbf{R}_i & \text{falls } \exists i : \forall j \neq i : \mathbf{d}_i(\mathbf{r}) \geq \theta \mathbf{d}_j(\mathbf{r}) \\ \mathbf{R}_0 & \text{sonst} \end{cases}, \quad \theta > 1, \tag{5.170}$$

und sonst eine Rückweisung vorgenommen wird. Der Parameter θ reguliert also die Anzahl der Muster, die zurückgewiesen werden.

Im Gegensatz zur Mehrklassen-Entscheidungsregel (5.169) wurde bei den Support-Vektor-Maschinen in Abschnitt 5.7 nur eine *binäre* Klassifikation betrachtet, d. h. $\mathbf{R} = \mathbf{R}_1 \uplus \mathbf{R}_2$. Im Folgenden wird nun aufgezeigt, wie sich eine Klassifikation für ein Mehrklassenproblem durch derartige binäre Entscheidungsregeln darstellen lässt. Grundsätzlich teilt man hierbei einen Entscheidungsprozess für die M Entscheidungsräume $\mathbf{R}_1, \ldots, \mathbf{R}_M$ in L Einzelschritte auf, die für $l = 1, \ldots, L$ jeweils durch eine Aufteilung des Merkmalsraums $\mathbf{R} = \mathbf{R}^{(l)} \uplus \overline{\mathbf{R}^{(l)}}$ mit $\overline{\mathbf{R}^{(l)}} = \mathbf{R} - \mathbf{R}^{(l)}$ charakterisiert werden. Die Einzelentscheidungen werden dann mithilfe einer kombinierten Entscheidungsregel zusammengeführt. Die folgenden kombinierten Entscheidungsregeln sind geläufig:

- **Eine-gegen-alle** (englisch *One-Versus-All*). Hierbei gilt $L = M$, man betrachtet also für jede Klasse $i \in \{1, \ldots, M\}$ eine binäre Detektion mit $\mathbf{R} = \mathbf{R}^{(i)} \uplus \overline{\mathbf{R}^{(i)}}$. Als kombinierte Entscheidungsregel verwendet man

$$\mathbf{r} \in \begin{cases} \mathbf{R}_i & \text{falls } \exists i : \mathbf{r} \in \mathbf{R}^{(i)} \text{und } \forall j \neq i : \mathbf{r} \in \overline{\mathbf{R}^{(j)}} \\ \mathbf{R}_0 & \text{sonst} \end{cases}, \tag{5.171}$$

  d. h. eine Rückweisung findet statt, wenn die Einzelentscheidungen für keine oder mehr als eine Klasse positiv ausgefallen sind.

- **Paarweise Klassifikation** (englisch *One-Versus-One*). Hierbei verwendet man Klassifikatoren, die jeweils zwei Klassen unterscheiden. Man teilt also für jedes Paar $(i, j), i = 1, \ldots, M-1, i < j$ von Klassen den Merkmalsraum in $\mathbf{R}^{(i,j)}$ und $\overline{\mathbf{R}^{(i,j)}}$ auf, d. h. $L = M(M-1)/2$. Eine kombinierte Entscheidungsregel ergibt sich als

$$\mathbf{r} \in \begin{cases} \mathbf{R}_i & \text{falls } \exists i : \forall j \neq i : \mathbf{r} \in \mathbf{R}^{(i,j)} \\ \mathbf{R}_0 & \text{sonst} \end{cases}, \tag{5.172}$$

  d. h. eine Zuweisung zu Klasse i findet nur statt, wenn die Entscheidung bei Vergleich mit jeder anderen Klasse j positiv für Klasse i ausfällt. Anderenfalls erfolgt eine Rückweisung.

- **Paarweise Klassifikation mit Mehrheitsentscheid.** Das obige Verfahren lässt sich durch einen *Mehrheitsentscheid* anpassen. Hierzu ordnet man das Muster $\mathbf{r}$ einer Klasse i zu, für die die Anzahl der Klassifikatoren mit $\mathbf{r} \in \mathbf{R}^{(i,j)}$ für $j \neq i$ maximal ist. Ist diese Klasse nicht eindeutig definiert, kann auch eine Rückweisung erfolgen.

- **Hierarchische Entscheidung.** Hierbei finden binäre Entscheidungen zwischen Gruppen von Klassen statt, die schrittweise weiter verfeinert werden. Zunächst wird der Merkmalsraum in zwei Entscheidungsräume aufgeteilt. Jeder dieser Entscheidungsräume wird nun weiter untergliedert, bis nur noch binäre Entscheidungen zwischen je zwei Klassen übrigbleiben, die schließlich zur Klassenzuordnung führen. Dieser Entscheidungsprozess lässt sich gut als Baumstruktur visualisieren (vgl. Abb. 5.33). Jeder innere Knoten in Abb. 5.33 symbolisiert dabei eine Entscheidung zwischen Teilmengen von $\{\mathbf{R}_1, \ldots, \mathbf{R}_M\}$, wohingegen die Zuordnung des Musters zu einer der Klassen $1, \ldots, M$ an den Blättern des Baumes steht.
  In vielen Fällen wird durch eine hierarchische Entscheidung eine Beschleunigung des Klassifikationsprozesses im Vergleich zu den bisher genannten Verfahren erzielt, da unter Voraussetzung eines *balancierten* Entscheidungsbaums, d. h. sofern je zwei benachbarte Zweige ähnliche Tiefe aufweisen, im Mittel nur $L = \log_2(M)$ Entscheidungen erforderlich sind. Ein Nachteil hierarchischer Entscheidungsverfahren ist dagegen darin zu sehen, dass eine Fehlentscheidung des Klassifikators am Anfang (d. h. in den oberen Ebenen der Baumstruktur) zwangsläufig zu einer Fehlklassifikation führt, wohingegen z. B. die paarweise Klassifikation mit Mehrheitsentscheid gegen einzelne Fehlentscheidungen robust ist.

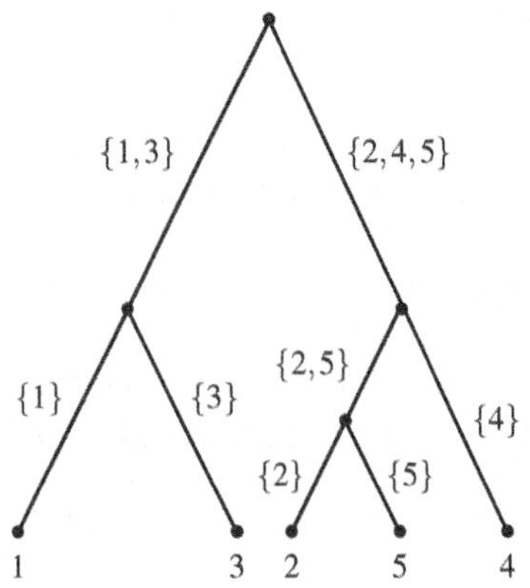

Abb. 5.33 Beispiel für eine hierarchische Entscheidungsprozedur zwischen $M = 5$ Klassen durch binäre Entscheidungen, dargestellt in einer Baumstruktur

5.10 Partitionierung und Balancierung

Um die Güte eines Klassifikators zu bewerten, wird neben einem Fehler- bzw. Gütemaß auch eine geeignete Stichprobe an Mustern benötigt, die zur Schätzung der Klassifikationsleistung bzw. Fehlerwahrscheinlichkeit verwendet wird. Für viele komplexe Musterkennungsaufgaben, beispielsweise für die Spracherkennung, stehen sogenannte *Korpora* oder *Datenbanken* mit einer großen Anzahl Mustern zur Verfügung. Diese können einerseits als Lernstichprobe zum Berechnen von Klassifikator-Parametern, andererseits auch zur Leistungsbewertung verwendet werden. Dafür muss der gewählte Korpus in mindestens zwei disjunkte Datensätze unterteilt werden, nämlich den Trainingsdatensatz und den Testdatensatz. Die Muster im Testdatensatz müssen für den zu bewertenden Klassifikator stets unbekannt sein, d. h. sie dürfen weder im Trainingsdatensatz enthalten sein, noch das Training des Klassifikators auf irgendeine Art beeinflussen, beispielsweise in der Berechnung von Normalisierungsparametern. Desweiteren dürfen sie in keiner Form verwendet werden, um die optimale Struktur eines Klassifikators zu bestimmen, z. B. die Anzahl verborgener Schichten eines neuronalen Netzes oder den Parameter k bei k-Nächste-Nachbarn-Klassifikatoren, oder um den bestmöglichen Klassifikator für eine Aufgabe zu wählen. Da diese Parametrierung nur sehr eingeschränkt anhand der Muster im Trainingsdatensatz gelernt werden kann, ohne eine Überadaption vorzunehmen, benötigt man somit einen zusätzlichen Validierungsdatensatz, der im Englischen oft auch mit *Development Set* bezeichnet wird. Dieser wird während der Entwicklungs- bzw. Optimierungsphase des Klassifikators anstelle des Testdatensatzes verwendet, um die Güte verschiedener Parametrierungen zu messen. Somit steht für einen abschließenden, unabhängigen Test der als optimal ermittelten Parametrierung ein dem Klassifikator unbekannter Datensatz zur Verfügung.

Die erwähnten Korpora werden oft zum systematischen Vergleich von Klassifikationsmethoden eingesetzt. Um dies zu gewährleisten, ist meist bereits eine Unterteilung, auch Partitionierung genannt, in Trainings-, Test- und oft auch Validierungsdatensatz vorgegeben. Ist dagegen nur je ein Trainings- und Testdatensatz vorgesehen, während aber noch ein Validierungsdatensatz benötigt wird, sollte dieser aus dem Trainingsdatensatz herausgenommen werden, aus den oben genannten Gründen niemals aus dem Testdatensatz. Die Größe des Validierungsdatensatzes sollte in etwa der Anzahl der Muster im Testdatensatz entsprechen. Daneben sind für die Partitionierung weitere Kriterien gegeneinander abzuwägen. Einerseits gilt es, den Trainingsdatensatz so groß wie möglich zu machen, damit das Modell der Daten möglichst genau und gleichzeitig allgemeingültig wird. Andererseits sollte der Testdatensatz eine gewisse Mindestgröße behalten, damit festgestellte Leistungsunterschiede auch statistische Signifikanz aufweisen, worauf in Abschnitt 5.12 noch näher eingegangen wird. Insbesondere bei sehr großen Datenbanken, in etwa ab 10 000 Mustern, muss auch der Rechenaufwand für die Evaluierung in Betracht gezogen werden, sowohl für das Training des Klassifikators als auch dessen Auswertung auf dem Testdatensatz. Hierbei gibt es bedeutende Unterschiede zwischen den Klassifikatortypen. Beispielsweise ist bei Hidden-Markov-Modellen der Aufwand für die Parameterschätzung in der Trainingsphase, verglichen mit der Viterbi-

Dekodierung in der Testphase, relativ gering. Hingegen fällt bei neuronalen Netzen ein erheblicher Aufwand für das Training an, während die Auswertung sehr effizient zu bewerkstelligen ist. Als Faustregel gilt, etwa 10–30 % der zur Verfügung stehenden Daten als Testdaten zu verwenden.

Ein weiterer wichtiger Gesichtspunkt bei der Wahl des Testdatensatzes ist, dass er repräsentativ für ein reales Einsatzszenario sein sollte, d. h. es sollten alle relevanten Klassen vorkommen, und dabei die Muster innerhalb einer Klasse möglichst verschiedenartig sein. Bei hinreichend großen Datenbanken ist eine mögliche Vorgehensweise daher, die Stichprobe durch zufälliges Herausgreifen einzelner Muster aus dem gesamten Datensatz zu erzeugen, was auch unter dem englischen Namen *Percentage Split* bekannt ist. In vielen Anwendungen möchte man jedoch noch weitere Eigenschaften berücksichtigen. Zum Beispiel kann man bei der Erkennung von Sprach- und Videoaufnahmen oder Handschrift fordern, dass keine Muster von Personen, deren Muster im Trainingsdatensatz enthalten sind, im Testdatensatz vorkommen. Man spricht dann von einer *personen-* bzw. *subjekt-unabhängigen* Evaluierung. Hierzu greift man bestimmte Personen, die als repräsentativ gelten, heraus und verwendet alle Muster dieser Personen als Testdatensatz. Allgemein gilt jedoch, dass bei jeglicher fester Definition einer Teststichprobe das Ergebnis der Gütemessung des Klassifikators stets davon abhängen wird, wie schwer die Erkennungsaufgabe auf den Mustern in genau dieser Stichprobe ist, was im Vorhinein kaum zu quantifizieren ist.

Um die Schwierigkeit, eine einzelne möglichst repräsentative Teststichprobe auszuwählen, zu umgehen, wird gerade bei kleinen bis mittelgroßen Datenbanken oft ein als Kreuzvalidierung, englisch *Cross Validation*, bekanntes Verfahren verwendet. Der gesamte Korpus wird dazu in J Partitionen mit je möglichst gleich vielen Mustern eingeteilt. Man spricht dann von J-facher Kreuzvalidierung. Entspricht in jeder Partition die Verteilung der Klassen auf die Muster der Verteilung in der vollständigen Datenbank, so spricht man von einer *stratifizierten* Partitionierung und somit einer stratifizierten J-fachen Kreuzvalidierung. Die Bewertung des Klassifikators wird nun nicht nur einmal mit einem vorgegebenen Trainings- und Testdatensatz durchgeführt, sondern J mal, wobei in jedem Durchgang $i = 1,\ldots,J$ die Partition i als Testdatensatz verwendet wird, und die restlichen Partitionen als Trainingsdaten herangezogen werden. Wird ein Validierungsdatensatz benötigt, so kann dafür z. B. die Partition $i+1$ in den Durchgängen $i = 1,\ldots,J-1$ sowie die erste Partition im Durchgang J verwendet werden. Nach J Durchgängen wurde jede Partition genau einmal als Testdatensatz genutzt.

Häufige Werte für J sind 3 oder 10, wobei $J = 3$ ein guter Kompromiss aus Aussagekraft und benötigtem Rechenaufwand sowie Übersichtlichkeit der Auswertung ist. Das Verfahren ist für $J = 3$ in Abb. 5.34 skizziert; Abb. 5.35 stellt eine dreifache Kreuzvalidierung mit Validierungssatz dar.

Auf diese Weise wird jedes Muster in der gesamten Datenbank klassifiziert, ohne dass in einem Durchgang das Muster dem Klassifikator in der jeweiligen Trainingsphase bekannt war. Das gewählte Gütemaß für die gesamte Datenbank erhält man, indem man das Gütemaß anhand der Klassifikationsergebnisse aller Muster aus der Datenbank berechnet, was oft einer Mittelung der J Einzelergebnisse entspricht.

	Partition # 1	Partition # 2	Partition # 3
Durchgang 1	TE	tr	tr
Durchgang 2	tr	TE	tr
Durchgang 3	tr	tr	TE

Abb. 5.34 Mögliche Aufteilung des Datensatzes bei dreifacher Kreuzvalidierung. TE = Testdatensatz, tr = Trainingsdatensatz

	Partition # 1	Partition # 2	Partition # 3
Durchgang 1	TE	VA	tr
Durchgang 2	tr	TE	VA
Durchgang 3	VA	tr	TE

Abb. 5.35 Mögliche Aufteilung des Datensatzes bei dreifacher Kreuzvalidierung mit Validierungssatz VA

Diese Bewertungsmethodik ist nun lediglich durch die Komplexität der Datenbank im Ganzen geprägt, und unabhängig von der Wahl eines einzelnen Testdatensatzes. Aus der Vielzahl kombinatorischer Möglichkeiten zur Wahl der stratifizierten Partitionen wird zufällig eine gewählt, wodurch zwar immer noch eine leichte Variabilität entsteht; diese ist jedoch bei hinreichender Größe der Datenbank zu vernachlässigen.

Balancierung

Viele Klassifikatoren berücksichtigen explizit oder implizit die A-priori-Klassenwahrscheinlichkeit, d. h. die Auftrittswahrscheinlichkeit von Mustern einer bestimmten Klasse, im Entscheidungsprozess. Dies gilt insbesondere für die Detektion anhand des MAP-Kriteriums (Abschnitt 4.1.2). Ist das Ziel eine im Mittel möglichst genaue Klassenzuordnung, mag dieses Verhalten auf den ersten Blick sinnvoll erscheinen. Eine reine Optimierung auf die Fehlerrate kann jedoch dazu führen, dass selten auftretende Klassen niemals erkannt werden, da diese für die Fehlerwahrscheinlichkeit nur eine geringe Rolle spielen. In der Anwendungsphase benötigt man jedoch meist ein Klassifikationssystem, das auch seltene Fälle mit hoher Genauigkeit erkennt.

Eine Möglichkeit besteht in der Klassifikation anhand des Maximum-Likelihood-Kriteriums, das die A-priori-Klassenwahrscheinlichkeiten der Muster nicht mitberücksichtigt, beispielsweise bei der Klassifikation mit Hidden-Markov-Modellen. Für andere Klassifikatortypen wie z. B. Support-Vektor-Maschinen ist dies jedoch nicht ohne Weiteres möglich, so dass man oft den zum Training verwendeten Datensatz *ausbalanciert*. Hierbei wird der Datensatz so verändert, dass näherungsweise die Anzahl der Muster in jeder Klasse gleich ist. Dazu gibt es zwei grundlegend verschiedene Ansätze. Die Anzahl der Muster pro Klasse kann für alle Klassen

- auf die Anzahl der Muster in der Klasse mit den *wenigsten* Mustern beschränkt werden, indem Muster *verworfen* werden (englisch *Downsampling*), oder
- auf die Anzahl der Muster in der Klasse mit den *meisten* Mustern erhöht werden, indem bestehende Muster *vervielfacht* werden (englisch *Upsampling*).

Die einzelnen Methoden jeder Gruppe unterscheiden sich dann im Detail dadurch, welche und wie viele Muster verworfen bzw. vervielfacht werden. Dies kann entweder rein zufällig geschehen, oder nach geometrischen oder statistischen Kriterien erfolgen. Weiterhin sind Kombinationen der beiden Ansätze denkbar, z. B. so, dass nach Anwendung des Verfahrens die Anzahl der Muster pro Klasse der mittleren Anzahl in der ursprünglichen Verteilung entspricht.

An dieser Stelle sei anzumerken, dass die Balancierung niemals komplett auf eine Datenbank angewandt werden sollte, sondern lediglich auf den Trainingsdatensatz. Die Testdaten sollten die natürliche Verteilung der Muster wiedergeben, um ein aussagekräftiges Ergebnis zu erhalten. Balanciert man den Testdatensatz ebenfalls aus, hängt die resultierende Erkennungsrate zu stark von der Wahl der vervielfachten bzw. verworfenen Muster ab. Wurden z. B. ausschließlich Muster vervielfacht, die richtig erkannt werden, oder zufällig viele schwer zu detektierende Muster verworfen, so wird die gemessene Erkennungsrate wesentlich besser sein als die tatsächlich zu erwartende.

Aus den in diesem Abschnitt angesprochenen Problemen bei der Messung der Erkennungsrate für den Fall ungleicher Verteilung der Klassen über die Muster ergeben sich neue Bewertungsmaße, die die Klassenverteilung mit berücksichtigen, bzw. gegen diese invariant sind. Diese und andere Gütemaße werden in Abschnitt 5.12 behandelt.

5.11 Ensemble- und Metaklassifikation

Aufbauend auf den bereits genannten Entscheidungsregeln zur Kombination mehrerer Klassifikatoren sollen nun weitere Verfahren vorgestellt werden, mit denen man versucht, die Erkennungsleistung durch vielfache Kombination von Klassifikatoren zu steigern. Man spricht dann von sogenannten *Ensembles* oder *Committees* von Klassifikatoren.

Ziel ist es, einen möglichst geringen mittleren quadratischen Fehler F eines Klassifikators zu reduzieren. Fasst man diesen als Erwartungswert über alle Mustervektoren $\mathbf{r}$ auf, ergibt sich:

$$\begin{aligned} F &= \mathrm{E}\{(\hat{d}(\mathbf{r}) - d(\mathbf{r}))^2\} \\ &= \mathrm{Var}(\hat{d}(\mathbf{r}) - d(\mathbf{r})) + \mathrm{E}\{\hat{d}(\mathbf{r}) - d(\mathbf{r})\}^2 \\ &= \mathrm{Var}(\hat{d}(\mathbf{r})) + \mathrm{E}\{\hat{d}(\mathbf{r}) - d(\mathbf{r})\}^2, \end{aligned} \tag{5.173}$$

wobei $\hat{d}(\mathbf{r})$ die Ausgabe des Klassifikators und $d(\mathbf{r})$ die gewünschte Ausgabe bezeichnen. Die zweite Gleichheit ergibt sich aus dem Zusammenhang $\mathrm{Var}(X) = \mathrm{E}\{X^2\} - \mathrm{E}\{X\}^2$. Der Term $\mathrm{E}\{\hat{d}(\mathbf{r}) - d(\mathbf{r})\}^2$ wird auch als quadratischer *Bias* bezeichnet und stellt die systematische Abweichung des Klassifikators von der gewünschten Ausgabe dar; dagegen ist $\mathrm{Var}(\hat{d}(\mathbf{r}))$ die Varianz der Ausgabe des Klassifikators. Zur Minimierung von F sollten nach (5.173) also idealerweise sowohl Bias als auch Varianz reduziert werden. In der Regel wird jedoch entweder der Bias oder die Varianz maßgeblich beeinflusst.

Je nach Ensemblemethode werden üblicherweise mehrere Klassifikatoren des gleichen Klassifikatortyps, basierend auf verschiedenen Lernmengen, instanziiert. Eine Entscheidung erfolgt dann meist auf Grund eines Mehrheitsentscheids, wobei Einzelergebnisse auch gewichtet werden können. Grundsätzlich stellt sich somit die Aufgabe der Konstruktion von Ensembles und der Kombination aller Klassifikatoren.

In [Bre96] wird gezeigt, dass sich für Klassifikatoren, die instabil auf Änderungen der Lernmenge reagieren, durch Ensemblemethoden signifikante Leistungssteigerungen erzielen lassen. Beispiele solcher Klassifikatoren sind Neuronale Netze, Entscheidungsbäume oder regelbasierte Verfahren. Hingegen erweisen sich Nächste-Nachbarn-Klassifikatoren oder Naive-Bayes als stabil in dieser Hinsicht und können durch Ensemblebildung sogar negativ beeinflusst werden. Auf Grund des hohen Rechenaufwands, der durch die Vielzahl der Einzelklassifikatoren entsteht, werden vorzugsweise einfache Klassifikatoren, sogenannte *Weak-Classifiers*, verwendet.

Es werden zunächst zwei geläufige einfachere Varianten der Ensembleklassifikation vorgestellt: *Bagging*, eine Abkürzung für *Bootstrap-Aggregating*, welches vorrangig die Varianz minimiert, und *Boosting*, das Bias und Varianz senkt, letztere aber nachweislich schwächer als beim Bagging [Web00]. Im Anschluss daran wird eine komplexere Alternative, das *Stacking*, beschrieben, die auf die Bildung inhomogener Ensembles ausgerichtet ist.

5.11.1 Bagging, Boosting und MultiBoosting

Beim Einsatz von Bagging [Bre96] werden verschiedene Klassifikatoren eines Typs durch Variation der Lernmenge gebildet. Dazu erzeugt man Stichproben aus der gesamten Lernmenge $\mathcal{L}$ mittels Ziehen mit Zurücklegen. Die Kardinalität der Stichproben wird üblicherweise als $|\mathcal{L}|$ gewählt, wodurch im statistischen Mittel 63,2 % der Trainingsdaten je Set vertreten sind, und der verbleibende Anteil aus Duplikaten besteht. Die endgültige Klassifikation erfolgt dann anhand eines ungewichteten Mehrheitsentscheids über die Ausgabe der Einzelklassifikatoren.

Bei der Durchführung von Boosting [Val84] wird zur Leistungsoptimierung ein gewichteter Mehrheitsentscheid anstelle des ungewichteten eingesetzt. Dabei werden Gewichte umgekehrt proportional zur Fehlerwahrscheinlichkeit gewählt, um damit eine Konzentration auf die am schwierigsten zu unterscheidenden Klassen zu erzwingen [Fre96]. Folglich muss die Konstruktion der Ensembles iterativ verlaufen, d. h. die Gewichte werden gemäß der beobachteten Fehlerwahrscheinlichkeit einzelner Klassifikatoren gewählt. Bei diesem Verfahren erreicht man in der Regel eine Verbesserung gegenüber Bagging, in Einzelfällen können sich jedoch auch Verschlechterungen ergeben [Qui96]. In späteren Publikationen wird auch die Bezeichnung *Arcing* anstelle von Boosting verwendet.

Im Folgenden wird der *AdaBoost*-Algorithmus, eine Abkürzung für *adaptives* Boosting, genauer betrachtet. Dieser ist adaptiv, da Klassifikatoren nach und nach darauf optimiert werden, die bisher falsch klassifizierten Mustervektoren richtig zu klassifizieren. Es sind $\mathbf{r}_l, l = 1,\ldots,L$ die Mustervektoren in der Lernmenge $\mathcal{L}$, $L = |\mathcal{L}|$.

Der ursprüngliche AdaBoost-Algorithmus ist nur für Zwei-Klassen-Probleme anwendbar. Im Folgenden wird daher von der *AdaBoost.M1*-Variante ausgegangen, die eine Erweiterung auf eine beliebige Anzahl Klassen M darstellt. Die Klassenzuordnung von $\mathbf{r}_l$ ist daher als $y_l \in \{1,\ldots,M\}$ gegeben. Durch den Algorithmus werden darüber hinaus Gewichte w_l zu jedem Mustervektor $\mathbf{r}_l \in \mathcal{L}$ vergeben, die einheitlich mit $w_l = 1/L$ initialisiert werden. Diese werden einerseits in der Berechnung eines gewichteten Fehlermaßes, andererseits auch im Training des Klassifikators berücksichtigt. Der Kern des AdaBoost-Algorithmus ist schließlich die Berechnung der Gewichte β_t für den Klassifikator mit Index t, wobei β_t von der Fehlerwahrscheinlichkeit des Klassifikators ε_t abhängt.

Im Einzelnen führt das AdaBoost.M1-Verfahren, gegeben die Lernmenge $\mathcal{L}$ und eine Anzahl T von Zeitschritten, für $t = 1,\ldots,T$ die folgende Prozedur aus:

1. Ein Klassifikator mit der Entscheidungsregel $d_t : \mathbf{R} \to \{1,\ldots,M\}$ wird auf $\mathcal{L}$ unter Berücksichtigung der Gewichte w_l trainiert. Dies kann z. B. durch Ziehen einer Stichprobe mit den Gewichten als Wahrscheinlichkeitsverteilung erfolgen.
2. Der gewichtete Klassifikationsfehler ε_t wird berechnet:

$$\varepsilon_t = \sum_{l:d_t(\mathbf{r}_l)\neq y_l} w_l. \tag{5.174}$$

3. Falls $\varepsilon_t > 1/2$, werden Schritte 1–3 wiederholt; nach mehreren Wiederholungen wird das Verfahren abgebrochen.
4. Anderenfalls wird ein Klassifikator-Gewicht β_t zu

$$\beta_t = \begin{cases} 10^{-10} & \text{falls } \varepsilon_t = 0 \\ \frac{\varepsilon_t}{1-\varepsilon_t} & \text{sonst} \end{cases} \tag{5.175}$$

berechnet, wobei der Wert 10^{-10} eine willkürlich gewählte Konstante zur Vermeidung einer Division durch Null in (5.177) ist.
5. Falls $\varepsilon_t \neq 0$, ergeben sich die neuen Gewichte $w_l^{'}$, die in den nächsten Iterationen verwendet werden, wie folgt:

$$w_l^{'} = \begin{cases} w_l \beta_t & \text{falls } d(\mathbf{r}_l) = y_l \\ w_l & \text{sonst.} \end{cases} \tag{5.176}$$

6. Die Gewichte $w_l^{'}$ werden normalisiert, so dass ihre Summe 1 ergibt.

Die Entscheidungsregel d_{Ada} des Ensemble-Klassifikators ist dann

$$d_{\text{Ada}}(\mathbf{r}) = \arg\max_y \sum_{t:d_t(\mathbf{r})=y} \log \frac{1}{\beta_t}. \tag{5.177}$$

Intuitiv bedeutet (5.177), dass die Entscheidung der als stark bewerteten Klassifikatoren, also solcher mit einem kleinen β_t, höher bewertet wird als diejenige der schwach bewerteten Klassifikatoren.

Besonders für Klassifikatoren mit einer Leistung knapp über der Genauigkeit zufälliger Klassenzuordnung, d. h. einem Fehler nahe $1/2$, werden durch Boosting sehr hohe Gewinne an Leistung erzielt. Gilt insbesondere $\varepsilon_t \leq 1/2$ für $t = 1, \ldots, T$, lässt sich für den mittleren Fehler ε_{Ada} von d_{Ada} zeigen [Fre96]:

$$\varepsilon_{\text{Ada}} \leq \exp\left(-2\sum_{t=1}^{T} \gamma_t^2\right), \quad \gamma_t = 1/2 - \varepsilon_t, \tag{5.178}$$

weshalb besonders für Klassifikatoren mit einer Leistung knapp über der Genauigkeit zufälliger Klassenzuordnung, d. h. einem Fehler nahe $1/2$, durch Boosting sehr hohe Gewinne an Leistung erzielt werden. Die Bedingung $\varepsilon_t \leq 1/2$ ist für ein Zwei-Klassen-Problem immer zu erfüllen, für Probleme mit größerer Klassenanzahl jedoch bei den verwendeten schwachen Klassifikatoren eine starke Einschränkung. Eine Möglichkeit ist, Mehrklassenprobleme, wie in Abschnitt 5.9 über Entscheidungsregeln ausgeführt, auf Zwei-Klassen-Probleme zurückzuführen.

Einen alternativen Ausweg liefert der *AdaBoost.M2*-Algorithmus [Fre96], der die Rückführung auf Zwei-Klassen-Entscheidungen direkt in den AdaBoost.M1-Algorithmus integriert. Dazu wird zunächst ein verändertes Fehlermaß benötigt, das nicht die Lernbeispiele, sondern die paarweisen Entscheidungen zwischen der richtigen und jeweils einer falschen Klassenzuordnung gewichtet. Formal definiert man dafür die Menge aller Fehlklassifikationen als

$$\mathcal{F} = \{(l,y) \mid l \in \{1,\ldots,L\}, y \neq y_l\}. \tag{5.179}$$

Daneben werden nun Gewichte $w_{l,y}, (l,y) \in \mathcal{F}$ für die paarweisen Entscheidungen vergeben und dadurch eine Fokussierung nicht nur auf die schwierig zu klassifizierenden Lernbeispiele, sondern auch die schwierig zu unterscheidenden Klassen erreicht. Im Gegenzug wird angenommen, dass der Klassifikator nicht nur eine einzelne Klassenzuordnung liefert, sondern eine *Konfidenz* für alle möglichen Klassenzuordnungen, die sich als die vom Klassifikator angenommene A-posteriori-Klassenwahrscheinlichkeit interpretieren lässt. Formal ist ein solcher Klassifikator c durch eine Funktion

$$c : \mathbf{R} \times \{1,\ldots,M\} \to [0;1]$$

gegeben. Das veränderte Fehlermaß ε_t^c des Klassifikators c_t ergibt sich als

$$\varepsilon_t^c = \frac{1}{2} \sum_{(y,l)\in\mathcal{F}} w_{l,y}(1 - c_t(\mathbf{r}_l, y_l) + c_t(\mathbf{r}_l, y)); \tag{5.180}$$

es wird also die Unterscheidung zwischen je zwei Klassen direkt in das Fehlermaß aufgenommen. Gilt für die Klassifikation eines Mustervektors $\mathbf{r}_l$, dass $c_t(\mathbf{r}_l, y_l) = 0$ und $c_t(\mathbf{r}_l, y) = 1$ für ein $y \neq y_l$, d. h. ist die Klassifikation falsch und der Klassifikator dabei sicher, so entspricht dies der Bewertung im bisher verwendeten Fehlermaß (5.174). Ebenso gehen richtige Klassifikationen mit Konfidenz 1, d. h. $c_t(\mathbf{r}_l, y_l) = 1$ und $c_t(\mathbf{r}_l, y) = 0$ für $y \neq y_l$ nicht in (5.180) ein. Sind die Konfidenzen jedoch ungleich 0 oder 1, wird dies bei der Gewichtung der falschen bzw. richtigen Klassifikation berücksichtigt. Gilt insbesondere $c_t(\mathbf{r}_l, y_l) = c_t(\mathbf{r}_l, y) = 1/2$, entspricht dies einer zufälligen Entscheidung.

Auch die Gewichtsberechnung in Schritt 5 des AdaBoost.M1-Algorithmus wird dementsprechend verändert:

$$w'_{l,y} = w_{l,y}\, \beta_t^{(1/2)(1+c_t(\mathbf{r}_l,y_l)-c_t(\mathbf{r}_l,y))}, \tag{5.181}$$

wobei wiederum die Gewichte anschließend normalisiert werden. Die Entscheidungsregel d_{AdaM2} des AdaBoost.M2-Klassifikators lautet dann:

$$d_{\mathrm{AdaM2}}(\mathbf{r}) = \arg\max_y \sum_{t=1}^{T} \left(\log \frac{1}{\beta_t} \right) c_t(\mathbf{r}, y). \tag{5.182}$$

Für die endgültige Entscheidung werden also im Unterschied zu (5.177) ebenfalls die Konfidenzen herangezogen. Es lässt sich zeigen, dass für den mittleren Fehler $\varepsilon_{\mathrm{AdaM2}}$ von d_{AdaM2} gilt:

$$\varepsilon_{\mathrm{AdaM2}} \leq (M-1) \exp\left(-2 \sum_{t=1}^{T} (\gamma_t^c)^2 \right), \tag{5.183}$$

mit $\gamma_t^c = 1/2 - \varepsilon_t^c$. Trifft der Klassifikator immer eine zufällige Entscheidung, gilt $\varepsilon_t^c = 1/2$, unabhängig von M. Dies bedeutet, dass durch die Hinzunahme der Konfidenzen nun auch für Mehrklassenprobleme eine exponentielle Fehlerreduktion für alle Klassifikatoren, deren Leistung leicht über einer zufälligen Entscheidung liegt, möglich ist. Voraussetzung ist allerdings eine Anpassung der Trainingsprozedur für die Einzelklassifikatoren in Schritt 1, so dass diese den Klassifikator, gemäß der nun verwendeten Gewichte $w_{l,y}$, nicht nur hinsichtlich der Auswahl der Lernbeispiele, sondern auch der möglichen Fehlklassifikationen optimiert.

Betrachtet man (5.183) genauer, stellt man fest, dass unter der Annahme $\gamma_t^c \geq \gamma^{c*}$ für $\gamma^{c*} > 0$ und $t = 1, \ldots, T$, dass also jeder Klassifikator deutlich besser als der Zufall ist, der Fehler $\varepsilon_{\text{AdaM2}}$ exponentiell mit T abnimmt. Das bedeutet, dass durch genügend großes T ein beliebig kleiner Fehler erzielt werden kann. Diese Aussage gilt jedoch nur für die Trainingsmenge; auf einer unabhängigen Testmenge gilt dies nicht! In der Praxis ist es vielmehr häufig der Fall, dass ein zu großes T zu einer Leistungsverschlechterung führt, da das Klassifikationssystem zu stark an die Daten der Lernmenge angepasst wurde, also eine Überadaption eintritt. Zur Leistungsbewertung von Boosting-Verfahren ist also unbedingt eine Testmenge erforderlich, wie in Abschnitt 5.10 ausgeführt.

Weiterhin ist bezüglich Boosting festzuhalten, dass eine Anfälligkeit für verrauschte Daten besteht, da fehlklassifizierte Instanzen durch Verrauschung zufällig richtig klassifiziert werden können, dennoch aber mit hohem Gewicht versehen werden. Darüber hinaus ist eine hohe Zahl an Lernbeispielen erforderlich.

Um die Stärken der höheren Varianzminimierung des Bagging und die Biasreduktion des Boosting zu vereinen, können diese Verfahren sequentiell kombiniert werden. Eine parallele Erzeugung von Klassifikatoren durch Bagging und Boosting hingegen ist auf Grund der unterschiedlichen Gewichtungsstrategien ausgeschlossen. In der Praxis werden so durch AdaBoost gebildete Subensembles anschließend durch Bagging erweitert, sodass Ensembles aus Subensembles entstehen. Anstelle von Bagging wird jedoch bevorzugt *Wagging* gewählt – eine Variante, bei der sichergestellt ist, dass die gesamte Lernmenge verwendet wird. Diese Verkettung nennt sich *MultiBoosting* und stellt in der Regel die effizienteste Variante dar [Web00]. Als Parameter ergeben sich die Zahl und Größe der Subensembles. Standardmäßig werden K Subensembles der Größe K gebildet, d. h. insgesamt müssen K^2 Klassifikatoren konstruiert werden.

5.11.2 Stacking und Voting

Über das bisher behandelte Prinzip, eine Leistungssteigerung durch mehrere Klassifikatoren eines Typs zu erzielen, hinaus führt das sogenannte Stacking [Wol92], dessen Grundlage darin besteht, verschiedene Arten von Klassifikatoren auf den Lernmengen zu bilden, um ihre inhärenten Stärken zu vereinen und Schwächen zu kompensieren. Ein übergeordneter Klassifikator lernt dann aus den Ergebnissen der Einzelklassifikatoren, welches Verfahren in welcher Entscheidungssituation zu bevorzugen ist.

Auf dieser hierarchischen Gliederung begründen sich die Bezeichnungen *Base-Level-* oder *Level-0*-Klassifikator für Klassifikatoren, die unmittelbar die Mustervektoren verarbeiten, und *Meta-* oder *Level-1*-Klassifikator für die beschriebene übergeordnete Instanz, die nur Vorentscheidungen sieht [Tin99]. Analog werden Benennungen für die Lerndaten vergeben: Während Level-0-Daten den Mustervektoren entsprechen, bestehen Level-1-Daten in den Ausgaben der Level-0-Klassifikatoren. Um den Meta-Klassifikator mit Level-1-Daten trainieren zu können, wird eine stratifizierte J-fache Kreuzvalidierung (vgl. Kap. 5.10) vollzogen. Somit wird sichergestellt, dass jeweils disjunkte Datensets auf Level 0 für die Konstruktion der Klassifikatoren und die nachfolgende Erzeugung der Level-1-Trainingsdaten verwendet werden.

Die Frage, welcher Typ von Klassifikator für Level 0 bzw. Level 1 zu wählen ist, wird bisher weitgehend explorativ und nach Erfahrungswerten beantwortet, da eine vollständige Beschreibung der Zusammenhänge noch nicht vollzogen worden ist. Bewährt haben sich auf niederer Ebene vor allem Kombinationen von Naive-Bayes, k-Nächste-Nachbarn, C4.5-Entscheidungsbäume [Tin99] und Support-Vektor-Maschinen [See03]. Zur finalen Entscheidung, d. h. für Level 1, haben sich diese Verfahren jedoch als wenig geeignet gezeigt. Vorrangig wird statt dessen Multiple Lineare Regression (MLR) gewählt. Diese unterscheidet sich von einer einfachen linearen Regression nur durch die Verwendung mehrerer Eingangsvariablen.

Für die Regression werden im Prinzip Konfidenzen $P_{k,i}(\mathbf{r}) \in [0;1]$ für jeden Basisklassifikator $k = 1,\dots,K$, und jede Klasse $i = 1,\dots,M$ vorausgesetzt. Trifft der Level-0-Klassifikator k lediglich eine Entscheidung für genau eine Klasse i, in Zeichen $d_k(\mathbf{r}) = i$, ohne die Sicherheit zu bewerten, wird diese Entscheidung wie folgt dargestellt:

$$P_{k,i}(\mathbf{r}) = \begin{cases} 0 & \text{falls } d_k(\mathbf{r}) \neq i \\ 1 & \text{sonst.} \end{cases} \tag{5.184}$$

Unter Verwendung von nichtnegativen Gewichtskoeffizienten $\alpha_{k,i}$ pro Klasse und Klassifikator zeigt folgende Gleichung die Berechnung der MLR je Klasse i:

$$\mathrm{MLR}_i(\mathbf{r}) = \sum_{k=1}^{K} \alpha_{k,i} P_{k,i}(\mathbf{r}). \tag{5.185}$$

In der Erkennungsphase wird für einen beobachteten Mustervektor $\mathbf{r}$ die Klasse mit dem höchsten Wert für $\mathrm{MLR}_i(\mathbf{r})$ gewählt, d. h. die Entscheidungsregel d lautet als Funktion von $\mathbf{r}$:

$$d(\mathbf{r}) = \arg\max_i \mathrm{MLR}_i(\mathbf{r}). \tag{5.186}$$

Ein hohes $\alpha_{k,i}$ drückt also ein hohes Vertrauen in die Leistung des Klassifikators k zur Bestimmung der Klasse i aus [Bre96]. Zur Bestimmung der Koeffizienten $\alpha_{k,i}$ wird das Lawson- und Hansonsche Verfahren der kleinsten Quadrate angewandt, das hier nicht näher ausgeführt wird. Das zu lösende Optimierungsproblem ergibt sich dabei für jeden Klassifikator $k = 1,\dots,K$ aus der Minimierung des folgenden Ausdrucks, in dem j den Index des Trainingssetteils der J-fach stratifizierten Partitionierung angibt:

$$\sum_{j=1}^{J}\sum_{l=1}^{L}(y_l - \sum_{i=1}^{M}\alpha_{k,i}P_{k,i,j}(\mathbf{r}))^2. \tag{5.187}$$

Es wird in [Tin99] darüber hinaus gezeigt, dass eine Metaklassifikation auf Basis von tatsächlichen Konfidenzwerten der Level-0-Klassifikatoren eine weitere Verbesserung im Gegensatz zur Bewertung anhand der Entscheidung (5.184) bringt. Diese Variante ist auch als *StackingC* (Abkürzung für Stacking-*With-Confidences*) bekannt [See03]. Auf eine Beschreibung der Konfidenzberechnung für einzelne Klassifikatoren wird hier verzichtet und stattdessen auf [Tin99] verwiesen.

Wird zur Klassifikation auf Metaebene lediglich ein ungewichteter Mittelwert der Wahrscheinlichkeiten zur finalen Entscheidung vollzogen, spricht man von *Voting*.

Zusammenfassend lässt sich sagen, dass Ensemble-Verfahren auf Grund des mehrfachen Aufwands zum Berechnen der Klassifikatoren einen stark erhöhten Bedarf an Rechenleistung mit sich bringen. In diesem Zusammenhang haben Stacking und Bagging den Vorteil, dass die Berechnung der Einzelklassifikatoren voneinander unabhängig ist und daher z. B. auf mehrere Rechner verteilt gleichzeitig durchgeführt werden kann. Dagegen entfällt im Falle von Boosting auf Grund des iterativen Charakters diese Möglichkeit, die tatsächlich benötigte Zeit zu minimieren.

Die niedrigste Fehlerrate erhält man in der Regel mit StackingC. Hier ist jedoch eine größere Lernmenge erforderlich, um die benötigte Form stratifizierter Aufteilung zu ermöglichen. Ist dies nicht gewährleistet, können sich in Einzelfällen Bagging oder Boosting als leistungsstärker erweisen. Im Gegensatz dazu kann Stacking nicht nur für schwache, sondern auch für selbst bereits leistungsstarke Klassifikatoren angewandt werden. Abschließend sei erwähnt, dass Bagging und Boosting in Stacking integrierbar sind, was unter Umständen zu einer weiteren Leistungssteigerung führen kann.

5.12 Gütemaße für Klassifikationssysteme

Die bisher betrachteten Fehlermaße für Klassifikatoren liefern einen kontinuierlichen Zusammenhang zwischen der Ausgabe des Klassifikators und der Zielvorgabe für jedes Muster. Für den Fall, dass eine Zuordnung der Muster zu je einer Klasse anhand einer der im Abschnitt 5.9 erwähnten Entscheidungsregeln vorgenommen wird, werden jedoch Gütemaße benötigt, die diese Entscheidung bewerten. Der Einfachheit halber nehmen wir im Folgenden ohne Beschränkung der Allgemeinheit an, dass der Fall einer Rückweisung in der Menge der Klassen enthalten ist, d. h. die Entscheidung lässt sich als Abbildung $d : \mathbf{R} \to \{1, \ldots, M\}$ betrachten.

Gütemaße für Klassifikationssysteme werden in Bezug auf eine Teststichprobe $\mathcal{T}$ definiert, deren Elemente jeweils genau einer Klasse $i \in \{1, \ldots, M\}$ zugeordnet sind:

$$\mathcal{T} = \bigcup_{i=1}^{M} \mathcal{T}_i = \bigcup_{i=1}^{M} \{\mathbf{r}_i^{(n)} \mid n = 1, \ldots, T_i\}, \tag{5.188}$$

wobei T_i die Anzahl der Muster in der Teststichprobe bezeichnet, die zur Klasse i gehören. Die Teststichprobe hat somit den Umfang $|\mathcal{T}| = \sum_{i=1}^{M} T_i$. Wie in Abschnitt 5.10 näher ausgeführt wurde, müssen die Lern- und Teststichprobe für eine aussagekräftige Bewertung disjunkt sein.

5.12.1 Gütemaße für Mehrklassenprobleme

Zunächst wird der allgemeine Fall $M \geq 2$ betrachtet, d. h. multiple Detektion. Von Interesse ist zunächst die Wahrscheinlichkeit, dass ein Element aus der Teststichprobe richtig klassifiziert wird. Diese wird mittels der Erkennungsrate RE quantifiziert, die auch als *Genauigkeit* oder im englischen Sprachgebrauch als *Accuracy* oder *Recall* bezeichnet wird:

$$\begin{aligned} \mathrm{RE} &= \frac{\text{Anzahl richtig erkannter Muster}}{\text{Umfang der Teststichprobe}} \\ &= \frac{\sum_{i=1}^{M} |\{\mathbf{r} \in \mathcal{T}_i \mid d(\mathbf{r}) = i\}|}{|\mathcal{T}|}. \end{aligned} \tag{5.189}$$

Bezeichnet man mit $p_i = T_i/|\mathcal{T}|$ die A-priori-Klassenwahrscheinlichkeit der Klasse M_i in der Teststichprobe und definiert man die klassenspezifische Erkennungsrate (*Sensitivität*) RE_i als

$$\mathrm{RE}_i = \frac{|\{\mathbf{r} \in \mathcal{T}_i \mid d(\mathbf{r}) = i\}|}{T_i}, \tag{5.190}$$

so gilt

$$\mathrm{RE} = \sum_{i=1}^{M} p_i \mathrm{RE}_i. \tag{5.191}$$

Wegen der Gewichtung mit p_i in (5.191) ist im Englischen für die Größe RE auch die Bezeichnung *Weighted-Average-Recall* (WAR) geläufig. Verwendet man im Term (5.191) statt der Wahrscheinlichkeiten p_i für alle Klassen den Term $1/M$ als Gewichtung, erhält man entsprechend den *Unweighted-Average-Recall* (UAR):

$$\mathrm{UAR} = \frac{\sum_{i=1}^{M} \mathrm{RE}_i}{M}. \tag{5.192}$$

Aus dem Vergleich der Gewichtungen p_i und $1/M$ erkennt man, dass der Unterschied zwischen WAR und UAR vor allem dann zum Tragen kommt, wenn die Verteilung der Klassen über die Muster in der Teststichprobe stark von einer Gleichverteilung abweicht. In anderen Worten bewertet der WAR die zu erwartende Erkennungsleistung des Klassifikationssystems, während der UAR ein Maß für dessen Unterscheidungsfähigkeit ist.

Der Zähler von (5.190) ist die Anzahl der Elemente aus $\mathcal{T}$, bei denen die Entscheidung für Klasse i *richtig positiv* (*true positive*) ausgefallen ist und wird daher im Folgenden auch durch TP_i abgekürzt. Analog kann man die Anzahl der *falsch positiven* Entscheidungen für Klasse i betrachten:

$$\mathrm{FP}_i = |\{\mathbf{r} \in \mathcal{T} - \mathcal{T}_i \mid d(\mathbf{r}) = i\}| \,. \tag{5.193}$$

Diese Kennzahl ermöglicht die Definition eines weiteren Gütemaßes, der so genannten *Präzision*:

$$\mathrm{PR}_i = \frac{\mathrm{TP}_i}{\mathrm{TP}_i + \mathrm{FP}_i} \,. \tag{5.194}$$

Die Maximierung von RE_i kann zur Folge haben, dass PR_i sinkt, da viele Elemente anderer Klassen fälschlicherweise der Klasse i zugeordnet werden. Dieser Sachverhalt wird am einfachsten klar, wenn man einen Klassifikator betrachtet, der alle Muster der Klasse i zuordnet. In diesem Fall ist $\mathrm{RE}_i = 1$ und somit maximal, jedoch $\mathrm{PR}_i = p_i$. Dieser Zusammenhang motiviert die Einführung eines Gütemaßes, das Recall und Präzision vereint, des sogenannten *F-Maßes* (*F-score* oder *F-measure*). Es ist definiert als *harmonisches Mittel* aus Recall und Präzision:

$$F_i = 2\frac{\mathrm{RE}_i \mathrm{PR}_i}{\mathrm{RE}_i + \mathrm{PR}_i} \,. \tag{5.195}$$

Betrachtet man nun Entscheidungen *gegen* Klasse i, ergeben sich die Maße TN_i und FN_i, die für richtig bzw. falsch negativ stehen:

$$\mathrm{TN}_i = |\{\mathbf{r} \in \mathcal{T} - \mathcal{T}_i \mid d(\mathbf{r}) \neq i\}| \,, \tag{5.196}$$

$$\mathrm{FN}_i = |\{\mathbf{r} \in \mathcal{T}_i \mid d(\mathbf{r}) \neq i\}| \,. \tag{5.197}$$

Analog zur Sensitivität (dem Recall) und der Präzision werden mithilfe von TN_i und FN_i die *Spezifität* SP_i und der *negative Vorhersagewert* NV_i definiert:

$$\mathrm{SP}_i = \frac{\mathrm{TN}_i}{\mathrm{TN}_i + \mathrm{FP}_i} \,, \tag{5.198}$$

$$\mathrm{NV}_i = \frac{\mathrm{TN}_i}{\mathrm{TN}_i + \mathrm{FN}_i} \,. \tag{5.199}$$

Aufgrund der Analogie von (5.194) und (5.199) wird die Präzision manchmal auch *positiver Vorhersagewert* genannt.

Gerade für Mehrklassenprobleme, d. h. $M > 2$, ist es oft hilfreich, die Verwechslungen (*Konfusionen*) zwischen einzelnen Klassen in einer *Konfusionsmatrix* $\mathbf{K} = (k_{i,j})$ zusammenfassen, deren Einträge $k_{i,j}$ wie folgt definiert sind:

$$k_{i,j} = |\{\mathbf{r} \in \mathcal{T}_i \mid d(\mathbf{r}) = j\}| \,. \tag{5.200}$$

Mithilfe von $\mathbf{K}$ lassen sich einige der bisher erwähnten Maße wie folgt ausdrücken:

$$\mathrm{TP}_i = k_{i,i}, \tag{5.201}$$
$$\mathrm{FP}_i = \sum_{i \neq j} k_{j,i}, \tag{5.202}$$
$$\mathrm{RE}_i = k_{i,i}/T_i = k_{i,i}/\sum_{j=1}^{M} k_{i,j}, \tag{5.203}$$
$$\mathrm{RE} = \mathrm{spur}\{\mathbf{K}\}/|\mathcal{T}|, \tag{5.204}$$
$$\mathrm{PR}_i = k_{i,i}/\sum_{j=1}^{M} k_{j,i}. \tag{5.205}$$

Der Recall RE_i lässt sich also aus der *i. Zeile*, die Präzision PR_i dagegen aus der *i. Spalte* der Konfusionsmatrix ablesen. Ein hoher WAR ergibt sich, wenn die Elemente der Diagonalen im Verhältnis zum Rest der Matrix **K** groß sind.

Als Beispiel ist nun eine vereinfachte Wettervorhersage in Form eines Zwei-Klassen-Problems gegeben, bei dem die Klassen der Anschaulichkeit halber mit {Sonne, Regen} bezeichnet werden. Für die Teststichprobe $\mathcal{T}$, die aus den täglichen Messdaten über ein Jahr hinweg besteht ($|\mathcal{T}| = 365$), gilt $T_{\mathrm{Sonne}} = 310$ und $T_{\mathrm{Regen}} = 55$. Die Konfusionsmatrix des verwendeten Klassifikators ist wie folgt:

$$\mathbf{K} = \begin{pmatrix} 281 & 29 \\ 11 & 44 \end{pmatrix}.$$

Die Genauigkeit (WAR) des Klassifikators ist dann nach (5.204)

$$\mathrm{RE} = \frac{281 + 44}{365} \approx 89{,}0\,\%.$$

Für die Sensitivitäten ergeben sich nach (5.203) $\mathrm{RE}_{\mathrm{Sonne}} = 281/310 \approx 90{,}7\,\%$ sowie $\mathrm{RE}_{\mathrm{Regen}} = 44/55 = 80\,\%$. Anschaulich bedeutet dies, dass ein sonniger Tag mit über 90 % Wahrscheinlichkeit auch als sonnig vorausgesagt wird, während ein regnerischer Tag nur mit 80 % Wahrscheinlichkeit als solcher erkannt wird. Damit beträgt der UAR nach (5.192) $\frac{1}{2} \cdot (\mathrm{RE}_{\mathrm{Sonne}} + \mathrm{RE}_{\mathrm{Regen}}) \approx 85{,}3\,\%$. Auffällig ist, dass UAR und WAR hier stark voneinander abweichen, was an den ungleichen A-priori-Klassenwahrscheinlichkeiten liegt ($p_{\mathrm{Sonne}} \approx 84{,}9\,\%$ bzw. $p_{\mathrm{Regen}} \approx 15{,}1\,\%$). Die sonnigen Tage werden weiterhin mit hoher Präzision erkannt, denn nach (5.205) gilt $\mathrm{PR}_{\mathrm{Sonne}} = 281/292 \approx 96{,}2\,\%$, hingegen ist die Präzision für die Regentage verhältnismäßig niedrig ($\mathrm{PR}_{\mathrm{Regen}} = 44/73 \approx 60{,}3\,\%$). Dieses Ergebnis soll verdeutlichen, warum es insbesondere bei ungleichen Klassenverteilungen für eine vollständige Bewertung nicht ausreicht, nur die Recall-Werte zu betrachten!

5.12.2 Gütemaße für binäre Entscheidungen

Abschließend sollen nun einige der bisher definierten Maße im Zusammenhang mit binärer Detektion betrachtet werden. Man stellt fest, dass zwischen den Maßen TP_i bzw. FP_i sowie der in Abschnitt 4.1 eingeführten Fehlerwahrscheinlichkeit $P(F)$ bei der binären Detektion ein enger Zusammenhang besteht. Dieser wird deutlich, wenn man die Fehlerwahrscheinlichkeit $P_{\mathcal{T}}(F)$ des Klassifikators auf der Teststichprobe für den Fall $M = 2$ betrachtet. Dabei beinhaltet – wie in Abschnitt 4.1 – die Klasse 1 die zu detektierenden Muster.

$$\begin{aligned} P_{\mathcal{T}}(F) &= \frac{T_1 - \mathrm{TP}_1 + \mathrm{FP}_1}{T} \\ &= \frac{T_1}{T}\left(1 - \frac{\mathrm{TP}_1}{T_1}\right) + \frac{T_2}{T}\frac{\mathrm{FP}_1}{T_2} \\ &= p_1\left(1 - \frac{\mathrm{TP}_1}{T_1}\right) + p_2\frac{\mathrm{FP}_1}{T_2}, \end{aligned} \tag{5.206}$$

analog zu (4.12) aus Abschnitt 4.1. Der Term TP_1/T_1 korrespondiert hierbei mit der Entdeckungswahrscheinlichkeit P_E und wird auch als *True-Positive-Rate* (TPR) bezeichnet, während FP_1/T_2 das Analogon zur Fehlalarmwahrscheinlichkeit P_F darstellt und daher im Englischen auch *False-Positive-Rate* (FPR) genannt wird. Da diese Wahrscheinlichkeiten direkt von der Wahl der Teststichprobe abhängen, ist es umso wichtiger, dass die Teststichprobe einen repräsentativen Ausschnitt des Anwendungsszenarios für den Klassifikator darstellt. Für den Fall $M > 2$ werden TPR und FPR üblicherweise für eine *Eine-gegen-alle*-Entscheidung angegeben (siehe Abschnitt 5.9).

Um unter Berücksichtigung des bisher Gesagten analog zu Abschnitt 4.1 eine *Empfängerarbeitscharakteristik* (ROC-Kurve) des Klassifikators zu erstellen, ist es notwendig, die Empfindlichkeit des Klassifikators, d. h. die Wahrscheinlichkeit, dass ein Muster als Klasse i erkannt wird, zu adjustieren. Die dazu notwendigen Schritte hängen vom Typ des Klassifikators sowie der Entscheidungsregel ab. Beispielsweise kann in der Entscheidungsregel (5.170) durch Erhöhung des Parameters θ eine niedrigere FPR bzw. TPR bewirkt werden. Die ROC-Kurve lässt sich dann näherungsweise aus den für verschiedene Werte des Parameters θ erhaltenen FPR- und TPR-Werten interpolieren. Die in der ROC-Kurve enthaltene Information wird oft durch die Berechnung der Fläche unter der Kurve (englisch *Area-Under-Curve*, AUC) in einer einzigen Maßzahl zusammengefasst [Faw06].

5.12.3 Signifikanztests

Oftmals stehen verschiedene Systeme zur Lösung eines Klassifikationsproblems zur Verfügung. Stellt man bei einer Bewertung anhand eines der bisher vorgestellten Gütemaße fest, dass die Klassifikationsleistung der Systeme voneinander abweicht, muss die Frage geklärt werden, ob dies durch Zufall oder tatsächlich durch die Struktur der Systeme bedingt ist. Hierzu kann man einen *Signifikanztest* heranziehen.

Einen einfachen Test zum Vergleich der Klassifikationsgenauigkeit (Accuracy) zweier Systeme **A** und **B** stellt der McNemar-Test [Nem47, Gil89] dar. Hierzu werden die mit beiden Systemen erzielten Ergebnisse in einer *Vierfeldertafel* zusammengefasst:

	B	
A	richtig	falsch
richtig	n_{00}	n_{01}
falsch	n_{10}	n_{11}

,

deren Elemente wie folgt definiert sind:

- n_{00} und n_{11} ist jeweils die Anzahl der Elemente aus der Teststichprobe $\mathcal{T}$, die von beiden Systemen richtig bzw. falsch klassifiziert werden;
- n_{10} ist die Anzahl der Elemente, die von System **A** falsch, von System **B** aber richtig klassifiziert werden;
- n_{01} schließlich ist die Anzahl der Elemente, die von System **B** falsch, hingegen von System **A** richtig klassifiziert werden.

Offensichtlich gilt $n_{00}+n_{01}+n_{10}+n_{11} = |\mathcal{T}|$. Weiterhin betragen die Genauigkeiten von **A** und **B** jeweils $\frac{n_{00}+n_{01}}{|\mathcal{T}|}$ bzw. $\frac{n_{00}+n_{10}}{|\mathcal{T}|}$. Die Abweichung in der Klassifikationsleistung ist also durch die Größen n_{01} und n_{10} gegeben. Ein Signifikanztest liefert nun die Antwort darauf, ob diese mit ausreichender Wahrscheinlichkeit durch einen Zufallsprozess erklärt werden kann.

Dazu nimmt man an, dass die Größen in der Vierfeldertafel Beobachtungen jeweils einer Zufallsvariablen sind. Die zu n_{10} gehörige Zufallsvariable wird mit N_{10} bezeichnet. Damit kann man eine *Nullhypothese* H_0 über deren Verteilung formulieren, unter deren Annahme sich die Wahrscheinlichkeit α der beobachteten Größe n_{10} berechnen lässt. Ist diese gering, lautet der Umkehrschluss, dass der beobachtete Unterschied zwischen den Klassifikationssystemen nicht durch den durch N_{10} beschriebenen Zufallsprozess erzeugt wurde. Man spricht auch von einem *signifikanten* Unterschied zwischen den beiden Klassifikationssystemen auf dem *Signifikanzniveau* α. Der genaue Wert, von dem ab man von Signifikanz spricht, hängt von der Problemstellung und insbesondere der benötigten Sicherheit der Aussage ab. Für Klassifikationssysteme wählt man häufig den Schwellenwert $\alpha \leq 0.05$ (5 %-Signifikanzniveau) oder $\alpha \leq 0.01$ (1 %-Signifikanzniveau).

Der McNemar-Test besitzt nun die Nullhypothese, dass N_{10} binomial verteilt ist mit Erfolgswahrscheinlichkeit $p = 1/2$ und Stichprobengröße $k := n_{10} + n_{01}$, d. h.

$$P(N_{10} = n_{10}) = \binom{k}{n_{10}} \left(\frac{1}{2}\right)^k. \tag{5.207}$$

Dem liegt die Vorstellung zugrunde, dass diejenigen k Elemente aus der Teststichprobe, die von nur einem der beiden Systeme richtig klassifiziert werden, gleich wahrscheinlich auf die beobachteten Größen n_{10} und n_{01} verteilt werden. Man schreibt auch

$$H_0 : N_{10} \sim \mathrm{B}(k, \frac{1}{2}). \tag{5.208}$$

Diese Nullhypothese wird mithilfe einer Zufallsvariablen $M \sim \mathrm{B}(k, \frac{1}{2})$ überprüft. Es gilt $E\{M\} = k/2$. Betrachtet wird nun die Wahrscheinlichkeit α, dass M so stark von diesem Erwartungswert abweicht, wie es in der Vierfeldertafel durch n_{10} beschrieben wird. Wegen der Symmetrie der Binomialverteilung ergibt sich dafür:

$$\alpha = \begin{cases} 2 \cdot P(n_{10} \leq M \leq k) & \text{falls } n_{10} > k/2 \\ 2 \cdot P(0 \leq M \leq n_{10}) & \text{falls } n_{10} < k/2 \\ 1 & \text{falls } n_{10} = k/2. \end{cases} \tag{5.209}$$

Mit der Formel für die kumulierte Wahrscheinlichkeitsfunktion der Binomialverteilung lassen sich diese Wahrscheinlichkeiten analytisch bestimmen:

$$\begin{aligned} P(n_{10} \leq M \leq k) &= \sum_{m=n_{10}}^{k} \binom{k}{m} \left(\frac{1}{2}\right)^k, \\ P(0 \leq M \leq n_{10}) &= \sum_{m=0}^{n_{10}} \binom{k}{m} \left(\frac{1}{2}\right)^k. \end{aligned} \tag{5.210}$$

Die Wahrscheinlichkeit α entspricht nun der Irrtumswahrscheinlichkeit, falls H_0 wahr ist, aber aufgrund der Beobachtung von n_{10} abgelehnt wird (sogenannter *Fehler 1. Art*). Zu beachten ist, dass diese Signifikanzaussage nichts darüber aussagt, ob **A** oder **B** das bessere System ist. Diese Frage kann nur aus der Vierfeldertafel beantwortet werden.

Manchmal wird statt der exakten Berechnung von α mittels (5.210) auch die Näherung durch eine Normalverteilung verwendet. Nach dem zentralen Grenzwertsatz besitzt für große k die Zufallsvariable

$$N_{10}^{*} = \frac{N_{10} - \frac{k}{2} - \frac{1}{2}}{\sqrt{\frac{k}{4}}} \tag{5.211}$$

annähernd eine Gaußdichte mit $\mu = 0$ und $\sigma = 1$, wobei in (5.211) zur Verbesserung der Approximationsgüte zusätzlich eine *Stetigkeitskorrektur* durch den Term $-\frac{1}{2}$ vorgenommen wird. Mit (5.211) und der Q-Funktion (2.12) lassen sich die Wahrscheinlichkeiten aus (5.210) näherungsweise berechnen. Dies ist in der Praxis besonders für sehr große k nützlich, für die eine exakte Berechnung numerisch schwierig würde. Als Faustregel sollte die Approximation (5.211) nur verwendet werden, falls $k > 50$ gilt und n_{10} nicht nahe bei 0 oder k liegt [Gil89].

Ein Nachteil des McNemar-Tests ist, dass zur Durchführung die Vierfeldertafel aufgestellt werden muss. Als eine einfacher zu berechnende Alternative steht ein herkömmlicher Binomialtest zur Verfügung. Dazu wird angenommen, dass die Fehlerwahrscheinlichkeit p_A eines Systems **A** bekannt ist. Für diese kann unter Voraussetzung einer genügend großen Teststichprobe die Maximum-Likelihood-Schätzung $\hat{p_A}$ verwendet werden, die sich als 1 – Recall von **A** berechnen lässt.

Dem System **A** wird nun ein System **B** gegenübergestellt. Dessen Anzahl der Fehlklassifikationen auf der Teststichprobe kann als Zufallsvariable X_B definiert werden, für die man unter Voraussetzung der statistischen Unabhängigkeit der Fehler voneinander eine Binomialverteilung annehmen kann. Die Nullhypothese ist nun, dass X_B einer Binomialverteilung mit Trefferwahrscheinlichkeit $\hat{p_A}$ folgt, dass also kein Leistungsunterschied zwischen **B** und **A** besteht:

$$H_0 : X_B \sim \mathrm{B}(|\mathcal{T}|, \hat{p_A}). \tag{5.212}$$

Betrachtet wird nun die Zufallsvariable $F_B := X_B/|\mathcal{T}|$, die einer Maximum-Likelihood-Schätzung der Fehlerwahrscheinlichkeit p_B von **B** entspricht. Die Varianz von F_B ist unter H_0

$$\sigma^2_{F_B} = \frac{\hat{p_A}(1-\hat{p_A})}{|\mathcal{T}|}. \tag{5.213}$$

Damit ist unter H_0 und für genügend großes $|\mathcal{T}|$ die Zufallsvariable

$$F^*_B = \frac{F_B - \hat{p_A}}{\sigma_{F_B}} \tag{5.214}$$

standardnormalverteilt. Zum Test der Signifikanz wird nun der Wert der Realisierung f^*_B von F^*_B berechnet, der sich direkt aus der Anzahl Instanzen, die von **A** bzw. **B** fehlklassifiziert werden, sowie der Größe der Teststichprobe ableiten lässt. Gilt

$$1 - Q(|f^*_B|) < \alpha/2 \tag{5.215}$$

für ein Signifikanzniveau α, kann man die Hypothese gleicher Erkennungsleistung von **A** und **B** mit genügender Sicherheit ablehnen.

Ein Vorteil dieses Tests ist, dass nur die Erkennungsleistung beider Systeme und die Größe der Teststichprobe bekannt sein müssen. Allerdings ist die Annahme der Unabhängigkeit der Fehler eines Systems voneinander in der Praxis nicht gegeben, da Fehler auf einer Testinstanz häufig Fehler in anderen, z. B. ähnlichen Testinstanzen nach sich ziehen. Für eine schnelle Bewertung der Signifikanz eines Leistungsunterschieds ist dieser Test jedoch durchaus geeignet.

Betrachtet man $\hat{p_A}$ ebenfalls als Zufallsvariable, führt dies auf den sogenannten t-Test, auf den hier allerdings nicht näher eingegangen wird und dessen zusätzliche Voraussetzung die Unabhängigkeit der Fehlerraten beider Systeme voneinander ist. Dies kann durch einen paarweisen Test erreicht werden [Gil89].

Als Anwendungsbeispiel für den zuletzt vorgestellten Binomialtest soll noch einmal das Problem der Wettervorhersage aus Abschnitt 5.12.1 herangezogen werden. Die Genauigkeit des Klassifikationssystems **A** sei wie im dortigen Beispiel $\mathrm{RE}^{\mathbf{A}} = 89{,}0\,\%$; weiterhin stehe ein verbessertes Klassifikationssystem **B** zur Verfügung, das eine Genauigkeit von $\mathrm{RE}^{\mathbf{B}} = 92{,}9\,\%$ auf derselben Teststichprobe $\mathcal{T}$ mit $|\mathcal{T}| = 365$ erreicht. Die Testgröße f^*_B ergibt sich als

$$f_B^* = \frac{0{,}071 - 0{,}110}{\sqrt{\frac{0{,}110 \cdot 0{,}890}{365}}} \approx -2{,}38.$$

Da $1 - Q(2{,}38) < 0{,}025$, kann $H_0 : X_B \sim \mathrm{B}(365; 0{,}110)$ auf dem 5 %-Signifikanzniveau verworfen werden; mit anderen Worten reicht die beobachtete größere Klassifikationsleistung von **B** aus, um mit genügender Sicherheit auszuschließen, dass diese Abweichung von System **A** durch rein zufällige Einflüsse bedingt ist.

5.13 Vergleich der Klassifikationssysteme

Vergleicht man die in diesem Kapitel diskutierten Systeme zur Klassifikation, so gilt Ähnliches wie im Kapitel über die Verfahren zur Detektion: Bei der Realisierung der Korrelationsempfänger benötigt man Kenntnisse über die Statistik der zu detektierenden Signale und Muster sowie der sich ihnen überlagernden Störungen. Die Struktur des Systems leitet sich aus diesen Angaben her, ohne dass man zusätzliche Annahmen treffen muss.

Beim Polynomklassifikator genügt die Kenntnis der Klassenschwerpunkte $\mathbf{s}_i$, $i = 1, \ldots, M$, zusätzlich muss man die Art der Monome $\mathbf{m}(\mathbf{r})$ vorgeben, was nur durch Kenntnisse über das zu lösende Detektionsproblem, Versuch mit verschiedenen Monomen oder durch Einschränkung des Aufwands bei der Realisierung möglich ist. Der Entwurf des Detektionssystems enthält damit gegenüber dem ersten Fall eine gewisse Willkür.

Auch beim künstlichen neuronalen Netz wird die Struktur vorgegeben, indem man z. B. auf Rückkopplungen und Querverbindungen verzichtet. Geht man davon aus, dass ein zweischichtiges Perzeptron zu entwerfen ist, so müssen Annahmen über die Anzahl der künstlichen Neuronen in der verborgenen Schicht getroffen werden. Die Auswirkung der Verknüpfung der einzelnen Größen innerhalb des Netzes ist gegenüber dem Polynomklassifikator bezüglich der Ergebnisse der Detektion weniger durchschaubar. Ferner benötigt man hier einen hinreichend umfangreichen Trainingsdatensatz, d. h. der Aufwand bei der Berechnung der Koeffizienten des neuronalen Netzes steigt gegenüber den bisher betrachteten Systemen.

Dagegen beschreitet man bei den Detektoren auf der Basis der Fuzzy-Logik einen ganz anderen Weg: Man nutzt das Expertenwissen aus, weder die Statistik der Signale noch eine Lernstichprobe ist erforderlich, um den Detektor zu entwerfen. Andererseits gilt es eine Fülle von freien Parametern – die Art der Fuzzifizierung der Eingangsgrößen, die Auswertung der einzelnen Regeln und die Verknüpfung der dabei gewonnen Einzelergebnisse sowie die Methode der Defuzzifizierung – festzulegen und den Umfang der Regelbasis zu definieren. Da es keine stringente, aus den Messdaten ableitbare Methode gibt, diese Parameter und Regelbasis zu bestimmen, haftet dem Verfahren eine gewisse Willkür an.

Andererseits kann man mit Hilfe von Erfahrungswissen und durch Versuche zu befriedigenden Detektionsergebnissen kommen, wodurch die Methode, die zu technisch einfachen Systemen führt, aus Sicht des praktischen Einsatzes in Betracht zu ziehen ist.

Hingegen ist sowohl bei der MAP-Klassifikation mittels der Bayesschen Regel als auch bei der Konstruktion von Entscheidungsbäumen eine Optimalität bezüglich eines wahrscheinlichkeits- bzw. informationstheoretischen Maßes garantiert. Die Voraussetzung dafür ist jedoch, dass die auftretenden Wahrscheinlichkeiten mit hinreichender Genauigkeit geschätzt werden können.

Somit lässt sich zusammenfassend feststellen, dass die tatsächliche Leistung eines Klassifikationssystems oft erheblich vom Trainingsdatensatz abhängt. Neben der Notwendigkeit einer geeigneten Partitionierung, d. h. Wahl von Trainings- und Testdatensatz, ergibt sich daraus auch die Frage nach der Generalisierungsfähigkeit des Klassifikators, d. h. ob die Parameterschätzung aus der Trainingsmenge geeignet ist, eine gute Erkennungsleistung auf einer unbekannten Testmenge zu gewährleisten. Hierbei zeigen sich deutliche Unterschiede zwischen den betrachteten Systemen. Insbesondere sind z. B. neuronale Netze und Boosting-Verfahren anfällig für eine Überadaption, während dies bei Support-Vektor-Maschinen nicht der Fall ist.

Zur synergistischen Vereinigung der vorgestellten sowie weiterer Verfahren zur Klassifikation wurde schließlich die Metaklassifikation vorgestellt. Sie erlaubt es, über einfache, z. B. logische Verknüpfungen oder Mehrheitsentscheide hinaus das (Fehl-)verhalten von Klassifikatoren in einem Ensemble zu lernen.

Bei der Auswahl eines Systems zur Detektion gilt in jedem Fall: Je mehr A-priori-Wissen man besitzt, desto präziser wird der Entwurf des Systems und desto bessere Ergebnisse erzielt man. Es kommt deshalb wesentlich darauf an, so viel A-priori-Wissen wie möglich zu gewinnen und dieses so weit wie möglich beim Entwurf des Systems einzusetzen.

Kapitel 6
Parameterschätzung (Estimation)

Im Modell des Nachrichtenübertragungssystems nach Abb. 1.6 liefert die Quelle das Ereignis $M = q(k)$, das einem Parameterraum entstammt. Wenn es sich bei der Schätzaufgabe um ein Parameterschätzproblem handelt, ist $q(k)$ anders als bei der Signalschätzung zeitunabhängig, d. h. es gilt $q(k) = q$. Im Gegensatz zum Detektionsproblem, bei dem man eine bestimmte Anzahl diskreter Ereignisse M_i, $i = 1,\ldots,M$ unterscheidet, kann $q(k) = q$ hier irgendeinen beliebigen Wert innerhalb eines Intervalls annehmen. Als Folge des Ereignisses – z. B. nimmt die Temperatur an einer Messstelle einen bestimmten Wert an oder die Durchflussmenge in einer Zuleitung ändert sich – erzeugt der Sender ein Signal $s(t,q)$. Der Parameter q, der das Ereignis im Signal $s(t,q)$ kennzeichnet, ist z. B. die Amplitude des Sendesignals und kann in einem Intervall liegen, das bis $\pm\infty$ reicht.

Nach der Kenntnis der A-priori-Eigenschaften des Parameters q unterscheidet man zwei Arten von Parameterschätzproblemen:

- Der Parameter q ist die Realisierung einer *Zufallsvariablen* Q, deren Dichte $f_Q(q)$ man kennt.
- Der Parameterwert q ist eine *unbekannte Größe*, über die nichts weiter bekannt ist, die also im Intervall $-\infty < q < +\infty$ liegen kann. Wollte man die Dichte $f_Q(q)$ für diesen „worst case" angeben, erhielte man eine Gleichverteilung, die wegen (2.5) im Intervall $-\infty < q < +\infty$ die Amplitude Null hätte.

Im Übertragungskanal überlagert sich dem Signal $s(\xi,q)$ die Störung $n(\xi)$, die Realisierung eines Zufallsprozesses $N(\xi)$,

$$r(\xi) = s(\xi,q) + n(\xi), \tag{6.1}$$

wobei das gestörte Empfangssignal $r(\xi)$ auch hier durch einen Vektor $\mathbf{r}$ wie bei der Detektion dargestellt werden soll. Tritt das Schätzproblem in Verbindung mit einem Detektionsproblem auf und handelt es sich mit $\xi = t$ um zeitkontinuierliche Signale, wird die orthonormale Basis $\varphi_j(t)$, $j = 1,\ldots,N$ wie bei der Detektion gewonnen. Trifft dies nicht zu, kann man irgendeine orthonormale Basis nach den Gesichtspunkten im dritten Kapitel wählen, d. h. in Abhängigkeit vom vorhandenen Störprozess $N(t)$. Für beliebige Prozesse ließe sich die Karhunen-Loève-Entwicklung, bei weißem Rauschen aber auch die technisch einfach realisierbare Abtastung der Signale verwenden.

Der Empfänger hat die Aufgabe, für den Parameter q einen Schätzwert $\hat{q}$ nach Abb. 6.1 zu ermitteln. Dazu stehen die Komponenten r_i, $i = 1,\ldots,N$ des gestörten

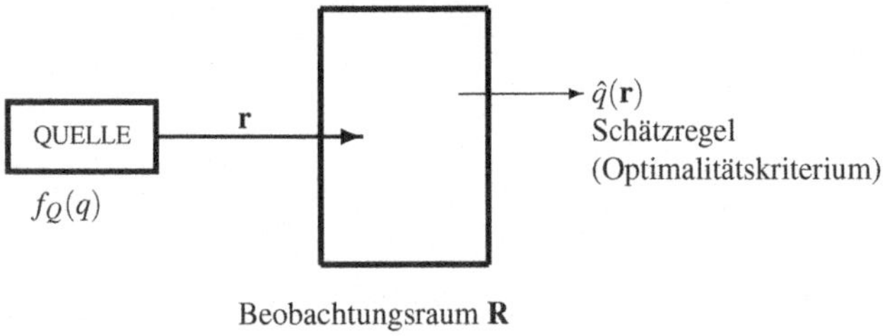

Abb. 6.1 Aufgabenstellung bei der Parameterschätzung

Empfangsvektors **r** zur Verfügung, so dass der Schätzwert eine Funktion von **r** wird:

$$\hat{q} = f(r_1, r_2, \ldots, r_N) = \hat{q}(\mathbf{r}). \tag{6.2}$$

Weil sich dem Sendesignal nach (6.1) eine Musterfunktion $n(\xi)$ des Störprozesses $N(\xi)$ überlagert, stimmt q nicht exakt mit dem Schätzwert $\hat{q}(\mathbf{r})$ überein. Die Komponenten r_i sind Realisierungen von Zufallsvariablen, so dass auch der Schätzwert $\hat{Q} = \hat{q}(\mathbf{R})$ eine Zufallsvariable mit der Realisierung $\hat{q}(\mathbf{r})$ ist. Die statistischen Eigenschaften von $\hat{Q}$ hängen über die Abbildungsvorschrift $\hat{q}$ immer von denen des gestörten Empfangs- bzw. Messvektors **R** ab. Sofern der zu schätzende Parameter eine Zufallsvariable ist, hängt $\hat{Q}$ auch von der Dichte $f_Q(q)$ des Parameters Q ab. Die Eigenschaften von $\hat{Q}$ lassen sich deshalb durch die Dichtefunktion $f_{\hat{Q}}(\hat{q})$ beschreiben, mit deren Hilfe man etwas über die Güte der Schätzung aussagen kann, die vom Schätzfehler

$$e = \hat{q}(\mathbf{r}) - q \tag{6.3}$$

abhängt. In Abb. 6.2 sind zwei dieser Dichtefunktionen $f_{\hat{Q}}(\hat{q})$ für verschiedene Empfänger angegeben, deren Unterschied sich in der Funktion $f(\mathbf{r})$ in (6.2) ausdrückt. Offensichtlich ist der mit „Schätzung 2" bezeichnete Empfänger besser als der andere, da die zugehörige Dichtefunktion schmäler ist, so dass im Mittel der Schätzwert näher bei dem zu schätzenden Wert liegt bzw. der Fehler nach (6.3) im Mittel kleiner wird.

Im folgenden Abschnitt sollen allgemeine Maße zur Beurteilung der Güte eines Schätzwerts betrachtet werden.

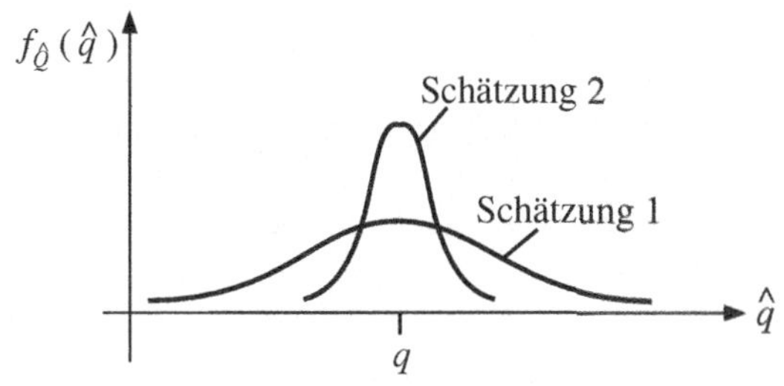

Abb. 6.2 Dichtefunktionen für einen Schätzwert, der durch zwei verschiedene Empfänger ermittelt wird

6.1 Beurteilungskriterien für Schätzwerte

Um den Qualitätsunterschied verschiedener Schätzwerte quantitativ zu erfassen, kann man verschiedene Wege beschreiten. Eine Möglichkeit besteht darin, nach der Wahrscheinlichkeit zu fragen, mit der sich der Schätzwert in einem vorgegebenen Intervall um den wahren Wert befindet. Man spricht in diesem Fall von einem *Konfidenzintervall* [Kre68]. Ein derartiges Intervall ist in Abb. 6.3 dargestellt. Hier wurde

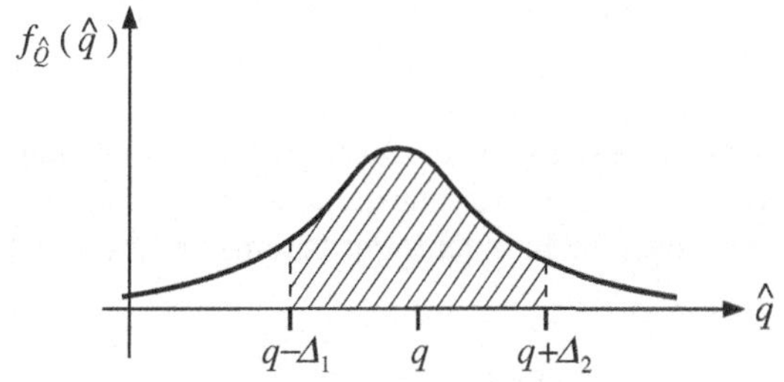

Abb. 6.3 Konfidenzintervall für einen Schätzwert

angenommen, dass der Schätzwert $\hat{q}(\mathbf{r})$ sich im Intervall

$$q - \Delta_1 \leq \hat{q}(\mathbf{r}) \leq q + \Delta_2 \tag{6.4}$$

befindet. Die Wahrscheinlichkeit, mit der das zutrifft, ist bei gegebenem Parameter q

$$P\{-\Delta_1 \leq \hat{Q} - q \leq \Delta_2\} = 1 - \beta. \tag{6.5}$$

Man nennt den Wert dieser Wahrscheinlichkeit auch *Konfidenz-* oder *Signifikanzzahl.* In der Regel gibt man einen bestimmten Wert dieser Zahl $1-\beta$ in der Nähe von 1 vor, z. B. $1-\beta = 0{,}95$ oder $1-\beta = 0{,}99$, und fragt danach, wie weit in diesen Fällen das Konfidenzintervall ist, d. h. wie groß die Intervallgrenzen Δ_1 und Δ_2 werden.

Bei vorgegebener Signifikanzzahl wird das Konfidenzintervall umso schmäler, je kleiner die Varianz des Schätzwerts ist. Dies trifft allerdings nur dann zu, wenn der Schätzwert im Mittel mit dem zu schätzenden Wert übereinstimmt. Man bezeichnet in diesem Fall den Schätzwert als *erwartungstreu* oder im Englischen als *unbiased*. Wenn der Parameter eine Zufallsvariable mit bekannter Dichte $f_Q(q)$ ist, gilt bei Erwartungstreue [Sag71]:

$$\mathrm{E}\{\hat{Q}\} = \iint_{-\infty}^{\infty} \int_{-\infty}^{\infty} \hat{q}(\mathbf{r}) \, f_{\mathbf{R},Q}(\mathbf{r},q) \, dq \, d\mathbf{r} \stackrel{!}{=} \mathrm{E}\{Q\} = \int_{-\infty}^{\infty} q \, f_Q(q) \, dq. \tag{6.6}$$

Der Erwartungswert ist hier ein mehrfaches Integral, wobei das N-fache Integral über $\mathbf{r}$ durch das Doppelintegralzeichen dargestellt wird. Die entsprechende Bedingung für den Parameter, über den nichts weiter bekannt ist, der sich also nicht durch eine Dichtefunktion $f_Q(q)$ näher beschreiben lässt, lautet:

$$\mathrm{E}\{\hat{Q}|q\} = \iint_{-\infty}^{\infty} \hat{q}(\mathbf{r}) \, f_{\mathbf{R}|Q}(\mathbf{r}|q) \, d\mathbf{r} \stackrel{!}{=} q. \tag{6.7}$$

Nicht immer werden die Bedingungen (6.6) bzw. (6.7) erfüllt sein. Es könnte auf der rechten Seite der Gleichungen z. B. ein additiver konstanter Term b hinzukommen, eine im Englischen als *bias* bezeichnete Größe. In diesem Fall kann man die Schätzung erwartungstreu machen, indem man den Term b vom Schätzwert subtrahiert. Ein weiterer Fall ergibt sich dann, wenn der additive Term in Form von $b(q)$ vom Parameter abhängt. In diesem Fall müsste man den Schätzwert für q in diese Funktion einsetzen, um näherungsweise eine erwartungstreue Schätzung zu erhalten. Exakte Erwartungstreue ist in diesem Fall aber nicht herstellbar.

Neben dem Kriterium der Erwartungstreue dient die bereits erwähnte Varianz des Schätzwerts als Gütekriterium. Falls der Parameter eine Zufallsvariable ist, gilt für die Varianz:

$$\begin{aligned}\mathrm{Var}\{\hat{Q}\} &= \mathrm{E}\{(\hat{Q} - \mathrm{E}\{\hat{Q}\})^2\} \\ &= \iint_{-\infty}^{\infty} \int_{-\infty}^{\infty} (\hat{q}(\mathbf{r}) - \mathrm{E}\{\hat{Q}\})^2 \, f_{\mathbf{R},Q}(\mathbf{r},q) \, dq \, d\mathbf{r}.\end{aligned} \tag{6.8}$$

Wenn man die Dichte des Parameters q nicht kennt und man auch keine Annahmen darüber machen kann, gilt entsprechend:

$$\begin{aligned}\mathrm{Var}\{\hat{Q}|q\} &= \mathrm{E}\{(\hat{Q} - \mathrm{E}\{\hat{Q}|q\})^2|q\} \\ &= \iint_{-\infty}^{\infty} (\hat{q}(\mathbf{r}) - \mathrm{E}\{\hat{Q}|q\})^2 \, f_{\mathbf{R}|Q}(\mathbf{r}|q) \, d\mathbf{r}.\end{aligned} \tag{6.9}$$

Bei Erwartungstreue vereinfachen sich die Ausdrücke zu

$$\mathrm{Var}\{\hat{Q}\} = \iint_{-\infty}^{\infty} \int_{-\infty}^{\infty} (\hat{q}(\mathbf{r}) - \mathrm{E}\{Q\})^2 f_{\mathbf{R},Q}(\mathbf{r},q) \, dq \, d\mathbf{r} \tag{6.10}$$

bzw.

$$\mathrm{Var}\{\hat{Q}|q\} = \int\int_{-\infty}^{\infty} (\hat{q}(\mathbf{r}) - q)^2 f_{\mathbf{R}|Q}(\mathbf{r}|q)\, d\mathbf{r}. \tag{6.11}$$

Schätzwerte, die das Minimum der Varianz nach (6.8) oder (6.9) bzw. (6.10) oder (6.11) liefern, erfüllen das Kriterium der *Wirksamkeit*. Im Englischen bezeichnet man einen wirksamen Schätzwert als *efficient estimate*. Es wird später gezeigt, wo das Minimum der Varianz eines jeden Schätzproblems liegt, so dass man stets beurteilen kann, ob ein Schätzwert wirksam ist oder nicht. Neben den Kriterien Erwartungstreue und Wirksamkeit dient ein drittes Kriterium, die *Konsistenz*, zur Beurteilung der Güte eines Schätzwerts. Dabei geht man davon aus, dass zur Bestimmung des Schätzwerts $\hat{q}(\mathbf{r})$ ein N-dimensionaler Vektor $\mathbf{r}$ zur Verfügung steht, dessen Komponenten alle den Parameterwert q enthalten. Ein Schätzverfahren nennt man dann konsistent, wenn die Wahrscheinlichkeit dafür, dass $\hat{Q}$ vom zu schätzenden Parameterwert q abweicht, mit wachsender Zahl N der Komponenten von $\mathbf{r}$ gegen Null konvergiert:

$$\lim_{N\to\infty} P\{|\hat{Q}(\mathbf{r}) - Q| > \varepsilon\} = 0, \quad \varepsilon > 0, \text{ beliebig.} \tag{6.12}$$

Konsistenz wird bei einer Schätzung sicher nur dann erreicht, wenn die Varianz des Schätzwerts mit wachsendem N nach Null konvergiert.

Bei den folgenden Betrachtungen sollen die Schätzverfahren stets nach den oben genannten Gütekriterien beurteilt werden.

Die Grenze zwischen Parameterschätzung und Signalerkennung ist fließend, wie folgendes Beispiel zeigt: Es sei angenommen, dass der Parameter q als binär kodierte Zahl mit endlich vielen Stellen gesendet wird. Der Empfänger soll diese Zahl möglichst genau schätzen. Dies kann man also als Schätzproblem auffassen. Weil die Zahl aber wegen der endlichen Stellenlänge nur endlich viele Werte annehmen kann, ist die Interpretation als Detektionsaufgabe möglich: Der Empfänger soll mit möglichst geringem Fehler entscheiden, welchem Intervall auf der Zahlengeraden, dem eine Digitalzahl entspricht, er die empfangene gestörte Zahl zuzuordnen hat.

Zum Entwurf des Empfängers für die Parameterschätzung ist wie bei der Detektion ein *Optimalitätskriterium* erforderlich. Deshalb sollen in Anlehnung an die Ergebnisse bei der Detektion einige Optimalitätskriterien diskutiert werden, wobei die Fälle zu unterscheiden sind, dass die Dichte des zu schätzenden Parameters bekannt oder unbekannt ist.

6.2 Parameterschätzung mit A-priori-Information

Wählt man bei der Detektion das *Bayes-Kriterium*, so wird das Risiko bei der Entscheidung für eine der Hypothesen zum Minimum gemacht. Das Risiko ist der Mittelwert der auftretenden Kosten und hängt nach (4.1) von

- den *Kosten* C_{ij}, $i = 1,\dots,M$; $j = 1,\dots,M$,
- den *A-priori-Wahrscheinlichkeiten* P_j der Ereignisse M_j, $j = 1,\dots,M$ und

- den *bedingten Wahrscheinlichkeiten* $P(H_i|M_j), i = 1,\ldots,M; j = 1,\ldots,M$, welche die Verknüpfung zwischen den Hypothesen H_i und den Ereignissen M_j beschreiben,

ab. Den M möglichen Ereignissen M_j und den zugehörigen M Hypothesen H_i entsprechend umfasst das Risiko M^2 Terme.

Weil beim Parameterschätzproblem das Ereignis aus einem Parameterraum stammt, sind der Parameter q und sein Schätzwert $\hat{q}$ *kontinuierliche* Werte. Daraus ergeben sich Modifikationen für die drei Bestimmungsstücke des Risikos, wenn man es auf die Parameterschätzung anwendet.

Statt der diskreten Kosten $C_{ij}, i = 1,\ldots,M; j = 1,\ldots,M$ bei der Detektion benötigt man eine kontinuierliche Kostenfunktion $C(\hat{q},q)$. Meist interessiert nur der Fehler e nach (6.3), so dass die Kostenfunktion $C(e)$ nur von e abhängt. Um die Schätzregel des Empfängers zu bestimmen, muss man konkrete Annahmen über $C(e)$ machen. Es sind drei Funktionen gebräuchlich. Bei der ersten Funktion nach Abb. 6.4a wird das Quadrat des Fehlers e betrachtet:

$$C(e) = e^2 = (\hat{q} - q)^2. \tag{6.13}$$

Man bezeichnet sie als *Kostenfunktion des quadratischen Fehlers*. Hierbei werden

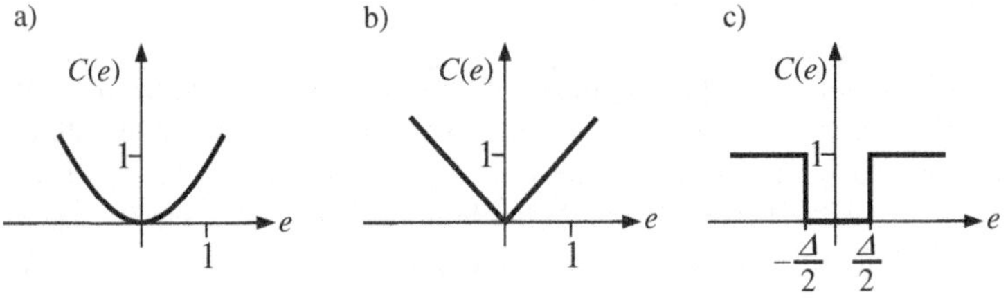

Abb. 6.4 Kostenfunktionen bei der Parameterschätzung. a) Quadratische Kostenfunktion, b) Kostenfunktion des absoluten Fehlers, c) Kostenfunktion mit konstanter Gewichtung großer Fehler

große Fehler besonders stark gewichtet. Abb. 6.4b zeigt ferner die *Kostenfunktion des absoluten Fehlers* :

$$C(e) = |e| = |\hat{q} - q|. \tag{6.14}$$

Schließlich zeigt Abb. 6.4c die *Kostenfunktion mit konstanter Gewichtung*, bei der alle Fehler, die eine vorgegebene niedrige Schranke überschreiten, gleich bewertet werden. Wenn der absolute Fehler die Grenze $\Delta/2$ unterschreitet, wird er als vernachlässigbar angesehen:

$$C(e) = \begin{cases} 0 & |\hat{q} - q| \leq \Delta/2 \\ 1 & |\hat{q} - q| > \Delta/2. \end{cases} \tag{6.15}$$

In Abhängigkeit vom Parameterschätzproblem kann man weitere Kostenfunktionen definieren. Von der Kostenfunktion hängt der Entwurf der Schätzeinrichtung ab. Eine Änderung der Kostenfunktion bedingt also eine Änderung der Schätzeinrichtung.

Es zeigt sich aber, dass unter bestimmten Voraussetzungen eine einzige Schätzeinrichtung für alle drei Kostenfunktionen nach (6.13), (6.14) und (6.15) optimal ist.

Statt der A-priori-Wahrscheinlichkeiten P_i, $i = 1, \ldots, M$ beim Detektionsproblem braucht man bei der Parameterschätzung die A-priori-Dichtefunktion $f_Q(q)$ des Parameters Q, einer Zufallsvariablen. Wenn $f_Q(q)$ nicht bekannt ist, kann man eine dem Mini-Max-Empfänger (siehe Abschnitt 4.1.2) entsprechende Schätzeinrichtung gewinnen. Meist wird der zu schätzende Parameter in einem begrenzten Intervall liegen. Den gleichen A-priori-Wahrscheinlichkeiten des Detektionsproblems entspricht hierfür eine Gleichverteilung in diesem Intervall.

Den bedingten Dichtefunktionen $f_{\mathbf{R}|M_i}(\mathbf{r}|M_i)$ bei der Detektion entspricht beim Parameterschätzproblem die bedingte Dichtefunktion $f_{\mathbf{R}|Q}(\mathbf{r}|q)$. Wenn die Kostenfunktion $C(\hat{q} - q)$, die A-priori-Dichte $f_Q(q)$ und die bedingte Dichte $f_{\mathbf{R}|Q}(\mathbf{r}|q)$ bekannt sind, lässt sich das Risiko als Erwartungswert der Kosten berechnen:

$$\begin{aligned} R &= \mathrm{E}\{C(E)\} = \mathrm{E}\{C(\hat{Q} - Q)\} \\ &= \int_{-\infty}^{\infty} \iint_{-\infty}^{\infty} C(\hat{q}(\mathbf{r}) - q)\, f_{Q,\mathbf{R}}(q, \mathbf{r})\, d\mathbf{r}\, dq. \end{aligned} \tag{6.16}$$

Die Verbunddichte $f_{Q,\mathbf{R}}(q, \mathbf{r})$ lässt sich aus der Dichte $f_Q(q)$ des Parameters und der bedingten Dichte $f_{\mathbf{R}|Q}(\mathbf{r}, q)$ bestimmen:

$$f_{Q,\mathbf{R}}(q, \mathbf{r}) = f_{\mathbf{R}|Q}(\mathbf{r}|q) \cdot f_Q(q). \tag{6.17}$$

Das Risiko R in (6.16) ist nun durch Wahl eines geeigneten Repräsentanten $\hat{q}(\mathbf{r})$ von $\hat{Q}(\mathbf{r})$ zum Minimum zu machen, wobei $\hat{q} = \hat{q}(\mathbf{r})$ die für das Minimum erforderliche Verarbeitungsvorschrift für den aktuellen Empfangsvektor oder Messvektor $\mathbf{r}$ darstellt. Um den optimalen Wert $\hat{q}(\mathbf{r})$ zu bestimmen, sollen die Kostenfunktionen nach (6.13), (6.14) und (6.15) in (6.16) eingesetzt werden. Weil das Minimum von R als Funktion von $\hat{q}(\mathbf{r})$ zu suchen ist, sollen vor der Suche des Minimums nur die von $\mathbf{q}$ abhängigen Terme in (6.16) von den übrigen getrennt werden. Die Bayes-Regel liefert hierzu die passende Umformung:

$$f_{Q,\mathbf{R}}(q, \mathbf{r}) = f_{Q|\mathbf{R}}(q|\mathbf{r}) \cdot f_{\mathbf{R}}(\mathbf{r}). \tag{6.18}$$

Für (6.16) folgt damit:

$$R = \iint_{-\infty}^{\infty} \left[\int_{-\infty}^{\infty} C(\hat{q}(\mathbf{r}) - q)\, f_{Q|\mathbf{R}}(q|\mathbf{r})\, dq \right] f_{\mathbf{R}}(\mathbf{r})\, d\mathbf{r}. \tag{6.19}$$

Das Risiko R wird zu einem Minimum, wenn das innere Integral in eckigen Klammern zu einem Minimum wird, weil für die Dichtefunktion definitionsgemäß $f_{\mathbf{R}}(r) \geq 0$ gilt, so dass das innere Integral nur gewichtet wird. Bei den folgenden Untersuchungen für die drei Standardkostenfunktionen braucht man deshalb nur das Integral

$$I(\mathbf{r}) = \int_{-\infty}^{\infty} C(\hat{q}(\mathbf{r}) - q)\, f_{Q|\mathbf{R}}(q|\mathbf{r})\, dq \tag{6.20}$$

zu betrachten. Es muss als Funktion von $\hat{q}(\mathbf{r})$ zum Minimum werden.

6.2.1 *Kostenfunktion des quadratischen Fehlers*

Mit (6.13) gilt für (6.20):

$$I(\mathbf{r}) = \int_{-\infty}^{\infty} (\hat{q}(\mathbf{r}) - q)^2 f_{Q|\mathbf{R}}(q|\mathbf{r})\, dq. \tag{6.21}$$

Um das Minimum zu finden, bildet man die erste Ableitung bezüglich $\hat{q} = \hat{q}(\mathbf{r})$:

$$\frac{\partial}{\partial \hat{q}(\mathbf{r})} I(\mathbf{r}) = 2 \cdot \hat{q}(\mathbf{r}) \int_{-\infty}^{\infty} f_{Q|\mathbf{R}}(q|\mathbf{r})\, dq - 2 \int_{-\infty}^{\infty} q\, f_{Q|\mathbf{R}}(q|\mathbf{r})\, dq \stackrel{!}{=} 0. \tag{6.22}$$

Mit

$$\int_{-\infty}^{\infty} f_{Q|\mathbf{R}}(q|\mathbf{r})\, dq = 1 \tag{6.23}$$

folgt, dass für

$$\hat{q}(\mathbf{r}) = \int_{-\infty}^{\infty} q\, f_{Q|\mathbf{R}}(q|\mathbf{r})\, dq \tag{6.24}$$

das Integral in (6.21) ein Extremum annimmt. Es handelt sich um ein Minimum, weil die zweite Ableitung positiv ist. Der optimale Schätzwert ist nach (6.24) gleich dem Mittelwert der Zufallsvariablen Q unter der Bedingung, dass ein Vektor $\mathbf{r}$ empfangen wurde. Weil bei der Berechnung des Mittelwertes die A-posteriori-Dichte $f_{Q|\mathbf{R}}(q|\mathbf{r})$ verwendet wurde, kann man $\hat{q}(\mathbf{r})$ nach (6.24) als *A-posteriori-Mittelwert* von Q bezeichnen, für den man $\mathrm{E}\{Q|\mathbf{r}\}$ schreiben kann. Vorteilhaft an diesem Schätzwert ist, dass er sich explizit berechnen lässt.

Gilt (6.24), dann wird mit (6.21) die A-posteriori-Varianz von $\hat{q}(\mathbf{R}) = \hat{Q}$ zum Minimum gemacht. Die Kostenfunktion nach (6.13) führt also zu einem Schätzwert $\hat{q}(\mathbf{R})$, dessen Varianz zu einem Minimum wird, d. h. es handelt sich um den in (6.8) bzw. (6.10) definierten *wirksamen* Schätzwert.

Abb. 6.5 zeigt den optimalen Schätzwert nach (6.24) für eine spezielle Dichtefunktion $f_{Q|\mathbf{R}}(q|\mathbf{r})$.

Zur Berechnung von $\hat{q}(\mathbf{r})$ nach (6.24) braucht man die Dichte $f_{Q|\mathbf{R}}(q|\mathbf{r})$, die zunächst nicht bekannt ist. Da jedoch die Dichte $f_Q(q)$ bekannt ist und sich $f_{\mathbf{R}|Q}(\mathbf{r}|q)$ aus dem Signalmodell $\mathbf{r} = \mathbf{s}(q) + \mathbf{n}$ und der Dichte $f_{\mathbf{N}}(\mathbf{n})$ berechnen lässt, gilt mit (6.17) und (6.18):

$$f_{Q|\mathbf{R}}(q|\mathbf{r}) = \frac{f_{\mathbf{R}|Q}(\mathbf{r}|q) \cdot f_Q(q)}{f_{\mathbf{R}}(\mathbf{r})} = \frac{f_{\mathbf{R},Q}(\mathbf{r},q)}{f_{\mathbf{R}}(\mathbf{r})}. \tag{6.25}$$

Die hier auftretende Dichte $f_{\mathbf{R}}(\mathbf{r})$ braucht man bei der Berechnung von $\hat{q}(\mathbf{r})$ in der Regel nicht zu kennen, da sie nur dafür sorgt, dass das Integral über $f_{Q|\mathbf{R}}(q|\mathbf{r})$ zu eins wird.

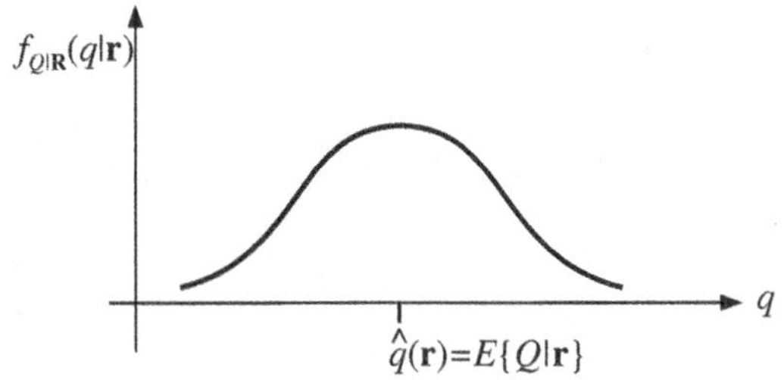

Abb. 6.5 Optimaler Schätzwert bei quadratischer Kostenfunktion

6.2.2 Kostenfunktion des absoluten Fehlers

Mit (6.14) gilt für (6.20):

$$I(\mathbf{r}) = \int_{-\infty}^{\infty} |\hat{q}(\mathbf{r}) - q|\, f_{Q|\mathbf{R}}(q|\mathbf{r})\, dq. \tag{6.26}$$

Eine Fallunterscheidung bei der Berechnung des Betrages führt auf

$$\begin{aligned} I(\mathbf{r}) = &\int_{-\infty}^{\hat{q}(\mathbf{r})} (\hat{q}(\mathbf{r}) - q)\, f_{Q|\mathbf{R}}(q|\mathbf{r})\, dq \\ &+ \int_{\hat{q}(\mathbf{r})}^{\infty} (q - \hat{q}(\mathbf{r}))\, f_{Q|\mathbf{R}}(q|\mathbf{r})\, dq. \end{aligned} \tag{6.27}$$

Zur Bestimmung des Minimums von $I(\mathbf{r})$ wird die erste Ableitung bezüglich $\hat{q} = \hat{q}(\mathbf{r})$ gebildet und gleich Null gesetzt:

$$\frac{\partial}{\partial \hat{q}(\mathbf{r})} I(\mathbf{r}) = \int_{-\infty}^{\hat{q}(\mathbf{r})} f_{Q|\mathbf{R}}(q|\mathbf{r})\, dq - \int_{\hat{q}(\mathbf{r})}^{\infty} f_{Q|\mathbf{R}}(q|\mathbf{r})\, dq \stackrel{!}{=} 0. \tag{6.28}$$

Für den optimalen Schätzwert $\hat{q}(\mathbf{r})$ folgt damit:

$$\int_{-\infty}^{\hat{q}(\mathbf{r})} f_{Q|\mathbf{R}}(q|\mathbf{r})\, dq = \int_{\hat{q}(\mathbf{r})}^{\infty} f_{Q|\mathbf{R}}(q|\mathbf{r})\, dq, \tag{6.29}$$

d. h. das Integral über die A-posteriori-Dichtefunktion $f_{Q|\mathbf{R}}(q|\mathbf{r})$ von $-\infty$ bis zum optimalen Wert $\hat{q}(\mathbf{r})$ ist gleich dem Integral über $f_{Q|\mathbf{R}}(q|\mathbf{r})$ von $\hat{q}(\mathbf{r})$ bis ∞. Durch diese Bedingung wird der *Median* von $f_{Q|\mathbf{R}}(q|\mathbf{r})$ definiert, die in Abb. 6.6 veranschaulicht wird.

Bei symmetrischen Dichtefunktionen $f_{Q|\mathbf{R}}(q|\mathbf{r})$ wie bei der Gaußschen Dichte stimmen die optimalen Schätzwerte nach (6.24) und (6.29) überein.

Dass $\hat{q}(\mathbf{r})$ in der Definition nach (6.29) tatsächlich ein Minimum von $I(\mathbf{r})$ nach (6.26) bzw. (6.27) ergibt, zeigt die zweite Ableitung. Sie ist positiv, weil $f_{Q|\mathbf{R}}(q|\mathbf{r})$ positiv ist.

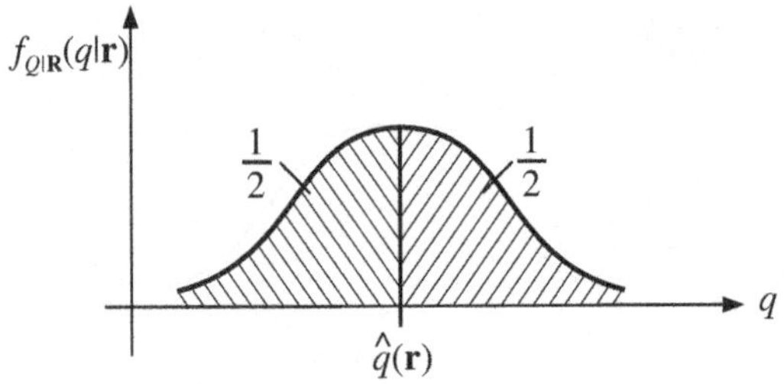

Abb. 6.6 Median als optimaler Schätzwert für die Kostenfunktion des absoluten Fehlers

6.2.3 Kostenfunktion mit konstanter Gewichtung großer Fehler

Setzt man die Kostenfunktion (6.15) in (6.20) ein, so erhält man:

$$I(\mathbf{r}) = 1 - \int_{\hat{q}(\mathbf{r})-\Delta/2}^{\hat{q}(\mathbf{r})+\Delta/2} f_{Q|\mathbf{R}}(q|\mathbf{r})\, dq. \tag{6.30}$$

Das Integral wird von $-\infty$ bis $+\infty$ über $f_{Q|\mathbf{R}}(q|\mathbf{r})$ ausgeführt und im Intervall $\hat{q}(\mathbf{r}) - \Delta/2 \leq q \leq \hat{q}(\mathbf{r}) + \Delta/2$ unterbrochen. Weil das Integral von $-\infty$ bis $+\infty$ eins ergibt, erhält man die Darstellung in (6.30). $I(\mathbf{r})$ soll zu einem Minimum werden; also muss der zweite Term in (6.30) zum Maximum werden. Das Integrationsintervall der Länge Δ soll als klein vorausgesetzt werden. Dann wird der zweite Term in (6.30) maximal, wenn man das Integrationsintervall um das absolute Maximum von $f_{Q|\mathbf{R}}(q|\mathbf{r})$ legt. Abb. 6.7 zeigt, dass $\hat{q}(\mathbf{r})$ die Abszisse des absoluten Maximums von $f_{Q|\mathbf{R}}(q|\mathbf{r})$ ist. Weil $f_{Q|\mathbf{R}}(q|\mathbf{r})$ die A-posteriori-Dichte von Q ist, bezeichnet man $\hat{q}(\mathbf{r})$

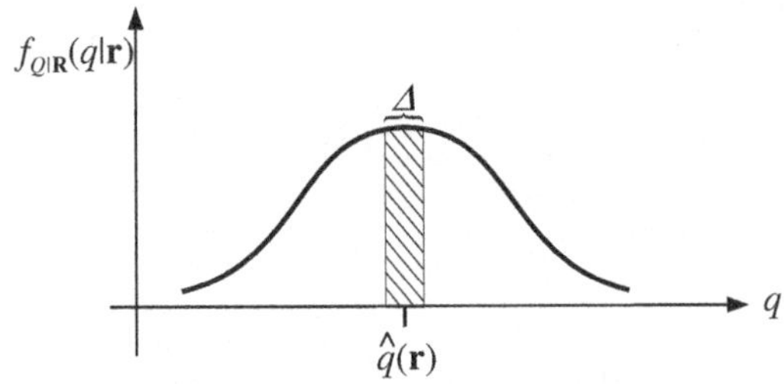

Abb. 6.7 Der optimale Schätzwert bei konstanter Gewichtung großer Fehler

auch als *Maximum-a-posteriori-Schätzwert* .

Die Bestimmung des optimalen Schätzwerts $\hat{q}(\mathbf{r})$ ist in diesem Fall identisch mit der Suche nach dem Maximum von $f_{Q|\mathbf{R}}(q|\mathbf{r})$. Wegen der Monotonie der ln-Funktion ist auch die Suche des Maximums von $\ln(f_{Q|\mathbf{R}}(q|\mathbf{r}))$ möglich. Die Verwendung des natürlichen Logarithmus ist bei Gaußdichten vorteilhaft.

Wenn $f_{Q|\mathbf{R}}(q|\mathbf{r})$ eine *unimodale* Funktion ist, d. h. nur ein Maximum besitzt, ist das Maximum durch

$$\left.\frac{\partial \ln(f_{Q|\mathbf{R}}(q|\mathbf{r}))}{\partial q}\right|_{q=\hat{q}(\mathbf{r})} = 0 \qquad (6.31)$$

gegeben, sofern die zweite Ableitung negativ wird. Diese Beziehung nennt man *Maximum-a-posteriori-* oder *MAP-Gleichung*.

Ähnlich wie bei der Detektion mit dem Maximum-a-posteriori-Kriterium will man die A-posteriori-Dichte $f_{Q|\mathbf{R}}(q|\mathbf{r})$ durch A-priori-Größen ausdrücken. Logarithmiert man die Beziehung in (6.25), so folgt:

$$\ln(f_{Q|\mathbf{R}}(q|\mathbf{r})) = \ln(f_{\mathbf{R}|Q}(\mathbf{r}|q)) + \ln(f_Q(q)) - \ln(f_{\mathbf{R}}(\mathbf{r})). \qquad (6.32)$$

Die linke Seite der Gleichung soll für den Wert $q = \hat{q}(\mathbf{r})$ zum Maximum werden. Der letzte Term auf der rechten Seite ist keine Funktion von q und kann deshalb unberücksichtigt bleiben. Es genügt also, die Funktion

$$l(q) = \ln(f_{\mathbf{R}|Q}(\mathbf{r}|q)) + \ln(f_Q(q)) \qquad (6.33)$$

zu betrachten. Diese Terme entsprechen den in Abschnitt 7.2 genannten Dichten zur Berechnung des Risikos. Für (6.31) gilt damit:

$$\left.\frac{\partial l(q)}{\partial q}\right|_{q=\hat{q}(\mathbf{r})} = \left.\frac{\partial \ln(f_{\mathbf{R}|Q}(\mathbf{r}|q))}{\partial q}\right|_{q=\hat{q}(\mathbf{r})} + \left.\frac{\partial \ln(f_Q(q))}{\partial q}\right|_{q=\hat{q}(\mathbf{r})} \stackrel{!}{=} 0. \qquad (6.34)$$

Nimmt man an, dass $f_{Q|\mathbf{R}}(q|\mathbf{r})$ eine symmetrische Funktion, z. B. eine Gaußsche Dichtefunktion ist, dann wird das Maximum von $f_{Q|\mathbf{R}}(q|\mathbf{r})$ gleich dem Mittelwert von $f_{Q|\mathbf{R}}(q|\mathbf{r})$ und gleich ihrem Median sein. Damit würden die optimalen Schätzwerte nach (6.24), (6.29) und (6.31) übereinstimmen, obwohl verschiedene Kostenfunktionen zu ihrer Bestimmung verwendet wurden.

Die Tatsache, dass dieselbe Schätzeinrichtung für verschiedene Kostenfunktionen optimal ist, bringt Vorteile, weil die Wahl der Kostenfunktion sehr subjektiv ist. Ein anderer Vorteil besteht darin, dass man sich dann die einfachste numerische Methode zur Berechnung des Schätzwerts aussuchen kann. Der A-posteriori-Mittelwert ist als explizite Darstellung des Schätzwerts z. B. günstiger als die implizite Darstellung des Medians. Andererseits kann die Berechnung der Ableitung beim MAP-Schätzwert sehr einfach ausführbar sein. Es sollen nun die Voraussetzungen gesucht werden, unter denen eine Schätzeinrichtung für mehrere Kostenfunktionen optimal ist.

6.2.4 *Invarianz des Bayes-Schätzwertes bezüglich der Kostenfunktion*

Um den optimalen Schätzwert $\hat{q}(\mathbf{r})$ für den Parameterwert q nach dem Bayes-Kriterium bestimmen zu können, braucht man

- die *A-posteriori-Dichtefunktion* $f_{Q|\mathbf{R}}(q|\mathbf{r})$,
- die *Kostenfunktion* (das Fehlerkriterium) $C(e) = C(\hat{q}(\mathbf{r}) - q)$.

Je nach Wahl der Kostenfunktion $C(e)$ erhält man i. Allg. verschiedene Schätzwerte $\hat{q}(\mathbf{r})$. Dieser Schätzwert wird jedoch unabhängig von der Wahl einer speziellen Kostenfunktion $C(e)$ gleich

$$\hat{q}(\mathbf{r}) = \mathrm{E}\{Q|\mathbf{r}\} = \int_{-\infty}^{\infty} q\, f_{Q|\mathbf{R}}(q|\mathbf{r})\, dq, \tag{6.35}$$

sofern $C(e)$ bestimmte Eigenschaften besitzt. Man unterscheidet dabei zwei Fälle.

6.2.4.1 Kostenfunktion konvex, nach oben geöffnet

Der erste Fall wird durch folgende Eigenschaften definiert [vTr78]:

- $C(e)$ ist eine symmetrische, nach oben geöffnete konvexe Funktion, d. h.

$$C(e) = C(-e) \tag{6.36}$$

$$C((1-\alpha)\cdot e_1 + \alpha \cdot e_2) \leq (1-\alpha)\cdot C(e_1) + \alpha \cdot C(e_2) \tag{6.37}$$

  mit $0 \leq \alpha \leq 1$ (siehe Abb. 6.8). Wenn $C(e)$ eine strikt konvexe Funktion ist, wird (6.37) eine strikte Ungleichung, d. h. die Gleichheit ist nie erfüllt.

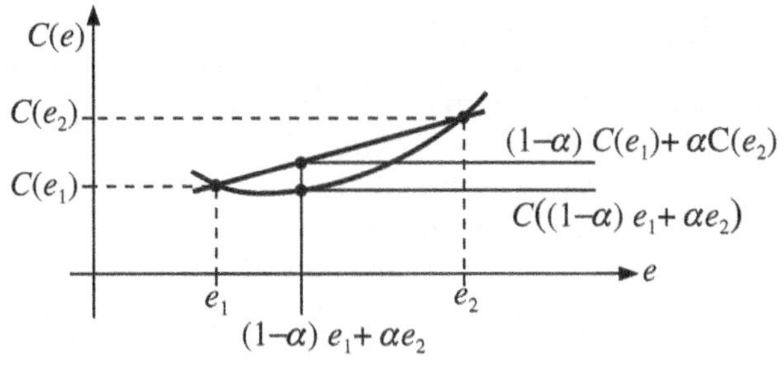

Abb. 6.8 Definition der nach oben geöffneten konvexen Funktion

- Die Dichte $f_{Q|\mathbf{R}}(q|\mathbf{r})$ ist symmetrisch bezüglich ihres bedingten Mittelwerts nach (6.35) und unimodal, d. h. sie besitzt nur ein Maximum. Setzt man

$$z = q - \hat{q}(\mathbf{r}) \tag{6.38}$$

mit $\hat{q}(\mathbf{r})$ nach (6.35), dann folgt aus der Symmetrie:

$$f_{Z|\mathbf{R}}(z|\mathbf{r}) = f_{Z|\mathbf{R}}(-z|\mathbf{r}). \tag{6.39}$$

6.2.4.2 Kostenfunktion nicht konvex

Beim zweiten Fall liegen folgende Eigenschaften vor [Vit66]:

- $C(e)$ ist eine symmetrische, aber nicht konvexe Funktion, die für wachsende Beträge von e nicht abnimmt.
- Die Dichte $f_{Q|\mathbf{R}}(q|\mathbf{r})$ ist symmetrisch bezüglich ihres bedingten Mittelwertes nach (6.35) und unimodal. Ferner muss die Bedingung

$$\lim_{e\to\infty} C(e)\cdot f_{Q|\mathbf{R}}(e|\mathbf{r}) = 0 \tag{6.40}$$

erfüllt sein.

Die Bedingungen, die diesem Fall entsprechen, werden von einer größeren Anzahl von Funktionen $C(e)$ erfüllt als die Bedingungen im ersten Fall. Dafür sind zusätzliche Forderungen an die Dichtefunktion $f_{Q|\mathbf{R}}(q|\mathbf{r})$ zu stellen, wie (6.40) zeigt. Die Kostenfunktionen nach (6.13) und (6.14) entsprechen dem ersten Fall, die Kostenfunktion nach (6.15) dem zweiten Fall.

Für beide Klassen von Kostenfunktionen ist der Schätzwert optimal, der den mittleren quadratischen Fehler zum Minimum macht. Dies bedeutet, dass der bedingte Mittelwert der A-posteriori-Dichte $f_{Q|\mathbf{R}}(q|\mathbf{r})$ gleich dem Wert q ist, für den $f_{Q|\mathbf{R}}(q|\mathbf{r})$ ein Maximum annimmt. Voraussetzung ist dabei, dass $f_{Q|\mathbf{R}}(q|\mathbf{r})$ eine unimodale, bezüglich ihres bedingten Mittelwerts symmetrische Funktion ist, wie in der zweiten Bedingung für die beiden Fälle gefordert wird.

6.3 Parameterschätzung ohne A-priori-Information

Dieser Fall eines Schätzproblems liegt dann vor, wenn nichts weiter über den zu schätzenden Parameter bekannt ist. Man kann weder eine A-priori-Dichte angeben, noch ein Intervall, in dem der Parameter liegen muss, so dass man auch keine Annahmen über eventuelle statistische Eigenschaften des Parameters machen kann.

Um ein Kriterium zu finden, mit dessen Hilfe man die Schätzeinrichtung entwerfen kann, bietet sich eine Abwandlung des Bayes-Kriteriums aus dem vorigen Abschnitt an. Zur Berechnung des Risikos als Erwartungswert der Kosten verwendet man hier nur die Dichte des gestörten Empfangsvektors, weil man für den Parameter keine Dichte angeben kann. Da der gestörte Empfangsvektor $\mathbf{r}$ vom Parameterwert q abhängt, benötigt man die bedingte Dichtefunktion $f_{\mathbf{R}|Q}(\mathbf{r}|q)$. Entsprechend (6.16) erhält man:

$$R = \int\!\!\int_{-\infty}^{\infty} C(\hat{q}(\mathbf{r}) - q)\, f_{\mathbf{R}|Q}(\mathbf{r}|q)\, d\mathbf{r}. \tag{6.41}$$

Man könnte nun eine der Kostenfunktionen aus Abschnitt 7.2 in (6.41) einsetzen, die erste Ableitung bilden und so das Minimum bestimmen. Man kann aber auch folgende allgemeine Überlegung anstellen: Damit das Risiko R nach (6.41) minimal wird, muss der Integrand minimal werden. Die Dichte $f_{\mathbf{R}|Q}(\mathbf{r}|q)$ ist stets positiv, so dass der Integrand ein Minimum wird, wenn die Kostenfunktion minimal ist. Der Fall korrekter Bestimmung des aktuellen Parameterwerts q durch $\hat{q}(\mathbf{r})$, d. h. die Lösung

$$\hat{q}(\mathbf{r}) = q \tag{6.42}$$

ist sicher mit den geringsten Kosten verbunden, stellt damit das Minimum von R dar. Aus (6.42) lässt sich allerdings $\hat{q}(\mathbf{r})$ nicht bestimmen, da q der unbekannte Parameterwert ist, der geschätzt werden soll. Auf diesem Wege lässt sich also kein brauchbares Schätzverfahren ableiten. Leider gibt es kein direktes Verfahren, wie man, ausgehend von den Optimalitätskriterien (6.7) für Erwartungstreue und (6.9) bzw. (6.11) für Wirksamkeit und (6.12) für Konsistenz, ein optimales Schätzverfahren gewinnen kann. Deshalb leitet man auf intuitivem Wege Schätzverfahren her, deren Güte an diesen Kriterien gemessen werden.

Einen Ansatz dazu bietet die Detektionstheorie, indem man Gemeinsamkeiten bei Detektion und Parameterschätzung ausnutzt. In (4.8) wurde für den Fall der binären Detektion das Likelihood-Verhältnis

$$\Lambda(\mathbf{r}) = \frac{f_{\mathbf{R}|M_1}(\mathbf{r}|M_1)}{f_{\mathbf{R}|M_2}(\mathbf{r}|M_2)} \tag{6.43}$$

definiert. Wenn die Schwelle η, mit der dieses Verhältnis verglichen wird, gleich eins ist, entscheidet sich der Empfänger in folgender Weise: Er nimmt an, dass dasjenige Ereignis M_i gesendet wurde, das für das Argument $\mathbf{r}$ die größere Dichte $f_{\mathbf{R}|M_i}(\mathbf{r}|M_i)$ besitzt und daher mit größerer Wahrscheinlichkeit gesendet wurde.

Überträgt man diesen Sachverhalt auf den Fall der Parameterschätzung, gelangt man zur *Maximum-Likelihood-Schätzung*: Die Schätzeinrichtung wählt denjenigen Wert von q zum Schätzwert $\hat{q}(\mathbf{r})$, für den die Dichtefunktion $f_{\mathbf{R}|Q}(\mathbf{r}|q)$ zum Maximum wird. Dies ist der Wert, der mit der größten Wahrscheinlichkeit gleich dem tatsächlichen Parameterwert ist. Statt das Maximum von $f_{\mathbf{R}|Q}(\mathbf{r}|q)$ zu bestimmen, kann man wegen der Monotonie der ln-Funktion auch $\ln(f_{\mathbf{R}|Q}(\mathbf{r}|q))$ untersuchen. Dies hat z. B. bei Gaußdichten rechentechnische Vorteile. Für den optimalen *Maximum-Likelihood-Schätzwert* gilt damit:

$$\left.\frac{\partial \ln(f_{\mathbf{R}|Q}(\mathbf{r}|q))}{\partial q}\right|_{q=\hat{q}(\mathbf{r})} = 0. \tag{6.44}$$

Dies ist eine notwendige Bedingung für $\hat{q}(\mathbf{r})$. Sie ist erfüllbar, sofern die Ableitung in (6.44) stetig ist und das Maximum innerhalb des Definitionsbereichs von q liegt.

Vergleicht man (6.44) mit (6.31) bzw. (6.34), so zeigt sich, dass die Bedingung für die Maximum-Likelihood-Schätzung und die Maximum-a-posteriori-Schätzung bis auf den Term

$$\left.\frac{\partial \ln(f_Q(q))}{\partial q}\right|_{q=\hat{q}(\mathbf{r})}$$

übereinstimmen. Dieser Term hängt nur von A-priori-Kenntnissen ab, die bei der Maximum-Likelihood-Schätzung nicht vorhanden sind; man kann den Maximum-Likelihood- oder ML-Schätzwert also auch als Sonderfall des MAP-Schätzwerts bei fehlender A-priori-Information herleiten. Zur Unterscheidung von (6.31), der MAP-Gleichung, bezeichnet man (6.44) als *Likelihood-Gleichung*. Ferner wird in der Literatur $L(q) = f_{\mathbf{R}|Q}(\mathbf{r}|q)$ als *Likelihood-Funktion* und die logarithmierte bedingte Dichte $\ell(q) = \ln f_{\mathbf{R}|Q}(\mathbf{r}|q)$ als logarithmierte Likelihood-Funktion bezeichnet.

ML-Schätzung von Mittelwert und Varianz

Der N-dimensionale gestörte Messvektor werde durch das Signalmodell

$$\mathbf{r} = \mathbf{s} + \mathbf{n} = (r_1, r_2, \ldots, r_N)^T \tag{6.45}$$

beschrieben, wobei $\mathbf{n}$ der Repräsentant eines mittelwertfreien Gaußschen Störvektors $\mathbf{N}$ mit statistisch unabhängigen Komponenten sei, so dass für die Verbunddichtefunktion

$$f_{\mathbf{N}}(\mathbf{n}) = \prod_{i=1}^{N} f_{N_i}(n_i) = \prod_{i=1}^{N} \frac{1}{\sqrt{2\pi}\sigma} \exp\left(-\frac{n_i^2}{2\sigma^2}\right) \tag{6.46}$$

gilt. Mit Hilfe der Maximum-Likelihood-Schätzung sollen nun der Mittelwert μ und die Varianz σ^2 als Parameter der Zufallsvariablen $\mathbf{R}$ bestimmt werden.

Schätzung des Mittelwertes

Zur ML-Schätzung des Mittelwerts μ benötigt man die bedingte Dichte $f_{\mathbf{R}|Q}(\mathbf{r}|q)|_{q=\mu}$ des gestörten Messvektors. Mit dem Signalmodell nach (6.45) sowie der Dichtefunktion (6.46) der Störung folgt für diese Dichtefunktion mit dem Parameter $q = \mu$:

$$\begin{aligned} f_{\mathbf{R}|Q}(\mathbf{r}|q) &= f_{\mathbf{N}}(\mathbf{r} - q) = \prod_{i=1}^{N} \frac{1}{\sqrt{2\pi}\sigma} \exp\left(-\frac{(r_i - q)^2}{2\sigma^2}\right) \\ &= \frac{1}{(\sqrt{2\pi}\sigma)^N} \cdot \exp\left(-\frac{1}{2\sigma^2} \sum_{i=1}^{N} (r_i - q)^2\right), \end{aligned} \tag{6.47}$$

weil wegen der aus (6.46) folgenden Mittelwertfreiheit der Störungen der Mittelwert nur von dem Nutzsignalanteil stammen kann.

Logarithmiert man diese Dichtefunktion und bildet die partielle Ableitung nach q und setzt $q = \hat{\mu}$, erhält man

$$\left.\frac{\partial \ln(f_{\mathbf{R}|Q}(\mathbf{r}|q))}{\partial q}\right|_{q=\hat{\mu}} = -\frac{1}{2\sigma^2} \sum_{i=1}^{N} (r_i - q) \cdot 2(-1)|_{q=\hat{\mu}} \stackrel{!}{=} 0. \tag{6.48}$$

Daraus folgt

$$\sum_{i=1}^{N}(r_i - \hat{\mu}) = \sum_{i=1}^{N} r_i - N \cdot \hat{\mu} = 0 \tag{6.49}$$

bzw.

$$\hat{\mu} = \frac{1}{N}\sum_{i=1}^{N} r_i. \tag{6.50}$$

Weil der Schätzwert $\hat{q} = \hat{\mu}$ aus den Gaußschen Zufallsvariablen R_i durch eine Linearkombination gewonnen wurde, ist er selbst der Repräsentant einer Gaußschen Zufallsvariablen, deren statistische Eigenschaften vollständig durch Mittelwert und Varianz bestimmt werden.

Für den bedingten Mittelwert erhält man wegen der Mittelwertfreiheit von N_i

$$\begin{aligned} \mathrm{E}\{\hat{Q}|q\}|_{q=\mu} &= \frac{1}{N}\sum_{i=1}^{N} \mathrm{E}\{R_i|\mu\} = \frac{1}{N}\sum_{i=1}^{N} \mathrm{E}\{\mu + N_i|\mu\} \\ &= \frac{1}{N} \cdot N\mu + \frac{1}{N}\sum_{i=1}^{N} \mathrm{E}\{N_i\} = \mu. \end{aligned} \tag{6.51}$$

Da der Mittelwert des Schätzwertes mit dem zu schätzenden Mittelwert μ übereinstimmt, ist der Schätzwert *erwartungstreu*. Dies wird auch an Abb. 6.9 deutlich: Der durch einen horizontalen Strich gekennzeichnete Mittelwert der Stichprobe wird vom geschätzten Mittelwert mit zunehmender Anzahl N der Messwerte immer besser approximiert.

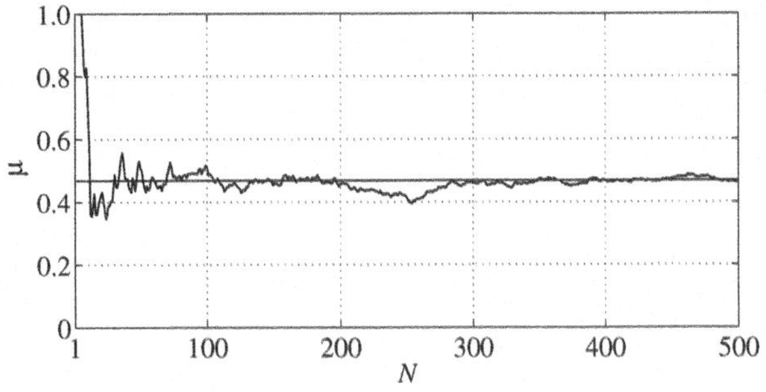

Abb. 6.9 Schätzung des Mittelwerts als Funktion der Anzahl N der Messwerte. Schätzwert $\hat{\mu}$ (–), Mittelwert μ (...)

Für die Varianz erhält man mit der Erwartungstreue nach (6.51)

$$\begin{aligned} \mathrm{Var}\{\hat{Q}|q\}|_{q=\mu} &= \mathrm{E}\{(\hat{Q} - \mathrm{E}\{\hat{Q}|\mu\})^2|\mu\} = \mathrm{E}\{(\hat{Q} - \mu)^2|\mu\} \\ &= \mathrm{E}\{\hat{Q}^2|\mu\} - 2\mathrm{E}\{\hat{Q}|\mu\} \cdot \mu + \mu^2 = \mathrm{E}\{\hat{Q}^2|\mu\} - \mu^2. \end{aligned} \tag{6.52}$$

Zur Auswertung dieses Ergebnisses benötigt man den bedingten quadratischen Mittelwert des Schätzwerts, für den

$$
\begin{aligned}
\mathrm{E}\{\hat{Q}^2|\mu\} &= \frac{1}{N^2}\sum_{i=1}^{N}\sum_{j=1}^{N}\mathrm{E}\{R_i\cdot R_j|\mu\} \\
&= \frac{1}{N^2}\left[\sum_{i=1}^{N}\mathrm{E}\{R_i^2|\mu\}+\sum_{i=1}^{N}\sum_{\substack{j=1\\ j\neq i}}^{N}\mathrm{E}\{R_i|\mu\}\cdot\mathrm{E}\{R_j|\mu\}\right] \\
&= \frac{1}{N}\mathrm{E}\{R_i^2|\mu\}+\mu^2\frac{N(N-1)}{N^2}
\end{aligned} \tag{6.53}
$$

folgt. Mit diesem Ergebnis erhält man für die Varianz des Schätzwertes nach (6.52):

$$
\mathrm{Var}\{\hat{Q}|q\}|_{q=\mu} = \frac{1}{N}\mathrm{E}\{R_i^2|\mu\}+\mu^2\frac{N-1}{N}-\mu^2 = \frac{1}{N}(\mathrm{E}\{R_i^2|\mu\}-\mu^2). \tag{6.54}
$$

Für den bedingten quadratischen Mittelwert der Komponenten des gestörten Empfangsvektors gilt schließlich

$$
\begin{aligned}
\mathrm{E}\{R_i^2|\mu\} &= \mathrm{E}\{(\mu+N_i)^2|\mu\} = \mathrm{E}\{\mu^2|\mu\}+2\mathrm{E}\{\mu N_i|\mu\}+\mathrm{E}\{N_i^2\} \\
&= \mu^2+\sigma^2,
\end{aligned} \tag{6.55}
$$

weil die Störkomponente N_i und mittelwertfrei ist. Insgesamt folgt damit für die Varianz des Schätzwerts:

$$
\mathrm{Var}\{\hat{Q}|q\}|_{q=\mu} = \frac{1}{N}(\mu^2+\sigma^2-\mu^2) = \frac{1}{N}\sigma^2. \tag{6.56}
$$

Da es sich bei dem Schätzwert, wie in (6.51) gezeigt wurde, um einen erwartungstreuen Schätzwert handelt und die Varianz nach (6.56) mit über alle Grenzen wachsender Dimension N des gestörten Empfangsvektors bzw. Messvektors verschwindet und damit einen *asymptotisch wirksamen* Schätzwert beschreibt, ist dieser Schätzwert auch *konsistent*. Man erkennt dies auch an Abb. 6.9, da die Abweichung vom Stichprobenmittelwert mit wachsendem N kleiner wird.

Schätzung der Varianz

Als zu schätzender Parameter wird hier $q = \sigma$ gesetzt. Für die logarithmierte bedingte Dichte $f_{\mathbf{R}|Q}(\mathbf{r}|q)$ folgt aus (6.46) bzw. bei Ersetzen von q durch μ in (6.47)

$$
\begin{aligned}
\ln(f_{\mathbf{R}|Q}(\mathbf{r}|q)) &= \ln\frac{1}{(\sqrt{2\pi}q)^N}-\frac{1}{2q^2}\sum_{i=1}^{N}(r_i-\mu)^2 \\
&= -N\ln(\sqrt{2\pi})-N\ln(q)-\frac{1}{2q^2}\sum_{i=1}^{N}(r_i-\mu)^2.
\end{aligned} \tag{6.57}
$$

Für die partielle Ableitung nach q erhält man weiter mit $\hat{q}=\hat{\sigma}$

$$\left.\frac{\partial \ln(f_{\mathbf{R}|Q}(\mathbf{r}|q))}{\partial q}\right|_{q=\hat{\sigma}} = \left[-N\frac{1}{q} - \frac{1}{2q^3}(-2)\sum_{i=1}^{N}(r_i-\mu)^2\right]_{q=\hat{\sigma}}$$
$$= \left[-\frac{N}{q} + \frac{1}{q^3}\sum_{i=1}^{N}(r_i-\mu)^2\right]_{q=\hat{\sigma}} \stackrel{!}{=} 0, \qquad (6.58)$$

was letztlich auf den Schätzwert

$$\hat{\sigma}^2 = \frac{1}{N}\sum_{i=1}^{N}(r_i-\mu)^2 \qquad (6.59)$$

führt. Wenn der Mittelwert μ nicht bekannt ist, wird er durch den Schätzwert nach (6.50) ersetzt, so dass schließlich für den Schätzwert der Varianz

$$\hat{\sigma}^2 = \frac{1}{N}\sum_{i=1}^{N}\left(r_i - \frac{1}{N}\sum_{j=1}^{N} r_j\right)^2 \qquad (6.60)$$

gilt. Für den Mittelwert dieses Schätzwertes erhält man

$$\mathrm{E}\{\hat{Q}^2|q^2\}|_{q=\sigma} = \frac{1}{N}\sum_{i=1}^{N}\mathrm{E}\{R_i^2\} - \frac{2}{N^2}\sum_{i=1}^{N}\sum_{j=1}^{N}\mathrm{E}\{R_i\cdot R_j\} + \frac{1}{N^2}\sum_{i=1}^{N}\sum_{j=1}^{N}\mathrm{E}\{R_i\cdot R_j\}$$
$$= \frac{1}{N}\sum_{i=1}^{N}\mathrm{E}\{R_i^2\} - \frac{1}{N^2}\sum_{i=1}^{N}\mathrm{E}\{R_i^2\} - \frac{1}{N^2}\sum_{i=1}^{N}\sum_{\substack{j=1\\ j\neq i}}^{N}\mathrm{E}\{R_i\cdot R_j\}$$
$$= \frac{N-1}{N}\mathrm{E}\{R_i^2\} - \frac{N(N-1)}{N^2}\mathrm{E}\{R_iR_j\}|_{i\neq j}$$
$$= \frac{N-1}{N}\left(\mathrm{E}\{(\mu+N_i)^2)\} - \mathrm{E}\{(\mu+N_i)(\mu+N_j)\}|_{i\neq j}\right)$$
$$= \frac{N-1}{N}(\mu^2+\sigma^2-\mu^2) = \frac{N-1}{N}\sigma^2, \qquad (6.61)$$

woraus folgt, dass es sich um einen *asymptotisch erwartungstreuen* Schätzwert handelt.

Um eine Aussage über die Konsistenz des Schätzwertes zu gewinnen, ist die Varianz zu berechnen. Dazu wird die Hilfsgröße

$$v = \frac{1}{N}\sum_{i=1}^{N} r_i^2 \qquad (6.62)$$

eingeführt, deren linearer Mittelwert durch

$$\mathrm{E}\{V\} = \mathrm{E}\{R_i^2\} \qquad (6.63)$$

und deren quadratischer Mittelwert durch

$$\begin{aligned}
\mathrm{E}\{V^2\} &= \frac{1}{N^2}\sum_{i=1}^{N}\sum_{j=1}^{N}\mathrm{E}\{R_i^2\cdot R_j^2\} \\
&= \frac{1}{N^2}\left[N\cdot\mathrm{E}\{R_i^4\}+N(N-1)(\mathrm{E}\{R_i^2\})^2\right] \\
&= \frac{1}{N}\mathrm{E}\{R_i^4\}+\frac{N-1}{N}(\mathrm{E}\{R_i^2\})^2 \qquad (6.64)
\end{aligned}$$

gegeben ist. Für die Varianz des Schätzwertes folgt schließlich:

$$\begin{aligned}
\mathrm{Var}\{\hat{Q}^2|q^2\}|_{q=\sigma} &= \mathrm{E}\{V^2\}-(\mathrm{E}\{V\})^2 \\
&= \frac{1}{N}\left[\mathrm{E}\{R_i^4\}+(N-1)\cdot(\mathrm{E}\{R_i^2\})^2-N\cdot(\mathrm{E}\{R_i^2\})^2\right] \\
&= \frac{1}{N}\left[\mathrm{E}\{R_i^4\}-(\mathrm{E}\{R_i^2\})^2\right]. \qquad (6.65)
\end{aligned}$$

Weil der Schätzwert *asymptotisch erwartungstreu* und *asymptotisch wirksam* ist, da die Varianz nach (6.65) mit über alle Grenzen wachsender Dimension N des Messvektors verschwindet, handelt es sich um einen *konsistenten* Schätzwert. Dies lässt sich an dem Beispiel in Abb. 6.10 ablesen: Der Schätzwert der Varianz konvergiert mit wachsendem N auf die Varianz der Stichprobe.

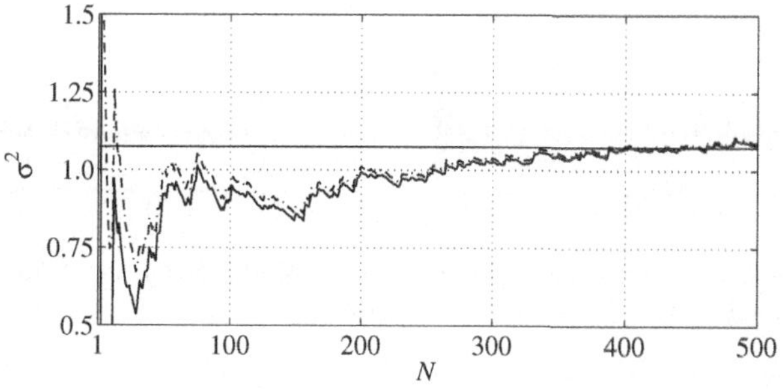

Abb. 6.10 Schätzung der Varianz als Funktion der Anzahl N der Messwerte: nicht erwartungstreu (- ·), erwartungstreu (—)

Störend ist an dem Schätzwert für die Varianz nach (6.59) bzw. (6.60), dass er nicht erwartungstreu, sondern nach (6.61) nur asymptotisch erwartungstreu ist. Man kann aber leicht einen erwartungstreuen Schätzwert gewinnen, wenn man den Vorfaktor in der Schätzvorschrift nach (6.59) ändert: Statt $1/N$ wählt man $1/(N-1)$ und erhält so einen erwartungstreuen Schätzwert. In der Regel wird allerdings auch das Ergebnis von (6.59) nur eine geringe Abweichung von der Erwartungstreue aufweisen, da N üblicherweise eine große Zahl ist, so dass die Faktoren $1/N$ bzw. $1/(N-1)$ nahezu identisch sein werden. Dies wird auch an Abb. 6.10 deutlich: Nur für kleine Werte von N kann man einen Unterschied feststellen.

Den Maximum-Likelihood-Schätzwerten für Mittelwert (6.50) und Varianz (6.59) entsprechend kann man auch einen Schätzwert für die Autokorrelationsfunktion angeben, der bei Erwartungstreue durch

$$\hat{r}'_{XX}(\kappa) = \frac{1}{N-|\kappa|} \sum_{i=0}^{N-1-|\kappa|} x(i)x(i+|\kappa|) \tag{6.66}$$

und fehlender Erwartungstreue durch

$$\hat{r}_{XX}(\kappa) = \frac{1}{N} \sum_{i=0}^{N-1-|\kappa|} x(i)x(i+|\kappa|) \tag{6.67}$$

gegeben ist. Hier wird sehr deutlich, dass der erwartungstreue Schätzwert in der Praxis unbrauchbar ist, weil mit zunehmendem κ die Varianz des Schätzwerts ansteigt, da immer weniger Messwerte zur Verfügung stehen, wie man an der oberen Grenze in (6.66) bzw. (6.67) ablesen kann. Um dies zu kompensieren, wird in (6.67) auf die größere Zahl N normiert, obwohl nur $N-\kappa$ Messwerte zur Verfügung stehen. Am Beispiel der Korrelationsfunktion eines weißen Prozesses zeigt Abb. 6.11 dieses Verhalten.

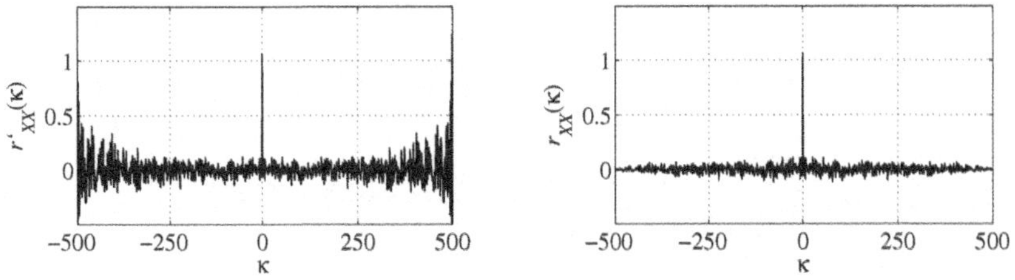

Abb. 6.11 Erwartungstreue und nicht erwartungstreue ML-Schätzung der Autokorrelationsfunktion eines weißen Prozesses für $N = 500$ Messwerte

Durch diese Anwendungsbeispiele für den Maximum-Likelihood-Schätzwert wurde gezeigt, wie ein Schätzwert zu beurteilen ist. Dabei konnte eine Aussage über die Wirksamkeit nur durch Auswertung der Schätzvorschrift gewonnen werden. Vorteilhaft wäre es, wenn man ohne Kenntnis einer speziellen Schätzvorschrift eine Aussage über die Wirksamkeit treffen könnte. Dazu müsste man die untere Grenze für die Varianz eines Schätzproblems angeben können. Eine derartige untere Grenze der Varianz lässt sich tatsächlich für jeden Schätzwert durch die *Cramér-Rao-Ungleichung* angeben, wozu man nur die bedingte Dichtefunktion $f_{\mathbf{R}|Q}(\mathbf{r}|q)$ benötigt. Die Herleitung dieser Cramér-Rao-Ungleichung soll im folgenden Abschnitt für erwartungstreue Schätzwerte erfolgen. Eine entsprechende untere Grenze lässt sich aber auch für nicht erwartungstreue Schätzwerte angeben.

6.4 Minimaler mittlerer quadratischer Schätzfehler

Bei der Schätzung von Parametern, deren Dichte bekannt ist, kann man jederzeit denjenigen Schätzwert bestimmen, der einen minimalen mittleren quadratischen Schätzfehler liefert und damit *wirksam* ist: Es handelt sich dabei um den Bayes-Schätzwert bei quadratischer Kostenfunktion. Anders verhält es sich bei fehlender Dichte des zu schätzenden Parameters. Vom Maximum-Likelihood-Schätzwert ist zunächst unbekannt, ob er wirksam ist oder nicht.

Man interessiert sich deshalb ganz allgemein dafür, wo die untere Grenze des mittleren quadratischen Fehlers liegt und welche Bedingungen zu erfüllen sind, um diese untere Grenze zu erreichen. Damit bleibt allerdings die Frage offen, wie man ein Schätzverfahren ermittelt, das zu dieser unteren Grenze führt, also wirksam ist.

6.4.1 Minimale Fehlervarianz bei fehlender A-priori-Dichte

Sofern man über keine A-priori-Information von dem zu schätzenden Parameter q verfügt, kann man auch keine Dichtefunktion für diesen Parameter angeben. Der zugehörige Maximum-Likelihood-Schätzwert $\hat{q}(\mathbf{r})$ für diesen Parameter wird mit Hilfe des gestörten Empfangsvektors $\mathbf{r}$ bestimmt, so dass die statistischen Eigenschaften des Schätzwerts allein vom Zufallsvektor $\mathbf{R}$ abhängen, wie im vorhergehenden Abschnitt festgestellt wurde. Über diesen Zufallsvektor $\mathbf{R}$ wird auch der Schätzwert für den Parameter q zu einer Zufallsvariablen, d. h. $\hat{q}(\mathbf{r})$ ist der Repräsentant der Zufallsvariablen $\hat{q}(\mathbf{R}) = \hat{Q}$.

Die untere Grenze der Varianz $\mathrm{Var}\{\hat{Q}|q\}$ jedes erwartungstreuen Schätzwertes $\hat{Q}$, der ohne A-priori-Information ermittelt wird, ist durch die Cramér-Rao-Ungleichung gegeben. Danach gilt:

$$\mathrm{Var}\{\hat{Q}|q\} = \mathrm{E}\{(\hat{Q}-q)^2|q\} \geq \left(\mathrm{E}\{\left(\frac{\partial \ln(f_{\mathbf{R}|Q}(\mathbf{r}|q))}{\partial q}\right)^2\}\right)^{-1} = \mathrm{Var}\{\hat{Q}|q\}|_{min} \tag{6.68}$$

oder in einer anderen Formulierung

$$\mathrm{Var}\{\hat{Q}|q\} = \mathrm{E}\{(\hat{Q}-q)^2|q\} \geq \left(-\mathrm{E}\{\frac{\partial^2 \ln(f_{\mathbf{R}|Q}(\mathbf{r}|q))}{\partial q^2}\}\right)^{-1} = \mathrm{Var}\{\hat{Q}|q\}|_{min}. \tag{6.69}$$

Dabei ist vorausgesetzt, dass die Ableitungen

$$\frac{\partial f_{\mathbf{R}|Q}(\mathbf{r}|q)}{\partial q} \quad \text{und} \quad \frac{\partial^2 f_{\mathbf{R}|Q}(\mathbf{r}|q)}{\partial q^2}$$

existieren und absolut integrierbar sind.

Jedes Schätzverfahren, für das die Gleichheitszeichen in (6.68) und (6.69) gelten, ist nach der in (6.9) bzw. (6.11) gegebenen Definition *wirksam*.

Wegen ihrer Bedeutung soll die Cramér-Rao-Ungleichung hier bewiesen werden. Weil $\hat{Q}$ nach Voraussetzung erwartungstreu ist, gilt mit (6.7):

$$\mathrm{E}\{\hat{Q}-q|q\} = \int\int_{-\infty}^{\infty} (\hat{q}(\mathbf{r})-q) f_{\mathbf{R}|Q}(\mathbf{r}|q)\, d\mathbf{r} = \mathrm{E}\{\hat{Q}|q\} - q = 0. \qquad (6.70)$$

Differentiation des Integrals nach q liefert

$$\frac{\partial}{\partial q}\int\int_{-\infty}^{\infty} (\hat{q}(\mathbf{r})-q)\, f_{\mathbf{R}|Q}(\mathbf{r}|q)\, d\mathbf{r} = \int\int_{-\infty}^{\infty} \frac{\partial}{\partial q}\left[(\hat{q}(\mathbf{r})-q)\, f_{\mathbf{R}|Q}(\mathbf{r}|q)\right] d\mathbf{r} = 0. \quad (6.71)$$

Integration und Differentiation dürfen hier vertauscht werden, weil die Ableitung von $f_{\mathbf{R}|Q}(\mathbf{r}|q)$ nach Voraussetzung existiert und integrierbar ist. Daraus folgt:

$$-\int\int_{-\infty}^{\infty} f_{\mathbf{R}|Q}(\mathbf{r}|q)\, d\mathbf{r} + \int\int_{-\infty}^{\infty} (\hat{q}(\mathbf{r})-q) \frac{\partial f_{\mathbf{R}|Q}(\mathbf{r}|q)}{\partial q}\, d\mathbf{r} = 0. \qquad (6.72)$$

Das erste Integral hat gemäß der Definition einer Dichtefunktion den Wert eins. Mit der identischen Umformung

$$\frac{\partial f_{\mathbf{R}|Q}(\mathbf{r}|q)}{\partial q} = \frac{\partial \ln(f_{\mathbf{R}|Q}(\mathbf{r}|q))}{\partial q} f_{\mathbf{R}|Q}(\mathbf{r}|q) \qquad (6.73)$$

erhält man für (6.72)

$$\int\int_{-\infty}^{\infty} (\hat{q}(\mathbf{r})-q)\, f_{\mathbf{R}|Q}(\mathbf{r}|q) \frac{\partial \ln(f_{\mathbf{R}|Q}(\mathbf{r}|q))}{\partial q}\, d\mathbf{r} = 1. \qquad (6.74)$$

Mit Hilfe dieser Gleichung soll nun die Abschätzung der Varianz $\mathrm{Var}\{\hat{Q}|q\}$ nach unten erfolgen. Dazu verwendet man die *Schwarzsche Ungleichung* in der Form:

$$\int_{-\infty}^{\infty} x^2(t)\, dt \int_{-\infty}^{\infty} y^2(t)\, dt \geq \left[\int_{-\infty}^{\infty} x(t)\, y(t)\, dt\right]^2. \qquad (6.75)$$

Umformung von (6.74) liefert:

$$\int\int_{-\infty}^{\infty} \left[(\hat{q}(\mathbf{r})-q)\sqrt{f_{\mathbf{R}|Q}(\mathbf{r}|q)}\right] \cdot \left[\sqrt{f_{\mathbf{R}|Q}(\mathbf{r}|q)} \frac{\partial \ln(f_{\mathbf{R}|Q}(\mathbf{r}|q))}{\partial q}\right] d\mathbf{r} = 1. \quad (6.76)$$

Quadriert man (6.76) und vergleicht das Ergebnis mit (6.75), so folgt:

$$\int\int_{-\infty}^{\infty} (\hat{q}(\mathbf{r})-q)^2 f_{\mathbf{R}|Q}(\mathbf{r}|q)\, d\mathbf{r} \cdot \int\int_{-\infty}^{\infty} f_{\mathbf{R}|Q}(\mathbf{r}|q) \left[\frac{\partial \ln(f_{\mathbf{R}|Q}(\mathbf{r}|q))}{\partial q}\right]^2 d\mathbf{r} \geq 1. \quad (6.77)$$

Das erste Integral ist gleich der Varianz $\mathrm{Var}\{\hat{Q}|q\}$. Durch Umformung erhält man damit die Cramér-Rao-Ungleichung in der Form:

$$\mathrm{Var}\{\hat{Q}|q\} = \iint_{-\infty}^{\infty} (\hat{q}(\mathbf{r}) - q)^2 f_{\mathbf{R}|Q}(\mathbf{r}|q)\, d\mathbf{r} \tag{6.78}$$

$$\geq \frac{1}{\iint_{-\infty}^{\infty} \left[\frac{\partial \ln(f_{\mathbf{R}|Q}(\mathbf{r}|q))}{\partial q}\right]^2 f_{\mathbf{R}|Q}(\mathbf{r}|q)\, d\mathbf{r}} = \left(\mathrm{E}\left\{\left(\frac{\partial \ln(f_{\mathbf{R}|Q}(\mathbf{r}|q))}{\partial q}\right)^2\right\}\right)^{-1}.$$

Um die Form der Cramér-Rao-Ungleichung nach (6.69) zu beweisen, geht man von der Beziehung

$$\iint_{-\infty}^{\infty} f_{\mathbf{R}|Q}(\mathbf{r}|q)\, d\mathbf{r} = 1 \tag{6.79}$$

aus. Differentiation nach q liefert unter den gegebenen Voraussetzungen und mit (6.73)

$$\iint_{-\infty}^{\infty} \frac{\partial f_{\mathbf{R}|Q}(\mathbf{r}|q)}{\partial q}\, d\mathbf{r} = \iint_{-\infty}^{\infty} \frac{\partial \ln(f_{\mathbf{R}|Q}(\mathbf{r}|q))}{\partial q} f_{\mathbf{R}|Q}(\mathbf{r}|q)\, d\mathbf{r} = 0. \tag{6.80}$$

Differenziert man noch einmal nach q und wendet (6.73) an, so erhält man:

$$\iint_{-\infty}^{\infty} \frac{\partial^2 \ln(f_{\mathbf{R}|Q}(\mathbf{r}|q))}{\partial q^2} f_{\mathbf{R}|Q}(\mathbf{r}|q)\, d\mathbf{r} + \iint_{-\infty}^{\infty} \left[\frac{\partial \ln(f_{\mathbf{R}|Q}(\mathbf{r}|q))}{\partial q}\right]^2 f_{\mathbf{R}|Q}(\mathbf{r}|q)\, d\mathbf{r} = 0 \tag{6.81}$$

oder

$$\mathrm{E}\left\{\frac{\partial^2 \ln(f_{\mathbf{R}|Q}(\mathbf{r}|q))}{\partial q^2}\right\} = -\mathrm{E}\left\{\left(\frac{\partial \ln(f_{\mathbf{R}|Q}(\mathbf{r}|q))}{\partial q}\right)^2\right\}. \tag{6.82}$$

Mit (6.78) erhält man die Cramér-Rao-Ungleichung nach (6.69).

Die Ungleichung (6.77) – und damit auch Abschätzung der Varianz nach (6.68) bzw. (6.69) – wird für

$$(\hat{q}(\mathbf{r}) - q) \cdot c(q) = \frac{\partial \ln(f_{\mathbf{R}|Q}(\mathbf{r}|q))}{\partial q} \tag{6.83}$$

zur Gleichung, wie aus den Eigenschaften der Schwarzschen Ungleichung folgt. Dabei ist $c(q)$ eine beliebige, vom Parameterwert q abhängige Konstante. Wenn die Beziehung in (6.83) erfüllt ist, wird auch die Cramér-Rao-Ungleichung zur Gleichung. Dies ist gleichbedeutend damit, dass $\hat{q}(\mathbf{r})$ ein *wirksamer* Schätzwert ist. Für jeden wirksamen Schätzwert muss also (6.83) erfüllt sein.

Damit ergeben sich aus der Cramér-Rao-Ungleichung folgende Resultate:

- Jeder erwartungstreue Schätzwert besitzt eine Varianz, die *größer* als ein bestimmter Wert ist.
- Wenn ein wirksamer Schätzwert existiert, d. h. wenn (6.83) gilt, dann wird für den Maximum-Likelihood-Schätzwert die Cramér-Rao-Ungleichung zur Gleichung. Aus (6.83) und (6.44) folgt:

$$(\hat{q}(\mathbf{r}) - q) \cdot c(q) = \left. \frac{\partial \ln(f_{\mathbf{R}|Q}(\mathbf{r}|q))}{\partial q} \right|_{q=\hat{q}(\mathbf{r})} = 0. \tag{6.84}$$

Damit gilt: Falls ein wirksamer Schätzwert existiert, erfüllt der *Maximum-Likelihood-Schätzwert* die Forderung für eine wirksame Schätzung.

- Falls kein wirksamer Schätzwert existiert, d. h. die Bedingung (6.83) nicht erfüllt werden kann, lässt sich allgemein nichts über die Größe der Varianz des Maximum-Likelihood-Schätzwerts aussagen. Dies gilt auch für jeden anderen Schätzwert.
- Die Cramér-Rao-Ungleichung gilt nur für erwartungstreue Schätzwerte. Wird diese Forderung nicht erfüllt, ist der Ansatz zur Herleitung der unteren Grenze der Fehlervarianz nach (6.70) entsprechend abzuändern.

Aus den Betrachtungen zur Cramér-Rao-Ungleichung geht hervor, dass der Maximum-Likelihood-Schätzwert eine besondere Rolle spielt. Dies wird durch die folgenden, ohne Beweis angegebenen Eigenschaften des Schätzwertes unterstrichen. Wenn in jeder der statistisch voneinander unabhängigen Komponenten des durch $\mathbf{r}$ repräsentierten Zufallsvektors mit der Dimension N der zu schätzende Parameterwert q enthalten ist, dann gilt für das asymptotische Verhalten von $\hat{q}(\mathbf{r})$:

- Mit $N \to \infty$ konvergiert der Maximum-Likelihood-Schätzwert $\hat{q}(\mathbf{r})$ auf den Parameter q, d. h. (6.12) ist erfüllt und $\hat{q}(\mathbf{r})$ damit ein *konsistenter* Schätzwert.
- Auch wenn kein wirksamer Schätzwert gefunden werden kann, d. h. wenn (6.83) nicht gilt, ist der Maximum-Likelihood-Schätzwert $\hat{q}(\mathbf{r})$ wenigstens *asymptotisch wirksam*. Mit (6.68) gilt dann:

$$\lim_{N \to \infty} \mathrm{Var}\{\hat{Q}|q\} \cdot \mathrm{E}\left\{ \left(\frac{\partial \ln(f_{\mathbf{R}|Q}(\mathbf{r}|q))}{\partial q}\right)^2 \right\} = 1. \tag{6.85}$$

- Der Maximum-Likelihood-Schätzwert $\hat{Q} = \hat{q}(\mathbf{R})$ nimmt im Grenzfall eine *Gauß-dichte* an

$$\lim_{N \to \infty} f_{\hat{Q}} \left(\frac{\hat{q}(\mathbf{r}) - q}{\sqrt{\mathrm{Var}\{\hat{Q}|q\}|_{min}}} \right) = \frac{1}{\sqrt{2\pi}} \exp\left(-\frac{(\hat{q}(\mathbf{r}) - q)^2}{2}\right), \tag{6.86}$$

wobei die Definition der minimalen Varianz $\mathrm{Var}\{\hat{Q}|q\}|_{min}$ nach (6.68) bzw. (6.69) verwendet wurde. Damit wird eine einfache Berechnung u. a. des Konfidenzintervalls möglich.

6.4.2 Minimaler mittlerer quadratischer Fehler bei bekannter A-priori-Dichte

Es liegt nahe, nach einer unteren Grenze des mittleren quadratischen Fehlers auch für den Fall zu fragen, bei dem die A-priori-Dichte des zu schätzenden Parameters bekannt ist. Den Cramér-Rao-Ungleichungen in (6.68) und (6.69) entsprechend gilt für den hier betrachteten Fall:

$$\mathrm{Var}\{\hat{Q}\} = \mathrm{E}\{(\hat{Q} - Q)^2\} \geq \left(\mathrm{E}\{\left(\frac{\partial \ln(f_{\mathbf{R},Q}(\mathbf{r},q))}{\partial q} \right)^2\} \right)^{-1} \tag{6.87}$$

oder

$$\mathrm{Var}\{\hat{Q}\} = \mathrm{E}\{(\hat{Q} - Q)^2\} \geq \left(-\mathrm{E}\{\frac{\partial^2 \ln(f_{\mathbf{R},Q}(\mathbf{r},q))}{\partial q^2}\} \right)^{-1}. \tag{6.88}$$

Weil hier der Parameter q und der gestörte Empfangsvektor $\mathbf{r}$ Repräsentanten der Zufallsvariablen Q bzw. $\mathbf{R}$ sind, wird der Erwartungswert jeweils über $\mathbf{R}$ und Q gebildet. Der Beweis dieser Ungleichungen entspricht weitgehend demjenigen für die Cramér-Rao-Ungleichungen nach (6.68) und (6.69).

Die Ungleichungen (6.87) bzw. (6.88) werden zu Gleichungen für (siehe (6.83)):

$$(\hat{q}(\mathbf{r}) - q) \cdot c = \frac{\partial \ln(f_{\mathbf{R},Q}(\mathbf{r},q))}{\partial q}. \tag{6.89}$$

Weil in (6.87) bzw. (6.88) der Erwartungswert über $\mathbf{R}$ und Q gebildet wird, hängt die Konstante c in (6.89) nicht von q ab. Sofern für alle $\mathbf{r}$ und q (6.89) erfüllt ist, existiert ein *wirksamer* Schätzwert. Beachtet man, dass

$$\frac{\partial \ln(f_{\mathbf{R},Q}(\mathbf{r},q))}{\partial q} = \frac{\partial [\ln(f_{Q|\mathbf{R}}(q|\mathbf{r})) + \ln(f_{\mathbf{R}}(\mathbf{r}))]}{\partial q} = \frac{\partial \ln(f_{Q|\mathbf{R}}(q|\mathbf{r}))}{\partial q} \tag{6.90}$$

gilt, und vergleicht man (6.89) mit der MAP-Gleichung (6.31), so zeigt sich folgender Zusammenhang:

Wenn (6.89) gilt, d. h. wenn ein wirksamer Schätzwert existiert, kann man diesen auch bestimmen; dieser Schätzwert ist

- gleich dem aus der MAP-Gleichung (6.31) berechneten und
- gleich dem aus der Kostenfunktion des quadratischen Fehlers nach (6.24) gewonnenen Schätzwert.

Im Falle der Existenz eines wirksamen Schätzwertes ist es also gleichgültig, ob man den Schätzwert nach (6.24) oder (6.31) bestimmt. Man wählt in diesem Fall die mathematisch einfacher zu ermittelnde Lösung. Existiert kein wirksamer Schätzwert, gilt dieser Zusammenhang nicht, und man kann allgemein auch nichts über die Größe des minimalen Schätzfehlers aussagen.

Differenziert man (6.89) noch einmal nach q, so gilt:

$$\frac{\partial^2 \ln(f_{\mathbf{R},Q}(\mathbf{r},q))}{\partial q^2} = -c. \tag{6.91}$$

Beachtet man die Beziehung in (6.90), so folgt entsprechend:

$$\frac{\partial^2 \ln(f_{Q|\mathbf{R}}(q|\mathbf{r}))}{\partial q^2} = -c. \tag{6.92}$$

Integriert man (6.92) zweimal nach q und setzt das Ergebnis in den Exponenten, so gilt:

$$f_{Q|\mathbf{R}}(q|\mathbf{r}) = \exp\left(-\frac{1}{2}c \cdot q^2 + c_1(\mathbf{r}) \cdot q + c_2(\mathbf{r})\right). \tag{6.93}$$

Daraus folgt: Die A-posteriori-Dichte von Q muss eine *Gaußsche* Dichtefunktion für alle $\mathbf{r}$ sein, wenn ein wirksamer Schätzwert existieren soll.

6.5 Multiple Parameterschätzung

Oft wird bei der Parameterschätzung nicht nur nach der Größe eines Parameters, sondern nach den Größen mehrerer Parameter gefragt. Diesen Fall bezeichnet man als *multiple Parameterschätzung*; entsprechend wurde bei der Detektion zwischen binärer und multipler Detektion unterschieden. Die bei der multiplen Parameterschätzung zu schätzenden K Parameterwerte q_i werden zu einem Vektor $\mathbf{q}$ zusammengefasst:

$$\mathbf{q} = (q_1, q_2, \ldots, q_K)^T. \tag{6.94}$$

Die Komponenten von $\mathbf{q}$ können auch hier Realisierungen von Zufallsvariablen sein oder Größen, über die nichts weiter bekannt ist. Ein Beispiel für die multiple Parameterschätzung stellt das Radarproblem dar, bei dem z. B. die Position, die Geschwindigkeit und die Größe eines Flugkörpers bestimmt werden sollen. Dazu werden die Laufzeit, die Dopplerfrequenzverschiebung und die Amplitude des vom Flugkörper reflektierten Sendesignals geschätzt.

Die Schätzverfahren, nach denen der Schätzwert $\hat{\mathbf{q}}(\mathbf{r})$ des Parametervektors $\mathbf{q}$ mit Hilfe des gestörten Empfangsvektors $\mathbf{r}$ bestimmt wird, entsprechen denen der einfachen Parameterschätzung; sie stellen lediglich eine Erweiterung auf K Dimensionen für den Parametervektor $\mathbf{q}$ dar.

6.5.1 *Schätzverfahren*

Die wichtigsten Schätzverfahren bei der einfachen Parameterschätzung sind,

- wenn die A-priori-Dichte des Parameters bekannt ist, auf dem *Bayes-Kriterium* beruhende Verfahren. Die Kostenfunktion des quadratischen Fehlers liefert einen Schätzwert nach (6.24) mit minimaler A-posteriori-Varianz. Die Kostenfunktion mit konstanter Bewertung großer Fehler liefert an Hand der MAP-Gleichung (6.31) den Schätzwert, der mit größter A-posteriori-Wahrscheinlichkeit mit dem zu schätzenden Parameter übereinstimmt.

- wenn keine A-priori-Information des Parameters bekannt ist, das auf der *Likelihood-Gleichung* (6.44) beruhende Verfahren.

Für diese Verfahren soll eine Erweiterung auf die multiple Parameterschätzung erfolgen.

6.5.1.1 Parametervektor mit bekannter A-priori-Dichte

Die Anwendung des Bayes-Kriteriums erfordert die Angabe einer Kostenfunktion. Diese soll nur vom Fehlervektor

$$\mathbf{e} = (e_1, e_2, \ldots, e_K)^T = \hat{\mathbf{q}}(\mathbf{r}) - \mathbf{q} = (\hat{q}_1(\mathbf{r}) - q_1, \ldots, \hat{q}_K(\mathbf{r}) - q_K)^T \tag{6.95}$$

abhängen (siehe (6.3)). Das Risiko ist dann der Erwartungswert der Kostenfunktion $C(\mathbf{e})$

$$\begin{aligned} R = \mathrm{E}\{C(\mathbf{E})\} &= \iint_{-\infty}^{\infty} \iint_{-\infty}^{\infty} C(\hat{\mathbf{q}}(\mathbf{r}) - \mathbf{q}) f_{\mathbf{Q},\mathbf{R}}(\mathbf{q}, \mathbf{r}) d\mathbf{r}\, d\mathbf{q} \\ &= \iint_{-\infty}^{\infty} \left(\iint_{-\infty}^{\infty} C(\hat{\mathbf{q}}(\mathbf{r}) - \mathbf{q}) f_{\mathbf{Q}|\mathbf{R}}(\mathbf{q}|\mathbf{r}) d\mathbf{q} \right) f_{\mathbf{R}}(\mathbf{r}) d\mathbf{r} \end{aligned} \tag{6.96}$$

und soll durch Wahl von $\hat{\mathbf{q}}(\mathbf{r})$ zum Minimum gemacht werden. Dazu ist die Kostenfunktion $C(\mathbf{e})$ anzugeben. Mit der Kostenfunktion des quadratischen Fehlers gilt:

$$C(\mathbf{e}) = \sum_{j=1}^{K} e_j^2 = \mathbf{e}^T \mathbf{e} = (\hat{\mathbf{q}}(\mathbf{r}) - \mathbf{q})^T (\hat{\mathbf{q}}(\mathbf{r}) - \mathbf{q}). \tag{6.97}$$

Das zu minimierende innere Integral in (6.96) lautet damit (siehe (6.20)):

$$I(\mathbf{r}) = \iint_{-\infty}^{\infty} \sum_{j=1}^{K} (\hat{q}_j(\mathbf{r}) - q_j)^2 f_{\mathbf{Q}|\mathbf{R}}(\mathbf{q}|\mathbf{r})\, d\mathbf{q}. \tag{6.98}$$

Das Minimum wird erreicht für (siehe(6.24)):

$$\hat{q}_j(\mathbf{r}) = \iint_{-\infty}^{\infty} q_j\, f_{\mathbf{Q}|\mathbf{R}}(\mathbf{q}|\mathbf{r})\, d\mathbf{q}, \quad j = 1, \ldots, K \tag{6.99}$$

bzw. für

$$\hat{\mathbf{q}}(\mathbf{r}) = \iint_{-\infty}^{\infty} \mathbf{q}\, f_{\mathbf{Q}|\mathbf{R}}(\mathbf{q}|\mathbf{r})\, d\mathbf{q}. \tag{6.100}$$

Die Eigenschaften dieses Schätzwertes entsprechen denen im Fall der einfachen Parameterschätzung. Für die Kostenfunktion mit konstanter Bewertung großer Fehler erhält man den Schätzwert für multiple Parameterschätzung entsprechend [Mid60]; dabei ist das Maximum der A-posteriori-Dichtefunktion $f_{\mathbf{Q}|\mathbf{R}}(\mathbf{q}|\mathbf{r})$ zu bestimmen. Wenn die partiellen Ableitungen der Dichte nach den Parametern q_j existieren, dann ist die MAP-Gleichung eine notwendige Bedingung zur Bestimmung von $\hat{q}_j(\mathbf{r})$. Logarithmieren von $f_{\mathbf{Q}|\mathbf{R}}(\mathbf{q}|\mathbf{r})$ und Differenzieren nach den K Parametern q_j liefert die K Gleichungen:

$$\frac{\partial \ln(f_{\mathbf{Q}|\mathbf{R}}(\mathbf{q}|\mathbf{r}))}{\partial q_j}|_{\mathbf{q}=\hat{\mathbf{q}}(\mathbf{r})} = 0, \quad j = 1,\ldots,K. \tag{6.101}$$

Mit dem Nabla-Operator

$$\nabla_q = \left(\frac{\partial}{\partial q_1}, \frac{\partial}{\partial q_2}, \ldots, \frac{\partial}{\partial q_K}\right)^T \tag{6.102}$$

kann man eine einfache Schreibweise für (6.101) gewinnen:

$$\nabla_q \ln(f_{\mathbf{Q}|\mathbf{R}}(\mathbf{q}|\mathbf{r}))|_{\mathbf{q}=\hat{\mathbf{q}}(\mathbf{r})} = \mathbf{0}. \tag{6.103}$$

Wenn $\hat{\mathbf{q}}(\mathbf{r})$ das absolute Maximum von $f_{\mathbf{Q}|\mathbf{R}}(\mathbf{q}|\mathbf{r})$ angibt, ist $\hat{\mathbf{q}}(\mathbf{r})$ der gesuchte optimale Schätzvektor.

6.5.1.2 Parametervektor ohne A-priori-Information

In diesem Fall liefert die Maximum-Likelihood-Schätzung den gesuchten Schätzwert. Dazu ist der Wert $\mathbf{q} = \hat{\mathbf{q}}(\mathbf{r})$ zu finden, der $f_{\mathbf{R}|\mathbf{Q}}(\mathbf{r}|\mathbf{q})$ maximiert. Wenn die partiellen Ableitungen von $f_{\mathbf{R}|\mathbf{Q}}(\mathbf{r}|\mathbf{q})$ im Bereich des Maximums existieren, dann liefern die Likelihood-Gleichungen eine notwendige Bedingung für den Schätzwert:

$$\nabla_q \ln\left(f_{\mathbf{R}|\mathbf{Q}}(\mathbf{r}|\mathbf{q})\right)|_{\mathbf{q}=\hat{\mathbf{q}}(\mathbf{r})} = \mathbf{0}. \tag{6.104}$$

Damit $\hat{\mathbf{q}}(\mathbf{r})$ optimal ist, muss sichergestellt sein, dass $f_{\mathbf{R}|\mathbf{Q}}(\mathbf{r}|\mathbf{q})$ ein absolutes Maximum für $\hat{\mathbf{q}}(\mathbf{r})$ besitzt.

6.5.2 Schätzfehler

Dem mittleren quadratischen Fehler bei einfacher Parameterschätzung entspricht hier die Korrelationsmatrix des K-dimensionalen Fehlervektors $\mathbf{E}$. Wenn $\mathbf{Q}$ ein Zufallsvektor ist, gilt also

$$\mathbf{R}_{\mathbf{EE}} = \mathrm{E}\{\mathbf{E}\mathbf{E}^T\} = \mathrm{E}\{(\hat{\mathbf{Q}} - \mathbf{Q})(\hat{\mathbf{Q}} - \mathbf{Q})^T\} \tag{6.105}$$

für die Fehlerkorrelationsmatrix. Wäre der Parameter keine Zufallsvariable, so würde der quadratische Mittelwert in (6.105) für den aktuellen Wert $\mathbf{q}$ des Parameters berechnet. Die Hauptdiagonale von $\mathbf{R}_{\mathbf{EE}}$ enthält die mittleren quadratischen Fehler der Komponenten E_j.

Für einen erwartungstreuen Schätzvektor gilt entsprechend (6.7), wenn keine A-priori-Information über $\mathbf{q}$ vorliegt:

$$\mathrm{E}\{\hat{\mathbf{Q}}|\mathbf{q}\} = \mathbf{q}. \tag{6.106}$$

Macht man keinen Unterschied in der Bezeichnungsweise für die Korrelations- und Kovarianzmatrizen bei vorliegender oder fehlender A-priori-Information über den Parametervektor $\mathbf{Q}$, so folgt mit (6.106) für $\mathbf{R}_{\mathbf{EE}}$ bei fehlender A-priori-Information:

$$\mathbf{R}_{\mathbf{EE}} = \mathrm{E}\{(\hat{\mathbf{Q}} - \mathrm{E}\{\hat{\mathbf{Q}}|\mathbf{q}\})(\hat{\mathbf{Q}} - \mathrm{E}\{\hat{\mathbf{Q}}|\mathbf{q}\})^T\} = \mathbf{C}_{\hat{\mathbf{Q}}\hat{\mathbf{Q}}}, \tag{6.107}$$

d. h. die Korrelationsmatrix von $\mathbf{E}$ ist gleich der Kovarianzmatrix von $\hat{\mathbf{q}}(\mathbf{R}) = \hat{\mathbf{Q}}$. Die Hauptdiagonalelemente sind gleich den Varianzen $\mathrm{Var}\{\hat{q}_i(\mathbf{R})|q_i\}$ der Komponenten des Schätzvektors $\hat{\mathbf{q}}(\mathbf{r})$. Man wird anstreben, dass die Hauptdiagonalelemente von $\mathbf{R}_{\mathbf{EE}}$ bzw. $\mathbf{C}_{\hat{\mathbf{Q}}\hat{\mathbf{Q}}}$ möglichst klein werden. Wie bei der einfachen Parameterschätzung kann man eine untere Grenze für diese Elemente ähnlich der Cramér-Rao-Ungleichung herleiten. Dies soll hier jedoch unterbleiben, da man in der Praxis häufig von Gaußschen Störungen ausgehen kann. In diesem Fall vereinfacht sich die Multiple Parameterschätzung, sofern der minimale mittlere quadratische Fehler als Optimalitätskriterium verwendet wird, weil *lineare Schätzsysteme* bei Gaußschen Störungen den minimalen mittleren quadratischen Schätzfehler liefern.

Kapitel 7
Lineare Parameterschätzsysteme

Die bei den bisherigen Betrachtungen gemachten Voraussetzungen zur Lösung des einfachen und multiplen Parameterschätzproblems sollen nun beim Entwurf des Schätzers um eine Annahme erweitert werden: In diesem Kapitel sollen *lineare Schätzeinrichtungen* untersucht werden. Linear bedeutet, dass der Schätzvektor $\hat{\mathbf{q}}$ eine Linearkombination des gestörten Empfangsvektors $\mathbf{r}$ ist:

$$\hat{\mathbf{q}}(\mathbf{r}) = \mathbf{H}\,\mathbf{r}. \tag{7.1}$$

Der Schätzvektor $\hat{\mathbf{q}}$ sei ein K-dimensionaler, der Empfangs- oder Messvektor $\mathbf{r}$ ein N-dimensionaler Vektor. Demzufolge ist $\mathbf{H}$ eine K-zeilige und N-spaltige Matrix, die zur Beschreibung der Schätzeinrichtung dient.

Bei der Bestimmung von $\mathbf{H}$ soll folgendes Optimalitätskriterium verwendet werden: Die Elemente der Hauptdiagonalen der Korrelationsmatrix $\mathbf{R_{EE}}$ des Fehlervektors $\mathbf{E}$

$$\mathbf{R_{EE}} = \mathrm{E}\{\mathbf{E}\mathbf{E}^T\} = \mathrm{E}\{(\hat{\mathbf{q}}(\mathbf{R}) - \mathbf{Q})(\hat{\mathbf{q}}(\mathbf{R}) - \mathbf{Q})^T\} \tag{7.2}$$

sind zu minimieren. Wie man zeigen kann [Sag71], liefern lineare Systeme für Gaußsche Störungen das überhaupt mögliche Minimum dieses Schätzfehlers, d. h. nichtlineare Systeme liefern kein besseres Ergebnis.

Der Schätzvektor $\hat{\mathbf{q}}(\mathbf{R})$ soll *erwartungstreu* sein. Im Fall verfügbarer A-priori-Information, d. h. wenn die Dichte des Parametervektors $\mathbf{Q}$ bekannt ist, soll mit (6.6) gelten:

$$\mathrm{E}\{\hat{\mathbf{q}}(\mathbf{R})\} = \mathrm{E}\{\hat{\mathbf{Q}}\} = \mathrm{E}\{\mathbf{Q}\}. \tag{7.3}$$

Es zeigt sich, dass die Lösung für eine lineare Schätzeinrichtung, die zu einem Minimum der quadratischen Mittelwerte der Fehlerkomponenten nach (7.2) führt, mit Hilfe des *Gauß-Markoff-Theorems* geschlossen angegeben werden kann. Dazu werden nur die Korrelationsmatrizen der Zufallsvektoren $\mathbf{Q}$ und $\mathbf{R}$ benötigt. Darin besteht ein wesentlicher Vorteil der linearen Schätzeinrichtungen: Bei den bisher betrachteten Parameterschätzproblemen war die Kenntnis der *Dichtefunktion* erforderlich, d. h. man benötigte wesentlich mehr Information. Schätzeinrichtungen, die man wie die lienearen ohne Kenntnis der Dichtefunktion entwerfen kann, bezeichnet man deshalb als *verteilungsfreie* Schätzeinrichtungen.

7.1 Gauß-Markoff-Theorem

Die zu lösende Aufgabe besteht darin, diejenige *lineare* Schätzeinrichtung $\mathbf{H}$ nach (7.1) zu finden, die die Hauptdiagonalelemente von $\mathbf{R_{EE}}$ zum Minimum macht, d. h. auf den *minimalen mittleren quadratischen Schätzfehler* führt. Das Gauß-Markoff-Theorem liefert unter diesen beiden Randbedingungen die gesuchte Lösung. Wenn die Korrelationsmatrizen

$$\mathbf{R_{QQ}} = \mathrm{E}\{\mathbf{Q} \cdot \mathbf{Q}^T\}, \tag{7.4}$$

$$\mathbf{R_{QR}} = \mathrm{E}\{\mathbf{Q} \cdot \mathbf{R}^T\} \tag{7.5}$$

und

$$\mathbf{R_{RR}} = \mathrm{E}\{\mathbf{R} \cdot \mathbf{R}^T\} \tag{7.6}$$

bekannt sind und die inverse Matrix $\mathbf{R_{RR}^{-1}}$ existiert, dann ist der gesuchte optimale Schätzwert einer linearen Schätzeinrichtung [Lie67]:

$$\hat{\mathbf{q}}(\mathbf{r}) = \mathbf{R_{QR}} \mathbf{R_{RR}^{-1}} \mathbf{r}. \tag{7.7}$$

Dieser Schätzwert macht die Elemente der Hauptdiagonalen von

$$\mathbf{R_{EE}} = \mathbf{R_{QQ}} - \mathbf{R_{QR}} \mathbf{R_{RR}^{-1}} \mathbf{R_{QR}^T} \tag{7.8}$$

zum Minimum. Wenn zusätzlich die Bedingung

$$\mathrm{E}\{\hat{\mathbf{Q}}\} = \mathbf{R_{QR}} \mathbf{R_{RR}^{-1}} \cdot \mathrm{E}\{\mathbf{R}\} = \mathrm{E}\{\mathbf{Q}\} \tag{7.9}$$

erfüllt wird, ist der zum Schätzvektor $\hat{\mathbf{q}}(\mathbf{r})$ gehörige Zufallsvektor $\hat{\mathbf{q}}(\mathbf{R})$ *erwartungstreu* nach (6.6).

Vergleicht man (7.1) mit (7.7), so folgt für die lineare, durch die Matrix $\mathbf{H}$ beschriebene Schätzeinrichtung:

$$\mathbf{H} = \mathbf{R_{QR}} \mathbf{R_{RR}^{-1}}. \tag{7.10}$$

Dieses Ergebnis gilt allgemein. Man benötigt dazu allein die Matrizen in (7.5) und (7.6), d. h. die Kenntnis von anderen Größen, z. B. $\mathbf{R_{QQ}}$, oder die Kenntnis darüber, wie der gestörte Empfangsvektor $\mathbf{r}$ von $\mathbf{q}$ funktional abhängt, ist nicht erforderlich. Ferner ist nichts über die Verknüpfung von $\mathbf{q}$ mit den Störungen $\mathbf{n}$ des Kanals vorausgesetzt, insbesondere, ob $\mathbf{Q}$ und $\mathbf{N}$ miteinander korreliert sind oder nicht. Wie sich die Schätzsysteme ändern, wenn ein bestimmtes Signalmodell verwendet wird oder keine A-priori-Inforamtion verfügbar ist, soll in den folgenden Abschnitten behandelt werden.

Zunächst soll das Gauß-Markoff-Theorem bewiesen werden, d. h. dass $\mathbf{H}$ nach (7.10) einen Schätzwert $\hat{\mathbf{q}}(\mathbf{R})$ liefert, der die Hauptdiagonalelemente von $\mathbf{R_{EE}}$ zum Minimum macht. Verwendet man bei der Berechnung der Korrelationsmatrix

$$\mathbf{R_{EE}} = \mathrm{E}\{(\hat{\mathbf{q}}(\mathbf{R}) - \mathbf{Q})(\hat{\mathbf{q}}(\mathbf{R}) - \mathbf{Q})^T\} \tag{7.11}$$

den Schätzwert

$$\hat{\mathbf{q}}(\mathbf{r}) = \mathbf{H}\,\mathbf{r}, \tag{7.12}$$

so folgt:

$$\mathbf{R_{EE}} = \mathrm{E}\{(\mathbf{H}\cdot\mathbf{R} - \mathbf{Q})(\mathbf{H}\cdot\mathbf{R} - \mathbf{Q})^T\}. \tag{7.13}$$

Beachtet man, dass für die Matrizen $\mathbf{X}$ und $\mathbf{Y}$ [Zur64]

$$(\mathbf{X} + \mathbf{Y})^T = \mathbf{X}^T + \mathbf{Y}^T \tag{7.14}$$

$$(\mathbf{X}\mathbf{Y})^T = \mathbf{Y}^T\mathbf{X}^T \tag{7.15}$$

gilt, so folgt für (7.13):

$$\begin{aligned}\mathbf{R_{EE}} &= \mathrm{E}\{(\mathbf{H}\cdot\mathbf{R} - \mathbf{Q})(\mathbf{R}^T\cdot\mathbf{H}^T - \mathbf{Q}^T)\}\\ &= \mathrm{E}\{\mathbf{H}\mathbf{R}\mathbf{R}^T\mathbf{H}^T - \mathbf{H}\mathbf{R}\mathbf{Q}^T - \mathbf{Q}\mathbf{R}^T\mathbf{H}^T + \mathbf{Q}\mathbf{Q}^T\}\\ &= \mathbf{H}\mathrm{E}\{\mathbf{R}\mathbf{R}^T\}\mathbf{H}^T - \mathbf{H}\mathrm{E}\{\mathbf{R}\mathbf{Q}^T\} - \mathrm{E}\{\mathbf{Q}\mathbf{R}^T\}\mathbf{H}^T + \mathrm{E}\{\mathbf{Q}\mathbf{Q}^T\}.\end{aligned} \tag{7.16}$$

Mit (7.4), (7.5) und (7.6) gilt weiter:

$$\mathbf{R_{EE}} = \mathbf{H}\,\mathbf{R_{RR}}\mathbf{H}^T - \mathbf{H}\mathbf{R_{RQ}} - \mathbf{R_{QR}}\mathbf{H}^T + \mathbf{R_{QQ}}. \tag{7.17}$$

Beachtet man, dass

$$\mathbf{R_{RQ}} = \mathrm{E}\{\mathbf{R}\mathbf{Q}^T\} = \mathrm{E}\{(\mathbf{Q}\mathbf{R}^T)^T\} = \mathbf{R_{QR}}^T \tag{7.18}$$

gilt, so folgt daraus:

$$\mathbf{R_{EE}} = \mathbf{H}\mathbf{R_{RR}}\mathbf{H}^T - \mathbf{R_{QR}}\mathbf{H}^T - \mathbf{H}\mathbf{R_{QR}}^T + \mathbf{R_{QQ}}. \tag{7.19}$$

In der Matrizenrechnung gilt für die Matrizen $\mathbf{X}$, $\mathbf{Y}$ und $\mathbf{Z}$ [Zur64]:

$$\begin{aligned}&\mathbf{X}\mathbf{Z}\mathbf{X}^T - \mathbf{Y}\mathbf{X}^T - \mathbf{X}\mathbf{Y}^T\\ &\quad = (\mathbf{X} - \mathbf{Y}\mathbf{Z}^{-1})\mathbf{Z}(\mathbf{X}^T - \mathbf{Z}^{-1}\mathbf{Y}^T) - \mathbf{Y}\mathbf{Z}^{-1}\mathbf{Y}^T,\end{aligned} \tag{7.20}$$

sofern $\mathbf{Z}^{-1}$ existiert. Für $\mathbf{R_{EE}}$ nach (7.19) folgt damit:

$$\begin{aligned}\mathbf{R_{EE}} &= (\mathbf{H} - \mathbf{R_{QR}}\mathbf{R_{RR}}^{-1})\mathbf{R_{RR}}(\mathbf{H}^T - \mathbf{R_{RR}}^{-1}\mathbf{R_{QR}}^T)\\ &\quad - \mathbf{R_{QR}}\mathbf{R_{RR}}^{-1}\mathbf{R_{QR}}^T + \mathbf{R_{QQ}}.\end{aligned} \tag{7.21}$$

Die Hauptdiagonalelemente von $\mathbf{R_{EE}}$ sollen durch Wahl von $\mathbf{H}$ möglichst klein werden. Nur der erste Term in (7.21) hängt von $\mathbf{H}$ ab, die beiden anderen sind bezüglich

$\mathbf{H}$ Konstante. Weil der erste Term nichtnegativ definit ist, erreicht er sein Minimum bei Null. In diesem Fall wird dann aber auch $\mathbf{R}_{\mathbf{EE}}$ zum Minimum, d. h. für

$$\mathbf{H} - \mathbf{R}_{\mathbf{QR}}\mathbf{R}_{\mathbf{RR}}^{-1} = \mathbf{0} \tag{7.22}$$

oder

$$\mathbf{H} = \mathbf{R}_{\mathbf{QR}}\mathbf{R}_{\mathbf{RR}}^{-1}. \tag{7.23}$$

Dies stimmt aber mit der Behauptung in (7.10) überein. Für die Korrelationsmatrix $\mathbf{R}_{\mathbf{EE}}$ folgt mit (7.22) aus (7.21):

$$\mathbf{R}_{\mathbf{EE}} = \mathbf{R}_{\mathbf{QQ}} - \mathbf{R}_{\mathbf{QR}}\mathbf{R}_{\mathbf{RR}}^{-1}\mathbf{R}_{\mathbf{QR}}^{T}, \tag{7.24}$$

was mit (7.8) übereinstimmt.

Damit der Schätzwert $\hat{\mathbf{q}}(\mathbf{R})$ nach (7.7) erwartungstreu ist, muss

$$\mathrm{E}\{\hat{\mathbf{Q}}\} = \mathrm{E}\{\hat{\mathbf{q}}(\mathbf{R})\} = \mathrm{E}\{\mathbf{R}_{\mathbf{QR}}\mathbf{R}_{\mathbf{RR}}^{-1}\mathbf{R}\} = \mathbf{R}_{\mathbf{QR}}\mathbf{R}_{\mathbf{RR}}^{-1}\cdot\mathrm{E}\{\mathbf{R}\} \tag{7.25}$$

nach (6.6) gelten, was mit der eingangs genannten Bedingung (7.9) übereinstimmt.

Interpretation des Gauß-Markoff-Theorems

Die Ergebnisse des Gauß-Markoff-Theorems lassen sich durch ein geometrisches Modell veranschaulichen, wenn man eine Korrespondenz zwischen der Korrelationsmatrix $\mathbf{R}_{\mathbf{XY}}$ der Zufallsvektoren $\mathbf{X}$ und $\mathbf{Y}$ und dem Skalarprodukt der geometrischen Vektoren $\mathbf{x}$ und $\mathbf{y}$ herstellt:

$$\mathbf{R}_{\mathbf{XY}} = \mathrm{E}\{\mathbf{X}\cdot\mathbf{Y}^{T}\} \quad \hat{=} \quad |\mathbf{x}||\mathbf{y}|\cos\sphericalangle(\mathbf{x},\mathbf{y}) = \mathbf{x}^{T}\mathbf{y}. \tag{7.26}$$

Aus dieser Korrespondenz folgt, dass die Korrelationsmatrix verschwindet, wenn die Vektoren $\mathbf{x}$ und $\mathbf{y}$ senkrecht aufeinander stehen. Begründet wird diese Korrespondenz aus der ähnlichen Aufgabenstellung bei dem vom Gauß-Markoff-Theorem gelösten *Schätzproblem* und folgendem *geometrischen Problem*: Vorgegeben sei wie in Abb. 7.1 eine Ebene, die von den Vektoren $\mathbf{z}_1$ und $\mathbf{z}_2$ aufgespannt wird und in der der Vektor $\mathbf{z}$ liegt. In dieser Ebene ist der Vektor $\mathbf{x}$ zu finden, der einen minimalen

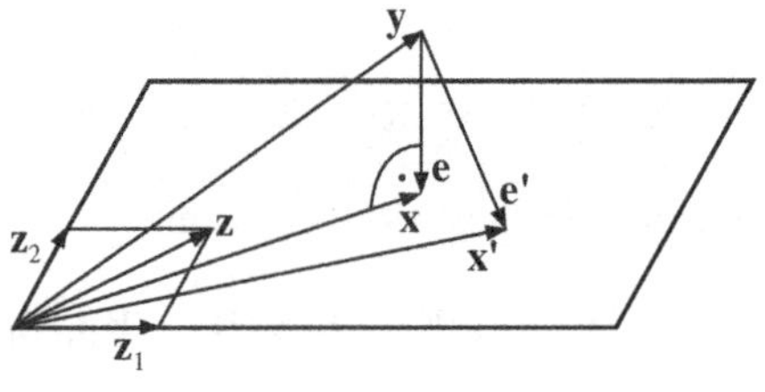

Abb. 7.1 Zur Veranschaulichung des Orthogonalitätsprinzips

Abstand von dem vorgegebenen Vektor $\mathbf{y}$ besitzt. Diese Aufgabenstellung kann man ganz entsprechend für einen mehrdimensionalen Raum formulieren.

Bei beiden Aufgaben, dem Schätzproblem und dem geometrischen Problem, gelten folgende gemeinsame Randbedingungen: Beim *Optimalitätskriterium* wird das Quadrat einer Differenz zum Minimum gemacht, das beim Schätzproblem zusätzlich gemittelt wird. Im einen Fall ist die Differenz der Schätzfehler, im anderen der Abstand zweier Vektoren. Der Lösungsvektor ist in beiden Fällen eine *Linearkombination* vorgegebener Größen, beim Schätzproblem der Komponenten des Messvektors $\mathbf{r}$, beim geometrischen Problem der Vektoren $\mathbf{z}_i$, die den in der Ebene liegenden Vektor $\mathbf{z}$ bestimmen. Mit der Korrespondenz (7.26) und nach Tab. 7.1 entsprechen sich auch die Lösungen formal: Beim geometrischen Problem verschwindet das Skalarprodukt zwischen dem Differenzvektor $\mathbf{e}$ und dem vorgegebenem Vektor $\mathbf{z}$, beim Schätzproblem verschwindet die entsprechende Korrelationsmatrix zwischen dem Fehlervektor $\mathbf{E}$ und dem verfügbarem Messvektor $\mathbf{R}$.

Weil die Vektoren $\mathbf{e}$ und $\mathbf{z}$ senkrecht aufeinander stehen, d. h. orthogonal zueinander sind, bezeichnet man das Lösungsprinzip als *Orthogonalitätsprinzip*. Für das Schätzproblem nimmt das Orthogonalitätsprinzip folgende Form an:

$$\mathbf{R_{ER}} = \mathrm{E}\{\mathbf{E} \cdot \mathbf{R}^T\} = \mathrm{E}\{(\hat{\mathbf{q}}(\mathbf{R}) - \mathbf{Q}) \cdot \mathbf{R}^T\} = \mathbf{0}\,. \tag{7.27}$$

Man sagt auch, der Schätzfehler $\mathbf{E}$ und der Messwert $\mathbf{R}$ sind *orthogonal* zueinander. Die Gültigkeit von (7.27) wird später genauer nachgewiesen. Aus Abb. 7.1 und den

Aufgabenstellungen:	
Geometrisches Problem: $\mathbf{x} = ?$	Schätzproblem: $\hat{\mathbf{q}}(\mathbf{r}) = ?$
Optimalitätskriterium:	
$\lvert\mathbf{x}-\mathbf{y}\rvert^2 = \lvert\mathbf{e}\rvert^2 \stackrel{!}{=} \min$	$\mathrm{E}\{(\hat{\mathbf{q}}(\mathbf{R}) - \mathbf{Q})^T(\hat{\mathbf{q}}(\mathbf{R}) - \mathbf{Q})\}$ $= \mathrm{E}\{\mathbf{E}^T\mathbf{E}\} \stackrel{!}{=} \min$
Linearität:	
$\mathbf{x} = \sum_i q_i \cdot \mathbf{z}_i$	$\hat{\mathbf{q}}(\mathbf{r}) = \mathbf{H} \cdot \mathbf{r}$
Lösung:	
$\mathbf{x}-\mathbf{y} \perp \mathbf{z}, \quad (\mathbf{x}-\mathbf{y})^T \cdot \mathbf{z} = 0$	$\mathbf{R_{ER}} = \mathrm{E}\{(\hat{\mathbf{q}}(\mathbf{R}) - \mathbf{Q}) \cdot \mathbf{R}^T)\} = \mathbf{0}$
Analogieschluss:	
$0 = (\mathbf{x}-\mathbf{y})^T \cdot \mathbf{z} \Leftrightarrow \mathbf{R_{ER}} = \mathrm{E}\{(\hat{\mathbf{q}}(\mathbf{R}) - \mathbf{Q}) \cdot \mathbf{R}^T\} = \mathbf{0}$	

Tab. 7.1 Orthogonalitätsprinzip in der Geometrie und Schätztheorie

Korrespondenzen in Tab. 7.1 folgt weiter, dass der Schätzfehler $\mathbf{E}$ auch orthogonal zum Vektor $\hat{\mathbf{Q}} = \hat{\mathbf{q}}(\mathbf{R})$ ist:

$$\mathbf{R}_{\mathbf{E}\hat{\mathbf{Q}}} = \mathrm{E}\{\mathbf{E} \cdot \hat{\mathbf{q}}(\mathbf{R})^T\} = \mathrm{E}\{(\hat{\mathbf{q}}(\mathbf{R}) - \mathbf{Q}) \cdot \hat{\mathbf{q}}(\mathbf{R})^T\} \stackrel{!}{=} \mathbf{0} \tag{7.28}$$

oder nach Umformung:

$$\mathrm{E}\{\hat{\mathbf{q}}(\mathbf{R}) \cdot \hat{\mathbf{q}}(\mathbf{R})^T\} = \mathrm{E}\{\mathbf{Q} \cdot \hat{\mathbf{q}}(\mathbf{R})^T\}\,. \tag{7.29}$$

Für den optimalen Schätzvektor $\hat{\mathbf{q}}(\mathbf{r})$ gilt jedoch nach (7.1) und (7.10) bzw. nach der Aussage des Gauß-Markoff-Theorems:

$$\hat{\mathbf{q}}(\mathbf{r}) = \mathbf{H}\,\mathbf{r} = \mathbf{R}_{\mathbf{QR}}\mathbf{R}_{\mathbf{RR}}^{-1}\,\mathbf{r}\,. \tag{7.30}$$

Setzt man dies in (7.29) ein, so folgt

$$\mathbf{R}_{\mathbf{QR}}\mathbf{R}_{\mathbf{RR}}^{-1}\mathrm{E}\{\mathbf{R}\,\mathbf{R}^T\}(\mathbf{R}_{\mathbf{QR}}\mathbf{R}_{\mathbf{RR}}^{-1})^T = \mathrm{E}\{\mathbf{Q}\,\mathbf{R}^T\}(\mathbf{R}_{\mathbf{QR}}\mathbf{R}_{\mathbf{RR}}^{-1})^T \tag{7.31}$$

bzw. unter Verwendung der zugehörigen Korrelationsmatrizen:

$$\mathbf{R}_{\mathbf{QR}}\mathbf{R}_{\mathbf{RR}}^{-1}\mathbf{R}_{\mathbf{RR}}(\mathbf{R}_{\mathbf{QR}}\mathbf{R}_{\mathbf{RR}}^{-1})^T = \mathbf{R}_{\mathbf{QR}}(\mathbf{R}_{\mathbf{QR}}\mathbf{R}_{\mathbf{RR}}^{-1})^T\,. \tag{7.32}$$

Mit der so gewonnenen Identität

$$\mathbf{R}_{\mathbf{QR}}(\mathbf{R}_{\mathbf{QR}}\mathbf{R}_{\mathbf{RR}}^{-1})^T = \mathbf{R}_{\mathbf{QR}}(\mathbf{R}_{\mathbf{QR}}\mathbf{R}_{\mathbf{RR}}^{-1})^T \tag{7.33}$$

ist aber bewiesen, dass die Kreuzkorrelationsmatrix $\mathbf{R}_{\mathbf{E}\hat{\mathbf{Q}}}$ nach (7.28) verschwindet, sofern (7.30) gilt, d. h. wenn $\hat{\mathbf{q}}(\mathbf{R})$ ein von $\mathbf{R}$ linear abhängiger Schätzvektor ist, der die Hauptdiagonalelemente der Fehlerkorrelationsmatrix zum Minimum macht.

Aus Abb. 7.1 folgt weiter, dass das Skalarprodukt der Vektoren $\mathbf{x}-\mathbf{y}$ und $\mathbf{z}$ verschwindet. Für die entsprechenden Zufallsvektoren gilt damit die analoge Beziehung $\mathrm{E}\{(\hat{\mathbf{q}}(\mathbf{R})-\mathbf{Q})\,\mathbf{R}^T\} = \mathbf{0}$, so dass für die zugehörigen Korrelationsmatrizen

$$\mathbf{R}_{\hat{\mathbf{Q}}\mathbf{R}} = \mathbf{R}_{\mathbf{QR}} \tag{7.34}$$

gelten muss. Zum Beweis dieser Beziehung multipliziert man (7.30) von rechts mit $\mathbf{r}^T$ und bildet den Erwartungswert der so gewonnenen Ausdrücke:

$$\hat{\mathbf{q}}(\mathbf{r})\mathbf{r}^T = \mathbf{R}_{\mathbf{QR}}\mathbf{R}_{\mathbf{RR}}^{-1}\mathbf{r}\,\mathbf{r}^T$$

$$\mathrm{E}\{\hat{\mathbf{q}}(\mathbf{R})\mathbf{R}^T\} = \mathbf{R}_{\mathbf{QR}}\mathbf{R}_{\mathbf{RR}}^{-1}\mathrm{E}\{\mathbf{R}\,\mathbf{R}^T\}\,. \tag{7.35}$$

Setzt man für die Erwartungswerte die zugehörigen Korrelationsmatrizen ein, so erhält man (7.34):

$$\mathbf{R}_{\hat{\mathbf{Q}}\mathbf{R}} = \mathbf{R}_{\mathbf{QR}}\mathbf{R}_{\mathbf{RR}}^{-1}\mathbf{R}_{\mathbf{RR}} = \mathbf{R}_{\mathbf{QR}}\,. \tag{7.36}$$

Man kann noch viele derartige Beziehungen auf Grund der geometrischen Gegebenheiten in Abb. 7.1 ableiten. Hier sei zum Schluss noch einmal auf das Orthogonalitätsprinzip näher eingegangen. Nach (7.27) gilt:

$$\mathbf{R}_{\mathbf{ER}} = \mathbf{0}\,. \tag{7.37}$$

Um dies zu zeigen, verwendet man die Definition der Kreuzkorrelationsmatrix

$$\mathbf{R}_{\mathbf{ER}} = \mathrm{E}\{\mathbf{E}\,\mathbf{R}^T\} = \mathrm{E}\{(\hat{\mathbf{q}}(\mathbf{R})-\mathbf{Q})\mathbf{R}^T\} = \mathbf{0}\,. \tag{7.38}$$

Umformung dieses Ausdrucks liefert

$$\mathrm{E}\{\hat{\mathbf{q}}(\mathbf{R})\mathbf{R}^T\} = \mathrm{E}\{\mathbf{Q}\mathbf{R}^T\}, \tag{7.39}$$

was mit (7.30) auf

$$\mathbf{R}_{\mathbf{QR}}\mathbf{R}_{\mathbf{RR}}^{-1}\mathrm{E}\{\mathbf{R}\mathbf{R}^T\} = \mathrm{E}\{\mathbf{Q}\mathbf{R}^T\} \tag{7.40}$$

oder

$$\mathbf{R}_{\mathbf{QR}}\mathbf{R}_{\mathbf{RR}}^{-1}\mathbf{R}_{\mathbf{RR}} = \mathbf{R}_{\mathbf{QR}} \tag{7.41}$$

führt. Mit der Identität

$$\mathbf{R}_{\mathbf{QR}} = \mathbf{R}_{\mathbf{QR}} \tag{7.42}$$

ist aber das Orthogonalitätsprinzip nach (7.37) bewiesen. Es gilt für alle linearen Schätzsysteme, die den mittleren quadratischen Schätzfehler zum Minimum machen, und wird deshalb bei der Signalschätzung weiter verwendet werden.

7.2 Additive unkorrelierte Störungen

Es soll angenommen werden, dass für den gestörten Empfangsvektor

$$\mathbf{r} = \mathbf{s}(\mathbf{q}) + \mathbf{n} = \mathbf{S}\cdot\mathbf{q} + \mathbf{n} \tag{7.43}$$

gilt. Dabei bezeichnet $\mathbf{S}$ die Signalmatrix mit N Zeilen und K Spalten. Sie beschreibt, wie die Parameter q_j, $j = 1,\dots,K$ des Vektors $\mathbf{q}$ auf das Sendesignal einwirken, so dass die Komponenten $s_i(\mathbf{q})$ des Signalvektors $\mathbf{s}(\mathbf{q})$ entstehen. Damit man ein gutes Schätzergebnis erhält, sollte $K < N$ gelten, d. h. die Komponenten q_i des zu schätzenden Parametervektors beeinflussen nicht nur eine Komponente des Signalvektors. Je mehr Komponenten sie beeinflussen, desto besser wird das Schätzergebnis sein, weil die sich überlagernden Störungen dann besser unterdrückt werden.

Ausgehend von (7.43) kann man die Kreuzkorrelationsmatrix $\mathbf{R}_{\mathbf{QR}}$ und die Korrelationsmatrix $\mathbf{R}_{\mathbf{RR}}$ bestimmen. Es gilt

$$\begin{aligned}
\mathbf{R}_{\mathbf{QR}} &= \mathrm{E}\{\mathbf{Q}\mathbf{R}^T\} = \mathrm{E}\{\mathbf{Q}\cdot(\mathbf{S}\mathbf{Q}+\mathbf{N})^T\} \\
&= \mathrm{E}\{\mathbf{Q}\mathbf{Q}^T\mathbf{S}^T + \mathbf{Q}\mathbf{N}^T\} \\
&= \mathrm{E}\{\mathbf{Q}\mathbf{Q}^T\}\mathbf{S}^T + \mathrm{E}\{\mathbf{Q}\mathbf{N}^T\} \\
&= \mathbf{R}_{\mathbf{QQ}}\mathbf{S}^T + \mathbf{R}_{\mathbf{QN}}
\end{aligned} \tag{7.44}$$

und

$$\begin{aligned}
\mathbf{R}_{\mathbf{RR}} &= \mathrm{E}\{\mathbf{R}\mathbf{R}^T\} = \mathrm{E}\{(\mathbf{S}\mathbf{Q}+\mathbf{N})(\mathbf{S}\mathbf{Q}+\mathbf{N})^T\} \\
&= \mathrm{E}\{(\mathbf{S}\mathbf{Q}+\mathbf{N})(\mathbf{Q}^T\mathbf{S}^T+\mathbf{N}^T)\} \\
&= \mathrm{E}\{\mathbf{S}\mathbf{Q}\mathbf{Q}^T\mathbf{S}^T + \mathbf{S}\mathbf{Q}\mathbf{N}^T + \mathbf{N}\mathbf{Q}^T\mathbf{S}^T + \mathbf{N}\mathbf{N}^T\} \\
&= \mathbf{S}\mathrm{E}\{\mathbf{Q}\mathbf{Q}^T\}\mathbf{S}^T + \mathbf{S}\mathrm{E}\{\mathbf{Q}\mathbf{N}^T\} + \mathrm{E}\{\mathbf{N}\mathbf{Q}^T\}\mathbf{S}^T + \mathrm{E}\{\mathbf{N}\mathbf{N}^T\} \\
&= \mathbf{S}\mathbf{R}_{\mathbf{QQ}}\mathbf{S}^T + \mathbf{S}\mathbf{R}_{\mathbf{QN}} + \mathbf{R}_{\mathbf{NQ}}\mathbf{S}^T + \mathbf{R}_{\mathbf{NN}}\,.
\end{aligned} \tag{7.45}$$

Mit

$$\mathbf{R}_{\mathbf{NQ}} = \mathbf{R}_{\mathbf{QN}}^{T} \tag{7.46}$$

gilt schließlich:

$$\mathbf{R}_{\mathbf{RR}} = \mathbf{S}\,\mathbf{R}_{\mathbf{QQ}}\mathbf{S}^{T} + \mathbf{S}\,\mathbf{R}_{\mathbf{QN}} + \mathbf{R}_{\mathbf{QN}}^{T}\,\mathbf{S}^{T} + \mathbf{R}_{\mathbf{NN}}\,. \tag{7.47}$$

Für die Ergebnisse des Gauß-Markoff-Theorems nach (7.7) und (7.8) gilt damit:

$$\begin{aligned}\hat{\mathbf{q}}(\mathbf{r}) &= \mathbf{R}_{\mathbf{QR}}\mathbf{R}_{\mathbf{RR}}^{-1}\,\mathbf{r}\\ &= (\mathbf{R}_{\mathbf{QQ}}\mathbf{S}^{T} + \mathbf{R}_{\mathbf{QN}})\cdot(\mathbf{S}\,\mathbf{R}_{\mathbf{QQ}}\mathbf{S}^{T} + \mathbf{S}\,\mathbf{R}_{\mathbf{QN}} + (\mathbf{S}\,\mathbf{R}_{\mathbf{QN}})^{T} + \mathbf{R}_{\mathbf{NN}})^{-1}\,\mathbf{r}\end{aligned} \tag{7.48}$$

und

$$\begin{aligned}\mathbf{R}_{\mathbf{EE}} &= \mathbf{R}_{\mathbf{QQ}} - \mathbf{R}_{\mathbf{QR}}\mathbf{R}_{\mathbf{RR}}^{-1}\mathbf{R}_{\mathbf{QR}}^{T}\\ &= \mathbf{R}_{\mathbf{QQ}} - (\mathbf{R}_{\mathbf{QQ}}\mathbf{S}^{T} + \mathbf{R}_{\mathbf{QN}})\\ &\quad\cdot(\mathbf{S}\mathbf{R}_{\mathbf{QQ}}\mathbf{S}^{T} + \mathbf{S}\mathbf{R}_{\mathbf{QN}} + (\mathbf{S}\mathbf{R}_{\mathbf{QN}})^{T} + \mathbf{R}_{\mathbf{NN}})^{-1}\cdot(\mathbf{R}_{\mathbf{QQ}}\mathbf{S}^{T} + \mathbf{R}_{\mathbf{QN}})^{T}.\end{aligned} \tag{7.49}$$

Bei dieser Rechnung wurde nicht berücksichtigt, dass $\mathbf{Q}$ und $\mathbf{N}$ nicht miteinander korreliert sind. Berücksichtigt man dies, so gilt:

$$\mathbf{R}_{\mathbf{QN}} = \mathbf{0}\,. \tag{7.50}$$

Damit vereinfachen sich (7.48) und (7.49) zu

$$\hat{\mathbf{q}}(\mathbf{r}) = (\mathbf{R}_{\mathbf{QQ}}\mathbf{S}^{T})(\mathbf{S}\,\mathbf{R}_{\mathbf{QQ}}\mathbf{S}^{T} + \mathbf{R}_{\mathbf{NN}})^{-1}\,\mathbf{r} \tag{7.51}$$

und

$$\mathbf{R}_{\mathbf{EE}} = \mathbf{R}_{\mathbf{QQ}} - (\mathbf{R}_{\mathbf{QQ}}\mathbf{S}^{T})(\mathbf{S}\,\mathbf{R}_{\mathbf{QQ}}\,\mathbf{S}^{T} + \mathbf{R}_{\mathbf{NN}})^{-1}(\mathbf{R}_{\mathbf{QQ}}\,\mathbf{S}^{T})^{T}\,. \tag{7.52}$$

Diese Formeln erfordern die Umkehrung einer N-spaltigen und N-zeiligen Matrix, wobei N oft große Werte erreicht. Um eine Vereinfachung dieser Berechnung zu erzielen, benutzt man die Matrizengleichung

$$\mathbf{X}\mathbf{Y}^{T}(\mathbf{Y}\mathbf{X}\mathbf{Y}^{T} + \mathbf{Z})^{-1} = (\mathbf{X}^{-1} + \mathbf{Y}^{T}\mathbf{Z}^{-1}\mathbf{Y})^{-1}\mathbf{Y}^{T}\mathbf{Z}^{-1}\,. \tag{7.53}$$

Damit gilt für (7.51):

$$\hat{\mathbf{q}}(\mathbf{r}) = (\mathbf{R}_{\mathbf{QQ}}^{-1} + \mathbf{S}^{T}\mathbf{R}_{\mathbf{NN}}^{-1}\mathbf{S})^{-1}\mathbf{S}^{T}\mathbf{R}_{\mathbf{NN}}^{-1}\,\mathbf{r}\,. \tag{7.54}$$

Mit der Matrizengleichung

$$\mathbf{X} - \mathbf{X}\mathbf{Y}^{T}(\mathbf{Y}\mathbf{X}\mathbf{Y}^{T} + \mathbf{Z})^{-1}\mathbf{Y}\mathbf{X}^{T} = (\mathbf{X}^{-1} + \mathbf{Y}^{T}\mathbf{Z}^{-1}\mathbf{Y})^{-1} \tag{7.55}$$

erhält man für (7.52):

$$\mathbf{R}_{\mathbf{EE}} = (\mathbf{R}_{\mathbf{QQ}}^{-1} + \mathbf{S}^{T}\mathbf{R}_{\mathbf{NN}}^{-1}\mathbf{S})^{-1}\,. \tag{7.56}$$

Die zu invertierenden Matrizen besitzen nur noch $K < N$ Zeilen und Spalten. Dadurch vereinfacht sich die Berechnung erheblich und die Genauigkeit bei der numerischen Rechnung erhöht sich. Um ein vernünftiges, d. h. hinreichend genaues Schätzergebnis zu erzielen, wird man in der Praxis stets mehr Messwerte r_i, $i = 1,\ldots,N$ als Schätzwerte für die Parameter q_j, $j = 1,\ldots,K$ vorfinden, so dass die Annahme $K < N$ erfüllt ist.

7.3 Parametervektor ohne A-priori-Information

Bisher war stets angenommen worden, dass $\mathbf{Q}$ ein Zufallsvektor ist, dessen Korrelationsmatrix $\mathbf{R_{QQ}}$ man kennt. Wenn der Vektor $\mathbf{q}$ irgendein Vektor ist, über den nichts weiter bekannt ist, muss man $\mathbf{R_{QQ}}$ in (7.54) und (7.56) als unbekannte Größe auffassen. Diesem Fall fehlender A-priori-Information entspricht die Korrelationsmatrix

$$\mathbf{R_{QQ}} \to \infty, \tag{7.57}$$

d. h. man geht davon aus, dass die Parameter im Intervall $-\infty < q_j < +\infty$ liegen und die Varianz der Parameter unendlich groß wird, was dem *worst case* entspricht. In den Formeln (7.54) und (7.56) tritt jeweils $\mathbf{R}_{\mathbf{QQ}}^{-1}$ auf. Mit (7.57) ergibt sich hierfür $\mathbf{R}_{\mathbf{QQ}}^{-1} \to \mathbf{0}$. Dadurch vereinfachen sich (7.54) und (7.56):

$$\hat{\mathbf{q}}(\mathbf{r}) = (\mathbf{S}^T \mathbf{R}_{\mathbf{NN}}^{-1} \mathbf{S})^{-1} \mathbf{S}^T \mathbf{R}_{\mathbf{NN}}^{-1} \mathbf{r} \tag{7.58}$$

und

$$\mathbf{R_{EE}} = (\mathbf{S}^T \mathbf{R}_{\mathbf{NN}}^{-1} \mathbf{S})^{-1}\,. \tag{7.59}$$

Diese Formeln für die lineare Schätzeinrichtung sind wegen ihrer einfachen Form sehr wichtig. Sie wurden durch spezielle Annahmen aus den allgemeinen Formeln (7.7) und (7.8) des Gauß-Markoff-Theorems gewonnen. Diese Annahmen seien hier zusammenfassend angegeben:

- Die Korrelationsmatrix $\mathbf{R_{NN}}$ der Störungen $\mathbf{N}$ stehe zur Verfügung.
- Die Inverse $\mathbf{R}_{\mathbf{NN}}^{-1}$ existiere.
- Die A-priori-Information des Parametervektors $\mathbf{q}$ sei unbekannt, d. h. für die Korrelationsmatrix $\mathbf{R_{QQ}}$ gelte $\mathbf{R_{QQ}} \to \infty$.
- Der Parametervektor $\mathbf{Q}$ und der Störvektor $\mathbf{N}$ seien nicht miteinander korreliert, d. h. es gelte $\mathbf{R_{QN}} = \mathbf{0}$.
- Der optimale Schätzwert $\hat{\mathbf{q}}(\mathbf{r})$ für $\mathbf{q}$ ist eine Linearkombination von $\mathbf{r}$. Der Schätzwert $\hat{\mathbf{q}}(\mathbf{r})$ wird so gewählt, dass die Diagonalelemente der Korrelationsmatrix $\mathbf{R_{EE}}$ des Fehlervektors $\mathbf{E}$ zum Minimum werden.
- Der gestörte Empfangsvektor $\mathbf{r}$ ist mit dem Parametervektor $\mathbf{q}$ über die Signalmatrix $\mathbf{S}$ durch $\mathbf{r} = \mathbf{S} \cdot \mathbf{q} + \mathbf{n}$ verknüpft.

7.4 Verbesserung der Schätzwerte

Es werde angenommen, dass mit Hilfe eines Vektors $\mathbf{r}$ bereits ein Schätzvektor $\hat{\mathbf{q}}(\mathbf{r})$ für die zu bestimmenden Parameter ermittelt wurde. Dabei soll $\hat{\mathbf{q}}(\mathbf{r})$ bzw. $\mathbf{q}$ ein K-dimensionaler Vektor sein, während $\mathbf{r}$ im Gegensatz zur bisherigen Annahme ein N_1-dimensionaler Vektor mit $N_1 \geq K$ sei, der mit $\mathbf{r}^{(1)}$ bezeichnet werde.

Es soll nun untersucht werden, wie sich der Schätzvektor für die zu bestimmenden Parameter ändert, wenn zusätzlich ein Vektor $\mathbf{r}^{(2)}$ aus N_2 Komponenten zur Verfügung steht. Dabei gelte:

$$N = N_1 + N_2 \,, \tag{7.60}$$

wobei N die Dimension des bisher betrachteten Vektors $\mathbf{r}$ ist. Durch die zusätzlichen Daten des Vektors $\mathbf{r}^{(2)}$ kann man einen Schätzvektor $\hat{\mathbf{q}}(\mathbf{r})$ bestimmen, der besser ist als der lediglich aus dem Vektor $\mathbf{r}^{(1)}$ gewonnene.

Bevor die Formeln für den verbesserten Schätzvektor und die zugehörige Korrelationsmatrix angegeben werden, muss der aus dem Vektor $\mathbf{r}^{(1)}$ gewonnene Schätzvektor $\hat{\mathbf{q}}(\mathbf{r}^{(1)})$ bestimmt werden. Wie bisher werde angenommen, dass

$$\mathbf{r}^{(1)} = \mathbf{S}^{(1)}\mathbf{q} + \mathbf{n}^{(1)} \tag{7.61}$$

gelte. Dabei ist $\mathbf{N}^{(1)}$ der Störvektor, dessen Korrelationsmatrix $\mathbf{R}_{\mathbf{NN}}^{(1)}$ bekannt sei. Ferner soll sich die inverse Matrix $(\mathbf{R}_{\mathbf{NN}}^{(1)})^{-1}$ bilden lassen. Die Störungen $\mathbf{N}^{(1)}$ und die Parameter $\mathbf{Q}$ seien nicht miteinander korreliert, so dass die Korrelationsmatrix $\mathbf{R}_{\mathbf{QN}}^{(1)}$ verschwindet:

$$\mathbf{R}_{\mathbf{QN}}^{(1)} = \mathbf{0}, \quad (\mathbf{R}_{\mathbf{NQ}}^{(1)})^T = \mathbf{0}\,. \tag{7.62}$$

Schließlich sei nichts über die statistischen Eigenschaften der Parameter $\mathbf{Q}$ bekannt, d. h. man kann nichts über die Korrelationsmatrix $\mathbf{R}_{\mathbf{QQ}}$ aussagen; damit gilt $\mathbf{R}_{\mathbf{QQ}} \to \infty$ oder

$$\mathbf{R}_{\mathbf{QQ}}^{-1} = \mathbf{0}\,. \tag{7.63}$$

Damit sind die im vorigen Abschnitt genannten Annahmen erfüllt, und der optimale Schätzvektor $\hat{\mathbf{q}}(\mathbf{r}^{(1)})$ kann mit Hilfe von (7.58) bestimmt werden:

$$\hat{\mathbf{q}}(\mathbf{r}^{(1)}) = (\mathbf{S}^{(1)^T}(\mathbf{R}_{\mathbf{NN}}^{(1)})^{-1}\mathbf{S}^{(1)})^{-1}\mathbf{S}^{(1)^T}(\mathbf{R}_{\mathbf{NN}}^{(1)})^{-1}\mathbf{r}^{(1)}\,. \tag{7.64}$$

Für die Korrelationsmatrix $\mathbf{R}_{\mathbf{EE}}^{(1)}$ des Schätzfehlers gilt nach (7.59) entsprechend:

$$\mathbf{R}_{\mathbf{EE}}^{(1)} = (\mathbf{S}^{(1)^T}(\mathbf{R}_{\mathbf{NN}}^{(1)})^{-1}\mathbf{S}^{(1)})^{-1}\,. \tag{7.65}$$

Setzt man dies in (7.64) ein, so folgt:

$$\hat{\mathbf{q}}(\mathbf{r}^{(1)}) = \mathbf{R}_{\mathbf{EE}}^{(1)}\mathbf{S}^{(1)^T}(\mathbf{R}_{\mathbf{NN}}^{(1)})^{-1}\mathbf{r}^{(1)} \tag{7.66}$$

oder

$$(\mathbf{R}_{\mathrm{EE}}^{(1)})^{-1}\,\hat{\mathbf{q}}(\mathbf{r}^{(1)}) = \mathbf{S}^{(1)^T}(\mathbf{R}_{\mathrm{NN}}^{(1)})^{-1}\,\mathbf{r}^{(1)}\,. \tag{7.67}$$

Nun werde angenommen, dass zusätzlich der Vektor $\mathbf{r}^{(2)}$ zur Verfügung stehe, für den man

$$\mathbf{r}^{(2)} = \mathbf{S}^{(2)}\,\mathbf{q} + \mathbf{n}^{(2)} \tag{7.68}$$

schreiben kann. Auch hier seien die Vektoren $\mathbf{N}^{(2)}$ und $\mathbf{Q}$ nicht miteinander korreliert, d. h. es gelte:

$$\mathbf{R}_{\mathrm{QN}}^{(2)} = \mathbf{0}\,. \tag{7.69}$$

Es werde angenommen, dass der ursprüngliche Störvektor $\mathbf{N}^{(1)}$ und der neue Störvektor $\mathbf{N}^{(2)}$ nicht miteinander korreliert seien. Dann gilt

$$\mathbf{R}_{\mathbf{N}^{(1)}\mathbf{N}^{(2)}} = \mathbf{R}_{\mathbf{N}^{(2)}\mathbf{N}^{(1)}} = \mathbf{0}\,. \tag{7.70}$$

Fasst man die Vektoren $\mathbf{r}^{(1)}$ und $\mathbf{r}^{(2)}$ zu einem einzigen zusammen, so erhält man wegen (7.60) den N-dimensionalen Vektor $\mathbf{r}$:

$$\mathbf{r} = \mathbf{S}\mathbf{q} + \mathbf{n} = \begin{pmatrix} \mathbf{r}^{(1)} \\ \mathbf{r}^{(2)} \end{pmatrix} = \begin{pmatrix} \mathbf{S}^{(1)} \\ \mathbf{S}^{(2)} \end{pmatrix}\mathbf{q} + \begin{pmatrix} \mathbf{n}^{(1)} \\ \mathbf{n}^{(2)} \end{pmatrix}. \tag{7.71}$$

Um den Schätzwert $\hat{\mathbf{q}}(\mathbf{r})$ zu bestimmen, braucht man die Korrelationsmatrix $\mathbf{R}_{\mathrm{NN}}$, die hier durch $\mathbf{R}_{\mathrm{NN}}^{(1)}$ und $\mathbf{R}_{\mathrm{NN}}^{(2)}$ ausgedrückt werden soll. Aus der Definition folgt:

$$\begin{aligned}\mathbf{R}_{\mathrm{NN}} &= \mathrm{E}\{\mathbf{N}\mathbf{N}^T\} = \mathrm{E}\left\{\begin{pmatrix} \mathbf{N}^{(1)} \\ \mathbf{N}^{(2)} \end{pmatrix}(\mathbf{N}^{(1)^T}, \mathbf{N}^{(2)^T})\right\} \\ &= \mathrm{E}\left\{\begin{pmatrix} \mathbf{N}^{(1)}\mathbf{N}^{(1)^T} & \mathbf{N}^{(1)}\mathbf{N}^{(2)^T} \\ \mathbf{N}^{(2)}\mathbf{N}^{(1)^T} & \mathbf{N}^{(2)}\mathbf{N}^{(2)^T} \end{pmatrix}\right\} = \begin{pmatrix} \mathbf{R}_{\mathrm{NN}}^{(1)} & \mathbf{R}_{\mathrm{NN}}^{(1,2)} \\ \mathbf{R}_{\mathrm{NN}}^{(2,1)} & \mathbf{R}_{\mathrm{NN}}^{(2)} \end{pmatrix}. \end{aligned} \tag{7.72}$$

Wegen der Annahme in (7.70) gilt schließlich:

$$\mathbf{R}_{\mathrm{NN}} = \begin{pmatrix} \mathbf{R}_{\mathrm{NN}}^{(1)} & \mathbf{0} \\ \mathbf{0} & \mathbf{R}_{\mathrm{NN}}^{(2)} \end{pmatrix}. \tag{7.73}$$

Für den Schätzvektor $\hat{\mathbf{q}}(\mathbf{r})$, den man aus dem N-dimensionalen Vektor $\mathbf{r}$ erhält, kann man mit (7.58) und (7.59)

$$\hat{\mathbf{q}}(\mathbf{r}) = (\mathbf{S}^T\mathbf{R}_{\mathrm{NN}}^{-1}\mathbf{S})^{-1}\mathbf{S}^T\mathbf{R}_{\mathrm{NN}}^{-1}\,\mathbf{r} = \mathbf{R}_{\mathrm{EE}}\mathbf{S}^T\mathbf{R}_{\mathrm{NN}}^{-1}\,\mathbf{r} \tag{7.74}$$

schreiben. Setzt man $\mathbf{R}_{\mathrm{NN}}$ nach (7.73) sowie $\mathbf{S}$ und $\mathbf{r}$ nach (7.71) in (7.74) ein, so folgt:

$$\begin{aligned}
\hat{\mathbf{q}}(\mathbf{r}) &= \left((\mathbf{S}^{(1)^T}, \mathbf{S}^{(2)^T}) \begin{pmatrix} \mathbf{R}_{\mathbf{NN}}^{(1)} & \mathbf{0} \\ \mathbf{0} & \mathbf{R}_{\mathbf{NN}}^{(2)} \end{pmatrix}^{-1} \begin{pmatrix} \mathbf{S}^{(1)} \\ \mathbf{S}^{(2)} \end{pmatrix} \right)^{-1} \\
&\quad \cdot (\mathbf{S}^{(1)^T}, \mathbf{S}^{(2)^T}) \begin{pmatrix} \mathbf{R}_{\mathbf{NN}}^{(1)} & \mathbf{0} \\ \mathbf{0} & \mathbf{R}_{\mathbf{NN}}^{(2)} \end{pmatrix}^{-1} \begin{pmatrix} \mathbf{r}^{(1)} \\ \mathbf{r}^{(2)} \end{pmatrix} \\
&= \left((\mathbf{S}^{(1)^T}, \mathbf{S}^{(2)^T}) \begin{pmatrix} (\mathbf{R}_{\mathbf{NN}}^{(1)})^{-1} & \mathbf{0} \\ \mathbf{0} & (\mathbf{R}_{\mathbf{NN}}^{(2)})^{-1} \end{pmatrix} \begin{pmatrix} \mathbf{S}^{(1)} \\ \mathbf{S}^{(2)} \end{pmatrix} \right)^{-1} \\
&\quad \cdot (\mathbf{S}^{(1)^T}, \mathbf{S}^{(2)^T}) \begin{pmatrix} (\mathbf{R}_{\mathbf{NN}}^{(1)})^{-1} & \mathbf{0} \\ \mathbf{0} & (\mathbf{R}_{\mathbf{NN}}^{(2)})^{-1} \end{pmatrix} \begin{pmatrix} \mathbf{r}^{(1)} \\ \mathbf{r}^{(2)} \end{pmatrix} \\
&= (\mathbf{S}^{(1)^T} (\mathbf{R}_{\mathbf{NN}}^{(1)})^{-1} \mathbf{S}^{(1)} + \mathbf{S}^{(2)^T} (\mathbf{R}_{\mathbf{NN}}^{(2)})^{-1} \mathbf{S}^{(2)})^{-1} \\
&\quad \cdot (\mathbf{S}^{(1)^T} (\mathbf{R}_{\mathbf{NN}}^{(1)})^{-1} \mathbf{r}^{(1)} + \mathbf{S}^{(2)^T} (\mathbf{R}_{\mathbf{NN}}^{(2)})^{-1} \mathbf{r}^{(2)}) \, .
\end{aligned} \tag{7.75}$$

Vergleicht man (7.75) mit (7.74), so zeigt sich, dass die Korrelationsmatrix $\mathbf{R_{EE}}$ des Schätzfehlers durch

$$\mathbf{R_{EE}} = (\mathbf{S}^{(1)^T} (\mathbf{R}_{\mathbf{NN}}^{(1)})^{-1} \mathbf{S}^{(1)} + \mathbf{S}^{(2)^T} (\mathbf{R}_{\mathbf{NN}}^{(2)})^{-1} \mathbf{S}^{(2)})^{-1} \tag{7.76}$$

bzw. mit (7.65) durch

$$\mathbf{R_{EE}} = ((\mathbf{R}_{\mathbf{EE}}^{(1)})^{-1} + \mathbf{S}^{(2)^T} (\mathbf{R}_{\mathbf{NN}}^{(2)})^{-1} \mathbf{S}^{(2)})^{-1} \tag{7.77}$$

gegeben ist. Mit (7.67) folgt damit aus (7.75):

$$\hat{\mathbf{q}}(\mathbf{r}) = \mathbf{R_{EE}} \cdot \left((\mathbf{R}_{\mathbf{EE}}^{(1)})^{-1} \hat{\mathbf{q}}(\mathbf{r}^{(1)}) + \mathbf{S}^{(2)^T} (\mathbf{R}_{\mathbf{NN}}^{(2)})^{-1} \mathbf{r}^{(2)} \right) . \tag{7.78}$$

Die Gleichungen (7.77) und (7.78) beschreiben, wie man einen neuen optimalen Schätzwert bzw. eine neue Korrelationsmatrix des Schätzfehlers mit minimalen Hauptdiagonalelementen erhält, wenn ein neuer Vektor $\mathbf{r}^{(2)}$ zum bisher verfügbaren Vektor $\mathbf{r}^{(1)}$ hinzukommt. Die einzige zusätzliche Voraussetzung, die über die in Abschnitt 8.3 genannten hinausgeht, ist in (7.70) gegeben: Die Störkomponenten des hinzukommenden Vektors $\mathbf{N}^{(2)}$ sind statistisch unabhängig von denen des alten Störvektors $\mathbf{N}^{(1)}$.

Verbesserte Schätzwerte: Kalman-Formeln

Durch Umformung der Beziehungen (7.77) und (7.78) mit Hilfe der Matrizenrechnung lassen sich neue, zuerst von *Kalman* angegebene Formeln finden. Multipliziert man (7.78) aus, so gilt:

$$\hat{\mathbf{q}}(\mathbf{r}) = \mathbf{R_{EE}} (\mathbf{R}_{\mathbf{EE}}^{(1)})^{-1} \hat{\mathbf{q}}(\mathbf{r}^{(1)}) + \mathbf{R_{EE}} \mathbf{S}^{(2)^T} (\mathbf{R}_{\mathbf{NN}}^{(2)})^{-1} \mathbf{r}^{(2)} . \tag{7.79}$$

Zur Vereinfachung der Rechnung wird die Matrix $\mathbf{P}$ definiert:

$$\mathbf{P} = \mathbf{R_{EE}}\,\mathbf{S}^{(2)^T}(\mathbf{R}_{\mathbf{NN}}^{(2)})^{-1} \tag{7.80}$$

oder mit (7.77)

$$\mathbf{P} = [(\mathbf{R}_{\mathbf{EE}}^{(1)})^{-1} + \mathbf{S}^{(2)^T}(\mathbf{R}_{\mathbf{NN}}^{(2)})^{-1}\mathbf{S}^{(2)}]^{-1}\mathbf{S}^{(2)^T}(\mathbf{R}_{\mathbf{NN}}^{(2)})^{-1}\,. \tag{7.81}$$

Dies lässt sich mit Hilfe der folgenden Matrizengleichung umformen, die für die drei Matrizen **X**, **Y** und **Z** gilt, sofern **X** und **Z** umkehrbar sind:

$$\mathbf{X}\mathbf{Y}^T(\mathbf{Z}+\mathbf{Y}\mathbf{X}\mathbf{Y}^T)^{-1} = (\mathbf{X}^{-1}+\mathbf{Y}^T\mathbf{Z}^{-1}\mathbf{Y})^{-1}\mathbf{Y}^T\mathbf{Z}^{-1}\,. \tag{7.82}$$

Setzt man für die Größen auf der rechten Seite von (7.82) die entsprechenden Größen der rechten Seite von (7.81) ein, so erhält man für die Matrix **P**:

$$\mathbf{P} = \mathbf{R}_{\mathbf{EE}}^{(1)}\mathbf{S}^{(2)^T}(\mathbf{R}_{\mathbf{NN}}^{(2)} + \mathbf{S}^{(2)}\mathbf{R}_{\mathbf{EE}}^{(1)}\mathbf{S}^{(2)^T})^{-1}\,. \tag{7.83}$$

Mit der unter denselben Voraussetzungen wie (7.82) gültigen Matrizengleichung

$$(\mathbf{X}^{-1}+\mathbf{Y}^T\mathbf{Z}^{-1}\mathbf{Y})^{-1} = \mathbf{X} - \mathbf{X}\mathbf{Y}^T(\mathbf{Y}\mathbf{X}\mathbf{Y}^T+\mathbf{Z})^{-1}\mathbf{Y}\mathbf{X}^T \tag{7.84}$$

erhält man $\mathbf{R_{EE}}$ nach (7.77), indem man die rechte Seite von (7.77) mit der linken Seite von (7.84) vergleicht:

$$\mathbf{R_{EE}} = \mathbf{R}_{\mathbf{EE}}^{(1)} - \mathbf{R}_{\mathbf{EE}}^{(1)}\mathbf{S}^{(2)^T}(\mathbf{S}^{(2)}\mathbf{R}_{\mathbf{EE}}^{(1)}\mathbf{S}^{(2)^T} + \mathbf{R}_{\mathbf{NN}}^{(2)})^{-1}\mathbf{S}^{(2)}\mathbf{R}_{\mathbf{EE}}^{(1)}\,. \tag{7.85}$$

Setzt man **P** nach (7.83) in (7.85) ein, so erhält man:

$$\mathbf{R_{EE}} = \mathbf{R}_{\mathbf{EE}}^{(1)} - \mathbf{P}\mathbf{S}^{(2)}\mathbf{R}_{\mathbf{EE}}^{(1)}\,. \tag{7.86}$$

$\mathbf{R_{EE}}$ nach (7.86) in (7.79) eingesetzt, liefert:

$$\hat{\mathbf{q}}(\mathbf{r}) = (\mathbf{R}_{\mathbf{EE}}^{(1)} - \mathbf{P}\mathbf{S}^{(2)}\mathbf{R}_{\mathbf{EE}}^{(1)})(\mathbf{R}_{\mathbf{EE}}^{(1)})^{-1}\,\hat{\mathbf{q}}(\mathbf{r}^{(1)}) + \mathbf{R_{EE}}\mathbf{S}^{(2)^T}(\mathbf{R}_{\mathbf{NN}}^{(2)})^{-1}\,\mathbf{r}^{(2)}\,. \tag{7.87}$$

Der zweite Term in (7.87) lässt sich mit Hilfe von **P** in (7.80) vereinfachen:

$$\begin{aligned}
\hat{\mathbf{q}}(\mathbf{r}) &= (\mathbf{R}_{\mathbf{EE}}^{(1)} - \mathbf{P}\mathbf{S}^{(2)}\mathbf{R}_{\mathbf{EE}}^{(1)})(\mathbf{R}_{\mathbf{EE}}^{(1)})^{-1}\,\hat{\mathbf{q}}(\mathbf{r}^{(1)}) + \mathbf{P}\mathbf{r}^{(2)} \\
&= \hat{\mathbf{q}}(\mathbf{r}^{(1)}) - \mathbf{P}\mathbf{S}^{(2)}\,\hat{\mathbf{q}}(\mathbf{r}^{(1)}) + \mathbf{P}\mathbf{r}^{(2)} \\
&= \hat{\mathbf{q}}(\mathbf{r}^{(1)}) - \mathbf{P}(\mathbf{S}^{(2)}\,\hat{\mathbf{q}}(\mathbf{r}^{(1)}) - \mathbf{r}^{(2)})\,.
\end{aligned} \tag{7.88}$$

In dieser Gleichung stellt **P** eine optimale *Verstärkungs-* oder *Gewichtungsmatrix* dar, so dass die Kombination aus *altem* Schätzwert $\hat{\mathbf{q}}(\mathbf{r}^{(1)})$ und *neuem* Messvektor $\mathbf{r}^{(2)}$ einen neuen Schätzvektor $\hat{\mathbf{q}}(\mathbf{r})$ liefert, der die mittleren quadratischen Fehler, d. h. die Hauptdiagonalenelemente von $\mathbf{R_{EE}}$, zu einem Minimum macht.

Die Formeln in (7.77) und (7.78) haben denselben Inhalt wie die in (7.86) und (7.88). Sie unterscheiden sich lediglich in der Art der erforderlichen mathematischen Operationen. Wenn die Dimension des Parametervektors **q** größer als die Dimension von $\mathbf{r}^{(2)}$ ist, d. h. wenn $K > N_2$ gilt, dann sind die Kalman-Formeln in (7.86) und (7.88) günstiger als die in (7.77) und (7.78), weil die erforderlichen Matrizeninversionen weniger Aufwand erfordern. Für $K < N_2$ ist die Rechnung mit den Formeln (7.77) und (7.78) günstiger. Wegen ihrer Bedeutung seien hier noch einmal die *Kalman-Formeln*

$$\begin{aligned} \mathbf{P} &= \mathbf{R}_{\mathbf{EE}}^{(1)}\mathbf{S}^{(2)^T}(\mathbf{R}_{\mathbf{NN}}^{(2)} + \mathbf{S}^{(2)}\mathbf{R}_{\mathbf{EE}}^{(1)}\mathbf{S}^{(2)^T})^{-1} \\ \hat{\mathbf{q}}(\mathbf{r}) &= \hat{\mathbf{q}}(\mathbf{r}^{(1)}) - \mathbf{P}\cdot(\mathbf{S}^{(2)}\hat{\mathbf{q}}(\mathbf{r}^{(1)}) - \mathbf{r}^{(2)}) \\ \mathbf{R}_{\mathbf{EE}} &= \mathbf{R}_{\mathbf{EE}}^{(1)} - \mathbf{P}\mathbf{S}^{(2)}\mathbf{R}_{\mathbf{EE}}^{(1)} \end{aligned} \tag{7.89}$$

angegeben. Zur Veranschaulichung dieser Formeln zeigt Abb. 7.2 ein Blockschaltbild dieser Schätzeinrichtung: Der neu hinzukommende gestörte Empfangsvektor $\mathbf{r}^{(2)}$ wird mit der optimalen Verstärkungsmatrix $\mathbf{P}$ gewichtet und mit dem alten, aus $\mathbf{r}^{(1)}$ gewonnenen Schätzwert $\hat{\mathbf{q}}(\mathbf{r}^{(1)})$ verknüpft, um den neuen Schätzwert $\hat{\mathbf{q}}(\mathbf{r})$ zu gewinnen. Damit der alte Schätzwert $\hat{\mathbf{q}}(\mathbf{r}^{(1)})$ nicht verloren geht, wird er in einem

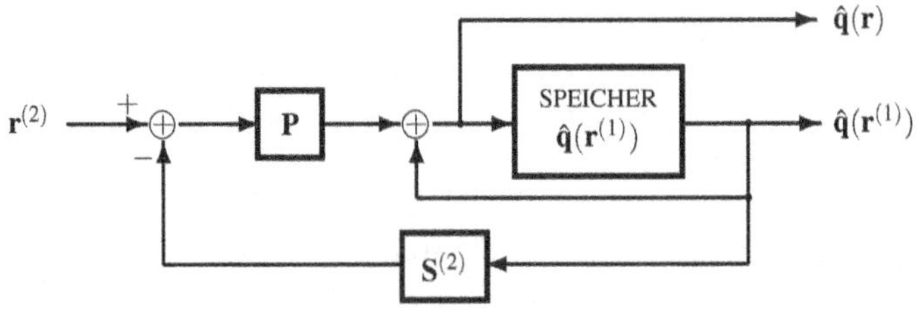

Abb. 7.2 Schätzeinrichtung nach den Kalman-Formeln

Speicher solange gespeichert, bis $\mathbf{r}^{(2)}$ eingetroffen ist. Vorausgesetzt wird bei den Kalman-Formeln, dass bei dem alten und dem neuen Schätzwert *Konsistenz* vorliegt, d. h. dass in $\mathbf{r}^{(1)}$ und in $\mathbf{r}^{(2)}$ *derselbe* Parametervektor $\mathbf{q}$ enthalten ist. Wenn diese Voraussetzung nicht erfüllt ist, kann man mit den neuen Daten $\mathbf{r}^{(2)}$ den Schätzwert $\hat{\mathbf{q}}(\mathbf{r}^{(1)})$ nicht verbessern.

Weil bei der Schätzeinrichtung nach Abb. 7.2 sequentiell Daten des Empfängervektors $\mathbf{r}$ ausgewertet werden, um daraus einen Schätzwert für den Parametervektor $\mathbf{q}$ zu gewinnen, nennt man diese Form der Parameterschätzung auch *sequentielle* oder *rekursive Parameterschätzung*.

7.5 Schätzsystem als lineares Transversalfilter

Bei den linearen Schätzeinrichtungen wurde bisher der Fall betrachtet, dass ein beliebiger Parametervektor $\mathbf{q}$ zu schätzen sei. Daraus folgt, dass das Schätzsystem durch eine Matrix $\mathbf{H}$ beschrieben werden kann. Bei der Realisierung von signalverarbeitenden Systemen spielen diejenigen mit endlicher Impulsantwort eine besondere Rolle. Man bezeichnet sie als *Transversalfilter* [Kam92] oder auch FIR-Systeme, wobei die Abkürzung für *Finite Impulse Response* steht. Sie lassen sich in ihrem Übertragungsverhalten durch einen Vektor darstellen und sind somit ein Sonderfall der Systemdarstellung durch die Matrix $\mathbf{H}$.

Nach wie vor soll gelten, dass der mittlere quadratische Fehler zum Minimum gemacht wird. Wenn das Schätzsystem durch einen Vektor und nicht durch eine Matrix beschrieben wird, so ist die zu schätzende Größe ein skalarer Parameter. Bei skalaren Parametern wird der mittlere quadratische Fehler durch den Korrelationskoeffizienten

$$r_{EE} = \mathrm{E}\{E^2\} = \mathrm{E}\{(\hat{q}(\mathbf{R}) - Q)^2\} \stackrel{!}{=} \min_{\hat{q}} \tag{7.90}$$

beschrieben, der durch Wahl des Schätzwertes $\hat{q}(\mathbf{r})$ zum Minimum zu machen ist. Für den Schätzwert selbst gilt bei der Annahme, dass als Schätzsystem ein Transversalfilter mit der zeitdiskreten Impulsantwort $h(k)$, $k = 1, \ldots, N$ verwendet wird:

$$\hat{q}(\mathbf{r}) = r(k) * h(k) = \sum_{i=1}^{N} h(i)\, r(k-i) = \mathbf{h}^T \mathbf{r} = \mathbf{r}^T \mathbf{h}\,. \tag{7.91}$$

Die Abtastwerte der Impulsantwort $h(k)$ werden dabei in dem Vektor

$$\mathbf{h} = (h(1), h(2), \ldots, h(N))^T \tag{7.92}$$

zusammengefasst, und für den aktuellen Datenblock des gestörten Empfangs- oder Messvektors gilt

$$\mathbf{r} = (r(k-1), r(k-2), \ldots, r(k-N))^T\,. \tag{7.93}$$

Da hier mit (7.90) der minimale mittlere quadratische Fehler als Optimalitätskriterium gelten soll und mit (7.91) ein lineares System gesucht wird, muss das *Orthogonalitätsprinzip* gelten. Folglich verschwindet der Kreuzkorrelationsvektor $\mathbf{r}_{E\mathbf{R}}$, für den man mit (7.91)

$$\begin{aligned} \mathbf{r}_{E\mathbf{R}}^T &= \mathrm{E}\{(\hat{Q} - Q)\mathbf{R}^T\} = \mathrm{E}\{(\mathbf{h}^T \mathbf{R} - Q)\mathbf{R}^T\} \\ &= \mathbf{h}^T \mathrm{E}\{\mathbf{R}\mathbf{R}^T\} - \mathrm{E}\{Q\mathbf{R}^T\} = \mathbf{h}^T \mathbf{R}_{\mathbf{RR}} - \mathbf{r}_{Q\mathbf{R}}^T = \mathbf{0}^T \end{aligned} \tag{7.94}$$

schreiben kann. Löst man nach dem transponierten Vektor der Abtastwerte der Impulsantwort $\mathbf{h}$ auf, so folgt $\mathbf{h}^T = \mathbf{r}_{Q\mathbf{R}}^T \cdot \mathbf{R}_{\mathbf{RR}}^{-1}$ bzw. nach Transponierung für $\mathbf{h}$ selbst:

$$\mathbf{h} = \left(\mathbf{r}_{Q\mathbf{R}}^T \cdot \mathbf{R}_{\mathbf{RR}}^{-1}\right)^T = \mathbf{R}_{\mathbf{RR}}^{-1} \cdot \mathbf{r}_{Q\mathbf{R}}\,. \tag{7.95}$$

In dieser Beziehung tritt wieder das bereits erwähnte Problem der Inversion der Korrelationsmatrix $\mathbf{R}_{\mathbf{RR}}$ auf. Auch bei der Schätzung skalarer Parameter und nicht nur bei der Schätzung von Parametervektoren ist demnach die Inversion einer hochdimensionalen Matrix erforderlich. Die hohe Dimensionalität ist andererseits erwünscht, da sie ein Ausdruck dafür ist, dass der zu schätzende Parameter Einfluss auf viele Komponenten des Messvektors hat, was sich positiv auf den zu erwartenden Schätzfehler auswirkt, wie bereits erwähnt wurde.

Im übrigen stimmt diese Lösung mit der überein, die beim Gauß-Markoff-Theorem gewonnen wurde, wobei der einzige Unterschied zum allgemeinen, am Anfang dieses Kapitels betrachteten Fall darin besteht, dass hier statt der Matrix $\mathbf{H}$ der Vektor $\mathbf{h}$ verwendet wird und demzufolge die Kreuzkorrelationsmatrix $\mathbf{R_{QR}}$ durch den Kreuzkorrelationsvektor $\mathbf{r}_{Q\mathbf{R}}$ ersetzt wurde.

Rekursive Inversion der Autokorrelationsmatrix

Zur Herleitung eines Verfahrens, das ohne Inversion der Korrelationsmatrix $\mathbf{R_{RR}}$ auskommt und sich an [Kam92a] orientiert, sei zunächst angenommen, dass der Vektor $\mathbf{h}$, in dem die Abtastwerte der Impulsantwort des Schätzsystems zusammengefasst sind, die Dimension $n < N$ besitze:

$$\mathbf{h} = (h^{(n)}(1), h^{(n)}(2), \ldots, h^{(n)}(n))^T, \quad n < N. \tag{7.96}$$

Der in Klammern hochgesetzte Index n weist darauf hin, dass die Dimension des Vektors n beträgt. Aus (7.95) folgt nach Umformung die Beziehung

$$\mathbf{R}_{\mathbf{RR}}^{(n)} \mathbf{h}^{(n)} = \mathbf{r}_{Q\mathbf{R}}^{(n)}, \tag{7.97}$$

die ausführlich geschrieben

$$\begin{pmatrix} r_{RR}(0) & r_{RR}(1) & \ldots & r_{RR}(n-1) \\ \vdots & \vdots & \ddots & \vdots \\ r_{RR}(n-1) & r_{RR}(n-2) & \ldots & r_{RR}(0) \end{pmatrix} \begin{pmatrix} h^{(n)}(1) \\ \vdots \\ h^{(n)}(n) \end{pmatrix} = \begin{pmatrix} r_{QR}(1) \\ \vdots \\ r_{QR}(n) \end{pmatrix} \tag{7.98}$$

liefert, wobei mit $r_{RR}(i)$ die Abtastwerte der Autokorrelationsfunktion des gestörten Empfangs- bzw. Messsignals bezeichnet werden. Erhöht man nun die Dimension n des Vektors $\mathbf{h}^{(n)}$ um 1, ersetzt man also n durch $n+1$, so folgt aus (7.98)

$$\begin{pmatrix} r_{RR}(0) & r_{RR}(1) & \ldots & r_{RR}(n) \\ \vdots & \vdots & \ddots & \vdots \\ r_{RR}(n-1) & r_{RR}(n-2) & \ldots & r_{RR}(1) \\ r_{RR}(n) & r_{RR}(n-1) & \ldots & r_{RR}(0) \end{pmatrix} \begin{pmatrix} h^{(n+1)}(1) \\ \vdots \\ h^{(n+1)}(n) \\ \gamma^{(n+1)} \end{pmatrix} = \begin{pmatrix} r_{QR}(1) \\ \vdots \\ r_{QR}(n) \\ r_{QR}(n+1) \end{pmatrix}, \tag{7.99}$$

bzw. in kompakterer Form

$$\mathbf{R}_{\mathbf{RR}}^{(n+1)} \cdot \mathbf{h}^{(n+1)} = \mathbf{r}_{Q\mathbf{R}}^{(n+1)}. \tag{7.100}$$

In (7.99) ist der Fall für die Dimension n enthalten:

$$\left(\begin{array}{ccc|c} & & & r_{RR}(n) \\ & \mathbf{R}_{\mathbf{RR}}^{(n)} & & \vdots \\ & & & r_{RR}(1) \\ \hline r_{RR}(n) & \dots & r_{RR}(1) & r_{RR}(0) \end{array}\right) \begin{pmatrix} h^{(n+1)}(1) \\ \vdots \\ h^{(n+1)}(n) \\ \hline \gamma^{(n+1)} \end{pmatrix} = \begin{pmatrix} r_{QR}(1) \\ \vdots \\ r_{QR}(n) \\ \hline r_{QR}(n+1) \end{pmatrix}. \tag{7.101}$$

Aus (7.101) kann man zwei Gleichungen gewinnen:

$$\mathbf{R}_{\mathbf{RR}}^{(n)} \begin{pmatrix} h^{(n+1)}(1) \\ \vdots \\ h^{(n+1)}(n) \end{pmatrix} + \gamma^{(n+1)} \begin{pmatrix} r_{RR}(n) \\ \vdots \\ r_{RR}(1) \end{pmatrix} = \begin{pmatrix} r_{QR}(1) \\ \vdots \\ r_{QR}(n) \end{pmatrix} = \mathbf{r}_{Q\mathbf{R}}^{(n)} \tag{7.102}$$

und

$$(r_{RR}(n), \dots, r_{RR}(1)) \begin{pmatrix} h^{(n+1)}(1) \\ \vdots \\ h^{(n+1)}(n) \end{pmatrix} + r_{RR}(0) \cdot \gamma^{(n+1)} = r_{QR}(n+1)\,. \tag{7.103}$$

Multipliziert man (7.102) mit $(\mathbf{R}_{\mathbf{RR}}^{(n)})^{-1}$ von links, so erhält man mit (7.97) bzw. (7.98) die Beziehung

$$\begin{pmatrix} h^{(n+1)}(1) \\ \vdots \\ h^{(n+1)}(n) \end{pmatrix} + \gamma^{(n+1)} \left(\mathbf{R}_{\mathbf{RR}}^{(n)}\right)^{-1} \begin{pmatrix} r_{RR}(n) \\ \vdots \\ r_{RR}(1) \end{pmatrix} = \left(\mathbf{R}_{\mathbf{RR}}^{(n)}\right)^{-1} \mathbf{r}_{Q\mathbf{R}}^{(n)} = \begin{pmatrix} h^{(n)}(1) \\ \vdots \\ h^{(n)}(n) \end{pmatrix}, \tag{7.104}$$

die man auch als *Yule-Walker-Gleichung* bezeichnet. Ordnet man die Zeilen in der Yule-Walker Gleichung (7.104) um, so erhält man

$$\begin{pmatrix} r_{RR}(0) & \dots & r_{RR}(n-1) \\ \vdots & \ddots & \vdots \\ r_{RR}(n-1) & \dots & r_{RR}(0) \end{pmatrix} \begin{pmatrix} h^{(n)}(n) \\ \vdots \\ h^{(n)}(1) \end{pmatrix} = \begin{pmatrix} r_{QR}(n) \\ \vdots \\ r_{QR}(1) \end{pmatrix}, \tag{7.105}$$

wobei die Korrelationsmatrix $\mathbf{R}_{\mathbf{RR}}^{(n)}$ wegen ihrer Symmetrie unverändert bleibt:

$$\mathbf{R}_{\mathbf{RR}}^{(n)} \cdot \begin{pmatrix} h^{(n)}(n) \\ \vdots \\ h^{(n)}(1) \end{pmatrix} = \begin{pmatrix} r_{QR}(n) \\ \vdots \\ r_{QR}(1) \end{pmatrix}. \tag{7.106}$$

Löst man nach dem Vektor $\mathbf{h}^{(n)}$ auf, so erhält man:

$$\begin{pmatrix} h^{(n)}(n) \\ \vdots \\ h^{(n)}(1) \end{pmatrix} = \left(\mathbf{R}_{\mathbf{RR}}^{(n)}\right)^{-1} \begin{pmatrix} r_{QR}(n) \\ \vdots \\ r_{QR}(1) \end{pmatrix} . \tag{7.107}$$

Zur Vereinfachung der weiteren Betrachtung sollen einige Annahmen gemacht werden:

- Nutz- und Störanteil sollen sich *additiv* überlagern, d. h. es gilt $r = q + n$.
- Nutz- und Störanteil sollen *unkorreliert* sein, d. h. es gilt $\mathrm{E}\{Q \cdot N\} = 0$ bzw. $r_{QR}(i) = r_{QQ}(i)$.
- Der Störprozess $N(k)$ soll *weiß* sein, so dass mit den anderen Annahmen $r_{RR}(i) = r_{QQ}(i) + r_{NN}(i) = \begin{cases} r_{QQ}(i) + r_{NN}(i) & i = 0 \\ r_{QQ}(i) & i \neq 0 \end{cases}$ gilt.

Mit diesen Voraussetzungen, d. h. mit $r_{RR}(i) = r_{QQ}(i)$, $i \neq 0$, folgt aus (7.104)

$$\begin{pmatrix} h^{(n+1)}(1) \\ \vdots \\ h^{(n+1)}(n) \end{pmatrix} + \gamma^{(n+1)} \left(\mathbf{R}_{\mathbf{RR}}^{(n)}\right)^{-1} \begin{pmatrix} r_{QQ}(n) \\ \vdots \\ r_{QQ}(1) \end{pmatrix} = \begin{pmatrix} h^{(n)}(1) \\ \vdots \\ h^{(n)}(n) \end{pmatrix} , \tag{7.108}$$

sowie mit $r_{QR}(i) = r_{QQ}(i)$ und aus (7.107)

$$\begin{pmatrix} h^{(n)}(n) \\ \vdots \\ h^{(n)}(1) \end{pmatrix} = \left(\mathbf{R}_{\mathbf{RR}}^{(n)}\right)^{-1} \begin{pmatrix} r_{QQ}(n) \\ \vdots \\ r_{QQ}(1) \end{pmatrix} . \tag{7.109}$$

Setzt man (7.109) in (7.108) ein, d. h. ersetzt man den Ausdruck

$$(\mathbf{R}_{\mathbf{RR}}^{(n)})^{-1} \cdot \begin{pmatrix} r_{QQ}(n) \\ \vdots \\ r_{QQ}(1) \end{pmatrix} ,$$

so folgt schließlich:

$$\begin{aligned} \begin{pmatrix} h^{(n+1)}(1) \\ \vdots \\ h^{(n+1)}(n) \end{pmatrix} &= \begin{pmatrix} h^{(n)}(1) \\ \vdots \\ h^{(n)}(n) \end{pmatrix} - \gamma^{(n+1)} \left(\mathbf{R}_{\mathbf{RR}}^{(n)}\right)^{-1} \begin{pmatrix} r_{QQ}(n) \\ \vdots \\ r_{QQ}(1) \end{pmatrix} \\ &= \begin{pmatrix} h^{(n)}(1) \\ \vdots \\ h^{(n)}(n) \end{pmatrix} - \gamma^{(n+1)} \begin{pmatrix} h^{(n)}(n) \\ \vdots \\ h^{(n)}(1) \end{pmatrix} . \end{aligned} \tag{7.110}$$

Damit ist aber eine Rekursionsbeziehung angegeben, mit der man bei Kenntnis der Impulsantwort $\mathbf{h}^{(n)}$ des Schätzsystems im n-ten Iterationsschritt die Impulsantwort $\mathbf{h}^{(n+1)}$ des folgenden Iterationsschritts gewinnen kann. Dabei taucht als Unbekannte der Koeffizient $\gamma^{(n+1)}$ auf. Er stellt den neu hinzugekommenen Abtastwert der Impulsantwort des Schätzsystems dar:

$$\gamma^{(n+1)} = h^{(n+1)}(n+1)\,. \tag{7.111}$$

Durch Umformung von (7.103) erhält man

$$\sum_{i=1}^{n} h^{(n+1)}(i)\, r_{RR}(n+1-i) + r_{RR}(0) \cdot \gamma^{(n+1)} = r_{QR}(n+1)\,. \tag{7.112}$$

Setzt man $h^{(n+1)}(i) = h^{(n)}(i) - \gamma^{n+1} h^{n}(n+1-i)$ nach (7.110) ein, so folgt für (7.112)

$$\begin{aligned} &\sum_{i=1}^{n} h^{(n)}(i)\, r_{RR}(n+1-i) - \gamma^{(n+1)} \sum_{i=1}^{n} h^{(n)}(i)\, r_{RR}(i) \\ &+ r_{RR}(0) \cdot \gamma^{(n+1)} = r_{QR}(n+1) = r_{QQ}(n+1)\,, \end{aligned} \tag{7.113}$$

wobei von der Annahme Gebrauch gemacht wurde, dass Nutz- und Störanteil unkorreliert sind. Damit erhält man aber eine Bestimmungsgleichung für den unbekannten Koeffizienten $\gamma^{(n+1)}$:

$$\begin{aligned} \gamma^{(n+1)} &= h^{(n+1)}(n+1) \\ &= \frac{r_{QQ}(n+1) - \sum_{i=1}^{n} h^{(n)}(i)\, r_{RR}(n+1-i)}{r_{RR}(0) - \sum_{i=1}^{n} h^{(n)}(i)\, r_{RR}(i)}\,. \end{aligned} \tag{7.114}$$

Da nun die Unbekannte in (7.110) bestimmt ist, lässt sich der Rekursionsalgorithmus *ohne* Inversion der Matrix $\mathbf{R_{RR}}$ durchführen. Man bezeichnet diesen aus aus den Gleichungen (7.110) und (7.114) bestehenden Algorithmus als *Levinson-Durbin-Rekursion*. Als Startwert für $n = 1$ verwendet man den Abtastwert der Impulsantwort $h^{(1)}(1) = 1$, der die Normierungskonstante des Schätzsystems darstellt.

7.6 Adaptive Parameterschätzung

Im vorigen Abschnitt wurde gezeigt, wie man durch einen rekursiven Ansatz das Problem der Inversion der Korrelationsmatrix $\mathbf{R_{RR}}$ umgehen kann. Eine Alternative zu diesem Ansatz bietet die *adaptive Parameterschätzung*, die ferner den Vorteil hat, dass hier das Parameterschätzsystem sich *ändernden* statistischen Verhältnissen, z. B. geänderten Störungen oder auch sich zeitlich langsam ändernden Parametern, anpassen kann.

Bei der adaptiven Parameterschätzung werden *lineare* Parameterschätzsysteme verwendet, die den mittleren quadratischen Fehler zum Minimum machen, so dass auch hier das Optimalitätskriterium nach (7.90) gilt. Setzt man für den Schätzwert $\hat{q}(\mathbf{r})$ die Beziehung nach (7.91) ein, d. h., verwendet man auch hier ein Transversalfilter, so folgt aus (7.90)

$$\begin{aligned} r_{EE} &= \mathrm{E}\{(\hat{q}(\mathbf{R}) - Q)^2\} = \mathrm{E}\{(\mathbf{h}^T\mathbf{R} - Q)(\mathbf{R}^T\mathbf{h} - Q)\} \\ &= \mathbf{h}^T \mathrm{E}\{\mathbf{R}\mathbf{R}^T\}\mathbf{h} - \mathbf{h}^T \mathrm{E}\{\mathbf{R}Q\} - \mathrm{E}\{Q\mathbf{R}^T\}\mathbf{h} + \mathrm{E}\{Q^2\} \\ &= \mathbf{h}^T \mathbf{R}_{\mathbf{RR}}\mathbf{h} - \mathbf{h}^T \mathbf{r}_{Q\mathbf{R}} - \mathbf{r}_{Q\mathbf{R}}^T\mathbf{h} + r_{QQ} \\ &= \mathbf{h}^T \mathbf{R}_{\mathbf{RR}}\mathbf{h} - 2\mathbf{h}^T \mathbf{r}_{Q\mathbf{R}} + r_{QQ} \end{aligned} \tag{7.115}$$

wegen

$$\mathbf{h}^T \mathrm{E}\{\mathbf{R}Q\} = \mathrm{E}\{Q\mathbf{R}^T\}\mathbf{h} = \mathbf{h}^T \mathbf{r}_{Q\mathbf{R}} = (\mathbf{h}^T \mathbf{r}_{Q\mathbf{R}})^T = \mathbf{r}_{Q\mathbf{R}}^T \mathbf{h}\,.$$

Dabei bezeichnet $\mathbf{h}$ den in (7.92) definierten Vektor, in dem die Abtastwerte der Impulsantwort $h(k)$ zusammengefasst sind. Der Gradient des Fehlers, d. h. die Richtung seines größten Anstiegs als Funktion des Koeffizientenvektors $\mathbf{h}$, ist durch

$$\nabla_{\mathbf{h}} = \frac{\partial r_{EE}}{\partial \mathbf{h}} = \left(\frac{\partial r_{EE}}{\partial h(1)}, \ldots, \frac{\partial r_{EE}}{\partial h(N)}\right)^T = 2\mathbf{R}_{\mathbf{RR}}\mathbf{h} - 2\mathbf{r}_{Q\mathbf{R}} \tag{7.116}$$

gegeben, was mit $\nabla_{\mathbf{h}} = \mathbf{0}$ auf die Lösung in (7.95) führt, die mit $\mathbf{h}_{opt}$ bezeichnet werden soll:

$$\mathbf{h}_{opt} = \mathbf{R}_{\mathbf{RR}}^{-1} \mathbf{r}_{Q\mathbf{R}}\,. \tag{7.117}$$

Formt man (7.116) um und führt $\mathbf{h}_{opt}$ nach (7.117) ein, so erhält man

$$\frac{1}{2}\mathbf{R}_{\mathbf{RR}}^{-1}\nabla_{\mathbf{h}} = \mathbf{h} - \mathbf{R}_{\mathbf{RR}}^{-1}\mathbf{r}_{Q\mathbf{R}} = \mathbf{h} - \mathbf{h}_{opt} \tag{7.118}$$

bzw.

$$\mathbf{h}_{opt} = \mathbf{h} - \frac{1}{2}\mathbf{R}_{\mathbf{RR}}^{-1}\nabla_{\mathbf{h}}\,, \tag{7.119}$$

was man in die Rekursionsgleichung

$$\mathbf{h}(k+1) = \mathbf{h}(k) - \frac{1}{2}\mathbf{R}_{\mathbf{RR}}^{-1}\nabla_{\mathbf{h}}(k) \tag{7.120}$$

umformen kann. Die in dieser Gleichung zum Ausdruck kommende Idee besteht darin, den *neuen* Koeffizientenvektor $\mathbf{h}(k+1)$ aus dem *alten* Vektor $\mathbf{h}(k)$ dadurch zu bestimmen, dass man den alten Vektor in Richtung des negativen Gradienten verändert, um r_{EE} nach (7.115) zu minimieren.

Da r_{EE} eine in $\mathbf{h}$ quadratische Form ist, lässt sich r_{EE} als ein mehrdimensionaler Paraboloid interpretieren, der ein eindeutiges Minimum besitzt. Durch den Vorfaktor des Gradienten, die Schrittweite der Rekursion, wird die Konvergenz des Verfahrens bestimmt: Ist die Schrittweite sehr klein, wird das Minimum erreicht, jedoch erfolgt dies sehr langsam. Ist die Schrittweite sehr groß, kann die Rekursion instabil werden, weil das Minimum nicht im Schrittweitenraster liegt. In (7.120) wird deswegen eine wählbare Schrittweite

$$0 < \mu < 1 \tag{7.121}$$

eingeführt, was auf

$$\mathbf{h}(k+1) = \mathbf{h}(k) - \mu\, \mathbf{R}_{\mathbf{RR}}^{-1} \nabla_{\mathbf{h}}(k) \tag{7.122}$$

führt. Zur Lösung dieser Rekursionsbeziehung wird der Gradient $\nabla_{\mathbf{h}}(k)$ durch (7.116) ersetzt und die daraus folgende optimale Lösung $\mathbf{h}_{opt}$ eingeführt:

$$\begin{aligned} \mathbf{h}(k+1) &= \mathbf{h}(k) - 2\mu(\mathbf{h}(k) - \mathbf{R}_{\mathbf{RR}}^{-1}\mathbf{r}_{Q\mathbf{R}}) \\ &= \mathbf{h}(k) - 2\mu\,(\mathbf{h}(k) - \mathbf{h}_{opt}) \\ &= (1-2\mu)\,\mathbf{h}(k) + 2\mu\,\mathbf{h}_{opt}\,. \end{aligned} \tag{7.123}$$

Ausgehend von der Anfangslösung $\mathbf{h}(0)$ erhält man durch rekursives Einsetzen

$$\begin{aligned} \mathbf{h}(1) &= (1-2\mu)\,\mathbf{h}(0) + 2\mu\,\mathbf{h}_{opt} \\ \mathbf{h}(2) &= (1-2\mu)\,\mathbf{h}(1) + 2\mu\,\mathbf{h}_{opt} \\ &= (1-2\mu)^2\mathbf{h}(0) + 2\mu[(1-2\mu)+1]\,\mathbf{h}_{opt} \\ \mathbf{h}(3) &= (1-2\mu)^3\mathbf{h}(0) + 2\mu[(1-2\mu)^2 + (1-2\mu)+1]\,\mathbf{h}_{opt} \end{aligned}$$

und schließlich mit Hilfe der Summenformel für die endliche geometrische Reihe die Lösung

$$\begin{aligned} \mathbf{h}(k) &= (1-2\mu)^k\mathbf{h}(0) + 2\mu \sum_{i=0}^{k-1}(1-2\mu)^i\mathbf{h}_{opt} \\ &= (1-2\mu)^k\mathbf{h}(0) + 2\mu\frac{1-(1-2\mu)^k}{1-(1-2\mu)}\cdot\mathbf{h}_{opt} \\ &= \mathbf{h}_{opt} + (1-2\mu)^k(\mathbf{h}(0) - \mathbf{h}_{opt})\,. \end{aligned} \tag{7.124}$$

Diese Lösung zeigt, dass man mit $\mu = 1/2$ in *einem* Schritt zur optimalen Lösung gelangt, was bei einer quadratischen Gleichung immer möglich ist. Ferner wird die Beschränkung des Schrittweitenfaktors μ auf (7.121) verständlich, um eine stabile Lösung zu garantieren.

Für die Berechnung der Koeffizienten kann man in der Praxis weder die direkte Lösung nach (7.117) noch die rekursive nach (7.122) verwenden, da sich die Korrelationsmatrix $\mathbf{R}_{\mathbf{RR}}$ und der Korrelationsvektor $\mathbf{r}_{Q\mathbf{R}}$ bei einem on-line betriebenen Schätzsystem nicht berechnen lassen; auch die im vorausgegangenen Abschnitt beschriebene Levinson-Durbin-Rekursion ist in der Regel zu aufwändig. Ein zweiter Grund besteht darin, dass, wie eingangs bereits erwähnt wurde, in der Praxis nicht immer von stationären Prozessen ausgegangen werden kann. Folglich müsste bei einem instationären Prozess bzw. einem Prozess, der sich nur sehr langsam in seinen statistischen Eigenschaften ändert, die Inversion der Korrelationsmatrix laufend vollzogen werden. Dies führt beim on-line Betrieb zu einem nicht vertretbaren Aufwand.

Um zum einen die Inversion der Korrelationsmatrix $\mathbf{R}_{\mathbf{RR}}$ zu vermeiden und zum anderen eine Anpassung an sich ändernde statistische Eigenschaften des Störprozesses zu berücksichtigen, wird statt des mittleren quadratischen Fehlers nach (7.115) der aktuelle Fehler selbst minimiert, wobei folgende an (7.122) angelehnte Rekursionsbeziehung

$$\mathbf{h}(k+1) = \mathbf{h}(k) - \mu \hat{\nabla}_{\mathbf{h}}(k) \tag{7.125}$$

verwendet wird, die man nach dem englischen Terminus *least mean square* als *LMS-Algorithmus* bezeichnet. Mit dem aus (7.91) folgenden Schätzwert

$$\hat{q}(\mathbf{r}) = r(k) * h(k) = \mathbf{r}^T(k)\,\mathbf{h} = \mathbf{h}^T \mathbf{r}(k)\,, \tag{7.126}$$

bei dem die zeitliche Veränderung des Messvektors $\mathbf{r}$ berücksichtigt wurde, erhält man für den Schätzfehler

$$e(k) = \hat{q}(k) - q(k) = \mathbf{r}^T(k)\,\mathbf{h} - q(k) = \mathbf{h}^T \mathbf{r}(k) - q(k)\,, \tag{7.127}$$

wobei eine zeitliche Abhängigkeit des Parameters q zugelassen wird, was eine Erweiterung gegenüber den bisher gemachten Annahmen darstellt; mit diesem Ansatz lassen sich deshalb auch Aufgaben der Signalschätzung lösen. Für den Schätzwert des Gradienten folgt schließlich:

$$\hat{\nabla}_{\mathbf{h}}(k) = \frac{\partial |e(k)|^2}{\partial \mathbf{h}} = 2\,e(k)\frac{\partial e(k)}{\partial \mathbf{h}} = 2\,e(k)\mathbf{r}(k) = 2\,\mathbf{r}(k)e(k)\,. \tag{7.128}$$

Setzt man dies in (7.125) ein, erhält man

$$\begin{aligned} \mathbf{h}(k+1) &= \mathbf{h}(k) - 2\mu\,\mathbf{r}(k)\,e(k) \\ &= \mathbf{h}(k) - 2\mu\,\mathbf{r}(k)\,(\mathbf{r}^T(k)\mathbf{h}(k) - q(k)) \\ &= [\mathbf{I} - 2\mu\,\mathbf{r}(k)\,\mathbf{r}^T(k)]\,\mathbf{h}(k) + 2\,\mu\,q(k)\,\mathbf{r}(k)\,. \end{aligned} \tag{7.129}$$

Damit diese Rekursionsbeziehung stabil ist, muss die Schrittweite μ im Bereich

$$0 < \mu < \frac{1}{\lambda_{max}} \tag{7.130}$$

gewählt werden, wobei λ_{max} der maximale Eigenwert der Korrelationsmatrix $\mathbf{R_{RR}}$ ist. Eine Abschätzung des maximalen Eigenwerts nach oben ist über die Spur dieser Matrix möglich:

$$\lambda_{max} < \mathrm{spur}\{\mathbf{R_{RR}}\}. \tag{7.131}$$

Da die Korrelationsmatrix beim praktischen Einsatz von Schätzsystemen nicht verfügbar ist, lässt sich bei transversalen Filtern die obere Schranke in (7.130) durch die Signalenergie näherungsweise bestimmen, so dass

$$0 < \mu < \frac{1}{\sum_{i=-N}^{M} |r(k-i)|^2} \tag{7.132}$$

gilt. Die Grenzen in der Summe erklären sich daraus, dass ein Transversalfilter mit N Koeffizienten vorausgesetzt wurde und dass die Blocklänge bei der Signalverarbeitung M betragen soll; die Einflusslänge des Transversalfilters beträgt damit

$N+M$. Statt der momentanen Signalenergie wird auch die gemittelte Signalenergie verwendet, indem man mit Hilfe der aktuellen Werte die gemittelte Signalenergie rekursiv berechnet. Durch dieses Vorgehen werden kurzzeitige Schwankungen der Signalenergie ausgeglichen.

Mit (7.129) ist eine *Rekursionsbeziehung* zur Berechnung der Impulsantwort des transversalen Schätzsystems gefunden worden, die zum einen ohne Inversion der Matrix $\mathbf{R_{RR}}$, zum anderen auch ohne Berechnung eines Erwartungswerts auskommt. Damit eignet sich dieser Algorithmus besonders gut für die Realisierung in *Echtzeit*. Ein weiterer Vorteil dieser Rekursionsbeziehung liegt in der erwähnten Anpassungsfähigkeit an die sich ändernde Statistik der Störungen oder des zu schätzenden Parameters, so dass die Parameterschätzung auch bei instationären Prozessen möglich ist. Bei der Berechnung des Vektors $\mathbf{h}(k)$ der Impulsantwort des Schätzsystems benötigt man das gestörte Empfangs- bzw. Messsignal $r(k)$ und den zu schätzenden Parameter $q(k)$, wie man auch aus Abb. 7.3 ablesen kann.

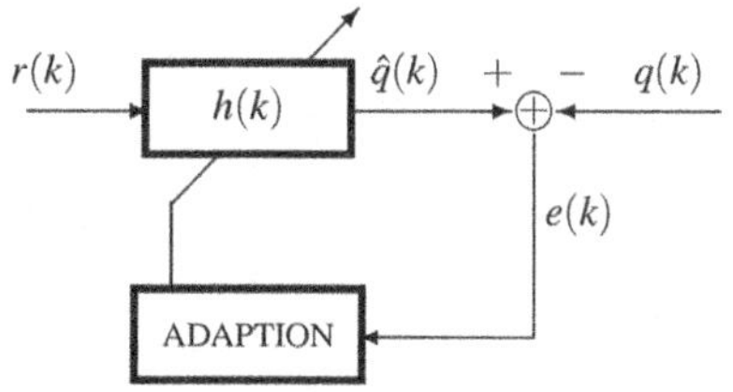

Abb. 7.3 System zur adaptiven Parameterschätzung mit dem LMS-Algorithmus

Hierbei stellt sich die Frage, wie man den Parameter, den es zu schätzen gilt, ermitteln kann. Diese Frage zeigt, dass es bei diesem Ansatz mehr um die Bestimmung eines Systems geht, das an seinem Ausgang ein Signal $\hat{q}(k)$ liefert, das mit einem vorgegebenen Referenzsignal $q(k)$ möglichst gut übereinstimmt, als um ein Parameterschätzsystem im bisher betrachteten Sinne. Ein Anwendungsbeispiel ist die in den Aufgaben zu behandelnde Kanalentzerrung. Hier kennt man die Impulsantwort des verzerrungsfreien und damit idealen Kanals genau. Durch Kettenschaltung des verzerrenden Kanals und des Entzerrers [Kro91] mit der zu bestimmenden Impulsantwort $h(k)$ soll dieser ideale Kanal gebildet werden. Die übertragenen Daten sind die $q(k)$, die beim ersten Einstellen des Entzerrers als Pseudozufallszahlen erzeugt werden und deshalb bekannt sind. Die Verzerrungen des Kanals und seine Störungen machen sich im Ausgangssignal des Kanals $r(k)$ und und damit auch im Ausgangssignal $\hat{q}(k)$ des Entzerrers bemerkbar. Die Kenntnis von $q(k)$ und $\hat{q}(k)$ bildet damit die Grundlage, die Impulsantwort $h(k)$ des Entzerrers zu bestimmen.

Wenn nach der Einstellphase des Entzerrers unbekannte Daten $q(k)$ übertragen werden, geht man von einer hinreichend kleinen Fehlerwahrscheinlichkeit des Datenübertragungssystems aus, so dass die Sendedaten $q(k)$, die in den vom Entzerrer gelieferten Schätzwerten $\hat{q}(k)$ stecken, als bekannt angesehen werden können. So betrachtet handelt es sich in der ersten Phase der Einstellung des Entzerrers um eine

Schätzung von $h(k)$ und in der zweiten Phase, nach der Adaption des Entzerrers, um die Schätzung von $q(k)$.

Es ist möglich, den LMS-Algorithmus zu modifizieren [Wid85]. Um den Algorithmus weniger rechenintensiv zu machen, verwendet man bei der rekursiven Berechnung der Koeffizienten nur das Vorzeichen des Fehlers $e(k)$ oder des Abtastwerts $r(k)$ oder auch nur die Vorzeichen beider Größen. Eine weitere Vereinfachung besteht darin, nicht zu jedem Zeitpunkt $t = kT$ einen neuen Koeffizientenvektor $\mathbf{h}(k)$ zu generieren, sondern erst nach einer bestimmten Anzahl von Takten T, z. B. zu den Zeiten $k := k \cdot L$. Das Zeitintervall der Länge L wird dazu benutzt, um einen Mittelwert des nach (7.128) geschätzten Gradienten zu bestimmen. Eine Modifikation dazu ist, den Koeffizientenvektor $\mathbf{h}(k)$ zwar zu jedem Zeitpunkt k zu bestimmen, dazu aber den mit einem Tiefpass gefilterten bzw. fortlaufend gebildeten Schätzwert des Gradienten zu verwenden.

Kapitel 8
Wiener-Filter

Am Anfang dieses Buches wurde die Signalschätzung als eine Aufgabe der statistischen Informationstechnik vorgestellt. Dabei unterscheidet man die drei Aufgabenstellungen *Filterung*, *Prädiktion* und *Interpolation*. Es besteht ein enger Zusammenhang zwischen *Signalschätzung* und *Parameterschätzung*, der darin zum Ausdruck kommt, dass man die Parameterschätzung als Sonderfall der Filterung interpretiert, indem man das zu filternde Signal zeitunabhängig macht.

Beim Entwurf eines Systems sind stets die drei im ersten Kapitel genannten Gesichtspunkte

- Struktur des Systems
- Optimalitätskriterium
- Kenntnis über die verarbeiteten Signale

zu berücksichtigen. Es soll sich bei den hier zu untersuchenden Systemen zur Signalschätzung um *lineare* Systeme handeln, wodurch die Struktur bereits festgelegt ist. Wenn die zu schätzenden Prozesse *stationär* sind, so dass dann auch die Schätzsysteme zeitinvariant werden, kann man zur mathematischen Beschreibung des gesuchten Systems dessen *Impulsantwort* $h(k)$ verwenden, wobei aus Gründen der praktischen Realisierbarkeit vor allem *zeitdiskrete* Systeme von Bedeutung sind.

Durch die Festlegung auf lineare Systeme kann man nur *optimale lineare* Schätzsysteme herzuleiten. Es könnte aber sein, dass ein nichtlineares System ein im Sinne des vorgegebenen Optimalitätskriteriums besseres Schätzergebnis als das lineare System liefert. Andererseits hat die Festlegung auf lineare Systeme den Vorteil, dass man ihre Funktion mathematisch sehr einfach durch die Impulsantwort beschreiben kann.

Als *Optimalitätskriterium* wird hier der mittlere quadratische Schätzfehler verwendet, wobei der Fehler

$$e(k) = \hat{d}(k) - d(k) \tag{8.1}$$

zwischen $d(k)$, dem gewünschten Signal, und $\hat{d}(k)$, dem zugehörigen Schätzwert, zu berechnen ist. Ein Modellsystem, das die Bildung dieses Schätzfehlers verdeutlicht, zeigt Abb. 8.1.

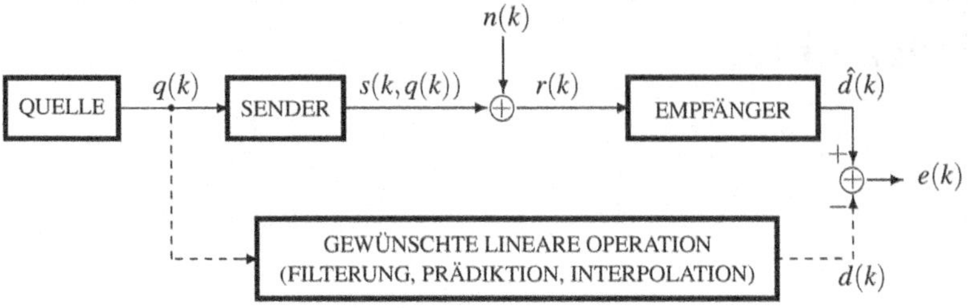

Abb. 8.1 Modellsystem zur Bildung des Schätzfehlers $e(k)$

Man könnte wie bei der Parameterschätzung statt der quadratischen Kostenfunktion eine andere Kostenfunktion zur Gewichtung des Fehlers $e(k)$ nach (8.1) verwenden. Am gebräuchlichsten ist jedoch wie bei anderen Schätzproblemen die quadratische Gewichtung des Fehlers.

Wenn die Prozesse eine Gaußdichte besitzen, dann stellt die Festlegung des Schätzsystems auf Linearität bei der Wahl des mittleren quadratischen Schätzfehlers als Optimalitätskriterium keine Einschränkung der Optimalität dar. Denn man kann zeigen [Sag71], dass von allen linearen und nichtlinearen Systemen bei Prozessen mit Gaußdichte die linearen auf ein absolutes Minimum des mittleren quadratischen Schätzfehlers führen.

Die durch Wahl eines linearen Schätzsystems und des minimalen mittleren quadratischen Schätzfehlers als Optimalitätskriterium gesetzten Randbedingungen haben einen weiteren Vorteil: Bei der Betrachtung linearer Schätzeinrichtungen zur Parameterschätzung konnte gezeigt werden, dass für das optimale, den mittleren quadratischen Schätzfehler minimierende System das sogenannte *Orthogonalitätsprinzip* gelten muss. Dieses Prinzip besagt, dass für den optimalen Schätzwert der Erwartungswert aus dem Schätzfehler und dem gestörten Empfangssignal verschwindet. Bei der Signalschätzung ist der Schätzfehler aber durch (8.1) gegeben; das gestörte Empfangssignal ist $r(k)$ und steht im Intervall vom Anfangszeitpunkt k_0 bis zum aktuellen Zeitpunkt k zur Verfügung. Weil der mittlere quadratische Schätzfehler im gesamten Beobachtungsintervall von $r(k)$ zum Minimum werden soll, gilt für das Orthogonalitätsprinzip bei der Signalschätzung:

$$\mathrm{E}\{E(k)\cdot R(j)\} = 0, \quad k_0 \leq j \leq k. \tag{8.2}$$

Damit ist aber die entscheidende Beziehung genannt, aus der sich alle in diesem Kapitel betrachteten optimalen Systeme zur Signalschätzung herleiten lassen.

Bisher wurde angenommen, dass die Quelle ein eindimensionales Signal $q(k)$ liefert. Die hier angestellten Betrachtungen gelten jedoch ebenso, wenn die Quelle mehrdimensionale Signalvektoren $\mathbf{q}(k)$ liefert, da die Signaldarstellung mit einer orthogonalen Basis erfolgte, so dass die Vektorkomponenten unkorreliert sind. Die verwendeten Systeme müssen dann entsprechend viele Ein- und Ausgänge haben, damit der K-dimensionale, zeitabhängige Signalvektor $\mathbf{q}(k)$ verarbeitet werden kann.

Man bezeichnet die linearen, den mittleren quadratischen Schätzfehler minimierenden Schätzsysteme, bei denen das gestörte Empfangssignal $r(j)$ im Zeitintervall $-\infty < j \leq k$ zur Verfügung steht, als zeitdiskrete *Wiener-Filter*, die man auch *Wiener-Kolmogoroff-Filter* nennt; Wiener und Kolmogoroff haben gleichzeitig und ohne voneinander zu wissen diese Filter Anfang der vierziger Jahre des vorigen Jahrhunderts hergeleitet. Diese Filter gibt es für zeitkontinuierliche und zeitdiskrete Signale.

Wenn die Signalprozesse nicht stationär, sondern instationär sind, ist der optimale Empfänger ein zeitvariables System, ein *Kalman-Filter*, das ebenfalls für kontinuierliche und zeitdiskrete Signale ausgelegt werden kann. Die zeitkontinuierlichen Schätzsysteme sind aus der Literatur als *Kalman-Bucy-Filter* bekannt, haben wegen der Genauigkeitsprobleme bei der Realisierung kontinuierlicher Systeme aber keine praktische Bedeutung.

Während bei stationären Prozessen die Autokorrelationsfunktion nur von einem Zeitparameter abhängt, so dass man durch Fourier-Transformation die zugehörige Leistungsdichte erhält und die zeitinvarianten Schätzsysteme sich deshalb im Zeitbereich durch ihre Impulsantwort oder im Frequenzbereich durch ihre Systemfunktion beschreiben lassen, steht diese Möglichkeit bei instationären Prozessen nicht zur Verfügung. Man verwendet in diesem Fall ein Prozessmodell, das auf den Zustandsgleichungen nach (2.37) und (2.38) aufbaut, da man mit diesem Modell auch zeitvariable Systeme darstellen kann. Eine Übersicht über die einzelnen, in der Literatur behandelten Schätzaufgaben zeigt Tab. 8.

Prozesse *Systeme*	*stationär* Korrelationsfunktion Leistungsdichte	*instationär* Zustandsvariablen- modell
kontinuierlich	**Wiener-Filter** $t_0 = -\infty$ keine Anfangswerte $h(t) \circ\!\!-\!\!\bullet H(s)$	**Kalman-Bucy-Filter** $t_0 = 0$ mit Anfangswerten Zustandsraum
diskret	**diskrete Wiener-Filter** $k_0 = -\infty$ keine Anfangswerte $h(k) \circ\!\!-\!\!\bullet H(z)$	**Kalman-Filter** $k_0 = 0$ mit Anfangswerten Zustandsraum

Tab. 8.1 Übersicht über die Signalschätzaufgaben bei der statistischen Informationstechnik

Obwohl man in der Praxis wegen der bereits erwähnten Genauigkeitsprobleme bei der Realisierung kontinuierlicher Systeme fast ausschließlich digitale Filter vorfindet, soll die Einführung in die Wiener-Filter über deren zeitkontinuierliche Variante erfolgen, da dieser Weg anschaulicher ist. Die dabei gewonnenen Erkenntnisse lassen sich auf die zeitdiskrete Variante übertragen, die die Basis für die digitale Realisierung darstellt.

8.1 Zeitkontinuierliche Wiener-Filter

Dieser Fall wird von der klassischen Theorie der Signalschätzung betrachtet: Die Signale sind zeitkontinuierlich, so dass für den Zeitparameter t zu setzen ist. Die Signal- und Störprozesse sind mindestens *schwach stationär*, so dass sie durch ihre Autokorrelations- und Kreuzkorrelationsfunktion und bei Mittelwertfreiheit der Prozesse durch die Autokovarianz- und Kreuzkovarianzfunktion bzw. deren Fourier-Transformierte, die Leistungs- und Kreuzleistungsdichte, beschrieben werden können. Das gestörte Empfangssignal $r(\alpha)$ stehe im Intervall $-\infty < \alpha \leq t$ zur Verfügung. Gesucht wird dasjenige kausale, zeitinvariante Filter, das auf den minimalen mittleren quadratischen Schätzfehler führt.

8.1.1 Aufgabenstellung und Annahmen

Weil die Funktion des Senders in Abb. 8.1 bei der hier zu lösenden Aufgabe keine Rolle spielt, soll der Sender unberücksichtigt bleiben. Dann stimmt das im gestörten Empfangssignal $r(t)$ enthaltene Nutzsignal $s(t,q(t))$ mit dem von der Quelle gelieferten Signal $q(t)$ überein. Dies stellt keine Einschränkung auf lineare Modulationsverfahren dar, da man sich den Sender als idealen Modulator vorstellen kann, dem am Eingang des Empfängers ein idealer Demodulator gegenübersteht. Dadurch vereinfacht sich Abb. 8.1 zu der Darstellung in Abb. 8.2.

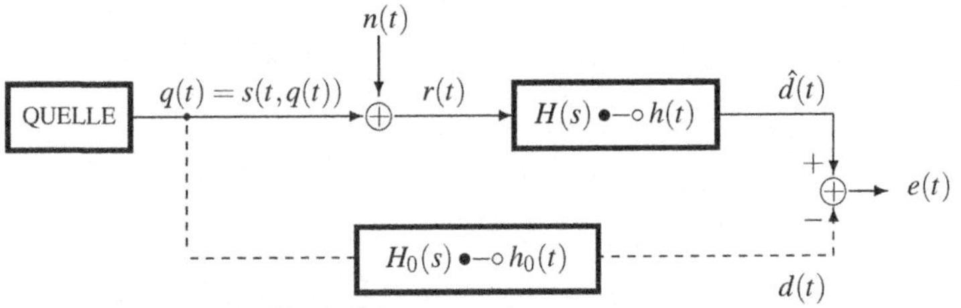

Abb. 8.2 Zeitkontinuierliche Schätzung stationärer Prozesse mit dem Wiener-Filter mit der Impulsantwort $h(t)$

Das zu entwerfende Wiener-Filter soll die Impulsantwort $h(t)$ bzw. die Systemfunktion $H(s)$ besitzen. Weil das Filter *kausal* sein soll, gilt:

$$h(t) = 0, \quad t < 0. \tag{8.3}$$

Das Eingangssignal des Filters ist

$$r(t) = q(t) + n(t), \tag{8.4}$$

wobei $q(t)$ und $n(t)$ Musterfunktionen von Zufallsprozessen sind. Diese nach Voraussetzung zumindest schwach stationären Prozesse sollen verschwindende Mittelwerte besitzen, so dass zu ihrer Beschreibung Kovarianzfunktionen ausreichen. Wegen der allgemeineren Darstellungsweise sollen dennoch Korrelationsfunktionen verwendet werden, obwohl die Schätzung einer Gleichkomponente, die ein determiniertes Signal darstellt, trivial ist.

Es wird angenommen, dass die Autokorrelationsfunktionen und Leistungsdichten dieser Prozesse bekannt sind:

$$r_{QQ}(\tau) = \mathrm{E}\{Q(t)\,Q(t-\tau)\} \circ\!\!-\!\!\bullet\, S_{QQ}(s) = \int_{-\infty}^{\infty} r_{QQ}(\tau) e^{-s\tau} d\tau \tag{8.5}$$

$$r_{NN}(\tau) = \mathrm{E}\{N(t)\,N(t-\tau)\} \circ\!\!-\!\!\bullet\, S_{NN}(s) = \int_{-\infty}^{\infty} r_{NN}(\tau) e^{-s\tau} d\tau, \tag{8.6}$$

wobei man die Leistungsdichten durch zweiseitige Laplace-Transformation aus den Autokorrelationsfunktionen gewinnt [Pap77]; das Symbol $\circ\!\!-\!\!\bullet$ ist eine abgekürzte Schreibweise für die Laplace-Transformation.

Ebenso sollen die Kreuzkorrelationsfunktion und die Kreuzleistungsdichte der im Verbund stationären Prozesse $Q(t)$ und $N(t)$ bekannt sein:

$$r_{QN}(\tau) = \mathrm{E}\{Q(t)\,N(t-\tau)\} \circ\!\!-\!\!\bullet\, S_{QN}(s). \tag{8.7}$$

Die Impulsantwort $h(t)$ des Wiener-Filters ist so zu wählen, dass die mittlere quadratische Abweichung zwischen dem Schätzwert $\hat{D}(t)$ und dem zu schätzenden Signalprozess $D(t)$ zum Minimum wird; dabei stellen $\hat{d}(t)$ und $d(t)$ die zugehörigen Musterfunktionen dar. Das gewünschte Signal $d(t)$ entsteht nach Abb. 8.2 durch lineare Filterung aus $q(t)$. Das nicht als kausal vorausgesetzte *Vergleichssystem* besitze die Impulsantwort $h_0(t)$ und die Systemfunktion $H_0(s) \bullet\!\!-\!\!\circ\, h_0(t)$, die gegebenenfalls, d. h. bei fehlender Kausalität, durch zweiseitige Laplace-Transformation aus $h_0(t)$ gewonnen wird. Die Impulsantwort $h_0(t)$ nimmt für die drei Fälle Filterung, Prädiktion und Interpolation die Form

$$h_0(t) = \delta_0(t+\delta) \begin{cases} \delta = 0 & \text{Filterung} \\ \delta > 0 & \text{Prädiktion} \\ \delta < 0 & \text{Interpolation} \end{cases} \tag{8.8}$$

an. Daraus folgt für die Systemfunktion [Pap62]:

$$H_0(s) = e^{+s\delta}. \tag{8.9}$$

Bei der nun folgenden Bestimmung der optimalen Impulsantwort $h(t)$ soll keine dieser speziellen Annahmen gemacht werden, vielmehr wird ganz allgemein $h(t) \circ\!\!-\!\!\bullet\, H(s)$ als Funktion von $h_0(t) \circ\!\!-\!\!\bullet\, H_0(s)$ bestimmt.

8.1.2 Die Wiener-Hopf-Integralgleichung

Um die Impulsantwort $h(t)$ des optimalen *linearen* Filters zu berechnen, das auf das *Minimum des mittleren quadratischen Schätzfehlers* $E(t)$ führt, wird das in (8.2) für zeitdiskrete Prozesse formulierte *Orthogonalitätsprinzip* verwendet. Dabei soll der Schätzfehler im gesamten Zeitintervall zum Minimum werden, in dem das gestörte Empfangssignal $r(\alpha)$ zur Verfügung steht. Weil hier keine Einschwingvorgänge berücksichtigt werden sollen, ist $r(\alpha)$ im Intervall von $\alpha = -\infty$ bis zum aktuellen Zeitpunkt $\alpha = t$ verfügbar. Drückt man den Zeitparameter α in einer für die weitere Rechnung geeigneten Form aus, so erhält man für das Orthogonalitätsprinzip:

$$\mathrm{E}\{E(t)R(t-\beta)\} = \mathrm{E}\{(\hat{D}(t) - D(t)) \cdot R(t-\beta)\} = 0, \quad -\infty < t-\beta = \alpha \leq t,\ \beta \geq 0. \tag{8.10}$$

Das geschätzte Signal $\hat{d}(t)$ entsteht durch Filterung des gestörten Empfangssignals $r(t)$ mit dem durch die Impulsantwort $h(t)$ beschriebenen Schätzsystem

$$\hat{d}(t) = \int_0^\infty h(\alpha)\, r(t-\alpha)\, d\alpha, \tag{8.11}$$

wobei die Integrationsgrenzen sich aus der Beschränkung des Zeitparameters α von $r(t-\alpha)$ nach (8.10) und aus der Kausalität von $h(t)$ nach (8.3) ergeben.

Das gewünschte Signal $d(t)$ lässt sich ebenfalls als Faltungsintegral darstellen. Nach Abb. 8.2 sind die miteinander zu faltenden Funktionen die nicht als kausal vorausgesetzte Impulsantwort $h_0(t)$ und das von der Quelle gelieferte Signal $q(t)$:

$$d(t) = \int_{-\infty}^\infty h_0(\alpha)\, q(t-\alpha)\, d\alpha. \tag{8.12}$$

Setzt man nun $\hat{d}(t)$ nach (8.11) und $d(t)$ nach (8.12) in (8.10) ein, so folgt:

$$\mathrm{E}\{\Big(\int_0^\infty h(\alpha)R(t-\alpha)d\alpha - \int_{-\infty}^\infty h_0(\alpha)\, Q(t-\alpha)\, d\alpha\Big) \cdot R(t-\beta)\} = 0, \quad \beta \geq 0. \tag{8.13}$$

Vertauscht man Integration und Erwartungswertbildung, so erhält man die gesuchte Bestimmungsgleichung für $h(t)$ in Form der *Wiener-Hopf-Integralgleichung*:

$$\begin{aligned}&\int_0^\infty h(\alpha)\, r_{RR}(\beta-\alpha)\, d\alpha - \int_{-\infty}^\infty h_0(\alpha)\, r_{QR}(\beta-\alpha)\, d\alpha \\ &= h(\beta) * r_{RR}(\beta) - h_0(\beta) * r_{QR}(\beta) = f(\beta) = 0, \quad \beta \geq 0\end{aligned} \tag{8.14}$$

mit den Korrelationsfunktionen

$$\mathrm{E}\{R(t-\alpha) \cdot R(t-\beta)\} = r_{RR}(\beta-\alpha) \tag{8.15}$$

$$\mathrm{E}\{Q(t-\alpha) \cdot R(t-\beta)\} = r_{QR}(\beta-\alpha). \tag{8.16}$$

Diese Korrelationsfunktionen lassen sich mit Hilfe von (8.5), (8.6) und (8.7) berechnen:

$$\begin{aligned} r_{RR}(\beta-\alpha) &= r_{RR}(\tau) \\ &= \mathrm{E}\{(Q(t)+N(t))\cdot(Q(t-\tau)+N(t-\tau))\} \\ &= \mathrm{E}\{Q(t)\,Q(t-\tau)\}+\mathrm{E}\{Q(t)N(t-\tau)\} \\ &\quad +\mathrm{E}\{N(t)\,Q(t-\tau)\}+\mathrm{E}\{N(t)N(t-\tau)\} \\ &= r_{QQ}(\tau)+r_{QN}(\tau)+r_{NQ}(\tau)+r_{NN}(\tau) \\ &= r_{QQ}(\tau)+r_{QN}(\tau)+r_{QN}(-\tau)+r_{NN}(\tau) \circ\!\!-\!\!\bullet\, S_{RR}(s) \end{aligned} \tag{8.17}$$

$$\begin{aligned} r_{QR}(\beta-\alpha) &= r_{QR}(\tau) \\ &= \mathrm{E}\{Q(t)\cdot(Q(t-\tau)+N(t-\tau))\} \\ &= \mathrm{E}\{Q(t)\,Q(t-\tau)\}+\mathrm{E}\{Q(t)N(t-\tau)\} \\ &= r_{QQ}(\tau)+r_{QN}(\tau) \circ\!\!-\!\!\bullet\, S_{QR}(s). \end{aligned} \tag{8.18}$$

Damit sind alle in der Wiener-Hopf-Gleichung (8.14) auftretenden Größen bekannt, so dass man sie zur Bestimmung von $h(t)$ verwenden kann. Zur Lösung der Gleichung benutzt man die Tatsache, dass die Funktion $f(\beta)$ nach (8.14) für $\beta \geq 0$ verschwindet, für $\beta < 0$ aber irgendwelche von Null verschiedenen Werte annehmen kann.

8.1.3 Lösung der Wiener-Hopf-Integralgleichung

Unterwirft man die Impulsantwort $h(t)$ eines stabilen kausalen Systems der Laplace-Transformation, so erhält man eine Systemfunktion $H(s)$, die in der gesamten rechten komplexen s-Halbebene *analytisch*, d. h. polfrei ist. Umgekehrt ist die Laplace-Transformierte $F(s)$ einer Funktion $f(t)$, die für $t \geq 0$ verschwindet, in der linken komplexen s-Halbebene analytisch. Rechts analytische Funktionen werden hier mit einem hochgestellten „+"-Zeichen charakterisiert. Ihre Pole liegen alle in der linken s-Halbebene, die zugehörigen Zeitfunktionen verschwinden für Zeiten $t < 0$. Entsprechend werden links analytische Funktionen mit einem hochgestellten „−"-Zeichen gekennzeichnet; alle ihre Pole liegen in der rechten komplexen s-Halbebene, und die zugehörigen Zeitfunktionen verschwinden für Zeiten $t > 0$. Bildet man die Laplace-Transformierte der Wiener-Hopf-Integralgleichung, so muss der Ausdruck

$$H(s)\cdot S_{RR}(s) - H_0(s)\cdot S_{QR}(s) = F(s) = F^{-}(s) \tag{8.19}$$

wegen des Geltungsbereichs von (8.14) in der ganzen linken s-Halbebene analytisch sein.

Wegen der Symmetrieeigenschaften der Autokorrelationsfunktion $r_{RR}(\tau)$ bezüglich $\tau = 0$ ist die zugehörige Leistungsdichte $S_{RR}(s)$ symmetrisch bezüglich $s = 0$. Deshalb kann man $S_{RR}(s)$ in einen in der rechten Halbebene analytischen Anteil $S^{+}_{RR}(s)$ und einen in der linken Halbebene analytischen Anteil $S^{-}_{RR}(s)$ aufspalten. Es gilt:

$$S_{RR}(s) = S^{+}_{RR}(s) \cdot S^{-}_{RR}(s) \tag{8.20}$$

$$S^{-}_{RR}(s) = S^{+}_{RR}(-s)\,. \tag{8.21}$$

Der zweite Summand in (8.19) soll in folgender Weise zerlegt werden:

$$H_0(s) \cdot S_{QR}(s) = S^{-}_{RR}(s) \cdot Y(s)\,. \tag{8.22}$$

Der Anteil $S^{-}_{RR}(s)$ ist aus (8.20) und (8.21) bestimmbar. Für die Restfunktion $Y(s)$ gilt damit:

$$Y(s) = \frac{H_0(s) \cdot S_{QR}(s)}{S^{-}_{RR}(s)}\,. \tag{8.23}$$

Setzt man $S_{RR}(s)$ nach (8.20) und (8.22) in (8.19) ein, so folgt:

$$\left(H(s) \cdot S^{+}_{RR}(s) - Y(s)\right) \cdot S^{-}_{RR}(s) = F(s) = F^{-}(s)\,. \tag{8.24}$$

Dieser gesamte Ausdruck soll links analytisch sein, aber nur der abgespaltene Faktor $S^{-}_{RR}(s)$ erfüllt diese Bedingung. Nun sind $H(s)$ und $S^{+}_{RR}(s)$ nach Voraussetzung rechts analytisch. $Y(s)$ kann man aber in eine Summe von rechts und links analytischen Anteilen zerlegen. Aus (8.23) folgt:

$$Y(s) = Y^{+}(s) + Y^{-}(s) = \left[\frac{H_0(s) \cdot S_{QR}(s)}{S^{-}_{RR}(s)}\right]^{+} + \left[\frac{H_0(s) \cdot S_{QR}(s)}{S^{-}_{RR}(s)}\right]^{-}\,. \tag{8.25}$$

Damit (8.24) links analytisch wird, müssen alle Anteile, die rechts analytisch sind, verschwinden, d. h. es muss

$$H(s)S^{+}_{RR}(s) - \left[\frac{H_0(s) \cdot S_{QR}(s)}{S^{-}_{RR}(s)}\right]^{+} \overset{!}{=} 0 \tag{8.26}$$

gelten. Für $H(s)$ folgt daraus:

$$H(s) = \frac{1}{S^{+}_{RR}(s)} \cdot \left[\frac{H_0(s) \cdot S_{QR}(s)}{S^{-}_{RR}(s)}\right]^{+}\,. \tag{8.27}$$

Damit ist eine Bestimmungsgleichung für die Systemfunktion $H(s)$ des Wiener-Filters gefunden.

Das hier geschilderte Verfahren lässt sich nur dann anwenden, wenn $Y(s)$ eine gebrochen rationale Funktion in s ist. Das ist aber nicht der Fall, wenn $H_0(s)$ nach (8.9) für $\delta \neq 0$ berechnet wird.

In diesem Fall, d. h. bei Prädiktion und Interpolation, ist $Y(s)$ zunächst in den Zeitbereich zu transformieren und die zugehörige Zeitfunktion $y(t)$ in einen Anteil für $t < 0$ und einen für $t \geq 0$ aufzuspalten, die man mit $y^-(t)$ bzw. $y^+(t)$ bezeichnet. Durch Rücktransformation von $y^+(t)$ in den Frequenzbereich erhält man dann $Y^+(s)$, mit dessen Hilfe man nach (8.27) die Übertragungsfunktion $H(s)$ des Wiener-Filters berechnen kann. Auf dieses Verfahren wird bei der Betrachtung der Eigenschaften von Wiener-Filtern näher eingegangen.

Es ist zu bemerken, dass das hier genannte Verfahren zur Lösung der Wiener-Hopf-Integralgleichung auch nur dann zum Ziel führt, wenn die Leistungsdichte $S_{RR}(s)$ als gebrochen rationale Funktion zur Verfügung steht. Geht man davon aus, dass häufig nur Messdaten von $r(t)$ zur Verfügung stehen, so müsste zunächst eine Modellierung der Leistungsdichte $S_{RR}(s)$ erfolgen. Andernfalls müsste man die Wiener-Hopf-Integralgleichung numerisch lösen. Eine weitere Möglichkeit besteht darin, auf die Kausalität bei der Lösung zunächst zu verzichten, indem man den Ausdruck (8.19) zu Null setzt und nach der gesuchten Systemfunktion $H(s)$ auflöst:

$$H(s) = \frac{H_0(s) \cdot S_{QR}(s)}{S_{RR}(s)} . \tag{8.28}$$

Die so gewonnene Systemfunktion ist wegen der in $S_{RR}(s)$ und $H_0(s)$ enthaltenen links analytischen Anteile nicht kausal und entspricht dem sogenannten *Infinite-Lag-Filter*, das sich durch eine entsprechend große Laufzeit praktisch kausal machen lässt.

Minimaler mittlerer quadratischer Schätzfehler

Der mittlere quadratische Schätzfehler lässt sich mit (8.1) in der Form

$$\mathrm{E}\{(\hat{D}(t) - D(t))^2\} = r_{EE}(0) \tag{8.29}$$

darstellen, wird also durch die Autokorrelationsfunktion $r_{EE}(\tau)$ des Schätzfehlerprozesses $E(t)$ für $\tau = 0$ bestimmt. Er soll hier als Funktion der optimalen Impulsantwort $h(t)$ des Wiener-Filters angegeben werden.

Setzt man $\hat{d}(t)$ nach (8.11) und $d(t)$ nach (8.12) in (8.29) ein, so folgt:

$$
\begin{aligned}
r_{EE}(0) &= \mathrm{E}\{(\hat{D}(t) - D(t))^2\} \\
&= \mathrm{E}\left\{\left(\int_0^\infty h(\beta)\, R(t-\beta)\, d\beta - \int_{-\infty}^\infty h_0(\beta)\, Q(t-\beta)\, d\beta\right)\right. \\
&\quad \left. \cdot \left(\int_0^\infty h(\alpha)\, R(t-\alpha)\, d\alpha - \int_{-\infty}^\infty h_0(\alpha)\, Q(t-\alpha)\, d\alpha\right)\right\} \\
&= \mathrm{E}\left\{\int_0^\infty h(\beta)\, [(\int_0^\infty h(\alpha)\, R(t-\alpha)\, d\alpha \right. \\
&\quad \left. - \int_{-\infty}^\infty h_0(\alpha)\, Q(t-\alpha)\, d\alpha) \cdot R(t-\beta)]\, d\beta\right\} \\
&\quad - \mathrm{E}\left\{\int_{-\infty}^\infty h_0(\beta) \left(\int_0^\infty h(\alpha)\, R(t-\alpha)\, d\alpha \right.\right. \\
&\quad \left.\left. - \int_{-\infty}^\infty h_0(\alpha)\, Q(t-\alpha)\, d\alpha\right) \cdot Q(t-\beta)\, d\beta\right\}. \qquad (8.30)
\end{aligned}
$$

Vertauscht man die Bildung des Erwartungswertes mit der Integration, erhält man im ersten Summanden den der Wiener-Hopf-Gleichung (8.13) entsprechenden und in (8.30) in eckigen Klammern stehenden Ausdruck, der von einem Integral umschlossen wird, das für $\beta \geq 0$ auszuführen ist. Weil die Wiener-Hopf-Integralgleichung für $\beta \geq 0$ verschwindet, sofern für $h(\alpha)$ die Impulsantwort des optimalen Systems nach (8.27) eingesetzt wird, muss dies auch für den ersten Summanden in (8.30) gelten.

Für den minimalen mittleren quadratischen Fehler erhält man damit:

$$
\begin{aligned}
r_{EE}(0) = &\int_{-\infty}^\infty \int_{-\infty}^\infty h_0(\beta) h_0(\alpha) r_{QQ}(\beta - \alpha)\, d\alpha\, d\beta \\
&- \int_{-\infty}^\infty \int_0^\infty h_0(\beta) h(\alpha) r_{RQ}(\beta - \alpha)\, d\alpha\, d\beta. \qquad (8.31)
\end{aligned}
$$

Verwendet man noch die aus der Wiener-Hopf-Integralgleichung (8.14) abgeleitete Beziehung

$$
\begin{aligned}
\int_{-\infty}^\infty h_0(\beta)\, r_{RQ}(\beta - \alpha)\, d\beta &= \int_{-\infty}^\infty h_0(\beta)\, r_{QR}(\alpha - \beta)\, d\beta \\
&= \int_0^\infty h(\beta)\, r_{RR}(\beta - \alpha)\, d\beta, \quad \alpha \geq 0, \qquad (8.32)
\end{aligned}
$$

so erhält man für den Schätzfehler die Form

$$
\begin{aligned}
r_{EE}(0) = &\int_{-\infty}^\infty \int_{-\infty}^\infty h_0(\beta)\, h_0(\alpha)\, r_{QQ}(\beta - \alpha)\, d\alpha\, d\beta \\
&- \int_0^\infty \int_0^\infty h(\beta)\, h(\alpha)\, r_{RR}(\beta - \alpha)\, d\alpha\, d\beta. \qquad (8.33)
\end{aligned}
$$

Man erkennt, dass der Schätzfehler nicht nur von $h(t)$, der Impulsantwort des optimalen Systems, sondern auch von $h_0(t)$, der Impulsantwort des Vergleichssystems abhängt, das aus $q(t)$ das gewünschte Signal $d(t)$ formt. Verwendet man für die Impulsantwort des Vergleichssystems $h_0(t) = \delta_0(t+\delta)$ nach (8.8), so folgt

$$r_{EE}(0) = r_{QQ}(0) - \int_0^\infty \int_0^\infty h(\beta)\, h(\alpha)\, r_{RR}(\beta - \alpha)\, d\alpha\, d\beta, \tag{8.34}$$

d. h. die a priori bekannte Varianz $r_{QQ}(0)$ verringert sich um den von der Impulsantwort $h(t)$ des Wiener-Filters abhängigen Anteil.

8.2 Eigenschaften von Wiener-Filtern

In diesem Abschnitt sollen die Eigenschaften von Wiener-Filtern bei Filterung, Prädiktion und Interpolation an einem einfachen kontinuierlichen Signalprozess gezeigt werden.

Ferner wird am Beispiel der Trennung von einem Nutzsignal gegenüber einem breitbandigen Hintergrundrauschen ein Vergleich zwischen dem optimalen Wiener-Filter und einem nach konventionellen Gesichtspunkten entworfenen Filter zur Geräuschreduktion angestellt.

8.2.1 Schätzung einfacher Signalprozesse

Der Fehler bei der Signalschätzung wird wesentlich von den Parametern des Quellenprozesses beeinflusst. Parameter sind u. a. die Bandbreite des Quellenprozesses, das Signal-zu-Rauschverhältnis und die Prädiktions- bzw. Interpolationszeit.

Das Nutzsignal $q(t)$, eine Musterfunktion des Quellenprozesses $Q(t)$, entsteht nach Abb. 8.3 durch Transformation des weißen Prozesses $U(t)$ mit einem Formfil-

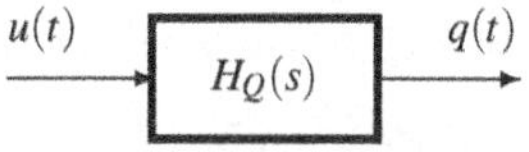

weißer Prozess → Formfilter → *farbiger* Prozess

Abb. 8.3 Modell zur Erzeugung eines farbigen Prozesses mit Hilfe des Formfilters mit der Systemfunktion $H_Q(s)$

ter, das die Impulsantwort $h_Q(t)$ besitzt. Für $h_Q(t)$ gelte

$$h_Q(t) = b \cdot e^{-ct} \delta_{-1}(t), \quad c \geq 0, \tag{8.35}$$

wobei $\delta_{-1}(t)$ den Einheitssprung bezeichnet. Daraus folgt für die Systemfunktion des Formfilters:

$$H_Q(s) = \frac{b}{c+s}. \tag{8.36}$$

Nimmt man an, dass der weiße Prozess $U(t)$ die Leistungsdichte U_w besitzt, so gilt für die Leistungsdichte $S_{QQ}(s)$ des Nutzsignals

$$\begin{aligned} S_{QQ}(s) &= U_w \cdot H_Q(s) \cdot H_Q(-s) \\ &= U_w \frac{b}{c+s} \cdot \frac{b}{c-s} = \frac{U_w b^2}{2c} \cdot \left(\frac{1}{c+s} + \frac{1}{c-s} \right) \end{aligned} \tag{8.37}$$

im Konvergenzgebiet $-c < \mathrm{Re}\{s\} < +c$. Durch inverse Laplace-Transformation erhält man die Autokorrelationsfunktion $r_{QQ}(\tau)$ des Nutzsignalprozesses:

$$r_{QQ}(\tau) = \frac{U_w b^2}{2c} \cdot \left(e^{-c\tau} \delta_{-1}(\tau) + e^{+c\tau} \delta_{-1}(-\tau) \right) = \frac{U_w b^2}{2c} \cdot e^{-c|\tau|}. \tag{8.38}$$

Der Störprozess $N(t)$ sei weiß mit der Rauschleistungsdichte N_w, so dass für seine Autokorrelationsfunktion

$$r_{NN}(\tau) = N_w \cdot \delta_0(\tau) \tag{8.39}$$

gilt. Das Vergleichssystem mit der Impulsantwort $h_0(t)$ dient zur Simulation der Schätzaufgaben Filterung, Prädiktion und Interpolation. Für $h_0(t)$ und die Systemfunktion $H_0(s)$ gelten die in (8.8) und (8.9) angegebenen Beziehungen. Mit diesen Angaben lässt sich das Wiener-Filter mit der Systemfunktion nach (8.27) berechnen:

$$H(s) = \frac{1}{S_{RR}^{+}(s)} \left[\frac{H_0(s) S_{QR}(s)}{S_{RR}^{-}(s)} \right]^{+}. \tag{8.40}$$

Für die Leistungsdichte des gestörten Empfangssignalprozesses $R(t)$ gilt bei Berechnung über die zugehörige Autokorrelationsfunktion :

$$\begin{aligned} S_{RR}(s) \circ\!\!-\!\!\bullet\, r_{RR}(\tau) &= \mathrm{E}\{R(t) \cdot R(t-\tau)\} \\ &= \mathrm{E}\{(Q(t) + N(t)) \cdot (Q(t-\tau) + N(t-\tau))\} \\ &= r_{QQ}(\tau) + r_{NN}(\tau) \\ S_{RR}(s) &= S_{QQ}(s) + S_{NN}(s). \end{aligned} \tag{8.41}$$

Für die Kreuzleistungsdichte $S_{QR}(s)$ gilt wegen der Unkorreliertheit der Prozesse $Q(t)$ und $N(t)$ entsprechend:

$$\begin{aligned} S_{QR}(s) \circ\!\!-\!\!\bullet\, r_{QR}(\tau) &= \mathrm{E}\{Q(t) \cdot R(t-\tau)\} \\ &= \mathrm{E}\{(Q(t) \cdot (Q(t-\tau) + N(t-\tau))\} \\ &= r_{QQ}(\tau) \\ S_{QR}(s) &= S_{QQ}(s). \end{aligned} \tag{8.42}$$

Aus (8.41) folgt mit (8.37) und (8.39) für die Leistungsdichte $S_{RR}(s)$ des gestörten Empfangssignalprozesses $R(t)$

$$\begin{aligned} S_{RR}(s) &= \frac{U_w b^2}{(c+s)\cdot(c-s)} + N_w = \frac{U_w b^2 + N_w(c^2 - s^2)}{(c+s)\cdot(c-s)} \\ &= \frac{\sqrt{U_w b^2 + N_w c^2} + \sqrt{N_w} s}{c+s} \cdot \frac{\sqrt{U_w b^2 + N_w c^2} - \sqrt{N_w} s}{c-s} \\ &= S_{RR}^{+}(s) \cdot S_{RR}^{-}(s) \end{aligned} \tag{8.43}$$

sowie für die Kreuzleistungsdichte $S_{QR}(s)$ mit (8.42)

$$S_{QR}(s) = \frac{U_w b^2}{(c+s)\cdot(c-s)} \,. \tag{8.44}$$

Zur Vereinfachung der Darstellung wird das Signal-zu-Rauschverhältnis λ eingeführt, d. h. der Quotient aus dem quadratischen Mittelwert $r_{QQ}(0)$ des Signalprozesses und der Rauschleistung innerhalb der äquivalenten Rauschbandbreite F des Signalprozesses $Q(t)$:

$$\lambda = \frac{r_{QQ}(0)}{N_w \cdot F} \,. \tag{8.45}$$

Für die äquivalente Rauschbandbreite F gilt mit Abb. 8.4 und (8.38) bzw. (8.37) mit $s = \sigma + j2\pi f$:

$$\int_{-\infty}^{\infty} S_{QQ}(f)\,df = r_{QQ}(0) = \frac{U_w b^2}{2c} \stackrel{!}{=} F \cdot S_{QQ}(f)|_{f=0} = F \cdot \frac{U_w b^2}{c^2} \tag{8.46}$$

oder

$$F = \frac{c}{2} \tag{8.47}$$

und schließlich für das Signal-zu-Rauschverhältnis mit der Definition nach (8.45)

$$\lambda = \frac{U_w b^2}{N_w c^2} \,. \tag{8.48}$$

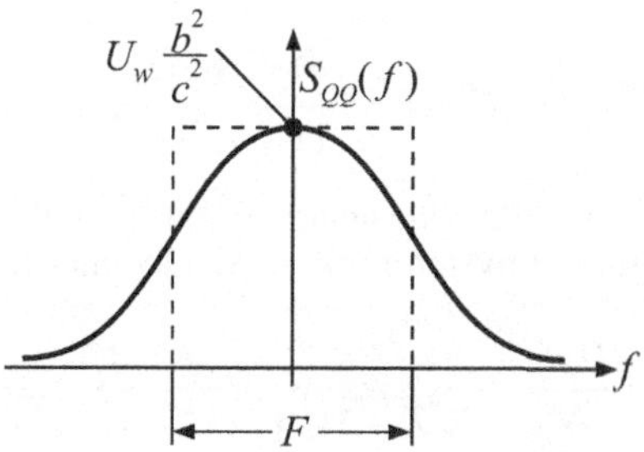

Abb. 8.4 Zur Definition der äquivalenten Rauschbandbreite

Setzt man (8.9), (8.43) und (8.44) in (8.40) ein, so folgt für die Systemfunktion $H(s)$ des Wiener-Filters schließlich:

$$\begin{aligned} H(s) &= \frac{c+s}{\sqrt{N_w}\cdot(c\sqrt{\lambda+1}+s)}\cdot\left[\frac{e^{s\delta}\cdot U_w b^2}{(c+s)\cdot\sqrt{N_w}\cdot(c\sqrt{\lambda+1}-s)}\right]^+ \\ &= \frac{U_w b^2}{N_w}\cdot\frac{c+s}{c\sqrt{\lambda+1}+s}\cdot\left[\frac{e^{s\delta}}{(c+s)\cdot(c\sqrt{\lambda+1}-s)}\right]^+ . \end{aligned} \tag{8.49}$$

Mit der Hilfsfunktion

$$\begin{aligned} X(s) &= \frac{1}{(c+s)\cdot(c\sqrt{\lambda+1}-s)} \\ &= \frac{1}{c(1+\sqrt{\lambda+1})}\cdot\left[\frac{1}{c\sqrt{\lambda+1}-s}+\frac{1}{c+s}\right] \end{aligned} \tag{8.50}$$

bzw. ihrer inversen Laplace-Transformierten

$$x(t) = \frac{1}{c(1+\sqrt{\lambda+1})}\cdot\begin{cases} e^{+c\sqrt{\lambda+1}t} & t<0 \\ e^{-ct} & t\geq 0 \end{cases} \tag{8.51}$$

und den Hilfsfunktionen

$$Y(s) = e^{s\delta}X(s) \quad \circ\!\!-\!\!\bullet \quad y(t) = x(t+\delta) \tag{8.52}$$

$$Z(s) = \frac{U_w b^2}{N_w}\frac{c+s}{c\sqrt{\lambda+1}+s} = \lambda\cdot c^2\frac{c+s}{c\sqrt{\lambda+1}+s} \tag{8.53}$$

gilt weiter

$$H(s) = Z(s)\cdot Y^+(s)\,, \tag{8.54}$$

wobei nur der rechts analytische Anteil $Y^+(s)$ von den Signalschätzfällen Filterung, Prädiktion oder Interpolation beeinflusst wird. Diese Signalschätzfälle sollen nun im einzelnen betrachtet werden. Für den Fall der Filterung gilt mit $\delta = 0$ und (8.50) sowie (8.52):

$$Y^+(s) = X^+(s) = \frac{1}{c(1+\sqrt{\lambda+1})}\cdot\frac{1}{c+s}\,, \tag{8.55}$$

weil nur der Pol $s_\infty = -c$ einen rechts analytischen Beitrag liefert. Mit (8.53), (8.54) und (8.55) erhält man für die Systemfunktion des Wiener-Filters:

$$\begin{aligned} H(s) &= \frac{U_w b^2}{N_w}\cdot\frac{c+s}{c\sqrt{\lambda+1}+s}\cdot\frac{1}{c(1+\sqrt{\lambda+1})}\cdot\frac{1}{c+s} \\ &= \frac{\lambda\cdot c}{1+\sqrt{\lambda+1}}\cdot\frac{1}{c\sqrt{\lambda+1}+s} \end{aligned} \tag{8.56}$$

bzw. nach inverser Laplace-Transformation für dessen Impulsantwort:

$$h(t) = \frac{\lambda \cdot c}{1+\sqrt{\lambda+1}} \cdot e^{-c\sqrt{\lambda+1}t}, \quad t \geq 0. \tag{8.57}$$

Für den Fall der *Prädiktion* folgt mit $\delta > 0$ und (8.51) sowie (8.52) entsprechend:

$$\begin{aligned} y^+(t) &= y(t) \cdot \delta_{-1}(t) = x(t+\delta) \cdot \delta_{-1}(t) \\ &= \frac{1}{c(1+\sqrt{\lambda+1})} \cdot e^{-c(t+\delta)} \delta_{-1}(t). \end{aligned} \tag{8.58}$$

Die zugehörige Laplace-Transformierte lautet:

$$Y^+(s) = \frac{e^{-c\delta}}{c(1+\sqrt{\lambda+1})} \cdot \frac{1}{c+s}. \tag{8.59}$$

Für die Systemfunktion des Wiener-Filters gilt damit

$$H(s) = \frac{\lambda \cdot c \cdot e^{-c\delta}}{1+\sqrt{\lambda+1}} \cdot \frac{1}{c\sqrt{\lambda+1}+s} \tag{8.60}$$

sowie die zugehörige Impulsantwort

$$h(t) = \frac{\lambda \cdot c}{1+\sqrt{\lambda+1}} e^{-c(\sqrt{\lambda+1}t+\delta)}, \quad t \geq 0, \tag{8.61}$$

d. h. die Impulsantwort bei der Prädiktion unterscheidet sich gegenüber derjenigen bei der Filterung nur um den Faktor $e^{-c\delta}$, der direkt von der Prädiktionszeit δ abhängt und wegen $\delta > 0$ mit wachsendem δ kleiner wird.

Für die *Interpolation* gilt mit $\delta < 0$ und (8.51) bzw. (8.52):

$$\begin{aligned} y^+(t) &= y(t) \cdot \delta_{-1}(t) = x(t+\delta) \cdot \delta_{-1}(t) = x(t-|\delta|) \cdot \delta_{-1}(t) \\ &= \frac{1}{c(1+\sqrt{\lambda+1})} \cdot \begin{cases} 0 & t < 0 \\ e^{+c\sqrt{\lambda+1}(t-|\delta|)} & 0 \leq t \leq |\delta| \\ e^{-c(t-|\delta|)} & |\delta| \leq t < \infty. \end{cases} \end{aligned} \tag{8.62}$$

Die Laplace-Transformation liefert für diesen Ausdruck:

$$\begin{aligned} Y^+(s) &= \frac{1}{c(1+\sqrt{\lambda+1})} \cdot \left[\int_0^{|\delta|} e^{c\sqrt{\lambda+1}(t-|\delta|)} e^{-st} \, dt + \int_{|\delta|}^{\infty} e^{-c(t-|\delta|)} e^{-st} \, dt \right] \\ &= \frac{1}{c(1+\sqrt{\lambda+1})} \cdot \left[e^{-c\sqrt{\lambda+1}|\delta|} \int_0^{|\delta|} e^{(c\sqrt{\lambda+1}-s)t} \, dt + e^{c|\delta|} \int_{|\delta|}^{\infty} e^{-(c+s)t} \, dt \right] \\ &= \frac{e^{-s|\delta|}}{(c\sqrt{\lambda+1}-s) \cdot (c+s)} - \frac{e^{-c\sqrt{\lambda+1}|\delta|}}{c(1+\sqrt{\lambda+1})} \frac{1}{c\sqrt{\lambda+1}-s}. \end{aligned} \tag{8.63}$$

Damit folgt für die Systemfunktion des Wiener-Filters:

$$
\begin{aligned}
H(s) &= \frac{\lambda \cdot c}{1+\sqrt{\lambda+1}} \cdot \frac{c(1+\sqrt{\lambda+1})e^{-s|\delta|} - e^{-c\sqrt{\lambda+1}|\delta|}(c+s)}{(c\sqrt{\lambda+1}-s)\cdot(c\sqrt{\lambda+1}+s)} \\
&= \frac{1}{2}\frac{\lambda \cdot c}{\sqrt{\lambda+1}} \cdot \Bigg[\underbrace{\frac{1}{c\sqrt{\lambda+1}-s}\cdot e^{-s|\delta|}}_{(I)} - \underbrace{\frac{1}{c\sqrt{\lambda+1}-s}\cdot e^{-c\sqrt{\lambda+1}|\delta|}}_{(II)} \\
&\quad + \underbrace{\frac{1}{c\sqrt{\lambda+1}+s}\cdot e^{-s|\delta|}}_{(III)} \\
&\quad + \underbrace{\frac{1}{c\sqrt{\lambda+1}+s}\cdot\frac{\sqrt{\lambda+1}-1}{\sqrt{\lambda+1}+1}e^{-c\sqrt{\lambda+1}|\delta|}}_{(IV)}\Bigg]
\end{aligned}
\tag{8.64}
$$

und für dessen Impulsantwort

$$
\begin{aligned}
h(t) = \frac{1}{2}\frac{\lambda \cdot c}{\sqrt{\lambda+1}} \cdot \Bigg[&\underbrace{e^{c\sqrt{\lambda+1}(t-|\delta|)}\delta_{-1}(-(t-|\delta|))}_{(I)} \\
&- \underbrace{e^{c\sqrt{\lambda+1}(t-|\delta|)}\delta_{-1}(-t)}_{(II)} \\
&+ \underbrace{e^{-c\sqrt{\lambda+1}(t-|\delta|)}\delta_{-1}(t-|\delta|)}_{(III)} \\
&+ \underbrace{\frac{\sqrt{\lambda+1}-1}{\sqrt{\lambda+1}+1}e^{-c\sqrt{\lambda+1}(t+|\delta|)}\delta_{-1}(t)}_{(IV)}\Bigg],
\end{aligned}
\tag{8.65}
$$

wobei die Bedeutung der einzelnen Signalabschnitte aus Abb. 8.5 folgt. Für die Impulsantwort in ihrer endgültigen Form gilt schließlich:

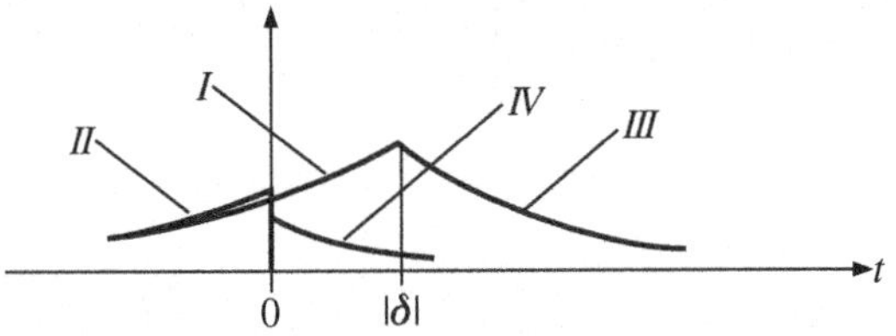

Abb. 8.5 Komponenten der Impulsantwort für Interpolation

$$
h(t) = \frac{\lambda \cdot c}{2\sqrt{\lambda+1}}\left[e^{-c\sqrt{\lambda+1}|t-|\delta||} + \frac{\sqrt{\lambda+1}-1}{\sqrt{\lambda+1}+1}e^{-c\sqrt{\lambda+1}(t+|\delta|)}\delta_{-1}(t)\right]. \tag{8.66}
$$

An der Rechnung und dem erzielten Ergebnis wird deutlich, dass die Interpolation den kompliziertesten Fall der Signalschätzung darstellt. Ferner erkennt man an $H(s)$, dass es sich nicht mehr um eine *gebrochen rationale Systemfunktion* handelt. Man kann das Filter also nur durch Approximation realisieren.

Einen Vergleich der Impulsantworten für Filterung, Prädiktion und Interpolation bei der Abklingkonstanten $c = 1$ des Formfilters und für die Parameter $|\delta| = 0{,}5$ und $|\delta| = 1$, die Signal-zu-Rauschverhältnisse $\lambda = 10$ und $\lambda = 100$ zeigt Abb. 8.6. Typisch bei der Interpolation ist die Spitze bei $|\delta| = 0{,}5$ bzw. $|\delta| = 1$. Filterung und

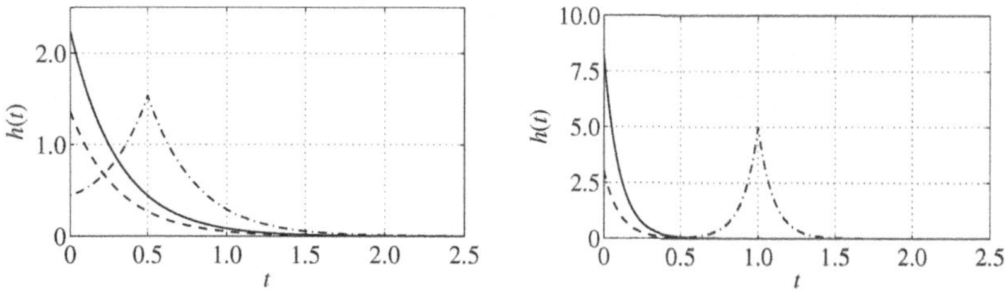

Abb. 8.6 Vergleich der Impulsantworten h(t). Filterung (—), Prädiktion (- -) und Interpolation (- ·). Parameter $c = 1$, $\lambda = 10$, $\delta = \pm 0{,}5$ (links) bzw. $c = 1$, $\lambda = 100$, $\delta = \pm 1$ (rechts)

Prädiktion besitzen bis auf die Dämpfungskonstante $e^{-c\delta} = e^{-0{,}5}$ bzw. $e^{-c\delta} = e^{-1}$ dieselbe Impulsantwort.

Den Einfluss der Abklingkonstanten c und des Signal-zu-Rauschverhältnisses λ auf die Impulsantwort bei Filterung zeigt Abb. 8.7: Je kleiner c wird, desto flacher wird der Verlauf der Impulsantwort, d. h. die Integrationszeit des Filters erhöht sich. Ein kleiner Wert von c entspricht einer kleinen Bandbreite des Formfilters und damit einer starken Korreliertheit des Quellensignals, so dass eine vergrößerte Integrationszeit eine Verbesserung des Schätzergebnisses erwarten lässt. Mit wachsendem Signal-zuRauschverhältnis λ wird die Impulsantwort schmäler und höher. Im Grenzfall $\lambda \to \infty$ erhält man einen Dirac-Stoß: Das Wiener-Filter hat dann eine unendliche Bandbreite und lässt das - ungestörte - Empfangssignal unverändert.

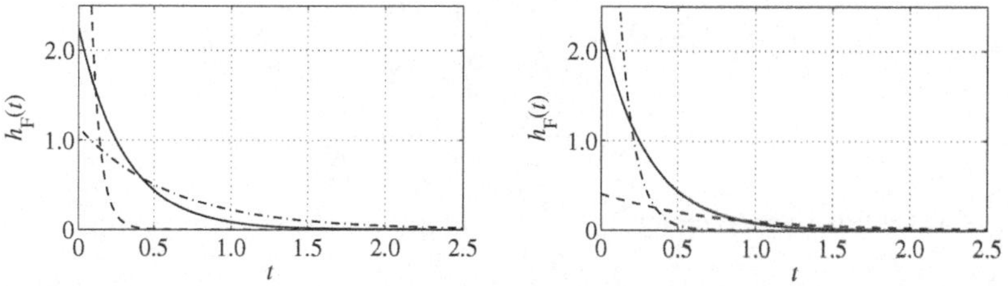

Abb. 8.7 Impulsantworten $h_F(t)$ bei Filterung. Abklingkonstante $c = 0{,}5$ (- -), $c = 1$ (—), $c = 5$ (- ·) beim Signal-zu-Rauschverhältnis $\lambda = 10$ (links) bzw. Signal-zu-Rauschverhältnisse $\lambda = 1$ (- -), $\lambda = 10$ (—), $\lambda = 100$ (- ·) bei der Abklingkonstanten $c = 1$ (rechts)

Interessant ist ein Vergleich der Schätzfehler nach (8.34) bei den einzelnen Signalschätzaufgaben. Der Ansatz

$$H(s) = Z(s) \cdot Y^+(s) \quad \circ\!\!-\!\!\bullet \quad z(t) * y^+(t) = h(t) \tag{8.67}$$

aus (8.54) führt nach folgender Zwischenrechnung

$$\int_0^\infty \int_0^\infty h(\alpha)\, h(\beta)\, r_{RR}(\beta - \alpha)\, d\alpha\, d\beta$$

$$\begin{aligned}
&= \int_0^\infty \int_0^\infty \int_{-\infty}^\infty y^+(\tau) z(\alpha - \tau)\, d\tau \int_{-\infty}^\infty y^+(t) z(\beta - t)\, dt\, r_{RR}(\beta - \alpha)\, d\alpha\, d\beta \\
&= \int_0^\infty \int_0^\infty y^+(\tau) y^+(t) \\
&\qquad \cdot \int_{-\infty}^\infty \int_{-\infty}^\infty z(\alpha - \tau) z(\beta - t)\, r_{RR}(\beta - \alpha)\, d\alpha\, d\beta\, d\tau\, dt \Big|_{\alpha - \tau = u, \beta - t = v} \\
&= \int_0^\infty \int_0^\infty y^+(\tau) y^+(t) \cdot \int_{-\infty}^\infty \int_{-\infty}^\infty z(u) z(v)\, r_{RR}((t - \tau) - u + v)\, du\, dv\, d\tau\, dt \\
&= \int_0^\infty \int_0^\infty y^+(\tau) y^+(t) \left[z(t) * z(-t) * r_{RR}(t - \tau) \right] d\tau\, dt \\
&= \int_0^\infty \int_0^\infty y^+(\tau) y^+(t) \cdot \frac{b^4}{N_w}\, \delta_0(t - \tau)\, d\tau\, dt
\end{aligned} \tag{8.68}$$

mit

$$\begin{aligned}
z(t) \circ\!\!-\!\!\bullet\; Z(s) &= \frac{U_w b^2}{\sqrt{N_w}} \frac{1}{S_{RR}^+(s)} \\
z(-t) \circ\!\!-\!\!\bullet\; Z^*(s) &= \frac{U_w b^2}{\sqrt{N_w}} \frac{1}{S_{RR}^-(s)} \\
r_{RR}(t - \tau) \circ\!\!-\!\!\bullet\; & S_{RR}(s) \cdot e^{-s\tau}
\end{aligned}$$

und

$$\begin{aligned}
Z(s) \cdot Z^*(s) \cdot S_{RR}(s) &= \frac{U_w b^2}{\sqrt{N_w}} \cdot \frac{1}{S_{RR}^+} \cdot \frac{U_w b^2}{\sqrt{N_w}} \cdot \frac{1}{S_{RR}^-} \cdot S_{RR} \cdot e^{-s\tau} \\
&= \frac{U_w^2 b^4}{N_w} \cdot e^{-s\tau} \;\bullet\!\!-\!\!\circ\; \frac{U_w^2 b^4}{N_w} \cdot \delta_0(t - \tau)
\end{aligned}$$

mit (8.34) auf den Schätzfehler:

$$
\begin{aligned}
r_{EE}(0) &= r_{QQ}(0) - \frac{U_w^2 b^4}{N_w} \int_0^\infty \int_0^\infty y^+(\tau) y^+(t)\, \delta_0(t-\tau)\, d\tau\, dt \\
&= r_{QQ}(0) - \frac{U_w^2 b^4}{N_w} \int_0^\infty (y^+(t))^2\, dt \\
&= \frac{U_w b^2}{2c} - \frac{U_w^2 b^4}{N_w} \int_0^\infty (y^+(t))^2\, dt
\end{aligned}
\tag{8.69}
$$

bzw. seine normierte Form

$$
\frac{r_{EE}(0)}{r_{QQ}(0)} = 1 - \frac{2U_w b^2 c}{N_w} \int_0^\infty (y^+(t))^2\, dt\,. \tag{8.70}
$$

Daraus folgt für die *Filterung* mit

$$
y^+(t) = \frac{1}{c(1+\sqrt{\lambda+1})} e^{-ct} \tag{8.71}
$$

schließlich

$$
\frac{r_{EE}(0)}{r_{QQ}(0)} = 1 - \frac{2U_w b^2 c}{N_w} \cdot \frac{1}{c^2(1+\sqrt{\lambda+1})^2} \cdot \frac{1}{2c} = \frac{2}{1+\sqrt{\lambda+1}}\,. \tag{8.72}
$$

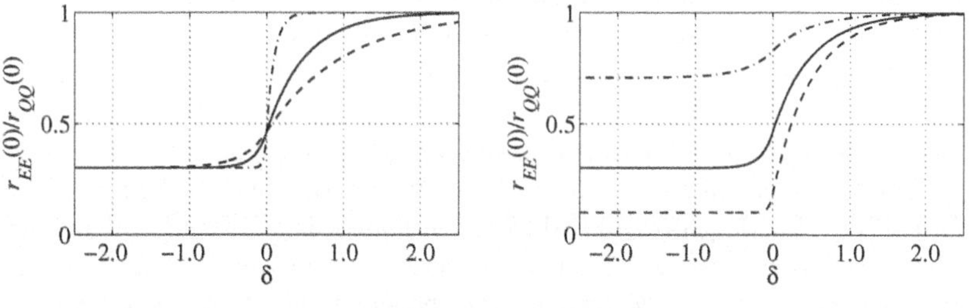

Abb. 8.8 Schätzfehler $r_{EE}(0)/r_{QQ}(0)$ als Funktion der Prädiktionszeit $\delta > 0$ und der Interpolationszeit $\delta < 0$. Parameter: Zeitkonstante $c = 0{,}5$ (- -), $c = 1$ (—), $c = 5$ (- ·) beim Signal-zu-Rauschverhältnis $\lambda = 10$ (links) sowie Signal-zu-Rauschverhältnisse $\lambda = 1$ (- ·), $\lambda = 10$ (—), $\lambda = 100$ (- -) bei der Zeitkonstanten $c = 1$ (rechts)

Für die *Prädiktion* mit $\delta > 0$ und

$$
y^+(t) = \frac{e^{-c\delta}}{c(1+\sqrt{\lambda+1})} e^{-ct} \tag{8.73}
$$

gilt entsprechend

$$
\begin{aligned}
\frac{r_{EE}(0)}{r_{QQ}(0)} &= 1 - \frac{2U_w b^2 c}{N_w} \cdot \frac{e^{-2c\delta}}{c^2(1+\sqrt{\lambda+1})^2} \cdot \frac{1}{2c} \\
&= \frac{2(1+\sqrt{1+\lambda}) + \lambda(1-e^{-2c\delta})}{(1+\sqrt{1+\lambda})^2},
\end{aligned}
\tag{8.74}
$$

und für die *Interpolation* folgt mit $\delta < 0$ und

$$y^+(t) = \frac{1}{c(1+\sqrt{\lambda+1})} \begin{cases} e^{+c\sqrt{\lambda+1}(t-|\delta|)} & 0 \le t < |\delta| \\ e^{-c(t-|\delta|)} & |\delta| \le t < \infty \end{cases} \tag{8.75}$$

als normierter Schätzfehler

$$\begin{aligned} \frac{r_{EE}(0)}{r_{QQ}(0)} &= 1 - \frac{2U_w b^2 c}{N_w} \cdot \frac{1}{c^2(1+\sqrt{\lambda+1})^2} \\ &\quad \cdot \left[e^{-2c\sqrt{\lambda+1}|\delta|} \frac{1}{2c\sqrt{1+\lambda}} (e^{+2c\sqrt{\lambda+1}|\delta|} - 1) + e^{+2c|\delta|} \frac{1}{2c} e^{-2c|\delta|} \right] \\ &= \frac{1}{\sqrt{\lambda+1}} \cdot \left[1 + \frac{\lambda}{(1+\sqrt{1+\lambda})^2} e^{-2c\sqrt{\lambda+1}|\delta|} \right]. \end{aligned} \tag{8.76}$$

Die Darstellungen in Abb. 8.8 zeigen den normierten Schätzfehler als Funktion der Zeitverschiebung δ, die die Schätzaufgaben Interpolation, Filterung und Prädiktion bestimmt. Zusätzlich wurde in der linken Abbildung bei $\lambda = 10$ die Abklingkonstante c, in der rechten Teilabbildung für die Abklingkonstante $c = 1$ das Signal-zu-Rauschverhältnis parametriert.

Grundsätzlich gilt, dass mit verbessertem Signal-zu-Rauschverhältnis der Schätzfehler sinkt, wobei allerdings bei zunehmender Prädiktionszeit der maximale Fehler erreicht wird und auch bei beliebig großer Interpolationszeit $|\delta|$ der Fehler nicht beliebig klein wird, sondern den aus (8.76) ablesbaren, nur vom Signal-zu-Rauschverhältnis λ und nicht von der Interpolationszeit δ abhängigen Wert annimmt. Dieser Restfehler bleibt übrig, weil der zweite Term für $|\delta| \to \infty$ verschwindet. Man bezeichnet das zugehörige Filter wegen der unendlichen Laufzeit als *Infinite-Lag-Filter*. Je größer die Abklingkonstante c ist, d. h. je breitbandiger der Quellensignalprozess ist, desto schneller werden bei Prädiktion und Interpolation die asymptotischen Endwerte erreicht. Dies bedeutet, dass es nicht sinnvoll ist, die Interpolationszeit über einen bestimmten Wert anwachsen zu lassen. Vergleichbares gilt für die Prädiktion: Bei zu großer Prädiktionszeit wird der Fehler so groß, dass das Schätzergebnis nicht mehr sinnvoll ist.

8.2.2 Wiener-Filter und konventionell entworfene Filter

In diesem Abschnitt soll gezeigt werden, welchen Gewinn man in Bezug auf den Schätzfehler beim Einsatz von Wiener-Filtern anstelle von Filtern erzielt, die nach konventionellen Gesichtspunkten entworfen wurden.

Der zu schätzende Nutzsignalprozess $Q(t)$ soll durch das bisher verwendete Modell erzeugt werden, d. h. durch Filterung eines weißen Prozesses mit einem Tiefpass erster Ordnung entstehen. Für das Leistungsdichtespektrum kann man deshalb mit (8.37) und $s = j\omega$ schreiben

$$S_{QQ}(j\omega) = \frac{U_w b^2}{c^2 + \omega^2}. \tag{8.77}$$

Der sich additiv überlagernde Störprozess $N(t)$ sei weiß mit dem Leistungsdichtespektrum

$$S_{NN}(j\omega) = N_w, \quad -\infty < \omega < \infty. \tag{8.78}$$

Beide Spektren zeigt Abb. 8.9. Es soll die Aufgabe gelöst werden, Nutz- und Störsignal möglichst gut voneinander zu trennen, indem zum einen nach konventionellen Überlegungen entworfene frequenzselektive Filter, zum anderen Wiener-Filter verwendet werden.

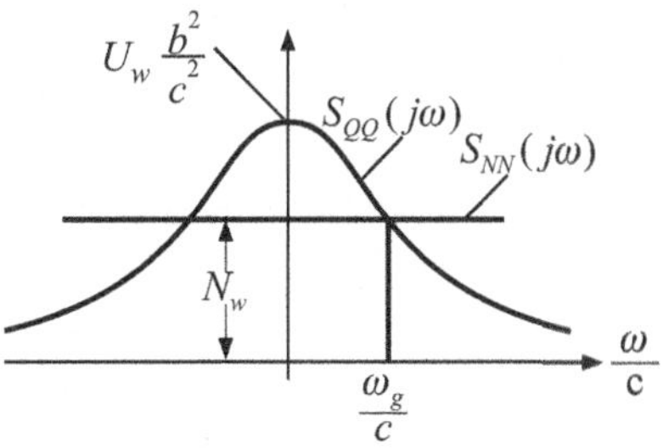

Abb. 8.9 Leistungsdichtespektren von Nutzsignalprozess $Q(t)$ und Störsignalprozess $N(t)$

Vom Standpunkt konventioneller Überlegungen wird man ein Filter verwenden, das eine Grenzfrequenz ω_g besitzt, die durch den Schnittpunkt der Spektren von Nutz- und Störprozess gegeben ist. Für ω_g gilt dann

$$S_{QQ}(j\omega_g) \stackrel{!}{=} S_{NN}(j\omega_g) \tag{8.79}$$

bzw.

$$\frac{U_w b^2}{c^2 + \omega_g^2} = N_w \tag{8.80}$$

und schließlich

$$\omega_g = \sqrt{\frac{U_w b^2}{N_w} - c^2} = c\sqrt{\frac{U_w b^2}{c^2 N_w} - 1} = c\sqrt{\lambda - 1}, \tag{8.81}$$

wobei λ das in (8.48) definierte Signal-zu-Rauschverhältnis bezeichnet.

Zur Signalschätzung soll als einfachste Lösung ein Filter erster Ordnung, ein RC-Tiefpass mit der Grenzfrequenz $\omega_g = 1/RC$ und der Impulsantwort

$$h(t) = \omega_g \cdot e^{-\omega_g t} \tag{8.82}$$

sowie dem Frequenzgang

$$H(j\omega) = \frac{\omega_g}{j\omega + \omega_g} = \frac{c\sqrt{\lambda - 1}}{j\omega + c\sqrt{\lambda - 1}} \tag{8.83}$$

verwendet werden, wobei ω_g nach (8.81) ersetzt wurde.

Zum Vergleich wird ein optimales Wiener-Filter verwendet, das nach (8.56) den Frequenzgang

$$H(j\omega) = \frac{\lambda \cdot c}{1 + \sqrt{\lambda + 1}} \cdot \frac{1}{j\omega + c\sqrt{\lambda + 1}} \tag{8.84}$$

besitzt. Als Gütekriterium für beide Filter dient wie bisher der auf die Leistung $r_{QQ}(0)$ des Nutzsignalprozesses bezogene Schätzfehler $r_{EE}(0)$.

Für den Schätzfehler gilt nach (8.30) für den Fall der Filterung, d. h. für $d(t) = q(t)$:

$$\begin{aligned} r_{EE}(0) &= \mathrm{E}\{(\int_0^\infty h(\alpha)R(t-\alpha)\,d\alpha - Q(t)) \cdot (\int_0^\infty h(\beta)R(t-\beta)\,d\beta - Q(t))\} \\ &= \int_0^\infty \int_0^\infty h(\alpha)h(\beta)\,r_{RR}(\beta-\alpha)\,d\alpha\,d\beta - \int_0^\infty h(\alpha)\,r_{RQ}(-\alpha)\,d\alpha \\ &\quad - \int_0^\infty h(\beta)\,r_{RQ}(-\beta)\,d\beta + r_{QQ}(0)\,. \end{aligned} \tag{8.85}$$

Sind die Prozesse $Q(t)$ und $N(t)$ unkorreliert, gilt wegen der Symmetrie jeder Autokorrelationsfunktion:

$$\begin{aligned} r_{RQ}(-\alpha) &= \mathrm{E}\{R(t-\alpha)\cdot Q(t)\} = \mathrm{E}\{(Q(t-\alpha)+N(t-\alpha))\cdot Q(t)\} \\ &= r_{QQ}(-\alpha) = r_{QQ}(\alpha)\,. \end{aligned} \tag{8.86}$$

Für den Schätzfehler folgt damit:

$$\begin{aligned} r_{EE}(0) = &\int_0^\infty \int_0^\infty h(\alpha)h(\beta)\,r_{RR}(\beta-\alpha)\,d\alpha\,d\beta \\ &-2\int_0^\infty h(\alpha)\,r_{QQ}(\alpha)\,d\alpha + r_{QQ}(0). \end{aligned} \tag{8.87}$$

Normiert man den Schätzfehler auf den Maximalwert $r_{QQ}(0)$ und setzt für die Korrelationsfunktionen die aus (8.38), (8.39) und (8.41) folgenden Werte sowie für $h(t)$ die Impulsantwort des RC-Tiefpasses ein, so gilt weiter:

$$\begin{aligned} \frac{r_{EE}(0)}{r_{QQ}(0)} = &\frac{2c}{b^2}\cdot\omega_g^2\left(\int_0^\infty\int_0^\infty e^{-\omega_g(\alpha+\beta)}\cdot\frac{b^2}{2c}e^{-c|\beta-\alpha|}\,d\alpha\,d\beta + N_w\int_0^\infty e^{-2\omega_g\alpha}\,d\alpha\right) \\ &-2\omega_g\int_0^\infty e^{-\omega_g\alpha}\,e^{-c\alpha}\,d\alpha + 1\,. \end{aligned} \tag{8.88}$$

Löst man die Integrale und führt die Grenzfrequenz ω_g nach (8.81) mit dem Signal-zu-Rauschverhältnis λ nach (8.48) ein, so folgt:

$$\begin{aligned}\frac{r_{EE}(0)}{r_{QQ}(0)} &= \frac{\sqrt{\lambda-1}}{\sqrt{\lambda-1}+1}+\frac{\sqrt{\lambda-1}}{\lambda}-2\frac{\sqrt{\lambda-1}}{\sqrt{\lambda-1}+1}+1\\ &= \frac{2\lambda-1+\sqrt{\lambda-1}}{\lambda(\sqrt{\lambda-1}+1)}.\end{aligned} \tag{8.89}$$

Dieses Ergebnis gilt nur für $\lambda > 1$, da nur in diesem Fall eine sinnvolle Lösung für die Grenzfrequenz ω_g nach (8.81) erzielbar ist. Zu vergleichen ist dieser normierte Fehler mit dem beim entsprechenden Wiener-Filter erzielbaren Wert nach (8.72). Abb. 8.10 zeigt das Ergebnis dieses Vergleichs. Zusätzlich ist das Ergebnis bei Verwendung des Infinite-Lag-Filters eingetragen, das man aus (8.76) für $|\delta| \to \infty$ erhält. Dabei ist zu beachten, dass die Approximation des Infinite-Lag-Filters einen viel höheren Realisierungsaufwand als der RC-Tiefpass oder das Wiener-Filter – beide sind Systeme erster Ordnung – erfordert. Deshalb müsste man unter dem Gesichtspunkt des Realisierungsaufwands das Infinite-Lag-Filter mit einem – nicht realisierbaren, also ebenfalls nur approximierbaren – idealen Tiefpass vergleichen.

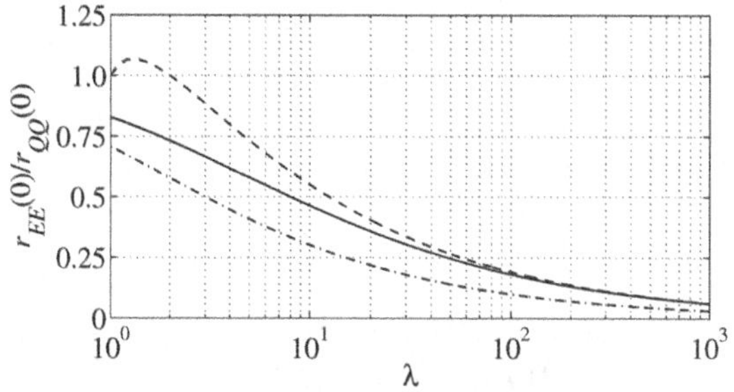

Abb. 8.10 Normierter Schätzfehler $r_{EE}(0)/r_{QQ}(0)$ als Funktion des Signal-zu-Rauschverhältnisses λ: Wiener-Filter (–), Infinite-Lag-Filter (- .), konventioneller RC-Tiefpass (- -)

Grundsätzlich ist das Wiener-Filter dem nach konventionellen Gesichtspunkten entworfenen Filter überlegen, wobei der Gewinn nur bei niedrigen Signal-zu-Rauschverhältnissen von Bedeutung ist. Allerdings ist gerade dies der Bereich, bei dem es auf eine Verbesserung des Signal-zu-Rauschverhältnisses ankommt. Dabei ist zu beachten, dass dieser Gewinn nicht etwa durch höheren Aufwand in Form eines Filters höherer Ordnung erzielt wird, sondern lediglich durch eine andere Wahl der freien Parameter des Filters erster Ordnung. Wie zu erwarten ist, liefert das Infinite-Lag-Filter den geringsten Fehler bei allerdings erhöhter Filterordnung, die dessen Approximation erfordert.

8.3 Zeitdiskrete Wiener-Filter

Wegen der Genauigkeitsanforderungen bei der Realisierung wird man Wiener-Filter in der Praxis als digitale Systeme realisieren. Von den zeitkontinuierlichen gelangt man zu den zeitdiskreten Systemen durch *z-Transformation*: Der kontinuierliche Zeitparameter t wird durch den diskreten Parameter k ersetzt, was einer Abtastung mit T_A entspricht. Setzt man $z = e^{sT_A}$ [Kam92], so geht die Laplace-Transformation in die z-Transformation über. Im Übrigen entsprechen sich die Eigenschaften der zeitkontinuierlichen und der zeitdiskreten Wiener-Filter.

Da es sich um ein zeitinvariantes, lineares, *kausales* System handelt, wird es durch die Impulsantwort $h(k)$ bzw. die Systemfunktion $H(z)$

$$h(k) = 0|_{k<0} \circ\!\!-\!\!\bullet\, H(z) \tag{8.90}$$

beschrieben. Das System soll so entworfen werden, dass der mittlere quadratische Fehler zum Minimum wird; zusammen mit der Forderung nach Linearität gilt somit das *Orthogonalitätsprinzip* nach (8.2)

$$\mathrm{E}\{E(k)\cdot R(j)\} = \mathrm{E}\{(\hat{D}(k) - D(k))\cdot R(j)\} = 0, \quad k_0 \le j \le k. \tag{8.91}$$

Setzt man für den Schätzwert $\hat{d}(k)$ und den zugehörigen gewünschten Wert $d(k)$ die entsprechenden Faltungssummen

$$\hat{D}(k) = \sum_{i=0}^{\infty} h(i)R(k-i) \tag{8.92}$$

$$D(k) = \sum_{i=\infty}^{\infty} h_0(i)\,Q(k-i), \tag{8.93}$$

ein, so folgt:

$$\mathrm{E}\{\Big(\sum_{i=0}^{\infty} h(i)R(k-i) - \sum_{i=-\infty}^{\infty} h_0(i)\,Q(k-i)\Big)\cdot R(k-n)\} = 0, \quad n \ge 0. \tag{8.94}$$

Vertauscht man Summation und Erwartungswertbildung, so erhält man die gesuchte Bestimmungsgleichung für $h(k)$ in einer Form, die der *Wiener-Hopf-Integralgleichung* entspricht:

$$\begin{aligned}&\sum_{i=0}^{\infty} h(i)\,r_{RR}(n-i) - \sum_{i=-\infty}^{\infty} h_0(i)\,r_{QR}(n-i) \\ &\qquad = h(n) * r_{RR}(n) - h_0(n) * r_{QR}(n) = f(n) = 0, \quad n \ge 0\end{aligned} \tag{8.95}$$

mit den Korrelationsfunktionen

$$\mathrm{E}\{R(k-i)\cdot R(k-n)\} = r_{RR}(n-i) \tag{8.96}$$

$$\mathrm{E}\{Q(k-i)\cdot R(k-n)\} = r_{QR}(n-i). \tag{8.97}$$

Diese Korrelationsfunktionen lassen sich mit Hilfe von (8.5), (8.6) und (8.7) berechnen:

$$\begin{aligned} r_{RR}(n-i) &= r_{RR}(\kappa) = \mathrm{E}\{(Q(k)+N(k))\cdot(Q(k-\kappa)+N(k-\kappa))\} \quad (8.98)\\ &= r_{QQ}(\kappa)+r_{QN}(\kappa)+r_{QN}(-\kappa)+r_{NN}(\kappa) ○\!\!-\!\!\bullet\, S_{RR}(z)\\ r_{QR}(n-i) &= r_{QR}(\kappa) = \mathrm{E}\{Q(k)\cdot(Q(k-\kappa)+N(k-\kappa))\}\\ &= r_{QQ}(\kappa)+r_{QN}(\kappa) ○\!\!-\!\!\bullet\, S_{QR}(z). \quad (8.99) \end{aligned}$$

Damit sind alle in der Wiener-Hopf-Gleichung (8.95) auftretenden Größen bekannt, so dass man sie zur Bestimmung von $h(k)$ verwenden kann. Zur Lösung der Gleichung benutzt man die Tatsache, dass die Funktion $f(n)$ nach (8.95) für $n \geq 0$ verschwindet, für $n < 0$ aber irgendwelche von Null verschiedenen Werte annehmen kann.

Mit der z-Transformation folgt aus (8.95)

$$H(z)\cdot S_{RR}(z) - H_0(z)\cdot S_{QR}(z) = F(z) = F^i(z) \quad (8.100)$$

eine im Inneren des Einheitskreises analytische, d. h. nichtsinguläre oder auch polstellenfreie Funktion, was durch das hochgestellte i gekennzeichnet werden soll. Nun besitzt

$$S_{RR}(z) = S^a_{RR}(z)\cdot S^i_{RR}(z) \quad (8.101)$$

mit

$$S^i_{RR}(z) = S^a_{RR}(1/z) \quad (8.102)$$

eine im Inneren und Äußeren des Einheitskreises analytische Komponente. Spaltet man mit

$$H_0(z)\cdot S_{QR}(z) = S^i_{RR}(z)\cdot Y(z) \quad (8.103)$$

den nach (8.100) gewünschten, im Inneren des Einheitskreises analytischen Anteil $S^i_{RR}(z)$ ab, erhält man die Restfunktion $Y(z)$

$$Y(z) = \frac{H_0(z)\cdot S_{QR}(z)}{S^i_{RR}(z)}, \quad (8.104)$$

die ihrerseits in die Summe eines im Inneren bzw. Äußeren des Einheitskreises analytischen Anteils aufgespalten werden kann:

$$\begin{aligned} Y(z) &= Y^a(z)+Y^i(z)\\ &= \left[\frac{H_0(z)\cdot S_{QR}(z)}{S^i_{RR}(z)}\right]^a + \left[\frac{H_0(z)\cdot S_{QR}(z)}{S^i_{RR}(z)}\right]^i. \end{aligned} \quad (8.105)$$

Damit (8.24) innerhalb des Einheitskreises analytisch wird, müssen alle Anteile, die außerhalb des Einheitskreises analytisch sind, verschwinden, d. h. es muss

$$H(z)S^a_{RR}(z) - \left[\frac{H_0(z)\cdot S_{QR}(z)}{S^i_{RR}(z)}\right]^a \stackrel{!}{=} 0 \quad (8.106)$$

gelten. Für $H(z)$ folgt daraus:

$$H(z) = \frac{1}{S_{RR}^a(z)} \cdot \left[\frac{H_0(z) \cdot S_{QR}(z)}{S_{RR}^i(z)}\right]^a = \frac{1}{S_{RR}^a(z)} \cdot \left[\frac{z^\kappa \cdot S_{QR}(z)}{S_{RR}^i(z)}\right]^a, \tag{8.107}$$

wobei entsprechend (8.8) und (8.9) mit (1.9) $h_0(k) = \delta(k+\kappa) \circ\!-\!\bullet\, H_0(z) = z^\kappa$ für die Standardfälle der Signalschätzung gesetzt wurde.

Damit ist eine Bestimmungsgleichung für die Systemfunktion $H(z)$ des zeitdiskreten Wiener-Filters gefunden. Um sie aus den gegebenen Größen $S_{RR}(z)$, $S_{QR}(z)$ und $H_0(z)$ zu berechnen, sind folgende Schritte nötig:

- Man zerlegt $S_{RR}(z)$ jeweils in einen Anteil, der innnerhalb bzw. außerhalb des Einheitskreises der komplexen z-Ebene analytisch ist. Dazu fasst man alle Pole und Nullstellen innerhalb des Einheitskreises zu $S_{RR}^a(z)$, alle Pole und Nullstellen außerhalb des Einheitskreises zu $S_{RR}^i(s)$ zusammen.
- Man vertauscht die Pole und Nullstellen von $S_{RR}^a(s)$, um dessen Kehrwert zu bestimmen.
- Man fasst $H_0(z)$, $S_{QR}(z)$ und $1/S_{RR}^i(z)$ zu einer Restfunktion $Y(z)$ zusammen. Für einfache Pole von $Y(z)$ z. B. gilt [Pap62]

$$Y(z) = \sum_{i=1}^{n} \frac{R_i}{z - z_{\infty i}} = \sum_{i=1}^{n^a} \frac{R_i}{z - z_{\infty i}} + \sum_{i=1}^{n^i} \frac{R_i}{z - z_{\infty i}}, \tag{8.108}$$

  wobei mit R_i die Residuen bezeichnet werden. Alle Summanden mit Polstellen $z_{\infty i}$ innerhalb des Einheitskreises werden zu $Y^a(z)$ zusammengefasst:

$$Y^a(z) = \sum_{i=1}^{n^a} \frac{R_i}{z - z_{\infty i}}. \tag{8.109}$$

  Bei mehrfachen Polen gilt eine entsprechende Herleitung.
- Das Produkt aus $1/S_{RR}^a(z)$ und $Y^a(z)$ ergibt die gesuchte Systemfunktion $H(z)$ des Wiener-Filters.

Das hier geschilderte Verfahren lässt sich nur dann anwenden, wenn $Y(z)$ eine gebrochen rationale Funktion in z ist. Das ist immer dann der Fall, wenn $H_0(z)$ nach (8.9) von der Form $H(z) = z^\kappa$, d. h. wenn eine Verschiebung um eine ganze Anzahl von Abtastwerten erfolgt.

Bei der Interpolation entspricht dies mit $\kappa < 0$ einer Verschiebung um eine ganze Anzahl von Abtastwerten nach rechts, was einer Totzeit des Systems entspricht und bei der Realisierung des Systems unproblematisch ist. Bei der Prädiktion erfolgt die Zeitverschiebung mit $\kappa > 0$ nach links, so dass die links vom Ursprung erscheinenden Werte zum Verschwinden gebracht werden müssen, um Kausalität zu garantieren. Die hierzu erforderliche Berechnung von $H(z)$ erfolgt deshalb einfacher im Zeitbereich.

Es ist zu bemerken, dass das hier genannte Verfahren zur Lösung der Wiener-Hopf-Gleichung nur dann zum Ziel führt, wenn die Leistungsdichte $S_{RR}(z)$ als gebrochen rationale Funktion zur Verfügung steht. Geht man davon aus, dass häufig nur Messdaten von $r(k)$ zur Verfügung stehen, so müsste zunächst eine Modellierung der Leistungsdichte $S_{RR}(z)$ erfolgen. Andernfalls müsste man die Wiener-Hopf-Gleichung numerisch lösen. Eine weitere Möglichkeit besteht darin, auf die Kausalität bei der Lösung zunächst zu verzichten, indem man den Ausdruck (8.100) zu Null setzt und nach der gesuchten Systemfunktion $H(z)$ auflöst:

$$H(z) = \frac{H_0(z) \cdot S_{QR}(z)}{S_{RR}(z)}. \tag{8.110}$$

Die so gewonnene Systemfunktion ist wegen der in $S_{RR}(z)$ und $H_0(z)$ enthaltenen, innerhalb des Einheitskreises analytischen Anteile nicht kausal und entspricht dem beim kontinuierlichen Wiener-Filter eingeführten *Infinite-Lag-Filter*, das sich durch eine entsprechend große Laufzeit praktisch kausal machen lässt. Eine Lösung, die auf diesem Ansatz beruht, wird im Abschnitt über Anwendungen der Wiener-Filter näher betrachtet.

8.3.1 Minimaler mittlerer quadratischer Schätzfehler

Der mittlere quadratische Schätzfehler lässt sich mit (8.1) in der Form

$$\mathrm{E}\{(\hat{D}(k) - D(k))^2\} = r_{EE}(0) \tag{8.111}$$

darstellen, wird also durch die Autokorrelationsfunktion $r_{EE}(\kappa)$ des Schätzfehlerprozesses $E(k)$ für $\kappa = 0$ bestimmt. Er soll hier als Funktion der optimalen Impulsantwort $h(k)$ des Wiener-Filters angegeben werden.

Setzt man $\hat{d}(k)$ und $d(k)$ nach (8.92) in (8.111) ein, so folgt ähnlich wie im kontinuierlichen Fall

$$\begin{aligned} r_{EE}(0) &= \mathrm{E}\{(\sum_{i=0}^{\infty} h(i) \cdot R(k-i) - \sum_{i=-\infty}^{\infty} h_0(i) \cdot Q(k-i)) \cdot \\ &\quad \cdot (\sum_{j=0}^{\infty} h(j) \cdot R(k-j) - \sum_{j=-\infty}^{\infty} h_0(j) \cdot Q(k-j))\} \\ &= \sum_{i=-\infty}^{\infty} \sum_{j=-\infty}^{\infty} h_0(i) h_0(j) \mathrm{E}\{Q(k-i) \cdot Q(k-j)\} \\ &\quad - \sum_{i=-\infty}^{\infty} \sum_{j=0}^{\infty} h_0(i) h(j) \mathrm{E}\{Q(k-i) \cdot R(k-j)\}. \end{aligned} \tag{8.112}$$

Führt man die Erwartungswerte aus und verwendet die aus (8.95) folgende Beziehung

$$\sum_{i=-\infty}^{\infty}\sum_{j=0}^{\infty} h_0(i)\,h(j)\,\mathrm{E}\{Q(k-i)\cdot R(k-j)\}$$

$$= \sum_{i=0}^{\infty}\sum_{j=0}^{\infty} h(i)\,h(j)\,\mathrm{E}\{R(k-i)\cdot R(k-j)\}, \tag{8.113}$$

so erhält man schließlich folgende Form für den mittleren quadratischen Schätzfehler:

$$r_{EE}(0) = \sum_{i=-\infty}^{\infty}\sum_{j=-\infty}^{\infty} h_0(i)\,h_0(j)\,r_{QQ}(j-i) - \sum_{i=0}^{\infty}\sum_{j=0}^{\infty} h(i)\,h(j)\,r_{RR}(j-i). \tag{8.114}$$

Beachtet man, dass $h_0(k)$ durch (8.8) gegeben ist, so folgt schließlich

$$r_{EE}(0) = r_{QQ}(0) - \sum_{i=0}^{\infty}\sum_{j=0}^{\infty} h(i)\,h(j)\,r_{RR}(j-i), \tag{8.115}$$

woran erkennbar wird, dass der Fehler nicht größer als $r_{QQ}(0)$ sein kann und durch Einsatz des Wiener-Filters mit der Impulsantwort $h(k)$ verkleinert wird.

8.4 Anwendungen von Wiener-Filtern

Als Beispiele für die Anwendung von zeitdiskreten Wiener-Filtern zur Signalschätzung werden die Redundanzreduktion durch *Differenz-Puls-Code-Modulation* und die *Geräuschreduktion* bei Sprachübertragung beschrieben. Diese Beispiele stammen aus der Informationstechnik bzw. Datenübertragung. Es gibt daneben noch weitere mögliche Anwendungsgebiete, z. B. in der Regelungstechnik, die hier aus Platzgründen nicht diskutiert werden.

8.4.1 DPCM-Codierer zur Redundanzreduktion

Bei der Informationsübertragung versucht man, möglichst *redundanzfreie* Signale zu übertragen, wenn ein Kanal nur geringer Übertragungskapazität zur Verfügung steht. Die am Sender entzogene Redundanz wird am Empfänger wieder zugesetzt. Die Extraktion der Redundanz im Sender bezeichnet man als *Quellencodierung*. Ein Beispiel für Quellencodierungsverfahren ist die Differenz-Puls-Code-Modulation, kurz DPCM.

Die Redundanz eines Zufallsprozesses lässt sich u. a. an seiner Autokorrelationsfunktion ablesen. Da informationstragende Signale Zufallsprozesse darstellen, kann man diese Aussage auch auf sie anwenden. Zwei Extremfälle von Zufallsprozessen stellen der weiße Prozess und eine Gleichspannung dar, wobei der erste Prozess mit seiner Korrelationsfunktion

$$r_{WW}(\kappa) = \delta(\kappa) = \begin{cases} 1 & \kappa = 0 \\ 0 & \kappa \neq 0 \end{cases} \tag{8.116}$$

ganz redundanzfrei ist, weil beliebig benachbarte Werte des Prozesses unkorreliert sind, und der zweite mit seiner Korrelationsfunktion

$$r_{GG}(\kappa) = c^2 = \text{const}, \quad -\infty < \kappa < \infty \tag{8.117}$$

vollkommen redundanzbehaftet ist, weil alle Werte des Prozesses durch $g(k) = c$ gegeben sind.

Reale Nachrichtenprozesse gehören zu keinem dieser Extremfälle, ihre Korrelationsfunktion wird deshalb eine Mittelstellung einnehmen, indem sie von ihrem Maximalwert bei $\kappa = 0$ allmählich abklingt. Bei der DPCM versucht man nun, die sich darin ausdrückende Redundanz zu extrahieren, so dass am Ausgang des DPCM-Codierers ein Prozess entsteht, der einem weißen Prozess ähnlicher wird.

Die Struktur des DPCM-Codierers zeigt Abb. 8.11. Vom abgetasteten Quellen-

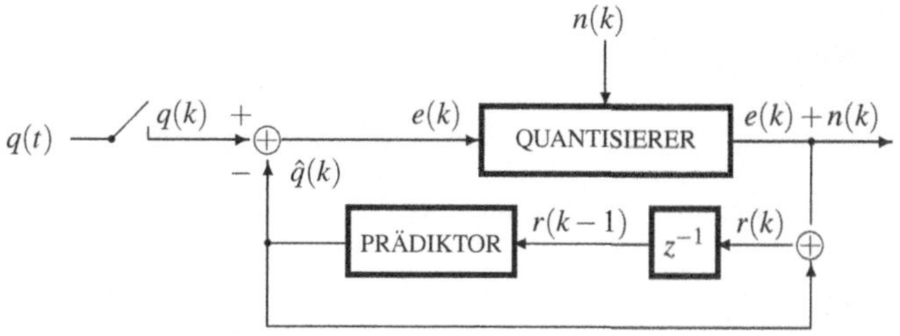

Abb. 8.11 Struktur des DPCM-Codierers

signal $q(k)$, einer Musterfunktion des Nutzsignalprozesses $Q(k)$, wird der Schätzwert $\hat{q}(k)$ abgezogen, den der Prädiktor aus den zeitlich zurückliegenden Werten $r(k-1)$ bestimmt. Das Verzögerungsglied um einen Takt mit der Übertragungsfunktion $H(z) = z^{-1}$ dient dazu, die Zeit, die für die Signalverarbeitungsoperationen wie Quantisierung, Addition usw. benötigt wird, im Modell zu berücksichtigen. Im realisierten System findet man diese Komponente nicht, da die realen Quantisierer und Addierer stets eine von Null verschiedene Verarbeitungszeit benötigen.

Das Eingangssignal des Prädiktors und damit auch $r(k)$ ist wegen des Quantisierers durch additiv überlagertes Quantisierungsrauschen $n(k)$ gestört. Insgesamt gilt für $r(k)$:

$$\begin{aligned} r(k) &= e(k) + n(k) + \hat{q}(k) = q(k) - \hat{q}(k) + n(k) + \hat{q}(k) \\ &= q(k) + n(k). \end{aligned} \tag{8.118}$$

Als Modell für den Quellenprozess $Q(k)$ wird angenommen, dass ein Formfilter mit der Übertragungsfunktion $H_Q(z)$ aus einem weißen Prozess der Leistungsdichte U_w eine Musterfunktion $q(k)$ des Quellenprozesses $Q(k)$ formt. Mit der Systemfunktion des Formfilters erster Ordnung

$$H_Q(z) = \frac{b}{z-c}, \quad |c| < 1 \tag{8.119}$$

gilt für die Leistungsdichte des Signalprozesses $Q(k)$:

$$\begin{aligned} S_{QQ}(z) &= U_w \cdot H_Q(z) H_Q(z^{-1}) = U_w \frac{b}{z-c} \frac{b}{1/z-c} \\ &= \frac{U_w \cdot b^2}{c} \frac{z}{(z-c)\cdot(1/c-z)}. \end{aligned} \tag{8.120}$$

Das optimale zeitdiskrete Wiener-Filter zur Signalschätzung besitzt nach (8.107) die Übertragungsfunktion:

$$H(z) = \frac{1}{S_{RR}^a(z)} \left[\frac{H_0(z)\cdot S_{QR}(z)}{S_{RR}^i(z)}\right]^a. \tag{8.121}$$

Es wird angenommen, dass das Quantisierungsrauschen weiß ist und deshalb durch die Autokorrelationsfunktion

$$r_{NN}(\kappa) = N_w \cdot \delta_0(\kappa) \circ\!\!-\!\!\bullet\, S_{NN}(z) = N_w \tag{8.122}$$

beschrieben wird und mit dem Quellensignal unkorreliert ist:

$$\begin{aligned} r_{QR}(\kappa) &= E\{Q(k)\cdot R(k-\kappa)\} = E\{Q(k)\cdot(Q(k-\kappa)+N(k-\kappa))\} \\ &= r_{QQ}(\kappa) \circ\!\!-\!\!\bullet\, S_{QQ}(z). \end{aligned} \tag{8.123}$$

Für die Leistungsdichte des gestörten Empfangssignals folgt dann:

$$\begin{aligned} r_{RR}(\kappa) &= E\{R(k)\cdot R(k-\kappa)\} = E\{(Q(k)+N(k))\cdot(Q(k-\kappa)+N(k-\kappa))\} \\ &= r_{QQ}(\kappa) + r_{NN}(\kappa) \end{aligned} \tag{8.124}$$

$$\begin{aligned} S_{RR}(z) &= S_{QQ}(z) + S_{NN}(z) = \frac{U_w \cdot b^2}{c} \cdot \frac{z}{(z-c)\cdot(1/c-z)} + N_w \\ &= N_w \cdot \frac{-z^2 + z(\frac{1}{c} + c + \frac{U_w}{N_w}\frac{b^2}{c}) - 1}{(z-c)\cdot(1/c-z)} = N_w \cdot \frac{(z-a)\cdot(1/a-z)}{(z-c)\cdot(1/c-z)} \\ &= S_{RR}^a(z)\cdot S_{RR}^i(z) \end{aligned} \tag{8.125}$$

mit

$$a = \frac{1}{2}\left(\frac{1}{c} + c + \frac{U_w}{N_w}\frac{b^2}{c}\right) - \sqrt{\frac{1}{4}\left(\frac{1}{c} + c + \frac{U_w}{N_w}\frac{b^2}{c}\right)^2 - 1}, \; |a| < 1 \tag{8.126}$$

$$\frac{1}{a} = \frac{1}{2}\left(\frac{1}{c} + c + \frac{U_w}{N_w}\frac{b^2}{c}\right) + \sqrt{\frac{1}{4}\left(\frac{1}{c} + c + \frac{U_w}{N_w}\frac{b^2}{c}\right)^2 - 1}\,, \quad \frac{1}{|a|} > 1. \tag{8.127}$$

Für den Prädiktor, der den Schätzwert $\hat{q}(k+1)$ aus dem gestörten Empfangssignal $r(k)$ bzw. $\hat{q}(k)$ aus $r(k-1)$ bestimmt, gilt mit

$$H_0(z) = z \tag{8.128}$$

schließlich

$$\begin{aligned} H(z) &= \frac{1}{S_{RR}^a(z)}\left[\frac{z \cdot S_{QR}(z)}{S_{RR}^i(z)}\right]^a \\ &= \frac{1}{N_w}\frac{z-c}{z-a}\left[\frac{U_w \cdot b^2}{c} \cdot \frac{z^2}{(z-c)\cdot(1/c-z)}\frac{1/c-z}{1/a-z}\right]^a \\ &= \frac{U_w \cdot b^2}{N_w c}\frac{1}{1/a-c}\frac{z-c}{z-a}\left[z^2 \cdot \left(\frac{1}{z-c} + \frac{1}{1/a-z}\right)\right]^a, \end{aligned} \tag{8.129}$$

wobei der Pol bei $z = c$ innerhalb und der bei $z = 1/a$ außerhalb des Einheitskreises der z-Ebene liegt. Für den vom Pol bei $z = c$ abhängigen Anteil verwendet man das Transformationspaar

$$\frac{1}{z-c} \bullet\!\!-\!\!\circ \begin{cases} c^{k-1} & k \geq 1 \\ 0 & k < 1 \end{cases}. \tag{8.130}$$

Nach (8.129) ist die z-Transformierte mit z^2 zu multiplizieren bzw. die zugehörige Zeitfunktion um zwei Takte nach links zu verschieben. Daraus folgt für den außerhalb des Einheitskreises analytischen Ausdruck in der Systemfunktion des Wiener-Filters:

$$c^{k+1}|_{k\geq 0} = c \cdot c^k|_{k\geq 0} \circ\!\!-\!\!\bullet\, c \cdot \frac{z}{z-c} \tag{8.131}$$

und damit für das Wiener-Filter selbst:

$$\begin{aligned} H(z) &= \frac{U_w \cdot b^2}{N_w c} \cdot \frac{1}{1/a-c}\frac{z-c}{z-a} \cdot \frac{z}{z-c} \cdot c \\ &= \frac{U_w \cdot b^2}{N_w}\frac{1}{1/a-c}\frac{z}{z-a} = d \cdot \frac{z}{z-a}. \end{aligned} \tag{8.132}$$

Das Wiener-Filter zur Prädiktion um einen Taktschritt ist also ein digitales Filter erster Ordnung, dessen Struktur in Abb. 8.12 dargestellt ist.

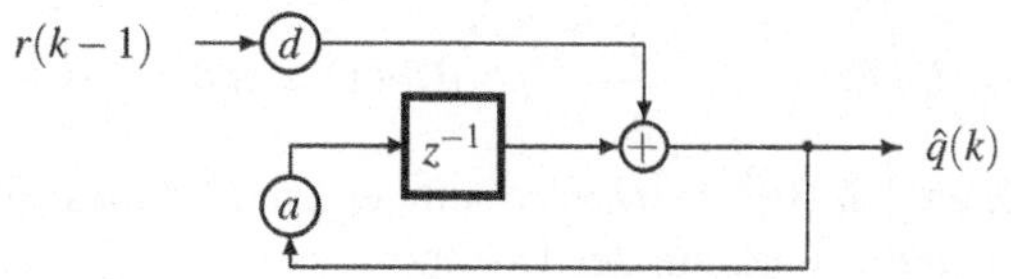

Abb. 8.12 Struktur des Wiener-Filters erster Ordnung zur Prädiktion um einen Takt

Um die Wirkung des gesamten DPCM-Senders auf das Quellensignal zu untersuchen, benötigt man die Übertragungsfunktion des Codierers. Dazu vernachlässigt man den Quantisierer, so dass man die in Abb. 8.13 gezeigte Struktur des Codierers erhält. Für die Übertragungsfunktion des Codierers folgt aus Abb. 8.13:

$$H_C(z) = \frac{E(z)}{Q(z)} \tag{8.133}$$

mit

$$E(z) = Q(z) - \hat{Q}(z), \quad \hat{Q}(z) = H(z) \cdot R(z) \cdot z^{-1} \tag{8.134}$$

$$R(z) = E(z) + \hat{Q}(z) = Q(z) - \hat{Q}(z) + \hat{Q}(z) = Q(z) \tag{8.135}$$

$$\hat{Q}(z) = H(z) \cdot Q(z) \cdot z^{-1} \tag{8.136}$$

$$E(z) = (1 - H(z) \cdot z^{-1}) \cdot Q(z) \tag{8.137}$$

oder

$$H_C(z) = 1 - H(z) \cdot z^{-1} = 1 - d\frac{1}{z-a} = \frac{z-a-d}{z-a} = \frac{z-c}{z-a}, \tag{8.138}$$

weil

$$c = a + d \tag{8.139}$$

gilt, wie man mit einigem Rechenaufwand zeigen kann.

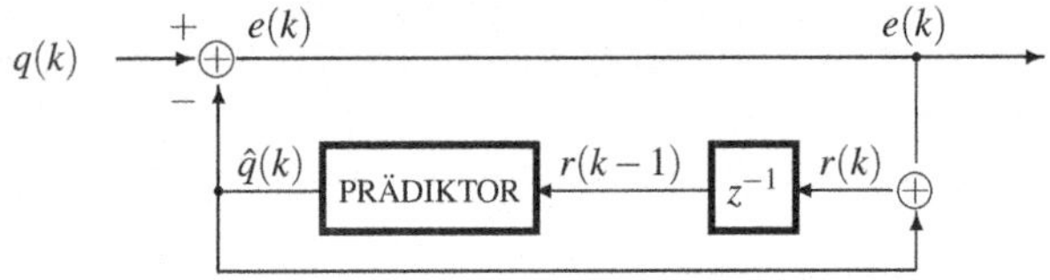

Abb. 8.13 DPCM-Coder ohne Quantisierer

Aus dem Amplitudengang

$$|H_C(\Omega)| = \sqrt{\frac{(\cos\Omega - c)^2 + \sin^2\Omega}{(\cos\Omega - a)^2 + \sin^2\Omega}} = \sqrt{\frac{1 + c^2 - 2c \cdot \cos\Omega}{1 + a^2 - 2a \cdot \cos\Omega}} \tag{8.140}$$

folgt mit

$$|H_C(\Omega = 0)| = \frac{1-c}{1-a}, \quad |H_C(\Omega = \pi)| = \frac{1+c}{1+a}, \tag{8.141}$$

dass es sich wegen $|H_C(0)| < |H_C(\pi)|$ um einen *Hochpass* handelt, wie auch Abb. 8.14 zeigt. Um die Wirkung des Hochpasses auf den Quellenprozess $Q(k)$ zu untersuchen, werden die Korrelationsfunktionen $r_{EE}(\kappa)$ und $r_{QQ}(\kappa)$ am Eingang und Ausgang des Hochpasses berechnet.

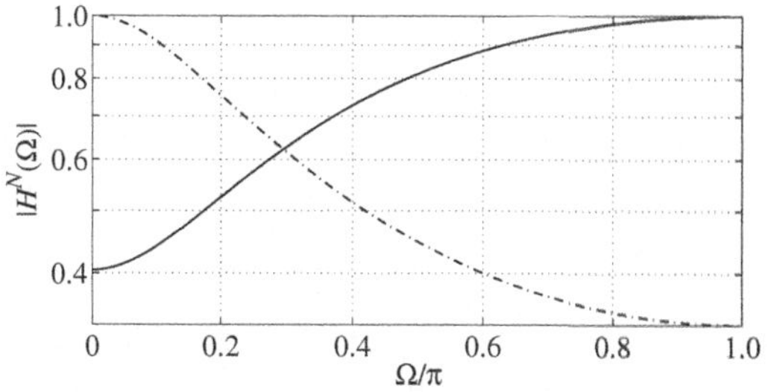

Abb. 8.14 Vergleich der auf den Maximalwert bezogenen Amplitudengänge $|H^N(\Omega)|$ des Formfilters $H_Q(z)$ (- ·) und des Codierers $H_C(z)$ (–)

Die Impulsantwort des Formfilters für das Quellensignal ist durch

$$H_Q(z) = \frac{b}{z-c} \circ\!\!-\!\!\bullet\ q_Q(k) = \begin{cases} b \cdot c^{k-1} & k \geq 1 \\ 0 & k < 1 \end{cases} \tag{8.142}$$

gegeben. Daraus folgt für die Autokorrelationsfunktion am Ausgang des Filters bei Speisung mit einem weißen Prozess der Leistungsdichte $S_{UU}(z) = U_w$:

$$\begin{aligned} r_{QQ}(\kappa)|_{\kappa \geq 0} &= U_w \cdot h_Q(\kappa) * h_Q(-\kappa) = U_w \sum_{k=1}^{\infty} h_Q(k) \cdot h_Q(k-\kappa) \\ &= U_w \sum_{k=1}^{\infty} b \cdot c^{k-1} [b \cdot c^{k-1-\kappa} \delta_{-1}(k-\kappa-1)] \\ &= U_w \sum_{k=\kappa+1}^{\infty} b \cdot c^{k-1} b \cdot c^{k-1-\kappa} = \frac{U_w \cdot b^2}{1-c^2} \cdot c^{\kappa}. \end{aligned} \tag{8.143}$$

Der Ausgangsprozess $E(k)$ entsteht durch Transformation des weißen Prozesses durch die Systeme $H_Q(z)$ und $H_C(z)$:

$$H_E(z) = H_Q(z) \cdot H_C(z) = \frac{b}{z-c} \cdot \frac{z-c}{z-a} = \frac{b}{z-a}. \tag{8.144}$$

Die zugehörige Impulsantwort ist

$$h_E(k) = \begin{cases} b \cdot a^{k-1} & k \geq 1 \\ 0 & k < 1, \end{cases} \tag{8.145}$$

so dass für die Korrelationsfunktion am Ausgang des Codierers

$$\begin{aligned} r_{EE}(\kappa)|_{\kappa \geq 0} &= U_w \sum_{k=1}^{\infty} b \cdot a^{k-1} (b \cdot a^{k-1-\kappa} \delta_{-1}(k-\kappa-1)) \\ &= U_w \sum_{k=\kappa+1}^{\infty} b \cdot a^{k-1} b \cdot a^{k-1-\kappa} = \frac{U_w \cdot b^2}{1-a^2} \cdot a^{\kappa} \end{aligned} \tag{8.146}$$

gilt.

Ein Zahlenbeispiel soll zeigen, wie sich die Korrelationsfunktionen $r_{QQ}(\kappa)$ und $r_{EE}(\kappa)$ am Eingang und Ausgang des DPCM-Codierers unterscheiden. Wählt man das Formfilter

$$H_Q(z) = \frac{b}{z-c} = \frac{1}{z-0{,}5} \tag{8.147}$$

zur Formung des Quellensignals und das Signal-zu-Rauschverhältnis als Quotienten der Rauschleistungsdichten von weißem Steuer- und Störprozess

$$\frac{U_w}{N_w} = 4\,, \tag{8.148}$$

so erhält man für das optimale Wiener-Filter nach einiger Rechnung:

$$H(z) = \frac{U_w b^2}{N_w} \cdot \frac{1}{1/a - c} \cdot \frac{z}{z-a} = 0{,}4039 \cdot \frac{z}{z-0{,}0961}\,. \tag{8.149}$$

Für die auf ihr Maximum normierte Autokorrelationsfunktion am Eingang des Codierers gilt dann:

$$r_{QQ}^N(\kappa)|_{\kappa\geq 0} = \left.\frac{r_{QQ}(\kappa)}{r_{QQ}(0)}\right|_{\kappa\geq 0} = c^\kappa = 0{,}5^\kappa\,. \tag{8.150}$$

Zum Test der redundanzreduzierenden Wirkung des Systems wird in entsprechender Weise die normierte Autokorrelationsfunktion am Ausgang des Gesamtsystems mit der Übertragungsfunktion $H_E(z)$ berechnet:

$$r_{EE}^N(\kappa)|_{\kappa\geq 0} = \left.\frac{r_{EE}(\kappa)}{r_{EE}(0)}\right|_{\kappa\geq 0} = C^\kappa = 0{,}0961^\kappa\,. \tag{8.151}$$

Zur Veranschaulichung zeigt Abb. 8.15 einen Vergleich der beiden Korrelationsfunktionen. Man erkennt deutlich, dass der Prozess am Ausgang des Codierers „wei-

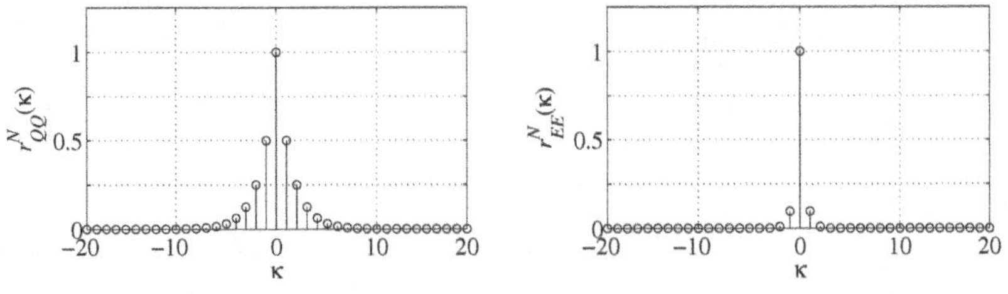

Abb. 8.15 Vergleich der normierten Autokorrelationsfunktionen $r_{QQ}^N(\kappa)$ und $r_{EE}^N(\kappa)$ am Ein- und Ausgang des DPCM-Codierers

ßer“ geworden ist, da die Korrelationsfunktion am Ausgang des Codierers schneller abklingt als die am Eingang; damit ist aber die gewünschte Redundanzreduktion erzielt worden. Am Empfangsort wird die Redundanz wieder hinzugefügt, indem man ähnlich wie beim Sender den Prädiktor in eine Rückkopplungsschleife einfügt. Der Prädiktor wird mit dem rekonstruierten Ausgangssignal des Empfängers $r(k-1) = q(k-1) + n(k-1)$ gespeist und bestimmt daraus den Schätzwert $\hat{q}(k)$, der zu dem Empfangssignal $e(k) + n(k)$ addiert wird. Dabei wird angenommen, dass sich dem Signal keine Störungen auf dem Übertragungskanal überlagern, so dass $n(k)$ nur das Quantisierungsrauschen enthält. Nach der Addition von Empfangssignal und Schätzwert des Prädiktors erhält man dann $r(k) = q(k) + n(k)$. Da für die Addition Zeit benötigt wird, verzögert sich $r(k)$ um einen Takt, so dass am Eingang des Prädiktors $r(k-1)$ anliegt. Dies gilt auch dann, wenn die Addition weniger als einen Takt benötigt, da das digitale System taktgebunden betrieben wird.

8.4.2 Geräuschreduktion bei Sprachübertragung

Geräuschreduktionsverfahren werden bei Sprachübertragung z. B. dann notwendig, wenn bei der Spracheingabe Freisprecheinrichtungen verwendet werden und das Umgebungsgeräusch so stark ist, dass der ferne Teilnehmer den Sprecher nicht mehr gut verstehen kann. Allgemein lässt sich das hier behandelte Problem durch die Darstellung in Abb. 8.16 veranschaulichen: Dem Sprachsignal $s(k)$ überlagert sich am Mikrofon die Umgebungsstörung – Verkehrslärm, Bürolärm, Werkshallenlärm usw. – $n(k)$, wobei die Signale in ihrer zeitdiskreten Form angegeben werden, da die nachfolgende Verarbeitung digital erfolgt. Der Schätzer hat die Aufgabe, aus der gestörten Version $r(k) = s(k) + n(k)$ des Sprachsignals einen Schätzwert $\hat{s}(k)$ zu gewinnen, der dem Sprachsignal $s(k)$ nach Einschätzung eines Hörers möglichst nahe kommt, d. h. der subjektive Eindruck ist bei der Beurteilung entscheidend und nicht etwa das objektive Maß z. B. des mittleren quadratischen Fehlers.

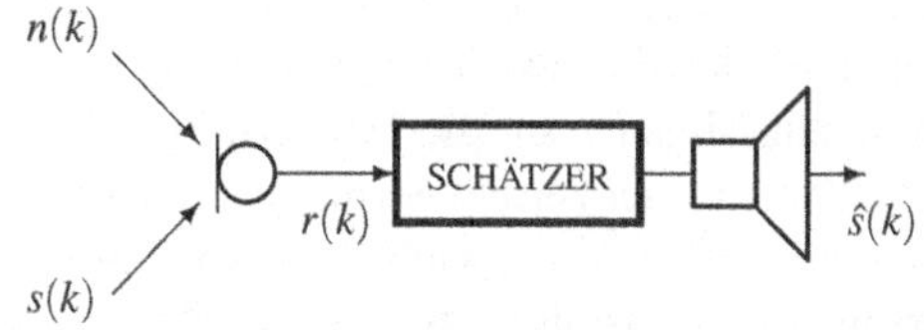

Abb. 8.16 Störbefreiung der Sprache $r(k)$ durch Signalschätzung

Man unterscheidet insgesamt zwei Methoden [Kro85] der Geräuschreduktion am Sendeort: Die sogenannten Einkanal-Methoden oder *Geräuschunterdrückungsverfahren* und die Zweikanal-Methoden oder *Geräuschkompensationsverfahren*. Hier sollen nur die Einkanal-Methoden betrachtet werden.

Bei den Einkanal-Methoden wird im wesentlichen die Theorie der Wiener-Filter verwendet, d.h der in Abb. 8.16 dargestellte Schätzer ist ein Wiener-Filter. Bei den Zweikanal-Methoden steht im Gegensatz zu den Einkanal-Methoden noch ein weiteres Mikrophon zur Verfügung, in das auf einem anderen akustischen Pfad das

Geräusch gelangt, ohne dass in dieses Mikrophon ein nennenswerter Anteil der Sprache dringt. Diese Situation lässt sich z. B. bei Helmen von Piloten antreffen, bei denen ein Mikrophon innerhalb des Helms, ein anderes außerhalb des Helms montiert ist.

Zum Entwurf des Geräuschunterdrückungssystems braucht man ein Optimalitätskriterium, das den subjektiven Eindruck eines Hörers berücksichtigt. Es gibt dazu eine Reihe von Vorschlägen [Fel84], die sich für den Entwurf des Schätzers aber weniger eignen, weshalb man den minimalen mittleren quadratischen Schätzfehler verwendet. Die Auswirkung dieses Kriteriums z. B. auf die Sprachverständlichkeit ist nicht eindeutig, d. h. eine Reduktion des Schätzfehlers muss beim Hörer nicht unbedingt die Verständlichkeit erhöhen und das Empfinden einer Verbesserung der Sprachqualität hervorrufen.

Für das optimale Wiener-Filter gilt, sofern man die Kausalitätsforderung zunächst nicht beachtet, d. h. ein Infinite-Lag-Filter verwendet, mit (8.28) und $H_0(z) = 1$ bei einem nicht mit dem Sprachsignalprozess $S(k)$ korrelierten Störprozess $N(k)$:

$$H(\Omega) = \frac{S_{SS}(\Omega)}{S_{RR}(\Omega)} = \frac{S_{SS}(\Omega)}{S_{SS}(\Omega) + S_{NN}(\Omega)}, \tag{8.152}$$

wobei $S_{SS}(\Omega)$ das Spektrum des Sprachsignalprozesses $Q(k) = S(k)$ und $S_{NN}(\Omega)$ das Spektrum des Störsignalprozesses $N(k)$ ist.

Problematisch bei diesem Ansatz ist, dass Sprache und Störungen instationäre Prozesse sind, deren Leistungsdichten, die zur Berechnung des Frequenzgangs nach (8.152) erforderlich sind, sich streng genommen nicht bestimmen lassen. Ferner steht nur die Summe $r(k)$ aus Sprache und Störung am Filtereingang zur Verfügung, obwohl zum Entwurf des Systems – siehe Zähler des Frequenzgangs – die Leistungsdichte des ungestörten Sprachsignalprozesses $S(k)$ erforderlich wäre. Daraus folgt, dass zum Entwurf des Schätzsystems die charakteristischen Größen des unbekannten Sprachsignalprozesses selbst geschätzt werden müssen. Die Lösung des Problems besteht darin, dass die Leistungsdichte des gestörten Eingangssignalprozesses $R(k)$ durch das Kurzzeitspektrum approximiert wird.

Dazu wird das Eingangssignal $r(k)$, die Musterfunktion des Prozesses $R(k)$, in Blöcke von ca. 10 bis 30 ms Dauer zerlegt, so dass man den zugehörigen Signalprozess noch als stationär betrachten kann, wie aus der Literatur [Fel84] zu entnehmen ist. Anschließend erfolgt die Abtastung z. B. mit $f_A = 8$ kHz und die Umsetzung mit einem A/D-Wandler in digitale Daten. Der so gewonnene Datenblock wird mit einer Fensterfunktion – z. B. einem Bartlett- oder Hamming-Fenster [Opp75] – gewichtet, um die bei der digitalen Signalverarbeitung mit *schneller Fourier-Transformation* (FFT) auftretenden Störeffekte abzumildern. Schließlich wird die FFT auf diesen Datenblock angewendet, wobei sich bei der genannten Abtastfrequenz eine Länge der FFT von z. B. 128 Werten ergibt. Die Datenblöcke überlappen sich zum Teil, um einen besseren Übergang zwischen den einzelnen Blöcken zu gewährleisten. Als Ergebnis dieser Operationen erhält man für die Approximation der Leistungsdichte von $R(k)$

$$\hat{S}_{RR}(\Omega) = |R(\Omega) * W(\Omega)|^2 = |R_w(\Omega)|^2, \tag{8.153}$$

wobei $W(\Omega)$ das Spektrum der Fensterfunktion $w(k)$ bezeichnet. Für die Leistungsdichte des ungestörten Sprachsignals setzt man die Differenz

$$\hat{S}_{SS}(\Omega) = \hat{S}_{RR}(\Omega) - \hat{S}_{NN}(\Omega) = |R_w(\Omega)|^2 - \hat{\mathrm{E}}\{|N_w(\Omega)|^2\}, \tag{8.154}$$

was zu der Bezeichnung *Spektralsubtraktionsverfahren* führte. Dabei wird die Leistungsdichte $S_{NN}(\Omega)$ des Störprozesses $N(k)$ durch den Schätzwert $\hat{\mathrm{E}}\{|N_w(\Omega)|^2\}$ ersetzt. Da der Störprozess zeitveränderlich ist, muss er adaptiv an die sich ändernde Geräuschumgebung angepasst werden, wozu die Rekursionsbeziehung

$$\hat{S}_{NN}(\Omega) = \hat{\mathrm{E}}\{|N_w(\Omega,k)|^2\} = p \cdot |N_w(\Omega,k)|^2 + (1-p) \cdot \hat{\mathrm{E}}\{|N_w(\Omega,k-1)|^2\} \tag{8.155}$$

verwendet wird. Die Zeitabhängigkeit des Schätzwerts wird durch den Zeitparameter k zum Ausdruck gebracht. Die Geschwindigkeit der Adaption wird durch den Parameter p gesteuert, wobei p umso kleiner gewählt werden kann, je stationärer der Prozess ist.

Mit der Geräuschkenngröße

$$\mathrm{NR}(\Omega)^\alpha = \left(\frac{\hat{\mathrm{E}}\{|N_w(\Omega,k)|^2\}}{|R_w(\Omega)|^2} \right)^\alpha \tag{8.156}$$

erhält man mit (8.152), (8.153) und (8.154) den Frequenzgang des Schätzsystems

$$H(\Omega) = (1 - a \cdot \mathrm{NR}(\Omega)^\alpha)^\beta\,, \tag{8.157}$$

bei dem die Parameter α, β und a zur Verbesserung des subjektiven Eindrucks benutzt werden können [Var83]. Wenn der Momentanwert der geschätzten Leistungsdichte $\hat{\mathrm{E}}\{|N_w(\Omega)|^2\}$ für irgendeinen Wert von Ω größer als der Schätzwert $|R_w(\Omega)|^2$ für die Leistungsdichte des gestörten Sprachsignals ist, würde der Schätzwert für die Leistungsdichte des Sprachsignals nach (8.154) negativ, was der Definition der Leistungsdichte widerspricht. In diesem Fall setzt man für den entsprechenden Wert des Frequenzgangs den Wert Null oder einen Wert b ein, den man als *Spectral Floor* bezeichnet und der den subjektiven Höreindruck zu verbessern hilft. Durch Wahl von a, als *Überschätzfaktor* bezeichnet, lässt sich der Einfluss des Schätzwerts für das Störspektrum $\hat{\mathrm{E}}\{|N_w(\Omega,k)|^2\}$ auf die Übertragungsfunktion steuern: Wenn die Schätzung sehr gut ist, kann man für a einen kleinen, sonst muss man einen größeren Wert wählen. Typisch sind Werte zwischen $a = 1$ und $a = 4$.

Für das Schätzsystem wählt man eine lineare Phase, da die Analyse der das System bestimmenden Zufallsprozesse keine Aussage über die zu wählende Phase liefert. Deshalb besitzt das geschätzte Sprachsignal $\hat{s}(k)$ dieselbe Phase wie das gestörte Sprachsignal $r(k)$ am Eingang des Systems, so dass sich in der Regel eine Abweichung zwischen der Phase des ungestörten und des geschätzten Sprachsignals ergibt.

Damit erhält man die folgenden Frequenzgänge:
Wiener-Filter: $\alpha = 1$, $\beta = 1$

$$H(\Omega) = \begin{cases} 1 - a \cdot \mathrm{NR}(\Omega), & 1 - a \cdot \mathrm{NR}(\Omega) > b \\ b, & 1 - a \cdot \mathrm{NR}(\Omega) < b \end{cases} \tag{8.158}$$

Teilbandleistung: $\alpha = 1$, $\beta = 1/2$

$$H(\Omega) = \begin{cases} \sqrt{1 - a \cdot \mathrm{NR}(\Omega)}, & \sqrt{1 - a \cdot \mathrm{NR}(\Omega)} > b \\ b, & \sqrt{1 - a \cdot \mathrm{NR}(\Omega)} < b \end{cases} \tag{8.159}$$

Teilbandbetrag: $\alpha = 1/2$, $\beta = 1$

$$H(\Omega) = \begin{cases} 1 - a \cdot \sqrt{\mathrm{NR}(\Omega)}, & 1 - a \cdot \sqrt{\mathrm{NR}(\Omega)} > b \\ b, & 1 - a \cdot \sqrt{\mathrm{NR}(\Omega)} < b. \end{cases} \tag{8.160}$$

In Abb. 8.17 sind die Charakteristiken der verschiedenen Schätzsysteme für die Parameter $a = 1$ und $b = 0{,}1$ als Funktion der Geräuschkenngröße $\mathrm{NR}(\Omega)$ nach (8.156) dargestellt. Von den beschriebenen Spektralsubtraktionssystemen liefert in der Pra-

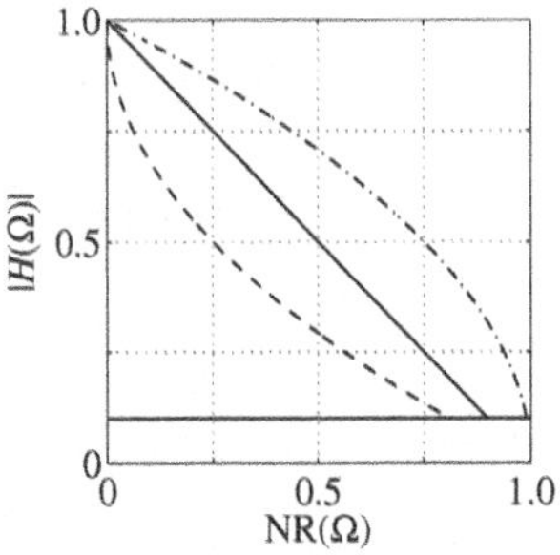

Abb. 8.17 Charakteristiken von Spektralsubtraktionsverfahren. Teilbandleistungen (- ·), Wiener-Filter (—), Teilbandbeträge (- -). *Überschätzfaktor* $a = 1$ und *Spectral Floor* $b = 0{,}1$

xis das Verfahren des Teilbandbetrags die subjektiv am günstigsten beurteilten Resultate.

Die Struktur des Geräuschreduktionssystems zeigt Abb. 8.18, bei dem die erforderlichen Leistungsdichten mit Hilfe der FFT berechnet werden und die Schätzung des Störspektrums nach (8.155) in den Sprachpausen erfolgt, weswegen ein *Sprachpausendetektor* erforderlich ist.

Das hier beschriebene Verfahren der Spektralsubtraktion kann als Standardverfahren der Geräuschreduktion bei Sprachübertragungssystemen mit Freisprechmöglichkeit, d. h. ohne Verwendung eines Handapparats, bezeichnet werden. Es lässt sich mit Hilfe eines Signalprozessors realisieren und wird in der Praxis eingesetzt. Varianten dieses Verfahrens verwenden statt eines Mikrofons ein Mikrofonarray, um die Sprachqualität sowie das Signal-zu-Rauschverhältnis zu erhöhen. Typische Werte für die Verbesserung des Signal-zu-Rauschverhältnisses bei Verwendung eines Mikrofons liegen in der Größenordnung von 5 dB bis 10 dB, wobei eine nur geringe Änderung der statistischen Parameter des breitbandigen Umgebungsgeräuschs vor-

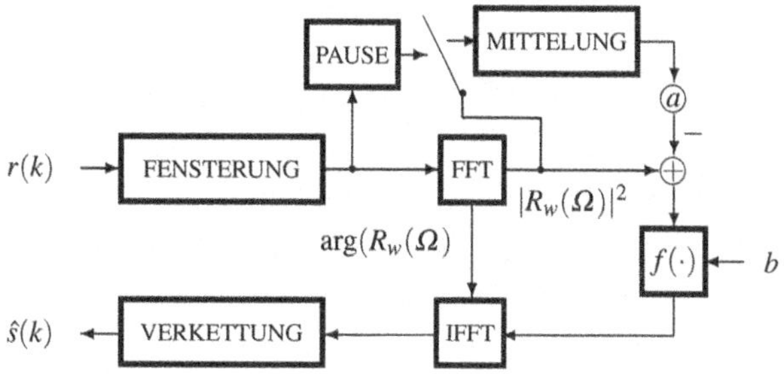

Abb. 8.18 Spektralsubtraktionssystem. Funktion $f(\cdot)$ nach (8.158) bis(8.160)

ausgesetzt wird, d. h. man geht von stationären Störungen aus. In diesem Fall ist für den Adaptionsparameter $p \leq 0{,}5$ zu wählen. Verbesserungen des Verfahrens sind Gegenstand aktueller Forschung, um z. B. die subjektiv beurteilte Sprachqualität zu erhöhen, indem man Phänomene der Hörphysiologie ausnutzt. Ein anderer Ansatz ist die permanente, also nicht nur in Sprachpausen durchgeführte Schätzung des Störspektrums, indem man das Mimimum des Spektrums von $|R_w(\Omega)|^2$ als Schätzwert $\hat{S}_{NN}(\Omega)$ für das Störleistungsspektrum verwendet.

Kapitel 9
Kalman-Filter

Im vorigen Kapitel wurden Wiener-Filter zur Signalschätzung unter folgenden Randbedingungen betrachtet:

- Die Prozesse sind zumindest schwach *stationär* und werden durch ihre Korrelationsfunktionen bzw. Leistungsdichten beschrieben.
- Das zeitdiskrete Messsignal $r(i)$ steht im *Beobachtungsintervall* $-\infty < i \leq k$ zur Verfügung.
- Das Schätzsignal $\hat{d}(k)$ – insbesondere für Filterung, Prädiktion und Interpolation – entsteht durch eine *lineare* Operation aus dem Messsignal $r(i)$, weil das gewünschte Signal $d(k)$ linear vom Quellensignal $q(k)$ abhängt.
- Als *Optimalitätskriterium* wird der mittlere quadratische Fehler $E\{(\hat{D}(k) - D(k))^2\}$ minimiert.

Bei den Kalman-Filtern sind die Prozesse *instationär*, so dass eine Beschreibung durch Korrelationsfunktionen bzw. Leistungsdichten nicht in Betracht kommt. Statt dessen wird das im zweiten Kapitel beschriebene *Zustandsvariablenmodell*

$$\mathbf{q}(k+1) = \mathbf{A}(k)\,\mathbf{q}(k) + \mathbf{B}(k)\,\mathbf{u}(k) \tag{9.1}$$

$$\mathbf{r}(k) = \mathbf{C}(k)\,\mathbf{q}(k) + \mathbf{n}(k) \tag{9.2}$$

nach (2.37) und (2.38) verwendet, wobei $\mathbf{U}(k)$ der weiße Steuer- und $\mathbf{N}(k)$ der weiße Störprozess ist. Aus der Linearität des Schätzsystems, das den Vektor $\hat{\mathbf{d}}(k)$ liefert, folgt

$$\hat{\mathbf{d}}(k) = \sum_{i=k_0}^{k} \mathbf{P}(i)\,\mathbf{r}(i), \tag{9.3}$$

weil im Gegensatz zum Wiener-Filter das Beobachtungsintervall mit $k_0 < i \leq k$ endlich ist, so dass auch Einschwingvorgänge berücksichtigt werden. Üblicherweise setzt man für die untere Grenze des Beobachtungsintervalls $k_0 = 0$.

Wegen der Vektorprozesse tritt an die Stelle des skalaren Fehlers wie bei der multiplen Parameterschätzung die *Fehlerkorrelationsmatrix*

$$\mathbf{R_{EE}}(k) = \mathrm{E}\{\mathbf{E}(k)\mathbf{E}^T(k)\} = \mathrm{E}\{(\hat{\mathbf{D}}(k) - \mathbf{D}(k)) \cdot (\hat{\mathbf{D}}(k) - \mathbf{D}(k))^T\} \stackrel{!}{=} \min, \quad (9.4)$$

deren Hauptdiagonalelemente zum Minimum zu machen sind. Dies entspricht der Minimierung der Summe der mittleren quadratischen Fehler, die im Fehlervektor $\mathbf{e}(k) = \hat{\mathbf{d}}(k) - \mathbf{d}(k)$ zusammengefasst sind.

Es gibt mehrere Wege, das Kalman-Filter herzuleiten. Man kann z. B. wie bei den Wiener-Filtern das *Orthogonalitätsprinzip* anwenden oder, was dieser Herleitung gleichkommt, die *Wiener-Hopf-Gleichung* für die hier getroffenen Annahmen erweitern [Bra67], [Bra68]. Ein ganz anderer Weg führt über das *Maximum-a-posteriori-Kriterium* zum optimalen Schätzwert [Sag71]. Dieser Ansatz benutzt die Erkenntnis aus der Parameterschätzung, dass der Schätzwert für den zu schätzenden Signalwert, der die größte A-posteriori-Wahrscheinlichkeit besitzt, bei sehr allgemeinen Annahmen über die Dichtefunktion des Signalwertes den mittleren quadratischen Schätzfehler zum Minimum macht.

In diesem Kapitel soll für die Herleitung der Kalman-Filter das von der linearen Parameterschätzung und den Wiener-Filtern her bekannte *Orthogonalitätsprinzip*

$$\mathrm{E}\{(\hat{\mathbf{D}}(k) - \mathbf{D}(k))\mathbf{R}^T(i)\} = \mathrm{E}\{\mathbf{E}(k)\mathbf{R}^T(i)\} = \mathbf{R_{ER}}(k|i) = \mathbf{0}, \quad k_0 \le i \le k \quad (9.5)$$

verwendet werden, wobei $\mathbf{E}(k)$ der sich auf den verfügbaren Empfangsprozess $\mathbf{R}(i)$ beziehende Schätzfehler ist, unabhängig von der Art der später näher zu beschreibenden Schätzaufgabe Filterung, Prädiktion oder Interpolation.

9.1 Aufgabenstellung und Annahmen

Signal- und Störprozess werden durch das Zustandsvariablenmodell nach (9.1) und (9.2) beschrieben. Dabei wird die Kenntnis der Matrizen $\mathbf{A}(k)$, $\mathbf{B}(k)$, und $\mathbf{C}(k)$ vorausgesetzt, d. h. der zu schätzende Prozess $\mathbf{Q}(k)$ muss durch ein Zustandsvariablenmodell angenähert werden können, wenn er nicht von vornherein in dieser Form vorliegt. Auch die Korrelationsmatrizen $\mathbf{R_{NN}}(k) = \mathbf{N}_w(k)$ und $\mathbf{R_{UU}}(k) = \mathbf{U}_w(k)$ seien bekannt, und es werde angenommen, dass Steuer- und Störprozess *unkorrelierte, mittelwertfreie weiße Prozesse* sind. Diese Prozesse seien weiterhin unkorreliert mit dem Anfangszustand $\mathbf{Q}(0)$ des Zustandsvektors $\mathbf{Q}(k)$, der hier den Signalprozess darstellt.

Aus dem Quellensignalprozess $\mathbf{Q}(k)$ wird durch eine *lineare* Transformation der gewünschte Prozess $\mathbf{D}(k)$ gewonnen. Hier gelte speziell wie bei den Wiener-Filtern für die zugehörigen Musterfunktionen

$$\mathbf{d}(k) = \mathbf{q}(k + \kappa), \quad \kappa \in \mathbb{Z}, \quad (9.6)$$

wobei $\kappa = 0$ die *Filterung*, $\kappa > 0$ die *Prädiktion* und $\kappa < 0$ die *Interpolation* beschreibt.

In den Zustandsgleichungen nach (9.1) und (9.2) findet man auf der linken Seite den Ausdruck $\mathbf{q}(k+1)$ als Funktion des aktuellen Werts $\mathbf{q}(k)$ und des aktuellen

Steuervektors $\mathbf{u}(k)$. Wegen der besonderen Stellung von $\mathbf{q}(k+1)$ soll zunächst ein Schätzwert für diesen Ausdruck bestimmt werden. Nach (9.6) entspricht das einer *Prädiktion um einen Schritt*. Aus dem dabei gewonnenen Schätzwert $\hat{\mathbf{q}}(k+1)$ lassen sich alle anderen Schätzwerte bestimmen, wie sich später zeigen wird. Die allgemeine Prädiktion, d. h. die Schätzung von $\mathbf{q}(k+\kappa)$ mit $\kappa > 0$, basiert auf der Schätzung $\hat{\mathbf{q}}(k+1)$ ebenso wie die Filterung – Schätzung von $\mathbf{q}(k)$ – oder Interpolation – Schätzung von $\mathbf{q}(k-\kappa)$ mit $\kappa > 0$.

Der jeweilige Schätzwert soll optimal sein, d. h. die Hauptdiagonalelemente der Matrix $\mathbf{R_{EE}}(k)$ nach (9.4) sollen minimal sein. In Abb. 9.1 ist durch die unterbrochen gezeichneten Signalflusslinien angedeutet, wie man den Schätzfehler $\mathbf{e}(k) = \hat{\mathbf{d}}(k) - \mathbf{d}(k)$ bestimmen kann. Die darin enthaltene Quelle und der Sender

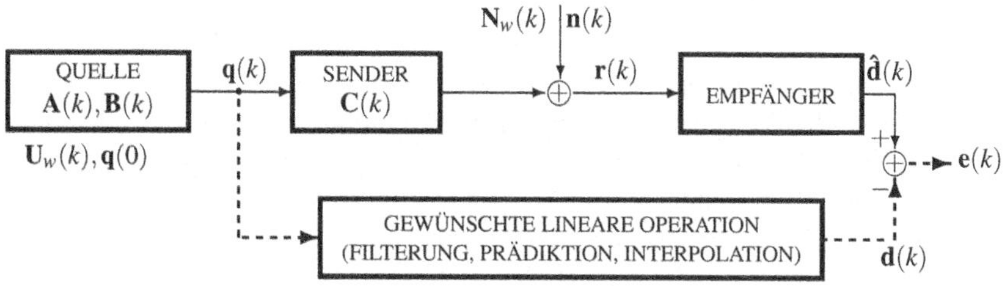

Abb. 9.1 Zeitdiskrete Signalschätzung instationärer Prozesse

entsprechen den Komponenten des Prozessmodells mit den Matrizen $\mathbf{A}(k), \mathbf{B}(k)$ und $\mathbf{C}(k)$.

Der Schätzwert $\hat{\mathbf{d}}(k)$ ist nach (9.3) durch eine lineare Operation aus dem gestörten Empfangsvektor $\mathbf{r}(k)$ zu bestimmen. Der dazu erforderliche Empfänger, ein i.Allg. zeitvariables System, lässt sich durch Zustandsgleichungen beschreiben, wozu die drei Matrizen nach (2.37) und (2.38) zu bestimmen sind.

9.2 Prädiktion

Grundlage der Schätzung zukünftiger Signalwerte, der Prädiktion also, ist die Korrelation der aufeinander folgenden Signalwerte. Daraus folgt, dass weiße Prozesse nicht prädiziert werden können. Andererseits ist die Vorhersage von determinierten Signalen trivial, weil fehlerfrei möglich. Da technische Prozesse in der Regel Tiefpasscharakter besitzen und weder determiniert noch weiß sind, so dass aufeinanderfolgende Abtastwerte mehr oder weniger stark miteiander korreliert sind, stellt die Prädiktion eine sinnvolle Aufgabenstellung dar.

Nach (9.6) bzw. (9.3) gilt für den Schätzwert bei Prädiktion

$$\hat{\mathbf{d}}(k) = \hat{\mathbf{q}}(k+\kappa|k) = \sum_{i=0}^{k} \mathbf{P}(i)\,\mathbf{r}(i), \quad \kappa > 0, \tag{9.7}$$

womit zum Ausdruck gebracht wird, dass ein Schätzwert für den Signalvektor $\mathbf{q}(i)$ zum Zeitpunkt $i = k+\kappa$, $\kappa > 0$ unter Verwendung der Messwerte $\mathbf{r}(i)$ im Beobachtungsintervall bis zur oberen Grenze $i = k$ bestimmt werden soll; der Zeitpunkt $i = k+\kappa$, für den $\mathbf{q}(i)$ zu bestimmen ist, steht *vor* dem Bedingungsstrich, die obere Grenze $i = k$ des Beobachtungsintervalls steht *hinter* dem Bedingungsstrich.

Um den optimalen Schätzwert herzuleiten, verwendet man das Orthogonalitätsprinzip nach (9.5)

$$\begin{aligned} \mathrm{E}\{(\hat{\mathbf{D}}(k) - \mathbf{D}(k))\,\mathbf{R}^T(i)\} &= \mathrm{E}\{(\hat{\mathbf{Q}}(k+\kappa|k) - \mathbf{Q}(k+\kappa))\,\mathbf{R}^T(i)\} \\ &= \mathrm{E}\{(\sum_{j=0}^{k} \mathbf{P}(j)\,\mathbf{R}(j) - \mathbf{Q}(k+\kappa))\,\mathbf{R}^T(i)\} \stackrel{!}{=} \mathbf{0}, \quad 0 \leq i \leq k \end{aligned} \tag{9.8}$$

und bestimmt daraus die optimalen Matrizen $\mathbf{P}(j), 0 \leq j \leq k$.

Man unterscheidet verschiedene Formen der Prädiktion, wie später noch dargestellt wird. Zuerst wird, wie bereits erwähnt, der optimale Empfänger zur Prädiktion um einen Schritt hergeleitet.

9.2.1 Prädiktion um einen Schritt

Für die Prädiktion um einen Schritt folgt aus (9.7) mit $\kappa = 1$ für den gesuchten Schätzwert

$$\hat{\mathbf{d}}(k) = \hat{\mathbf{q}}(k+1|k) = \sum_{i=0}^{k} \mathbf{P}(i)\,\mathbf{r}(i) \tag{9.9}$$

und für das Orthogonalitätsprinzip mit (9.8)

$$\begin{aligned} &\mathrm{E}\{(\hat{\mathbf{Q}}(k+1|k) - \mathbf{Q}(k+1))\,\mathbf{R}^T(i)\} \\ &= \mathrm{E}\{(\sum_{j=0}^{k} \mathbf{P}(j)\,\mathbf{R}(j) - \mathbf{Q}(k+1))\,\mathbf{R}^T(i)\} \stackrel{!}{=} \mathbf{0}, \quad 0 \leq i \leq k. \end{aligned} \tag{9.10}$$

Man könnte daraus die Matrizen $\mathbf{P}(j), 0 \leq j \leq k$ bestimmen. Dabei ist aber zu beachten, dass der Schätzwert $\hat{\mathbf{q}}(k+1|k)$ nicht nur für den festen Wert k gesucht wird, vielmehr ist k variabel. Für jeden Wert k müsste man also mehr oder weniger viele Matrizen $\mathbf{P}(j), 0 \leq j \leq k$ bestimmen. Mit wachsendem k stiege deren Zahl sogar an! Deshalb macht man sich zur Vereinfachung der nacheinander zu bestimmenden Schätzwerte den Formalismus der *sequentiellen Parameterschätzung* zunutze: Aus dem bisher berechneten Schätzwert $\hat{\mathbf{q}}(k|k-1)$ und einem von dem neu eingetroffenen Empfangsvektor $\mathbf{r}(k)$ abhängigen Korrekturglied wird der neue Schätzwert $\hat{\mathbf{q}}(k+1|k)$ bestimmt. Für (9.9) bedeutet dies

$$\begin{aligned}\hat{\mathbf{q}}(k+1|k) &= \sum_{i=0}^{k} \mathbf{P}(i)\,\mathbf{r}(i) = \sum_{i=0}^{k-1} \mathbf{P}(i)\,\mathbf{r}(i) + \mathbf{P}(k)\,\mathbf{r}(k) \\ &= \mathbf{K}(k)\,\hat{\mathbf{q}}(k|k-1) + \mathbf{P}(k)\,\mathbf{r}(k)\,, \end{aligned} \tag{9.11}$$

weil für den Schätzwert $\hat{\mathbf{q}}(k|k-1)$

$$\hat{\mathbf{q}}(k|k-1) = \sum_{i=0}^{k-1} \mathbf{P}'(i)\,\mathbf{r}(i) \tag{9.12}$$

gilt. Die Matrizen $\mathbf{P}'(i)$ in (9.12) und $\mathbf{P}(i)$ in (9.11) müssen für $0 \le i \le k-1$ nicht identisch sein, da zu jedem Zeitpunkt die Hauptdiagonalelemente der Fehlerkorrelationsmatrix minimiert werden. Weil einmal $k-1$, zum anderen aber k Matrizen dieses Minimum bestimmen, müssen die ersten $k-1$ Matrizen in beiden Fällen nicht miteinander übereinstimmen. Andererseits lässt sich die Linearkombination in (9.12) durch die Multiplikation mit der Matrix $\mathbf{K}(k)$ in die Linearkombination des ersten Summanden von (9.11) überführen. Während nach (9.12) $\hat{\mathbf{q}}(k|k-1)$ den optimalen Schätzwert bei Kenntnis des Empfangsvektors $\mathbf{r}(i)$ für $0 \le i \le k-1$ darstellt, kann man den ersten Summanden in (9.11)

$$\sum_{i=0}^{k-1} \mathbf{P}(i)\mathbf{r}(i) = \mathbf{K}(k)\hat{\mathbf{q}}(k|k-1) = \hat{\mathbf{q}}(k+1|k-1) \tag{9.13}$$

als optimalen Schätzwert für $\mathbf{q}(k+1)$ interpretieren, wenn man nur über den gestörten Empfangsvektor $\mathbf{r}(i)$ für $0 \le i \le k-1$ verfügen kann. In der Matrix $\mathbf{K}(k)$ müssen also die dynamischen Eigenschaften des Signalprozesses beim Übergang vom Zustand zur Zeit kT zum Zustand zur Zeit $(k+1)T$ stecken. Dies zeigt auch das später folgende Ergebnis für $\mathbf{K}(k)$. Man kann den zweiten Term in (9.11) auch so interpretieren, dass in ihm die durch $\mathbf{r}(k)$ neu hinzukommende Information über $\mathbf{q}(k+1)$ steckt, die durch $\mathbf{r}(i)$, $i = 0, \ldots, k-1$ nicht gewonnen werden kann. Man bezeichnet diesen Term auch als *Innovation* [Bar91]. Der Vorteil des Ansatzes in (9.13) besteht darin, dass zu jedem Zeitpunkt k nur zwei statt $k+1$ Matrizen bestimmt werden müssen.

Abb. 9.2 zeigt die aus (9.11) abgeleitete Struktur des Empfängers, die große Ähnlichkeit mit der Empfängerstruktur für sequentielle Parameterschätzung nach Abb. 7.2 aufweist und im Kapitel über lineare Parameterschätzsysteme mit den Kalman-Formeln nach (7.89) beschrieben wurde. Dem bei der Parameterschätzung erforderlichen Speicher entspricht hier das Verzögerungsglied um den Takt T, gekennzeichnet durch z^{-1}. Auf weitere Ähnlichkeiten wird später eingegangen.

Mit dem Ansatz (9.11) vereinfacht sich die in (9.10) gegebene Form des Orthogonalitätsprinzips zu

$$\begin{aligned}&\mathrm{E}\{(\hat{\mathbf{Q}}(k+1|k) - \mathbf{Q}(k+1))\,\mathbf{R}^T(i)\} \\ &= \mathrm{E}\{(\mathbf{K}(k)\,\hat{\mathbf{Q}}(k|k-1) + \mathbf{P}(k)\,\mathbf{R}(k) - \mathbf{Q}(k+1))\,\mathbf{R}^T(i)\} \stackrel{!}{=} \mathbf{0}, \quad 0 \le i \le k. \end{aligned} \tag{9.14}$$

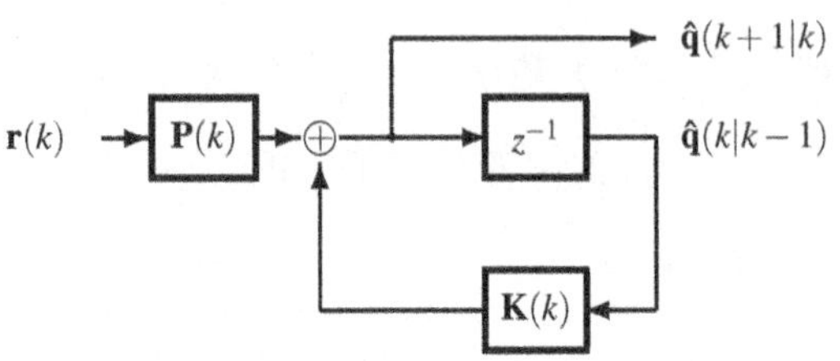

Abb. 9.2 Struktur des Empfängers zur Prädiktion um einen Schritt

Bei den nun folgenden Berechnungen wird auf den Parameter k als Argument der Matrizen $\mathbf{A}$, $\mathbf{B}$, $\mathbf{C}$, $\mathbf{N}_w$, $\mathbf{U}_w$, $\mathbf{P}$ und $\mathbf{K}$ des Prozessmodells und des Empfängers im Sinne besserer Überschaubarkeit der Formeln verzichtet; gegebenenfalls ist die Zeitabhängigkeit dieser Matrizen zu berücksichtigen. Erforderliche Nebenrechnungen bei der Herleitung findet man in Tab. 9.1; der Übersichtlichkeit halber werden auch bei künftigen Herleitungen die Nebenrechnungen in Tabellen zusammengefasst.

Setzt man in (9.14) für $\mathbf{q}(k+1)$ die Zustandsgleichung nach (9.1) ein, so folgt:

$$\begin{aligned} &\mathrm{E}\{(\mathbf{K}\hat{\mathbf{Q}}(k|k-1)+\mathbf{P}\mathbf{R}(k)-\mathbf{A}\mathbf{Q}(k)-\mathbf{B}\mathbf{U}(k))\cdot\mathbf{R}^T(i)\} \\ &\quad=\mathrm{E}\{(\mathbf{K}\hat{\mathbf{Q}}(k|k-1)+\mathbf{P}\mathbf{R}(k)-\mathbf{A}\mathbf{Q}(k))\mathbf{R}^T(i)\}=\mathbf{0}, \quad 0\le i\le k, \end{aligned} \tag{9.15}$$

da nach Tab. 9.2.1 der Erwartungswert $\mathrm{E}\{\mathbf{U}(k)\mathbf{R}^T(i)\}$ für $i\le 0\le k$ verschwindet. Setzt man für $\mathbf{r}(k)$ die Zustandsgleichung (9.2) ein, erhält man

$$\mathrm{E}\{(\mathbf{K}\hat{\mathbf{Q}}(k|k-1)+\mathbf{P}\mathbf{C}\mathbf{Q}(k)+\mathbf{P}\mathbf{N}(k)-\mathbf{A}\mathbf{Q}(k))\cdot\mathbf{R}^T(i)\}=\mathbf{0}, \quad 0\le i\le k. \tag{9.16}$$

Für $i\neq k$ verschwindet der Erwartungswert $\mathrm{E}\{\mathbf{N}(k)\mathbf{R}^T(i)\}$ nach Tab. 9.1. Damit gilt für (9.16):

$$\mathrm{E}\{(\mathbf{K}\hat{\mathbf{Q}}(k|k-1)+\mathbf{P}\mathbf{C}\mathbf{Q}(k)-\mathbf{A}\mathbf{Q}(k))\cdot\mathbf{R}^T(i)\}=\mathbf{0}, \quad 0\le i\le k-1. \tag{9.17}$$

Aus dem Orthogonalitätsprinzip nach (9.14) folgt aber für $0\le i\le k-1$

$$\mathrm{E}\{(\hat{\mathbf{Q}}(k|k-1)-\mathbf{Q}(k))\cdot\mathbf{R}^T(i)\}=\mathbf{0}, \quad 0\le i\le k-1$$

bzw.

$$\mathrm{E}\{(\hat{\mathbf{Q}}(k|k-1)\mathbf{R}^T(i)\}=\mathrm{E}\{\mathbf{Q}(k)\mathbf{R}^T(i)\}, \quad 0\le i\le k-1. \tag{9.18}$$

Setzt man dies in (9.17) ein, so folgt:

$$\begin{aligned} &\mathrm{E}\{(\mathbf{K}\mathbf{Q}(k)+\mathbf{P}\mathbf{C}\mathbf{Q}(k)-\mathbf{A}\mathbf{Q}(k))\cdot\mathbf{R}^T(i)\} \\ &\quad=(\mathbf{K}+\mathbf{P}\mathbf{C}-\mathbf{A})\,\mathrm{E}\{\mathbf{Q}(k)\mathbf{R}^T(i)\}=\mathbf{0}, \quad 0\le i\le k-1. \end{aligned} \tag{9.19}$$

Damit diese Beziehung stets erfüllt wird, muss

Voraussetzungen	
$\mathrm{E}\{\mathbf{U}(k)\mathbf{N}^T(l)\} = \mathbf{0}$	(1)
$\mathrm{E}\{\mathbf{U}(k)\mathbf{Q}^T(0)\} = \mathrm{E}\{\mathbf{N}(k)\mathbf{Q}^T(0)\} = \mathbf{0}$	(2)
$\mathrm{E}\{\mathbf{U}(k)\mathbf{U}^T(i)\} = \mathbf{U}_w(k)\delta_{ki}$	(3)
$\mathrm{E}\{\mathbf{N}(k)\mathbf{N}^T(i)\} = \mathbf{N}_w(k)\delta_{ki}$	(4)
$\mathbf{r}(k) = \mathbf{C}\mathbf{q}(k) + \mathbf{n}(k)$	(5)
$\mathbf{q}(i) = \prod_{j=i-1}^{0} \mathbf{A}(j)\mathbf{q}(0) + \sum_{j=0}^{i-1} \left[\prod_{l=i-1}^{j+1} \mathbf{A}(l) \right] \mathbf{B}\mathbf{u}(j)$	(6)
$\hat{\mathbf{q}}(k\|k-1) = \sum_{i=0}^{k-1} \mathbf{P}'(i)\mathbf{r}(i)$	(7)

Folgerungen

$$\mathrm{E}\{\mathbf{N}(k)\mathbf{R}^T(i)\} = |_{(5)\to} \qquad (8)$$

$$\mathrm{E}\{\mathbf{N}(k)(\mathbf{Q}^T(i)\mathbf{C}^T + \mathbf{N}^T(i))\} =$$

$$\mathrm{E}\{\mathbf{N}(k)\mathbf{Q}^T(i)\}\mathbf{C}^T + \mathrm{E}\{\mathbf{N}(k)\mathbf{N}^T(i)\}|_{(4)} = |_{(6)\to}$$

$$\mathrm{E}\{\mathbf{N}(k)\mathbf{Q}^T(0)\}|_{(2)} \left[\prod_{j=0}^{i-1} \mathbf{A}^T(j) \right] \mathbf{C}^T +$$

$$+ \sum_{j=0}^{i-1} \mathrm{E}\{\mathbf{N}(k)\mathbf{U}^T(j)\}|_{(1)}\mathbf{B}^T(j) \left[\prod_{l=j+1}^{i-1} \mathbf{A}^T(l) \right] \mathbf{C}^T +$$

$$+\mathbf{N}_w(k)\delta_{ki} = \mathbf{N}_w(k)\delta_{ki}$$

Tab. 9.1 Eigenschaften von Zufallsprozessen.Die tiefgestellten Zahlen in Klammern beziehen sich auf die im oberen Tabellenteil genannten Voraussetzungen

$$\mathbf{K} = \mathbf{A} - \mathbf{P}\mathbf{C} \tag{9.20}$$

gelten. Mit (9.20) ist eine Bestimmungsgleichung zur Berechnung der Matrizen **P** und **K** gefunden.

Um die zweite notwendige Gleichung zu gewinnen, betrachtet man (9.16) für $i = k$ und setzt **K** nach (9.20) ein:

$$\begin{aligned} &\mathrm{E}\{\big(\mathbf{K}\hat{\mathbf{Q}}(k|k-1) + (\mathbf{P}\mathbf{C} - \mathbf{A})\mathbf{Q}(k) + \mathbf{P}\mathbf{N}(k)\big) \cdot \mathbf{R}^T(k)\} \\ &= \mathrm{E}\{\big((\mathbf{A} - \mathbf{P}\mathbf{C})[\hat{\mathbf{Q}}(k|k-1) - \mathbf{Q}(k)] + \mathbf{P}\mathbf{N}(k)\big) \cdot \mathbf{R}^T(k)\} = \mathbf{0}. \end{aligned} \tag{9.21}$$

Aus den Gleichungen (9.19) folgt für $0 \leq i \leq k-1$ weiter

$$\begin{aligned} &\mathrm{E}\{\big(\mathbf{K}\,\hat{\mathbf{Q}}(k|k-1) + (\mathbf{P}\mathbf{C} - \mathbf{A})\,\mathbf{Q}(k) + \mathbf{P}\mathbf{N}(k)\big) \cdot \hat{\mathbf{Q}}^T(k|k-1)\,\mathbf{C}^T\} = \\ &\quad \mathrm{E}\{\big(\mathbf{A} - \mathbf{P}\mathbf{C})[\hat{\mathbf{Q}}(k|k-1) - \mathbf{Q}(k)] + \mathbf{P}\mathbf{N}(k)\big) \cdot \hat{\mathbf{Q}}^T(k|k-1)\mathbf{C}^T\} = \mathbf{0}, \end{aligned} \tag{9.22}$$

weil $\hat{\mathbf{q}}(k|k-1)$ nach (9.12) durch eine Linearkombination der Vektoren $\mathbf{r}(i)$ für $0 \le i \le k-1$ ersetzbar ist, so dass sich eine Summe ergibt, deren Summanden mit (9.16) verschwinden.

Setzt man für $\mathbf{r}(k)$ die entsprechende, aus Tab. 9.1 zu entnehmende Zustandsgleichung des Prozessmodells in (9.21) ein und subtrahiert dann den so gewonnenen Ausdruck von (9.22), so erhält man mit $\mathbf{e}(k) = \hat{\mathbf{q}}(k|k-1) - \mathbf{q}(k)$:

$$\begin{aligned} &\mathrm{E}\{((\mathbf{A}-\mathbf{PC})\mathbf{E}(k)+\mathbf{PN}(k))\cdot(\hat{\mathbf{Q}}^T(k|k-1)\mathbf{C}^T-\mathbf{Q}^T(k)\mathbf{C}^T-\mathbf{N}^T(k))\} \\ &=\mathrm{E}\{((\mathbf{A}-\mathbf{PC})\mathbf{E}(k)+\mathbf{PN}(k))\cdot(\mathbf{E}^T(k)\mathbf{C}^T-\mathbf{N}^T(k))\}=\mathbf{0}. \end{aligned} \quad (9.23)$$

Nach Tab. 9.2.1 verschwinden die Erwartungswerte $\mathrm{E}\{\hat{\mathbf{Q}}(k|k-1)\mathbf{N}^T(k)\}$ und $\mathrm{E}\{\mathbf{Q}(k)\mathbf{N}^T(k)\}$ und wegen $\mathbf{e}(k) = \hat{\mathbf{q}}(k|k-1) - \mathbf{q}(k)$ folglich auch der Erwartungswert $\mathrm{E}\{\mathbf{E}(k)\mathbf{N}^T(k)\} = \mathrm{E}\{(\mathbf{N}(k)\mathbf{E}^T(k))^T\}$. Aus der Beziehung in (9.23) folgt mit

Folgerungen

$$\mathrm{E}\{\mathbf{U}(k)\mathbf{R}^T(i)\} = |_{(5)\to} \quad (9)$$

$$\mathrm{E}\{\mathbf{U}(k)(\mathbf{Q}^T(i)\mathbf{C}^T+\mathbf{N}^T(i))\} = |_{(1)\to}\mathrm{E}\{\mathbf{U}(k)\mathbf{Q}^T(i)\}\mathbf{C}^T = |_{(6)\to}$$

$$\mathrm{E}\{\mathbf{U}(k)\mathbf{Q}^T(0)\}|_{(2)}\cdot\left[\prod_{j=0}^{i-1}\mathbf{A}^T(j)\right]\mathbf{C}^T+\sum_{j=0}^{i-1}\mathrm{E}\{\mathbf{U}(k)\mathbf{U}^T(j)\}|_{(3)}$$

$$\mathbf{B}^T(j)\left[\prod_{l=j+1}^{i-1}\mathbf{A}^T(l)\right]\mathbf{C}^T=\mathbf{0},\quad 0\le i\le k$$

$$\mathrm{E}\{\hat{\mathbf{Q}}(k|k-1)\mathbf{N}^T(k)\} = |_{(7)\to} \quad (10)$$

$$\mathrm{E}\{\sum_{i=0}^{k-1}\mathbf{P}'(i)\mathbf{R}(i)\mathbf{N}^T(k)\} = \sum_{i=0}^{k-1}\mathbf{P}'(i)\mathrm{E}\{(\mathbf{N}(k)\mathbf{R}^T(i))^T\}|_{(8)} = \mathbf{0}$$

$$\mathrm{E}\{\mathbf{Q}(k)\mathbf{N}^T(k)\} = \mathrm{E}\{(\mathbf{N}(k)\mathbf{Q}^T(i))^T\}|_{(8)} = \mathbf{0} \quad (11)$$

$$\mathrm{E}\{\hat{\mathbf{Q}}(k|k-1)\mathbf{U}^T(k)\} = |_{(7)} \quad (12)$$

$$\mathrm{E}\{\sum_{i=0}^{k-1}\mathbf{P}'(i)\mathbf{R}(i)\mathbf{U}^T(k)\} = \sum_{i=0}^{k-1}\mathbf{P}'(i)\,\mathrm{E}\{(\mathbf{U}(k)\mathbf{R}^T(i))^T\}|_{(9)} = \mathbf{0}$$

$$\mathrm{E}\{\mathbf{Q}(k)\mathbf{U}^T(k)\} = \mathrm{E}\{(\mathbf{U}(k)\mathbf{Q}^T(k))^T\}|_{(9)} = \mathbf{0} \quad (13)$$

Tab. 9.2 Eigenschaften von Zufallsprozessen. Die tiefstehenden Ziffern beziehen sich auf die entsprechenden Gleichungen in Tab. 9.1

dem Verschwinden dieser Erwartungswerte

$$\begin{aligned} &(\mathbf{A}-\mathbf{PC})\,\mathrm{E}\{\mathbf{E}(k)\mathbf{E}^T(k)\}\mathbf{C}^T-\mathbf{P}\mathrm{E}\{\mathbf{N}(k)\mathbf{N}^T(k)\} \\ &=(\mathbf{A}-\mathbf{PC})\mathbf{R}_{\mathbf{EE}}(k|k-1)\mathbf{C}^T-\mathbf{PN}_w=\mathbf{0}, \end{aligned} \quad (9.24)$$

wobei $\mathbf{R}_{\mathbf{EE}}(k|k-1)$ mit

$$\mathbf{R}_{\mathbf{EE}}(k|k-1)=\mathrm{E}\{(\hat{\mathbf{Q}}(k+1|k)-\mathbf{Q}(k+1))(\hat{\mathbf{Q}}(k+1|k)-\mathbf{Q}(k+1))^T\} \quad (9.25)$$

definiert ist, und $\mathbf{N}_w$ die Korrelationsmatrix des Störprozesses bezeichnet. Für die Matrix $\mathbf{P}$ gilt dann

$$\mathbf{P} = \mathbf{A}\mathbf{R}_{\mathbf{EE}}(k|k-1)\mathbf{C}^T(\mathbf{N}_w + \mathbf{C}\mathbf{R}_{\mathbf{EE}}(k|k-1)\mathbf{C}^T)^{-1}\,. \tag{9.26}$$

Mit (9.20) und (9.26) sind zwei Gleichungen zur Berechnung der Matrizen $\mathbf{P}$ und $\mathbf{K}$ gefunden. In (9.26) tritt jedoch die zunächst unbekannte Fehlerkorrelationsmatrix $\mathbf{R}_{\mathbf{EE}}(k|k-1)$ auf, die ihrerseits als Funktion von $\hat{\mathbf{q}}(k|k-1)$ von $\mathbf{P}$ und $\mathbf{K}$ abhängt. Deshalb ist eine Gleichung zur Berechnung von $\mathbf{R}_{\mathbf{EE}}(k|k-1)$ abzuleiten. Da man $\mathbf{R}_{\mathbf{EE}}(k|k-1)$ für laufendes k berechnen muss, ist es sinnvoll, wie für $\hat{\mathbf{q}}(k+1|k)$ eine Rekursionsformel anzugeben, bei der man $\mathbf{R}_{\mathbf{EE}}(k+1|k)$ aus $\mathbf{R}_{\mathbf{EE}}(k|k-1)$ bestimmt.

Setzt man in (9.25) für $\hat{\mathbf{q}}(k+1|k)$ die Beziehung (9.11), für $\mathbf{q}(k+1)$ und $\mathbf{r}(k)$ die Zustandsgleichungen (9.1) und (9.2) und für $\mathbf{K}$ die Bestimmungsgleichung (9.20) ein, so folgt:

$$\begin{aligned}
&\mathbf{R}_{\mathbf{EE}}(k+1|k)\\
&= \mathrm{E}\{(\mathbf{K}\hat{\mathbf{Q}}(k|k-1) + \mathbf{P}\mathbf{R}(k) - \mathbf{A}\mathbf{Q}(k) - \mathbf{B}\mathbf{U}(k))\\
&\quad \cdot(\hat{\mathbf{Q}}^T(k|k-1)\mathbf{K}^T + \mathbf{R}^T(k)\mathbf{P}^T - \mathbf{Q}^T(k)\mathbf{A}^T - \mathbf{U}^T(k)\mathbf{B}^T)\}\\
&= \mathrm{E}\{(\mathbf{K}\hat{\mathbf{Q}}(k|k-1) + \mathbf{P}\mathbf{C}\mathbf{Q}(k) + \mathbf{P}\mathbf{N}(k) - \mathbf{A}\mathbf{Q}(k) - \mathbf{B}\mathbf{U}(k))\\
&\quad \cdot(\hat{\mathbf{Q}}^T(k|k-1)\mathbf{K}^T + \mathbf{Q}^T(k)\mathbf{C}^T\mathbf{P}^T - \mathbf{N}^T(k)\mathbf{P}^T - \mathbf{Q}^T(k)\mathbf{A}^T - \mathbf{U}^T(k)\mathbf{B}^T)\}\\
&= \mathrm{E}\{((\mathbf{A} - \mathbf{P}\mathbf{C})[\hat{\mathbf{Q}}(k|k-1) - \mathbf{Q}(k)] + \mathbf{P}\mathbf{N}(k) - \mathbf{B}\mathbf{U}(k))\\
&\quad \cdot([\hat{\mathbf{Q}}(k|k-1) - \mathbf{Q}(k)]^T(\mathbf{A} - \mathbf{P}\mathbf{C})^T + \mathbf{N}^T(k)\mathbf{P}^T - \mathbf{U}^T(k)\mathbf{B}^T)\}\,.
\end{aligned} \tag{9.27}$$

Schreibt man für den Schätzfehler $\mathbf{e}(k) = \hat{\mathbf{q}}(k|k-1) - \mathbf{q}(k)$ und beachtet man, dass nach Tab. 9.1 und Tab. 9.2.1 die Erwartungswerte

$$\begin{gathered}
\mathrm{E}\{\hat{\mathbf{Q}}(k|k-1)\mathbf{N}^T(k)\},\, \mathrm{E}\{\mathbf{Q}(k)\mathbf{N}^T(k)\},\, \mathrm{E}\{\hat{\mathbf{Q}}(k|k-1)\mathbf{U}^T(k)\},\\
\mathrm{E}\{\mathbf{Q}(k)\mathbf{U}^T(k)\},\, \mathrm{E}\{\mathbf{N}(k)\mathbf{U}^T(k)\}
\end{gathered}$$

verschwinden, so erhält man schließlich:

$$\begin{aligned}
&\mathbf{R}_{\mathbf{EE}}(k+1|k)\\
&= (\mathbf{A} - \mathbf{P}\mathbf{C})\,\mathrm{E}\{\mathbf{E}(k)\mathbf{E}^T(k)\}(\mathbf{A} - \mathbf{P}\mathbf{C})^T\\
&\quad + \mathbf{P}\,\mathrm{E}\{\mathbf{N}(k)\mathbf{N}^T(k)\}\mathbf{P}^T + \mathbf{B}\,\mathrm{E}\{\mathbf{U}(k)\mathbf{U}^T(k)\}\mathbf{B}^T\\
&= (\mathbf{A} - \mathbf{P}\mathbf{C})\mathbf{R}_{\mathbf{EE}}(k|k-1)(\mathbf{A} - \mathbf{P}\mathbf{C})^T + \mathbf{P}\mathbf{N}_w\mathbf{P}^T + \mathbf{B}\mathbf{U}_w\mathbf{B}^T\,.
\end{aligned} \tag{9.28}$$

Mit (9.28) steht eine Rekursionsgleichung zur Bestimmung der Fehlerkorrelationsmatrix zur Verfügung. Zur Berechnung von $\mathbf{R}_{\mathbf{EE}}(k+1|k)$ benötigt man die Matrizen des Prozessmodells und die Gewichtungsmatrix $\mathbf{P}(k-1)$, die im vorausgehenden Rechenschritt bestimmt wurde. Andererseits wird nach (9.26) die Gewichtungsmatrix $\mathbf{P}(k)$ mit Hilfe der Fehlerkorrelationsmatrix $\mathbf{R}_{\mathbf{EE}}(k|k-1)$ im folgenden Rechenschritt bestimmt. Daraus ergibt sich der in Abb. 9.3 gezeigte zyklische Ablauf zur Berechnung von $\mathbf{P}(k)$ und $\mathbf{R}_{\mathbf{EE}}(k+1|k)$. Weil keine Abhängigkeit vom gestörten Empfangsvektor $\mathbf{r}(k)$ besteht, kann man $\mathbf{R}_{\mathbf{EE}}(k|k-1)$ und damit $\mathbf{P}$ von vornherein, d. h. schon zu Beginn des Schätzvorganges, berechnen. Dazu ist die Kenntnis von

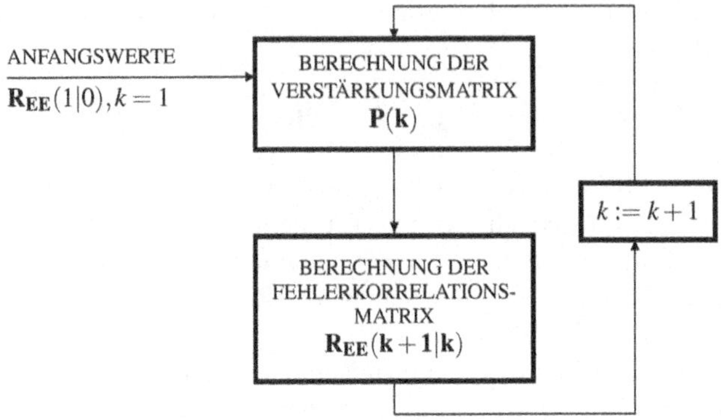

Abb. 9.3 Ablauf der zyklischen Berechnung der Fehlerkorrelationsmatrix $\mathbf{R_{EE}}(k+1|k)$ und der Verstärkungsmatrix $\mathbf{P}(k)$

$\mathbf{R_{EE}}(1|0)$ erforderlich, dessen Größe von der A-priori-Information abhängt: Weiß man viel über den Anfangszustand des Prozesses $\mathbf{Q}(k)$, werden die Hauptdiagonalelemente von $\mathbf{R_{EE}}(1|0)$, d. h. die Schätzfehler, klein, bei geringer Kenntnis werden sie größer. Man kann zeigen, dass mit wachsendem Zeitparameter k der Einfluss von $\mathbf{R_{EE}}(1|0)$ auf die Genauigkeit der Lösung abnimmt, so dass für große Werte von k die Angabe von $\mathbf{R_{EE}}(1|0)$ weniger kritisch ist.

Den Anfangswert $\mathbf{R_{EE}}(1|0)$ kann man mit Hilfe des Prozessmodells aus $\mathbf{R_{EE}}(0|0)$ berechnen, der vom aktuellen Messwert auf den Schätzfehler schließt. Wie man aus $\mathbf{R_{EE}}(0|0)$ den Anfangswert $\mathbf{R_{EE}}(1|0)$ mit Hilfe des Prozessmodells gewinnt, wird im Abschnitt über *Filterung* näher beschrieben werden.

An einem einfachen Zahlenbeispiel soll gezeigt werden, wie vom Anfangswert ausgehend die Fehlerkorrelationsmatrix $\mathbf{R_{EE}}(k+1|k)$ und die Verstärkungsmatrix $\mathbf{P}(k)$ berechnet werden können, indem der in Abb. 9.3 gezeigte Zyklus bzw. die Gleichungen (9.28) und (9.26) zyklisch durchlaufen werden. Mit dem eindimensionalen Prozessmodell

$$q(k+1) = 2 \cdot q(k) + u(k) \tag{9.29}$$

$$r(k) = q(k) + n(k) \tag{9.30}$$

und den Korrelationskoeffizienten

$$U_w(k) = 2 \cdot \sigma^2 \tag{9.31}$$

$$N_w(k) = (3 + (-1)^k) \cdot \sigma^2 \tag{9.32}$$

für den Steuer- und Störprozess sowie dem Anfangswert

$$r_{EE}(1|0) = 10 \cdot \sigma^2 \tag{9.33}$$

erhält man mit (9.26), (9.28) und (9.29) bis (9.32)

$$p(k) = \frac{2r_{EE}(k|k-1)}{(3+(-1)^k)\sigma^2 + r_{EE}(k|k-1)} \tag{9.34}$$

$$r_{EE}(k+1|k) = (2-p(k))^2 r_{EE}(k|k-1) + p^2(k)\cdot(3+(-1)^k)\cdot\sigma^2 + 2\cdot\sigma^2 \tag{9.35}$$

für den Verstärkungsfaktor bzw. den mittleren quadratischen Schätzfehler. Die zugehörigen Zahlenwerte sind in Tab. 9.2.1 zusammengestellt. Den Verlauf des Verstärkungsfaktors $p(k)$ und des mittleren quadratischen Schätzfehlers $r_{EE}(k+1|k)$ zeigt Abb. 9.4. Man erkennt an diesem Ergebnis, dass nach relativ wenigen Schritten $p(k)$ und $r_{EE}(k+1|k)$ feste Werte annehmen, d. h. $r_{EE}(1|0)$ macht sich nur über einen kurzen Zeitraum bemerkbar.

k	$p(k)$	$r_{EE}(k+1\|k)$	k	$p(k)$	$r_{EE}(k+1\|k)$
1	1,6667	8,6667	6	1,3816	13,0529
2	1,3684	12,9474	7	1,7343	8,9371
3	1,7324	8,9296	8	1,3816	13,0530
4	1,3813	13,0501	9	1,7343	8,9371
5	1,7342	8,9369	10	1,3816	13,0530

Tab. 9.3 Zahlenwerte für den Verstärkungsfaktor $p(k)$ und den mittleren quadratischen Schätzfehler $r_{EE}(k+1|k)$

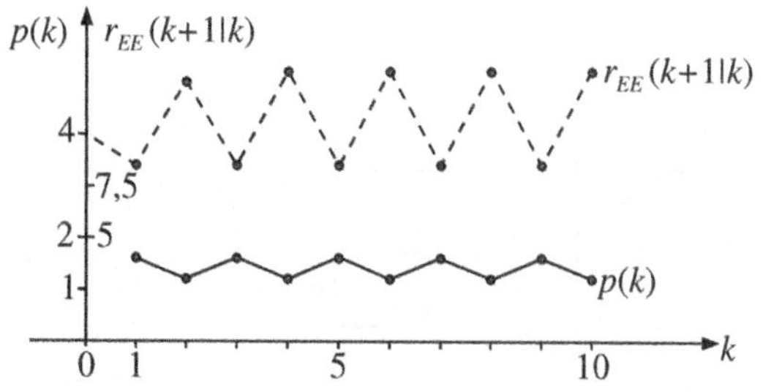

Abb. 9.4 Verlauf des Verstärkungsfaktors $p(k)$ und des mittleren quadratischen Schätzfehlers $r_{EE}(k+1|k)$

Ferner zeigt das Ergebnis, dass der Schätzfehler für ungerade Werte von k kleiner als für gerade Werte von k ist. Der Grund dafür liegt darin, dass für ungerade Werte von k die Störung $n(k)$ ebenfalls schwächer ist als für gerade Werte. Entsprechend ist der Verstärkungsfaktor $P(k)$ für ungerades k größer als für gerades k, weil das „vertrauenswürdigere" Empfangssignal $r(k)$ für ungerades k einen stärkeren Einfluss auf den Schätzwert haben soll als das stärker gestörte Empfangssignal für gerades k.

Das Beispiel zeigt auch, dass man vor dem Empfang des Signals $r(k)$ bereits den mittleren quadratischen Schätzfehler $r_{EE}(k+1|k)$ und die Verstärkungsmatrix bzw. den Verstärkungsfaktor $p(k)$ der Schätzeinrichtung berechnen kann.

Zusammenfassend seien hier die Gleichungen angegeben, die das Problem der Prädiktion um einen Schritt lösen, wobei die Matrix $\mathbf{K}$ durch die Beziehung (9.20) ersetzt wird:

Verstärkungsgleichung (gain equation)

$$\mathbf{P} = \mathbf{A}\mathbf{R_{EE}}(k|k-1)\mathbf{C}^T(\mathbf{N}_w + \mathbf{C}\mathbf{R_{EE}}(k|k-1)\mathbf{C}^T)^{-1} \tag{9.36}$$

Schätzgleichung (estimator equation)

$$\hat{\mathbf{q}}(k+1|k) = (\mathbf{A} - \mathbf{P}\mathbf{C})\hat{\mathbf{q}}(k|k-1) + \mathbf{P}\mathbf{r}(k) \tag{9.37}$$

Fehlergleichung (error equation)

$$\mathbf{R_{EE}}(k+1|k) = (\mathbf{A} - \mathbf{P}\mathbf{C})\mathbf{R_{EE}}(k|k-1)(\mathbf{A} - \mathbf{P}\mathbf{C})^T + \mathbf{P}\mathbf{N}_w\mathbf{P}^T + \mathbf{B}\mathbf{U}_w\mathbf{B}^T. \tag{9.38}$$

Diesen Gleichungen entspricht das Vektorflussdiagramm in Abb. 9.5, das zusätzlich das aus den Zustandsgleichungen gewonnene Prozessmodell zeigt. Vergleicht man

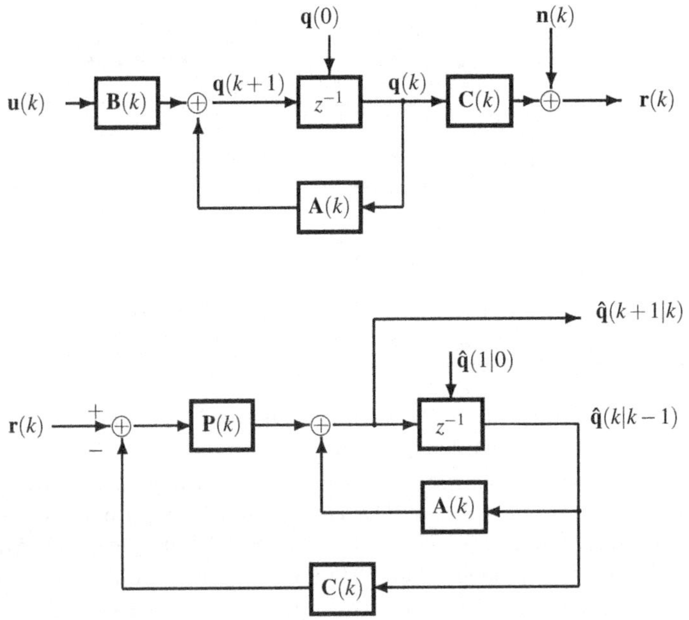

Abb. 9.5 Prozessmodell und optimale Schätzeinrichtung

die Strukturen von Prozessmodell und Empfänger miteinander, so sieht man, dass im Empfänger das Prozessmodell *nachgebildet* wird. Dies wurde aus dem Prinzipschaltbild der Schätzeinrichtung nach Abb. 9.2 noch nicht deutlich.

Es wurde bereits mehrmals darauf hingewiesen, dass zwischen der *sequentiellen Parameterschätzung* mit den Kalman-Formeln und der hier betrachteten *Signalschätzung* Analogien bestehen. Dies soll nun weiter betrachtet werden. Bei der sequentiellen Parameterschätzung ist die Realisierung $\mathbf{q}$ eines Zufallsvektors $\mathbf{Q}$ wie bei der hier betrachteten Signalschätzung durch ein lineares System im Sinne des minimalen mittleren Fehlerquadrates zu schätzen. Der Schätzwert $\hat{\mathbf{q}}(\mathbf{r}^{(1)})$ ist also eine Linearkombination des gestörten Empfangsvektors $\mathbf{r}^{(1)}$. Wenn der Schätzwert $\hat{\mathbf{q}}(\mathbf{r}^{(1)})$ bestimmt ist, soll zusätzlich ein Vektor $\mathbf{r}^{(2)}$ zur Verfügung stehen, der denselben Parametervektor $\mathbf{q}$ enthält. Mit Hilfe des alten Schätzwertes $\hat{\mathbf{q}}(\mathbf{r}^{(1)})$ und des neuen Empfangsvektors $\mathbf{r}^{(2)}$ soll ein neuer, verbesserter Schätzwert $\hat{\mathbf{q}}(\mathbf{r})$ bestimmt werden. Diese Aufgabenstellung ist mit der in diesem Abschnitt geschilderten vergleichbar. Auch hier ist ein Schätzwert durch den *alten* Schätzwert und einen *neuen* Empfangsvektor zu ermitteln. Zwischen beiden Aufgabenstellungen bestehen jedoch folgende Unterschiede: Bei der Parameterschätzung handelt es sich um ein *statisches*, bei der Signalschätzung um ein *dynamisches* Problem. Statisch bedeutet hier im Gegensatz zu dynamisch, dass sich die zu schätzenden Parameter als Funktion der Zeit nicht ändern, während sich der zu schätzende Signalprozess durchaus zeitlich ändert.

Diese Unterschiede lassen sich durch die Zustandsgleichungen ausdrücken. Für den Prozess bei der Signalschätzung gilt:

$$\begin{aligned} \mathbf{q}(k+1) &= \mathbf{A}(k)\mathbf{q}(k) + \mathbf{B}(k)\mathbf{u}(k) \\ \mathbf{r}(k) &= \mathbf{C}(k)\mathbf{q}(k) + \mathbf{n}(k)\,, \end{aligned} \tag{9.39}$$

während entsprechend bei der Parameterschätzung

$$\begin{aligned} \mathbf{q}^{(1+2)} &= \mathbf{q} = \mathbf{q}^{(1)} = \mathbf{q}^{(2)} \\ \mathbf{r}^{(2)} &= \mathbf{S}^{(2)}\mathbf{q}^{(2)} + \mathbf{n}^{(2)} \end{aligned} \tag{9.40}$$

gilt. Vergleicht man beide Beziehungen miteinander, so erhält man die Korrespondenzen:

$$\begin{aligned} \mathbf{q}(k+1) &\mathrel{\hat{=}} \mathbf{q}^{(1+2)} = \mathbf{q} & \mathbf{q}(k) &\mathrel{\hat{=}} \hat{\mathbf{q}}^{(1)} = \mathbf{q} \\ \mathbf{r}(k) &\mathrel{\hat{=}} \mathbf{r}^{(2)} & \mathbf{n}(k) &\mathrel{\hat{=}} \mathbf{n}^{(2)} \\ \mathbf{A}(k) &\mathrel{\hat{=}} \mathbf{I} & \mathbf{B}(k) &\mathrel{\hat{=}} \mathbf{0} \\ \mathbf{C}(k) &\mathrel{\hat{=}} \mathbf{S}^{(2)}\,. \end{aligned} \tag{9.41}$$

An den Korrespondenzen (9.41) wird deutlich, dass dem Parameterschätzproblem ein *statisches*, *unerregtes* Prozessmodell zugrunde liegt. Weiter verwendet man die Korrespondenzen:

$$\begin{aligned} \mathbf{R}_{\mathbf{EE}}(k+1|k) &\hat{=} \mathbf{R}_{\mathbf{EE}} & \mathbf{R}_{\mathbf{EE}}(k|k-1) &\hat{=} \mathbf{R}_{\mathbf{EE}}^{(1)} \\ \mathbf{N}_w &\hat{=} \mathbf{R}_{\mathbf{NN}}^{(2)} & \mathbf{U}_w &\hat{=} \mathbf{0} \\ \mathbf{q}(k+1|k) &\hat{=} \hat{\mathbf{q}}(\mathbf{r}) & \hat{\mathbf{q}}(k|k-1) &\hat{=} \hat{\mathbf{q}}(\mathbf{r}^{(1)}) . \end{aligned} \tag{9.42}$$

Führt man diese Korrespondenzen in die Verstärkungsgleichung (9.36) für **P** ein, so folgt

$$\begin{aligned} \mathbf{P} &= \mathbf{I}\mathbf{R}_{\mathbf{EE}}^{(1)}\mathbf{S}^{(2)^T}(\mathbf{R}_{\mathbf{NN}}^{(2)} + \mathbf{S}^{(2)}\mathbf{R}_{\mathbf{EE}}^{(1)}\mathbf{S}^{(2)^T})^{-1} \\ &= \mathbf{R}_{\mathbf{EE}}^{(1)}\mathbf{S}^{(2)^T}(\mathbf{R}_{\mathbf{NN}}^{(2)} + \mathbf{S}^{(2)}\mathbf{R}_{\mathbf{EE}}^{(1)}\mathbf{S}^{(2)^T})^{-1} , \end{aligned} \tag{9.43}$$

d. h. Identität mit der Verstärkungsmatrix **P** der Kalman-Formeln (7.89). Für (9.37) gilt entsprechend

$$\begin{aligned} \hat{\mathbf{q}}(\mathbf{r}) &= [\mathbf{I} - \mathbf{P}\mathbf{S}^{(2)}]\hat{\mathbf{q}}(\mathbf{r}^{(1)}) + \mathbf{P}\mathbf{r}^{(2)} \\ &= \hat{\mathbf{q}}(\mathbf{r}^{(1)}) - \mathbf{P}[\mathbf{S}^{(2)}\hat{\mathbf{q}}(\mathbf{r}^{(1)}) - \mathbf{r}^{(2)}] , \end{aligned} \tag{9.44}$$

was wiederum mit dem Ergebnis der Kalman-Formeln (7.89) übereinstimmt. Schließlich erhält man für (9.38)

$$\begin{aligned} \mathbf{R}_{\mathbf{EE}} &= (\mathbf{I} - \mathbf{P}\mathbf{S}^{(2)})\mathbf{R}_{\mathbf{EE}}^{(1)}(\mathbf{I} - \mathbf{P}\mathbf{S}^{(2)})^T + \mathbf{P}\mathbf{R}_{\mathbf{NN}}^{(2)}\mathbf{P}^T \\ &= \mathbf{R}_{\mathbf{EE}}^{(1)} - \mathbf{P}\mathbf{S}^{(2)}\mathbf{R}_{\mathbf{EE}}^{(1)} - \mathbf{R}_{\mathbf{EE}}^{(1)}\mathbf{S}^{(2)^T}\mathbf{P}^T + \mathbf{P}\mathbf{S}^{(2)}\mathbf{R}_{\mathbf{EE}}^{(1)}\mathbf{S}^{(2)^T}\mathbf{P}^T + \mathbf{P}\mathbf{R}_{\mathbf{NN}}^{(2)}\mathbf{P}^T \\ &= \mathbf{R}_{\mathbf{EE}}^{(1)} - \mathbf{P}\mathbf{S}^{(2)}\mathbf{R}_{\mathbf{EE}}^{(1)} - \mathbf{R}_{\mathbf{EE}}^{(1)}\mathbf{S}^{(2)^T}\mathbf{P}^T + \mathbf{P}(\mathbf{S}^{(2)}\mathbf{R}_{\mathbf{EE}}^{(1)}\mathbf{S}^{(2)^T} + \mathbf{R}_{\mathbf{NN}}^{(2)})\mathbf{P}^T . \end{aligned} \tag{9.45}$$

Setzt man hierhin **P** nach (9.43) ein und beachtet, dass

$$((\mathbf{R}_{\mathbf{NN}}^{(2)} + \mathbf{S}^{(2)}\mathbf{R}_{\mathbf{EE}}^{(1)}\mathbf{S}^{(2)^T})^{-1})^T = (\mathbf{R}_{\mathbf{NN}}^{(2)} + \mathbf{S}^{(2)}\mathbf{R}_{\mathbf{EE}}^{(1)}\mathbf{S}^{(2)^T})^{-1} \tag{9.46}$$

gilt, weil diese Matrix wegen der darin enthaltenen symmetrischen Korrelationsmatrizen selbst symmetrisch ist, so folgt:

$$\begin{aligned} \mathbf{R}_{\mathbf{EE}} = \; & \mathbf{R}_{\mathbf{EE}}^{(1)} - \mathbf{R}_{\mathbf{EE}}^{(1)}\mathbf{S}^{(2)^T}(\mathbf{R}_{\mathbf{NN}}^{(2)} + \mathbf{S}^{(2)}\mathbf{R}_{\mathbf{EE}}^{(1)}\mathbf{S}^{(2)^T})^{-1}\mathbf{S}^{(2)}\mathbf{R}_{\mathbf{EE}}^{(1)} \\ & -\mathbf{R}_{\mathbf{EE}}^{(1)}\mathbf{S}^{(2)^T}(\mathbf{R}_{\mathbf{NN}}^{(2)} + \mathbf{S}^{(2)}\mathbf{R}_{\mathbf{EE}}^{(1)}\mathbf{S}^{(2)^T})^{-1}\mathbf{S}^{(2)}\mathbf{R}_{\mathbf{EE}}^{(1)^T} \\ & +\mathbf{R}_{\mathbf{EE}}^{(1)}\mathbf{S}^{(2)^T}(\mathbf{R}_{\mathbf{NN}}^{(2)} + \mathbf{S}^{(2)}\mathbf{R}_{\mathbf{EE}}^{(1)}\mathbf{S}^{(2)^T})^{-1}(\mathbf{S}^{(2)}\mathbf{R}_{\mathbf{EE}}^{(1)}\mathbf{S}^{(2)^T} + \mathbf{R}_{\mathbf{NN}}^{(2)}) \\ & \cdot(\mathbf{R}_{\mathbf{NN}}^{(2)} + \mathbf{S}^{(2)}\mathbf{R}_{\mathbf{EE}}^{(1)}\mathbf{S}^{(2)^T})^{-1}\mathbf{S}^{(2)}\mathbf{R}_{\mathbf{EE}}^{(1)^T} \\ = \; & \mathbf{R}_{\mathbf{EE}}^{(1)} - \mathbf{R}_{\mathbf{EE}}^{(1)}\mathbf{S}^{(2)^T}(\mathbf{R}_{\mathbf{NN}}^{(2)} + \mathbf{S}^{(2)}\mathbf{R}_{\mathbf{EE}}^{(1)}\mathbf{S}^{(2)^T})^{-1}\mathbf{S}^{(2)}\mathbf{R}_{\mathbf{EE}}^{(1)} . \end{aligned} \tag{9.47}$$

Führt man hierin wieder **P** nach (9.43) ein, so gilt

$$\mathbf{R}_{\mathbf{EE}} = \mathbf{R}_{\mathbf{EE}}^{(1)} - \mathbf{P}\mathbf{S}^{(2)}\mathbf{R}_{\mathbf{EE}}^{(1)} , \tag{9.48}$$

was mit der Fehlerkorrelationsmatrix der *sequentiellen Parameterschätzung* identisch ist.

Diese Betrachtungen zeigen, dass den Schätzproblemen unabhängig davon, ob es sich um Parameter- oder Signalschätzung handelt, dasselbe Grundprinzip zugrunde liegt. Wie hier gezeigt wurde, kann man die allgemeine Form der Signalschätzung durch Definition eines statischen und nicht erregten Prozessmodells in die Parameterschätzung überführen. Bei beiden Schätzproblemen ist die Schätzeinrichtung linear und minimiert den mittleren quadratischen Schätzfehler.

Der Algorithmus des Schätzvorganges durchläuft zyklisch drei Stufen, die den Gleichungen (9.36) bis (9.38) entsprechen. In der ersten Stufe wird die Gewichtsmatrix $\mathbf{P}$ bestimmt, wobei die zum vorausgehenden Zeitpunkt berechnete Fehlerkorrelationsmatrix $\mathbf{R}_{\mathbf{EE}}$ verwendet wird. In der zweiten Stufe wird mit $\mathbf{P}$ der neue Schätzwert $\hat{\mathbf{q}}(\mathbf{r})$ aus dem alten berechnet, und in der dritten Stufe dient $\mathbf{P}$ zur Bestimmung der Fehlerkorrelationsmatrix, die zum nachfolgenden Zeitpunkt benötigt wird, um die neue Gewichtungsmatrix $\mathbf{P}$ zu ermitteln. Von da an beginnt der Zyklus wieder bei der ersten Stufe.

Dieser Algorithmus hat den Vorteil, direkt mit einem Digitalrechner oder in Hardware realisiert werden zu können. Da die Berechnung der Matrizen $\mathbf{P}(k)$ und $\mathbf{R}_{\mathbf{EE}}(k+1|k)$ nicht von den Empfangsvektoren $\mathbf{r}(k)$ abhängt, kann man sie entweder vor Beginn des Schätzvorgangs berechnen und speichern und anschließend nacheinander abrufen oder fortlaufend während des Schätzvorgangs im Echtzeitbetrieb ermitteln. Vorteilhaft ist dabei, dass jeweils die Fehlerkorrelationsmatrix zur Verfügung steht, die eine Aussage über die *Vertrauenswürdigkeit* der Schätzwerte zulässt.

Ausgehend von der Prädiktion um einen Schritt soll nun die Prädiktion für beliebig viele Schritte, die Filterung und die Interpolation behandelt werden.

9.2.2 Prädiktion für beliebig viele Schritte

Unter *Prädiktion für beliebig viele Schritte* versteht man folgende Aufgabe: Man kennt den gestörten Empfangsvektor $\mathbf{r}(i)$ für $0 \leq i \leq k$ und soll daraus den Zustandsvektor $\mathbf{q}(k+\kappa)$ für $\kappa > 0$ im Sinne des minimalen mittleren Fehlerquadrats schätzen.

Bezüglich der Zeitparameter k und κ kann man nach Abb. 9.6 drei Formen der Prädiktion unterscheiden:

- **Fall 1: Prädiktion über einen festen Zeitabstand**
  Dies ist der praktisch wichtigste Fall, bei dem der Zeitparameter k variabel, der Parameter κ fest ist. Der Zeitpunkt $k+\kappa$, für den der Schätzwert $\hat{\mathbf{q}}(k+\kappa|k)$ bestimmt wird, hat den festen Abstand κ zu dem laufenden Zeitpunkt k, zu dem der Schätzwert berechnet wird. Zur Berechnung von $\hat{\mathbf{q}}(k+\kappa|k)$ werden also die Vektoren $\mathbf{r}(i)$ für $0 \leq i \leq k$ verwendet.
- **Fall 2: Prädiktion für einen festen Endpunkt**
  In diesem Fall ist der Zeitpunkt $k+\kappa = k_0$, für den der Schätzwert zu bestimmen ist, fest, während der Zeitpunkt k, zu dem die Schätzung erfolgt, variabel ist. Der Schätzwert ist also $\hat{\mathbf{q}}(k_0|k)$, gebildet aus den Vektoren $\mathbf{r}(i)$ für $0 \leq i \leq k < k_0$.

- **Fall 3: Prädiktion von einem festen Anfangspunkt aus**
  Hier gibt der Zeitparameter $k = k_0$ einen festen Anfangspunkt an, von dem aus die Prädiktion für den variablen Zeitparameter κ vorgenommen wird. Der Schätzwert ist hier $\hat{\mathbf{q}}(\kappa + k_0|k_0)$, gebildet aus den Vektoren $\mathbf{r}(i)$ für $0 \leq i \leq k_0$.

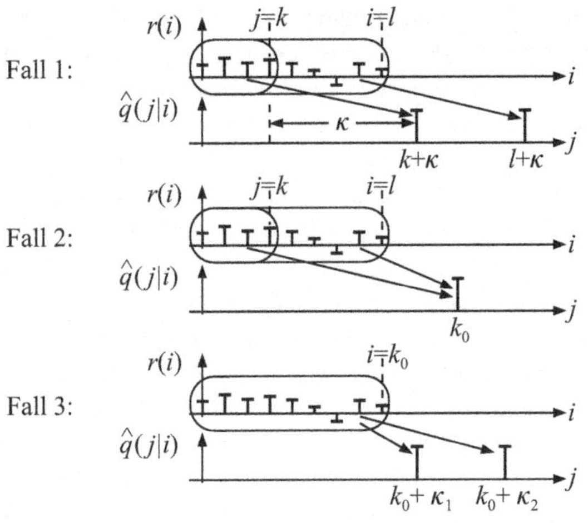

Abb. 9.6 Formen der Prädiktion

Zunächst wird der erste Fall näher betrachtet. Der Schätzwert $\hat{\mathbf{q}}(k + \kappa|k)$ soll durch eine lineare Operation aus $\mathbf{r}(i)$ für $0 \leq i \leq k$ gebildet werden. Also gilt:

$$\hat{\mathbf{q}}(k + \kappa|k) = \sum_{i=0}^{k} \mathbf{P}'(i)\,\mathbf{r}(i)\,. \tag{9.49}$$

Beachtet man, dass der Schätzwert $\hat{\mathbf{q}}(k + 1|k)$ der Prädiktion um einen Schritt nach (9.9) durch eine ähnliche Linearkombination bestimmt wurde, nämlich durch

$$\hat{\mathbf{q}}(k + 1|k) = \sum_{i=0}^{k} \mathbf{P}(i)\,\mathbf{r}(i), \tag{9.50}$$

so muss zwischen $\hat{\mathbf{q}}(k+1|k)$ und $\hat{\mathbf{q}}(k+\kappa|k)$ der lineare Zusammenhang

$$\hat{\mathbf{q}}(k+\kappa|k) = \mathbf{T}(k,\kappa)\,\hat{\mathbf{q}}(k+1|k) \tag{9.51}$$

bestehen. Die Matrix $\mathbf{T}(k,\kappa)$ hängt bei instationären Prozessen von den Zeitparametern k und κ ab. Sie ist so zu bestimmen, dass die Hauptdiagonalelemente der Fehlerkorrelationsmatrix $\mathbf{R}_{\mathbf{EE}}(k + \kappa|k)$ minimal werden. Also muss auch das *Orthogonalitätsprinzip* erfüllt sein, das für die Prädiktion um einen Schritt durch die Beziehung (9.10) gegeben ist. Entsprechend hat es für den hier vorliegenden Fall die Form

$$\mathrm{E}\{(\hat{\mathbf{Q}}(k+\kappa|k)-\mathbf{Q}(k+\kappa))\cdot\mathbf{R}^T(i)\}=\mathbf{0}, \quad 0\leq i\leq k. \tag{9.52}$$

Mit Tab. 9.1 kann man für den Zustandsvektor $\mathbf{q}(k+\kappa)$ schreiben

$$\begin{aligned}
\mathbf{q}(k+\kappa) &= [\prod_{j=k+\kappa-1}^{0}\mathbf{A}(j)]\,\mathbf{q}(0)+\sum_{j=0}^{k+\kappa-1}[\prod_{i=k+\kappa-1}^{j+1}\mathbf{A}(i)]\,\mathbf{B}(j)\mathbf{u}(j)\\
&= [\prod_{l=k+\kappa-1}^{k+1}\mathbf{A}(l)]\left[[\prod_{j=k}^{0}\mathbf{A}(j)]\,\mathbf{q}(0)+\sum_{j=0}^{k}\left[[\prod_{i=k}^{j+1}\mathbf{A}(i)]\,\mathbf{B}(j)\mathbf{u}(j)\right]\right.\\
&\quad+\sum_{j=k+1}^{k+\kappa-1}[\prod_{i=k+\kappa-1}^{j+1}\mathbf{A}(i)]\,\mathbf{B}(j)\mathbf{u}(j)\\
&= [\prod_{l=k+\kappa-1}^{k+1}\mathbf{A}(l)]\,\mathbf{q}(k+1)+\sum_{j=k+1}^{k+\kappa-1}[\prod_{i=k+\kappa-1}^{j+1}\mathbf{A}(i)]\,\mathbf{B}(j)\mathbf{u}(j),
\end{aligned} \tag{9.53}$$

man kann ihn also als Funktion des Vektors $\mathbf{q}(k+1)$ und eines Restgliedes darstellen.

Setzt man nun in (9.52) für $\hat{\mathbf{q}}(k+\kappa|k)$ den Ansatz (9.51) und für $\mathbf{q}(k+\kappa)$ die Beziehung (9.53) ein und beachtet, dass nach Tab. 9.2.1 der Erwartungswert $\mathrm{E}\{\mathbf{U}(j)\mathbf{R}^T(i)\}$ für $k+1\leq j\leq k+\kappa-1$ sowie $0\leq i\leq k$, d. h. für $0\leq i\leq j$, verschwindet, so erhält man schließlich:

$$\begin{aligned}
&\mathrm{E}\{(\hat{\mathbf{Q}}(k+\kappa|k)-\mathbf{Q}(k+\kappa))\cdot\mathbf{R}^T(i)\}\\
&= \mathrm{E}\{(\mathbf{T}(k,\kappa)\hat{\mathbf{Q}}(k+1|k)-[\prod_{l=k+\kappa-1}^{k+1}\mathbf{A}(l)]\,\mathbf{Q}(k+1))\cdot\mathbf{R}^T(i)\}\\
&\quad-\sum_{j=k+1}^{k+\kappa-1}[\prod_{i=k+\kappa-1}^{j+1}\mathbf{A}(i)]\,\mathbf{B}(j)\mathrm{E}\{\mathbf{U}(j)\mathbf{R}^T(i)\}\\
&= [\prod_{l=k+\kappa-1}^{k+1}\mathbf{A}(l)]\\
&\quad\cdot\mathrm{E}\{([\prod_{l=k+\kappa-1}^{k+1}\mathbf{A}(l)]^{-1}\mathbf{T}(k,\kappa)\hat{\mathbf{Q}}(k+1)|k)-\mathbf{Q}(k+1))\cdot\mathbf{R}^T(i)\}\\
&= \mathbf{0}, \quad 0\leq i\leq k.
\end{aligned} \tag{9.54}$$

Vergleicht man dies mit (9.10), so gehen beide Erwartungswerte für

$$[\prod_{l=k+\kappa-1}^{k+1}\mathbf{A}(l)]^{-1}\mathbf{T}(k,\kappa)=\mathbf{I} \tag{9.55}$$

bzw.

$$\mathbf{T}(k,\kappa)=\prod_{l=k+\kappa-1}^{k+1}\mathbf{A}(l) \tag{9.56}$$

ineinander über. Damit ist aber die Matrix $\mathbf{T}(k,\kappa)$, die das Optimalitätskriterium erfüllt, gefunden. Für (9.51) folgt damit:

$$\hat{\mathbf{q}}(k+\kappa|k) = \prod_{l=k+\kappa-1}^{k+1} \mathbf{A}(l)\,\hat{\mathbf{q}}(k+1|k)\,. \tag{9.57}$$

Dieses Ergebnis gilt für die erste Form der Prädiktion, bei der der Parameter k variabel und der Parameter κ fest ist.

Bei der zweiten Form der Prädiktion ist $k+\kappa = k_0$ ein fester Wert und k variabel. Damit folgt für (9.57):

$$\hat{\mathbf{q}}(k_0|k) = \prod_{l=k_0-1}^{k+1} \mathbf{A}(l)\,\hat{\mathbf{q}}(k+1|k)\,. \tag{9.58}$$

In der dritten Form ist schließlich $k = k_0$ fest und κ variabel. Für (9.57) gilt also:

$$\hat{\mathbf{q}}(\kappa+k_0|k_0) = \prod_{l=k_0+\kappa-1}^{k_0+1} \mathbf{A}(l)\,\hat{\mathbf{q}}(k_0+1|k_0)\,. \tag{9.59}$$

Wenn der Prozess stationär ist, so ist die Matrix $\mathbf{A}(k)$ konstant, d. h. zeitunabhängig. Dann folgt aus (9.57) mit festem κ

$$\hat{\mathbf{q}}(k+\kappa|k) = \mathbf{A}^{\kappa-1}\,\hat{\mathbf{q}}(k+1|k)\,, \tag{9.60}$$

aus (9.58)

$$\hat{\mathbf{q}}(k_0|k) = \mathbf{A}^{k_0-k-1}\,\hat{\mathbf{q}}(k+1|k) \tag{9.61}$$

und aus (9.59) mit variablem κ

$$\hat{\mathbf{q}}(\kappa+k_0|k_0) = \mathbf{A}^{\kappa-1}\,\hat{\mathbf{q}}(k_0+1|k_0)\,. \tag{9.62}$$

In (9.60) steckt die Zeitabhängigkeit im Schätzwert $\hat{\mathbf{q}}(k+1|k)$, in (9.61) im Exponenten der Matrix sowie im Schätzwert und in (9.62) nur im Exponenten der Matrix.

Abb. 9.6 veranschaulicht die drei Formen der Prädiktion, indem die jeweils verfügbaren Werte des gestörten Empfangsvektors und die daraus berechneten Schätzwerte gezeigt werden. Für den variablen Zeitparameter sind dabei als Beispiel jeweils zwei Werte herausgegriffen worden.

Es soll nun der Prädiktionsalgorithmus nach (9.57) bis (9.59) bzw. (9.60) bis (9.62) diskutiert werden. In allen Formeln wird der Schätzwert aus der *Prädiktion um einen Schritt* benötigt. Der Empfänger für die allgemeine Prädiktion enthält also als Teil den Empfänger für die Prädiktion um einen Schritt nach Abb. 9.5. Dazu zeigt Abb. 9.7 den die Schätzgleichung (9.57) realisierenden Empfänger.

Aus den Schätzgleichungen geht hervor, dass der Steuerprozess $\mathbf{U}(k)$ und die Matrix $\mathbf{B}$ keinen Einfluss auf die Prädiktion ausüben. Das liegt daran, dass bei der Anwendung des Orthogonalitätsprinzips in (9.54) die mit $\mathbf{U}(k)$ verknüpften Terme herausfallen, weil $\mathbf{U}(k)$ ein *weißer Prozess* mit *verschwindendem Mittelwert* ist.

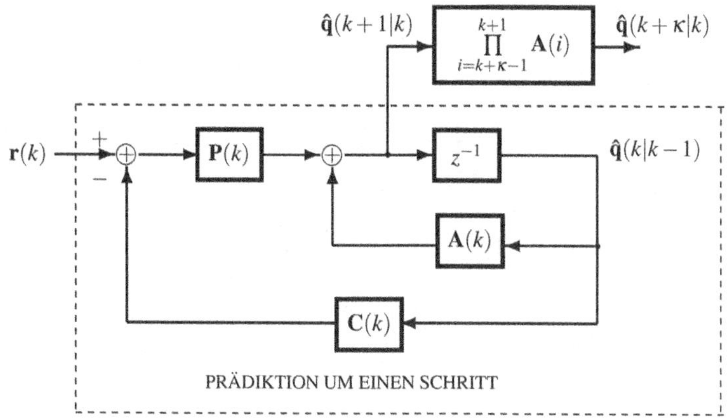

Abb. 9.7 Empfänger zur Prädiktion

Wäre der Mittelwert von $\mathbf{U}(k)$ nicht gleich Null, würde auch der Erwartungswert $\mathrm{E}\{\mathbf{U}(k)\mathbf{R}^T(i)\}$ nicht verschwinden. Deshalb trägt nur das *unerregte* Prozessmodell, dessen homogene Antwort von den Matrizen $\mathbf{A}(k)$ abhängt, zum Wert der Prädiktion bei. Der Prozess mit dem Zustandsvektor $\mathbf{q}(k)$ schwingt gewissermaßen vom Zeitpunkt der Schätzung unerregt bzw. mit der Erregung $\mathbf{u}(k) = 0$ bis zum Zeitpunkt, für den der Schätzwert ermittelt werden soll, weiter. Weil $\mathbf{U}(k)$ ein weißer Prozess ist, über dessen künftige Werte man im Detail nichts aussagen kann, verwendet man für $\mathbf{u}(k)$ den a-priori wahrscheinlichsten Wert, d. h. den Mittelwert $\mathrm{E}\{\mathbf{U}(k)\} = \mathbf{0}$, als künftige Erregung des Prozesses $\mathbf{Q}(k)$.

Zum Schluss wird noch die Fehlerkorrelationsmatrix berechnet. Die Definition für die Fehlerkorrelationsmatrix bei Prädiktion liefert:

$$\mathbf{R_{EE}}(k+\kappa|k) = \mathrm{E}\{(\hat{\mathbf{Q}}(k+\kappa|k) - \mathbf{Q}(k+\kappa)) \cdot (\hat{\mathbf{Q}}(k+\kappa|k) - \mathbf{Q}(k+\kappa))^T\}\,. \quad (9.63)$$

Hierin setzt man $\hat{\mathbf{q}}(k+\kappa|k)$ nach (9.57) und $\mathbf{q}(k+\kappa)$ nach (9.53) ein und erhält mit der Fehlerkorrelationsmatrix $\mathbf{R_{EE}}(k+1|k)$ für die Prädiktion um einen Schritt nach (9.25):

$$
\begin{aligned}
&\mathbf{R_{EE}}(k+\kappa|k)\\
&= \mathrm{E}\{([\prod_{l=k+\kappa-1}^{k+1}\mathbf{A}(l)]\cdot[\hat{\mathbf{Q}}(k+1)-\mathbf{Q}(k+1)]\\
&\quad -\sum_{j=k+1}^{k+\kappa-1}[\prod_{i=k+\kappa-1}^{j+1}\mathbf{A}(i)]\mathbf{B}(j)\mathbf{U}(j))\\
&\quad \cdot([\hat{\mathbf{Q}}(k+1|k)-\mathbf{Q}(k+1)]^T[\prod_{l=k+1}^{k+\kappa-1}\mathbf{A}^T(l)]\\
&\quad -\sum_{j=k+1}^{k+\kappa-1}\mathbf{U}^T(j)\mathbf{B}^T(j)[\prod_{i=j+1}^{k+\kappa-1}\mathbf{A}(i)])\}\\
&= [\prod_{l=k+\kappa-1}^{k+1}\mathbf{A}(l)]\,\mathbf{R_{EE}}(k+1|k)[\prod_{l=k+1}^{k+\kappa-1}\mathbf{A}^T(l)]\\
&\quad -[\prod_{l=k+\kappa-1}^{k+1}\mathbf{A}(l)]\sum_{j=k+1}^{k+\kappa-1}\mathrm{E}\{[\hat{\mathbf{Q}}(k+1|k)-\mathbf{Q}(k+1)]\,\mathbf{U}^T(j)\}\\
&\quad \cdot\mathbf{B}^T(j)[\prod_{i=j+1}^{k+\kappa-1}\mathbf{A}^T(i)]-\sum_{j=k+1}^{k+\kappa-1}[\prod_{i=k+\kappa-1}^{j+1}\mathbf{A}(i)]\,\mathbf{B}(j)\\
&\quad \cdot\mathrm{E}\{\mathbf{U}(j)[\hat{\mathbf{Q}}(k+1|k)-\mathbf{Q}(k+1)]^T\}[\prod_{l=k+1}^{k+\kappa-1}\mathbf{A}^T(l)]\\
&\quad +\sum_{j=k+1}^{k+\kappa-1}\sum_{h=k+1}^{k+\kappa-1}[\prod_{i=k+\kappa-1}^{j+1}\mathbf{A}(i)]\,\mathbf{B}(j)\mathrm{E}\{\mathbf{U}(j)\mathbf{U}^T(h)\}\mathbf{B}^T(h)\\
&\quad \cdot[\prod_{i=h+1}^{k+\kappa-1}\mathbf{A}^T(i)]\,.
\end{aligned}
\tag{9.64}
$$

Beachtet man, dass nach Tab. 9.1 $\hat{\mathbf{q}}(k+1|k)$ eine Linearkombination von $\mathbf{r}(i)$, $0 \leq i \leq k$ ist und dass der Erwartungswert $\mathrm{E}\{\mathbf{R}(i)\mathbf{U}^T(j)\}$ für $j \geq i$ und der Erwartungswert $\mathrm{E}\{\mathbf{Q}(k+1)\mathbf{U}^T(j)\}$ für $j \geq k+1$ verschwindet, so folgt dies auch für die beiden negativen Terme in (9.64). Damit gilt:

$$
\begin{aligned}
&\mathbf{R}_{\mathbf{EE}}(k+\kappa|k)\\
&=[\prod_{l=k+\kappa-1}^{k+1}\mathbf{A}(l)]\,\mathbf{R}_{\mathbf{EE}}(k+1|k)[\prod_{l=k+1}^{k+\kappa-1}\mathbf{A}^T(l)]\\
&\quad+\sum_{j=k+1}^{k+\kappa-1}\sum_{h=k+1}^{k+\kappa-1}[\prod_{i=k+\kappa-1}^{j+1}\mathbf{A}(i)]\,\mathbf{B}(j)\mathbf{U}_w(j)\delta_{jh}\cdot\mathbf{B}^T(h)[\prod_{l=k+\kappa-1}^{k+1}\mathbf{A}(l)]\\
&=[\prod_{l=k+\kappa-1}^{k+1}\mathbf{A}(l)]\,\mathbf{R}_{\mathbf{EE}}(k+1|k)[\prod_{l=k+1}^{k+\kappa-1}\mathbf{A}^T(l)]\\
&\quad+\sum_{j=k+1}^{k+\kappa-1}[\prod_{i=k+\kappa-1}^{j+1}\mathbf{A}(i)]\,\mathbf{B}(j)\mathbf{U}_w(j)\mathbf{B}^T(j)[\prod_{i=j+1}^{k+\kappa-1}\mathbf{A}^T(i)]\,.
\end{aligned}
\tag{9.65}
$$

Sind die Matrizen **A**, **B** und $\mathbf{U}_w$ konstant, so erhält man:

$$
\mathbf{R}_{\mathbf{EE}}(k+\kappa|k)=\mathbf{A}^{\kappa-1}\mathbf{R}_{\mathbf{EE}}(k+1|k)(\mathbf{A}^T)^{\kappa-1}+\sum_{j=1}^{\kappa-1}\mathbf{A}^{\kappa-1-j}\mathbf{B}\mathbf{U}_w\mathbf{B}^T(\mathbf{A}^T)^{\kappa-1-j}.
\tag{9.66}
$$

Um die hier angegebenen Korrelationsmatrizen $\mathbf{R}_{\mathbf{EE}}(k+\kappa|k)$ zu berechnen, muss man die Korrelationsmatrix $\mathbf{R}_{\mathbf{EE}}(k+1|k)$ des Fehlers bei *Prädiktion um einen Schritt* kennen. Dazu ist die Fehlergleichung (9.38) zu lösen.

Man erkennt, dass die Fehlerkorrelationsmatrix mit zunehmender Prädiktionszeit κ anwächst, weil die Summe im zweiten Term von $\mathbf{R}_{\mathbf{EE}}(k+\kappa|k)$ in ihrer Gliederzahl ansteigt. Dieses Ergebnis stimmt mit den Überlegungen bei Prädiktion mit Wiener-Filtern überein.

Die Matrix $\mathbf{R}_{\mathbf{EE}}(k+\kappa|k)$ wurde hier für den ersten Fall der Prädiktion angegeben. Für die beiden anderen Fälle erhält man durch Anpassung der Grenzen in den Summen und Produkten entsprechende Ergebnisse.

9.3 Filterung

Mit *Filterung* bezeichnet man die Bestimmung eines Schätzwertes für $\mathbf{q}(k)$ mit Hilfe der gestörten Empfangsvektoren $\mathbf{r}(i)$ für $0 \le i \le k$. Der Schätzwert wird deshalb mit $\hat{\mathbf{q}}(k|k)$ bezeichnet. Dieser Schätzwert soll durch eine Linearkombination aus den $\mathbf{r}(i)$ entstehen, so dass

$$
\hat{\mathbf{q}}(k|k)=\sum_{i=0}^{k}\mathbf{P}'(i)\,\mathbf{r}(i)
\tag{9.67}
$$

gilt, und die Hauptdiagonalelemente der Fehlerkorrelationsmatrix

$$
\mathbf{R}_{\mathbf{EE}}(k|k)=\mathrm{E}\{(\hat{\mathbf{Q}}(k|k)-\mathbf{Q}(k))\cdot(\hat{\mathbf{Q}}(k|k)-\mathbf{Q}(k))^T\}
\tag{9.68}
$$

minimal werden.

Für das lineare System, das dieses Optimalitätskriterium erfüllt, gilt das *Orthogonalitätsprinzip*

$$\mathrm{E}\{(\hat{\mathbf{Q}}(k|k)-\mathbf{Q}(k))\cdot\mathbf{R}^T(i)\}=\mathbf{0},\quad 0\le i\le k. \tag{9.69}$$

Vergleicht man (9.67) mit (9.9), so erkennt man, dass zwischen den Schätzwerten $\hat{\mathbf{q}}(k|k)$ und $\hat{\mathbf{q}}(k+1|k)$ die lineare Beziehung

$$\hat{\mathbf{q}}(k|k)=\mathbf{T}(k)\,\hat{\mathbf{q}}(k+1|k) \tag{9.70}$$

bestehen muss. Nun multipliziert man (9.69) mit $\mathbf{A}(k)$ und setzt das Ergebnis in (9.70) ein:

$$\begin{aligned}&\mathbf{A}(k)\,\mathrm{E}\{(\hat{\mathbf{Q}}(k|k)-\mathbf{Q}(k))\cdot\mathbf{R}^T(i)\}\\&=\mathrm{E}\{(\mathbf{A}(k)\mathbf{T}(k)\hat{\mathbf{Q}}(k+1|k)-\mathbf{A}(k)\mathbf{Q}(k))\cdot\mathbf{R}^T(i)\}=\mathbf{0},\quad 0\le i\le k.\end{aligned} \tag{9.71}$$

Beachtet man, dass nach Tab. 9.2.1 $\mathrm{E}\{\mathbf{U}(k)\mathbf{R}^T(i)\}=\mathbf{0}$ für $0\le i\le k$ gilt, so erhält man für (9.71) unter Verwendung der Zustandsgleichung für $\mathbf{q}(k+1)$ das Ergebnis:

$$\begin{aligned}&\mathrm{E}\{(\mathbf{A}(k)\mathbf{T}(k)\hat{\mathbf{Q}}(k+1|k)-\mathbf{A}(k)\mathbf{Q}(k)-\mathbf{B}(k)\mathbf{U}(k))\cdot\mathbf{R}^T(i)\}\\&=\mathrm{E}\{(\mathbf{A}(k)\mathbf{T}(k)\hat{\mathbf{Q}}(k+1|k)-\mathbf{Q}(k+1))\cdot\mathbf{R}^T(i)\}=\mathbf{0},\quad 0\le i\le k.\end{aligned} \tag{9.72}$$

Vergleicht man (9.72) mit (9.10), so entsteht Identität für

$$\mathbf{A}(k)\mathbf{T}(k)=\mathbf{I} \tag{9.73}$$

bzw.

$$\mathbf{T}(k)=\mathbf{A}^{-1}(k). \tag{9.74}$$

Weil hier die Filterung aus der Prädiktion um einen Schritt abgeleitet wurde, tritt die Inverse der Matrix $\mathbf{A}(k)$ auf, was, wie auch das später folgende Endergebnis zeigt, bei direkter Herleitung einer Schätzformel für die Filterung vermieden werden kann.

Für (9.70) gilt damit

$$\hat{\mathbf{q}}(k|k)=\mathbf{A}^{-1}(k)\,\hat{\mathbf{q}}(k+1|k). \tag{9.75}$$

Ausgehend von der *Prädiktion um einen Schritt* kann man damit das Filterproblem lösen. Ungünstig an dieser Lösung ist die erforderliche Inversion der Matrix $\mathbf{A}$, die sich allerdings durch eine einfache Umformung vermeiden lässt. Dazu setzt man die aus (9.75) folgenden Beziehungen

$$\hat{\mathbf{q}}(k+1|k)=\mathbf{A}(k)\,\hat{\mathbf{q}}(k|k) \tag{9.76}$$

und

$$\hat{\mathbf{q}}(k|k-1)=\mathbf{A}(k-1)\,\hat{\mathbf{q}}(k-1|k-1) \tag{9.77}$$

in die Schätzgleichung (9.37) der Prädiktion um einen Schritt ein:

$$\begin{aligned}\hat{\mathbf{q}}(k+1|k) &= (\mathbf{A}-\mathbf{P}\mathbf{C})\hat{\mathbf{q}}(k|k-1)+\mathbf{P}\mathbf{r}(k)\\ &= (\mathbf{A}-\mathbf{P}\mathbf{C})\mathbf{A}(k-1)\hat{\mathbf{q}}(k-1|k-1)+\mathbf{P}\mathbf{r}(k)=\mathbf{A}\hat{\mathbf{q}}(k|k),\end{aligned} \tag{9.78}$$

wobei zur Vereinfachung wieder nur die von k verschiedenen Argumente der Matrizen angegeben wurden. Multipliziert man (9.78) mit $\mathbf{A}^{-1}(k)$ und setzt

$$\mathbf{R}(k)=\mathbf{R}=\mathbf{A}^{-1}(k)\mathbf{P}(k)=\mathbf{R}_{\mathbf{EE}}(k|k-1)\mathbf{C}^T(\mathbf{N}+\mathbf{C}\mathbf{R}_{\mathbf{EE}}(k|k-1)\mathbf{C}^T)^{-1}, \tag{9.79}$$

wobei für $\mathbf{P}(k)$ die Verstärkungsgleichung (9.36) gilt, so erhält man schließlich für den Schätzwert $\hat{\mathbf{q}}(k|k)$:

$$\begin{aligned}\hat{\mathbf{q}}(k|k) &= (\mathbf{I}-\mathbf{A}^{-1}\mathbf{P}\mathbf{C})\mathbf{A}(k-1)\,\hat{\mathbf{q}}(k-1|k-1)+\mathbf{A}^{-1}\mathbf{P}\mathbf{r}(k)\\ &= (\mathbf{I}-\mathbf{R}\mathbf{C})\mathbf{A}(k-1)\,\hat{\mathbf{q}}(k-1|k-1)+\mathbf{R}\mathbf{r}(k).\end{aligned} \tag{9.80}$$

Dieser Schätzgleichung entspricht der Empfänger nach Abb. 9.8, bei dem keine Invertierung der Matrix $\mathbf{A}(k)$ erforderlich ist. Auch hier wird der neue Schätzwert

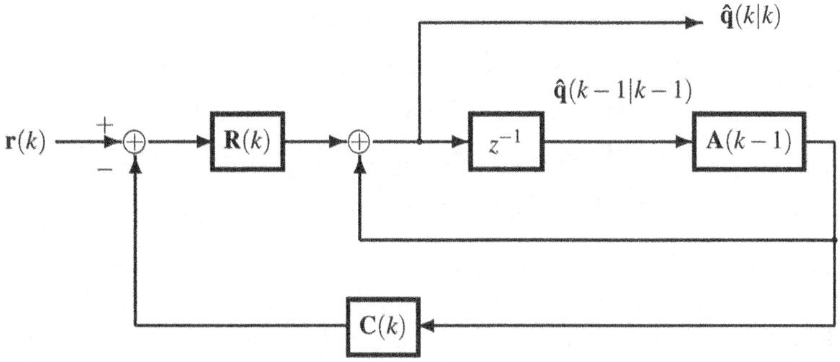

Abb. 9.8 Empfänger zur Filterung

aus dem alten Schätzwert und dem neuen Empfangsvektor gebildet.

Die Fehlerkorrelationsmatrix ist für die Filterung durch

$$\mathbf{R}_{\mathbf{EE}}(k|k)=\mathrm{E}\{(\hat{\mathbf{Q}}(k|k)-\mathbf{Q}(k))\cdot(\hat{\mathbf{Q}}(k|k)-\mathbf{Q}(k))^T\} \tag{9.81}$$

gegeben. Um den Zusammenhang zur Prädiktion um einen Schritt herzustellen, soll die Fehlerkorrelationsmetrix $\mathbf{R}_{\mathbf{EE}}(k|k)$ als Funktion von $\mathbf{R}_{\mathbf{EE}}(k|k-1)$ bestimmt werden. Dazu ersetzt man in (9.80) $\hat{\mathbf{q}}(k-1|k-1)$ durch $\hat{\mathbf{q}}(k|k-1)$ nach (9.77) und erhält unter Verwendung der Zustandsgleichung für $\mathbf{r}(k)$

$$\begin{aligned}\hat{\mathbf{q}}(k|k)-\mathbf{q}(k) &= (\mathbf{I}-\mathbf{R}\mathbf{C})\,\hat{\mathbf{q}}(k|k-1)+\mathbf{R}\mathbf{r}(k)-\mathbf{q}(k)\\ &= (\mathbf{I}-\mathbf{R}\mathbf{C})\hat{\mathbf{q}}(k|k-1)+\mathbf{R}\mathbf{C}\mathbf{q}(k)+\mathbf{R}\mathbf{n}(k)-\mathbf{q}(k)\\ &= (\mathbf{I}-\mathbf{R}\mathbf{C})\,(\hat{\mathbf{q}}(k|k-1)-\mathbf{q}(k))+\mathbf{R}\mathbf{n}(k).\end{aligned} \tag{9.82}$$

Setzt man dies in (9.81) ein, so folgt

$$\begin{aligned}
\mathbf{R_{EE}}(k|k) &= \mathrm{E}\{((\mathbf{I}-\mathbf{R}\,\mathbf{C})(\hat{\mathbf{Q}}(k|k-1)-\mathbf{Q}(k))+\mathbf{R}\mathbf{N}(k)) \\
&\quad \cdot((\hat{\mathbf{Q}}(k|k-1)-\mathbf{Q}(k))^T(\mathbf{I}-\mathbf{R}\,\mathbf{C})^T+\mathbf{N}^T(k)\mathbf{R}^T)\} \\
&= (\mathbf{I}-\mathbf{R}\,\mathbf{C})\mathbf{R_{EE}}(k|k-1)(\mathbf{I}-\mathbf{R}\,\mathbf{C})^T \\
&\quad +(\mathbf{I}-\mathbf{R}\,\mathbf{C})\mathrm{E}\{(\hat{\mathbf{Q}}(k|k-1)-\mathbf{Q}(k))\mathbf{N}^T(k)\}\mathbf{R}^T \\
&\quad +\mathbf{R}\mathrm{E}\{\mathbf{N}(k)(\hat{\mathbf{Q}}(k|k-1)-\mathbf{Q}(k))^T\}(\mathbf{I}-\mathbf{R}\cdot\mathbf{C})^T \\
&\quad +\mathbf{R}\mathrm{E}\{\mathbf{N}(k)\mathbf{N}^T(k)\}\mathbf{R}^T \\
&= (\mathbf{I}-\mathbf{R}\,\mathbf{C})\mathbf{R_{EE}}(k|k-1)(\mathbf{I}-\mathbf{R}\,\mathbf{C})^T+\mathbf{R}\mathbf{N}_w\mathbf{R}^T, \qquad (9.83)
\end{aligned}$$

weil die Erwartungswerte $\mathrm{E}\{\hat{\mathbf{Q}}(k|k-1)\,\mathbf{N}^T(k)\}$ und $\mathrm{E}\{\hat{\mathbf{Q}}(k)\,\mathbf{N}^T(k)\}$ nach Tab. 9.2.1 verschwinden. Diese Form lässt sich noch vereinfachen, indem man für $\mathbf{R}$ die Beziehung (9.79) geeignet einsetzt. Man erhält dabei:

$$\begin{aligned}
\mathbf{R_{EE}}(k|k) &= (\mathbf{I}-\mathbf{R}\,\mathbf{C})\mathbf{R_{EE}}(k|k-1) \\
&\quad -(\mathbf{I}-\mathbf{R}\,\mathbf{C})\mathbf{R_{EE}}(k|k-1)\mathbf{C}^T\mathbf{R}^T+\mathbf{R}\mathbf{N}_w\mathbf{R}^T \\
&= (\mathbf{I}-\mathbf{R}\,\mathbf{C})\mathbf{R_{EE}}(k|k-1) \\
&\quad -\mathbf{R_{EE}}(k|k-1)\mathbf{C}^T\mathbf{R}^T+\mathbf{R}\,(\mathbf{C}\mathbf{R_{EE}}(k|k-1)\mathbf{C}^T+\mathbf{N}_w)\,\mathbf{R}^T \\
&= (\mathbf{I}-\mathbf{R}\,\mathbf{C})\mathbf{R_{EE}}(k|k-1)-\mathbf{R_{EE}}(k|k-1)\mathbf{C}^T\mathbf{R}^T \\
&\quad +\mathbf{R_{EE}}(k|k-1)\,\mathbf{C}^T\,(\mathbf{N}_w+\mathbf{C}\,\mathbf{R_{EE}}(k|k-1)\,\mathbf{C}^T)^{-1} \\
&\quad \cdot(\mathbf{C}\mathbf{R_{EE}}(k|k-1)\mathbf{C}^T+\mathbf{N}_w)\mathbf{R}^T \\
&= (\mathbf{I}-\mathbf{R}\,\mathbf{C})\mathbf{R_{EE}}(k|k-1)\,. \qquad (9.84)
\end{aligned}$$

Wenn man nun die Gleichung (9.38) für die Fehlerkorrelationsmatrix bei Prädiktion um einen Schritt löst, ist auch $\mathbf{R_{EE}}(k|k)$ nach (9.84) bekannt. Aus $\mathbf{R_{EE}}(k|k)$ lässt sich $\mathbf{R_{EE}}(k+1|k)$ leichter als aus $\mathbf{R_{EE}}(k|k-1)$ berechnen. Führt man in (9.83) die Matrix $\mathbf{P}$ nach (9.79) ein, so folgt:

$$\begin{aligned}
\mathbf{R_{EE}}(k|k) &= \mathbf{A}^{-1}(\mathbf{A}-\mathbf{P}\mathbf{C})\mathbf{R_{EE}}(k|k-1)(\mathbf{A}-\mathbf{P}\mathbf{C})^T(\mathbf{A}^T)^{-1} \qquad (9.85) \\
&\quad +\mathbf{A}^{-1}\mathbf{P}\mathbf{N}_w\mathbf{P}^T(\mathbf{A}^T)^{-1} \\
&= \mathbf{A}^{-1}[(\mathbf{A}-\mathbf{P}\mathbf{C})\mathbf{R_{EE}}(k|k-1)(\mathbf{A}-\mathbf{P}\mathbf{C}^T)+\mathbf{P}\mathbf{N}_w\mathbf{P}^T](\mathbf{A}^T)^{-1}\,.
\end{aligned}$$

Vergleicht man (9.85) mit der Fehlerkorrelationsmatrix $\mathbf{R_{EE}}(k+1|k)$ der Prädiktion um einen Schritt nach (9.38), so erhält man

$$\mathbf{R_{EE}}(k|k) = \mathbf{A}^{-1}\,[\mathbf{R_{EE}}(k+1|k)-\mathbf{B}\mathbf{U}_w\mathbf{B}^T]\,(\mathbf{A}^T)^{-1} \qquad (9.86)$$

bzw.

$$\mathbf{R_{EE}}(k+1|k) = \mathbf{A}\,\mathbf{R_{EE}}(k|k)\,\mathbf{A}^T+\mathbf{B}\,\mathbf{U}_w\mathbf{B}^T. \qquad (9.87)$$

Mit (9.87) kaqnn man den Anfangswert $\mathbf{R_{EE}}(1|0)$ der Prädiktion um einen Schritt aus dem entsprechenden Wert $\mathbf{R_{EE}}(0|0)$ der Filterung berechnen. Auf diese Tatsache wurde bereits im vorigen Abschnitt über die Prädiktion um einen Schritt hingewiesen.

Damit lassen sich die Korrelationsmatrizen $\mathbf{R}_{\mathbf{EE}}(k|k)$ des Fehlers bei Filterung rekursiv über die Formeln (9.84) und (9.87) bestimmen.

Zusammengefasst seien hier die zur Lösung des Filterproblems erforderlichen Beziehungen angegeben:

$$\mathbf{R} = \mathbf{R}_{\mathbf{EE}}(k|k-1)\,\mathbf{C}^T\,(\mathbf{N}_w + \mathbf{C}\,\mathbf{R}_{\mathbf{EE}}(k|k-1)\,\mathbf{C}^T)^{-1} \tag{9.88}$$

$$\hat{\mathbf{q}}(k|k) = (\mathbf{I}-\mathbf{R}\mathbf{C})\,\mathbf{A}(k-1)\,\hat{\mathbf{q}}(k-1|k-1) + \mathbf{R}\,\mathbf{r}(k) \tag{9.89}$$

$$\mathbf{R}_{\mathbf{EE}}(k|k) = (\mathbf{I}-\mathbf{R}\mathbf{C})\mathbf{R}_{\mathbf{EE}}(k|k-1) \tag{9.90}$$

$$\mathbf{R}_{\mathbf{EE}}(k+1|k) = \mathbf{A}\,\mathbf{R}_{\mathbf{EE}}(k|k)\,\mathbf{A}^T + \mathbf{B}\,\mathbf{U}_w\,\mathbf{B}^T\,. \tag{9.91}$$

Für variables k werden die Gleichungen in der angegebenen Reihenfolge durchlaufen, wobei nach Berechnen der Gleichung (9.91) mit $k+1$ bei (9.88) erneut begonnen wird. Die als gegeben vorausgesetzten Anfangswerte dieser zyklischen Rechnung sind $\hat{\mathbf{q}}(0|0)$ und $\mathbf{R}_{\mathbf{EE}}(0|0)$.

9.4 Interpolation

Bei der *Interpolation* wird aus den verfügbaren Empfangsvektoren ein Schätzwert für einen zurückliegenden Signalvektor bestimmt. Dieser Schätzwert soll eine Linearkombination dieser Empfangsvektoren sein, und die Hauptdiagonalelemente der Fehlerkorrelationsmatrix, die die Abweichung zwischen den Schätzwerten und den geschätzten Werten im quadratischen Mittel angeben, sollen minimal werden.

Wie bei der Prädiktion kann man die in Abb. 9.9 dargestellten drei Fälle der Interpolation unterscheiden:

- **Fall 1: Interpolation von einem festen Zeitpunkt k_0 aus**
  Hier stehen die gestörten Empfangsvektoren $\mathbf{r}(i)$ für $0 \le i \le k_0$ zur Verfügung. Mit Hilfe dieser Vektoren ist für den Signalvektor $\mathbf{q}(k_0-\kappa)$ zum festen Zeitpunkt k_0 der Schätzwert $\hat{\mathbf{q}}(k_0-\kappa|k_0)$ zu bestimmen. Für den variablen Zeitparameter κ gilt $1 \le \kappa \le k_0$.
- **Fall 2: Interpolation für einen festen Zeitpunkt k_0**
  Die Empfangsvektoren $\mathbf{r}(i)$ stehen für $0 \le i \le k$ zur Verfügung. Es ist der Schätzwert $\hat{\mathbf{q}}(k_0|k)$ des Signalvektors $\mathbf{q}(k_0)$ zu bestimmen. Dabei ist $k_0 = k-\kappa$ ein fester, k der laufende Zeitparameter, so dass $\kappa > 0$ ebenfalls ein laufender Zeitparameter ist.
- **Fall 3: Interpolation über einen festen Zeitabstand κ**
  Es stehen die Empfangsvektoren $\mathbf{r}(i)$ mit $0 \le i \le k$ zur Verfügung, wobei k der laufende Zeitparameter ist. Der daraus gewonnene Schätzwert des Signalvektors $\mathbf{q}(k-\kappa)$ ist $\hat{\mathbf{q}}(k-\kappa|k)$, wobei κ ein fester Wert ist.

Es sollen nun die drei Fälle der Interpolation in der angegebenen Reihenfolge behandelt werden. Im Gegensatz zur Prädiktion wird jeder Fall gesondert behandelt, da man von der Lösung eines Falles ausgehend nicht nur die Parameter k und κ geeignet festlegen muss, um zu den gewünschten Ergebnissen der übrigen Fälle zu

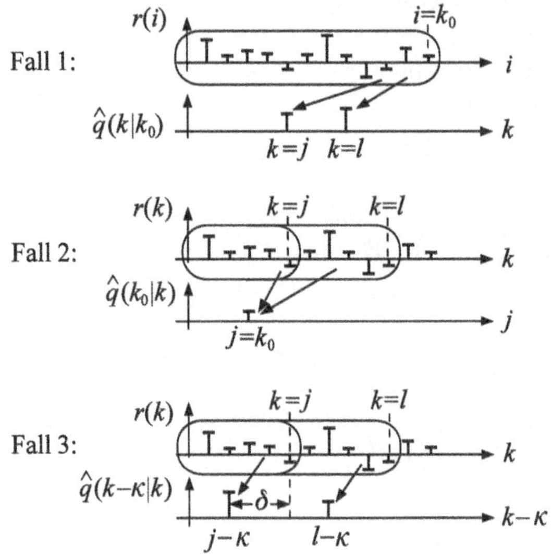

Abb. 9.9 Formen der Interpolation

kommen, wie es bei der Prädiktion möglich war. Das liegt daran, dass die Interpolation verglichen mit Prädiktion und Filterung mathematisch am aufwändigsten zu lösen ist, weil hier der zu schätzende Signalvektor gegenüber dem letzten verfügbaren Empfangsvektor zeitlich zurückliegt und deshalb mehr statistische Bindungen zwischen den auftretenden Signalprozessen vorhanden sind.

Wenn man sich vor Augen hält, dass der Sinn der im vorausgehenden Abschnitt behandelten Filterung darin besteht, aus dem verrauschten Empfangsvektor möglichst genau den Signalvektor $\mathbf{q}(k)$ zu rekonstruieren, so kann man fragen, welchen Sinn die Interpolation hat, bei der man ja auch nur den Signalvektor zu einem zurückliegenden Zeitpunkt möglichst genau rekonstruieren möchte. Beachtet man, dass bei der Interpolation Information über den Signalprozess und den Störprozess zwischen dem Zeitpunkt, für den der Signalvektor bestimmt werden soll, und dem Zeitpunkt, zu dem der Schätzwert berechnet wird, verwendet werden kann, die bei der Filterung nicht verfügbar ist, so wird man erwarten, dass der interpolierte Wert genauer ist als der gefilterte Wert.

Ein Beispiel für ein konkretes Problem, bei dem es sehr auf diese Genauigkeit ankommt, ist die Bahnberechnung in der Raumfahrt. Um die Bahnkurve z. B. für den Einschuss in eine Erdumlaufbahn berechnen zu können, braucht man die Anfangswerte des Geschwindigkeitsvektors beim Start. Der zweite Fall der Interpolation ist auf dieses Problem zugeschnitten: Aus den laufend eintreffenden Flugdaten der Rakete kann man deren feste Anfangswerte beim Start, die zum Zeitpunkt des Startes nur ungenau bestimmt werden können, nachträglich genauer berechnen, um so Anhaltspunkte für eventuell erforderliche Bahnkorrekturen zu gewinnen.

Ähnliche Anwendungsfälle gibt es für die beiden anderen Formen der Interpolation. Beginnend bei der Interpolation von einem festen Zeitpunkt k_0 aus sollen nun diese Formen der Interpolation betrachtet werden.

9.4.1 Interpolation von einem festen Zeitpunkt aus

Der gesuchte Schätzwert $\hat{\mathbf{q}}(k_0 - \kappa|k_0)$ ist eine Linearkombination der verfügbaren Empfangsvektoren $\mathbf{r}(i)$, $0 \leq i \leq k_0$:

$$\hat{\mathbf{q}}(k_0 - \kappa|k_0) = \sum_{i=0}^{k_0} \mathbf{P}'(i)\,\mathbf{r}(i)\,. \tag{9.92}$$

Um die Schreibweise zu vereinfachen, soll hier

$$k_0 - \kappa = k \tag{9.93}$$

gesetzt werden, wobei k wegen $1 \leq \kappa \leq k_0$ abnehmend die Werte $k_0 - 1$ bis 0 durchläuft.

Der so definierte Schätzwert $\hat{\mathbf{q}}(k|k_0)$ soll optimal in dem Sinne sein, dass der mittlere quadratische Schätzfehler zum Minimum wird. Deshalb muss auch hier das *Orthogonalitätsprinzip* gelten:

$$\mathrm{E}\{(\hat{\mathbf{Q}}(k|k_0) - \mathbf{Q}(k)) \cdot \mathbf{R}^T(i)\} = \mathbf{0}\,, \quad 0 \leq i \leq k_0\,. \tag{9.94}$$

Bei Prädiktion und Filterung wurde der Ansatz (9.92) für den optimalen Schätzwert stets so abgeändert, dass der alte Schätzwert mit dem neu eingetroffenen Empfangsvektor $\mathbf{r}(k)$ zum neuen Schätzwert verknüpft wurde. Diese Form der Rekursionsformel lässt sich hier nicht anwenden, da in diesem Fall alle Empfangsvektoren $\mathbf{r}(i)$, $0 \leq i \leq k_0$ bekannt sind, so dass kein neuer Empfangsvektor zu den bekannten hinzukommt.

Zur hier verwendeten Rekursionsformel kommt man durch folgende Überlegung: Wollte man den Signalvektor $\mathbf{q}(k)$ bestimmen und hätte nur die Empfangsvektoren $\mathbf{r}(i), 0 \leq i \leq k$ zur Verfügung, müsste man die im vorausgehenden Abschnitt betrachtete Schätzeinrichtung zur *Filterung* verwenden. Deshalb wird man bei der Rekursionsformel zur Interpolation des Signalvektors $\mathbf{q}(k)$ den Schätzwert der Filterung $\hat{\mathbf{q}}(k|k)$ mit dem alten, d. h. im vorhergehenden Schritt gewonnenen Schätzwert der Interpolation $\hat{\mathbf{q}}(k+1|k_0)$ verknüpfen. Im Zusammenhang mit (9.93) wurde gesagt, dass k abnehmende Werte durchläuft, so dass bezüglich des Zeitpunktes kT der alte Schätzwert der Interpolation durch $\hat{\mathbf{q}}(k+1|k_0)$ gegeben sein muss. Damit gilt aber für die gesuchte Rekursionsformel

$$\hat{\mathbf{q}}(k|k_0) = \mathbf{F}\,\hat{\mathbf{q}}(k+1|k_0) + \mathbf{G}\,\hat{\mathbf{q}}(k|k)\,, \tag{9.95}$$

wobei k bei $k_0 - 1$ beginnend abnehmende Werte durchläuft, so dass der Anfangswert der Schätzung $\hat{\mathbf{q}}(k_0|k_0)$ ist.

Auch hier soll bei der Berechnung der Matrizen $\mathbf{F}$ und $\mathbf{G}$ das Argument nur angegeben werden, wenn es von k verschieden ist. Während der Schätzwert $\hat{\mathbf{q}}(k-1|k_0)$ aus allen Vektoren $\mathbf{r}(i)$, $0 \le i \le k_0$ bestimmt wird, verwendet man für $\hat{\mathbf{q}}(k|k)$ nur die Vektoren $\mathbf{r}(i)$, $0 \le i \le k$, was in Abb. 9.10 veranschaulicht wird.

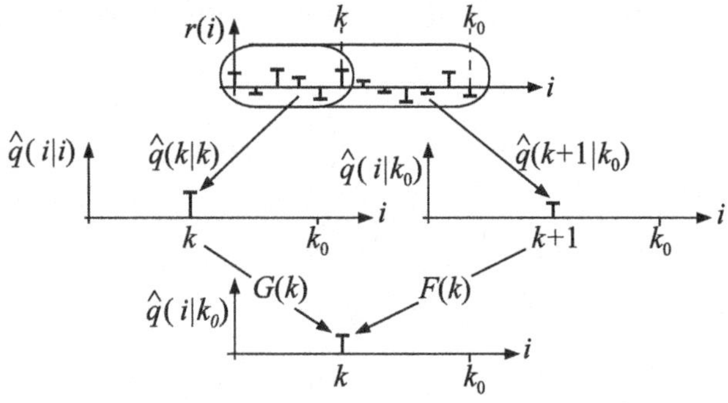

Abb. 9.10 Berechnung des Interpolationswertes $\hat{q}(k|k_0)$, $k = k_0 - \kappa$

Setzt man den Ansatz (9.95) in die Orthogonalitätsbedingung (9.94) ein, so folgt:

$$\mathrm{E}\{\big(\mathbf{F}\hat{\mathbf{Q}}(k+1|k_0) + \mathbf{G}\hat{\mathbf{Q}}(k|k) - \mathbf{Q}(k)\big) \cdot \mathbf{R}^T(i)\} = \mathbf{0}, \quad 0 \le i \le k_0\,. \tag{9.96}$$

Das Orthogonalitätsprinzip muss auch für den Interpolationswert $\hat{\mathbf{q}}(k+1|k_0)$ gelten:

$$\mathrm{E}\{(\hat{\mathbf{Q}}(k+1|k_0) - \mathbf{Q}(k+1)) \cdot \mathbf{R}^T(i)\} = \mathbf{0}, \quad 0 \le i \le k_0 \tag{9.97}$$

bzw.

$$\mathrm{E}\{\hat{\mathbf{Q}}(k+1|k_0) \cdot \mathbf{R}^T(i)\} = \mathrm{E}\{\mathbf{Q}(k+1|k_0) \cdot \mathbf{R}^T(i)\}\,. \tag{9.98}$$

Mit (9.98) folgt für (9.96):

$$\mathrm{E}\{\big(\mathbf{F}\mathbf{Q}(k+1) + \mathbf{G}\hat{\mathbf{Q}}(k|k) - \mathbf{Q}(k)\big) \cdot \mathbf{R}^T(i)\} = \mathbf{0}, \quad 0 \le i \le k_0\,. \tag{9.99}$$

Setzt man hierin für $\mathbf{q}(k+1)$ die Zustandsgleichung ein und erweitert so, dass man Terme mit dem Schätzwert $\hat{\mathbf{q}}(k|k) - \mathbf{q}(k)$ erhält, so folgt:

$$\begin{aligned}
&\mathrm{E}\{\big(\mathbf{F}(\mathbf{A}\mathbf{Q}(k) + \mathbf{B}\mathbf{U}(k)) + \mathbf{G}\hat{\mathbf{Q}}(k|k) - \mathbf{Q}(k)\big) \cdot \mathbf{R}^T(i)\} \\
&\quad = \mathrm{E}\{\big((\mathbf{F}\mathbf{A} - \mathbf{I})\mathbf{Q}(k) + \mathbf{F}\mathbf{B}\mathbf{U}(k) + \mathbf{G}\hat{\mathbf{Q}}(k|k)\big) \cdot \mathbf{R}^T(i)\} \\
&\quad = \mathrm{E}\{\big((\mathbf{I} - \mathbf{F}\mathbf{A})[\hat{\mathbf{Q}}(k|k) - \mathbf{Q}(k)] + \mathbf{F}\mathbf{B}\mathbf{U}(k) \\
&\qquad + (\mathbf{G} - \mathbf{I} + \mathbf{F}\mathbf{A})\hat{\mathbf{Q}}(k|k)\big) \cdot \mathbf{R}^T(i)\} = \mathbf{0}, \\
&\qquad\qquad 0 \le i \le k_0\,.
\end{aligned} \tag{9.100}$$

Spaltet man nun das Beobachtungsintervall $0 \leq i \leq k_0$ in die Teilintervalle $0 \leq i \leq k$ und $k+1 \leq i \leq k_0$ auf, so folgt für das erste Intervall

$$\mathrm{E}\{\big((\mathbf{I}-\mathbf{FA})[\hat{\mathbf{Q}}(k|k)-\mathbf{Q}(k)]+(\mathbf{G}-\mathbf{I}+\mathbf{FA})\hat{\mathbf{Q}}(k|k)\big)\cdot\mathbf{R}^T(i)\} = \mathbf{0}, \quad 0 \leq i \leq k, \tag{9.101}$$

weil nach Tab. 9.2.1 der Erwartungswert $\mathrm{E}\{\mathbf{U}(k)\mathbf{R}^T(i)\}$ für $0 \leq i \leq k$ verschwindet. Für

$$\mathbf{G}-\mathbf{I}+\mathbf{FA} = \mathbf{0} \tag{9.102}$$

geht (9.101) aber in die Orthogonalitätsbedingung für die Filterung über und ist identisch erfüllt. Damit stellt (9.102) die erste Bestimmungsgleichung zur Berechnung von **F** und **G** dar.

Nun betrachtet man das zweite Intervall $k+1 \leq i \leq k_0$ und setzt in (9.100) die Beziehung (9.102) und die Zustandsgleichung für $\mathbf{r}(i)$ ein. Man erhält

$$\begin{aligned}
&\mathrm{E}\{\big((\mathbf{I}-\mathbf{FA})[\hat{\mathbf{Q}}(k|k)-\mathbf{Q}(k)]+\mathbf{FBU}(k)\big)\cdot\mathbf{R}^T(i)\} \\
&\quad = \mathrm{E}\{\big((\mathbf{I}-\mathbf{FA})[\hat{\mathbf{Q}}(k|k)-\mathbf{Q}(k)]+\mathbf{FBU}(k)\big)\cdot\big(\mathbf{Q}^T(i)\mathbf{C}^T+\mathbf{N}^T(i)\big)\} \\
&\quad = \mathrm{E}\{\big((\mathbf{I}-\mathbf{FA})[\hat{\mathbf{Q}}(k|k)-\mathbf{Q}(k)]+\mathbf{FBU}(k)\big)\cdot\mathbf{Q}^T(i)\}\,\mathbf{C}^T = \mathbf{0}, \\
&\qquad k+1 \leq i \leq k_0,
\end{aligned} \tag{9.103}$$

weil der Erwartungswert $\mathrm{E}\{\mathbf{U}(k)\mathbf{N}^T(i)\}$ nach Voraussetzung und die Erwartungswerte $\mathrm{E}\{\mathbf{Q}(k)\mathbf{N}^T(i)\}$ und $\mathrm{E}\{\hat{\mathbf{Q}}(k)\mathbf{N}^T(i)\}$ nach Tab. 9.4.1 verschwinden.

Mit (9.102) gilt für (9.100)

$$\mathrm{E}\{\big((\mathbf{I}-\mathbf{FA})[\hat{\mathbf{Q}}(k|k)-\mathbf{Q}(k)]+\mathbf{FBU}(k)\big)\cdot\mathbf{R}^T(i)\} = \mathbf{0}, \quad k+1 \leq i \leq k_0, \tag{9.104}$$

und weil $\hat{\mathbf{q}}(k|k)$ eine Linearkombination von $\mathbf{r}(i)$, $0 \leq i \leq k$ ist, folgt daraus:

$$\mathrm{E}\{\big((\mathbf{I}-\mathbf{FA})[\hat{\mathbf{Q}}(k|k)-\mathbf{Q}(k)]+\mathbf{FBU}(k)\big)\cdot\hat{\mathbf{Q}}^T(k|k)\} = \mathbf{0}. \tag{9.105}$$

Nach Tab. 9.1 kann man für $\mathbf{q}(i)$, $k+1 \leq i \leq k_0$ als Funktion von $\mathbf{q}(k)$

$$\mathbf{q}^T(i) = \mathbf{q}^T(k)\prod_{l=k}^{i-1}\mathbf{A}^T(l) + \sum_{j=k}^{i-1}\mathbf{u}^T(j)\mathbf{B}^T(j)\prod_{l=j+1}^{i-1}\mathbf{A}^T(l) \tag{9.106}$$

schreiben. Setzt man dies in (9.103) ein und subtrahiert den so gewonnenen Ausdruck von der mit $[\prod_{l=k}^{i-1}\mathbf{A}^T(l)]\mathbf{C}^T$ multiplizierten Gleichung (9.105), so folgt

Voraussetzungen

$$\mathrm{E}\{\mathbf{U}(i)\mathbf{N}^T(j)\} = \mathrm{E}\{\mathbf{U}(i)\mathbf{Q}^T(0)\} = \mathrm{E}\{\mathbf{N}(i)\mathbf{Q}^T(0)\} = \mathbf{0} \qquad (1)$$

$$\mathrm{E}\{\mathbf{U}(i)\mathbf{U}^T(j)\} = \mathbf{U}_w(i)\delta_{ij}\,;\, \mathrm{E}\{\mathbf{N}(i)\mathbf{N}^T(j)\} = \mathbf{N}_w(i)\delta_{ij} \qquad (2)$$

$$\mathbf{q}(j+1) = \mathbf{A}\mathbf{q}(j) + \mathbf{B}\mathbf{u}(j)\,;\, \mathbf{r}(j) = \mathbf{C}\mathbf{q}(j) + \mathbf{n}(j) \qquad (3)$$

$$\mathrm{E}\{(\mathbf{Q}(l|h) - \mathbf{Q}(l)) \cdot \mathbf{R}^T(i)\} = \mathbf{0},\, 0 \le i \le l \le h \qquad (4)$$

$$\hat{\mathbf{q}}(l|h) = \sum_{j=0}^{h} \mathbf{P}(j)\,\mathbf{r}(j) \qquad (5)$$

$$\mathbf{q}(l) = \prod_{j=l-1}^{0} \mathbf{A}(j)\mathbf{q}(0) + \sum_{j=0}^{l+1} \prod_{i=l-1}^{j+1} \mathbf{A}(i)\mathbf{B}(j)\mathbf{U}(j) \qquad (6)$$

Folgerungen

Für $k+1 \le i \le k_0$ gilt:

$$\mathrm{E}\{\mathbf{Q}(k)\mathbf{N}^T(i)\} = |_{(6)\to} \qquad (7)$$

$$\prod_{j=k-1}^{0} \mathbf{A}(j)\mathrm{E}\{\mathbf{Q}(0)\mathbf{N}^T(i)\}|_{(1)} + \sum_{j=0}^{k-1} \prod_{l=k-1}^{j+1} \mathbf{A}(l)\mathbf{B}(j)$$

$$\cdot \mathrm{E}\{\mathbf{U}(j)(\mathbf{N}^T(i)\}|_{(1)} = \mathbf{0}$$

$$\mathrm{E}\{\hat{\mathbf{Q}}(k|k)\mathbf{N}^T(i)\} = |_{(5)\to} \qquad (8)$$

$$\sum_{j=0}^{k} \mathbf{P}(j)\mathrm{E}\{\mathbf{R}(j)\mathbf{N}^T(i)\}|_{(3)} = \sum_{j=0}^{k} \mathbf{P}(j)\left[\mathbf{C}(j)\mathrm{E}\{\mathbf{Q}(j)\mathbf{N}^T(i)\}|_{(7)}\right.$$

$$\left. + \mathrm{E}\{\mathbf{N}(j)\mathbf{N}^T(i)\}|_{(2)}\right] = \mathbf{0}$$

$$\mathrm{E}\{\mathbf{Q}(k)\mathbf{U}^T(i)\} = |_{(6)\to} \qquad (9)$$

$$\prod_{j=k-1}^{0} \mathbf{A}(j)\mathrm{E}\{\mathbf{Q}(0)\mathbf{U}^T(i)\}|_{(1)} + \sum_{j=0}^{k-1} \prod_{l=k-1}^{j+1} \mathbf{A}(l)\mathbf{B}(j)$$

$$\cdot \mathrm{E}\{\mathbf{U}(j)\mathbf{U}^T(i)\}|_{(2)} = \mathbf{0}$$

Tab. 9.4 Eigenschaften von Zufallsprozessen. Die tiefgestellten Zahlen in Klammern beziehen sich auf die Voraussetzungen im oberen Teil der Tabelle

$$\begin{aligned}
&\mathrm{E}\Big\{\big((\mathbf{I} - \mathbf{F}\mathbf{A})[\hat{\mathbf{Q}}(k|k) - \mathbf{Q}(k)] + \mathbf{F}\mathbf{B}\mathbf{U}(k)\big) \\
&\qquad \cdot \Big([\hat{\mathbf{Q}}(k|k) - \mathbf{Q}(k)]^T \prod_{l=k}^{i-1} \mathbf{A}^T(l) - \sum_{j=k}^{i-1} \mathbf{U}^T(j)\mathbf{B}^T(j) \prod_{l=j+1}^{i-1} \mathbf{A}^T(l)\Big)\Big\}\mathbf{C}^T \\
&= \big((\mathbf{I} - \mathbf{F}\mathbf{A})\mathrm{E}\{(\hat{\mathbf{Q}}(k|k) - \mathbf{Q}(k)) \cdot (\hat{\mathbf{Q}}(k|k) - \mathbf{Q}(k))^T)\}\mathbf{A}^T \\
&\qquad - \mathbf{F}\mathbf{B}\mathrm{E}\{\mathbf{U}(k)\mathbf{U}^T(k)\}\mathbf{B}^T\big)\Big[\prod_{l=k+1}^{i-1} \mathbf{A}^T(l)\Big]\mathbf{C}^T = \mathbf{0}, \\
&\qquad\qquad k+1 \le i \le k_0, \qquad (9.107)
\end{aligned}$$

weil die Erwartungswerte $\mathrm{E}\{\hat{\mathbf{Q}}(k|k)\mathbf{U}^T(i)\}$ und $\mathrm{E}\{\mathbf{Q}(k)\mathbf{U}^T(i)\}$ nach Tab. 9.4.1 für $k+1 \le i \le k_0$ verschwinden.

Folgerungen	
$\mathrm{E}\{\hat{\mathbf{Q}}(k\|k)\mathbf{U}^T(i)\} = \|_{(5)\rightarrow}$	(10)
$\sum_{j=0}^{k} \mathbf{P}(j)\mathrm{E}\{\mathbf{R}(j)\mathbf{U}^T(i)\}\|_{(3)} =$	
$\sum_{j=0}^{k} \mathbf{P}(j)\left[\mathbf{C}(j)\mathrm{E}\{\mathbf{Q}(j)\mathbf{U}^T(i)\}\|_{(9)} + \mathrm{E}\{\mathbf{N}(j)\mathbf{U}^T(i)\}\|_{(1)}\right] = \mathbf{0}$	
$\mathrm{E}\{(\hat{\mathbf{Q}}(l\|h) - \mathbf{Q}(l)) \cdot \hat{\mathbf{Q}}^T(g\|h)\}\|_{(5):\hat{\mathbf{q}}(g\|h)\,\text{linear in}\,\mathbf{r}(j),0\leq j\leq h\,(4)\rightarrow} = \mathbf{0}$	(11)
$\mathrm{E}\{(\mathbf{Q}(l)\hat{\mathbf{Q}}^T(l\|h))\} = -\mathrm{E}\{-\mathbf{Q}(l)\hat{\mathbf{Q}}^T(l\|h))\} =$	(12)
$-\mathrm{E}\{([\hat{\mathbf{Q}}(l\|h) - \mathbf{Q}(l)] - \hat{\mathbf{Q}}(l\|h))\hat{\mathbf{Q}}^T(l\|h)\} =$	
$-\mathrm{E}\{(\hat{\mathbf{Q}}(l\|h) - \mathbf{Q}(l))\hat{\mathbf{Q}}^T(l\|h)\}\|_{(11)} + \mathrm{E}\{(\hat{\mathbf{Q}}(l\|h)\hat{\mathbf{Q}}^T(l\|h))\} =$	
$\mathbf{R}_{\hat{\mathbf{Q}}\hat{\mathbf{Q}}}(l\|h)$	
$\mathbf{R}_{\hat{\mathbf{Q}}\hat{\mathbf{Q}}}(l\|h) = \mathrm{E}\{\hat{\mathbf{Q}}(l\|h)\hat{\mathbf{Q}}^T(l\|h)\} =$	(13)
$\mathrm{E}\{((\hat{\mathbf{Q}}(l\|h) - \mathbf{Q}(l)) + \mathbf{Q}(l)) \cdot ((\hat{\mathbf{Q}}(l\|h) - \mathbf{Q}(l)) + \mathbf{Q}(l))^T\} =$	
$\mathbf{R}_{\mathbf{EE}}(l\|h) + \mathrm{E}\{(\hat{\mathbf{Q}}(l\|h)\mathbf{Q}^T(l)\}\|_{(12)} - \mathbf{R}_{\mathbf{QQ}}(l)$	
$+\mathrm{E}\{\mathbf{Q}(l)\hat{\mathbf{Q}}^T(l\|h)\}\|_{(12)} =$	
$\mathbf{R}_{\mathbf{EE}}(l\|h) + \mathbf{R}^T_{\hat{\mathbf{Q}}\hat{\mathbf{Q}}}(l\|h) - \mathbf{R}_{\mathbf{QQ}}(l) + \mathbf{R}_{\hat{\mathbf{Q}}\hat{\mathbf{Q}}}(l\|h)\}$	
$\mathbf{R}_{\mathbf{QQ}}(k+1) = \mathrm{E}\{\mathbf{Q}(k+1)\mathbf{Q}^T(k+1)\}\|_{(3)} =$	(14)
$\mathrm{E}\{(\mathbf{A}\mathbf{Q}(k) + \mathbf{B}\mathbf{U}(k)) \cdot (\mathbf{Q}^T(k)\mathbf{A}^T + \mathbf{U}^T(k)\mathbf{B}^T)\} =$	
$\mathbf{A}\mathbf{R}_{\mathbf{QQ}}(k)\mathbf{A}^T + \mathbf{B}\mathbf{U}_w\mathbf{B}^T$	
nach Tab. 9.2.1 ist $\mathrm{E}\{\mathbf{Q}(k)\mathbf{U}^T(k)\} = \mathbf{0}$	

Tab. 9.5 Eigenschaften von Zufallsprozessen. Die eingeklammerten Zahlen bis 9 beziehen sich auf Tab. 9.4.1

Um (9.107) stets erfüllen zu können, muss für die Matrix $\mathbf{F}$

$$(\mathbf{I} - \mathbf{F}\mathbf{A})\mathbf{R}_{\mathbf{EE}}(k|k)\mathbf{A}^T - \mathbf{F}\mathbf{B}\mathbf{U}\mathbf{B}^T = \mathbf{0} \tag{9.108}$$

bzw.

$$\mathbf{F} = \mathbf{R}_{\mathbf{EE}}(k|k)\mathbf{A}^T(\mathbf{B}\mathbf{U}_w\mathbf{B}^T + \mathbf{A}\mathbf{R}_{\mathbf{EE}}(k|k)\mathbf{A}^T)^{-1} \tag{9.109}$$

gelten. Damit lassen sich die Matrizen $\mathbf{F}$ und $\mathbf{G}$ aus (9.102) und (9.109) berechnen, so dass für den Schätzwert

$$\hat{\mathbf{q}}(k|k_0) = \mathbf{F}(k)\hat{\mathbf{q}}(k+1|k_0) + (\mathbf{I} - \mathbf{F}(k)\mathbf{A}(k))\,\hat{\mathbf{q}}(k|k) \tag{9.110}$$

gilt. Setzt man für k wieder $k_0 - \kappa$ ein, so folgt mit diesen Matrizen für den optimalen Interpolationswert $\hat{\mathbf{q}}(k|k_0)$

$$\hat{\mathbf{q}}(k_0-\kappa|k_0) = \mathbf{F}(k_0-\kappa)\,\hat{\mathbf{q}}(k_0-\kappa+1|k_0) \\ +(\mathbf{I}-\mathbf{F}(k_0-\kappa)\mathbf{A}(k_0-\kappa))\,\hat{\mathbf{q}}(k_0-\kappa|k_0-\kappa) \qquad (9.111)$$

mit

$$\mathbf{F}(k_0-\kappa) = \mathbf{R_{EE}}(k_0-\kappa|k_0-\kappa)\,\mathbf{A}^T(k_0-\kappa) \\ \cdot[\mathbf{B}(k_0-\kappa)\,\mathbf{U}_w(k_0-\kappa)\,\mathbf{B}^T(k_0-\kappa) \\ +\mathbf{A}(k_0-\kappa)\,\mathbf{R_{EE}}(k_0-\kappa|k_0-\kappa)\,\mathbf{A}^T(k_0-\kappa)]^{-1}. \qquad (9.112)$$

Um ein Strukturbild für die zugehörige Schätzeinrichtung zu entwickeln, soll die Schätzformel (9.111) näher betrachtet werden. Setzt man mit $\kappa = 1$ den kleinsten zulässigen Wert ein, so folgt

$$\hat{\mathbf{q}}(k_0-1|k_0) = \mathbf{F}(k_0-1)\,\hat{\mathbf{q}}(k_0|k_0) \\ +(\mathbf{I}-\mathbf{F}(k_0-1)\,\mathbf{A}(k_0-1))\,\hat{\mathbf{q}}(k_0-1|k_0-1)\,, \qquad (9.113)$$

d. h. der erste Wert der Interpolation entsteht aus einer Linearkombination der gefilterten Werte $\hat{\mathbf{q}}(k|k)$ für $k = k_0$ und $k = k_0 - 1$. Der folgende Interpolationswert entsteht dann aus $\hat{\mathbf{q}}(k_0-2|k_0-2)$ und $\hat{\mathbf{q}}(k_0-1|k_0)$, d. h. von hier ab läuft der Rekursionsmechanismus. Weil $\hat{\mathbf{q}}(k_0|k_0)$ der Anfangswert der Interpolation ist, werden die gefilterten Werte $\hat{\mathbf{q}}(k|k)$ mit fallendem Zeitparameter k abgearbeitet. Deshalb braucht man einen Speicher, in dem diese Werte nach ihrer Berechnung gespeichert werden. Abb. 9.11 zeigt ein Blockschaltbild, in dem die Schätzeinrichtung zur Filterung nach Abb. 9.8 die Werte $\hat{\mathbf{q}}(k|k)$ für $0 \le k \le k_0$ erzeugt, die gespeichert werden. Zum Zeitpunkt k_0T beginnt die Interpolation, bei der die Werte $\hat{\mathbf{q}}(k|k)$ in umgekehr-

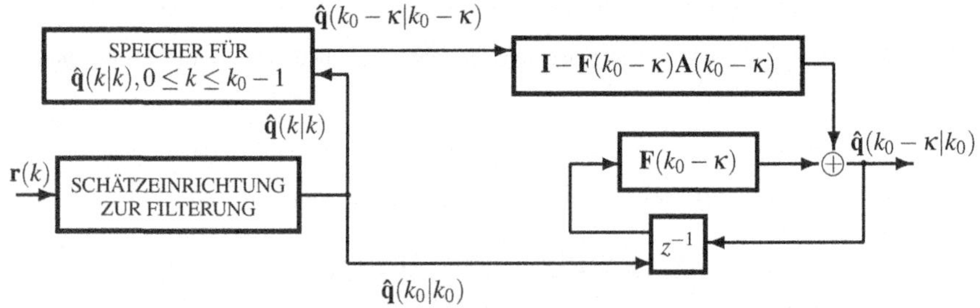

Abb. 9.11 Interpolation von einem festen Zeitpunkt k_0 aus

ter Reihenfolge aus dem Speicher ausgelesen werden.

Zum Abschluss soll nun die Korrelationsmatrix $\mathbf{R_{EE}}(k_0-\kappa|k_0)$ des Schätzwertes für die Interpolation von einem festen Zeitpunkt k_0 aus berechnet werden. Auch bei dieser Rechnung wird wieder $k = k_0 - \kappa$ gesetzt. Damit folgt für den Schätzfehler aus (9.111):

$$\hat{\mathbf{q}}(k|k_0) - \mathbf{q}(k) = \mathbf{F}\,\hat{\mathbf{q}}(k+1|k_0) + (\mathbf{I}-\mathbf{F}\,\mathbf{A})\,\hat{\mathbf{q}}(k|k) - \mathbf{q}(k)\,. \qquad (9.114)$$

Durch Umformung erhält man:

$$[\hat{\mathbf{q}}(k|k_0) - \mathbf{q}(k)] - \mathbf{F}\hat{\mathbf{q}}(k+1|k_0) = [\hat{\mathbf{q}}(k|k) - \mathbf{q}(k)] - \mathbf{F}\mathbf{A}\hat{\mathbf{q}}(k|k)\,. \tag{9.115}$$

Für die Autokorrelationsmatrix der linken Seite dieses Ausdrucks gilt

$$\begin{aligned}
&\mathrm{E}\{\big(\hat{\mathbf{Q}}(k|k_0) - \mathbf{Q}(k) - \mathbf{F}\hat{\mathbf{Q}}(k+1|k_0)\big)\cdot\big(\hat{\mathbf{Q}}(k|k_0) - \mathbf{Q}(k) - \mathbf{F}\hat{\mathbf{Q}}(k+1|k_0)\big)^T\}\\
&\quad = \mathbf{R_{EE}}(k|k_0) - \mathrm{E}\{[\hat{\mathbf{Q}}(k|k_0) - \mathbf{Q}(k)]\,\hat{\mathbf{Q}}^T(k+1|k_0)\}\,\mathbf{F}^T\\
&\qquad -\mathbf{F}\,\mathrm{E}\{\hat{\mathbf{Q}}(k+1|k_0)\,[\hat{\mathbf{Q}}(k|k_0) - \mathbf{Q}(k)]^T\}\\
&\qquad +\mathbf{F}\,\mathrm{E}\{\hat{\mathbf{Q}}(k+1|k_0)\cdot\hat{\mathbf{Q}}^T(k+1|k_0)\}\cdot\mathbf{F}^T
\end{aligned} \tag{9.116}$$

und entsprechend für die rechte Seite

$$\begin{aligned}
&\mathrm{E}\{\big([\hat{\mathbf{Q}}(k|k) - \mathbf{Q}(k)] - \mathbf{F}\mathbf{A}\hat{\mathbf{Q}}(k|k_0)\big)\cdot\big([\hat{\mathbf{Q}}(k|k) - \mathbf{Q}(k)] - \mathbf{F}\mathbf{A}\hat{\mathbf{Q}}(k|k)\big)^T\}\\
&\quad = \mathbf{R_{EE}}(k|k) - \mathrm{E}\{[\hat{\mathbf{Q}}(k|k) - \mathbf{Q}(k)]\cdot\hat{\mathbf{Q}}^T(k|k)\}\mathbf{A}^T\mathbf{F}^T\\
&\qquad -\mathbf{F}\mathbf{A}\mathrm{E}\{\hat{\mathbf{Q}}(k|k)\cdot[\hat{\mathbf{Q}}(k|k) - \mathbf{Q}(k)]^T\}\\
&\qquad +\mathbf{F}\mathbf{A}\mathrm{E}\{\hat{\mathbf{Q}}(k|k)\cdot\hat{\mathbf{Q}}^T(k|k)\}\cdot\mathbf{A}^T\mathbf{F}^T\,,
\end{aligned} \tag{9.117}$$

wobei $\mathrm{E}\{(\hat{\mathbf{Q}}(k|k) - \mathbf{Q}(k))\hat{\mathbf{Q}}^T(k|k)\}$ und $\mathrm{E}\{(\hat{\mathbf{Q}}(k|k_0) - \mathbf{Q}(k))\hat{\mathbf{Q}}^T(k+1|k_0)\}$ nach Tab. 9.4.1 zwei verschwindende Erwartungswerte sind. Ferner gilt mit $\mathrm{E}\{\mathbf{Q}(l)\hat{\mathbf{Q}}^T(l|h)\} = \mathbf{R}_{\hat{\mathbf{Q}}\hat{\mathbf{Q}}}(l|h)$ aus Tab. 9.4.1

$$\mathbf{R_{QQ}}(k+1) - \mathbf{R_{EE}}(k+1|k_0) = \mathrm{E}\{\hat{\mathbf{Q}}(k+1|k_0)\,\hat{\mathbf{Q}}^T(k+1|k_0)\} \tag{9.118}$$

$$\mathbf{R_{QQ}}(k) - \mathbf{R_{EE}}(k|k) = \mathrm{E}\{\hat{\mathbf{Q}}(k|k)\,\hat{\mathbf{Q}}^T(k|k)\}\,, \tag{9.119}$$

so dass aus der Gleichheit der Korrelationsmatrizen (9.116) und (9.117) folgt:

$$\begin{aligned}
&\mathbf{R_{EE}}(k|k_0) + \mathbf{F}(\mathbf{R_{QQ}}(k+1) - \mathbf{R_{EE}}(k+1|k_0))\mathbf{F}^T\\
&\quad = \mathbf{R_{EE}}(k|k) + \mathbf{F}\mathbf{A}(\mathbf{R_{QQ}}(k) - \mathbf{R_{EE}}(k|k))\mathbf{A}^T\mathbf{F}^T\,.
\end{aligned} \tag{9.120}$$

Nach Tab. 9.4.1 gilt ferner

$$\mathbf{R_{QQ}}(k+1) = \mathbf{A}\mathbf{R_{QQ}}(k)\mathbf{A}^T + \mathbf{B}\mathbf{U}_w\mathbf{B}^T\,, \tag{9.121}$$

was in (9.120) eingesetzt auf

$$
\begin{aligned}
&\mathbf{R_{EE}}(k|k_0)\\
&= \mathbf{R_{EE}}(k|k) + \mathbf{F}[\mathbf{R_{EE}}(k+1|k_0)\\
&\quad -\mathbf{R_{QQ}}(k+1) + \mathbf{A}\mathbf{R_{QQ}}(k)\mathbf{A}^T - \mathbf{A}\mathbf{R_{EE}}(k|k)\mathbf{A}^T]\mathbf{F}^T\\
&= \mathbf{R_{EE}}(k|k) + \mathbf{F}(\mathbf{R_{EE}}(k+1|k_0) - \mathbf{A}\mathbf{R_{QQ}}(k)\mathbf{A}^T - \mathbf{B}\mathbf{U}_w\mathbf{B}^T\\
&\quad +\mathbf{A}\mathbf{R_{QQ}}(k)\mathbf{A}^T - \mathbf{A}\mathbf{R_{EE}}(k|k)\mathbf{A}^T)\mathbf{F}^T\\
&= \mathbf{R_{EE}}(k|k) + \mathbf{F}(\mathbf{R_{EE}}(k+1|k_0) - \mathbf{B}\mathbf{U}_w\mathbf{B}^T\\
&\quad -\mathbf{A}\mathbf{R_{EE}}(k|k)\mathbf{A}^T)\mathbf{F}^T
\end{aligned}
\tag{9.122}
$$

führt. Kennt man die Korrelationsmatrix $\mathbf{R_{EE}}(k|k)$ des Filterproblems, so kann man die hier angegebene Fehlerkorrelationsmatrix des Interpolationsproblems berechnen. Anfangswert dieser Rekursionsmatrix ist $\mathbf{R_{QQ}}(k+1|k_0)$ für $k = k_0 - \kappa = k_0 - 1$, d. h. die Korrelationsmatrix $\mathbf{R_{EE}}(k_0|k_0)$, die aus den Formeln für das Filterproblem berechnet werden kann.

9.4.2 *Interpolation für einen festen Zeitpunkt*

Hier ist ein Schätzwert für den Signalvektor $\mathbf{q}(k-\kappa) = \mathbf{q}(k_0)$, d. h. für den Signalvektor zu einem festen Zeitpunkt gesucht. Der Schätzwert soll eine Linearkombination der Empfangsvektoren $\mathbf{r}(i)$, $0 \leq i \leq k$ sein, wobei k der laufende Zeitparameter ist. Mit zunehmender Zeit liegt also immer mehr Information für die zu schätzende Größe vor, wie auch Abb. 9.12 verdeutlicht. Das Optimalitätskriterium besteht

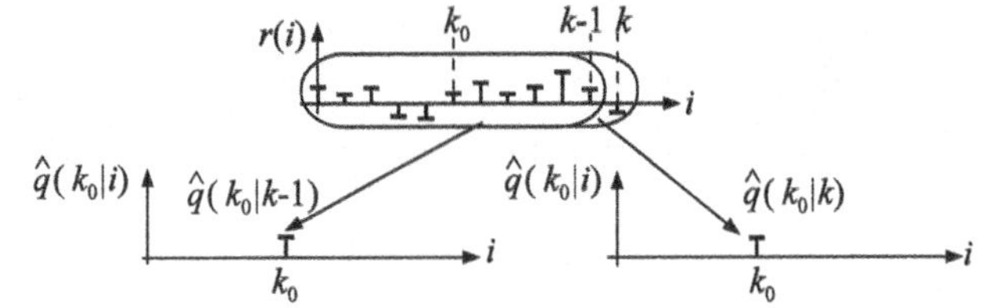

Abb. 9.12 Interpolation für einen festen Zeitpunkt k_0

darin, dass die Hauptdiagonalelemente der Fehlerkorrelationsmatrix $\mathbf{R_{EE}}(k_0|k)$ minimal werden sollen.

Weil stets neue Daten aus dem Empfangsvektor für den Schätzvorgang zur Verfügung stehen, wird man hier wieder nach einer Schätzformel suchen, bei der man den Schätzwert $\hat{\mathbf{q}}(k_0|k)$ *rekursiv* berechnet, d. h. dass man zur Berechnung des neuen Schätzwertes u. a. den alten Schätzwert und den neuen Empfangsvektor verwendet.

Man gelangt zu dieser Rekursionsformel mit Hilfe der Ergebnisse des vorausgehenden Abschnitts über die Interpolation von einem festen Zeitpunkt aus. Dazu nimmt man zunächst an, dass k der feste Zeitparameter ist, von dem aus man den Signalvektor für einen anderen festen Zeitpunkt k_0 schätzen möchte. Führt man diese Nomenklatur in die Schätzgleichung der *Interpolation von dem festen Zeitpunkt* k_0 *aus* nach (9.110) ein, so folgt mit $k := k_0$ und $k_0 = k$:

$$\hat{\mathbf{q}}(k_0|k) = \mathbf{F}(k_0)\hat{\mathbf{q}}(k_0+1|k) + (\mathbf{I} - \mathbf{F}(k_0)\mathbf{A}(k_0))\hat{\mathbf{q}}(k_0|k_0)\,. \tag{9.123}$$

Würde man den Signalvektor $\mathbf{q}(k_0)$ von einem anderen festen Zeitpunkt aus, nämlich von $k-1$ aus schätzen, so erhielte man für (9.123) entsprechend:

$$\hat{\mathbf{q}}(k_0|k-1) = \mathbf{F}(k_0)\hat{\mathbf{q}}(k_0+1|k-1) + (\mathbf{I} - \mathbf{F}(k_0)\mathbf{A}(k_0))\hat{\mathbf{q}}(k_0|k_0)\,. \tag{9.124}$$

Die Differenz beider Gleichungen liefert:

$$\hat{\mathbf{q}}(k_0|k) - \hat{\mathbf{q}}(k_0|k-1) = \mathbf{F}(k_0)(\hat{\mathbf{q}}(k_0+1|k) - \hat{\mathbf{q}}(k_0+1|k-1))\,. \tag{9.125}$$

Man kann nun k auch als laufenden Zeitparameter auffassen, da die zeitliche Abhängigkeit der beiden zunächst als fest angenommenen Parameter k und $k-1$, für die der Signalvektor $\mathbf{q}(k_0)$ geschätzt wurde, durch die Schreibweise berücksichtigt wird. Dabei wird stets vorausgesetzt, dass $k_0 < k-1 < k$ gilt.

Für den Zeitparameter k_0+1 erhält man aus (9.125) die entsprechende Beziehung

$$\begin{aligned}&\hat{\mathbf{q}}(k_0+1|k) - \hat{\mathbf{q}}(k_0+1|k-1)\\ &\quad = \mathbf{F}(k_0+1)(\hat{\mathbf{q}}(k_0+2|k) - \hat{\mathbf{q}}(k_0+2|k-1))\,,\end{aligned} \tag{9.126}$$

wobei hier $k_0+1 < k-1$ gelte. Setzt man nun (9.126) in die rechte Seite der Gleichung (9.125) ein, so folgt:

$$\begin{aligned}&\hat{\mathbf{q}}(k_0|k) - \hat{\mathbf{q}}(k_0|k-1)\\ &\quad = \mathbf{F}(k_0)\mathbf{F}(k_0+1)(\hat{\mathbf{q}}(k_0+2|k) - \hat{\mathbf{q}}(k_0+2|k-1))\,.\end{aligned} \tag{9.127}$$

Setzt man diese Rechnung fort, indem man zyklisch Gleichungen der Art (9.126) aufstellt und diese in die bisher gewonnene Beziehung einsetzt, so gelangt man schließlich zu dem Ergebnis:

$$\hat{\mathbf{q}}(k_0|k) - \hat{\mathbf{q}}(k_0|k-1) = \prod_{i=k_0}^{k-1} \mathbf{F}(i)\,(\hat{\mathbf{q}}(k|k) - \hat{\mathbf{q}}(k|k-1))\,. \tag{9.128}$$

Ersetzt man hierhin $\hat{\mathbf{q}}(k|k)$ durch die Schätzgleichung für die Filterung nach (9.80) unter der Berücksichtigung des Ergebnisses von (9.77), so folgt:

$$\begin{aligned}\hat{\mathbf{q}}(k_0|k) - \hat{\mathbf{q}}(k_0|k-1) &= [\prod_{i=k_0}^{k-1} \mathbf{F}(i)]\,[(\mathbf{I} - \mathbf{RC})\cdot\hat{\mathbf{q}}(k|k-1) + \mathbf{Rr}(k) - \hat{\mathbf{q}}(k|k-1)]\\ &= [\prod_{i=k_0}^{k-1} \mathbf{F}(i)]\,\mathbf{R}\left(\mathbf{r}(k) - \mathbf{C}\hat{\mathbf{q}}(k|k-1)\right).\end{aligned} \tag{9.129}$$

Durch den Schätzwert $\hat{\mathbf{q}}(k|k-1)$ der *Prädiktion um einen Schritt*, den Empfangsvektor $\mathbf{r}(k)$ und den alten Interpolationswert $\hat{\mathbf{q}}(k_0|k-1)$ wird der neue Interpolationswert berechnet. Damit ist aber eine Rekursionsformel zur Interpolation des Signalvektors $\mathbf{q}(k_0)$ zum festen Zeitpunkt k_0 gefunden.

Um eine einfache Struktur für die zugehörige Schätzeinrichtung zu finden, wird $\mathbf{R}$ in (9.129) nach (9.79) durch $\mathbf{P}$ ersetzt:

$$\hat{\mathbf{q}}(k_0|k) = \hat{\mathbf{q}}(k_0|k-1) + [\prod_{i=k_0}^{k-1} \mathbf{F}(i)]\, \mathbf{A}^{-1}\mathbf{P}\big(\mathbf{r}(k) - \mathbf{C}\hat{\mathbf{q}}(k|k-1)\big)\,, \tag{9.130}$$

was auf die Schätzeinrichtung in Abb. 9.13 führt. Der Anfangswert der Interpolation

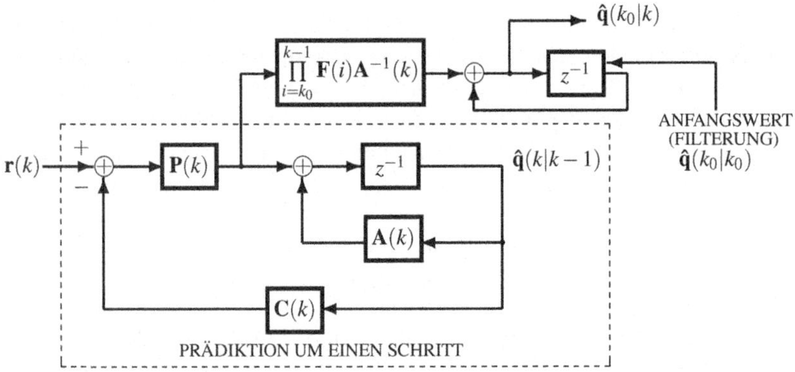

Abb. 9.13 System zur Interpolation für einen festen Zeitpunkt k_0

nach (9.130) ist der Schätzwert $\hat{\mathbf{q}}(k_0|k_0)$, der aus der Filterung gewonnen wird.

Zum Abschluss soll nun noch die Fehlerkorrelationsmatrix $\mathbf{R_{EE}}(k_0|k)$ berechnet werden. Um die Rechnung überschaubarer zu machen, wird zur Abkürzung

$$\mathbf{H}(k) = \prod_{i=k_0}^{k-1} \mathbf{F}(i) \tag{9.131}$$

gesetzt. Damit folgt aus (9.128) für den Schätzfehler:

$$\hat{\mathbf{q}}(k_0|k) - \mathbf{q}(k_0) = \hat{\mathbf{q}}(k_0|k-1) + \mathbf{H}\left(\hat{\mathbf{q}}(k|k) - \hat{\mathbf{q}}(k|k-1)\right) - \mathbf{q}(k_0)\,. \tag{9.132}$$

Die Berechnung von $\mathbf{R_{EE}}(k_0|k)$ entspricht der Berechnung von $\mathbf{R_{EE}}(k|k_0)$ im vorangehenden Abschnitt. Aus (9.132) folgt:

$$\hat{\mathbf{q}}(k_0|k) - \mathbf{q}(k_0) - \mathbf{H}\,\hat{\mathbf{q}}(k|k) = \hat{\mathbf{q}}(k_0|k-1) - \mathbf{q}(k_0) - \mathbf{H}\,\hat{\mathbf{q}}(k|k-1)\,. \tag{9.133}$$

Für die Korrelationsmatrix des Ausdrucks auf der linken Seite gilt:

$$
\begin{aligned}
&\mathrm{E}\{([\hat{\mathbf{Q}}(k_0|k) - \mathbf{Q}(k_0)] - \mathbf{H}\hat{\mathbf{Q}}(k|k)) \cdot ([\hat{\mathbf{Q}}(k_0|k) - \mathbf{Q}(k_0)] - \mathbf{H}\hat{\mathbf{Q}}(k|k))^T\} \\
&\quad = \mathbf{R_{EE}}(k_0|k) - \mathrm{E}\{[\hat{\mathbf{Q}}(k_0|k) - \mathbf{Q}(k_0)] \cdot \hat{\mathbf{Q}}^T(k|k)\}\mathbf{H}^T \\
&\quad\quad - \mathbf{H}\mathrm{E}\{\hat{\mathbf{Q}}(k|k) \cdot [\hat{\mathbf{Q}}(k_0|k) - \mathbf{Q}(k_0)]^T\} + \mathbf{H}\mathbf{R}_{\hat{\mathbf{Q}}\hat{\mathbf{Q}}}(k|k)\mathbf{H}^T \\
&\quad = \mathbf{R_{EE}}(k_0|k) + \mathbf{H}\mathbf{R}_{\hat{\mathbf{Q}}\hat{\mathbf{Q}}}(k|k)\mathbf{H}^T \\
&\quad = \mathbf{R_{EE}}(k_0|k) + \mathbf{H}\left(\mathbf{R_{QQ}}(k) - \mathbf{R_{EE}}(k|k)\right)\mathbf{H}^T
\end{aligned}
\tag{9.134}
$$

mit den Ergebnissen von Tab. 9.4.1. Für die Korrelationsmatrix des Ausdrucks auf der rechten Seite von (9.133) gilt entsprechend:

$$
\begin{aligned}
&\mathrm{E}\{([\hat{\mathbf{Q}}(k_0|k-1) - \mathbf{Q}(k_0)] - \mathbf{H}\hat{\mathbf{Q}}(k|k-1)) \\
&\quad\quad \cdot([\hat{\mathbf{Q}}(k_0|k-1) - \mathbf{Q}(k_0)] - \mathbf{H}\hat{\mathbf{Q}}(k|k-1))^T\} \\
&\quad = \mathbf{R_{EE}}(k_0|k-1) - \mathrm{E}\{[\hat{\mathbf{Q}}(k_0|k-1) - \mathbf{Q}(k_0)] \cdot \hat{\mathbf{Q}}^T(k|k-1)\}\mathbf{H}^T \\
&\quad\quad - \mathbf{H}\mathrm{E}\{\hat{\mathbf{Q}}(k|k-1) \cdot [\hat{\mathbf{Q}}(k_0|k-1) - \mathbf{Q}(k_0)]^T\} + \mathbf{H}\mathbf{R}_{\hat{\mathbf{Q}}\hat{\mathbf{Q}}}(k|k-1)\mathbf{H}^T \\
&\quad = \mathbf{R_{EE}}(k_0|k-1) + \mathbf{H}\mathbf{R}_{\hat{\mathbf{Q}}\hat{\mathbf{Q}}}(k|k-1)\mathbf{H}^T \\
&\quad = \mathbf{R_{EE}}(k_0|k-1) + \mathbf{H}\left(\mathbf{R_{QQ}}(k) - \mathbf{R_{EE}}(k|k-1)\right)\mathbf{H}^T .
\end{aligned}
\tag{9.135}
$$

Aus der Gleichheit von (9.134) und (9.135) folgt

$$
\begin{aligned}
&\mathbf{R_{EE}}(k_0|k) + \mathbf{H}\left(\mathbf{R_{QQ}}(k) - \mathbf{R_{EE}}(k|k)\right)\mathbf{H}^T \\
&\quad = \mathbf{R_{EE}}(k_0|k-1) + \mathbf{H}\left(\mathbf{R_{QQ}}(k) - \mathbf{R_{EE}}(k|k-1)\right)\mathbf{H}^T
\end{aligned}
\tag{9.136}
$$

bzw.

$$
\mathbf{R_{EE}}(k_0|k) = \mathbf{R_{EE}}(k_0|k-1) + \mathbf{H}\left(\mathbf{R_{EE}}(k|k) - \mathbf{R_{EE}}(k|k-1)\right)\mathbf{H}^T . \tag{9.137}
$$

Für die Fehlerkorrelationsmatrix der Filterung gilt

$$
\mathbf{R_{EE}}(k|k) = (\mathbf{I} - \mathbf{R}\mathbf{C})\mathbf{R_{EE}}(k|k-1), \tag{9.138}
$$

was mit (9.137) auf

$$
\mathbf{R_{EE}}(k_0|k) = \mathbf{R_{EE}}(k_0|k-1) - \mathbf{H}\mathbf{R}\mathbf{C}\mathbf{R_{EE}}(k|k-1)\mathbf{H}^T \tag{9.139}
$$

und mit $\mathbf{H}$ nach (9.131) auf

$$
\mathbf{R_{EE}}(k_0|k) = \mathbf{R_{EE}}(k_0|k-1) - [\prod_{i=k_0}^{k-1} \mathbf{F}(i)]\mathbf{R}\mathbf{C}\mathbf{R_{EE}}(k|k-1)[\prod_{i=k-1}^{k_0} \mathbf{F}^T(i)] \tag{9.140}
$$

führt. Mit der aus dem Filterproblem oder der Prädiktion um einen Schritt bekannten Fehlerkorrelationsmatrix $\mathbf{R_{EE}}(k|k-1)$ kann man damit auch die Korrelationsmatrix $\mathbf{R_{EE}}(k_0|k)$ berechnen. Anfangsbedingung ist dabei die Kenntnis von $\mathbf{R_{EE}}(k_0|k_0)$. Den Zyklus der Berechnung der Fehlerkorrelationsmatrix $\mathbf{R_{EE}}(k_0|k)$ zeigt Abb. 9.14.

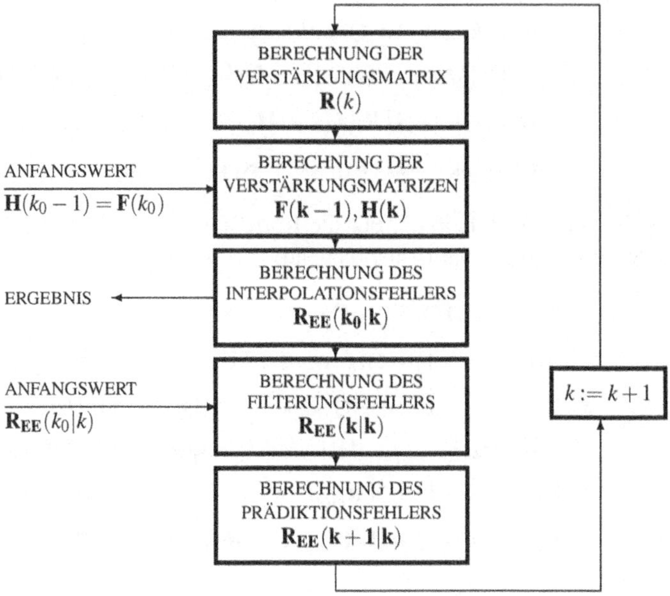

Abb. 9.14 Zyklus zur Berechnung von $\mathbf{R_{EE}}(k_0|k)$

Dabei werden folgende Gleichungen durchlaufen:

$$\begin{aligned}
\mathbf{R_{EE}}(k_0|k) &= \mathbf{R_{EE}}(k_0|k-1) \\
&\quad -\mathbf{H}(k)\,\mathbf{R}(k)\,\mathbf{C}(k)\,\mathbf{R_{EE}}(k|k-1)\,\mathbf{H}^T(k) && (9.141)\\
\mathbf{R_{EE}}(k|k) &= (\mathbf{I}-\mathbf{R}\,\mathbf{C})\,\mathbf{R_{EE}}(k|k-1) && (9.142)\\
\mathbf{R_{EE}}(k+1|k) &= \mathbf{A}(k)\,\mathbf{R_{EE}}(k|k)\,\mathbf{A}^T(k)+\mathbf{B}(k)\,\mathbf{U}_w(k)\,\mathbf{B}^T(k) && (9.143)\\
k &:= k+1 && (9.144)\\
\mathbf{R}(k) &= \mathbf{R_{EE}}(k|k-1) \\
&\quad \cdot\mathbf{C}^T(k)\left(\mathbf{N}_w(k)+\mathbf{C}(k)\,\mathbf{R_{EE}}(k|k-1)\,\mathbf{C}^T(k)\right)^{-1} && (9.145)\\
\mathbf{F}(k-1) &= \mathbf{R_{EE}}(k-1|k-1)\,\mathbf{A}^T(k-1)\,\mathbf{R}_{\mathbf{EE}}^{-1}(k|k-1) && (9.146)\\
\mathbf{H}(k) &= \mathbf{H}(k-1)\,\mathbf{F}(k-1)\,. && (9.147)
\end{aligned}$$

Um die Wirkung der Interpolation auf den Schätzfehler zu veranschaulichen, sei folgendes einfache Beispiel näher betrachtet. Das Prozessmodell ist dabei durch

$$q(k+1) = 2\cdot q(k)+u(k) \tag{9.148}$$

und

$$r(k) = q(k)+n(k) \tag{9.149}$$

gegeben. Der Steuerungsprozess $U(k)$ besitze den normierten quadratischen Mittelwert $U_w(k) = 2$. Für folgende Kombinationen des normierten quadratischen Mittelwerts $N_w(k)$ des Störprozesses $N(k)$ und des Anfangswerts $r_{EE}(k_0|k_0)$ für den mittleren quadratischen Schätzfehler soll der mittlere quadratische Schätzfehler $r_{EE}(k_0|k)$ berechnet werden:

$$a) \quad N_w(k) = 2 \qquad r_{EE}(k_0|k_0) = 4 \tag{9.150}$$

$$b) \quad N_w(k) = 1 \qquad r_{EE}(k_0|k_0) = 8 \tag{9.151}$$

$$c) \quad N_w(k) = 1 \qquad r_{EE}(k_0|k_0) = 4 . \tag{9.152}$$

Die Berechnung des Schätzfehlers $r_{EE}(k_0|k)$ erfolgt nach dem in Abb. 9.14 gezeigten Zyklus unter Verwendung der Beziehungen (9.141) bis (9.147). Das Ergebnis dieser Berechnung zeigt Abb. 9.15. Grundsätzlich zeigen sich dabei folgende Ten-

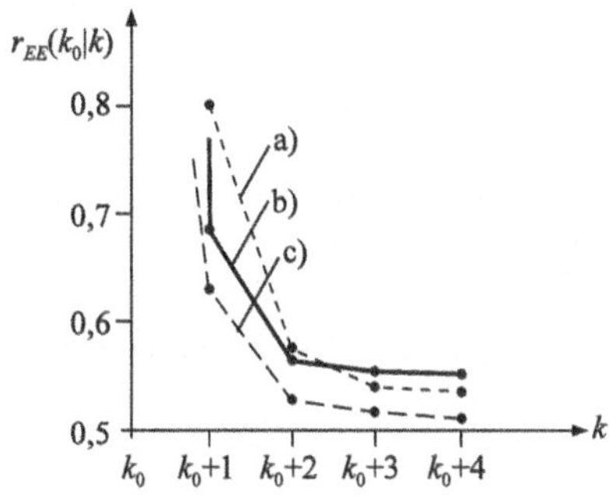

Abb. 9.15 Verlauf des Interpolationsfehlers $r_{EE}(k_0|k)$

denzen: Wie zu erwarten, nimmt der Interpolationsfehler mit zunehmender Interpolationszeit ab und konvergiert auf einen von den Anfangsbedingungen abhängigen Restwert. Je größer die Störungen $n(k)$ sind, d. h. je größer der quadratische Mittelwert N_w ist, desto langsamer nimmt der mittlere quadratische Schätzfehler $r_{EE}(k_0|k)$ mit zunehmendem Zeitparameter k bzw. zunehmender Information in Form des gestörten Empfangssignals $r(k)$ ab.

Ebenso ist der mittlere quadratische Schätzfehler um so größer, je größer der Anfangswert $r_{EE}(k_0|k_0)$ dieses Schätzfehlers ist. Mit zunehmender Zeit wird der Einfluss dieses Anfangswerts geringer. Im Gegensatz zum Einfluss der Störungen $n(k)$ nimmt der Einfluss von $r_{EE}(k_0|k_0)$ langsamer ab.

Es zeigt sich ferner, dass die Gewichtungsfaktoren $R(k)$ und $F(k)$, mit denen das neu hinzukommende Empfangssignal $r(k)$ und der Schätzwert der Prädiktion um einen Schritt $\hat{q}(k|k-1)$ gewichtet werden, um den neuen Schätzwert $\hat{q}(k_0|k)$ der Interpolation zu bestimmen, mit wachsendem Zeitparameter k abnehmen. Dies liegt daran, dass mit zunehmendem Zeitparameter k die Information über den Signalwert $q(k_0)$, die in $r(k)$ und $\hat{q}(k_0|k-1)$ enthalten ist, ebenfalls abnimmt. Die hier genannten Ergebnisse des einfachen Beispiels gelten tendenziell auch für kompliziertere Aufgabenstellungen.

Zusammengefasst seien hier noch einmal die *Schätzgleichung*

$$\hat{\mathbf{q}}(k_0|k) = \hat{\mathbf{q}}(k_0|k-1) + \prod_{i=k_0}^{k-1} \mathbf{F}(i)\mathbf{R}\left[\mathbf{r}(k) - \mathbf{C}\hat{\mathbf{q}}(k|k-1)\right] \tag{9.153}$$

und die Gleichung für die *Fehlerkorrelationsmatrix*

$$\mathbf{R_{EE}}(k_0|k) = \mathbf{R_{EE}}(k_0|k-1) + \prod_{i=k_0}^{k-1} \mathbf{F}(i)\mathbf{R}\,\mathbf{C}\mathbf{R_{EE}}(k_0|k-1) \prod_{i=k-1}^{k_0} \mathbf{F}^T(i) \tag{9.154}$$

genannt.

9.4.3 Interpolation über einen festen Zeitabstand

Es soll ein Schätzwert für den Signalvektor $\mathbf{q}(k-\kappa)$ gefunden werden, wobei κ ein fester und k der laufende Zeitparameter ist. Der Schätzwert soll eine Linearkombination der Empfangsvektoren $\mathbf{r}(i)$, $0 \leq i \leq k$ sein und wird mit $\hat{\mathbf{q}}(k-\kappa|k)$ bezeichnet. Abb. 9.16 veranschaulicht den Schätzvorgang. Um das Optimalitätskri-

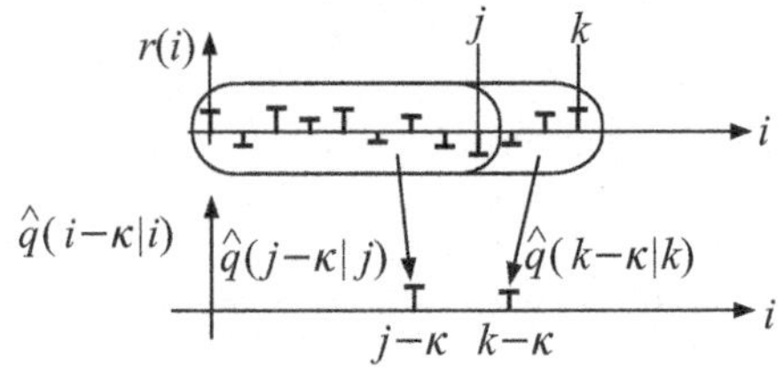

Abb. 9.16 Interpolation über einen festen Zeitabstand κ

terium zu erfüllen, müssen die Hauptdiagonalelemente der Fehlerkorrelationsmatrix $\mathbf{R_{EE}}(k-\kappa|k)$ minimal gemacht werden.

Wie bei den bisher betrachteten Schätzaufgaben soll auch hier eine *rekursive* Schätzeinrichtung hergeleitet werden, bei der der neue Schätzwert unter Verwendung des alten Schätzwerts und des neuen Empfangsvektors berechnet wird. Man gelangt zu dieser Rekursionsformel, indem man die *Interpolation von einem festen Zeitpunkt aus* und die *Interpolation für einen festen Zeitpunkt* miteinander verknüpft.

Aus der Schätzformel für die Interpolation von einem festen Zeitpunkt aus folgt mit $k = k_0 - \kappa$ nach Umformung

$$\hat{\mathbf{q}}(k_0-\kappa+1|k_0) = \mathbf{F}^{-1}(k_0-\kappa)\,\hat{\mathbf{q}}(k_0-\kappa|k_0) \\ -\big(\mathbf{F}^{-1}(k-\kappa)-\mathbf{A}(k_0-\kappa)\big)\,\hat{\mathbf{q}}(k_0-\kappa|k_0-\kappa)\,, \tag{9.155}$$

sofern $\mathbf{F}$ invertierbar ist. Betrachtet man nun κ als feste Größe und setzt für k_0 die variable Größe $k-1$ ein, so folgt

$$\hat{\mathbf{q}}(k-\kappa|k-1) = \mathbf{F}^{-1}(k-\kappa-1)\,\hat{\mathbf{q}}(k-\kappa-1|k-1) \\ -\big(\mathbf{F}^{-1}(k-\kappa-1)-\mathbf{A}(k-\kappa-1)\big)\,\hat{\mathbf{q}}(k-\kappa-1|k-\kappa-1)\,. \tag{9.156}$$

Nun wird die Schätzformel der Interpolation für einen festen Zeitpunkt betrachtet. Setzt man darin für den festen Zeitparameter k_0 den variablen Zeitparameter $k-\kappa$ mit festem κ ein, so folgt

$$\hat{\mathbf{q}}(k-\kappa|k) = \hat{\mathbf{q}}(k-\kappa|k-1) + [\prod_{i=k-\kappa}^{k-1}\mathbf{F}(i)]\,\mathbf{R}\big(\mathbf{r}(k)-\mathbf{C}\hat{\mathbf{q}}(k|k-1)\big)\,. \tag{9.157}$$

Setzt man hierin $\hat{\mathbf{q}}(k-\kappa|k-1)$ aus (9.156) ein, so erhält man

$$\hat{\mathbf{q}}(k-\kappa|k) = \mathbf{F}^{-1}(k-\kappa-1)\,\hat{\mathbf{q}}(k-\kappa-1|k-1) \\ -\big(\mathbf{F}^{-1}(k-\kappa-1)-\mathbf{A}(k-\kappa-1)\big)\,\hat{\mathbf{q}}(k-\kappa-1|k-\kappa-1) \\ +[\prod_{i=k-\kappa}^{k-1}\mathbf{F}(i)]\,\mathbf{R}\big(\mathbf{r}(k)-\mathbf{C}\hat{\mathbf{q}}(k|k-1)\big)\,, \tag{9.158}$$

d. h. der neue Interpolationswert wird aus der gewichteten Summe des alten *Interpolationswerts* $\hat{\mathbf{q}}(k-\kappa-1|k-1)$, des alten *Filterwerts* $\hat{\mathbf{q}}(k-\kappa-1|k-\kappa-1)$, des alten *Prädiktionswerts* $\hat{\mathbf{q}}(k|k-1)$ und des neuen Empfangsvektors $\mathbf{r}(k)$ gebildet.

Man setzt zur Abkürzung auch hier

$$\mathbf{H} = \mathbf{H}(k) = \prod_{i=k-\kappa}^{k-1}\mathbf{F}(i) \tag{9.159}$$

und kann die Matrizen $\mathbf{H}(k)$ rekursiv nach

$$\mathbf{H}(k+1) = \mathbf{F}^{-1}(k-\kappa)\,\mathbf{H}(k)\,\mathbf{F}(k) \tag{9.160}$$

berechnen.

Um eine möglichst einfache Struktur der Schätzeinrichtung zu finden, wird in (9.158) $\mathbf{R}$ nach (9.79) durch $\mathbf{P}$ und $\hat{\mathbf{q}}(k-\kappa-1|k-\kappa-1)$ nach (9.76) durch $\hat{\mathbf{q}}(k-\kappa|k-\kappa-1)$ ersetzt:

$$\hat{\mathbf{q}}(k-\kappa|k) = \mathbf{F}^{-1}(k-\kappa-1)\,\hat{\mathbf{q}}(k-\kappa-1|k-1) \\ +\big(\mathbf{I}-\mathbf{F}^{-1}(k-\kappa-1)\,\mathbf{A}^{-1}(k-\kappa-1)\big)\,\hat{\mathbf{q}}(k-\kappa|k-\kappa-1) \\ +\mathbf{H}\mathbf{A}^{-1}\mathbf{P}\big(\mathbf{r}(k)-\mathbf{C}\hat{\mathbf{q}}(k|k-1)\big)\,. \tag{9.161}$$

Abb. 9.17 zeigt dazu die Schätzeinrichtung. Hierbei wurde die Verzögerung des

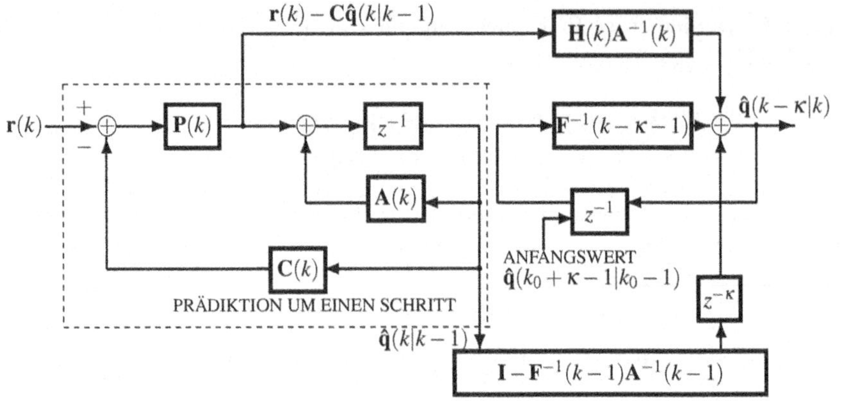

Abb. 9.17 Schätzeinrichtung zur Interpolation über einen festen Zeitabstand κ

Prädiktionswerts mit der Multiplikation vertauscht.

Für die Lösung der Rekursionsgleichungen (9.158) bzw. (9.161) benötigt man den Anfangswert $\hat{\mathbf{q}}(k_0 - \kappa - 1|k_0 - 1)$, welche die Schätzgleichung der Interpolation für den festen Zeitpunkt $k_0 - \kappa - 1$ liefert.

Zum Schluss sei noch ohne Herleitung die Formel für die Fehlerkorrelationsmatrix $\mathbf{R_{EE}}(k - \kappa|k)$ angegeben:

$$\begin{aligned}\mathbf{R_{EE}}(k-\kappa|k) &= \mathbf{F}^{-1}(k-\kappa-1)\,\mathbf{R_{EE}}(k-\kappa-1|k-1)\left(\mathbf{F}^{-1}(k-\kappa-1)\right)^T\\ &\quad -\mathbf{F}^{-1}(k-\kappa-1)\,\mathbf{R_{EE}}(k-\kappa-1|k-\kappa-1)\left(\mathbf{F}^{-1}(k-\kappa-1)\right)^T\\ &\quad +\mathbf{R_{EE}}(k-\kappa|k-\kappa-1)-\mathbf{H}\mathbf{R}\mathbf{C}\mathbf{R_{EE}}(k-\kappa|k-\kappa-1)\,\mathbf{H}^T\,.\end{aligned} \tag{9.162}$$

Hierin tauchen die Fehlerkorrelationsmatrizen $\mathbf{R_{EE}}(k - \kappa - 1|k - \kappa - 1)$ der *Filterung* und $\mathbf{R_{EE}}(k - \kappa|k - \kappa - 1)$ der *Prädiktion um einen Schritt* in Analogie zu den entsprechenden Schätzwerten in den Schätzformeln (9.158) bzw. (9.161) auf. Man muss also zunächst diese Fehlerkorrelationsmatrizen mit den Algorithmen der Filterung bestimmen, ehe man die gesuchte Matrix $\mathbf{R_{EE}}(k - \kappa|k)$ berechnen kann. Ferner braucht man dazu den Anfangswert $\mathbf{R_{EE}}(k - \kappa - 1|k_0 - 1)$, den man aus der Fehlerkorrelationsmatrix der Interpolation für den festen Zeitpunkt $k_0 - \kappa - 1$ berechnen kann.

Damit sind die Schätzgleichung und die Fehlerkorrelationsmatrix der Interpolation über einen festen Zeitabstand κ mit den Beziehungen (9.158) und (9.162) bekannt. Verglichen mit den übrigen Fällen der Interpolation stellt der hier betrachtete Fall die komplizierteste Variante dar.

Literaturverzeichnis

[Abr65] Abramowitz, M.; Stegun, I.A.: *Handbook of Mathematical Functions*, New York: Dover Publications 1965

[Ahm75] Ahmed, N.; Rao, K.R.: *Orthogonal Transforms for Digital Signal Processing*, Berlin u.a.: Springer 1975

[Ayr62] Ayres, F.: *Theory and Problems of Matrices*. Schaum's Outline Series, New York u.a.: Mc Graw Hill 1962

[Bau70] Baum, L.E.; Petrie, T.; Soules, G.; Weiss, N.: *A Maximization Technique Occurring in the Statistical Analysis of Probabilistic Functions of Markov Chains*, The Annals of Mathematical Statistics 41 (1970), S. 164-171.

[Bar91] Barkat, M.: *Signal Detection and Estimation*, Norwood: Artech House 1991

[Ber65] Berkowitz, R.S.: *Modern Radar, Analysis, Evaluation, and Design Theory*, New York: John Wiley 1965

[Bez81] Bezdek, J.C.: *Pattern Recognition with Fuzzy Objective Function Algorithms*, New York: Plenum Press 1981

[Bil05] Bilmes, J.A.; Bartels, C.: *Graphical model architectures for speech recognition*, IEEE Signal Processing Magazine 22(5) 2005, S. 89–100.

[Bis06] Bishop, C.M.: *Pattern Recognition and Machine Learning*, Berlin u.a.: Springer 2006, ISBN 0-387-31073-8.

[Bre96] Breiman, L.: *Bagging Predictors*, Machine Learning 24(2) (1996), S. 123-140.

[Boc74] Bock, H.H.: *Automatische Klassifikation*, Göttingen: Vandenhoeck & Rupprecht 1974

[Boe93] Böhme, G.: *Fuzzy-Logik*, Berlin u.a.: Springer 1993

[Boh93] Böhme, J.F.: *Stochastische Signale*, Stuttgart: Teubner 1993

[Bot93] Bothe, H.H.: *Fuzzy Logic*, Berlin u.a.: Springer 1993

[Boz81] Bozic, S.M.: *Digital and Kalman Filtering*, London: Edward Arnold 1981, S. 130-133

[Bra67] Brammer, K.: *Optimale Filterung und Vorhersage instationärer stochastischer Folgen*, Nachrichtentechnische Fachberichte 33 (1967), S. 103-110

[Bra68] Brammer, K.: *Zur optimalen linearen Filterung und Vorhersage instationärer Zufallsprozesse in diskreter Zeit*, Regelungstechnik 16 (1968), S. 105-110

[Bra75] Brammer, K.; Siffling, G.: *Methoden der Regelungstechnik – Stochastische Grundlagen des Kalman-Bucy Filters, Wahrscheinlichkeitsrechnung und Zufallsprozesse*, München, Wien: Oldenbourg 1975

[Bra91] Brause, R.: *Neuronale Netze*, Stuttgart: Teubner 1991

[Bro62] Bronstein, I.N.; Semendjajew, K.A.: *Taschenbuch der Mathematik*, 5. Aufl., Leipzig: Teubner 1962

[Bro69] Brown, W.M.; Palermo, C.J.: *Random Processes, Communication, and Radar*, New York: John Wiley 1968

[CCI73] CCITT: Recommendation V.29: *9600 bits per second modem standardized for use on leased circuits*, Green Book, vol. VIII, Genf: ITU 1973

[Cha68] Charkewitsch, A.A.: *Signale und Störungen*, München, Wien: Oldenbourg 1968

[Chr00] Cristianini, N.; Shawe-Taylor, J.: *An Introduction to Support Vector Machines and other kernel-based learning methods*, Cambridge University Press, 2000.

[Cla80] Classen, T.A.C.M.; Mecklenbräuker, W.F.G.: *The Wigner Distribution – A Tool for Time-Frequency Signal Analysis Part I, II, III*, Philips J. Res., vol. 35, 1980, S. 217-389

[Dau92] Daubechies, I.: *Ten Lectures on Wavelets*, Society for Industrial and Applied Mathematics, Philadelphia 1992

[Dau88] Daugman, J.: *An Information-Theoretic View of Analog Representation in Striate Cortex*, Computational Neuroscience, 1988

[Dav58] Davenport, W.B.; Root, W.L.: *Random Signals and Noise*, New York: McGraw-Hill 1958

[Dav70] Davenport, W.B.: *Probability and Random Processes*, New York: McGraw-Hill 1970

[Dor65] Dorf, R.C.:*Time-Domain Analysis and Design of Control Systems*, Reading, Mass.: Addison-Wesley 1965

[Dud73] Duda, O.R.; Hart, P.E.: *Pattern Classification and Scene Analysis*, New York u.a.: John Wiley 1973

[Faw06] Fawcett, T.: *An Introduction to ROC Analysis*, Pattern Recognition Letters, vol. 27, S. 861--874, 2006.

[Fel84] Fellbaum, K.: *Sprachverarbeitung und Sprachübertragung*,Berlin, Heidelberg, New York: Springer 1984, S. 108-125

[Fli93] Fliege, N.: *Multiraten-Signalverarbeitung*, Stuttgart: Teubner 1993

[Fol78] Föllinger, O.: *Regelungstechnik*, Berlin: Elitera 1978, S. 281-299

[Fol90] Föllinger, O.: *Regelungstechnik*, 6. Aufl., Heidelberg: Hüthig 1990, S. 403

[Fre96] Freund, Y.; Schapire, R. E.: *Experiments with a New Boosting Algorithm*, Tagungsband International Conference on Machine Learning (1996), S. 148-156.

[Gab46] Gabor, D.: *Theory of Communication*, J. of the IEE, vol. 93, 1946, S. 429-457

[Gal68] Gallager, R.G.: *Information Theory and Reliable Communication*, New York: John Wiley 1968

[Ger82] Gersho, A.: *On the Structure of Vector Quantizers*, IEEE Trans. Inform. Theory, vol. IT-28, März 1982, S. 157-166

[Gil89] Gillick, L.; Cox, S.J.: *Some Statistical Issues in the Comparison of Speech Recognition Algorithms*, Tagungsband International Conference on Acoustics, Speech, and Signal Processing (ICASSP), 1989, S. 532-535, IEEE.

[Gil67] Giloi, W.: *Simulation und Analyse stochastischer Vorgänge*, München, Wien: Oldenbourg 1967

[Gol64] Golomb, S.W.: *Digital Communication with Space Applications*, Englewood Cliffs, N.J.: Prentice Hall 1964

[Han83] Hänsler, E.: *Grundlagen der Theorie statistischer Signale* (Nachrichtentechnik Bd. 10), Heidelberg: Springer 1983.

[Han66] Hancock, J.C.; Wintz, P.A.: *Signal Detection Theory*, New York: McGraw-Hill 1966

[Han72] Handschin, E. (Herausgeber): *Real-Time Control of Electric Power Systems*, Amsterdam: Elsevier 1972

[Hoc02] Hochreiter, S; Mozer, M. C.; Obermayer, K.: *Coulomb Classifiers: Generalizing Support Vector Machines via an Analogy to Electrostatic Systems*, Advances in Neural Information Processing Systems, Vol. 15, MIT Press, 2002.

[How66] Howard, R.N.: *Classifying a Population into Homogeneous Groups*. In: Lawrence, J.R. (Ed.): Operational Research and Social Sciences. London: Tavistock Publ. 1966

[Hyv01] Hyvärinen, A.; Karhunen, J.; Oja, E.: *Independent Component Analysis*, 2001, New York: John Wiley & Sons Inc., ISBN 978-0-471-40540-5

[Hyv99] Hyvärinen, A.: *Fast and Robust Fixed-Point Algorithms for Independent Component Analysis*, IEEE Transactions on Neural Networks 10(3) (1999), S. 626-634.

[Ita75] Itakura, F.: *Minimum prediction residual principle applied to speech recognition*, IEEE Transactions on Acoustics, Speech, and Signal Processing 23 (1975), S. 67-72.

[Jah60] Jahnke, F.; Emde, F.; Lösch, F.: *Tafeln höherer Funktionen*. 6. Aufl., neubearbeitet von Lösch, F., Stuttgart: Teubner 1960

[Jaz70] Jazwinsky, A.H.: *Stochastic Processes and Filtering Theory*, New York: Academic Press 1970

[Jur64] Jury, E.I.: *Theory and Application of the z-Transform Method*, New York: Wiley 1964

[Kai68] Kailath, T.: *An Innovations Approach to Least Squares Estimation*, Part I: Linear Filtering in Additive White Noise, IEEE Trans. Autom. Control 13 (1968), S. 646-655

[Kai68a] Kailath, T.; Frost, P.: *An Innovations Approach to Least Squares Estimation*, Part II: Linear Smothing in Additive White Noise, IEEE Trans. Autom. Control 13 (1968), S. 655-660

[Kal60] Kalman, R.E.: *A New Approach to Linear Filtering and Prediction Problems*, Trans. ASME, Journal of Basic Engineering 82 (1960), S. 35-45

[Kal61] Kalman, R.E.; Bucy, R.S.: *New Results in Linear Filtering and Prediction Theory*, Trans. ASME, Journal of Basic Engineering 83 (1961), S. 95-108

[Kam92] Kammeyer, K.D.; Kroschel, K.: *Digitale Signalverarbeitung. Filterung und Spektralanalyse*, 2. Aufl., Stuttgart: Teubner 1992

[Kam92a] Kammeyer, K.D.: *Nachrichtenübertragung*, Stuttgart: Teubner 1992

[Kol41] Kolmogoroff, A.N.: *Interpolation and Extrapolation von stationären Folgen*, Bull. Acad. Sci. USSR Ser. Math 5 (1941), S. 3-14

[Kos92] Kosko, B.: *Neural Networks and Fuzzy Systems*, Englewood Cliffs: Prentice Hall 1992

[Kre68] Kreyszig, E.: *Statistische Methoden und ihre Anwendungen*, Göttingen: Vandenhoek u. Rupprecht 1968

[Kro85] Kroschel, K.; Reich, W.: *A Comparison of Noise Reduction Systems for Speech Transmission*, Proc. European Conference on Circuit Theory and Design ECCTD 85, Prag (1985), S. 565-568

[Kro87a] Kroschel, K.: *A Comparison of Quantizers for Corrupted and Uncorrupted Input Signals*. Signal Processing, Nr. 12, März 1987, S. 169-176

[Kro87b] Kroschel, K.: *Optimierung von Quantisierern für gestörte Eingangssignale*. Nachrichtentechnik Elektronik, Bd. 37, Nr. 12, Berlin 1987, S. 447-449

[Kro91] Kroschel, K.: *Datenübertragung*. Eine Einführung. Berlin u.a.: Springer 1991

[Lee60] Lee, Y.W.: *Statistical Theory of Communication*, John Wiley: New York 1960

[Lee88] Lee, E.A.; Messerschmitt, D.G.: *Digital Communication*, Boston: Kluwer Academic Publishers 1988

[Lie67] Liebelt, P.B.: *An Introduction to Optimal Estimation*, Reading, Mass.: Addison-Wesley 1967

[Lin73] Lindsey, W.C.: *Telecommunication Systems Engineering*, Englewood Cliffs: Prentice Hall 1973

[Lin80] Linde, Y.; Buzo, A.; Gray, R.M.: *An Algorithm for Vector Quantizer Design*. IEEE Trans. Comm., vol. COM-28, Jan. 1980, S. 84-95

[Luc71] Luck, H.O.: *Zur kontinuierlichen Signalentdeckung mit Detektoren einfacher Struktur*, Habilitationsschrift TH Aachen (1971)

[Luk92] Lüke, H.D.: *Signalübertragung. Grundlagen der digitalen und analogen Nachrichtenübertragungssysteme*, 5. Aufl., Berlin: Springer 1992

[Mak80] Makhoul, J.: *A Fast Cosine Transform in One and Two Dimensions*. IEEE Trans. on Acoust., Speech, and Signal Processing, ASSP-28, 1980, S. 27-34

[Max60] Max, J.: *Quantizing for Minimum Distortion*. IRE Trans. Inform. Theory, vol. IT-6, March 1960, S. 7-12

[Mei80] Meissner, P.; Wehrmann, R.; van der List, J.: *A Comparative Analysis of Kalman and Gradient Methods for Adaptive Echo Cancellation*, AEÜ 34 (1980) 12, S. 485-492

[Mid60] Middleton, D.: *An Introduction to Statistical Communication Theory*, New York: McGraw-Hill 1960

[Nah68] Nahi, N.E.: *Estimation Theory and Applications*, New York: John Wiley 1968

[Nem47] McNemar, Q.: *Note on the sampling error of the difference between correlated proportions or percentages*, Psychometrika 12 (2), 1947, S. 153–157.

[Neu72] Neuburger, E.: *Einführung in die Theorie des linearen Optimalfilters*, München, Wien: Oldenbourg 1972

[Nie83] Niemann, H.: *Klassifikation von Mustern*, Berlin, Heidelberg, New York, Tokyo: Springer 1983

[Opp75] Oppenheim, A.V.; Schafer, R.W.: *Digital Signal Processing*, Englewood Cliffs: Prentice Hall 1975

[Pae72] Paez, M.D.; Glisson, T.H.: *Minimum Mean-Squared-Error Quantization in Speech PCM and DPCM Systems*, IEEE Trans. on Communications, vol. COM-20 (1972), S. 225-230

[Pap62] Papoulis, A.: *The Fourier Integral and its Applications*, Electronic Science Series, New York u.a.: McGraw-Hill 1962

[Pap65] Papoulis, A.: *Probability, Random Variables, and Stochastic Processes*, New York: McGraw-Hill 1965

[Pap77] Papoulis, A.: *Signal Analysis*, New York u.a.: McGraw-Hill 1977

[Par62] Parzen, E.: *On Estimation of a Probability Density and Mode*, Ann. Mathem. Stat. 33, 1962, S. 1065-1076

[Pil93] Pillai, S.U.; Shim, T.I.: *Spectrum Estimation and System Identification*, New York: Springer 1993

[Pla99] Platt, J. C.: *Fast training of support vector machines using sequential minimal optimization*, erschienen in *Advances in Kernel Methods: Support Vector Learning*, 1999, Cambridge, MA: MIT Press, S. 185-208, ISBN 0-262-19416-3.

[Por80] Portnoff, M.R.: *Time-Frequency Representation of Digital Signals and Systems based on Short-Time Fourier Analysis of Sampled Speech*, Trans. on Acoustic, Speech, and Signal Processing, vol. ASSP-28, no. 1, Feb. 1980, S. 56-59

[Qui83] Quinlan, J.R.: *Learning efficient classification procedures and their application to chess end games*, erschienen in Michalski, Carbonell, Mitchell (Hrsg.): *Machine Learning: An Artificial Intelligence Approach*, Palo Alto, CA: Tioga Publishing, 1983

[Qui87] Quinlan, J.R.: *Simplifying Decision Trees*, International Journal of Man-Machine Studies 27 (1987), S. 221-234.

[Qui96] Quinlan, J.R.: *Bagging, Boosting and C4.5*, Tagungsband 14th National Conference on AI, 1996.

[Rab89] Rabiner, L.R.: *A Tutorial on Hidden Markov Models and Selected Applications in Speech Recognition*, Proceedings of the IEEE 77 (1989), IEEE, S. 257-286.

[Rio91] Rioul, O.; Vetterli, M.: *Wavelets and Signal Processing*, IEEE Sp. Magazine, Oct. 1991, S. 14-38

[Sag71] Sage, A.P.; Melsa, J.L.: *Estimation Theory with Applications to Communication and Control*, New York: McGraw-Hill 1971

[Schl60] Schlitt, H.: *Systemtheorie für regellose Vorgänge*, Berlin, Göttingen, Heidelberg: Springer 1960

[Scho02] Schölkopf, B.; Smola, A.: *Learning with Kernels: Support Vector Machines, Regularization, Optimization, and Beyond (Adaptive Computation and Machine Learning)*, 2002, Cambridge, MA: MIT Press, ISBN 0-262-19475-9.

[Schr77] Schrick, K.W.: *Anwendungen der Kalman-Filter-Technik*. Anleitung und Beispiele, München, Wien: Oldenburg 1977

[Schw59] Schwartz, M.: *Information, Transmission, Modulation, and Noise*, New York: McGraw-Hill 1959

[See03] Seewald, A.: *Towards understanding stacking – Studies of a general ensemble learning scheme*, Dissertation, Wien: Technische Universität, 2003.

[Sko62] Skolnik, M.I.: *Introduction to Radar Systems*, New York: McGraw-Hill 1962

[Spa77] Späth, H.: *Cluster-Analyse-Algorithmen zur Objektklassifizierung und Datenreduktion*. 2. Aufl. München, Wien: Oldenbourg 1977

[Sri79] Srinath, M.D.; Rajasekaran, P.K.: *An Introduction to Statistical Signal Processing with Applications*, New York: Wiley 1979

[Til93] Tilli, T.: *Mustererkennung mit Fuzzy Logik*, München: Franzis 1993

[Tin99] Ting, K.M.; Witten, I.H.: *Issues in Stacked Generalization*, Journal of Artificial Intelligence Research 10 (1999), S. 271-289.

[The99] Theodoridis, S.; Koutroumbas, K.: *Pattern Recognition*, San Diego: Academic Press 1999

[Vak68] Vakman, D.E.: *Sophisticated Signals and the Uncertainty Principle in Radar*, New York: Springer 1968

[Val84] Valinat, L.G.: *A theory of the learnable*, Communications of the ACM 27(11) (1984), S. 1134-1142, ACM Press.

[Vap95] Vapnik, V.; Cortes, C.: *Support vector networks*, Machine Learning 20 (1995), S. 273-297.

[Var83] Vary, P.: *On the Enhancement of Noisy Signals*, Proc. European Signal Processing Conference EUSIPCO-83, Erlangen (1983), S. 327-330

[Var98] Vary, P.; Heute, U.; Hess, W.: *Digitale Sprachsignalverarbeitung*, Stuttgart: Teubner 1998

[Vit66] Viterbi, A.: *Principles of Coherent Communication*, New York: McGraw-Hill 1966

[vTr68] van Trees, H.L.: *Detection, Estimation, and Modulation Theory*, Part I, New York: John Wiley 1968

[Wah71] Wahlen, A.D.: *Detection of Signals in Noise*, New York, London: Academic Press 1971

[Web00] Webb, G.I.: *MultiBoosting: A Technique for Combining Boosting and Wagging*, Machine Learning 40 (2000), S. 159-198, Boston: Kluwer Academic Publishers.

[Wai62] Wainstein, L.A.; Zubakov, V.D.: *Extraction of Signals from Noise*, Englewood Cliffs: Prentice Hall 1962

[Wei91] Weiss, S.M.; Kulikowski, C.A.: *Computer Systems that Learn*, San Mateo: Morgan Kaufman 1991

[Wid85] Widrow, B; Stearns, S.D.: *Adaptive Signal Processing*, Englewood Cliffs: Prentice-Hall 1985

[Wit05] Witten, I.H.; Frank, E.: *Data Mining: Practical Machine Learning Tools and Techniques*, 2nd Edition, San Francisco: Morgan Kaufmann 2005, ISBN 0-12-088407-0.

[Wie50] Wiener, N.: *Extrapolation, Interpolation, and Smoothing of Stationary Time Series*, New York: Wiley 1950

[Win69] Winkler, G.: *Systematik optimaler Kommunikationssysteme auf Grund der Theorie der Spiele*, München, Wien: Oldenbourg 1969

[Win77] Winkler, G.: *Stochastische Systeme - Analyse und Synthese*, Wiesbaden: Akad. Verlagsgesellschaft 1977

[Wol92] Wolpert, D. H.: *Stacked generalization*, Neural Networks 5 (1992), Pergamon Press.

[Woo64] Woodward, P.M.: *Probability and Information Theory, with Applications to Radar*, 2. Aufl., Oxford: Pergamon Press 1964

[Woz68] Wozencraft, J.M.; Jacobs, I.M.: *Principles of Communication Engineering*, New York: John Wiley 1968

[Wrz73] Wrzesinsky, R.: *Wiener- und Kalman-Filter und ihre Bedeutung für die Nachrichtentechnik*, AEÜ 27 (1973) 2, S. 79-87

[Zur64] Zurmühl, R.: *Matrizen und ihre technischen Anwendungen*, 4. Auflage, Berlin: Springer 1964

[Zwi82] Zwicker, E.: *Psychoakustik*, Berlin u.a.: Springer 1982

Index

The manufacturer's authorised representative in the EU is Springer Nature Customer Service Centre GmbH, Europaplatz 3, 69115 Heidelberg, Germany. If you have any concerns regarding our products, please contact ProductSafety@springernature.com

Printed and bound by CPI Group (UK) Ltd, Croydon, CR0 4YY
25/03/2026
02078174-0012